轻松加愉快的单片机入门指引 | 零基础单片机学习者的好伙伴 | 学习单片机可以更有趣

第4版

爱上单片机

杜洋 著

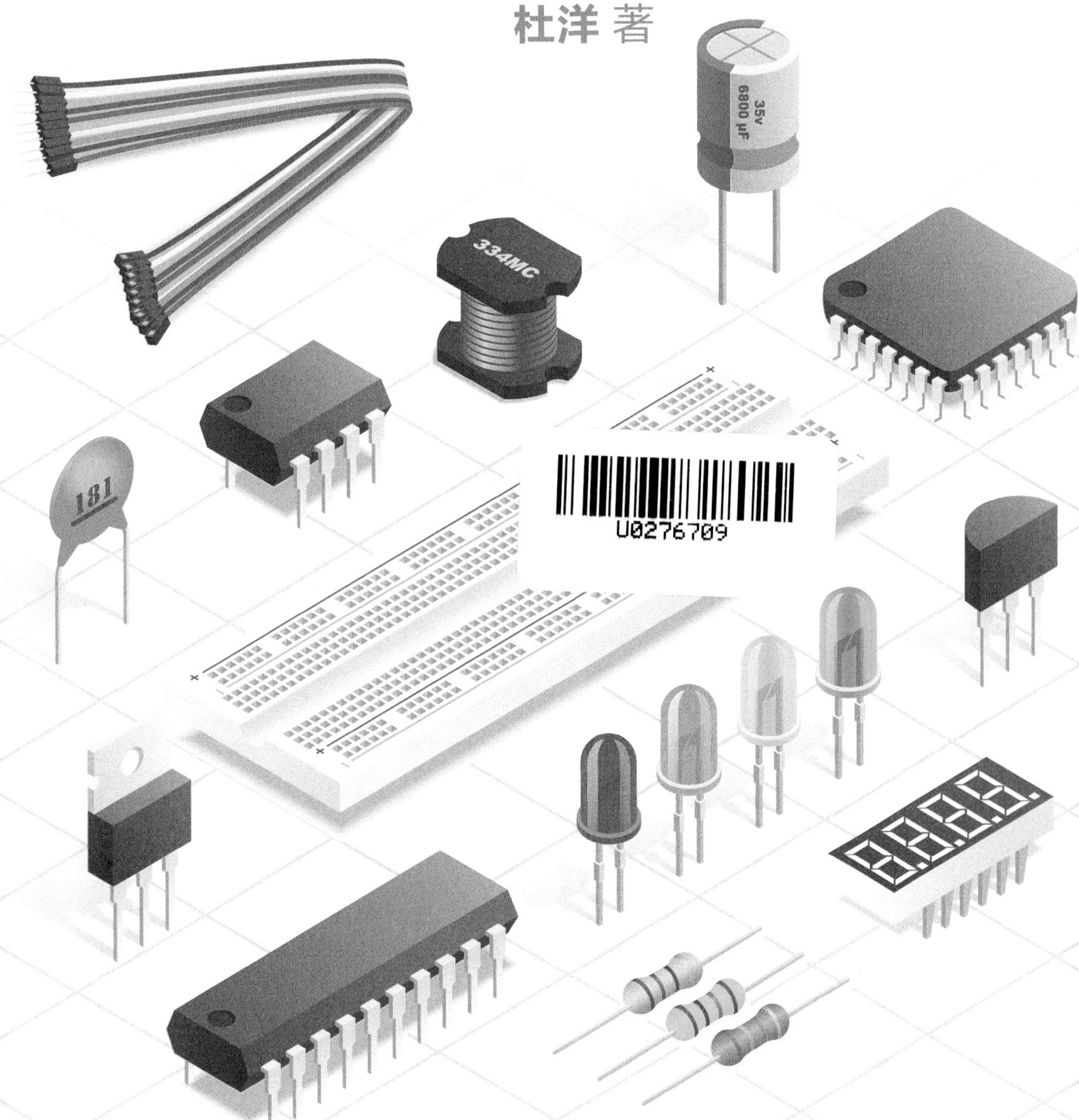

人民邮电出版社

北京

图书在版编目（CIP）数据

爱上单片机 / 杜洋著. -- 4版. -- 北京 : 人民邮电出版社, 2018.8（2023.8重印）
ISBN 978-7-115-48838-1

Ⅰ. ①爱… Ⅱ. ①杜… Ⅲ. ①单片微型计算机一基本知识 Ⅳ. ①TP368.1

中国版本图书馆CIP数据核字(2018)第162485号

内 容 提 要

本书是一本生动、有趣的单片机入门书籍。全书摆脱教科书式的刻板模式和枯燥叙述方式，用诙谐的语言、生动的故事、直观的实物照片和详尽的制作项目，让读者在轻松、愉快的氛围中学习单片机知识。书中的内容从单片机的创新制作实例开始，为读者提供了单片机硬件设计、软件编程和行业发展等方面的实用入门信息，并以亲切的问答形式为读者深入学习单片机提供了有益的建议。

本书适合刚刚接触单片机的初学者自学阅读，又可作为各类院校电子技术相关专业师生的教学辅导手册，同时对电子行业的从业技术人员也有一定的参考价值。

◆ 著　　　杜　洋
责任编辑　周　明
责任印制　彭志环

◆ 人民邮电出版社出版发行　　北京市丰台区成寿寺路 11 号
邮编　100164　　电子邮件　315@ptpress.com.cn
网址　http://www.ptpress.com.cn
北京九州迅驰传媒文化有限公司印刷

◆ 开本：787×1092　1/16
印张：28　　　　2018 年 8 月第 4 版
字数：716 千字　　　　2023 年 8 月北京第 18 次印刷

定价：139.00 元

读者服务热线：(010) 81055493　印装质量热线：(010) 81055316
反盗版热线：(010) 81055315

《爱上单片机（第4版）》序

多年之前，当我写完这本《爱上单片机》的时候，怎么也没有想到它会出到第 4 版。回想起第 1 版刚推出的时候，我得到了许多读者的反馈，有表扬书中内容通俗易懂的，也有指正书中错误的，非常感谢所有读者的关注与支持。如今单片机技术有了一些发展和创新，我对单片机的教学也有了新的感悟，所以有必要在再版时加入新的内容，紧跟着时代的小脚步。

智能手机出现至今，给我们生活带来了巨大变革。搭载 iOS、安卓系统的新款手机层出不穷，性能越来越强大，大有取代传统 PC 的趋势。在这种大形势之下，手机 App 将有着非常大的发展潜力。手机社交、手机资讯、手机金融软件发展迅速，且有从虚拟应用向实体操作转变的趋势。比如用手机打车、订餐，还有新颖的用手机开关灯、开锁等。手机将成为新物联网系统中的一个重要终端。而在物联网上被手机控制的设备（电灯、门锁等）都是由中低端的单片机开发制成的，可见单片机在未来生活中的应用前景。另外，随着网络智能化的发展，具有一定智能水平的机器人也会随着物联网的发展而发展。包括普通家用机器人、专业护理机器人、工业作业机器人、智能四轴飞行机器人，这些都有单片机的用武之地，学好单片机会大有作为。关于物联网及机器人的技术教学，我也正在策划相关的教学图书，但在此之前我们先要用《爱上单片机》踏踏实实地入门。

在第 4 版中，我根据单片机产品的技术更新、读者问题反馈和自己的制作经验，新增加了一些内容，力求让本书的教学一直与技术发展同步，不让读者学过时的技术。学习单片机最重要的就是学习编程了，只有编程才能让同一款电路产生五花八门的效果。关于编程的部分，我会再写一本书来深入讲解，本书目前还是建议大家使用现有的程序模板。我并不建议单片机初学者学得太深，我们的目的是在玩中学习，在制作的过程中慢慢掌握和熟悉，保证乐趣第一。如果为了学编程而去编程，会失去兴趣这一最好的老师，到后来学不能致用，结果还是不会。所以我在第 2 章中加入编程实例，让大家参考我的程序和程序旁边的注释，配合着自己 DIY 的过程学习，相信这能让你学到更多。

技术在发展进步，单片机的性能也在提升，一点点的更新对单片机爱好者来说都是重要的。单片机一路走来，其性能的升级有一个特点，就是不断地把一些外部设备集成到单片机的内部。这一点确实不愧对“单片机”这一称号。很久以前，单片机把上电复位功能集成到了内部，后来又把晶体时钟也集成了进去。虽然内部时钟不精准，但总算能满足一部分用户的需要。随后又是各种总线控制器、EEPROM 存储器、ADC（模数转换器）和 DAC（数模转换器）、比较器、更多的定时 / 计数器、更多的外部中断源、PWM 脉宽调制器、看门狗、电压监测……单片机把你所能想到的都集成了进来，同时 Flash 容量大了、速度快了、功耗小了、接口多了、成本低了。即使外观还是那个黑黑的老样子，可“芯”已非当年。于是我在第 2 章中加入 STC 新型号单片机的介绍，包括 IAP15F2K61S2 单片机的仿真功能、16 位自动重装初值的定时器、可更换位置的串口、内部高精准时钟源等。这些新功能对单片机爱好者的制作与创新有很大帮助，至少我在这些新功能中受益良多。可能正在你看这本书的时候，又会有新的单片机型号、新的功能出现了，只可惜我不能用更新微博的速度更新我的书，于是还得让你不吝惜你的精力，花一点时间去了解它们。不断探索发现单片机的新功能，这也是单片机学习的一部分吧！我在

第 5 章中加入了新的疑难问题与解答，当初设计第 5 章时，我就打算不断更新问答内容，而这次加入了单片机下载的常见问题、单片机型号与性能的关系（有很多爱好者问过这个问题），还放了我写的新文章。希望第 5 章新增内容能堵住你的嘴，把困难扼杀在摇篮里。

这几年来，我悟出一个道理，学习单片机是一个动态的过程，学习单片机不是纯理论的学习，随着不断地制作和创新，我对单片机的认识也不断地变化着。从前我认识的单片机是书本里的单片机，它是死的，是由一堆单片机理论知识和程序代码构成的。后来在动手实践的过程中，我发现单片机是灵活的，它是由功能丰富的硬件和用人类智慧编写的软件组合而成的。而如今，当我在单片机技术和设计上有自己的创新时，我发现单片机是随我而动的，当我想要创造某个应用、想要开发某款制作时，单片机都能适应我的需要。细心的朋友可以看出，我和单片机的关系好像是恋爱一样。最初我追它的时候，它对我冷冰冰的；慢慢地，它被我的热情打动，与我相互配合；最后，它反过来彻底地爱上了我，为我的需求而改变。我想终有一天，你也会懂得我的感受。这个过程也和谈恋爱一样，有分分合合、时爱时恨。只要你坚持努力付出，终有一天，单片机会被你的执着打动，与你相爱一生。技术宅们，这不正是你们需要的吗？快来吧，还等什么！

杜洋
2018 年 5 月 11 日

前　　言

阅读正文之前请先阅读前言，阅读前言之前请先阅读目录。

第 1 章 硬功夫：从基础硬件入门，用面包板开始，使用 STC12C2052 单片机开始实验。

第 2 章 软实力：改、看、组、写、造，五步轻松学习单片机编程。

第 3 章 小工程：学习工程设计，深化工程思考。

第 4 章 大行业：熟悉行业现状，了解行业历史，融入行业社会，面向行业未来。

第 5 章 巧问答：技术、工程、行业和与之无关的问题与解答。

单片机的黄金时代

这是最坏的时代，也是最好的时代，这是单片机的黄金时代。随着物联网的快速发展，大数据、云计算、物联网、智能硬件、智能家居、5G 通信、AI（人工智能），这些概念不断变成现实。我们的生活也会因此而改变。如果你只是普通的消费者，那你只能被时代改变，但如果你是单片机的开发者，你就有机会改变这个时代。因为新技术、新模式给了单片机发展的第二春。当年单片机技术主要是应用在工业自动化、电器自动控制等领域。这个领域的体量和潜力确实有限，目前也已经走到饱和的边缘。可是没有想到物联网、智能家居给单片机开拓了新的领域，这就是物联网的终端产品。我们现在所熟知的智能音箱、智能手环、智能扫地机器人，都是基于单片机技术开发的产品。可联网的智能设备风靡全球，发展潜力巨大。掌握单片机技术，不只是“玩玩而已”，它还能带给你高福利的工作机会，或者是极具潜力的创业机会。单片机的新机遇之车刚刚起步，老司机邀请大家快快上车。

有趣很重要！

一本入门的书应该怎么写？我为这个问题苦思良久。要想提起读者的兴趣，它必须有趣，单片机的技术要有趣，入门的笔法要有趣。忘记那些一板一眼的学术风格，删除那些晦涩难懂的专业术语，接下来就是向街道办事处的大妈们认真学习聊天的技巧，在嘻嘻哈哈的故事里融入关于单片机的技术知识，让我的作品看上去像是个人自传，又好像现代小说。如果不在封底处注明上架建议，还真不确定书店的管理员会把它摆在哪里。这就是我的入门风格，让你边笑边学习。买我的书学习单片机不是让你受罪来的，我有权让你开心。

顺序大不同！

看看其他入门书籍，闭上眼睛你都可以猜到先介绍什么是单片机，然后介绍单片机的历史，再后来介绍硬件，再介绍编程，最后找来十几二十个实验例程作为练习。这样的教学顺序真的能事半功倍吗？对此我是下了功夫研究的。看看本书的章节顺序，你会发现与众不同之处，顺序的设计不是为了让目录看起来更工整，而是完全按照初学者的思维方式编排。有一些动手制作实例和基本知识放在了全书的前面，那些饮水思源的深层原理则放在后面介绍。有些知识放在前面有助于理解后面的内容，有些知识放在后面可以让你有继续阅读的动力。试试我为你量身打造的新入门顺序，相信你会爱不释手。

新图文并茂！

很多书的作者都说自己的书图文并茂，为了和这些书区别开来，我用“新图文并茂”来定义我的书。阅读本书的最佳方法是先通篇看一遍书中的图片，只看图片和图片说明；然后再回过头来看一下感兴趣图片处的文章；最后才从头开始认真品读。因为我在拍摄和编辑图片的时候希望图片们可以独立表达一份内容，而文章是将图片加以说明，让图片的内容更充实、连贯。例如在第 1 章中的图片会将制作过程的每一个步骤都用图片表示出来，在实际动手时可以最大限度地减少想象力所带来的误差。实物图片是精心拍摄的，电路原理图和示意图是花了许多时间认真绘制的，最大限度地保证新颖、美观。

不只是技术！

单片机入门的书籍应该包括什么内容？先入为主的答案告诉你，单片机入门便是硬件制作和软件编程。如果只学习这两项内容，你只学会了单片机技术层面的知识，如果那本书的书名是“单片机技术入门教程”则没有半点问题，但如果没有“技术”二字，书中就应该包括单片机的工程设计和嵌入式行业的学习内容。不要以为学习单片机就是学习技术，技术仅是最容易学习的内容，使用单片机完成工程开发和对单片机行业经验的学习才是全面入门单片机的重要组成部分。本书让你对单片机产生兴趣，深入浅出地学习硬件制作和软件编程之后，带你从技术研发上升到工程思考，到第 4 章再带领各位从工程思考提升到行业视野。这些内容是你在其他书籍里找不到的（至少我没找到，呵呵）。

资料下载新方法！

从第 4 版开始，我们让资料下载方法紧跟时代，取消了“资料光盘”，因为现在手机当道，很多电脑上已经没有了光盘驱动器，而且很多读者反馈说光盘经常丢失或读不出数据，于是我们把光盘改成网盘。我们为本书的配套资料提供了在线下载地址和二维码，在电脑上可以输入下载地址进入网盘，在手机上可以直接扫描二维码下载资料、观看视频，非常简单、方便。当然，我们的资料有一部分来自网络，大家在学习时尽量试着在网上搜索，看能不能找到更新的版本，保证自己所看的是最新的资料，这样能少走一些弯路，达到事半功倍的效果。

满足你的八卦心理！

第 5 章以单独的篇幅回答你的问题。书中那些未曾详解的问题，与技术、工程和行业无关的问题，关于我的花边问题，在这里一看便知。那些看似无聊的问答，里面所包含的知识和启发是你未曾想过的。我认为知识之间具有千丝万缕的联系，有些教材枯燥难懂正是因为它把本来立体的知识切成片段，然后单一地讲解，读者不爱看，学到的知识也是片面的。在本书里，你可以找到名人名言、生活常识、笑话、流行语，还有管理学、经济学的知识，甚至有一些不方便拿上台面来讲的内容。这些内容能激活你的发散思维，使你萌生更多想法，获得自我启发。就把这些功效算做我额外送你的礼物吧。

祝你阅读愉快！

我本来是希望用敬称“您”来书写故事的，结果发现效果并不理想：缺少亲切感，而且有些段落的语气和称谓并不匹配。最后我用编辑软件的替换功能把“您”改成了“你”，在内心里我是敬重每一位读者的，没有大家的阅读，我的书没有任何意义。使用“你”相称是为了文章风格的需要，请“您”多多体谅。另外，文章中的“我”也是在现实的“我”的基础上加入了夸张、虚构的写作手法，并不是现实中“我”的性格，这样做还是为了文章风格的需要，目的是让文章更有趣。这本书中有许多地方可能考虑得并不周全，再加上个人的水平有限，一定会有一些技术上的不足和错误，文字方面也可能会有用词不当的地方。我打心眼里欢迎你批评指正（批评时请多少留点情面），喜欢本书的朋友也可以与我联系，让我们成为志同道合的好朋友。

杜洋

2018 年 5 月

资源二维码

配套代码及工程文件下载：
box.ptpress.com.cn/a/1/RC2018000018

配套视频，扫码即可观看

STC 单片机的简单入门

单片机掉电及空闲模式的使用

光敏夜灯制作

基础版第 01 集

基础版第 02 集

基础版第 03 集

基础版第 04 集

基础版第 05 集

基础版第 06 集

基础版第 07 集

基础版第 08 集

基础版第 09 集

基础版第 10 集

基础版第 11 集

基础版第 12 集

基础版第 13 集

基础版第 14 集

基础版第 15 集

基础版第 16 集

基础版第 17 集

基础版第 18 集

基础版第 19 集

基础版第 20 集

基础版第 21 集

基础版第 22 集

基础版第 23 集

基础版第 24 集

基础版第 25 集

基础版第 26 集

基础版第 27 集

基础版第 28 集

基础版第 29 集

基础版第 30 集

入门视频提高版第 1 集

入门视频提高版第 2 集

入门视频提高版第 3 集

目　　录

第1章 硬功夫

我们从基础硬件入门，以面包板开始，使用STC12C2052单片机开始实验。

本章要点

- 对单片机产生兴趣
- 认识并熟练完成单片机硬件制作和程序下载
- 可以在面包板上轻松仿制一些小制作
- 在制作过程中逐渐了解单片机的技术原理和功能

第1节 我和单片机

目录

- 回忆往昔——我的初学经历
- 何方神圣——什么是单片机
- 千金一诺——本书给您的承诺

回忆往昔

吃过晚饭，我都要打开电脑上网瞧瞧，在我的收藏夹里专门有一栏是和电子技术相关的网站链接。我常登录我的网站和电子信箱，而每次都会有几个帅哥向我提问，让我帮助他们解决一些制作中的问题，在感叹电子爱好者中美女太少的同时，我都会尽我所能回答这些问题，因为以前我也是白手起家的，我也体会过遇到问题却无药可救时的失落，所以我更希望分享我的经验，和大家交流。虽然我不希望把整本书变成我的个人自传，可是我还是要长话短说一下我的个人经历，你可以把它当成无聊的小品或是学习单片机的历险记，当然你也可以从中了解我并和我结为朋友。

我不太喜欢编年体的故事结构，所以故事从现在开始。我在一家与电子技术行业相关的公司工作，在公司里，我可以学到单片机和嵌入式系统的相关知识。业余时间，我则自己在家里研究单片机技术，将我的作品和经验发布到我的个人网站与爱好者们分享。我很满意现在的工作和生活，这让我有充足的时间谈恋爱和更执着地专注于我的单片机爱好。

2004年，哈尔滨市学府书城，开门大吉！我只身在电子技术类图书区寻找着我中意的电子制作方面的书。这个地方我经常来，虽然书很多，可是没有几本中意的，它们不是只讲一些纯理论的东西，让人看得一头雾水，就是只有一堆电路却并不实用。这次我也是希望能找到一些新鲜类型的书来看，正是这一次闲逛使我和美丽的单片机世界邂逅了。

逛了一会儿，我突然想起最近听说一个新名词叫“单片机”，大概也是数模电子技术里的一部分，也许和数字电路关系大一些吧？好像就是比较专用的集成电路呗！先了解一下也好，什么事都了解一下也没有坏处，只要不是违法乱纪的事情。脑中认定了一个词汇“单片机”，我就开始在家电维修和电子技术的书架上查找。可是5分钟过去了，没有一本关于单片机的书，甚至出现这个词的书都没有。我的天！学府书城听说是东北地区图书最全的书店，竟然没有关于单片机的书，这也太雷人了吧！不会的，一定是我没找对，也许就在电子技术区的一个小角落里，还是问问吧。一个漂亮的服务员阿姨把手指向远方一个神秘又陌生的地方，那是离电子技术区很远的另一个书架。那时的我怎么也不会想到，那个书客稀少的地方竟是我心中的“香格里拉”。

《单片机基础教程》《单片机接口技术》《MCS-51 单片机教程》《51 系列单片机设计实例》…… 我的天！满满的 3 个书架全是关于单片机的书，让我哭笑不得。不知是该笑我发现了“新大陆”好呢，还是该哭我的无知可笑好。我随手抽了一本单片机教程看了看，除了扉页上的字能看明白，其他都是天书。这时我才感觉到世界的博大、自己的渺小，想到了书山有路、学海无涯，想到了爱因斯坦，想到了我今天中午不吃饭也得在这儿好好地看看这些书。

首先我要了解，了解单片机是不是我感兴趣的知识，这点很重要，除了兴趣又会有什么能长久不断地提供给我们学习、研究的原动力呢？等了解了再入门，入门了再深入学习，这是大多数人的学习方式，我也没有另辟蹊径的能力。我找了好久才看到一本中学生学习单片机的书，我想先别整高深的了，看看写给中学生学习单片机的书我能否看懂吧！看了一会，我差一点冲动地把它买下来，幸好理智的头脑战胜了感性的神经。因为这本书只是讲了一个成品单片机学习板的功能及使用方法，它是一个完整的产品，使用者只需用键盘输入十进制数的指令，就可让其完成特定的功能。按现在来说这不能算是单片机实验板，而是用单片机开发出的一个玩具。抱着再考虑一下的心理，我放下了这本书。又过了好大一会儿，我找到了几本标有“单片机入门”字样的书，看起来是给我这种菜鸟看的了。果不其然，通过看这几本书，我了解到了单片机的基础知识，知道了什么是单片机、单片机的用途，这下我找到了学习单片机技术的“敲门砖”。

我说服了我的父母在经济和精神上（主要还是在经济上）支持我。当时我正在读大学，学校虽然离电子市场很远，可我每个星期都要去几次。父母倾家荡产给我买了电脑，还给了一笔钱来买元器件和工具。我的劲头儿更大了，在书店买了许多书来参考并在几天时间里夜以继日地焊好了单片机实验板和 ISP 下载线，制作中我发现单片机的电路要比数模电路更简单。用软件下载单片机程序，这个我从来没有用过，总感觉是一件很复杂的事情。还好，对照着书的说明，一步一步都很顺利。“嘟嘟嘟”，程序下载完成，实验板上的一个发光二极管闪烁了，这正是我期盼的结果。隐约地可以回忆起第一次看到自己下载的程序在实验板上运行时的欣喜。之后又按同样的方法下载其他程序都很成功，我才知道单片机并不难，只是我之前不了解而将它想得复杂了。我开始找一些制作例子，仿制一些别人的作品，虽然制作过程中有一些问题，可是只要认真检查，最终都成功了。再后来我开始修改别人的程序，看改一个数值、换一行句子会有什么变化。我慢慢地学着自己写程序，照着别人的程序写，按照自己的想法写，感觉学习单片机并不难，只要多和网友交流、多看书、多动手、多思考。

我享受着玩单片机时那种无法言表的兴奋和快乐，我爱上了单片机，深深地爱着它。它占据了我的事业、我的业余时间。我们在一起相处得很默契，它很乖，从不惹我生气。我们一起玩耍，我玩它的时候，它总能给我带来幸福和成就感。它玩我的时候，我总是会烦躁、不知所措，可是耐心研究之后，发现过错总是出自我的马虎大意。它无怨无悔地跟着我，从不会主动和我分手，除非它死去。我希望永远和它在一起，爱它、玩它。如果非要在这份爱上加一个期限的话，我希望是一万年。现在我建立了自己的工作室，专门和志同道合的朋友研究单片机的设计与应用。我将我和单片机之间的故事写下来与大家分享，希望能让更多的朋友爱上单片机，分享单片机带给我们的无上欢愉。

何方神圣

依我看，单片机就是一块在集成电路芯片上集成了一台有一定规模的微型计算机，简称为“单片微型计算机”或“单片机”（Single Chip Microcontroller）。简单地说，单片机是一种可以输入程序的微型计算机，也就是所谓的电脑。它是以一种集成电路块的外形出现的，即一个黑黑的塑料外壳伸出几只金属脚，好像一只刚从墨水里爬出来的多脚虫，到现在我也没弄明白为什么芯片只用黑色而不用美丽的天蓝色或是活泼的橙红色。我们可以通过向单片机的内部输入一个“你想让它干什么”的程序，它就可以按照你的吩咐为你服务了。那单片机这东西到底可以干什么呢？难道可以帮我们洗衣、做饭？是呀，其实我们现在生活中的电器大都用到了单片机。我们的洗衣机里就用到了单片机控制，可以设定好洗衣时间和方式，它就会按照你的设置按时上水、洗涤、脱水。我们家中的电磁炉、微波炉也用到了单片机，由它控制火力、时间，做出香喷喷的猪肉炖粉条。这样一来，单片机真的可以为我们洗衣、做饭了。因为单片机是用程序进行控制的，所以节省了许多硬件电路，而且让电路更加精准、小巧。如果各位朋友有一定数字电路制作基础的话，学起单片机来就会更加容易了。

AT89S52 单片机和配套的芯片座

各种封装的 STC 系列单片机

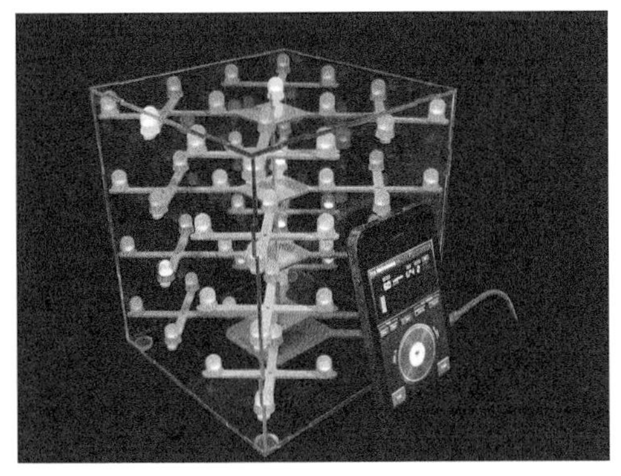

CUBE4 彩色光立方

CUBE8 光立方

Mini 3216 电子时钟

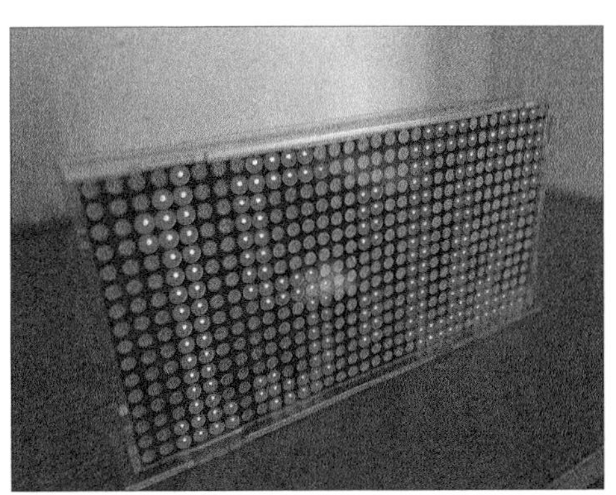

DB1-007 电子钟

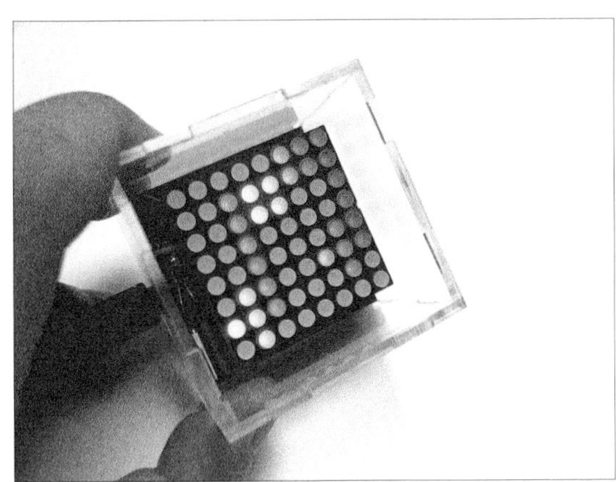

DB1-001 电子积木

现在的单片机及嵌入式系统应用真可以说是无处不在了，上到卫星、导弹，下至手机、MP3、空调都有涉及。采用单片机与嵌入式系统技术进行开发是未来高精尖科技领域不可逆转的发展趋势。

说了这么多，有朋友会问了："单片机这么好，贵不贵呀？在哪里能买到呀？我应该怎么学单片机呢？"大家不要急，俺来说两句。单片机虽然是一种比较高级的电子产品，但并没有我们想象的那么高不可攀。以前大多数爱好者入门常用的单片机是8051系列单片机，这种单片机，技术是比较成熟的，在国外已经有几十年历史了，可以说不管是稳定性还是可靠性都近乎完美。而这样的一块单片机（以89C51这一款较常用的单片机为例）价格却不超过10元，这种单片机在各大电子元器件市场和网上均有销售，物美价廉、童叟无欺。只要是有一些电子技术方面的基础知识又愿意认真看这本书的朋友，都可以学会，并玩转它，学习单片机就像纯美的爱情一样，不分年龄、距离、身份、穷富，只需要一份执着的爱和热切的心。

如今，单片机技术已经有了非常大的发展，各种不同功能、用途的单片机也层出不穷。目前据我了解，单片机家族中有以MCS-51（即8051）为内核的单片机（如STC11F60、AT89S52、89LPC231）、AVR单片机（如ATmega128、ATtiny11），PIC单片机（如PIC18F8720）、凌阳16位单片机等，其中使用最广、资料最多、也是最基本的单片机就是以51为内核的单片机。8051单片机是INTEL公司最早推出的一款8位的单片机，后来的不少大公司如Atmel、Philips、宏晶都借用8051系列单片机的内核开发出了有自己特色的增强型8051单片机产品。目前初学者学习、实验较常见的当属Atmel公司的89系列单片机（如89S51、89S52），该系列单片机也是51内核并支持ISP（In System Program，在系统编程）下载程序功能，现在大多数单片机入门类图书用89系列单片机作为初学者入门的应用实例。如果我是十几年前写这本书的话，我也会如法炮制，可是社会在发展、时代在进步，看遍单片机世界弱水三千，我终于对于单片机入门又有了新见解。本书将使用最近流行的宏晶公司的STC系列单片机作为讲解实例，这是我目前使用过的最容易入门、很方便上手的产品，保证让你的入门轻松愉快，而且一通百通，烦恼去无踪。

千金一诺

选举总是一种能力和技巧的较量，候选人往往会向选民许下承诺，他如果就职，之后会实现怎样的目标，选民们为此或疯狂，或不屑一顾。我觉得这个游戏很好玩，可以树立信心，又给自己充足的动力实现诺言，我也如法炮制，给自己一点压力把书写好。

亲爱的朋友们，只要你认真看过本书，我将兑现以下的承诺。

- 对单片机产生兴趣（能从头一直看到这里的朋友应该已经有了兴趣）。
- 熟练完成单片机硬件制作和程序下载。
- 熟悉单片机的程序原理并可以独立编写。
- 掌握单片机工程的设计与实现，同时积累工程经验。
- 了解单片机及嵌入式系统行业，了解自己的行业目标。

- 了解学习单片机过程中的常见问题与解答，了解作者的个人经验。
- 完成以上内容，你的经历将会给你更多。

如果我煽动性的言语让你产生了兴趣爱好，那再好不过了。爱好是我们学习最好的老师。如果你真的有了这方面的爱好就尽情发挥吧。欢迎加入单片机爱好者的行列，你的生活将因此而改变。

第2节 新建面包板

目录

- 认识面包板
- 精简化电路
- 发散性实验

认识面包板

我是“80 后”的孩子，在我 10 岁的时候，爸爸给我买了一台小霸王学习机，我第一次学习打字。13 岁的时候，我才在一家工厂的微机室里第一次看到电脑，回到家里就在小伙伴面前吹嘘说自己看到了电脑，他们无不用羡慕和忌妒的眼神看着我口水飞溅。现在的我更羡慕“90 后”和“00 后”的孩子，他们一生下来就有几台高清摄影机对着他们拍呀拍，童年游戏也不再是丢沙包和弹玻璃球，而是 PSP、MP4、QQ、E-mail、Hi-Fi、iPhone 等，洋气得很，而我还停留在古板和保守的世界里。古代的人们是向上看，继承祖先的传统的；现代的人们是向下看，从比自己年轻的人身上学习的。所以本书中的大部分内容没有继承传统单片机的入门学习方法，而是独立研究、创新，开拓了一套新途径。随着网络的发展，阅读慢慢从文字阅读时代到读图时代，再由读图时代发展到今天的视频时代。纸质书中不能直接插入视频，所以本书使用了大量图片，尽力让读者读图学习单片机。建议大家先看一遍书中图片，在心中留个大体的印象，之后再回过头来细品我轻松幽默的文字。经“临床”实验证明，这种方法可以大大提高效率。

“面包总会有的，牛奶也会有的。”当我们一无所有、一无所知的时候，总是希望从基础开始，一点一点地进步。这是理性的单片机初学者。怎么让单片机实验变得更简单、更容易，成了我在写作之前考虑最多的问题。按照传统的思路就是买一块现成的单片机开发板来学习，否则就自己动手焊接一块开发板出来。买开发板需要一定的经济投入，对于一些穷学生或是葛朗台一般的人物来说，就相当于把用铁丝拴在肋骨上的钱一张一张往下拽，那是相当心疼呀。更关键的是，买现成的开发板是会造成对单片机硬件原理缺少深刻理解的，因为硬件已经由开发板公司做好，虽然他们善意地给出了电路原理图，可是并不会介绍为什么要这样设计电路、这样设计有什么好处。你对单片机硬件的了解也只能停留在现有电路的惯性思维上。当然了，凭你的聪明才智终有一天是会指点江山的，只是会多走一些弯路、多花一些时间。我很赞成初学者DIY一块开发板，上面根据学习的需要焊上单片机、电源电路、小彩灯、小按钮什么的，不断学习、实验，然后慢慢再增加一些东西上去。虽然这样说会招来一些开发板厂商的冷漠目光，但我还是希望有条件的初学者尽量这样做。可是自己焊接开发板又引出一个新问题，就是焊接的周期。一个焊接好手，用洞洞板（万能实验板）焊接一个开发板至少也要几个小时，再加上调试、修改和解决一些莫名其妙的问题，等一切调试正常之后，黄花菜和你的热情之心一起凉了。我希望有兴趣的朋友可以在10分钟内就快速地制作并看到实验效果，然后乐意玩的留下，不乐意玩的可以去通风阴凉处。思来想去之后，我确定用面包板。用面包板学习数模电路的我见过，用它来学习单片机的以前我还没有得见，但这并不是长久之计，我们不能用面包板完成本书中介绍的所有实例的制作，只是希望借此来达到我上面所说的快速入门的目的。面包板还可以用来快速将你脑袋里的电路构想实现出来，在尝试新的电路设计时可以尽情发挥其长处。

什么是面包板？它不是食物，也不是制作面包时用的模具，而是用来插接电路的实验板。正因为长得像布满洞洞的面包，故得名面包板。依我的性格，就应该叫它蜂窝板。它就相当于一个家用的电源插座，把电脑、电视机、冰箱、洗衣机等电器的电源插头插在上面，组成了我们的家用电器电路。而面包板就是把电子元器件当成家用电器，把元器件的引脚插在它上面，组成各种不同的电路。面包板正面布满孔洞，它们中的每一个孔洞都不是独立的，而是按一定的规则连接在一起的。市场上常见的面包板是对称的双排结构，以我购买的进口面包板为例，按行列划分，共有63行（1～63）和10列（a～j），两侧有电源连接口。每一行的前5列（a、b、c、d、e）为一组，它们之间是连接在一起的，后5列（f、g、h、i、j）为一组，它们之间也是连接在一起的。两侧的电源连接口是列向全部连接在一起的，但还有一些面包板的电源连接口是列向分几段连接在一起的，购买的时候要问问店老板，或者回到家里问问万用表。

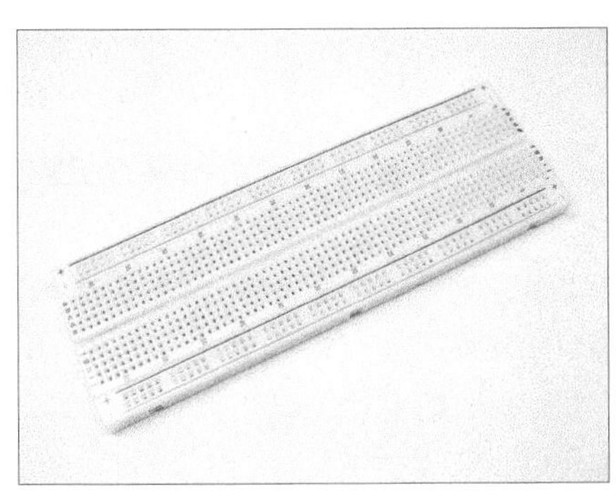

面包板外观

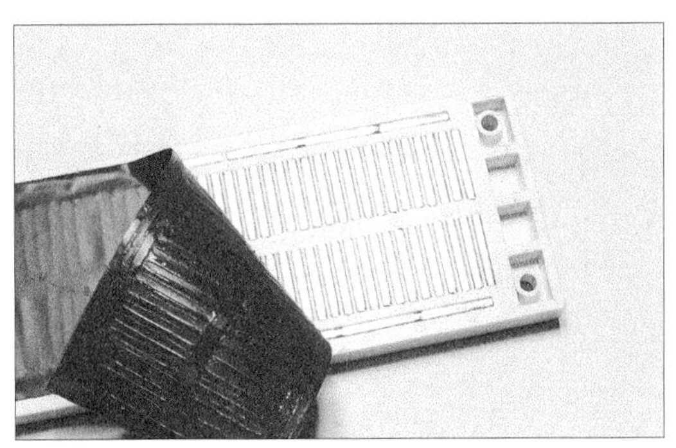

面包板内部结构

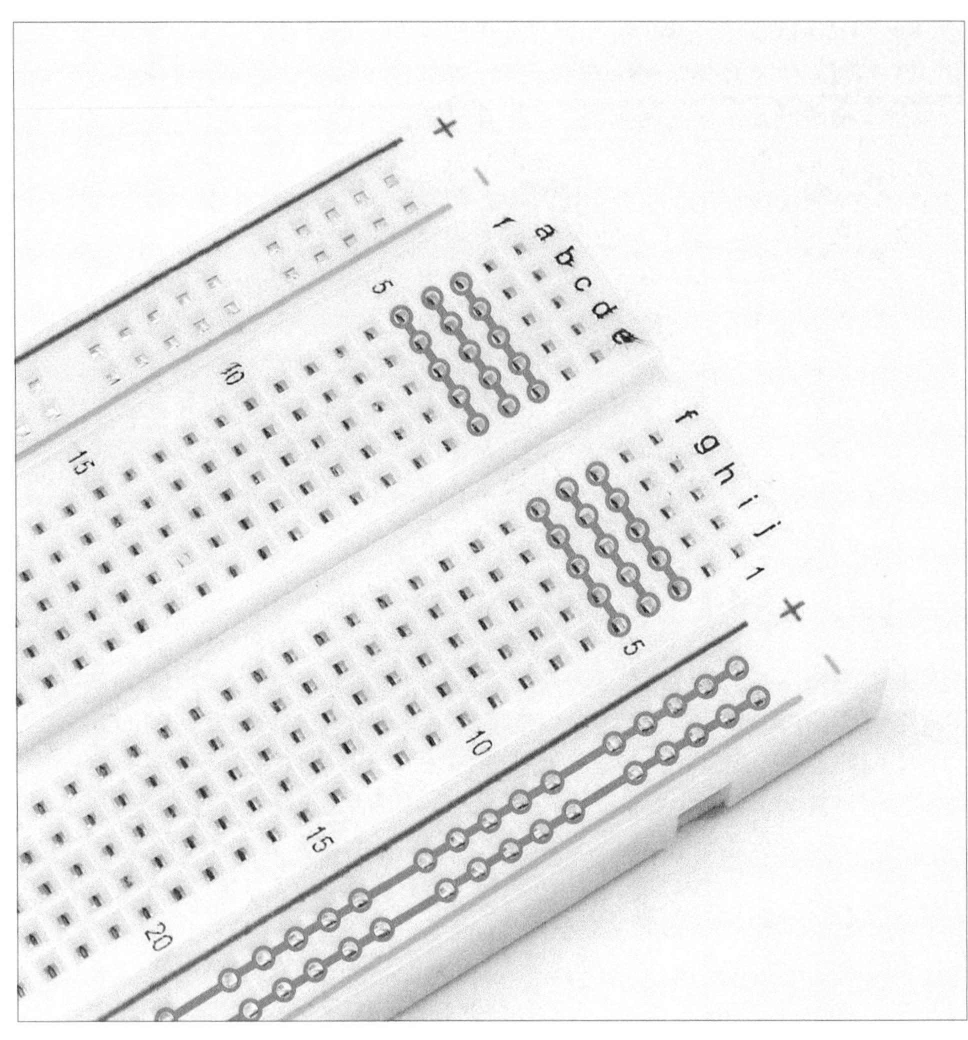

面包板内部电路连接关系

精简化电路

我的一位参谋朋友听说我要用极少的元器件在面包板上做单片机实验的时候，坐到了反方的答辩席上。首先他觉得用面包板搭建的电路会有不稳定的情况，一不小心碰到，就会接触不良。正方观点认为，这个并不是使用面包板所带来的问题，而要看面包板的质量。市场上卖面包板的地方都会有多种款式和价位的产品，有7元的、25元的。虽然大家都喜欢价廉物美，但便宜货质量不好，建议买高质量的产品。再说了，面包板的这种插接方式和家用的电源插座类似，电源插座也分三六九等，不会有人因为低档的插座接触不良就说所有插座都接触不良，然后把插头和电线直接焊在一起吧?

大参谋问："你说要用极少的元器件来搭建最小系统，那会是多少呢? 复位电路总要有吧? "

我说："没有，因为我用的是 STC12C2052 单片机，它内部集成了复位电路，就不需要外部复位电路了。"

大参谋又问："那晶体振荡器电路总得有吧，不然没有时钟基准，单片机怎么工作呀！"

我说："没有，因为 STC12C2052 内部集成了时钟电路，虽然精度不高，但还是可以省去外部晶体振荡器电路的，如果有高精度时钟的要求，再使用外部晶体。"

大参谋又问："那 5V 稳压电源电路总应该有吧？"

我说："这个真没有！因为我使用 3 节普通碱性电池（5 号或 7 号）来提供 4.5V 的电源电压给单片机，所以不需要利用市电供电的降压、稳压电路，也不需要考虑设计电源滤波电路。"

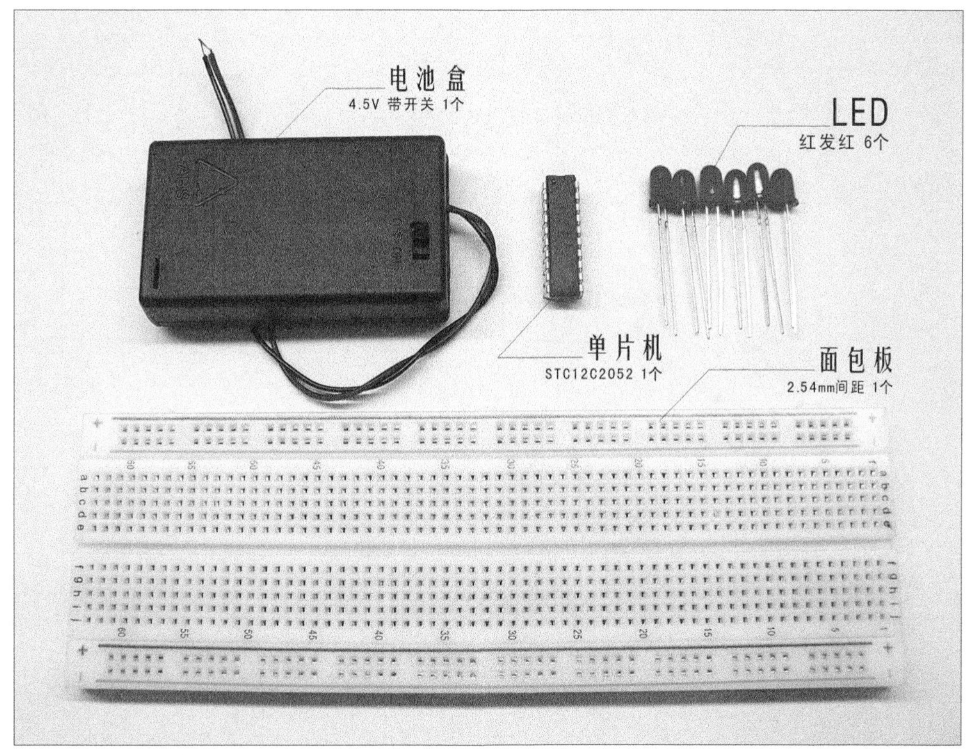

完成实验所需的元器件

剩下的只有 1 块单片机、1 个电池盒、1 只 LED、1 块面包板，还有 1 个充满激情、热血沸腾的你。实验变得如此简单，就连数字电路入门也不能与之媲美。正因为元器件极少，所以制作简单、快速，你可以在 10 分钟之内完成制作并看到实验效果，甚至还有时间去一趟厕所，欣赏一下小便池上方的油画。顺便说一下，学习单片机是必须要有 1 台电脑的，这一点没有任何商量的余地。你可以有了电脑再来学习单片机，也可以为了学习单片机而购买 1 台电脑。

我忘了是哪部抗日题材的电影里有一句经典台词："别看你今天闹得欢，小心将来拉清单。"当时我还真不知道这话的意思，但写到这里的时候，我终于明白了，玩了这么长时间单片机，今天终于轮到我拉清单了——元器件采购的清单。清单里面我列出了大概的市场价格，以防你被黑。可以直接拿清单到电子市场购买，附近没有电子市场的朋友也可以在网上邮购，你一定会千方百计弄到的，对此我充满信心。其实满打满算，玩单片机也要不了几个钱，一般的元器件也就几块钱，几块钱能买什么？买不了房子，买不了田，买几个元器件能用好几年。必要的时候可以和老板砍砍价，你砍得多省得多，回去能买辆自行车。

元器件清单

品名	型号	数量（个）	参考价（元）	备注
电池盒	3 节 7 号	1	2.00	可选择其他电池，保证输出电压在 4.5 ~ 5V
单片机	STC12C2052	1	5.00	可用 STC12C2052AD 替换
LED	直插 Φ5mm	6	0.20	可选择各种其他颜色和型号的 LED
面包板	2.54mm 间距	1	10.00	

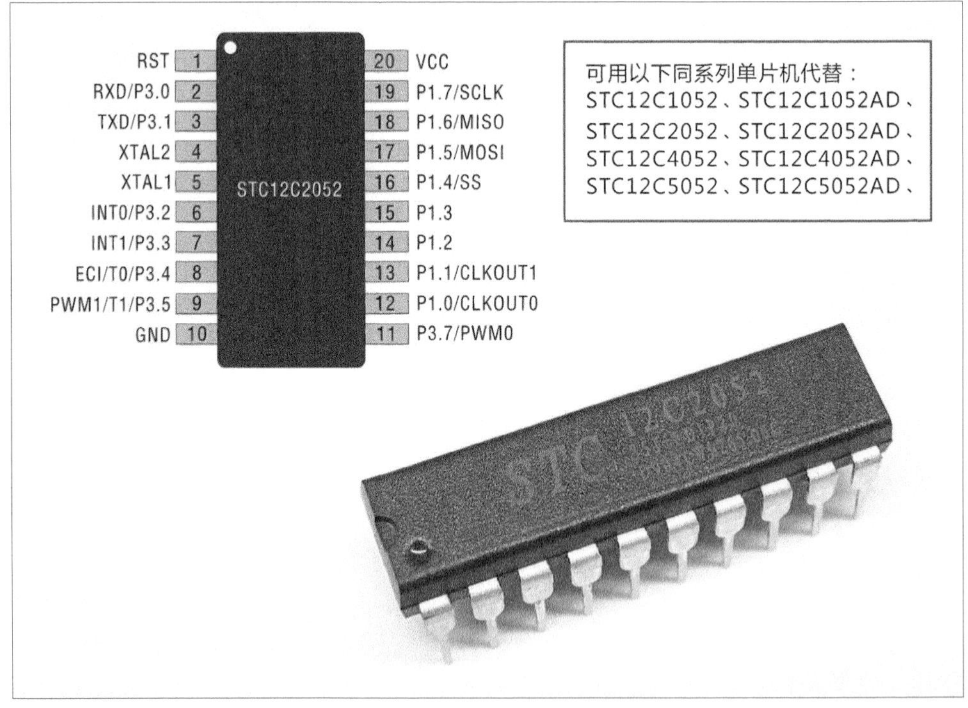

STC12C2052 单片机实物图与引脚定义

这就是我们的主角——STC12C2052，它的工作电压是 3.5 ~ 5.5V，分工业级（I）和商业级（C）的产品，我们仅是实验，用哪一种都可以。从引脚定义图来看，第

20 脚是电源正极（VCC），第 10 脚是电源地端（GND）。第 19 脚是单片机的一个 I/O 接口，名为 P1.7。如果是对口相声，当我讲到这里时，旁边捧哏的一定会把我拦住，让我解释一下什么是 I/O 接口，然后下面的观众一起“嘘……”。I/O 接口嘛，可以顾名思义，就是 IN/OUT，写成中文就是输入 / 输出接口，这是单片机最基本的接口了，可以说是单片机就有 I/O 接口。那输入、输出的是什么东西呢？不是别的，正是电平。如果你还要问电平是什么东西，我除了恨你才疏学浅之外，还会佩服你有一种打破砂锅问到底的精神。电平是一个相对的概念，如果你光看专家的解释，保证你头晕三日。

简单地说，1 个电路里有 1 个公共地端（GND），如果还有 1 个 5V 的电源（VCC），则 5V 是高电平，公共地端是低电平。如果还有 1 个 –5V，那么 –5V 和前两者比就是低电平。电平和身高一样，你自己一个人没有高矮的概念，你要是和姚明比，你就是低电平，他是高电平；你要是和武大郎比，你就是高电平，他是低电平。1 个单片机电路里有公共地端和 5V 的电源端（如果用 3 节电池供电就是 4.5V，但通常习惯上用 5V 电源供电，用电池供电只是我想出来的妙计），所以说 5V 是高电平，公共地端是低电平。另外要注意电平不单指电压，就好像说健康不单指身体一样，我们只是以电压为例来说明。

“I/O 接口可以输入、输出电平又是怎么回事呢？”捧哏的又问。我们先来看输入，输入的意思就是输入给单片机，让它知道我们输入的是高电平还是低电平，这样我们就可以控制它了。给它下载一个程序，让它在检测到我们输入高电平的时候做什么事儿，检测到低电平的时候做什么事儿，它就会被我们玩弄于股掌之间。反过来输出也是一样，单片机可以自己输出高电平或是低电平。我们就可以写一个程序，让它在 I/O 接口上输出高、低电平去控制一些东西，或者我们读出它的高、低电平状态来观察它在干什么。

一个单片机上有好多个 I/O 接口，我们现在用的这款 STC12C2052 上就有 15 个 I/O 接口，还有 32 个、64 个和更多的，以后我们会慢慢了解的。我们可以通过写一个程序，让单片机的某几个 I/O 接口作为输入，来接收我们的命令；再把另几个 I/O 接口作为输出，来控制我们要控制的东西。

比如我们在 1 个 I/O 接口上连接 1 个小开关，就假设这个 I/O 接口是 P3.4 吧（第 8 脚），开关的另一端接到 5V 电源（VCC）上。在另一个 I/O 接口上接 1 个 LED，假设是 P1.7 吧（第 19 脚），LED 另一端接在公共地端（GND）。写一个小程序告诉单片机，当我们接通开关（P3.4 与 VCC 短接）时则接在 P1.7 上的 LED 点亮（P1.7 输出了高电平）。程序运行时，单片机就会不断地检查 P3.4 接口的电平状态，当 P3.4 接口输入为高电平（开关接通）时，单片机就会以迅雷不及掩耳之速度输出高电平给 P1.7 接口，让 LED 点亮。这就是单片机 I/O 接口的功能之所在。讲到此处，台下观众热烈鼓掌。

电池盒

我购买的电池盒是容纳 3 节 7 号电池的，体积小巧，自带开关，才 2 元 1 个，很实惠。你也可以用 5 号电池、5V 的电源变压器、USB 充电器或是其他电源，只要保证给单片机电路供电的是 3.5 ～ 5.5V 的直流电源就行。电池盒最好选择自带开关的，如果买不到就要在不用的时候把电池取出来。不然万一导线短路了，保险公司的人就有事情做了。电池盒正、负导线出厂时就已经镀了一层锡，可以直接插接在面包板上。注意红线是正极，黑线是负极，拿不准的话就去问问万用表。

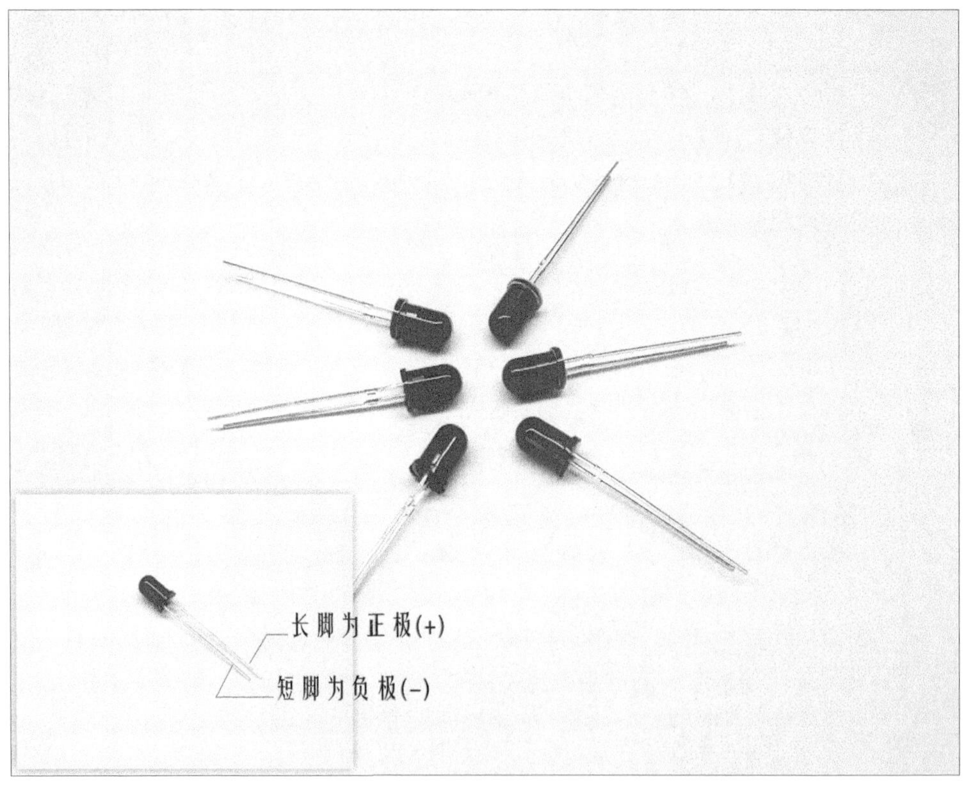

为便于拍照，我才买了红色的 LED，你当然可以选择自己喜欢的天蓝色或是清纯的白色 LED

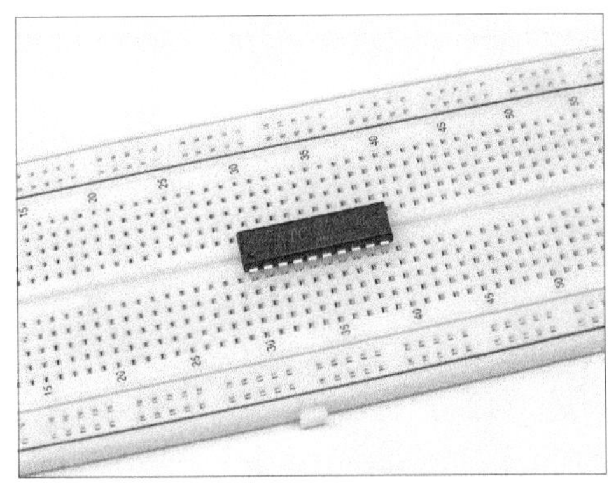
首先将单片机固定在面包板的中央

单片机的第20脚接电源正极，第10脚接地（负极）

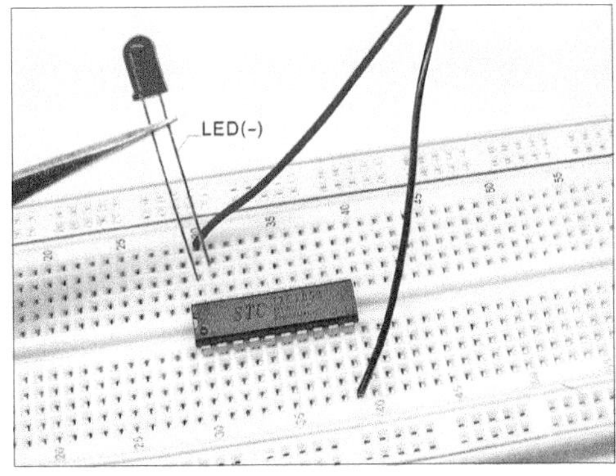

LED 正极与单片机第 20 脚连接，
负极与单片机第 19 脚连接

所有连接完成

打开电源开关，LED 非常明亮地开始闪烁，说明我们的实验成功了。这是因为单片机在厂商生产时候就写入了 1 个彩灯的小程序，就是为了快速验证单片机的好坏，也正好帮助我们完成了第 1 个单片机的实验。有人会说了，就 1 个小灯一闪一闪亮晶晶有什么好玩的。别急，下面我们来玩 3 个灯的。

发散性实验

连接 3 个 LED 产生流水灯的效果，有没有发现这次 LED 的亮度没有上一个实验中单个 LED 的高了？是因为接了 3 个 LED 把亮度平分了呢？还是连接的位置不同而亮度不同呢？不要着急并保持这份好奇心，后面章节自有答案。

电路连接说明

	LED 极性	单片机引脚
第 1 个 LED	正极（+）	19 脚
	负极（-）	18 脚
第 2 个 LED	正极（+）	17 脚
	负极（-）	16 脚
第 3 个 LED	正极（+）	15 脚
	负极（-）	14 脚

下面我们再来玩 6 个 LED 的流水灯，我把它们排成一个 V 字形，表示成功、胜

利的意思。成功在快乐闪烁的 LED 之中，胜利在于我们轻轻松松地和单片机来了个第一次亲密接触。

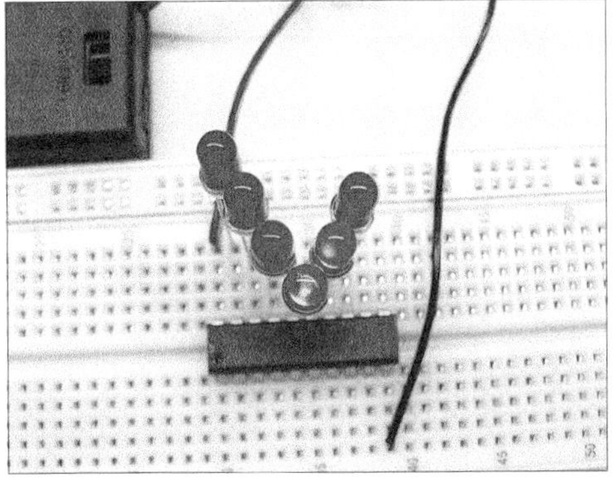

电路连接说明

	LED 极性	单片机引脚
第 1 个 LED	正极（+）	19 脚
	负极（-）	18 脚
第 2 个 LED	正极（+）	18 脚
	负极（-）	17 脚
第 3 个 LED	正极（+）	17 脚
	负极（-）	16 脚
第 4 个 LED	正极（+）	16 脚
	负极（-）	15 脚
第 5 个 LED	正极（+）	15 脚
	负极（-）	14 脚
第 6 个 LED	正极（+）	14 脚
	负极（-）	13 脚

连接 6 个 LED 产生更好玩的流水灯的效果。发挥你的想象力试一下别的接法，也许会有意想不到的彩灯效果。第一组实验结束之后，你有什么感想？是太简单，还是太有趣了呢？如果只是让单片机点亮几只 LED，那又有什么好学习的。怎么用单片机下载其他有趣的程序呢？敬请关注第 3 节《下载我程序》。

第3节 下载我程序

目录

- 我要下载——什么是程序下载
- 我有串口——用串口下载程序
- 我有USB——用USB接口下载程序
- 软件开始——使用下载软件完成下载

我要下载

在讲这一部分之前，先让大家猜一个谜语，活跃一下气氛。“远看像个单片机，近看还是单片机，是单片机确是单片机，就是不运行程序。”答案是没有写程序的单片机。单片机是一个好东西，它之所以可以傲视数字电路，就是因为它可以写程序。用软件程序代替硬件电路来实现更多的功能，成本和制作难度也不可匹敌。单片机下载了程序就活了过来，它就是克隆的另一个你自己，输入你的思想，帮你完成你想实现的伟大构想。有了程序的单片机即被赋予了72般变化，可控制你的家用电器、为你提醒日期、做你的生活助理、成为你的汽车报警器。我正沉迷于它的神奇之中，用我们的智慧，启动单片机的奔腾之芯。

要想给单片机下载程序，也并不简单。传统的教学里面不是推荐买一个现成的下载工具，就是要求读者DIY。真可谓有钱的出钱，有力的出力了。但是，凡是事情到了我这里都会变得轻松愉快，忘了销售员的殷勤微笑和复杂难懂的电路板制作吧，让我们用全新的方式下载单片机程序。而且不只是一种方式，还是买一送一的优惠大酬宾。

我有串口

“串口？您说的是远古时代的冷兵器吗？”当他听说我要用串口来讲单片机程序下载时，他使用了时下流行的夸张修辞方手法。这位不是我的大参谋，而是我的另一位朋友。他的生活前卫、时尚，桌上摆着2台电脑，浏览器上打开了一堆英文的门户网站，电视机旁边是Wii游戏机，沙发的角落里半露出一个白色的PSP，身居IT公司高管，对单片机略知一二。听说我要写书，他怪笑三声，扬长而去。今天过来串门，突然听说我要写关于串口的事情，惊讶之余，口出狂言。

他说："你说说现在哪个电脑上还有串口呀，我 1 台笔记本电脑、1 台台式机，里里外外没见过串口。"

我说："你只是个案，还是有不少读者的电脑上有串口呀。因为用串口制作下载工具的成本最低，才不到 6 块钱，在各大电子市场都可以买到元器件。我想这个还是有必要介绍的。"

他说："那没有串口的读者怎么办，像我这样，你就不考虑我们的感受吗？没有串口又不是我们的错，都怪你的单片机太落后，要是直接有用 USB 或蓝牙连接的单片机，那就什么问题都没有了。"

我说："你这就是抬扛了，没有串口的话可以买一个 USB 转 RS-232（串口）的转换线呀，几十块钱，市场上有很多卖的。"

他说："就为了一个下载电路还要再花几十块钱呀？"

我说："这有什么呀，反正串口在以后的学习中也会用到。另外我还会介绍一个用 USB 接口实现下载的小模块，才卖十几块钱，只是不太好买。我是把选择的权力交给读者了，让他们根据自己的情况去选择呀。"

"不听、不听、杜洋念经！"他一边摇头一边大叫，"反正我认为这个没必要，除非你白送我一个。"

"哈哈，我送你一个字——走！"我边说边将他推出门外。

大家不用听这个坏孩子的，整天就知道欺负我。如果你的电脑上有 9 针的串口，就直接跟着我完成下面的制作。没有串口的朋友可以考虑购买 USB 转 RS-232 的转换线，或是下文中的 USB 转 UART 的小模块，同样可以达到下载目的。

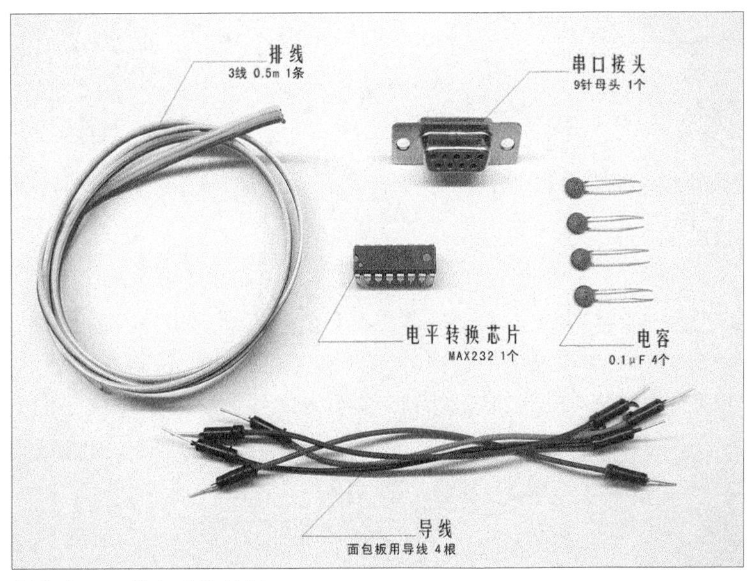

制作串口下载电路的材料

制作串口下载电路所需要的材料是在上文中面包板实验材料的基础上增加的，但并不多，也只有 5 种而已。下面列出它们的型号、数量和参考价格，购买的时候会很方便。

元器件清单

品名	型号	参考价格（元）	数量（个）	备注
电平转换芯片	MAX232	4.00	1	DIP 封装，可用 MAX3232 代替
串口接头	DB9 母头	0.50	1	
电容	0.1μF	0.02	4	瓷片电容，上面标有 104 字样
排线	0.5m 长 3 芯	0.30	1	
面包板用导线		0.10	4	一捆 70 条，10 元左右

MAX232 是一款常用的电平转换芯片，它的功能是把 RS-232 电平和 TTL 电平相互转换。我们的 PC 串口输出的是由 +12V 和 −12V 电平（RS-232 通信协议），而我们的单片机输出的是 +5V 和 0V 的 TTL 电平。MAX232 就是解决它们电平不一致的问题，将电平相互转换而达成通信。你还可以在网上找到使用其他电路实现的电平转换设备，这里仅以 MAX232 为例，也比较容易制作。

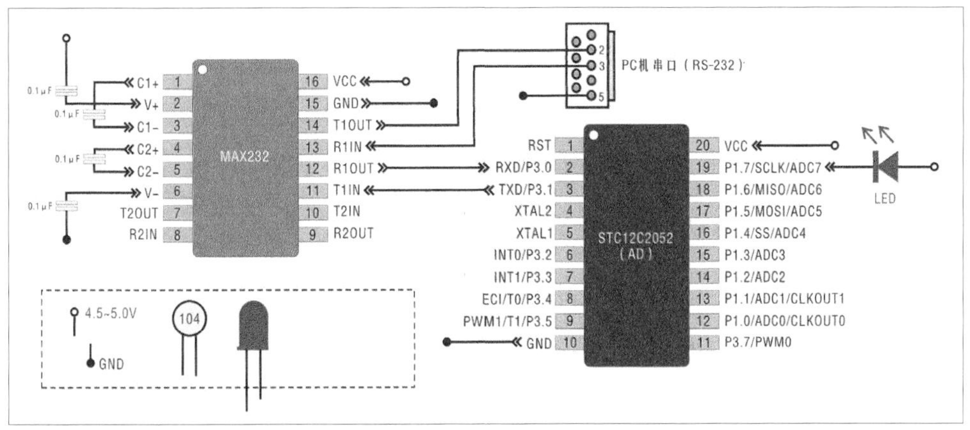

电路原理图

这是本书第一次出现电路原理图，我努力地让它能晚一点出现，因为它会让事情变得复杂，让你变得不知所措。我害怕初学者看到电路图会有一种惧怕的心理，所以下面我把整个实物的制作过程一一呈现。根据实物的照片完成制作，再回过头来看原理图，也许思路会清晰很多。单片机的电路原理图并不比数字和模块电路复杂，看懂原理图也是单片机入门、提高的必备素质。

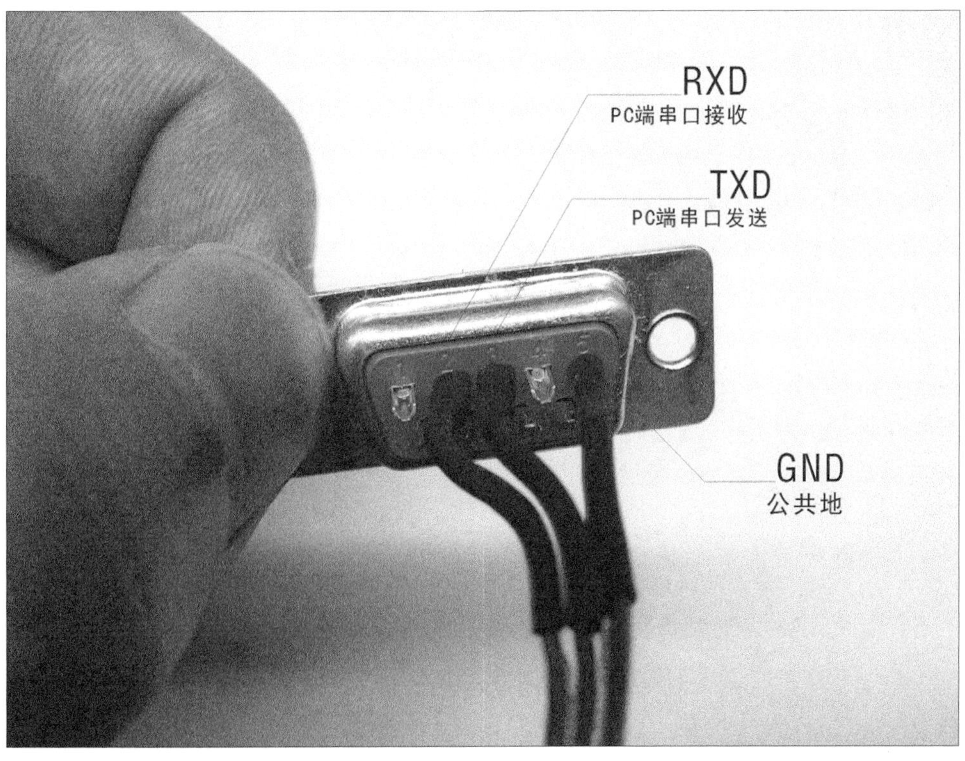

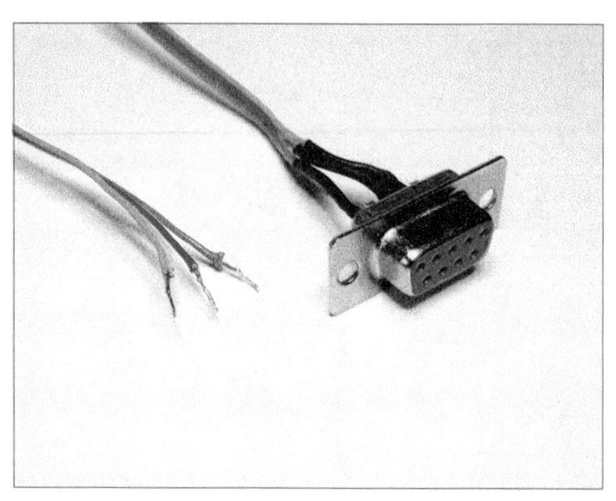

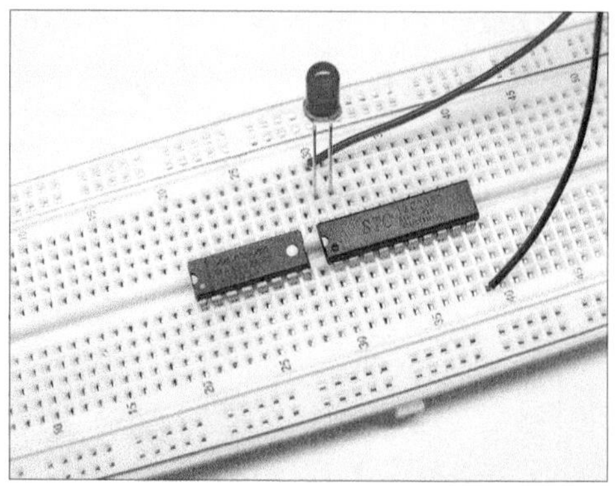

首先我们来制作 1 条 PC 串口连接线，旨在将 PC 主机箱上的串口连接到面包板上来。在 9 针串口接头上只需引出 2（TXD）、3（RXD）、5（GND）共 3 根线就可以。线的另一端用电烙铁挂上一层锡使之坚硬，可以方便地插入面包板。

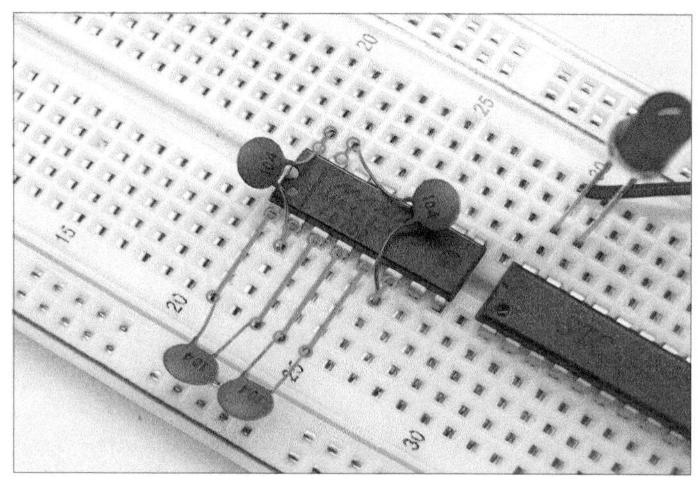

把 4 只小电容插在芯片引脚的对应位置

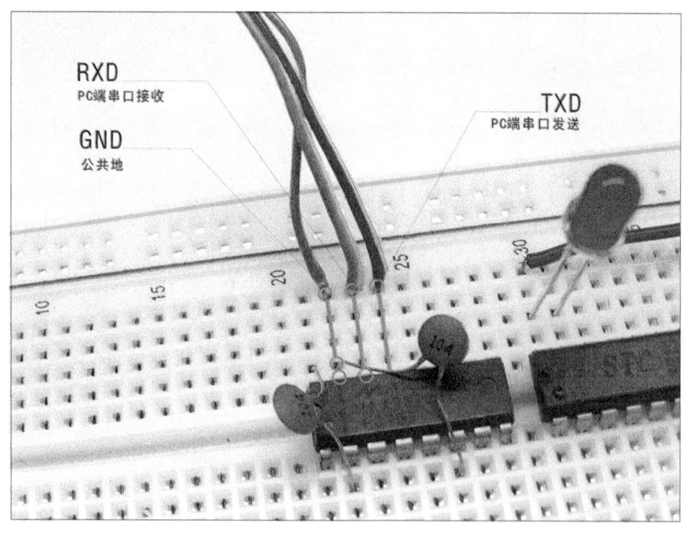

串口线 2 脚对应芯片 14 脚， 3 脚对应芯片 13 脚， 5 脚对应芯片 15 脚

电路连接说明

电容	MAX232
电容 1	1 脚
	3 脚
电容 2	4 脚
	5 脚
电容 3	2 脚
	16 脚
电容 4	6 脚
	15 脚
电容无正负极区分	

串口连接线	MAX232
2（RXD）	14 脚
3（TXD）	13 脚
5（GND）	15 脚

STC12C2052	MAX232	说明
2 脚	12 脚	
3 脚	11 脚	
20 脚	16 脚	电源 VCC
10 脚	15 脚	公共地 GND
用导线直接连接以上引脚		

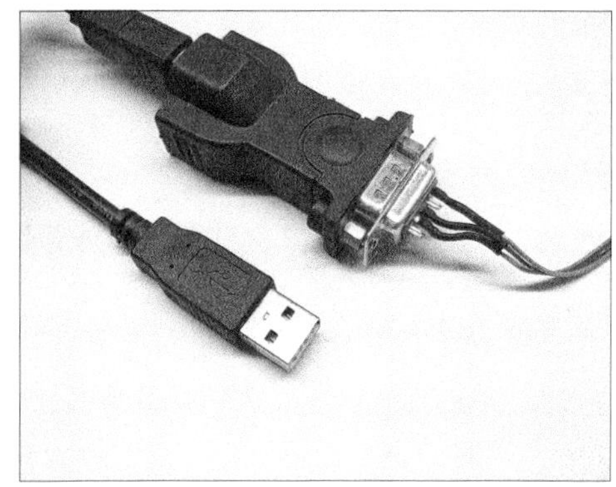

在上文中提到的单片机实验电路里直接加入新的电路部分，把 MAX232 插在单片机的前面，然后按实物照片插接 4 个电容和串口连接线。接好后，将串口接头连接在 PC 的串口上，或是 USB 转 RS-232 转换线上，就是这么简单。因为我的电脑没有串口，所以就用 USB 转 RS-232 转换线来演示。

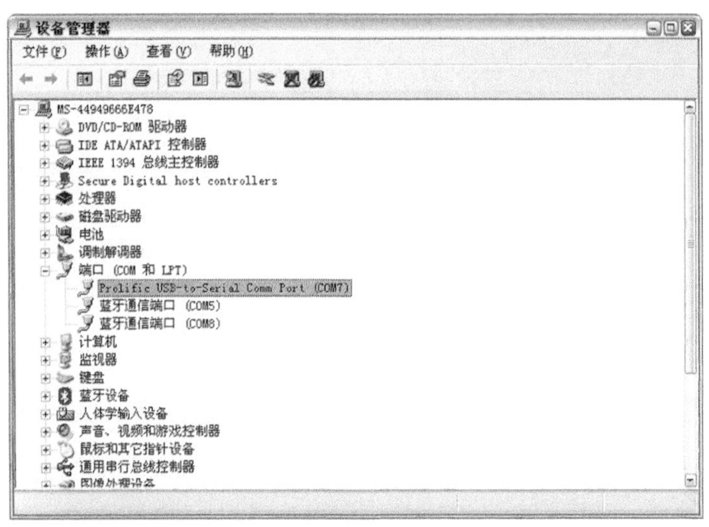

建议你在 PC 上使用 Windows XP 操作系统，其他操作系统可能会出现设置方法不同或是不兼容等问题。在 Windows 的“开始菜单”→“控制面板”→“性能和维护”→“系统”→“硬件”→“选项卡”→“设备管理器”，展开“端口”(COM 和 LPT)，可以看到 USB to Serial Comm Port 设备，记住后面括号中出现的串口号 (我的电脑是 COM7，你的可能不同)，后面软件操作中选择串口时要选择此处出现的串口号。

好了，硬件的制作到此结束了，下面我们要在软件上学习操作，给单片机下载程序，同时验证硬件的正确。如果你使用串口下载，则可以直接跳过“我有 USB”的部分而直接阅读“软件开始”。略过的时候可以欣赏一下漂亮的图片。

我有 USB

用 USB 接口下载，当我在电子市场里发现 USB 转 UART 模块时，我兴奋得笑了半天。这东西确实是有百利而无一害，价格便宜又好用，我现在一直用它。而且这个模块自带 5V 和 3.3V 电源输出，可以直接给 5V 或 3V 的单片机供电，可以省去电池盒。说到 UART，有些朋友可能不太明白，简单地说，UART 是一种具有单片机 TTL 电平的输入 / 输出，同时又支持 RS-232 通信协议的接口。通信的协议是 RS-232 标准的，可是电平并不是 +12V、−12V，而是单片机上的 TTL 电平。单片机上集成的串口功能其实就是 UART 的串口，需要用 MAX232 芯片才转换成标准的 RS-232 接口，并与电脑连接。如果还是不理解也没关系，经验多了，慢慢就会明白。

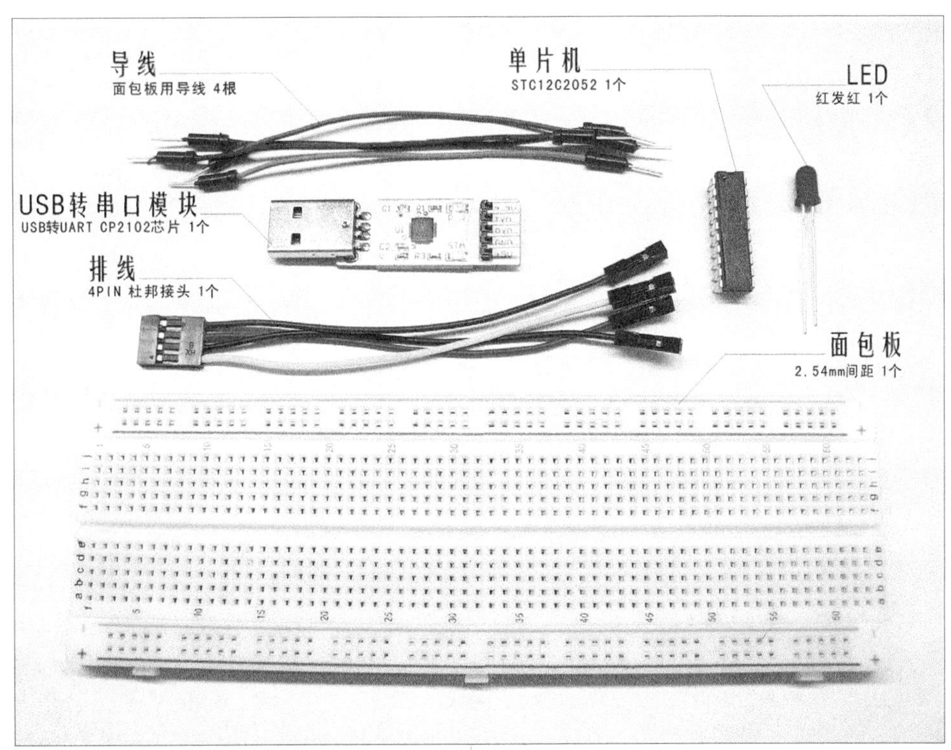

元器件清单

品名	型号	参考价格（元）	数量（个）	备注
USB 转 UART 模块		20.00	1	CP2102 芯片核心
单片机	STC12C2052	5.00	1	20 脚 DIP 封装
LED	直插 Φ5mm	0.20	1	可选各种其他颜色和型号的 LED
杜邦接口排线	0.1m 长，4 芯	2.00	1	
面包板	2.54mm 间距	10.00	1	
面包板用导线		0.10	4	一捆 70 条，10 元左右

电路连接说明

USB 转 UART 模块	STC12C2052
TXD	2 脚
RXD	3 脚
GND	10 脚
+5V	20 脚
用导线直接连接以上引脚	

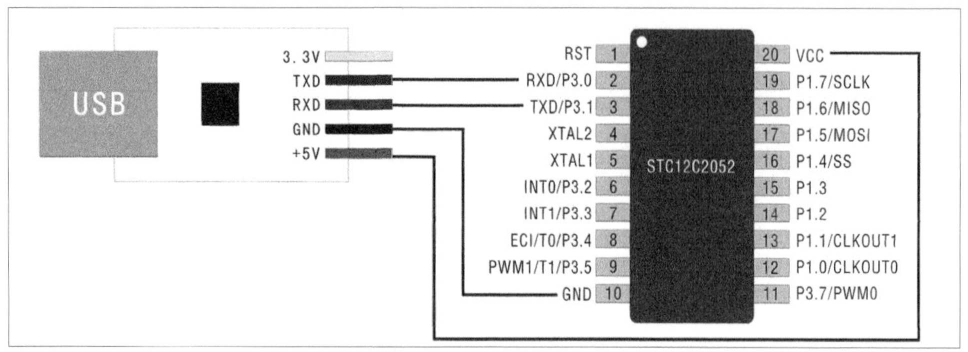

电路原理图

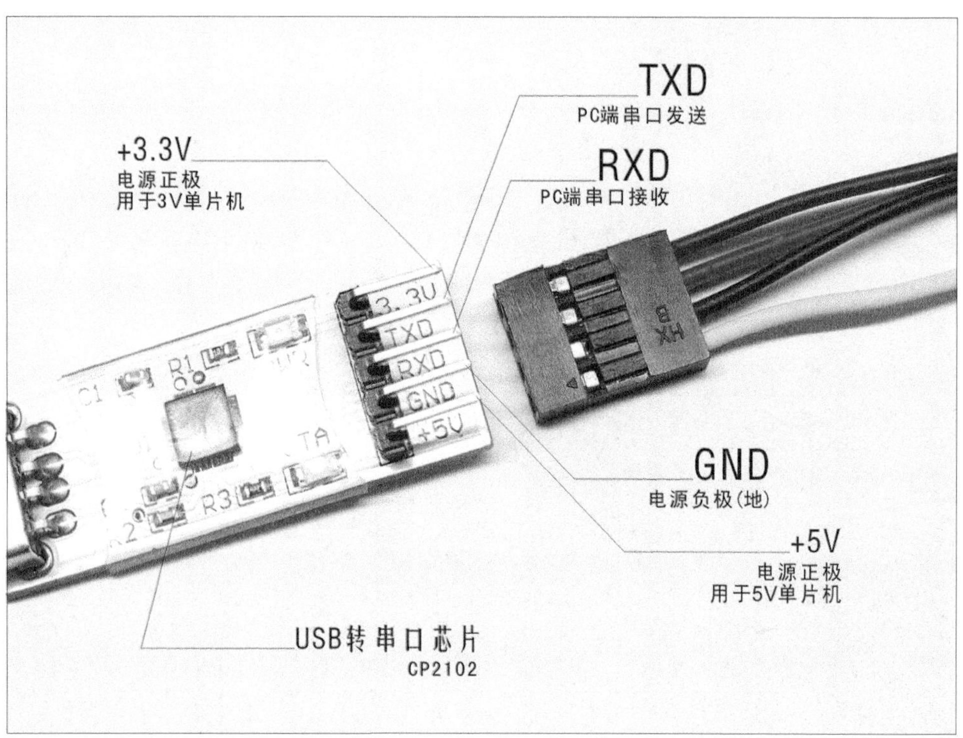

将排线插接在模块的 UART 端的接口上

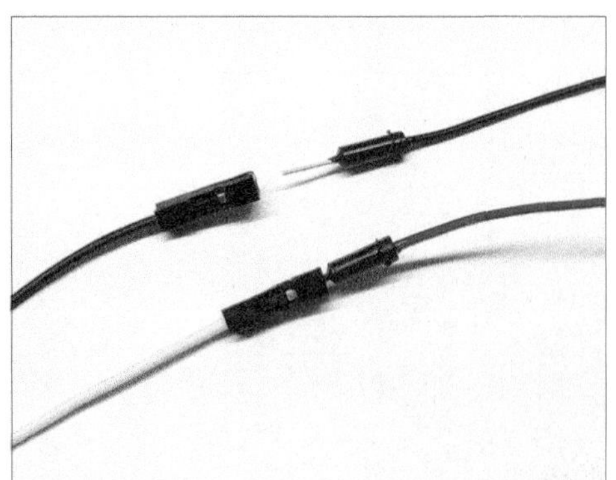

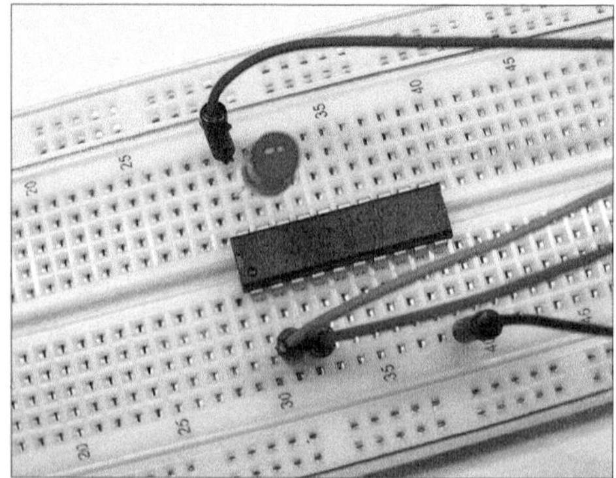

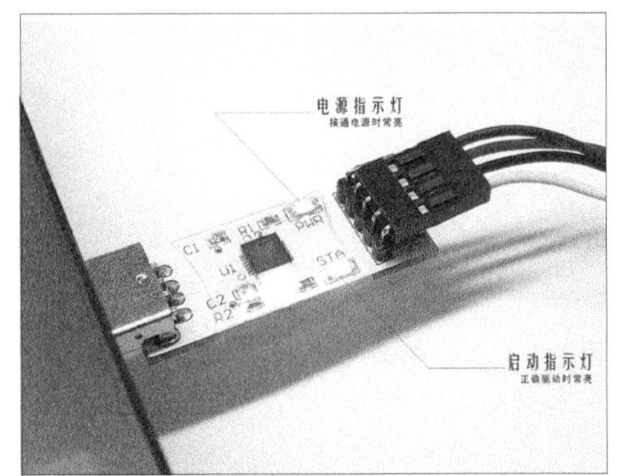

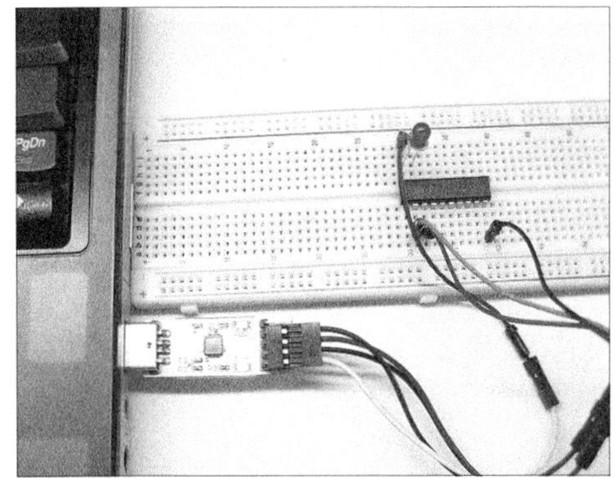

按图连接硬件

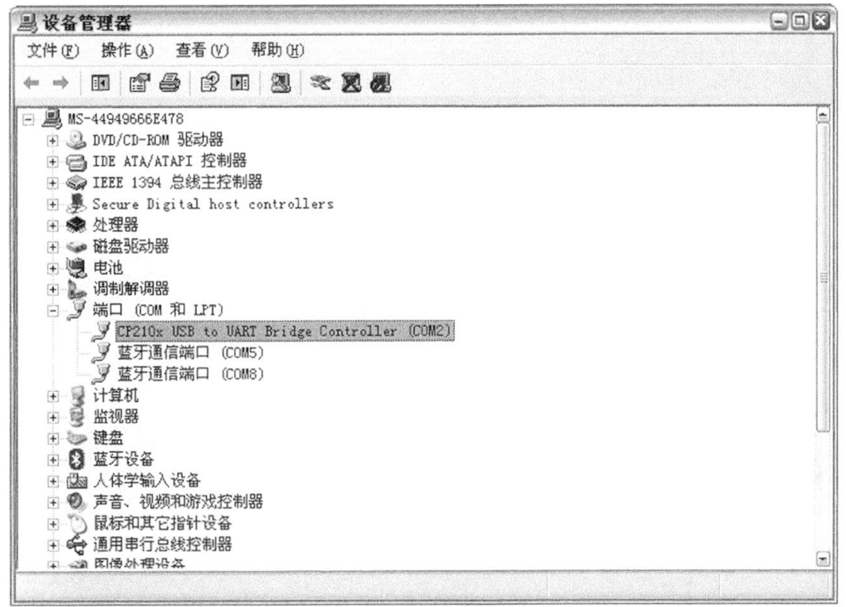

PC 识别出设备

把杜邦的排线接口接在 USB 转 UART 模块上，另一端的针孔可以和面包板用的导线插接在一起，再将导线接在面包板上。USB 转 TTL 电平模块接入 PC，安装模块厂商提供的 CP210x 芯片的 USB 驱动程序，在设备管理器中找到 CP210x USB to UART Bridge Controller 设备，记住后面的串口号（我的电脑上是 COM2），在软件操作时会用到。

软件开始

完成了硬件的制作，我心里多了几分忐忑，因为硬件做得正确与否，能不能成功下载程序，都还是未知数。这一部分，我们就来操作软件、下载程序，完成学习单片机最关键的一步。即使你没有戴金丝边眼镜，在下面的操作过程中也会让你显得很斯文。这是与键盘、鼠标、显示器有关的故事情节，有几片灰白颜色的软件窗口、

“嘟嘟”的提示音，还有期盼成功并始终专注的眼神。

其实我们已经完成了大部分内容，回顾一下看看，我们了解了单片机是什么、单片机能干什么、如何学习单片机，完成了第一个单片机实验，又制作了单片机的下载电路。了解了这些，我既兑现了承诺，也让你从中受益。下面我们来操作软件完成单片机程序的下载，听上去好像很简单，但认真的状态依然不可放松。

首先请你在下载资料包里找到名为 STC-ISP.exe 的软件，你也可以到宏晶公司的官方网站找到更新的版本。

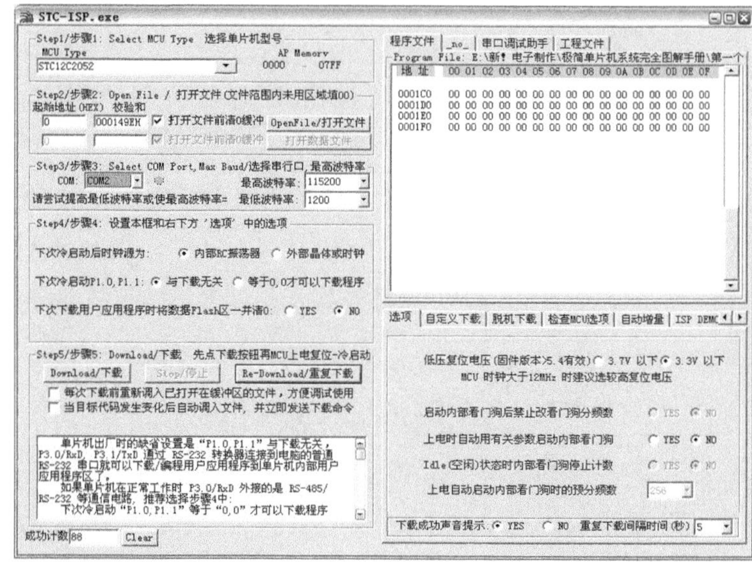

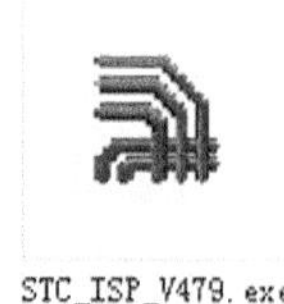

双击图标打开软件窗口，窗口的左边是从第 1 步到第 5 步的下载步骤，右边是常用的辅助功能。话分两头，单表左半边。

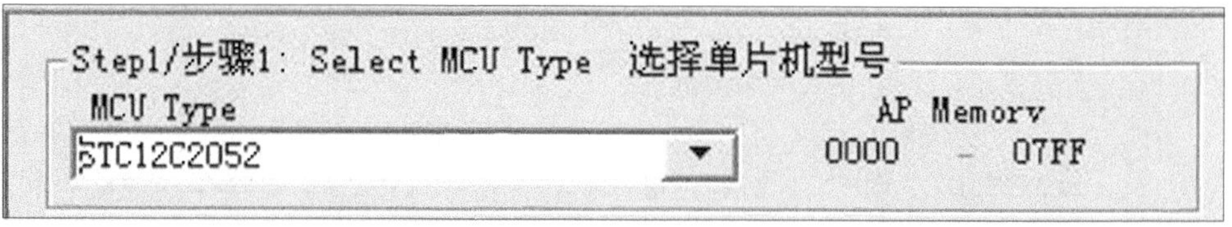

在第 1 步的单片机型号下拉列表中选择 STC12C2052，如果型号与实际连接的单片机型号不符，软件会弹出提示框说明这一点。

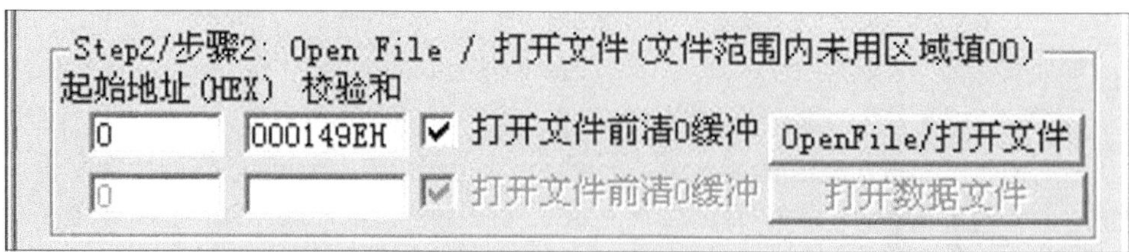

在第 2 步的区域中单击“打开文件”并打开光盘中“第一个工程”中的“第一个程序.hex”文件(关于 hex 文件，在第 2 章中会有详细介绍)。

Step3/步骤3: Select COM Port, Max Baud/选择串行口,最高波特率
COM: COM2 最高波特率: 115200
请尝试提高最低波特率或使最高波特率= 最低波特率: 1200

在第 3 步的选择串行口区域中选择设备管理器中显示的串口号(在我的电脑上是 COM2)。

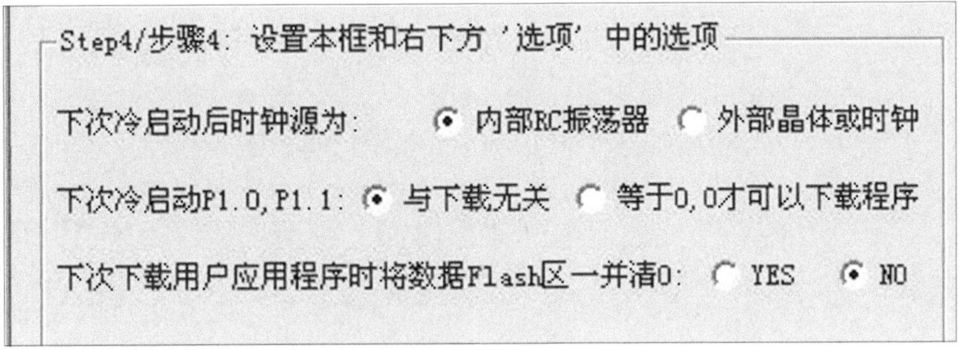

在第 4 步中选择“内部 RC 振荡器”“与下载无关”和“NO”。

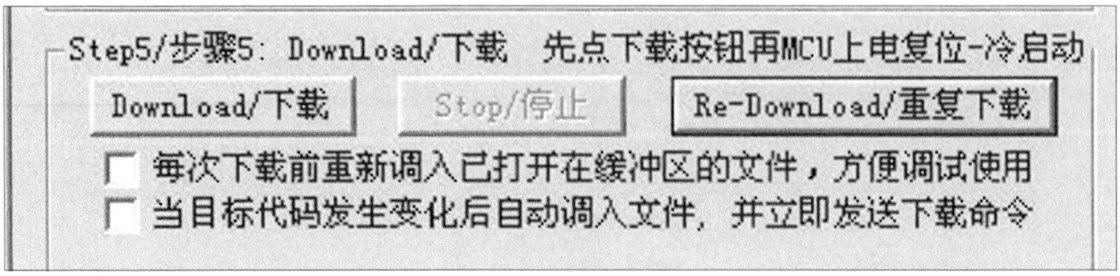

Step5/步骤5: Download/下载　先点下载按钮再MCU上电复位-冷启动
Download/下载　Stop/停止　Re-Download/重复下载
每次下载前重新调入已打开在缓冲区的文件，方便调试使用
当目标代码发生变化后自动调入文件，并立即发送下载命令

在第 5 步的下载区域内单击“Download/ 下载”按钮。建议在今后调试程序时选中“每次下载前重新调入已打开在缓冲区的文件，方便调试使用”。

Step5/步骤5: Download/下载　先点下载按钮再MCU上电复位-冷启动
Download/下载　Stop/停止　Re-Download/重复下载
每次下载前重新调入已打开在缓冲区的文件，方便调试使用
当目标代码发生变化后自动调入文件，并立即发送下载命令
Chinese:正在尝试与 MCU/单片机 握手连接 ...

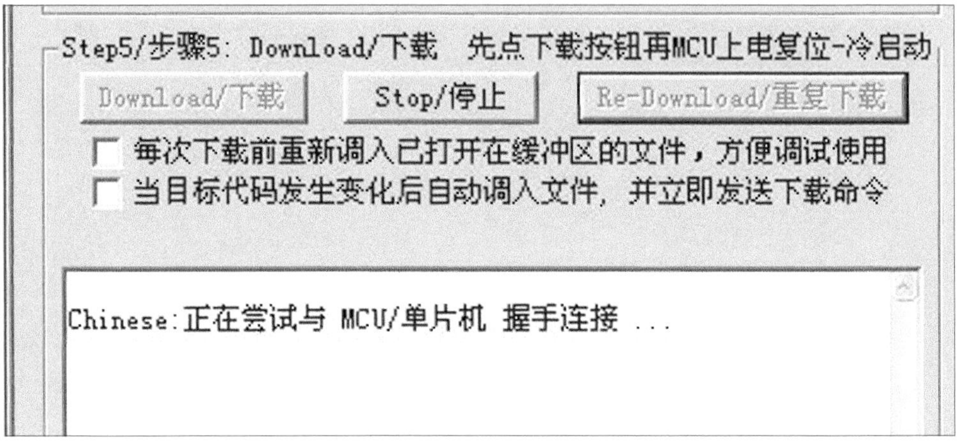

这时窗口左下方的状态窗口内显示“正在尝试与单片机握手连接”，这并不是说它们要亲切握手、成为朋友，而是说 PC 端已经准备就绪，正在等待单片机端的回应。就好像 PC 在和单片机聊 QQ。

PC：Hi，单片机，你在吗?

单片机：你好，有事吗?

PC：呵呵，我想发一个新的程序给你。

单片机：嗯，好，发过来吧。

如果单片机一直没有回复，PC 就会一直等待。那我们的单片机为什么没有回复呢？因为它还没有接通电源。如果你早就给单片机接通电源了，也要断开重新上电，这样单片机才会有响应。你可能会问：“这是为什么呢？”这是因为单片机里面有两个程序空间，一个存放用户程序（我们下载的程序），另一个存放厂商制作的引导程序。单片机每次冷启动的时候，都会先运行厂商制作的引导程序，这个程序的任务就是在短时间内看看串口上有没有 PC 和它握手。如果没有，则结束自己，并跳转到用户程序运行。如果有握手，则将 PC 端的用户程序接收过来，覆盖原来的用户程序，之后再结束自己，跳转到新的用户程序运行。只有冷启动才能运行引导程序，才能实现握手、完成下载。

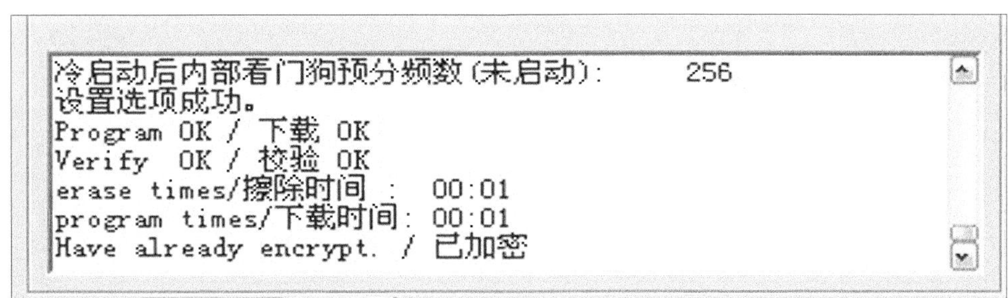

下载顺利完成的提示信息

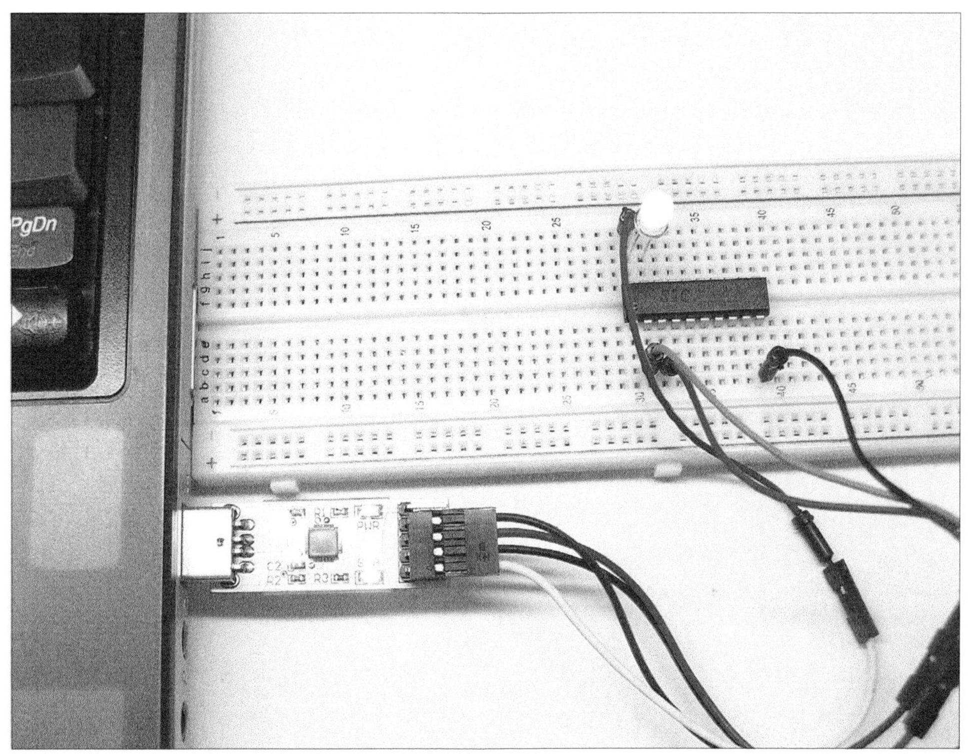

下载成功之后，　在面包板上呈现的效果

现在你下载成功了吗？如果状态窗口中一路显示 OK，则要恭喜你，我们的制作大获成功，面包板上的 LED 伴随我们激动的心跳快速地闪烁，虽然和之前实验中的闪烁类似，可是意义却非比寻常，欢呼喝彩之后，我们就可以继续学习了。如果状态窗口出现由于这样或那样原因而导致下载不成功的字样，则说明我们还要走一段回头路，也许是我们一时马虎大意而犯下的小错误，也有重新阅读、反复检查的可能。即使我从书里跳出来也不能帮你解决这个问题，而且还会吓到别人。注意检查电源是否正常、TXD 和 RXD 有没有接反等。注意看状态窗口的帮助内容，还要有一份机敏与耐心，洞察蛛丝马迹。

成功则证明你已经掌握了 ISP 下载的方法，可以下载资料包中的“更多 hex 文件”，让 LED 产生更多精彩花样，尽情体验成功的喜悦吧。泡杯清茶，休息一会儿，别走开，下面的内容更精彩！

第4节 制作下载线

目录

什么是 ISP 下载线

名词来的好突然呀，什么是 ISP 下载线呀？这东西有什么用呢？如果你在帮我数钱的时候，我突然跟你说："我把你卖了，这就是卖你赚来的钱！"这一句话就会让你明白所有的事情。那么，现在我突然告诉你，你上文中制作过的给单片机下载程序的电路就是 ISP 下载线，你会感谢我还是憎恨我呢？我想，给做过的事情取一个名字总比说出一个名词再加一段"之乎者也"的解释文字要更容易接受。我们在上文中做过的下载实验，就是让单片机在应用的系统中实现程序下载，虽然这个应用的系统只是控制一个可怜的 LED。后来，人们为了方便就给这种下载方式取了一个名字叫"在系统编程"，英文缩写为 ISP（In System Program）。把这个 ISP 下载的硬件电路制作成一条线，就叫 ISP 下载线。本文中制作的 ISP 下载线可以应用于 STC 系列的所有单片机，包括我们正在使用的 STC10、11、12 系列，以及后面制作中会用到的 STC89 系列，只要找到 UART 串口对应的 TXD 和 RXD 接口就 OK 了。ISP 下载需要冷启动或是复位才可以完成，而另一种下载方式是在单片机正在运行用户程序的时候，不用中断用户程序就可以神不知鬼不觉地完成下载或者数据的修改，这种下载方式被称为"在应用编程"，英文缩写为 IAP（In Application Program）。很抱歉地通告您，本书暂不涉及 IAP 的内容，有兴趣的朋友自己查阅资料吧。上一节中介绍了 2 种程序下载方式，那么这一部分自然也要介绍 2 种下载线的制作，与其他下载线的制作方法不同，下面的制作没有使用电路板，也没有复杂的电路设计，力求简单、实用。

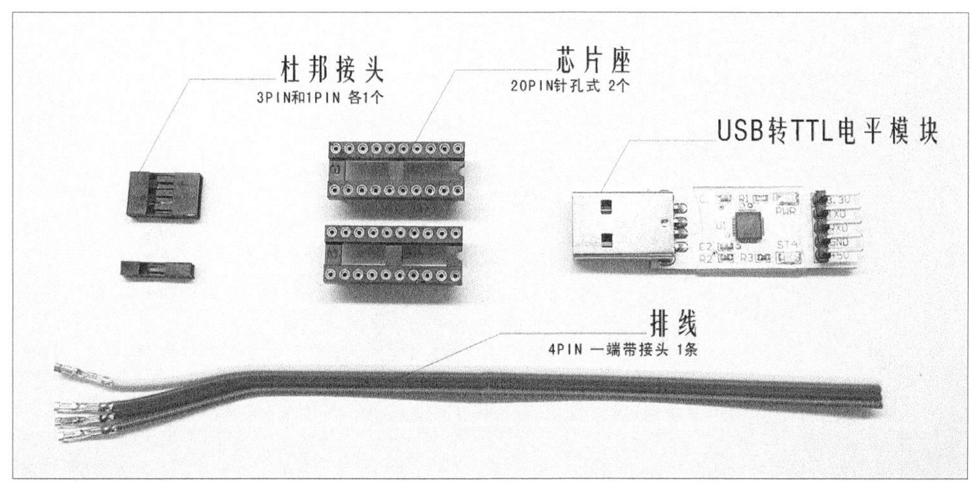

元器件清单

品名	型号	参考价格（元）	数量（个）	备注
USB 转 UART 模块		20.00	1	CP2102 芯片核心
芯片座	20PIN 管孔式	1.00	2	
杜邦接头		0.20	2	3PIN 和 1PIN 各一个
杜邦接口排线	0.1m 长，4 芯	2.00	1	

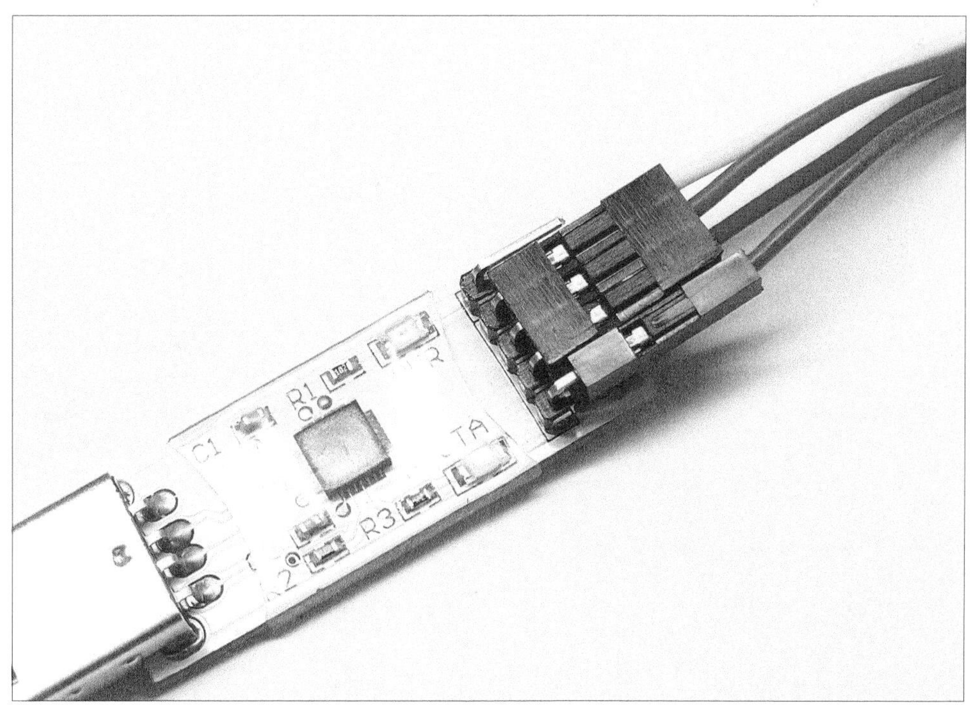

将杜邦排线一端接在USB转TTL模块上，之所以分成3PIN和1PIN的2个接头，是考虑到电源输出有3.3V和5V两种，单独分出1个接头可以很方便地选择单片机需要的电源，而且还可以当作电源开关来用。

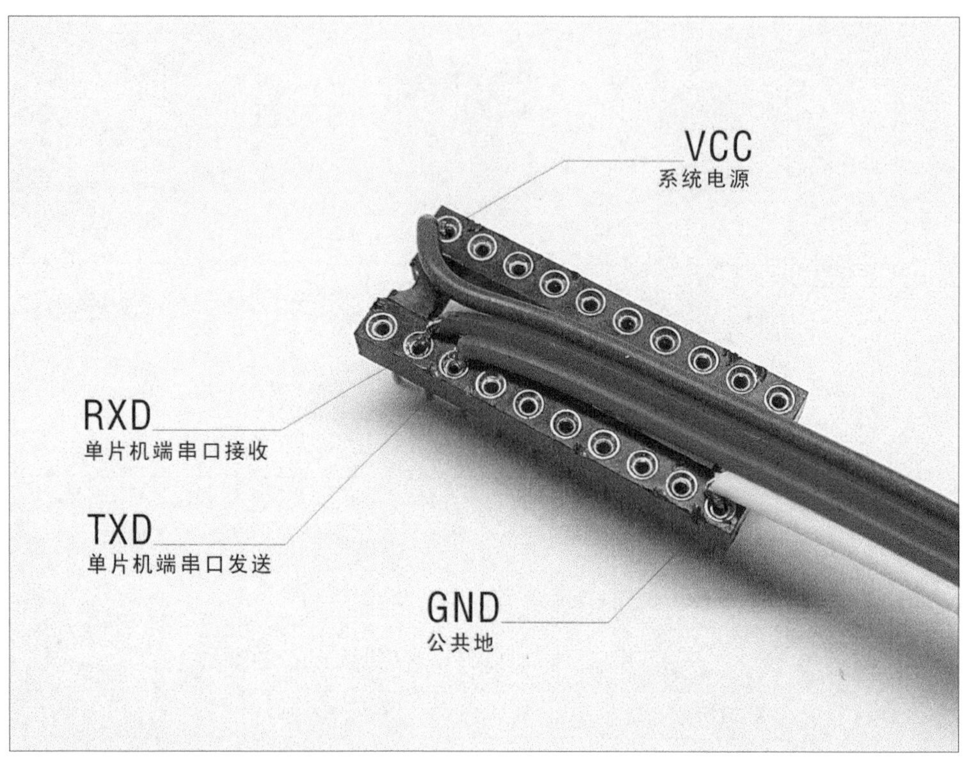

排线的另一端每条线剥去10mm左右的外皮，按照4根线的功能分别插入20PIN芯片座的管孔里面，用牙签或针压实。注意接线的顺序和技巧，心灵手巧是你的优点，只要认真考虑好结构，怎么接好看就怎么接。

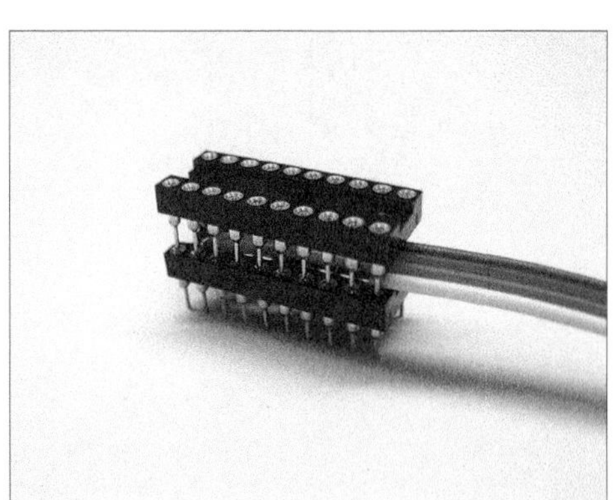

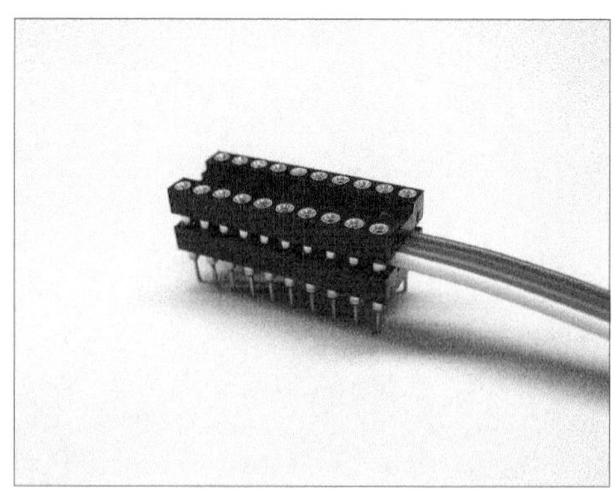

接好线之后，再拿另外一个芯片座压在第一个芯片座的孔里，一款香喷喷的三明治下载线就制作好了。没想到会这么简单吧?

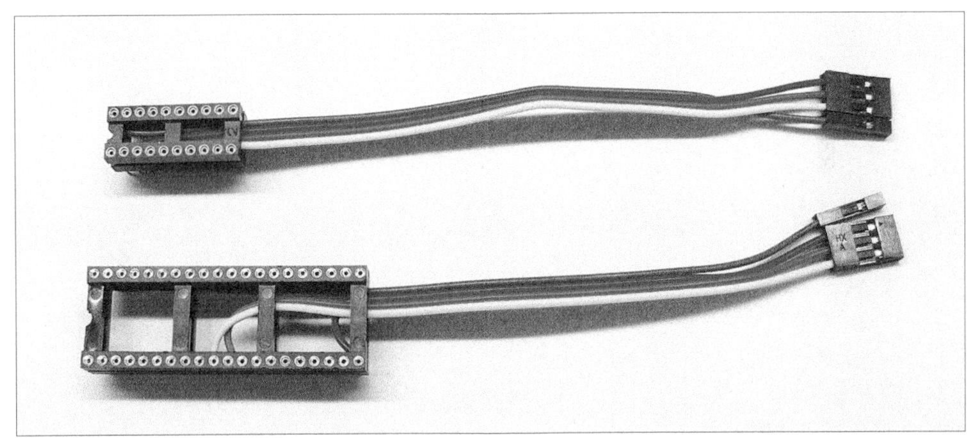

同样的方法可以制作适合 40PIN 或 28PIN 单片机的 ISP 下载线。

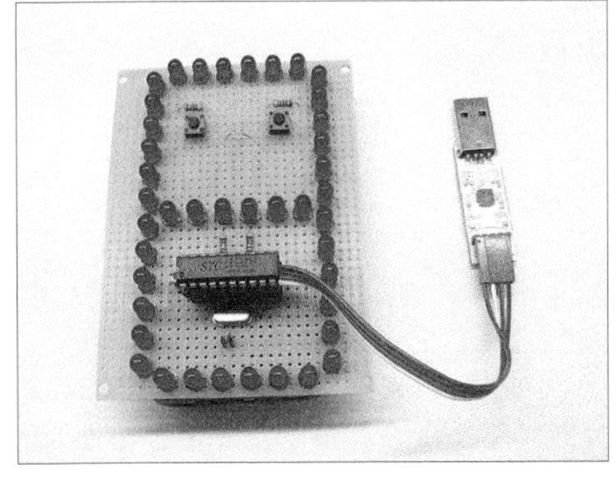

应用产品的电路板上都会留有一个单片机的芯片座，正常使用时是插单片机的，当调试和下载时就可以将我们制作的 ISP 下载线插在芯片座上，再把单片机插在 ISP 下载线的芯片座上。调试和下载完成后再取下 ISP 下载线，非常方便，不需要在应用电路上增加任何接口。

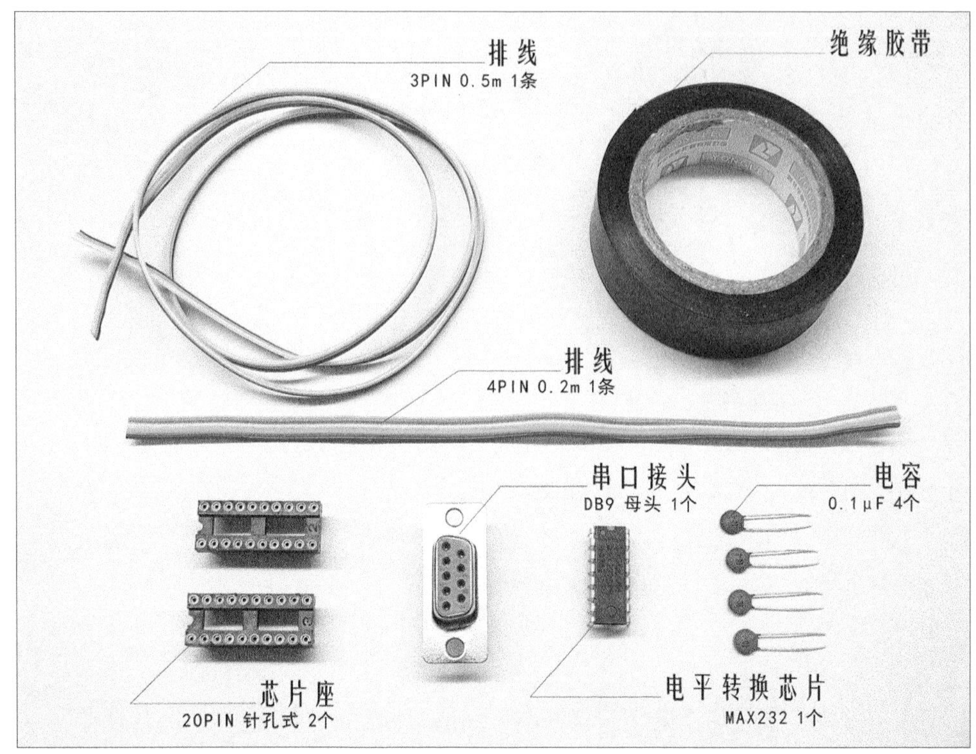

所需元器件

元器件清单

品名	型号	参考价格（元）	数量（个）	备注
电平转换芯片	MAX232	4.00	1	DIP 封装
串口接头	DB9 母头	0.50	1	
芯片座	20PIN 管孔式	1.00	2	
电容	0.1μF	0.02	4	瓷片电容，上面标有 104 字样
排线	0.5m 长，3 芯	0.30	1	
排线	0.2m 长，4 芯	0.30	1	

将串口接头 2（TXD）、3（RXD）、5（GND）针与 3PIN 排线焊接在一起。将 4 个电容按电路原理图连接在 MAX232 上，然后用锡焊好（上文中有电路原理图，此处不再重复）。

将 PC 端的 3PIN 排线（TXD、RXD、GND）焊在 MAX232 的对应引脚上。单片机端的 4PIN 排线（VCC、RXD、TXD、GND）也焊在 MAX232 的对应引脚上。最后用绝缘胶带将它们包成“粽子”。

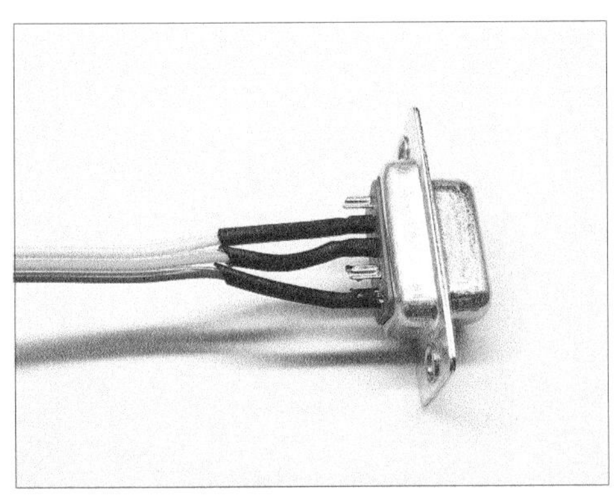

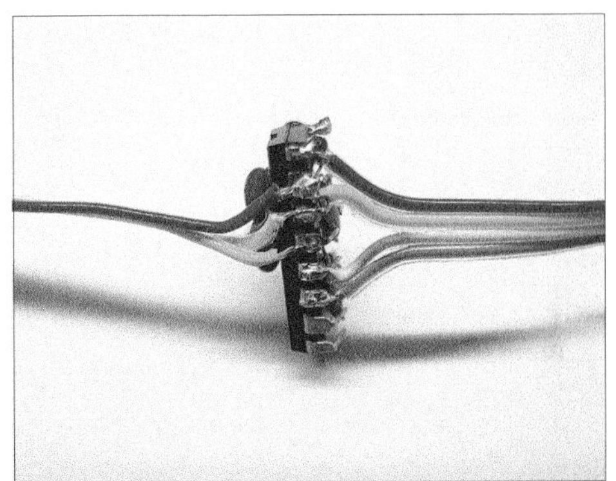

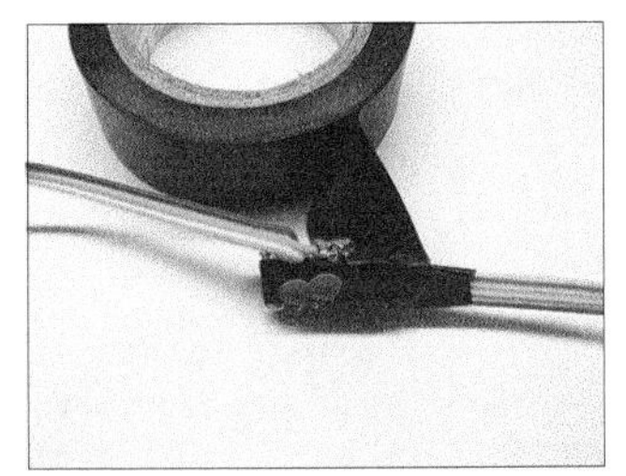

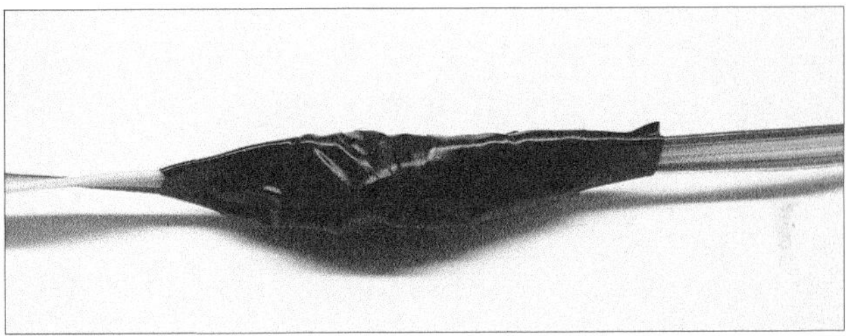

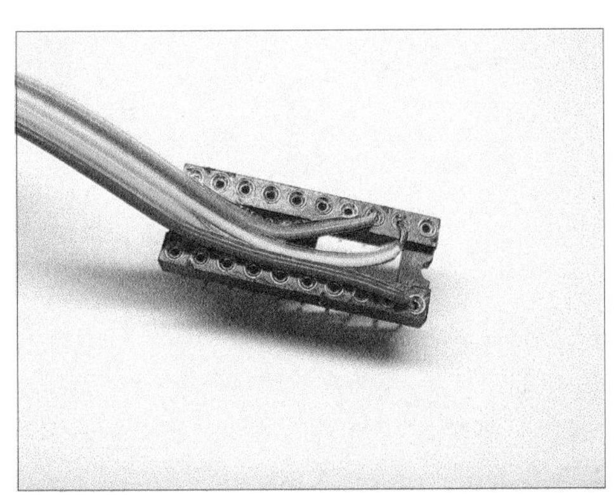

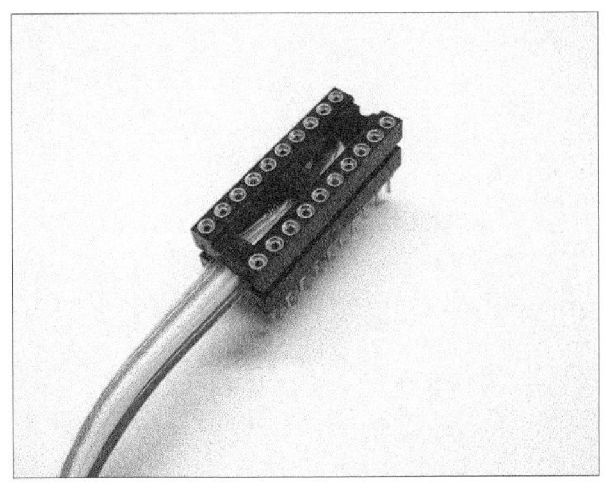

接好线之后，再拿另外一个芯片座压在第一个芯片座的孔里，变成上可接单片机、下可插应用电路的高级接头。上面的孔洞可接单片机，当作专用下载插座使用。下面的插针可插在应用的电路板上，可以在不变化应用电路的情况下实现程序下载。

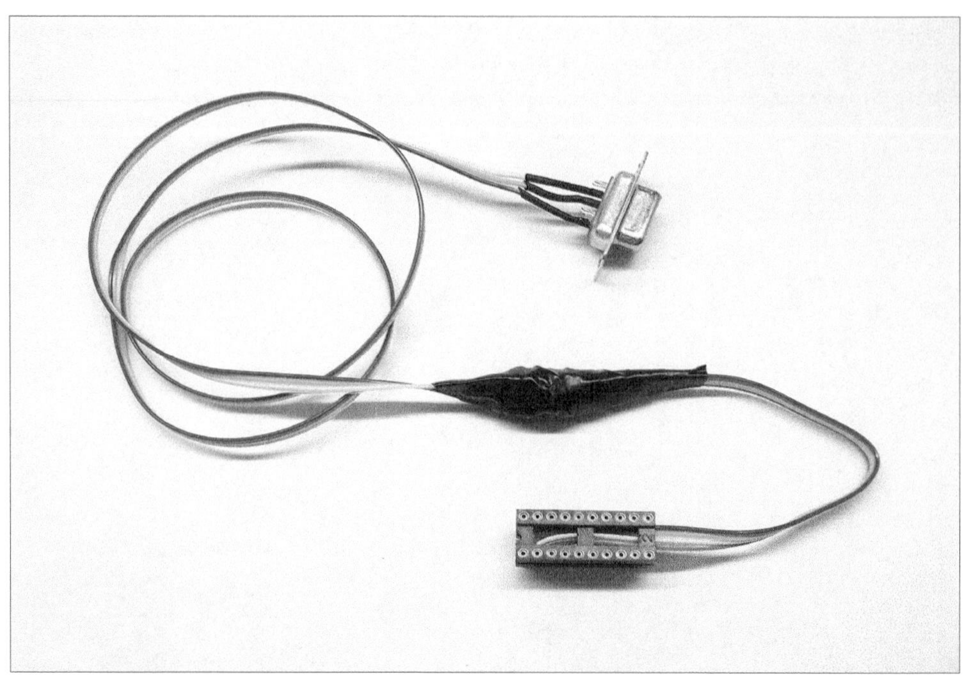

串口版ISP下载线制作完成，这款下载线使用应用电路中的电源给MAX232供电。唯一不足之处就是MAX232不支持3V供电，也就是说，我们这条下载线不能用在3V的单片机应用电路上。不过也没有关系，我们可以使用MAX3232这款芯片来制作3V下载线，这款芯片是3～5V电源供电的。这两款下载线在制作时都要注意一点，如果需要延长线的长度，则尽量延长USB线或RS-232线一端，因为UART端的线过长会有下载过程不稳定的现象。

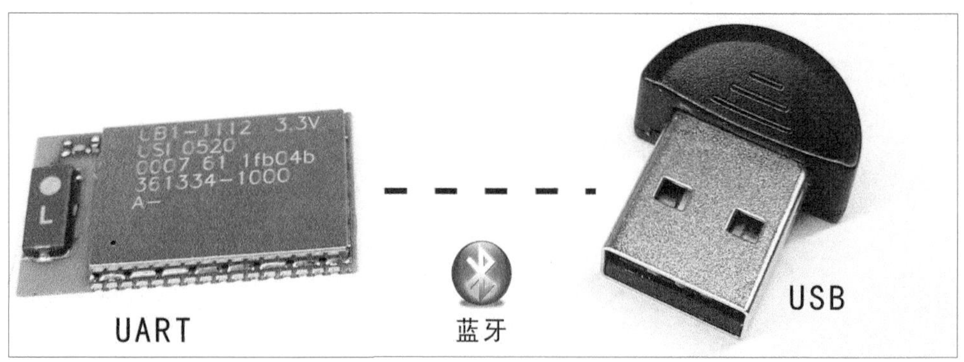

要是你觉得带USB接口的ISP下载线太俗气，我还有时尚方案供你选择，这便是蓝牙无线ISP下载线。制作蓝牙无线下载线很简单，你需要一个具有UART接口的蓝牙模块，还有一个USB接口的蓝牙适配器，如果你的电脑自带蓝牙功能，那只买一个蓝牙模块就可以了。模块大约40元，采用3.3V供电，模块上的UART接口可直接与3.3V单片机连接，不需要安装驱动程序就可以直接找到蓝牙串口设备。有了蓝牙ISP下载线，你就可以抱着电脑到厕所或厨房给单片机下载程序了。具体的制作方法我就不多说了，喜欢的朋友自己动手DIY吧。

至此，我们完成了单片机在面包板上的运行，实现了闪烁小灯的实验，成功下载了我们的第一个程序，顺利制作出了单片机业内人士必备的 ISP 下载线。现在单片机世界的大门已经向你敞开，你可以选择离开，也可以选择进来。如果离开，你的生活将回归正常，这本书只是供你遗忘的有趣记忆。如果进来，你的生活将因此改变，你花了钱买这本书，在我煽动性的语言诱骗下，你喜欢上了单片机，并一直迷迷糊糊看到这里，我就已经非常开心了。除了以身相许之外，我愿意为你做任何事情，包括用认真、细致的写作态度及幽默、通俗的语言风格继续谱写下面的章节。

第5节　举一反十三

目录

- LED 实验
- LED 与按键
- 按键与扬声器
- 按键与数码管
- 按键与液晶屏
- 你的实验

小朋友学写字的时候，学会了一、二、三，就以为四就是 4 横、五就是 5 横、六就是 6 横，这确实是具有举一反三的精神，但结果是错误的。当学到十的时候，就以为老师还会教一个汉字代表十一，再用另一个汉字代表十二，却没有想到老师竟然用“十一”这两个汉字表示。当学到“十三”的时候，老师就可以不用继续教了，因为同学们学会了从一写到十，也明白了十进制的原理。十三之后的数字自然就同理可证了，这也是“举一反十三”的由来。本节中，我为大家准备了 5 种电路、13 个实验，旨在通过初学的练习，帮助大家排除“4 横为四”的误解，也同时通过这些实验积累经验。不要瞧不起这些小实验，这可是我精心挑选、反复尝试，并找来初学者“临床实验”，最后整理而成的。如果你不做，轻了说是不给面子，重了说就是对不起人民群众的劳动成果。

LED 实验

面包板电路的制作在前面的章节里已经介绍了很多，这里就不再啰唆。我们使用 USB 下载线为单片机供电，电路也得到了很大的简化。LED 实验中多了几个新元器件，其中一个便是晶体振荡器电路，仔细阅读第 2 节的朋友还会记得我和朋友的对话。他说晶体振荡器电路不能没有吧，我说单片机内部集成了一个不太精准的晶体振荡器电路，如果需要精确时钟的地方再用外部晶体振荡器电路就可以。这里说的精确的外部晶体振荡器电路，正是我们现在所讲的晶体振荡器电路。

晶体振荡器的种类很多，最常见的是石英晶体振荡器。石英晶体振荡器又分为普通晶体振荡（TCXO）、电压控制式晶体振荡（VCXO）、温度补偿式晶体振荡（TCXO）、恒温控制式晶体振荡（OCXO）、数字补偿式晶体振荡（DCXO）等一大堆类型，振荡频率也在 0 ～ 100MHz。晶体振荡器电路的功能简单来说就是在电路中产生稳定的振荡频率，单片机可以使用这个频率作为自己的时间基准。这就相当于给单片机戴上一块高精度的劳力士手表，让它很有时间观念，可以精确计算时间，处理我们给它的任务。本节中我们用到的是 12MHz 普通石英晶体振荡器，电路中还要加入 2 个 30pF 的电容，帮助起振和达到精确度。另外，晶体还有一个电容值的参数，在精度要求特别严格的地方要考虑晶体的电容特性，本节仅为实验制作，不需要考虑电容特性。

另一个新的电路部分就是在每个 LED 上串联了 1 个 100Ω 的电阻。在每一个有 LED 的电路中都会发现 1 个与 LED 串联的电阻，这是为了保护 LED 不被过高的电流烧坏而设计的。普通的 LED 应保证其工作在最小驱动电压值以上，工作电流在 10 ～ 30mA。所以严格来讲，限流电阻的阻值也是需要计算的。电阻值计算公式是 $R=(V_{CC}-V_F)\div I_F$，其中 V_{CC} 为电源电压，V_F 为 LED 正向驱动电压，I_F 为 LED 正向工作电流。例如本节电路中用的 5V 电源驱动 LED 要用多大阻值的限流电阻呢？假定我们所用的 LED 正向驱动电压是 3V，工作电流希望保持在 20mA，则 $R=(5V-3V)\div 0.02A=100\Omega$。你到市场上购买阻值为 100Ω、功率为 1/8W 或 1/4W 的碳膜电阻就可以了。有朋友会问了，为什么你在上一节中的实验里没有使用限流电阻呢？说到这个问题，我倒吸一口凉气，出了一身冷汗。不接限流电阻是不对的，上一节的实验完全是有惊无险呀。因为不接限流电阻时，LED 和单片机都承受着较高的电流，你有没有注意到 LED 亮度过高呢？如果 LED 长时间点亮，将有可能烧毁单片机。幸好我们使用的是电池盒，又是 LED 闪烁实验，而且实验不会持续很长时间，所以二者安然无恙。我主要是为了最大限度简化电路、尽量减少元器件，让制作更简单。同时也是给大家做了一个坏的榜样，让大家印象深刻。如果你接受了我的辩解，那我们就继续进行吧。照着实物图和电路图，仔细、认真地插接好电路，我就在旁边为你加油！

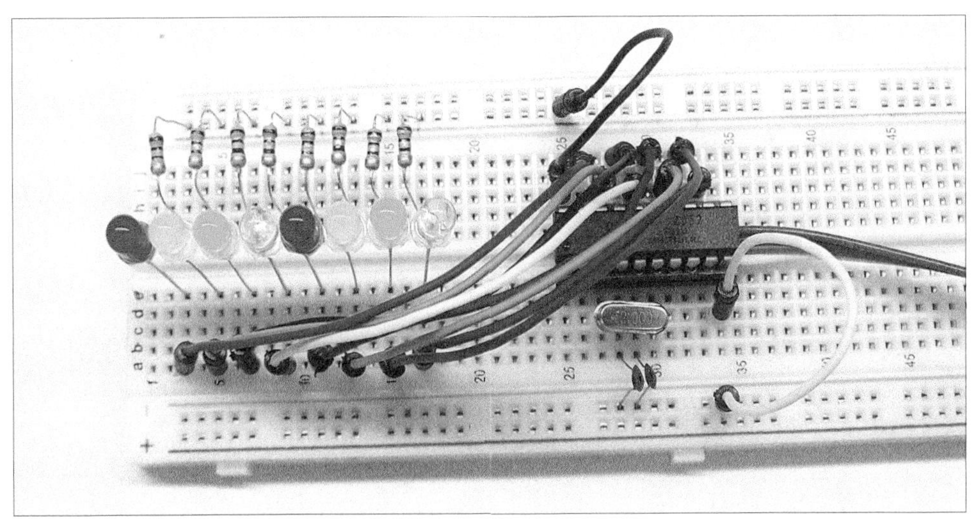

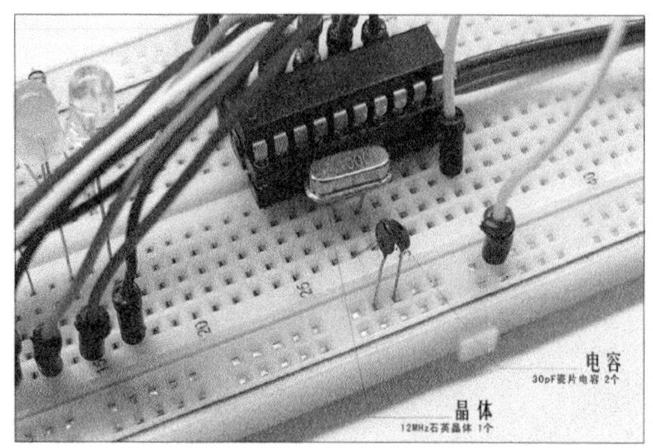

晶体振荡电路

LED 和限流电阻

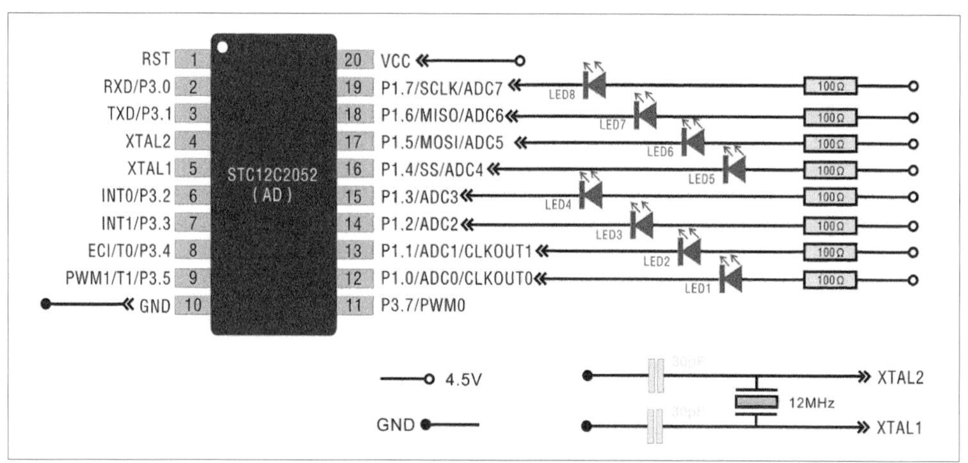

电路原理图

元器件清单

品名	型号	数量（个）	参考价（元）	备注
电池盒	3 节 7 号	1	2.00	可选择其他电池，保证输出电压在 4.5 ～ 5V
单片机	STC12C2052	1	5.00	可用 STC12C2052AD 替换
晶体振荡器	12MHz	1	0.80	
电容	30pF	2	0.01	陶瓷片电容
LED	直插 Φ5mm	8	0.20	可选择各种其他颜色和型号的 LED
电阻	100Ω 1/4W	8	0.01	
面包板	2.54mm 间距	1	10.00	

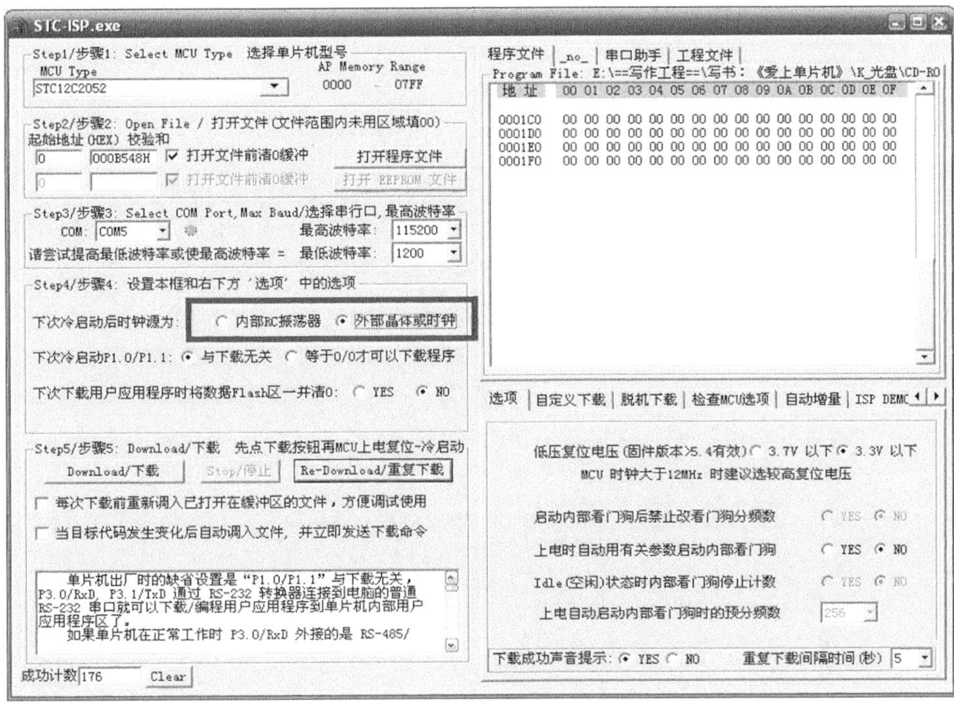

在使用 STC-ISP 烧写软件时，注意将步骤 4 中的“下载冷启动后时钟源为”选择为“外部晶体或时钟”。这样才会使用我们外接的 12MHz 晶体振荡器。

1. 举一反一，LED 流水灯

文件名	资料路径
LED 流水灯 .hex	HEX 文件 \E_ 举一反十三 HEX 文件 \A_LED 流水灯

面包板上的 8 个 LED 在打开电源开关之后以一定速度来回流动着。当你使用多种颜色的 LED 时，流动的效果会很炫目。如果这些灯不是一字排开，而是组成心形或是五角星形，是不是更有艺术感了？如果排列成文字，还可以当作招牌用呢。

2. 举一反二，渐明渐暗 LED

文件名	资料路径
渐明渐暗 LED.hex	HEX 文件 \E_ 举一反十三 HEX 文件 \B_ 渐明渐暗 LED

写入渐明渐暗 LED 的程序之后，LED 变成了亮度变化的精灵，可以慢慢地变亮，再慢慢地变暗。有朋友会问了，I/O 接口不是只能输出高电平和低电平吗？怎么能控制亮度呢？控制亮度应该需要输出不同值的电压才行，比如 1V、2V、3V、4V 再到 5V，这样亮度才可以因电压不同而改变呀！不错，你所说的原理确实可以在模拟电路上使用。

不过在单片机的电路里，有更巧妙的方法，简单地说就是障眼法。当我们以1min为一个周期，在1min内让LED亮1min，也就是一直亮着，LED的亮度就是最大的亮度。当我们在1min内只让LED在前30s点亮，后30s熄灭，那么LED的亮度就只有原来亮度的一半。当我们在1min内只让LED在前6s点亮，那么LED的亮度就只有原来亮度的十分之一，这就是亮度控制的基本原理。现在该有人暴跳如雷地说我骗人了，因为地球人都知道我上面说的现象实际上只会让LED慢慢地亮熄闪烁，怎么会是亮度的变化呢？是的，如果以1min为一个周期，LED确实只会闪烁，这仅是以大家常用的时间尺度举例，以方便大家理解。当我们以1ms为一个周期时，就是我们见证奇迹的时刻，因为眼睛有视觉暂留特性，我们已经看不出LED的闪烁，我们的眼睛亲眼见证了LED亮度真的不同了，眼睛骗了你，这是善意的谎言。这种通过在一个周期时间内调节高低电平比例的方法叫PWM，即脉宽调制技术。它不但可以用来控制LED的亮度，还可以控制电压，在开关电源中就应用了PWM技术。本实验是用单片机的程序控制I/O接口产生PWM脉冲，而有一些单片机内部集成了独立的PWM控制器，随时随地可以输出PWM脉冲。以后还会涉及这部分的内容。

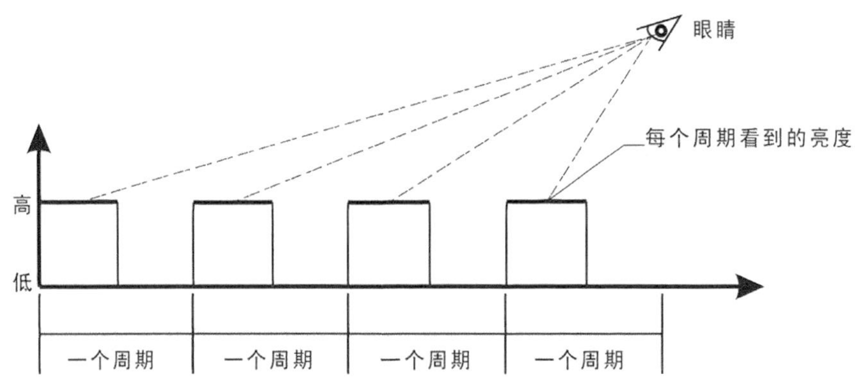

PWM 控制 LED 亮度示意图

LED 与按键

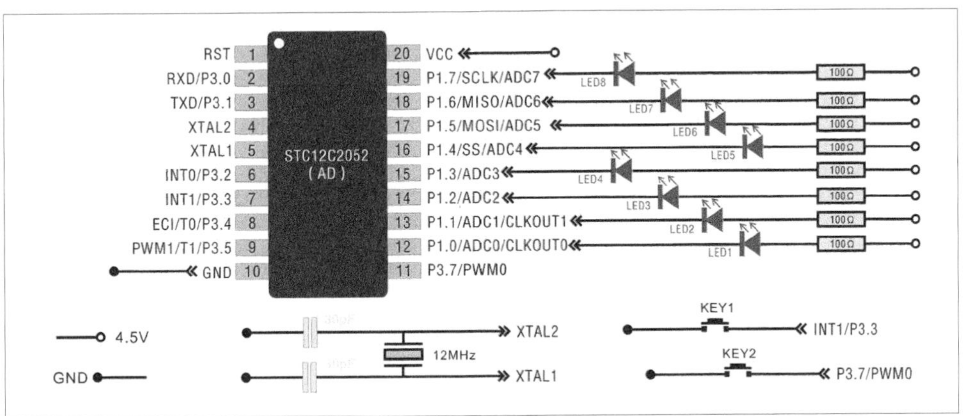

电路原理图

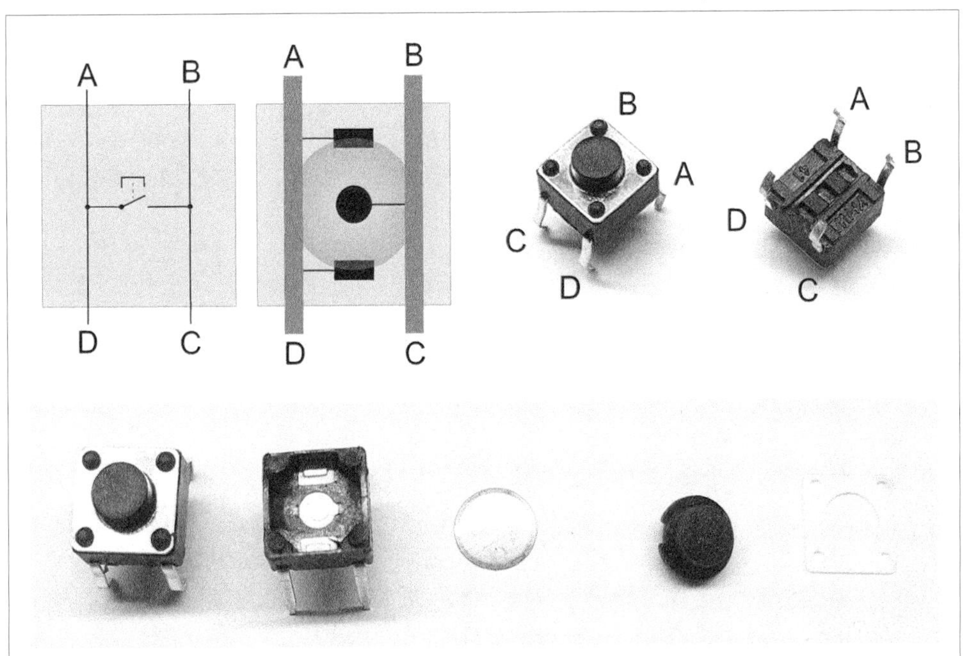

微动开关的结构

元器件清单

品名	型号	数量（个）	参考价（元）	备注
电池盒	3 节 7 号	1	2.00	可选择其他电池，保证输出电压在 4.5 ～ 5V
单片机	STC12C2052	1	5.00	可用 STC12C2052AD 替换
晶体振荡器	12MHz	1	0.80	
电容	30pF	2	0.01	陶瓷片电容
LED	直插 Φ5mm	8	0.20	可选择各种其他颜色和型号的 LED
微动开关	6mm × 6mm × 5mm	2	0.30	可选择其他型号
电阻	100Ω 1/4W	8	0.01	
面包板	2.54mm 间距	1	10.00	

1. 举一反三，一键无锁开关

文件名	资料路径
一键无锁开关 .hex	HEX 文件 \E_ 举一反十三 HEX 文件 \C_ 一键无锁开关

一键无锁开关的实验比较简单，按下按键，LED 点亮；不按按键，LED 不亮。程序也只是读取按键连接的 I/O 接口电平，直接将电平发送给与 LED 连接的 I/O 接口。

2. 举一反四，一键锁定开关

文件名	资料路径
一键锁定开关 .hex	HEX 文件 \E_ 举一反十三 HEX 文件 \D_ 一键锁定开关

一键锁定开关，好像电脑机箱上的开关一样，按一次开，再按一次关。这样一来，单片机就可以实现传统数模电路中的双稳态电路了。可以用它来制作床头小灯，电路简单，可以扩展的东西也很多。

在一键锁定开关中有一个初学者必须了解的知识，这个知识可以教你以微秒级的时间尺度去考虑问题（上文介绍的亮度控制已经让你想到了时间尺度的问题），这种思考方式也是学习单片机必备的技能之一。这个知识是什么呢？它就是按键去抖动处理。

乍一听感觉很奇怪，我在按键的时候没有抖动呀！我稳稳地将它按下，不带出一丝抖动。我相信你没有抖，我也相信你一定有抖。这要看我们在哪个时间尺度上看问题了，以人类的秒级尺度看，我们没有抖动；可是以单片机的微秒级尺度看，按键在两个金属片要接触还没接触、没接触却又接触上的临界状态时抖动得厉害。就好像你在地面上蹦蹦跳跳感觉不到大地在振动，可是地上的蚂蚁可不这样想。有什么证据证明我说的是对的呢？很简单，请问你按键的时候有没有发出“咔嗒”的声音，再请问声音是怎么产生的呢？不正是因为振动才有了声音的吗？这种振动，我们就称之为按键的抖动。

抖动就抖动嘛，有什么关系呢？对你来说没有关系，对单片机来说这种抖动会让它判断错误。请看下面的示意图，图中一波三折的曲线便是按键的电平抖动情况。无论你怎样平稳地操作，在按下和放开按键时都会有类似的抖动波形。如果恰好单片机在按键抖动时读取 I/O 接口的电平会发现什么？在抖动的时候，谁也不知道会读出什么，可能是高电平也可能是低电平。按下或放开按键的过程，就好像向天空投出一枚硬币，硬币在空中的时候正面、背面都有可能。那么，怎么才能读出稳定的按键情况呢？在阅读下一段之前，请闭上眼睛先想一想。

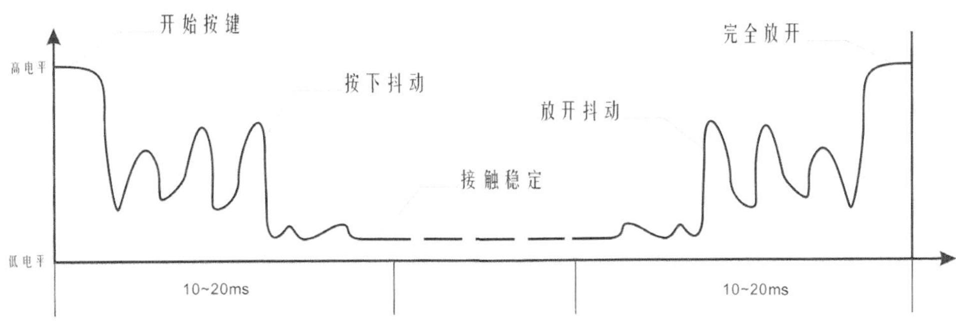

按键抖动示意图

常用的方法有 2 种。一种方法是通过硬件改造，让按键与一个滤波电路连接，然后再把滤除抖动波后的平滑电平曲线输送给单片机的 I/O 接口，这种方法叫作硬件去抖动。硬件去抖动相当于把硬币绑在不倒翁娃娃上再投向空中，从头到尾硬币都没有旋转。另一种方法是先计算出大部分按键从抖动到稳定需要多长的时间，一般是 10 ～ 20ms，然后写一段程序，当单片机发现有键按下时开始等待，等待 10 ～ 20ms 之后再读取按键的状态，这时读到的就是接触稳定时的按键状态了，这种方法叫软件去抖动。其实软件去抖动并没有把抖动去除，而只是让单片机躲过抖动的时期，所以我个人认为叫“软件躲抖动”会更贴切一点。软件去抖动就好像在投出硬币的时候闭上眼睛，等过一会硬币落地之后再看是正面还是背面。在单片机开发中常用的是软件去抖动，因为很少有人愿意在硬币上绑一个不倒翁娃娃。一键锁定开关的程序用到的就是软件去抖动，在第 2 章中会有编程方法的介绍。

有朋友会说了，我为什么要躲开抖动呢，因为抖动出现在按下和放开的两个瞬间，如果可以让单片机检查抖动，不就可以读出按键变化了吗？而且可以通过检测按键抖动的不同来判断这次按键是轻轻地按还是用力地按，是快速地按还是慢慢地按。如果你有这样的想法，我绝不会认为你是在向我挑战，也不会认为你是不知深浅的初学者。因为这种想法非常好，是可以通过实验证明可能性的，这应该算是一种创新了。在技术面前没有人是权威，你不用以为我的书可以出版，就相信书里面所说的话是唯一正确的。按键抖动的特性和基本原理才是至高无上的，在此基础上，任何人都可以探索、发现、创新。

3. 举一反五，一键多能开关

文件名	资料路径
一键多能开关 .hex	HEX 文件 \E_ 举一反十三 HEX 文件 \E_ 一键多能开关

想一想你经常使用的鼠标，你便对一键多能开关多一份熟悉了。单片机通过在1s 内读取按键按下的次数和状态来点亮对应的 LED。这个实验发挥了单一按键的最大效能，虽然按键功能还可以扩展连击 4 次甚至更多次，但对于操作来说太复杂了，有点像电报码。我们常用的便是单击、双击和长按，这些已经被应用在许多产品上，而且得到了认可。一键多能开关实验告诉你，许多种按键操作用单片机都可以轻松实现。这么多按键方式，单片机是如何处理并判断的呢？眼睛，闭上，先想。

对应的 LED	按键方式	备注
LED1（P1.0）	1s 内单击	程序正常工作时，LED8（P1.7）闪烁
LED2（P1.1）	1s 内双击	
LED3（P1.2）	1s 内 3 次按键	
LED4（P1.3）	1s 内长按	
LED5（P1.4）	1s 内单击后长按	
LED6（P1.5）	1s 内双击后长按	

看上去复杂，其实简单。只要先设定一个时间长度，我这里设置为 1s 为一个周期，从第一次按下按键开始计时，在这 1s 内看有几次放开按键的动作，最后在 1s 时间到时读一下当前的按键状态。如果 1s 内没有放开按键的动作，而且 1s 后按键的状态是按下的，则证明这次操作是长按。如果 1s 内有 1 次放开按键的动作，那么可能是单击也可能是单击后长按，这时再读 1s 后按键的状态就可以区分了，其他的情况同理可证。

这个实验可以制作出一键多功能的键盘，或是一台可以翻译电报码的机器。再扩展一些想，如果按键的不是人，还是另一台单片机，是不是可以通过第二个单片机的按键来控制第一个单片机，或者与之通信呢？这就是数字通信技术的基础原理了。后面的章节会讲到通信的内容，现在你来想一想，还有什么好玩的扩展可能。

4. 举一反六，一键控制多灯花样

文件名	资料路径
一键控制多灯花样 .hex	HEX 文件 \E_ 举一反十三 HEX 文件 \F_ 一键控制多灯花样

按一下按键切换一种彩灯的花样，从原理上没有什么可讲。因为市场上有这种按键控制花样的彩灯出售，所以这个实验可以直接用单片机制作一款花样彩灯来装点节日了。

5. 举一反七，两键控制亮度

文件名	资料路径
两键控制亮度 .hex	HEX 文件 \E_ 举一反十三 HEX 文件 \G_ 两键控制亮度

再加装一个按键，我们可以控制 LED 的亮度，可以变亮、变暗，任意选择。使用白光 LED，它可以改装成调光台灯；使用红、绿、蓝光 LED，可以改装成炫目的彩色光装饰灯。选择你喜欢，任由你想象！

按键与扬声器

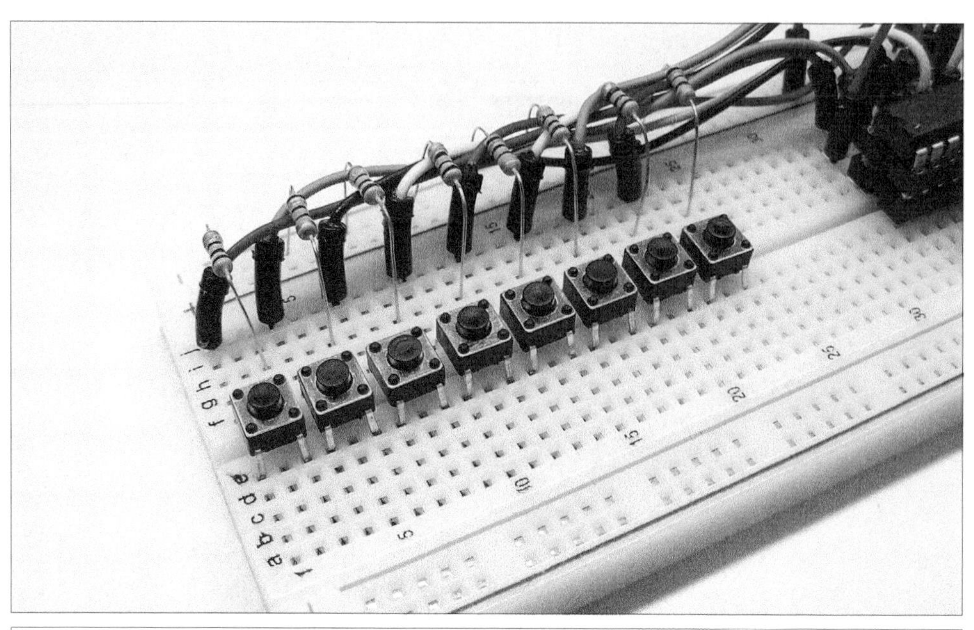

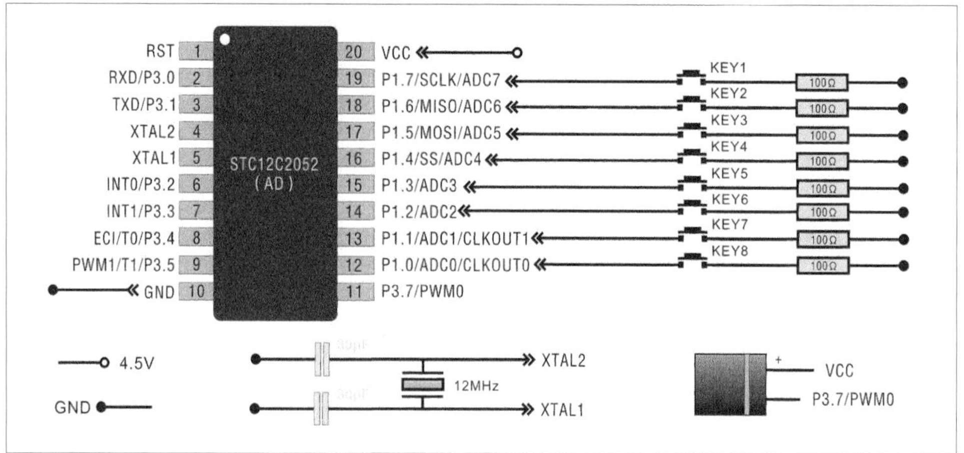

电路原理图

元器件清单

品名	型号	数量（个）	参考价（元）	备注
电池盒	3 节 7 号	1	2.00	可选择其他电池，保证输出电压在 4.5 ～ 5V
单片机	STC12C2052	1	5.00	可用 STC12C2052AD 替换
晶体振荡器	12MHz	1	0.80	
电容	30pF	2	0.01	瓷片电容
扬声器	5V	1	1.00	也称为无源蜂鸣器
电阻	100Ω 1/4W	1	0.01	
微动开关	6mm × 6mm × 5mm	8	0.30	可选择其他型号
面包板	2.54mm 间距	1	10.00	

1. 举一反八，演奏音乐

文件名	资料路径
老鼠爱大米 .hex	HEX 文件 \E_ 举一反十三 HEX 文件 \H_ 演奏音乐

连接电路并下载程序，小扬声器里传出《老鼠爱大米》的乐曲，“我爱你，爱着你，就像老鼠爱大米”。单片机可以唱歌了，把它制作成精美的音乐盒，再把上文实验过的 LED 彩灯摆成她的名字，悄悄地对她说这是你亲手制作的，世界上独一无二。我猜她会被你的真情所打动。内心窃喜的同时，让我们来看看单片机是怎么学会唱歌的。

你知道吗？人耳可以听到的振动频率是 20 ～ 20000Hz，频率不同，所产生的音调也就不同。单片机不仅可以躲避按键的振动，还可以产生振动。I/O 接口产生高低电平变化，推动扬声器振动发出声音。我们只要在程序中找准 I/O 接口的变化频率，就可以控制扬声器的振动频率，产生我们需要的音符了。一首歌曲由音符、节拍组成，把这些音符和节拍按照歌曲的乐谱组织起来，单片机就会唱歌了。

音调与频率的关系

音符	频率（Hz）	音符	频率（Hz）
低 1 DO	262	中 5 SOL	784
低 2 RE	294	中 6 LA	880
低 3 MI	330	中 7 SI	988
低 4 FA	349	高 1 DO	1 046
低 5 SOL	392	高 2 RE	1 175
低 6 LA	440	高 3 MI	1 318
低 7 SI	494	高 4 FA	1 397
中 1 DO	523	高 5 SOL	1 568
中 2 RE	587	高 6 LA	1 760
中 3 MI	659	高 7 SI	1 967
中 4 FA	698		

2. 举一反九，8 键电子琴

文件名	资料路径
8 键电子琴 .hex	HEX 文件 \E_ 举一反十三 HEX 文件 \I_8 键电子琴

写入电子琴的程序，面包板上的 8 个按键就变成了电子琴的琴键。用你那灵巧的双手，演绎美妙的音乐吧。和单片机演奏音乐的原理一样，单片机通过推动扬声器发出声音。不同的是，演奏音乐是单片机读取程序中事前存好的乐谱，而 8 键电子琴则是把每一个音符分配给按键。从程序上讲，前者按照存储的乐谱产生音符和节拍，后者直接读取按键产生的音符和节拍。

3. 举一反十，触摸式8键电子琴

文件名	资料路径
触摸式8键电子琴.hex	HEX文件\E_举一反十三HEX文件\I_8键电子琴

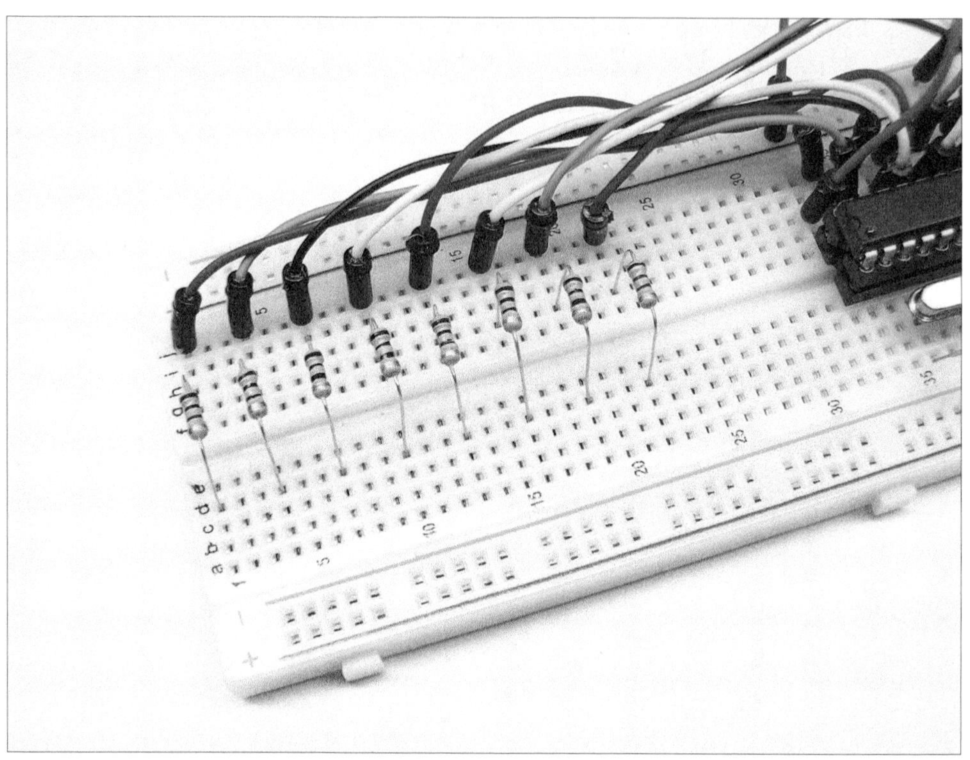

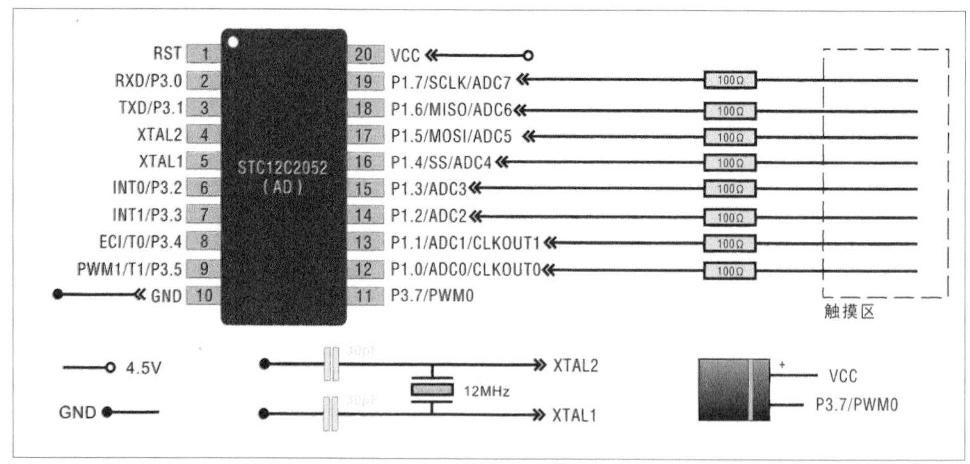

电路原理图

同样是8键电子琴，现在让你感受一下触摸按键的乐趣。把微动开关去掉，将电阻接I/O接口引出的导线端，电阻的另一端接在面包板的空位上，这样一来就露出了电阻的金属导线。这些导线就当作我们临时用的触摸按键。同时另一只手要想办法触摸到电源正极（VCC）的金属部分，让身体导入 5V 的电源电压（放心，这种操作是安全的，你不会触电而亡，单片机也不会受到你的干扰）。然后开始触摸电阻做的按键，现在你听到了什么？想一想为什么 I/O 接口可以对你的触摸有反应。重新写入非触摸的 8 键电子琴程序，看看触摸操作还是否奏效？触摸式 8 键电子琴的程序有什么不同?

触摸式按键不是采用普通的标准 I/O 接口功能，那样只会对微动开关有效。高阻态输入是 I/O 接口的另一种工作方式，高阻态输入让 I/O 接口既不为高电平、也不为低电平，而是保持本身没有任何电平状态，只是读取 I/O 接口上电平。I/O 接口悬空时，电平为 0，当我们身体接入了电源电压时，我们去触摸电阻的手就具有高电平，触摸到电阻时，对应的 I/O 接口变成了高电平。单片机读到高电平，便知道有按键的操作了。在本书后面的章节中还会有这项功能的介绍，到时候你便更加明白了。

按键与数码管

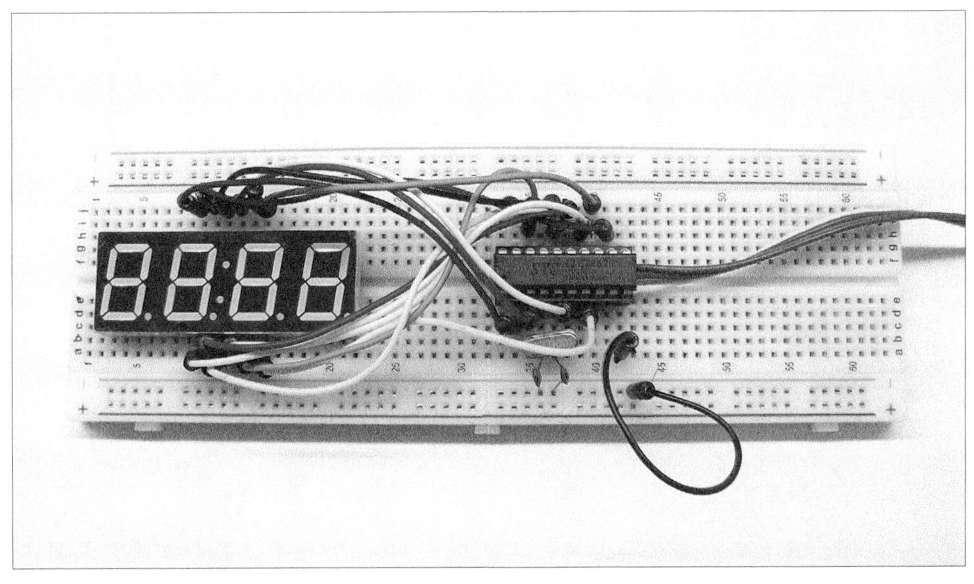

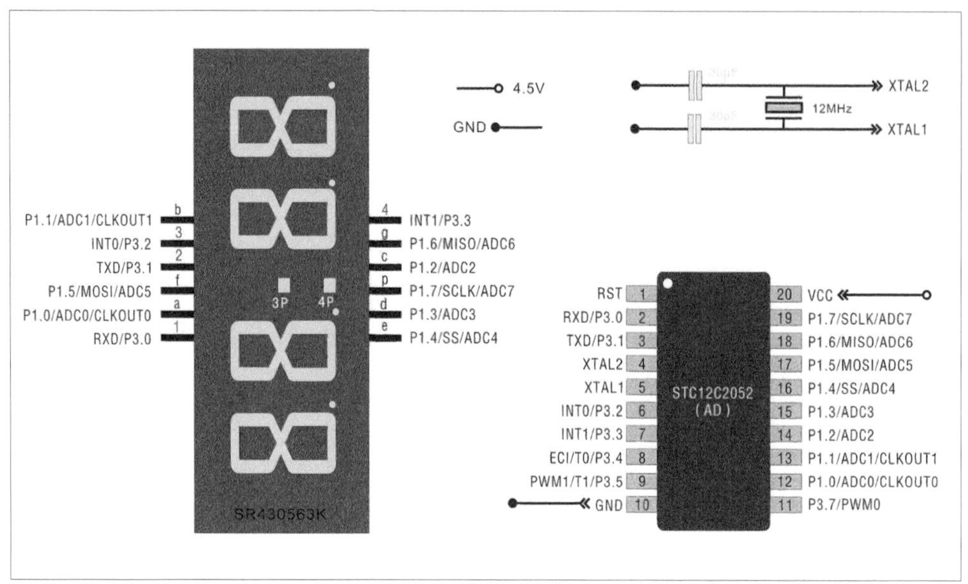

电路原理图

元器件清单

品名	型号	数量（个）	参考价（元）	备注
电池盒	3 节 7 号	1	2.00	可选择其他电池，保证输出电压在 4.5 ～ 5V
单片机	STC12C2052	1	5.00	可用 STC12C2052AD 替换
晶体振荡器	12MHz	1	0.80	
电容	30pF	2	0.01	
数码管	SR430563K	1	4.00	4 位共阳，数码管中间带冒号显示
面包板	2.54mm 间距	1	10.00	

图片中的数码管你一定很熟悉，许多有显示时钟和数字的地方都有它的身影。我小时候最早见过的数码管显示屏是在一台水泥搅拌机的控制面板上，一个会发光的数字吸引了我，我惊奇地发现就在那 7 个亮光条所组成的 8 字上，可以显示出 0 ～ 9 共 10 个数字，发明这个的人简直太有才了。后来才知道，我看到的那种叫 LED 8 段数码管（其中 7 段显示数字，一段显示小数点），除了数字之外还可以显示 A、b、c、d、E、F 等英文字母。后来又知道了还有一种 17 段数码管可以显示数字、字母和特殊除号，我见过用 17 段数码管作为显示屏的“大哥大”，现在想起来挺搞笑的。通用的 LED 数码管从段码数量上分为 7 段、8 段、15 段和 17 段；从位数上分有 1 位、2 位、4 位、8 位等；从极性上分为共阴型和共阳型，从显示方式上可以分为静态显示和动态显示，从颜色上分为单色、双色和三色等，从尺寸上分类则各式各样、应有尽有。

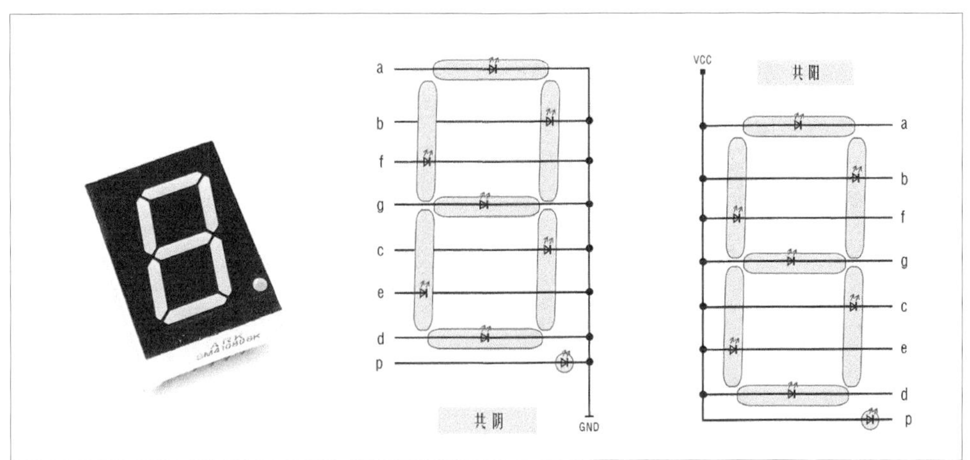

LED 数码管极性

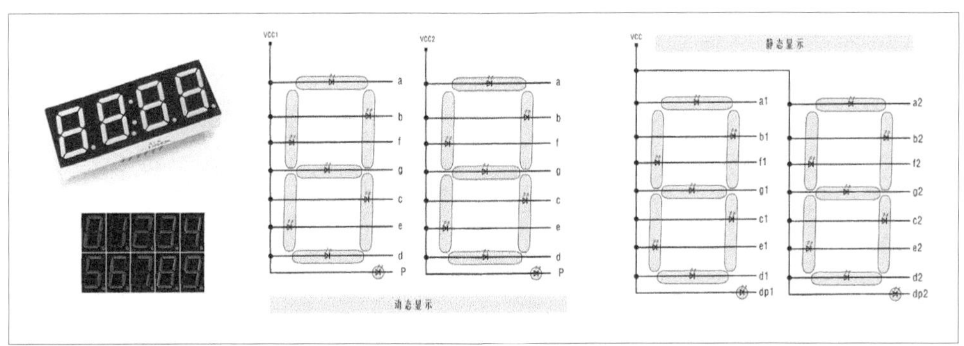

LED 数码管驱动方式

LED 数码管不论是多少位连在一起的，都会有一个共阳或共阴的问题。为了节约数码管模块的引脚数量，就将每一个段码的所有阳极或阴极并联在一起，形成一个公共的阳极或阴极。你在制作电路和购买元器件的时候一定要了解你所用的数码管是共阳的还是共阴的。如果购买 2 位或 2 位以上的数码管，除了极性问题外还要考虑驱动方式的问题。我们以共阳的数码管为例，将 2 个共阳数码管的阳极端并联在一起，把每个数码管的所有段码的阴极都引出来，这样就形成了静态显示所需要的数码管结构。静态显示方式适合在采用数字集成电路来驱动显示的电路中使用，只要将共阳极接到电源上，然后分别用数字集成电路来控制各段码的阴极接地，就可以实现数字的显示了。还有一种显示方式，是将各对应段码的阴极并联在一起，而将每个位码的公共端阳极分开（VCC1、VCC2）。当希望第 1 位数码管显示数字 3 的时候，只要在 VCC1 端加高电平（VCC2 端断开），并在公共阴极端对应 3 的段码（a、b、c、d、g）接地即可。当希望第 2 位数码管显示数字 7 的时候，只要在 VCC2 端加高电平（VCC1 端断开），并在公共阴极端对应 7 的段码（a、b、c）接地即可。当用单片机或其他处理器控制将切换速度变得足够快时，我们的眼睛就会感觉 3 和 7 是同时显示的了。因为这种显示方式需要高速的切换显示，所以得名“动态显示”，前一种方式相对被称为“静态显示”。动态显示方式不论是多少位的数码管，在同一时间内只有其中一位被点亮，所以比较省电，但是需要高速度的电路来驱动，不过在单片机技术盛行的今天，用单片机或是专用的动态显示驱动芯片来驱动数码管已经不是问题（常用的 LED 数码管显示驱动芯片有 MAX7219、CS7219 等）。注意在购买数码管时要问清数码管的公共极性，第一次使用的数码管应先用万用表测试各段码和引脚的对应关系。

举一反十一，数码管计数器

文件名	资料路径
数码管计时器 .hex	HEX 文件 \E_ 举一反十三 HEX 文件 \J_ 数码管

写入程序之后，数码管的 4 位数字会分别显示分钟和秒钟的值，并且像时钟一样走时。虽然仅供观赏，可是稍做改进就可以作为实际的应用。比如一个家用的计时器、一个显示小时和分钟的闹钟，或者一个计步器。学会了编程，这些都不是问题，怕只怕你眼高手低。

试着拔掉某一条与 LED 数码管连接的导线，看看会有什么变化。试着让计时器的前面 2 位显示秒钟，后面 2 位显示分钟，看看你如何做到。试着调换一下 LED 数码管的接线，看看能不能让显示旋转 180° 。尝试改变，带来新鲜感觉。

按键与液晶屏

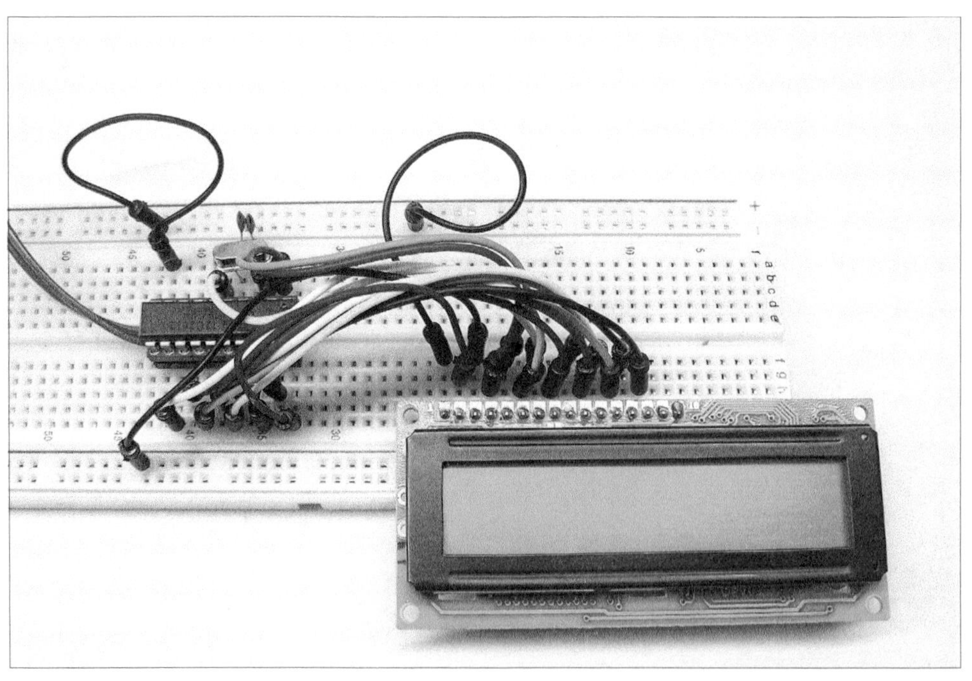

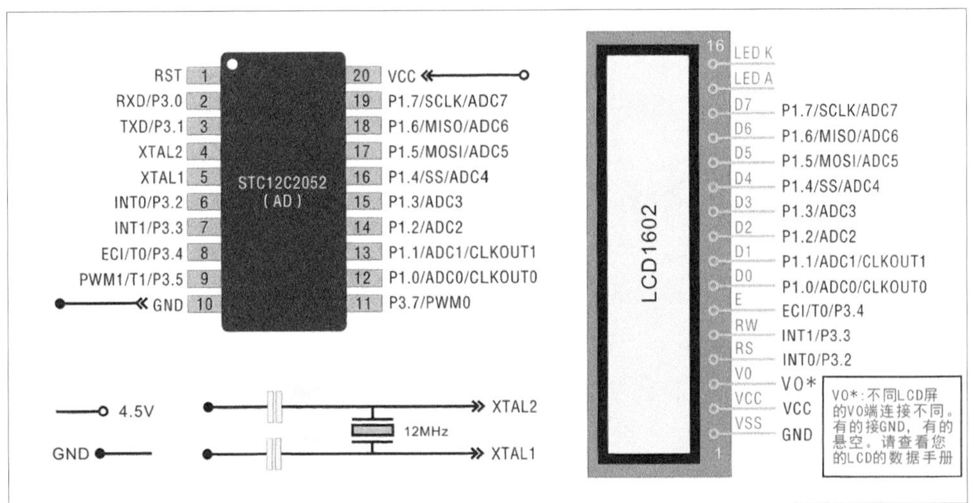

电路原理图

元器件清单

品名	型号	数量（个）	参考价（元）	备注
电池盒	3 节 7 号	1	2.00	可选择其他电池，保证输出电压在 4.5 ～ 5V
单片机	STC12C2052	1	5.00	可用 STC12C2052AD 替换
晶体振荡器	12MHz	1	0.80	
电容	30pF	2	0.01	
液晶屏	1602 字符型	1	20.00	16×2 液晶屏模块
排针	2.54mm 间距	16 针	0.20	用于将液晶屏模块插入面包板
电阻	100Ω 1/4W	8	0.01	
面包板	2.54mm 间距	1	10.00	

1. 举一反十二，1602液晶屏时钟

文件名	资料路径
液晶屏时钟 .hex	HEX 文件 \E_ 举一反十三 HEX 文件 \K_1602 液晶屏时钟

写入程序之后，液晶屏上会出现具有日期和时间的电子时钟，所显示的日期就是我编写程序时的日期，很有纪念意义。我没有写用按键设置时间的程序，希望你可以通过前面按键的例子想一想怎么来实现。虽然你还不会编程，但是可以想象一个大概的方法，在第 2 章读到相关内容的时候，你会很容易理解。

2. 举一反十三，1602液晶屏打字机

文件名	资料路径
液晶屏打字机 .hex	HEX 文件 \E_ 举一反十三 HEX 文件 \L_1602 液晶屏打字机

写入程序后，液晶屏上会出现“Input your words”字样，这里我们就可以用串口在液晶屏上打字了。串口就是我们ISP下载线所用的接口，不论你用的是USB下载线还是串口下载线，都可以完成这个实验。

首先关掉STC-ISP软件，在“开始菜单”→“所有程序”→“附件”→“通讯”中找到超级终端软件。在超级终端的菜单栏中单击“属性”，在“属性”窗口中选择我们下载时用的串口号（在我的电脑上是COM5），然后单击端口号下边的“设置”，将串口设置为4800、8、无、1、无（具体参考下面的图片）。单击“确定”返回主界面，在菜单栏中单击“呼叫”下拉列表中的“呼叫”，这时我们就可以在白色的区域里输入字符了。输入的内容可以是数字、字母和常用符号，输入时在白色区域可以显示我们输入的内容，在液晶屏上也会出现同样的内容。第一行显示满后跳到第二行，第二行显示满后覆盖第一行原来的内容。可以用空格键清除屏幕，然后像用打字机一样用键盘练习你的英文写作。想一想怎么把它和前面所做的实验组合起来，比如是否可以用串口输入液晶屏电子钟的时间，是否可以用电子琴的8个键作为键盘来打字，或者用串口输入彩灯的花样和亮度，再或者你有更好玩的想法。保持这种美妙的热情，很快我们便可以实现，编程的开始即是理想的抵达。

启动和设置超级终端

你的实验

通过以上十三个实验，你学到了什么？遇到了什么问题？你又是如何解决这些问题的？举一反十三之后的实验由你来设计。围绕在单片机周围的还能有什么？是用继电器控制家用电器的开关，还是读取红外线遥控器的信号？是2.4GHz无线通信模块，还是三轴加速度传感器？下面我给出一个推荐列表，供你选择。哪个词组让你眼睛发光，头脑中想象着它的样子，那便是你兴趣所在，制作它，竭尽所能。

难度	实验	学习内容	搜索关键词
低	行列扫描键盘实验	阵列键盘原理	行列键盘，4×4 键盘
低	红外数据收发实验	红外数据通信原理	IRM3638，红外接收
低	温度数据读取	数字温度传感器的使用	DS18B20，温度传感器

续表

难度	实验	学习内容	搜索关键词
低	继电器开关控制实验	继电器的使用	继电器
低	看门狗实验 *	看门狗控制器的使用	看门狗，复位
中	无线数据收发实验	无线通信模块的使用	nRF24L01，无线模块
中	串口通信实验 *	串口通信的原理及使用	串口，UART，RS-232
中	A/D 转换实验 *	模拟量采集的原理及使用	ADC，模数转换
中	EEPROM 存储器实验 *	EEPROM 的原理和使用	EEPROM
中	PWM 实验 *	PWM 的原理和使用	PWM
高	FM 调频收音机接收实验	IIC 总线通信	TEA5767HN，收音机模块
高	三轴加速度传感器实验	运动传感器的使用方法	MMA7260，加速度传感器

带“*”的项目表示部分单片机内部具备此功能，不需要扩展就可以完成实验。在传统的单片机教学中，都是只采用基础的 8051 单片机，内部没有集成更多功能，所以要学习它们必须在单片机外部扩展芯片，比如学 EEPROM 存储实验就要扩展 24C08 芯片，学习 A/D 转换实验就要扩展 ADC0832 芯片。但增强型单片机将更多的功能内置之后，就不需要扩展芯片了。比如 STC12C5A60S2 和 STC12C2052AD 内部集成了表中所有加“*”的实验功能，选择一款合适的型号去实验。千万不要再用传统的思路去学习了。

第6节 第一个作品

目录

- 精选之作
- 认识洞洞板
- 开始制作

精选之作

“第一个制作很重要，这是读者开始脱离面包板，真正制作的一个 DIY 小作品了！这第一个作品做什么，你可要好好地考虑一下。”我的参谋朋友严肃认真地对我说。

“你觉得 Mini1608 电子钟怎么样？不需要电路板，只有很简单的电路制作，而且实用性很强。”我想了想说。

“这个可以考虑，不过总感觉有点早。”他一边说一边在书架上翻找着。

“有点早？这是什么意思？ Mini1608 这么简单的电路制作，初学者很容易仿照着制作，当作第一个作品应该是一个不错的选择。”我奇怪地问。

“这个设计是不错，你也花了很多的精力去设计它。你想把自己最好的作品和读者分享，这个心情我可以理解，只是你有没有站在初学者的角度考虑。Mini1608 的制作方法很简单，只要把单片机和 LED 点阵屏焊接在一起就可以了，你把复杂的工作都放在了软件的部分。可是读者的第一个作品就制作 Mini1608 的话，他们会学到什么呢？制作简单了，反而让制作少了挑战性。制作出来了也很难明白它的工作原理，因为你还没有讲软件和单片机内部结构。你想想，是不是有点早？”大参谋说完，继续在书架上翻找着。

“哈哈哈，”我大笑三声说，“今天我真是没有白活，您老的一番话让我知道我该怎么做了。”

“呵呵，明白就好，”大参谋开玩笑式地叹了一口气说，“哎！英雄所见略同，可惜我只是个幕后的无名英雄啊。”

“哈哈，没关系，我可以把这个写在书里，让你的贡献老少皆知、永垂不朽。”说完此言，两个人相视一笑，之后话题一转，开始讨论某明星的八卦新闻去了。

玩笑归玩笑，工作归工作，是要认真考虑第一个作品如何来写。要简单，但不能太简单，让制作太困难或是少了挑战性都是我的失败。制作的东西不能太传统也不能太前卫，太传统会让读者总是活在老旧的设计方案之中，太前卫又会和后面的制作少了对比和连贯。最后我设计了一款一位数字时钟作为第一个作品与大家分享。选择它是因为它采用了传统的电路板焊接设计，可以让大家在告别面包板之后直接用洞洞板（万用电路板）来制作。制作它所需要的元器件只有单片机、LED、按键之类，都是上面几节中使用过的，没有涉及新器件。最后是因为它有创意、好玩而且实用。这话是真的吗？开始行动，一起验证吧！

之所以用 1 位数字可以显示时间，是因为我给予它切换的显示方式。就是说 12 时 45 分，它会先显示 1，然后停留一会再显示 2，再停留一会显示冒号（：）表示小时和分钟的分隔，然后再分别显示 4 和 5。停留较长时间之后再重复显示，我为它加入了动画切换效果，看起来数字就好像是被一笔一画写上去似的，很有趣。

另外，我还为它配备了 2 个按键用来调整时间。长按按键 1，就可以进入调时状态；在调时状态按下按键 2 就可以为现有数值加 1；再按下按键 1 可以进入下一项的时间调整。调整的顺序为小时十位、小时个位、分钟十位、分钟个位；然后再按下按键 1 可以返回显示状态，操作很简单。

虽然我是男生，可是有时候我也当婆婆、当妈妈。我会非常乐观地讲解电路的制作方法，这就意味着我只会以诸事顺利的样子一口气讲完。希望你可以跟我一起完成，如果今天你是出门遇大雨、喝凉水塞牙的运气，可能会在操作上出现意想不到的“惊喜”。要知道万事开头难是有科学道理的，无论什么事情在第一次做时出现状况都是正常的，这不等于失败，也不是阻碍，反而你遇到的意外越多，你的经验就越丰富。如果跟着我操作时突然出错了，请哈哈大笑，然后翻到第 5 章第 1 节《常见问题》。

认识洞洞板

洞洞板又叫万能实验板，好像哪一个都不是学名，就好像很多元器件我们说不出学名一样，我习惯叫它洞洞板，这是个很可爱的名字。目前常见的洞洞板有 2 种，一种每一个点都是独立的，点与点之间没有连接；另一种点与点之间是按一定规律连接在一起的。仔细观察是可以看出来的。本节我们采用的是前一种洞洞板。

洞洞板常用的焊接方法有 2 种：飞线连接和锡接走线。我刚学单片机的时候，没有人教我怎么用洞洞板，我就照着别人的制作，用飞线连接。后来制作的东西多了，发现飞线连接虽然可以“飞跃无极限”，但成品看上去有些乱，好像手术之后没有缝合的肚皮，五脏六腑都蹦了出来。后来我试着用锡接走线，虽然走线都在一个平面内，事先要考虑好走线的路径，但制作出来的作品很好看，也很稳定。我们的第一个作品就准备采用锡接走线法，你也可以试着跟我做，如果有走不通的地方，就用飞线来连接。你的设计将是独一无二的，尽量细致、精美，展现你的动手才能吧。

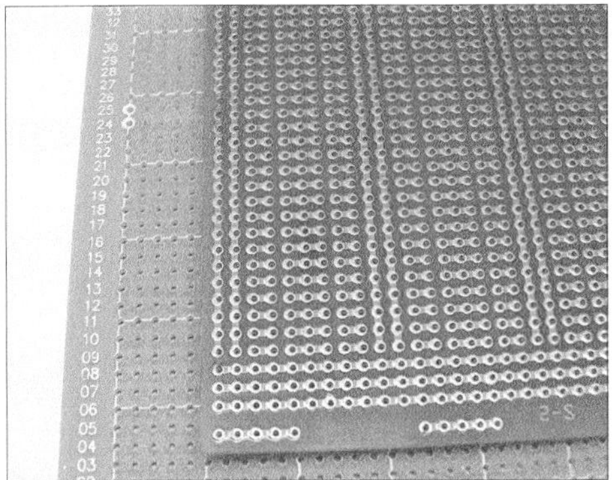

2 种类型的洞洞板

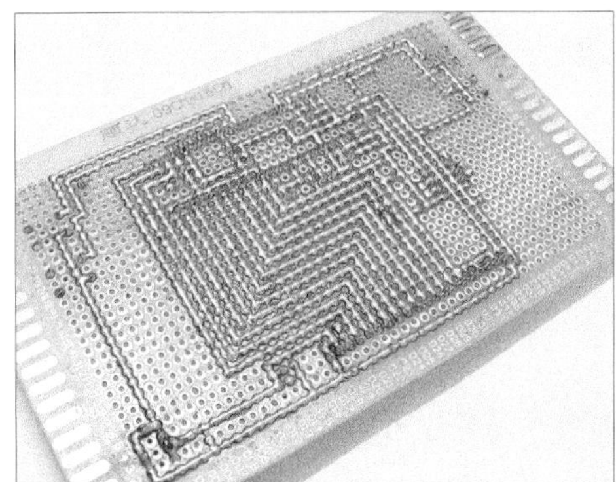

2 种电路连接方法

开始制作

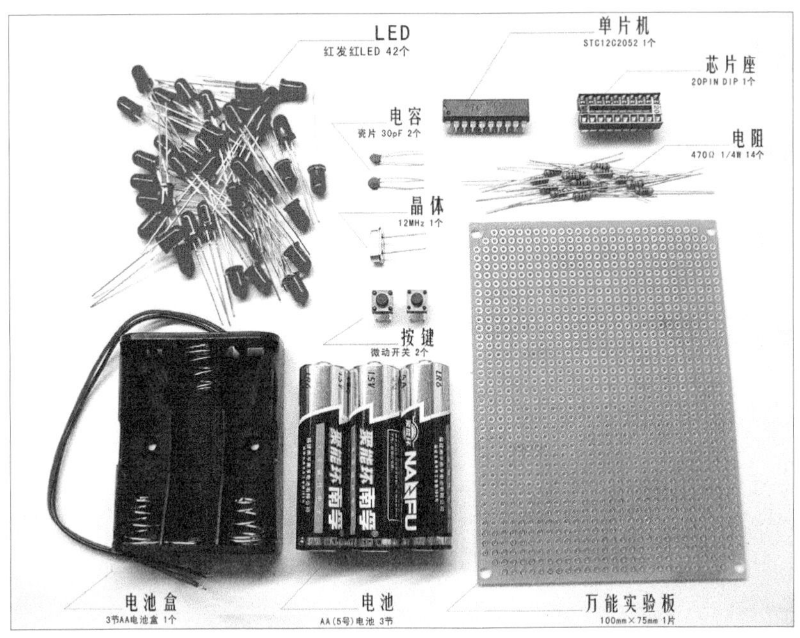

所需元器件

元器件清单

品名	型号	数量(个)	参考价(元)	备注
电池盒	3 节 5 号	1	2.00	可选择其他电源，保证输入电压在 4.5 ~ 5V
单片机	STC12C2052	1	5.00	可用 STC12C2052AD 替换
芯片座	20PIN DIP	2	0.50	
晶体振荡器	12MHz	1	1.00	直插式
电容	30pF	1	0.01	尽量选择陶瓷片电容
LED	直插 Φ5mm	42	0.20	可选择各种其他颜色和型号的 LED
微动开关	6mm × 6mm × 6mm	2	0.50	
电阻	470Ω 1/4W	14	0.01	可选择 1kΩ、2kΩ，1/4W 或 1.8W
万能实验板	2.54mm 间距	1	4.00	尺寸可按喜好选择

准备好元器件，我们就可以开始制作了。470Ω 的限流电阻可以确定LED的亮度，选择 1kΩ 或是更大的阻值可以让 LED 的亮度降低，同时更省电。在制作之前可以单独做一个实验，选用不同的阻值。等我把书写完之后，有了时间和精力，我会对这个程序进行升级，用软件来控制 LED 的亮度。当然，你也可以自己来改程序，然后骄傲地说："看，我做到了！"

焊接工具

焊接电路要使用电烙铁、焊锡和助焊剂，在各电子市场可以买到。最好选择可控温的电烙铁，将温度调节到 300℃左右，或是选择 30W 的恒温电烙铁。LED 的焊接时间不能过长，一般在 3s 以内。建议多个 LED 轮换焊接。

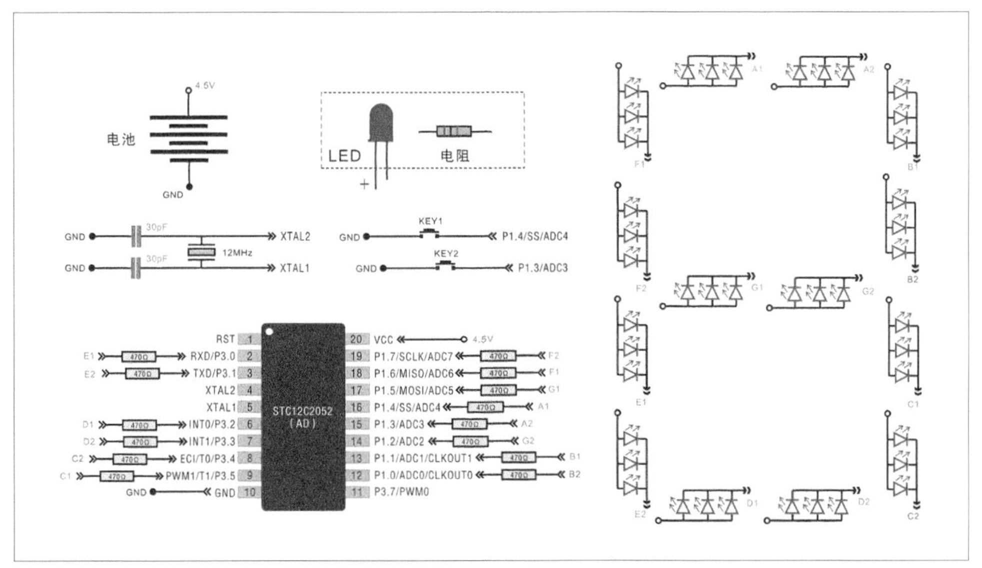

电路原理图

从电路原理图上可以看出，每 3 个 LED 是并联在一起的，形成一组可用 I/O 接口控制亮灭的单元，在洞洞板上排列成 8 字形，其中每 2 组为 1 个段码。之所以没有把 6 个 LED 并联，让每一个段码形成一组用 I/O 接口控制，是因为 I/O 接口的驱动能力有限，LED 并联太多会损坏单片机。现在我们使用的是单片机 I/O 接口的标准双向输入 / 输出状态（后面还会讲到 I/O 接口的其他状态），所以每个 I/O 可以引入的电流理论上不能超过 30mA。另外，把 7 个段码分成 14 个小段，可以实现更多的显示样式。比如我在程序中就加入了动画切换的显示效果，如果只有 7 个段码，显示动画就会显得很死板。这一点在制作完成之后，你就会有所体会的。

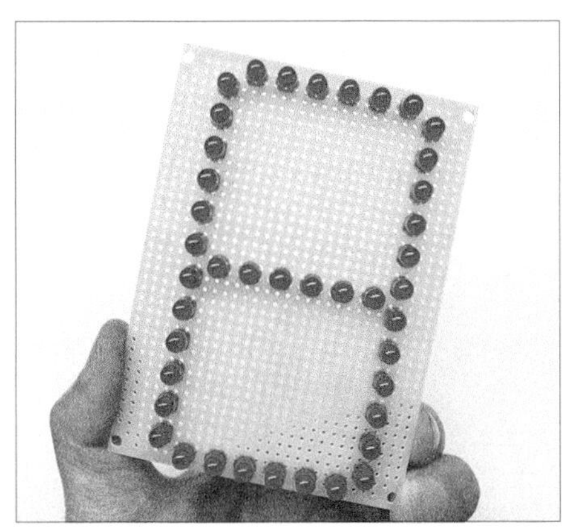

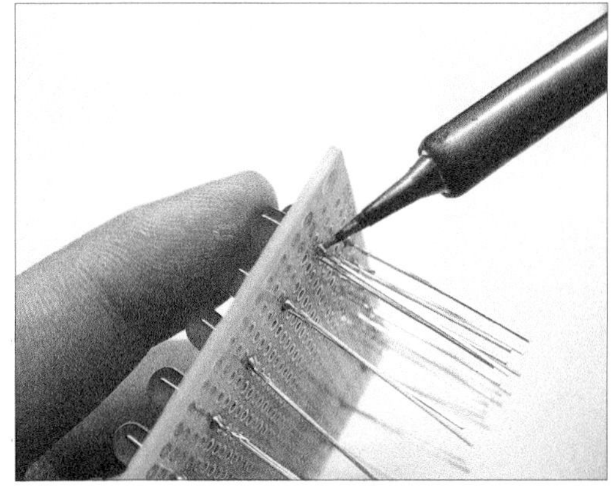

按照自己的喜好，将 LED 排成 8 字形。在洞洞板的背面用电烙铁焊住每一个 LED 的一只引脚，然后翻过来看正面的 LED 排列是否整齐、LED 的角度和高矮是否一致，不一致的用电烙铁熔化锡盘快速调整。调整好后再把每个 LED 的另外一只引脚焊接好。

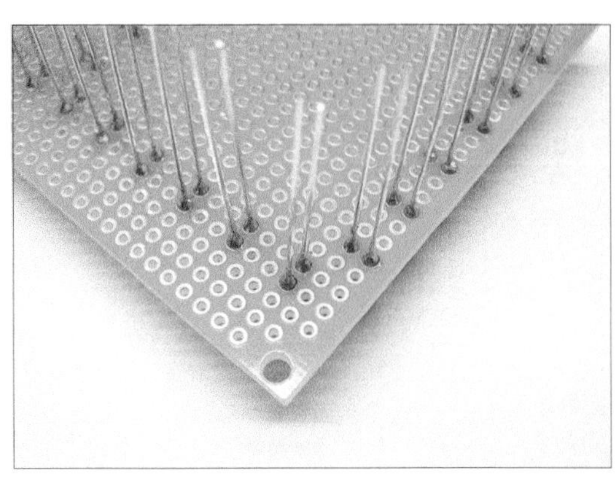

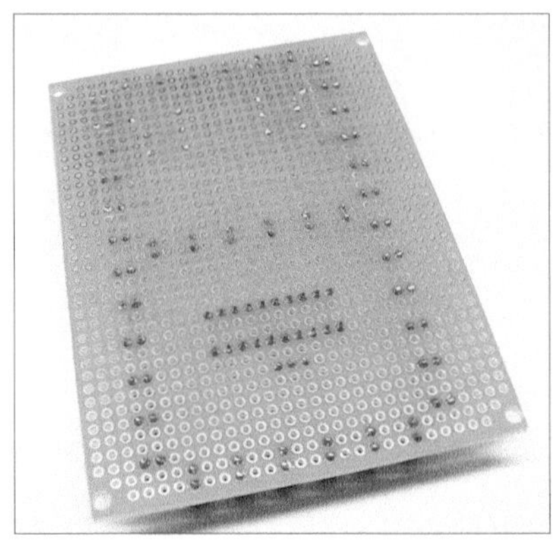

再转到正面仔细检查一下 LED 的排列，没有问题的话，就可以剪去多余的 LED 引脚。将单片机芯片座焊接在 8 字形下半圈的中间位置，再焊接晶体振荡器和 30pF 电容。

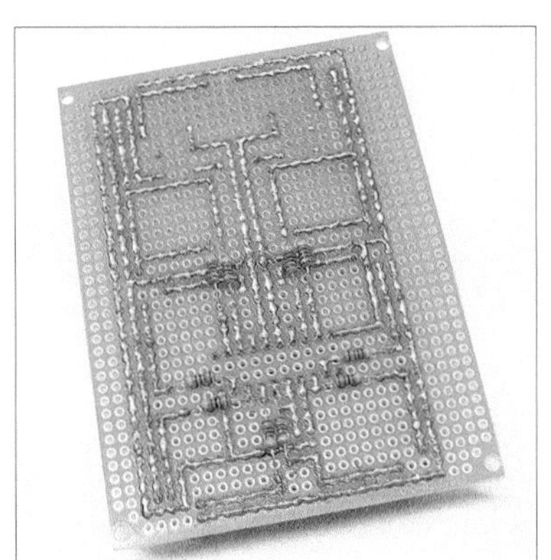

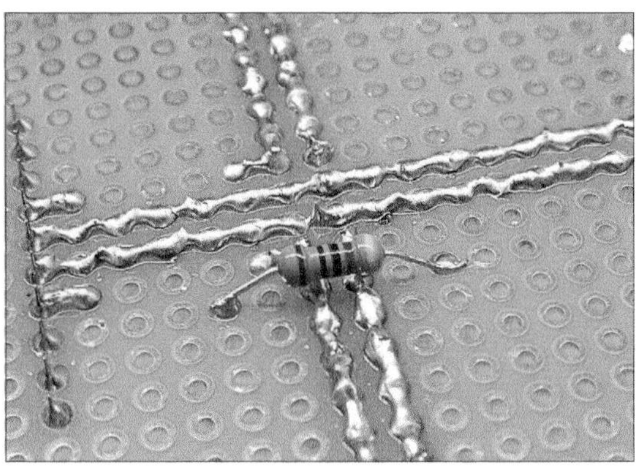

下面就是关键的步骤——锡接走线了。如果对你来说有些难度的话，你也可以扒开衬衫露出你蜘蛛侠的本来面目，吐一堆导线到电路板上，虽然杂乱，但快速、有效。你还可以利用电阻和剪剩下的 LED 引脚在锡接走线的上边建立交桥。电流就是车流，电路就是公路，漂亮、合理地设计它们，以后不仅可以任职硬件工程师，还有担任交通部长的潜力。

最后把电池盒装在电路板的背面，用前面介绍的 ISP 下载线给单片机写入一位数字时钟的 HEX 文件。

文件名	资料路径
一位数码时钟 .hex	HEX 文件 \F_ 第一个作品 HEX 文件 \ 一位数字时钟 HEX 文件

制作完成的作品

制作完成了，装上电池，我们可爱的小时钟活过来了！把它摆在书桌上或是挂在墙上，定会让你的小屋“蓬荜生辉”。感谢你的细致和耐心，还有对我的信任，这才会让过程如此顺利，我们都从中得到了快乐。把它秀给你的父母和朋友吧，让他们一起分享这份喜悦！

现在我们都可以欣慰了，单片机世界的大门已经关上，把你牢牢地关在了里面。你已经无力逃脱，而且你也不想这样做，你拥有了单片机的实验平台，为你的想象力插上了大鹏的翅膀，任你翱翔天际、瞰视凡尘。单片机前辈的成果供你使用，无数的单片机实用制作应接不暇。开始吧，网罗所有单片机相关的技术资料为己所用，你的技术爱好进入了全新境界。

第7节 更多小制作

目录

- Mini1608 电子钟
- DY3208 点阵屏电子钟
- DY12864 节日提醒万年历
- DY2402 电子定时器
- 洗衣机控制器

不用怀疑，这里的每一个小制作都是我的原创作品。在我的网站上，你可以看到每一款作品都有许多爱好者在制作。经过了时间的考验，它们很受欢迎；经过反复的改进，它们近乎完美。制作它们中的一些，让你更爱单片机、更有经验、更具创造力。来吧，跟着我一起制作，用我们的智慧和双手赋予它们生命。如果在制作中遇到问题，请不要着急，那是单片机和你开的玩笑，错误总是由你造成的，也必然被你解决。不知所措之时，翻阅第 5 章的常见问题与解答，那里有解开苦难的魔咒。

Mini1608 电子钟

Mini1608 将会是你见过的极精简的 LED 点阵屏电子时钟之一，同时它也将会是功能强大且扩展性很大的作品。Mini1608 首先会改变你一直以来对 LED 点阵屏电子时钟的观念，然后告诉你如何在 15min 之内完成制作的方法，然后介绍一下我的设计历程及几项技术的实现原理。Mini1608 没有 PCB，没有电源稳压电路，没有单片机复位电路，没有外扩时钟芯片，没有 LED 点阵屏的驱动芯片或电路。Mini1608 只需要 11 种元器件，而且还可以更少。它可以横向流动显示日期、时间、温度信息，纵向显示汉字及全中文操作菜单，不需要光敏二极管或是任何感光电路就可以实现对环境亮度的感知并自动调整 LED 点阵屏的显示亮度。它具有 20 级流动显示速度设置、9 级显示亮度设置、2009—2029 年共 20 年的公历日期计算、1 ～ 60℃的室内温度显示。欢迎你和我一起制作 Mini1608，我将为你提供丰富资料，让它不仅好玩、实用，而且可以从中得到启发。

请按照元器件清单去准备，注意单片机不可以用其他型号或系列代替，只可以使用清单中指定的单片机型号，否则制作不能完成。我使用 4.5V 的电池盒为 Mini1608

提供电源，你也可以采用 USB 或电源适配器为它供电，但要注意意外断电将会使时钟数据丢失。要避免这种情况，你可以用电池和市电并用的双电源设计。LED 点阵屏的尺寸型号是 0788 型，目前 0788 是市场上常见的最小的 LED 点阵屏，只有它才可以与单片机直接焊接。你可以选择不同颜色，彰显独特个性。如果你买不到这种型号，也可以用电路板来制作大尺寸的 1608，可惜它已经不 mini 了。

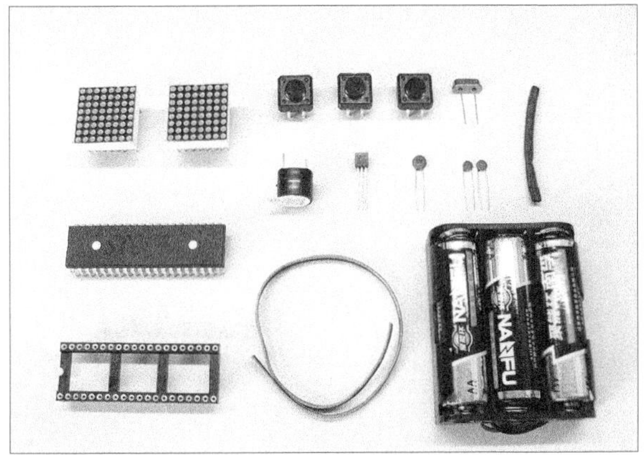

元器件清单

品名	型号	数量	备注
单片机	STC11F32XE	1	大约 11 元 / 片，可用 STC12C5A60S2 替代
芯片座	管孔式 40PIN-DIP	1	可以用普通 40PIN 的单片机芯片座替代
LED 点阵屏	SZ410788K	2	可以选择其他型号的同类型产品，但注意引脚定义
温度传感器	DS18B20	1	大约 8 元 / 个，选择 TO-92 封装
微动开关	12mm × 12mm × 6mm	3	大约 0.5 元 / 个
蜂鸣器	5V 有源	1	大约 1 元 / 个
晶体振荡器	12MHz	1	大约 1 元 / 个，普通的直插式晶体即可
电容	0.1μF	1	大约 8 元 / 包，瓷片电容
电容	30pF	2	大约 8 元 / 包，瓷片电容
电池盒	3 节 5/7 号电池	1	大约 2 元 / 个，输出电压在 4.3 ～ 5.5V

注：价格仅供参考，实际以市场报价为准。

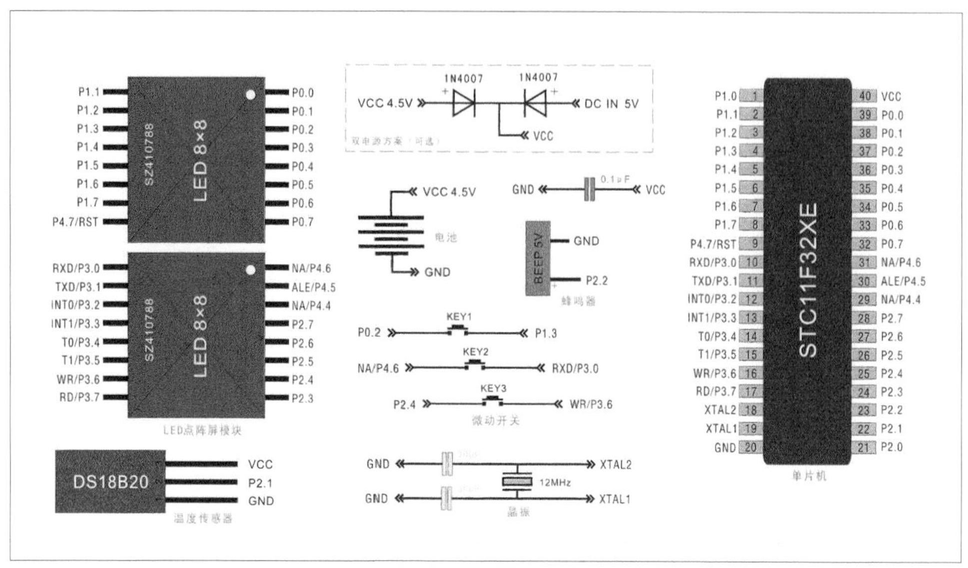

Mini1608 电路原理图

将 30pF 电容绑在一起焊接在单片机的 18、 19 和 20 这 3 个引脚上

把 3 个微动开关剪去对侧的 2 个引脚， 将余下的对侧引脚直接焊在单片机背面

将芯片座插针一面焊接在单片机引脚上

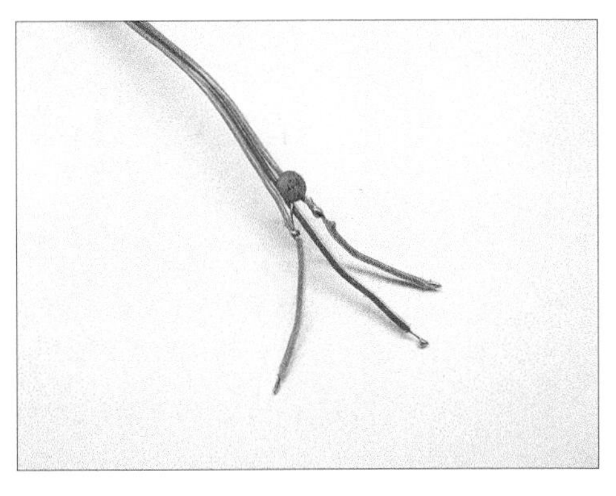

把 0.1μF 的电容焊接在 3PIN 排线的两端线上，这两端的线将会作为 VCC 和 GND 来连接

把排线放入单片机和芯片座之间的空隙中，排线两端焊接在 VCC 和 GND 上， 中间线焊接在 22 脚上

弯曲一下晶体振荡器的引脚并把它插入单片机 18 脚、 19 脚对应的芯片座孔中

把蜂鸣器负极直接插入单片机 20 脚对应的芯片座孔中， 正极连接到单片机 23 脚对应的芯片座孔中

把 LED 点阵屏模块按照电路原理图直接插入单片机对应的芯片座的孔中

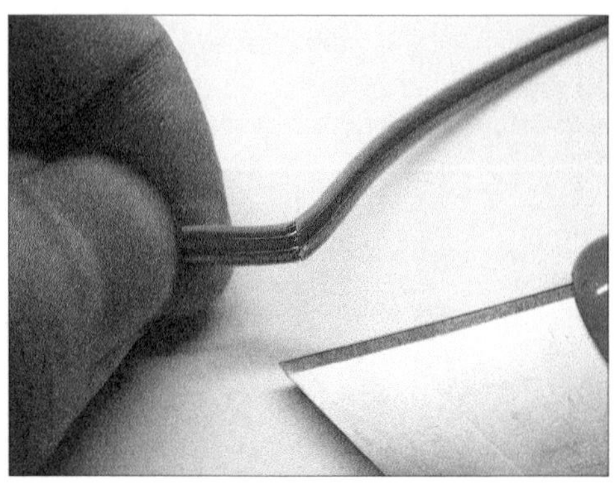

在 3PIN 排线的中间适当部位斜向划开表皮，不要割到内部的导线

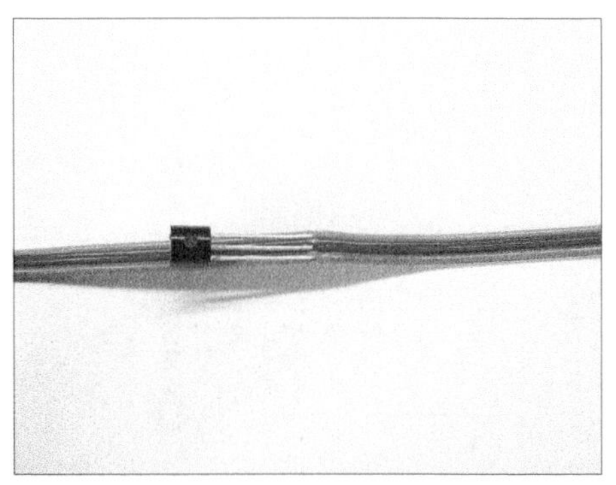

把 DS18B20 芯片的引脚对照电路原理图插入刚刚划开的斜口中， 再用胶带或热缩管包好

把 3PIN 排线的两端线（VCC 和 GND）与电池盒的正、 负极连接

我们的制作到这里就完成了。在 V1 版本中有时间设置、流动速度设置、显示亮度设置等功能。Mini1608 屏幕朝前时，按键功能从左到右依次为“设置 / 下一项 / 退出”“加 1”“减 1”。试着用强光照射它，再试着把它放在黑暗之中，看看它会有什么奇妙的反应。在没有任何感光元器件的情况之下 Mini1608 是如何做到感知并处理环境光亮度的呢？LED 点阵屏的引脚没有连接到 VCC 和 GND，单片机是如何驱动点阵屏的呢？诸君如果对 Mini1608 的程序原理感兴趣，就让目光继续跟随我的笔迹，峰回路转之间带你探索 Mini1608 的奇妙原理。

什么是 I/O 接口的推挽工作方式

之前提到 STC 单片机的每一个 I/O 接口都有 4 种工作方式，其中包括推挽输出。推挽输出是什么呢？对于没有使用过增强型 8051 单片机的朋友，这个名词是有些陌生的。传统 8051 单片机的 I/O 接口只可以作为标准双向 I/O 接口，如果用其来驱动 LED 则只能用灌电流的方式或是用三极管外扩驱动电路。灌电流方式是将 LED 正极接在 VCC 上，负极接在 I/O 接口上，当 I/O 接口为高电平时，LED 两极的电平相同，没有电流，LED 为熄灭状态。当 I/O 接口为低电平时，电流从 VCC 流入 I/O 接口，LED 点亮。当把 LED 正极接在 I/O 接口，负极接在 GND，将 I/O 接口置于高电平时，LED 会点亮，但因为 I/O 接口上拉能力不足而使亮度不理想，在第一次做单片机实验时，我们就注意到了这一点。推挽工作方式就是具有强上拉能力的工作方式，它可以实现高电平驱动 LED。惊喜出现了，把 LED 正负极分别接在 2 个 I/O 接口上，然后设置正极的 I/O 接口为推挽输出，负极的 I/O 接口为标准双向灌电流输入，结果会怎么样呢？非常好，我们可以直接用 I/O 接口驱动 LED 而不需要 VCC 和 GND。LED 点阵屏就是多个 LED 的阵列连接，只要把 LED 点阵屏的所有引脚接在 I/O 接口上，然后根据 LED 点阵屏的引脚定义，将对应正极的 I/O 接口设置成推挽输出，将对应负极的 I/O 接口设置成标准双向输入，余下的就是把将要点亮的 LED 点阵屏上的点所对应的行列线分别给予高低电平，那么一切就尽在掌握之中。

P1 口设定（P1.7,P1.6,P1.5,P1.4,P1.3,P1.2,P1.1,P1.0）

P1M1【7:0】	P1M0【7:0】	I/O 接口模式（P1.x 如作 A/D 转换使用，需先将其设置成开漏或高阻输入）
0	0	准双向接口（传统 8051 I/O 接口模式），灌电流可达 20mA，拉电流为 230μA，由于制造误差，实际为 250～150μA
0	1	推挽输出（强上拉输出，可达 20mA，要加限流电阻）
1	0	仅为输入（高阻），如果该 I/O 接口需作为 A/D 转换使用，可选此模式
1	1	开漏（Open Drain），如果该 I/O 接口需作为 A/D 转换使用，可选此模式

有朋友会问了，推挽工作方式这么好，我们在编程时要如何设置呢？这个问题问得好，其实设置 I/O 接口的工作方式和设置 I/O 接口的电平状态一样简单。我们以 C 语言编程为例，首先要加载 STC11Fxx.h 的头文件，因为 STC 单片机官方给出的头文件中有 I/O 接口工作状态设置的定义。把头文件放到 C:\Keil\C51\INC 文件夹里面。下一步就是在程序开始处声明这个头文件。注意声明中的文件名要和 INC 文件夹中存放的头文件的名字相同。

```
#include <STC11Fxx.h>                // 声明 STC 单片机头文件
P1M0 = 0x01;                         // 设置 P1 接口工作方式
P1M1 = 0x04;                         // 设置 P1 接口工作方式
P4M0 = 0x02;                         // 设置 P3 接口工作方式
P4M1 = 0xf4;                         // 设置 P3 接口工作方式
P4SW = 0xff;                         // 设置单片机功能引脚作为 P4 接口使用
```

例如，我们对 I/O 接口的工作方式做出如下设置：

```
P1M0 = 0x09;                         //0000 1001
P1M1 = 0x05;                         //0000 0101
```

即表示 P1 接口中，P1.7 到 P1.4 为标准双向输入 / 输出接口，P1.3 为推挽工作输出接口，P1.2 为高阻态输入接口，P1.1 为标准双向输入 / 输出接口，P1.0 为开漏状态接口。具体设置可以对照 STC 单片机的 SFR 数据表。注意 P4SW 寄存器对应位设置为 1 时，此引脚才可作为 P4 接口使用。有朋友会困惑了，我们还没有学习编程，怎么讲了一大堆程序设置的方法，是不是太早了？是的，确实早了点，那就学完第 2 章之后再翻回书页吧。

STC11/10xx 系列单片机 I/O 口部分特殊功能寄存器 （SFR）

Mnemonic	Add	Name	7	6	5	4	3	2	1	0	Reset Value
P0	80h	8-bit Port 0	P0.7	P0.6	P0.5	P0.4	P0.3	P0.2	P0.1	P0.0	1111 1111
P0M1	93h										0000 0000
P0M0	94h										0000 0000
P1	90h	8-bit Port 1	P1.7	P1.6	P1.5	P1.4	P1.3	P1.2	P1.1	P1.0	1111 1111
P1M1	91h										0000 0000
P1M0	92h										0000 0000
P2	A0h	8-bit Port 2	P2.7	P2.6	P2.5	P2.4	P2.3	P2.2	P2.1	P2.0	1111 1111
P2M1	95h										0000 0000
P2M0	96h										0000 0000
P3	B0h	8-bit Port 3	P3.7	P3.6	P3.5	P3.4	P3.3	P3.2	P3.1	P3.0	1111 1111
P3M1	B1h										0000 0000
P3M0	B2h										0000 0000
P4	C0h	8-bit Port 4	P4.7	P4.6	P4.5	P4.4	P4.3	P4.2	P4.1	P4.0	1111 1111
P4M1	B3h										0000 0000
P4M0	B4h										0000 0000
P4SW	BBh	Port 4 Switch	–	NA_P4.6	ALE_P4.5	NA_P4.4	–	–	–	–	x000 xxxx

为什么要用逐点扫描

通常我们驱动 LED 点阵屏会使用一种习惯的方法，那就是逐列扫描法。把一组 I/O 接口定义为行，然后依次选通每一列，在选通某列时对应地送入这一列所需要的行数据。也就是说在同一时间里会有至多一列 LED 被点亮。对于 Mini1608 的电路设计来说，这是不可能实现的。因为数据手册告诉我们，I/O 接口的推挽工作方式也并非万能。一般情况下，推挽工作方式所能输出的最大电流是 20mA，而标准双向输入 / 输出工作方式也只能灌入 20mA 的电流。同时，整个单片机在同一时间内所能承受的最大电流为 60mA，超过这个电流值，单片机就会有生命危险。逐列扫描时，每一个 LED 都会消耗 10 ～ 20mA 的电流，让 I/O 接口同时驱动 8 个 LED，结果只有死路一条。为了解决这个问题，我们只好采用逐点扫描方式，即在同一时间内只有 1 个 LED 被点亮。这样做既保证了单片机和 LED 的身体健康，让单片机 I/O 接口的推挽能力恰好达到要求，同时又不会出现逐列扫描时 LED 显示亮度不均的问题。从这一点上看，这并非被迫之选，而是绝佳之计。

技术严谨又注意细节的爱好者朋友可能会发现整个电路设计中没有用到任何电阻，自然也就没有 LED 必配的限流电阻。限流电阻是在电路电压大于 LED 驱动电压时，为让 LED 工作电流保持在正常范围内而使用的。现在整个电路的电压为 5V，Mini1608 公然省略了限流电路是否会对电路有一定影响呢？我在设计时也认真考虑并做了一些实验，结果令人愉快。使用 I/O 接口的推挽方式，并在软件上使用遂点扫描，不加限流电阻依然可以保证 LED 工作在正常电流范围之内。有惊无险，畅通无阻。

如何用 LED 点阵屏实现测光

大家都知道正常连接 LED 时 LED 会发光，将 LED 接反即正负极调换之后，LED 不会发光。但是这里告诉你一个小秘密，在光线不同的情况下，LED 的反向电阻会有所变化，光线强时电阻值变小，光线弱时电阻值变大。如果利用 A/D 转换功能可以读出电阻值变化的每一个细节，但我在 Mini1608 上没有使用 A/D 转换，而是利用了单片机 I/O 接口的高阻态输入功能。Mini1608 的 LED 点阵显示屏在正常情况下，正极为推挽输出，负极为标准双向接口，上文已经讲过。当我们要检测环境光线的时候，我们就将 LED 负极的 I/O 接口变为推挽高电平输出，给 LED 一个反向电压。LED 正极的 I/O 接口变为高阻态输入工作方式（前面讲触摸电子琴的时候提到过）。当环境光线强的时候，LED 的反向电阻值变小，LED 正极的电压会变高，当高过 I/O 接口高电平的最小值时（一般为 2V），则单片机识别为高电平输入。当环境光线弱时，LED 反向电阻值变大，LED 正极的电压会变低，当低于 I/O 接口高电平的最小值时，单片机识别为低电平输入。虽然只有 2 种状态的判断，但对于 Mini1608 观察白天还是晚上已经足够了。白天环境光线强，LED 点阵屏本身要亮一些才能看得清楚。晚上环境光线弱，LED 点阵屏要变得暗一些才不会让起夜上厕所的你感觉刺眼。Mini1608 变聪明了，也更体贴了。如果你对此很感兴趣，可以在学成之后试着用 A/D 转换方式让 LED 的测光更精准。

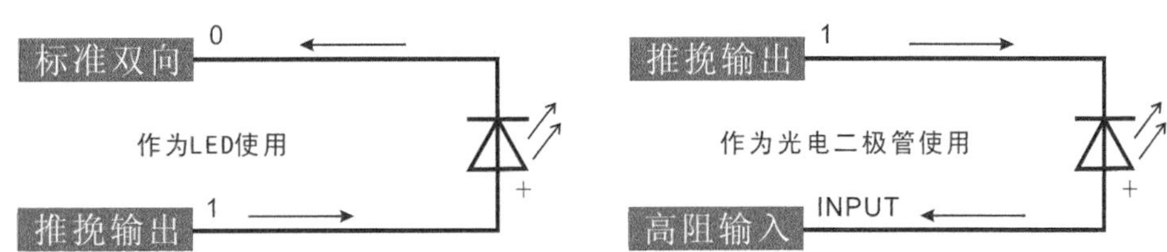

LED 测光原理

Mini1608 说完了，不知道你有没有兴趣也制作一个。与下面要介绍的小制作相比，Mini1608 的设计绝对是前卫的，之所以把它放在前面介绍，是希望大家用新眼光去看下面的制作。从出生日期上看，Mini1608 是最晚出生的一辈，从中你可以看出，我的设计是不断简化，而不是不断变复杂的。从复杂到精简，我为我的设计做减法；从粗糙到精细，我把我的制作精加工。下面的制作在电路上都会有一些复杂，也没有将制作的每一个步骤用图片呈现出来，难度自然增加了，但也给了你自由设计的空间。虽然不是什么精密设备，但也非等闲之辈，每一个制作都有其独特之处，大家的风格不同，品位不同，但应该总有一款让你喜欢。

DY3208 点阵屏电子钟

这是我最成功的作品之一，到目前我已经把版本升级到了 4.0，技术上已经较成熟，而且我设计的强大功能也让它非常实用。我制作的第一台电子钟样品现在就安静地躺在书桌上。高度的认真和耐心需要在这个制作过程中坚持到底，这是相当必要的，整个电路的复杂程度并不算可怕，反而是对单片机电路制作的陌生容易让人产生畏惧。别怕，至少还有我，我总会陪在你身边，把需要注意的地方、难理解的内容说清楚，实在不行的话，你还可以在网上找到我，帮你在线解决问题，如果那时我还活着。

作品介绍

制作之前先介绍一下这个电子钟的实用功能，看看这个小家伙是不是你的生活所需。我尽量用电子商品促销广告的形式介绍这个电子钟，令其老少咸宜、妇孺皆知。在网上，这款电子钟已经成为单片机爱好者喜爱的制作对象，借助本书你将率先领略到 4. 0 版本的独特魅力，心动不如快行动，赶快打起精神制作吧！

功能特点

- 采用独特的 8 行 32 列 LED 点阵显示屏作为显示单元。
- 日期、时间、星期、温度全信息流动、交替显示，所需信息一目了然。
- 采用专业时钟芯片 DS1302 和备用电池，时钟掉电依然走时。

- 0～60℃环境温度显示更精确。
- 全功能菜单操作，4 个按键操作，可加减调时。
- 6 路独立闹钟功能，可以设置独立闹钟时间和模式。

元器件清单

品名	型号	数量	品名	型号	数量
LED 点阵屏	8×8 单色	4	单片机	STC89C54RD+	1
扬声器	（视情况而定）	1	温度传感器 IC	DS18B20	1
时钟 IC	DS1302	1	备用电池	3.6V	1
晶体振荡器	12MHz	1	晶体振荡器	32.768kHz	1
稳压 IC	LM7805	1	译码器 IC	74HC154	1
陶瓷电容	0. 1μF	2	电解电容	220μF	2
电源适配器	9V 2A	1	三极管	8050	16
陶瓷电容	30pF	2	三极管	8550	17
电源接口座	（视电源而定）	1	电阻	4.7kΩ	33
电阻	5.1 kΩ	16	芯片插座	24PIN	1
芯片插座	40PIN	1	芯片插座	8PIN	1
排线	延展温度传感器		接口座	延展温度传感器	
微动开关	5mm×5mm×6mm	4	万用电路板	（视情况而定）	

你知道现在我要说什么吗？用后脑勺想都能知道我又要唠叨几句了。干我们这行的不仅硬件、软件都要会，还要有动手能力，在制作 3208LED 电子钟的过程中可以给自己的动手能力打打分。

元器件清单的第一项是 LED 点阵屏，我可不是随便就把它放到前面的，整个制作最重要的器件就是它。和 Mini1608 不同，你不需要找到和单片机尺寸相似的 LED 点阵屏。它只要是 8 行 8 列单色的点阵屏，柜台玻璃下面摆满不同大小和风格的，你要考虑后续电路板的大小还有你想设计的样子。选 4 块同样的点阵屏横着摆成一列，这就是它未来的样子，每块单价在 5～8 元，卖屏的老板会说这是最低价了，其实还可以砍砍。买到手里的 LED 点阵屏要注意它的引脚，一般它并不会如你我想象的那样按顺序排列好，而是需要用万用表测量的，把表打到测试二极管的挡位（一般用欧姆挡也可以），随机地找 2 个引脚测试，看着前面的 LED 有没有点亮的，没有则改其他引脚再试，有则将引脚位置、点亮的 LED 的行列位置和极性记录下来。最后我们将得到一份完整的 LED 点阵列数据表，这是非常重要的数据，不可以有一点差错。

从 LED 点阵屏内部结构图中可以看出，16 条引脚的实际位置并不是简单的顺序，万用表总结出来的数据表就是帮你整理引脚位置用的。当然，如果卖屏的老板有纸制的引脚定义资料最好，或是购买一些标准型号的产品。例如我购买的是 SZ410788K 这个型号，它是什么意思呢？ SZ 是厂商的标号不用管；4 指的是红色 LED 点阵（2 表示普通绿色、5 表示黄色、6 表示蓝色、7 表示白色、8 表示纯绿色）；后面的 1 表示共阳（2 表示共阴），如果是单色的就没有共极之说法了，一般标为 1；07 是指 LED 的点阵尺寸，这里指直径是 3.0mm 的小型点阵；88 就是 8 行 ×8 列的点阵排布。有了这个说明，你的选择就得心应手了。

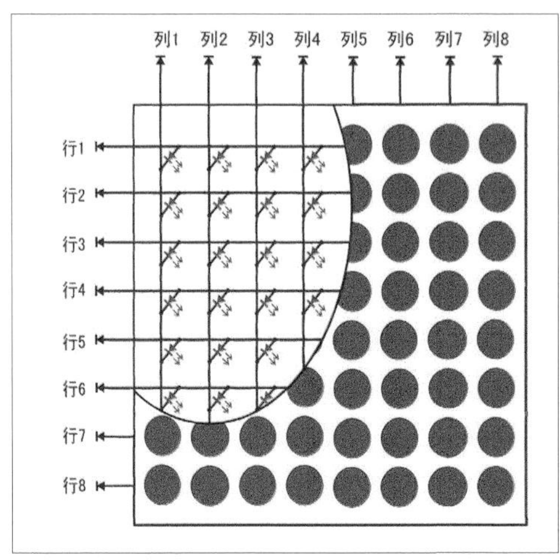

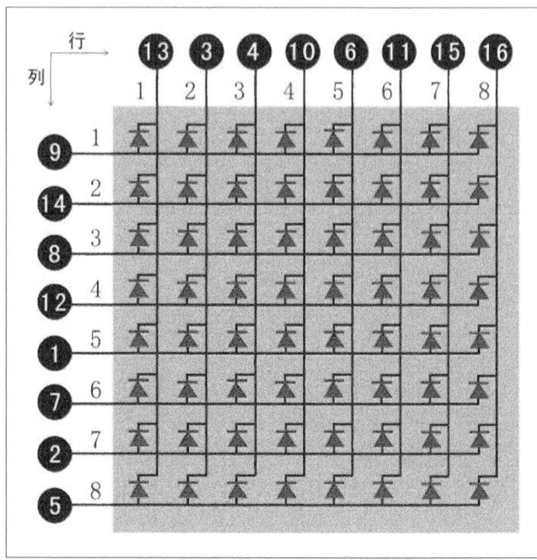

LED 点阵屏内部结构图

本电子钟是具有温度显示功能的，这就需要用一种温度传感器芯片来实现。而现在温度传感器的种类众多，在应用于高精度、高可靠性的场合时，Dallas（达拉斯）公司生产的 DS18B20 温度传感器当仁不让。超小的体积、超低的硬件开销、抗干扰能力强、精度高、附加功能强，使得 DS18B20 更受欢迎。对于我们普通的电子爱好者来说，DS18B20 更是我们学习单片机技术和开发与温度相关的小产品的不二选择。DS18B20 温度传感器常用的是 TO-92 封装，外观和普通三极管没有什么区别，它是直接将温度值处理成数字信号发送给单片机的，所以精度高、价格也高，一个 7 元左右。最好把它单独包装，要是不小心当三极管来用，那你就赔大了。在制作电路的时候要将 DS18B20 用导线延展出来，不然电路板发热会让温度显示失准。

头一次用的东西不少，DS1302 时钟芯片算是一个，下面的文章里还会用到，它是 8 个引脚的芯片，好像动漫版蜘蛛造型的装饰物。DS1302 还是 Dallas 公司推出的涓流（涓流就是涓涓细流、慢慢充电的意思）充电时钟芯片产品，它内含有一个实时时钟和 31 字节静态 RAM，通过简单的串行接口与单片机进行通信，实时时钟电路可提供秒、分、时、日、星期、月、年的信息，每月的天数和闰年的天数可自动调整，时钟操作可通过 AM/PM 指示决定采用 24 或 12 小时格式。DS1302 与单片机之间能简单地采用同步串行的方式进行通信，仅需用到 3 个接口。DS1302 工作时功耗很低，保持数据和时钟信息时功率小于 1mW。它可以应用于电话、传真机、便携式仪器、电池供电的仪器仪表以及 3208LED 电子钟当中。

如果想让制作好的时钟掉电后也依然走时就应该买一个备用电池，可以选择 3.6V 可充电的镍氢电源，也可以选择 3V 的纽扣电池，它可以在电子钟通电时为电池涓流充电，而普通非充电电池也可以使用，只是一年半载后它会变成废铁。DS1302 价格在 5 元左右，多买几个再让老板白送配套的晶体振荡器。DS1302 采用的是 32.768kHz 的石英晶体，有许多朋友制作完成后发现电子钟的走时不准，就千方百计找到我，大呼上了我的当了，其实这是晶体惹的祸。购买这个晶体振荡器时一定要选择负载电容为 6pF 的晶体，不然就会按金星的时间走时了，千万注意。

74HC154 是一种 4 线转 16 线的译码器，简单说来就是一个接口扩展芯片，如果单片机有一百多个 I/O 口也就用不到它了。单片机使用 4 条数据线和译码器连接，并向译码器发送 BCD 码，共有 16 种码值，每个值对应一个输出接口的电平状态，相当于让单片机又多了一排 I/O 口。这么好的芯片仅售 4 元左右，应该不算贵哦。

制作过程

元器件说完了，再说说原理图。现在要有耐心听我把话说完，原理图也是重要的一环，要是不小心弄错了，再修改是很麻烦的。大家知道吗，我用了几个小时才把它画好，兼顾直观与美观，本书中用到的电路原理图都是我亲手独立设计的，就是为了让大家看着新鲜、舒服。电路中包括单片机最小系统部分、LED 点阵屏驱动部分、列数据扩展部分、时钟电路部分、温度传感器电路部分、扬声器部分、按键部分，另外建议留出 ISP 下载线接口，方便程序下载和以后的学习，反正我们已经有了 ISP 下载线了，加个排针不就行了。我是选择较小一点的电路板，将多层叠加在一起制作的，这样制作可以节省空间，将飞线藏在夹层里面。制作中 LED 点阵屏的引脚测量是重要的，前面已经说过，还有就是要注意 P2 接口的连接，不要接反。将这些元器件焊接起来是非常不容易的，既要认真又要耐心，没焊几条线你就会感觉到这和洗碗一样，是无聊重复的工作。别打算花一百块钱雇个人帮你焊，那样你什么也学不到，成功就在眼前了，加油!

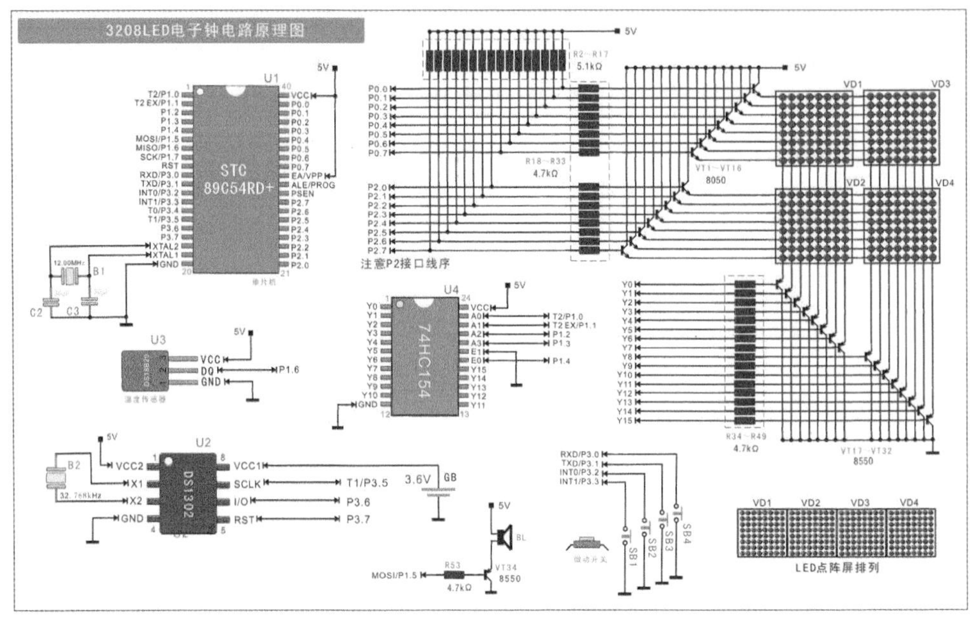

电路原理图

工作原理

单片机制作的东西是不容易从原理说明的，一般是分析程序的流程，在其他单片机制作的文章里可见一斑。说一点 LED 点阵屏的驱动原理吧，看看这 256 个 LED 是怎么按照我们的意愿点亮的。

LED 点阵屏的内部是阵列的连接方式，单片机的 P0 和 P2 接口分别连接 4 块 LED 点阵屏的行接口，而 16 个列接口由 74HC154 控制，逐一选通。现在电路被简化了许多，假设 P0 和 P2 接口所有数据线都变成高电平，则相应的行接口通过 VT1 ～ VT16 就被拉到高电平了，这时如果所有列都被拉到低电平则会一片光明，所有的 LED 都会被点亮，虽然这并不是我们想要的效果，但控制 LED 显示的味道慢慢变浓了。如果我们只想让第一列的 LED 点亮，只要拉低第一列的电平就行了，其他列都是高电平，自然是没有电流的。想让第 5 列点亮就拉低第 5 列，这个选择由单片机向 74HC154 发出的 BCD 码决定。好，如果现在我想同时只点亮第 1 列和第 5 列应该怎么办呢？因为可怜的 74HC154 只能根据单片机的指令同一时间选通一列。如果不了解人类的生理特点，爱迪生来了也不能解决这个问题。我们可以从电视显示原理中得到真经，流畅的电视图像显示利用逐点扫描技术和人眼的视觉暂留特点而实现，图像以至少 25 次 /s 的频率出现时，我们就被忽悠了，当我们快速地在第 1 列和第 5 列之间交替点亮 LED 时，就会让我们感觉它们是同时被点亮的。幸好单片机可以达到这样的速度，不然再高级的LED 显示屏也只是一块流水灯。基于这个原理，我们就可以同时点亮更多行甚至全屏，但这还不是我们想要的效果。不急，谜底就要浮出屏幕了。我们先让单片机帮我们从第 1 列到最后 1 列交替显示，让整个屏幕都亮起来，之后我们再偷偷地做点小动作。我们在交替显示到第 1 列的时候，在 P0 和 P2 接口上动手脚，让 P0.0 接口为高电平，其他都为低电平，这时只有第 1 行第

1 列的一个 LED 点亮了。当交替显示到第 2 列时，让 P0.1 接口为高电平，其他都为低电平，这时只有第 2 行第 2 列的一个 LED 点亮了。以此类推，就显示出了一条斜线，则在交替选通某一列时，就在行中送入这一列要显示的对应数据，这就是谜底——逐列扫描。可以在纸上画一个 32 列 8 行的点阵列，之后再重看一遍之前的叙述，聪明的你豁然开朗。关于单片机如何读取温度和时间数据，这要等你学会编程之后再说，或是不用说就已经明白了。

使用说明

当一切制作完成后，下面的使用说明才有实效。这个电子钟的操作是简单而快捷的，也许你会为它的设计和操作而着迷。当然也可能会有令你不如意的地方，当你慢慢学会修改程序的时候就可以改到满意为止，甚至从头写一个比我这个还好的程序，我只算是引领入门或叫抛砖引玉。

按键定义是这样的：SB1——菜单 / 退出，SB2——确定 / 下一项，SB3——加 1，SB4——减 1。在时间显示状态按下“菜单 / 退出”键也可进入功能主菜单或从任何菜单中退出到时间显示状态，按“加 1”或“减 1”键选择功能项，功能项目循环选择，具体如下：

- ALARM1 ～ ALARM8（从 1 到 8 的 8 路独立闹钟设置）。
- TIME（实时时钟设置）。
- POINT（整点报时设置）。
- ON&OFF（闹钟总开 / 关设置）。

以上是主菜单的功能项，下面是各菜单中的二级菜单内容，按下“确定 / 下一项”键进入相应功能的二级菜单。在 ALARM1 ～ ALARM8 选项中按“确定 / 下一项”键进入，第一项是闹钟方式设置，由数字 0 ～ 6 表示：0——此闹钟独立关闭，1——此闹钟鸣响一次后自动关闭，2——此闹钟常响，3——此闹钟周一至周五鸣响，4——此闹钟周一至周六鸣响，5——此闹钟周六、周日鸣响，6——此闹钟周日鸣响。再按“确定 / 下一项”键设置闹钟小时和分钟，用“加 1”或“减 1”键调整。闹钟方式设置为 0（独立关闭此闹钟）时，其闹钟时间数据不丢失。闹钟鸣响时间为 1min，在此期间按任意键可停止鸣响。

在 TIME 选项中按“确定 / 下一项”键进入时间设置，按年、月、日、周、时、分逐项设置。用“加 1”或“减 1”键调整它们，按“确定 / 下一项”键进入下一项设置，按下“菜单 / 退出”键退回时间显示状态。时间设置里没有秒的操作，但当分数据更新时，秒值自动变为 00 秒。注意，设置值前面的“T：”表示时间设置，如果是“A：”表示设置闹钟，“P：”设置整点报时。

在 POINT 选项中按“确定 / 下一项”键进入整点报时设置，当设置从 7 时到 23 时启动整点报时功能时不包括 7 时和 23 时，即从 8 时到 22 时。按“确定 / 下一项”

键选择其他时段，按“菜单 / 退出”完成设置，退回时间显示状态。

在 ON&OFF 选项中按“确定 / 下一项”键进入闹钟总开关设置，进入时的显示为当前设置状态，按“确定 / 下一项”键选择总开关状态，开关为关时 8 个闹钟都不响应，但设置数据不丢失。

好玩吧？会玩的吧？它的魅力不只停留在 3 分钟的新鲜感，日后的实用性更能让你受益匪浅。希望你在玩够了之后回过头来研究一下源程序，看看它是怎么实现这些有趣功能的，单片机是一个非常有趣的东西，我相信你和我一样，满脸笑容、深信不疑。

有许多朋友制作了我的这款电子钟，可是他们对如此费尽心思的设计依然不满。他们希望 LED 显示屏上的字可以从右至左流动显示，感觉这样会好看一些。我的审美观也同大家一样，不过我在设计它的时候兼顾了实用和美观，偏向任何一边都是会得罪人的。其实流动显示的实现并不困难，我也实验过，只是流动得太快会看不清显示内容；如果放慢的话，一次时间的完整显示会让你等得不耐烦。不过并不绝对是这样的，也许你有更好的方法可以实现，现在机会在这里，聪明的你可以尝试研究一下。

DY12864 节日提醒万年历

这个作品我投入了许多创意，在用洞洞电路板设计的时候我就考虑好了它的样子，摆在桌上很好看，我的一个朋友很喜欢这个电子钟的重要节日提醒功能，后来又夸奖我的才华、对我和我的作品美言赞叹，结果我架不住糖衣炮弹，只好把这个电子钟送给了他。现在这个电子钟也许就摆在他家的书桌上或是被借花献佛，送给了他心仪的女生。

作品介绍

我要煽风点火了，不然你会没有兴趣玩下去。要是这个制作没有实用性，那就啥也说不下去了，我要一条一条列举它的功能，让你慢慢爱上它。先说外表的美，这个制作，我创造了几处个性设计，单片机和其他元器件都隐藏到 LCD 显示屏后面，在屏幕上显示按键的功能，按压屏幕四角对应的按键来操作；12864LCD 电子钟还具有高精度的温度显示、全部日期时间显示、公历节日提醒、白天整点报时、时钟断电依然走时等功能，绝对是你居家生活、工作学习必备佳品。如果你现在就打算制作，我还在配书资料里赠送了这个电子钟的源程序、使用说明书等全套资料。心动不如快行动哦！

功能特点

- 年、月、日、小时、分、秒、星期、温度、节日同屏显示，一目了然。
- 时间设置功能，简单快捷。
- 整点报时（早 8 点至晚 21 点）。
- 128×64LCD 显示，信息量大、可视度高。

- 设有备用电池，长久走时。
- 温度显示高精度（00.0 ~ 99.9℃）。
- 隐藏式按键，模拟触摸屏的方位按键操作简单。
- 国际、国内公历重要节日提醒。
- 日历台式外形设计，置于桌面美观大方。

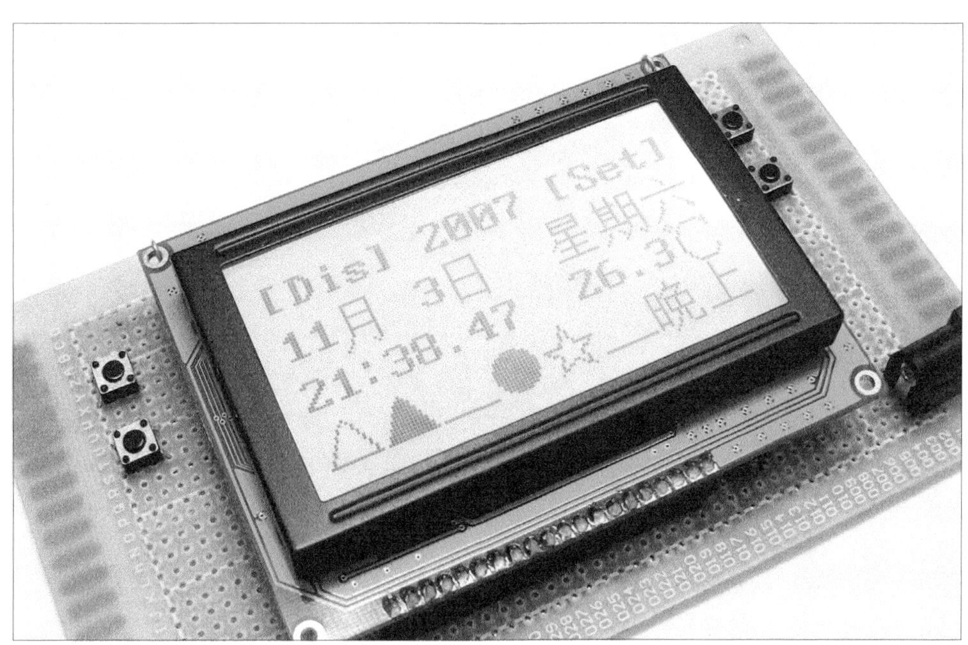

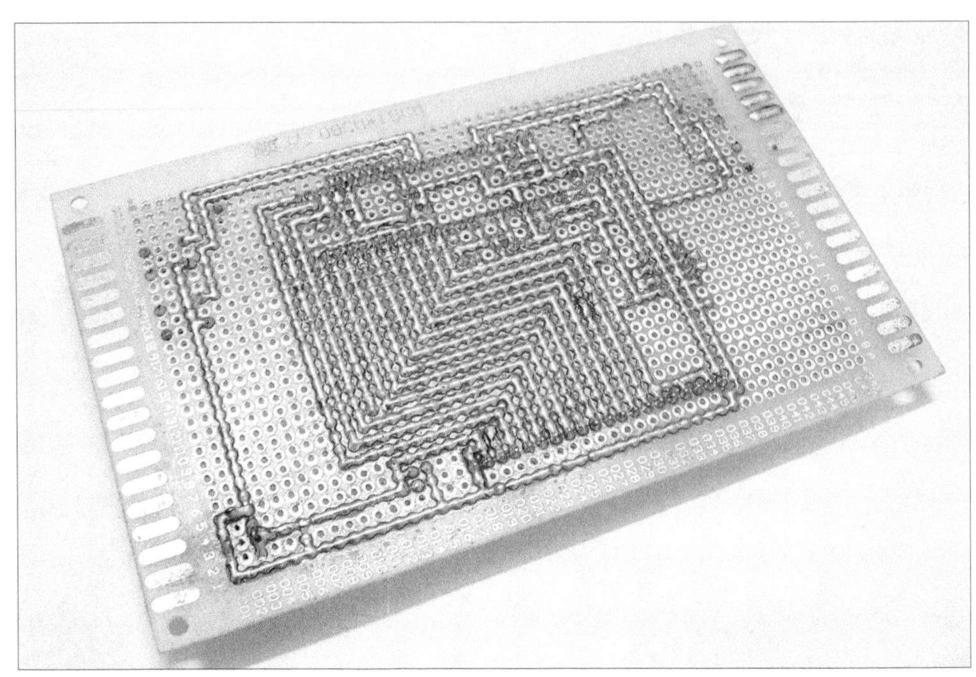

现在是拿单买货时间，我喜欢这个环节，因为介绍时提到的诸多功能把这个电子钟搞得复杂又神秘，而细看元器件清单才知道没有几样东西，要担心的只是组装它们的过程。注意 12864LCD 显示屏要带汉字库且支持并行通信，这是非常重要的。市场上有许多不同厂商生产的此系列显示屏，只要主控制芯片相同就可以，它们是 ST7921、ST7920。显示屏的技术资料是很重要的数据，卖显示屏的商家都会将资料和显示屏一并出售，买屏的时候记得索取。我这里介绍的 LCD 显示屏可能和你买到的显示屏在参数及接口方面有所不同，这时要以商家提供的资料为准，分析一下原理找到正确的连接方法。我是用 2 块万用电路板做成桌面台历的样子，要是你不喜欢就根据实际情况把它设计成壁挂式或用绳子绑在窗户上。温度传感器 IC、时钟 IC，还有上一个制作已经介绍得很详细的元器件，这里我不能再重复了。

元器件清单

品名	型号	数量	品名	型号	数量
LCD 显示屏	128×64 带汉字库	1	单片机	STC89C54RD+	1
蜂鸣器	有源 5V	1	温度传感器 IC	DS18B20	1
时钟 IC	DS1302	1	备用电池	3.6V	1
晶体振荡器	12MHz	1	晶体振荡器	32.768kHz	1
陶瓷电容	0. 1μF	2	电解电容	220μF	2
电源适配器	5V 2A	1	LED	蓝色	1
陶瓷电容	30pF	2	LED	红色	1
电源接口座	（视电源而定）	1	电阻	470Ω	3

品名	型号	数量	品名	型号	数量
芯片插座	40PIN	1	电源开关	（视情况可选）	1
芯片插座	8PIN	1	排线	延展温度传感器	
微动开关	5mm×5mm×6mm	4	万用电路板	（视情况而定）	1

元件买回来了吗？卖元件的老板和你混个脸儿熟了吧？不用砍价就打折卖给你了吧？我就曾达到这样的效果。12864LCD 电子钟电路图中间是单片机的最小系统电路，右边是 LCD 显示屏，它们之间用的是串行接口，接线不多，制作时会简单一些。

STC89C54RD+、DS1302、DS18B20，这些熟悉的名字在这个制作中一样存在。不同的是 LED 和 LCD 的区别。LCD 显示屏的内部已经有专用控制器芯片将屏幕上的液晶点驱动起来了，我们只要按它的要求送入指令和数据就可以了，不会像 LED 点阵屏那样对每一个点的显示都要操心。LCD12864 的屏幕比 3208LED 显示屏大得多，显示的内容也多了。LCD 显示屏上的显示数据在不写入的时候依然存在，这和 LED 显示屏是完全不同的，所以分钟数据可以 1min 刷新一次，而年数据可以 1 年刷新一次。这样单片机可以腾出空来干点别的事情。公历节日提醒功能是有趣的家伙，每一天 LCD 显示屏的最下边都会跳出许多莫名其妙的节日，这些节日数据是事先存放在单片机内部 Flash 里的，因为节日是固定的，在程序设计时就已经确定了它们，在配书资料里可以找到 12864LCD 电子钟的源程序，在源程序里可以找到节日定义的代码。节日的名字和日期都是可以改动的，试试为自己的生日编写一个纪念日。

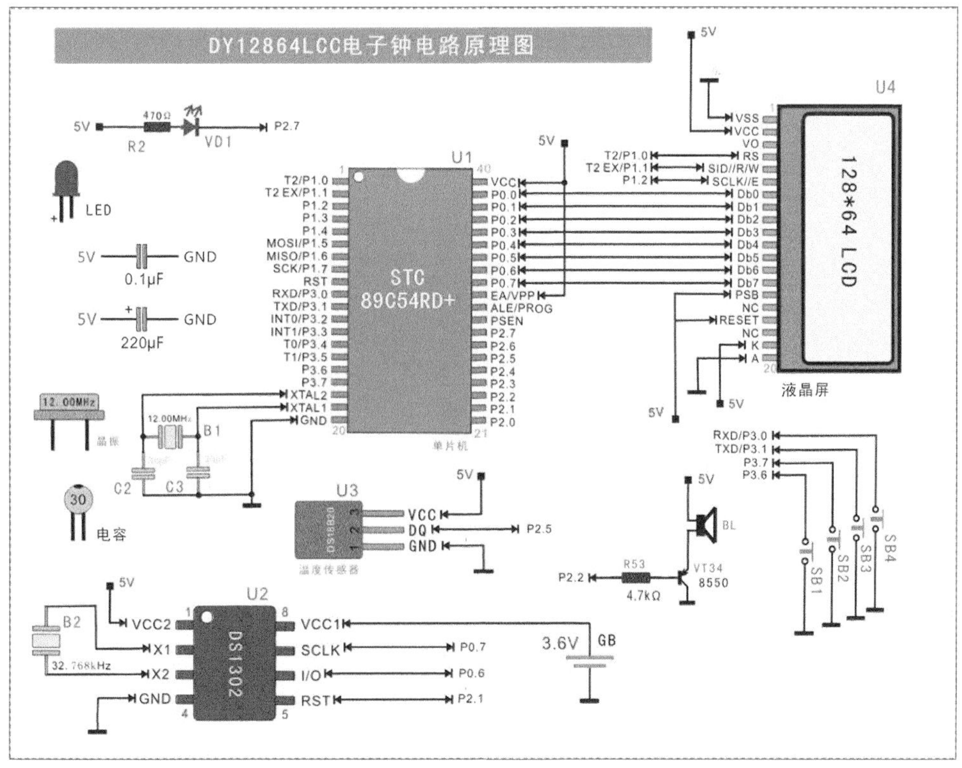

电路原理图

日历的操作方法也很简单，按键定义是：左上角——SB1，左下角——SB2，右上角——SB3，右下角——SB4。在正常时间显示状态，按下 SB3 键即可进入调时状态；在调时状态里按 SB2 和 SB4 进行加减调时，按 SB3 进入下一项调整，按 SB1 则退出调时；在时间显示状态，长按 SB1 即可显示电子钟的设计时期和版本号，放开 SB1 则退回时间显示状态。更详细的说明书可以在配书资料里找到。和 DY3208 电子钟比起来，这个制作的功能会显得少了一些，不过没关系，单片机是灵活、自由的，只要我们升级程序就可以拥有更好的功能，所以不用太在乎现在有的功能，眼光要放远一些。

为什么没有设计闹钟功能呢？我想大家应该会把这当成一种遗憾。如果我把事情做得太完美了，就损害了你继往开来的机会。3208LED 电子钟是有闹钟功能的，你可以参考它的实现方法来丰富 12864LCD 电子钟的功能。如果你真的实现了它，看你可以学到什么，至少你看懂了 2 个电子钟的源程序和工作流程，找到了闹钟部分的相关程序，知道如何将它移植到 12864LCD 电子钟上来，还要为新的闹钟程序写一个闹钟调时的操作界面。不用想了，做到这些你就已经不“菜”了。

DY2402 电子定时器

今天算是和电子钟较上劲了，一连 3 个电子钟是不是感觉有点腻？可是要注意它们所用的模块和功能都是不同的，每款都有自己的独到之处。DY2402 电子定时器有具有强大的定时功能，而且它还有再开发的空间。不久后我将增加此电子钟的远程家电控制功能，这又会增加它的实用性。也许你还有更好的想法想实现，苦于不懂程序开发，这并没有多大关系。我总认为懂硬件、懂编程没什么了不起，有一点基础的人看一段时间也都可以学会，关键还是要看设计者的思路和创意。我想多花一些时间研究有趣的创意，会让单片机爱好玩得更精彩。

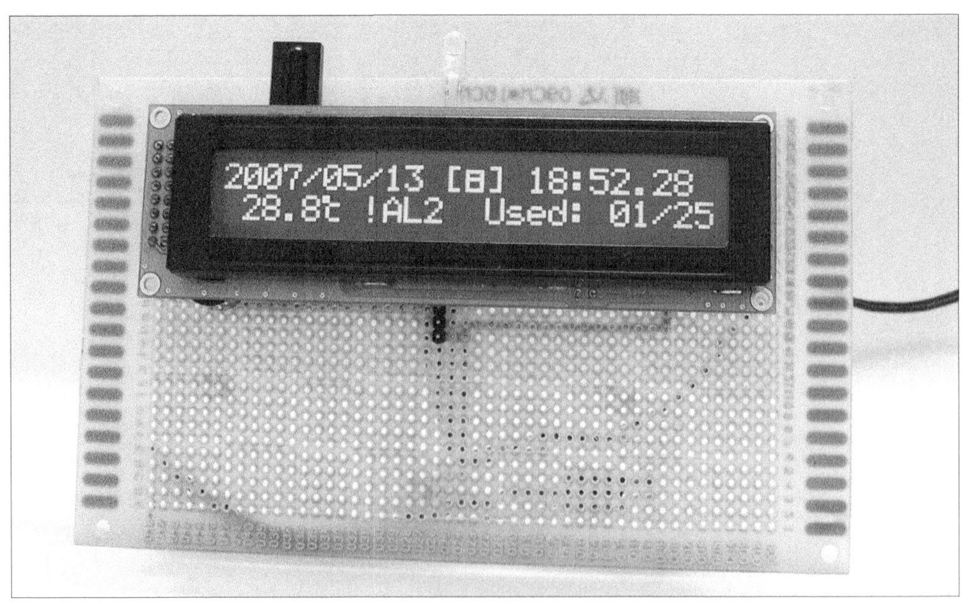

功能特点

- 25 路掉电不丢失数据的用户定时功能，定时生活方方面面。
- 采用首创的忽略定时新概念，可以设置定时某项为忽略值，再配合 25 路定时项目使定时内容自由发挥、千变万化。
- SAA3010 红外遥控器输入控制，用数字键输入数据，方便快捷。
- 精准温度显示，全息时间显示，定时器使用量显示，所有数据一目了然。
- 全程帮助提示和独立的帮助菜单，易学易用。
- 可用数字键输入设置内容，不只是用“上 / 下”键笨笨地调时了。
- 人性化软件设计，设计时考虑到许多使用细节。

元器件清单

品名	型号	数量	品名	型号	数量
LCD 显示屏	24×02 字符型	1	温度传感器 IC	DS18B20	1
扬声器	（视情况而定）	1	备用电池	3.6V	1
时钟 IC	DS1302	1	晶体振荡器	32.768kHz	1
晶体振荡器	12MHz	1	红外遥控器	SAA3010	1
EEPROM 芯片	AT24C02	1	红外一体接收 IC	TSOP1738	1
陶瓷电容	0.1μF	2	电解电容	220μF	2
电源适配器	5V 2A	1	LED	Φ5	1
陶瓷电容	30pF	2	三极管	8550	1
电源开关	（视情况可选）	1	万用电路板	（视情况而定）	
电阻	5Ω	1	电阻	4.7kΩ	1
电源接口座	（视电源而定）	1	电阻	470Ω	1
芯片插座	8PIN	2	芯片插座	40PIN	1
单片机	STC89C54RD+	1			

采购时间

元器件清单列的是这个设计所用到的元器件。单片机依然选用 STC 系列，只是屏幕变成了 24 列 2 行的字符型 LCD 显示屏。了解过单片机的朋友可能都听说过 1602LCD 显示屏，好像这已经成为单片机学习的必备之物。无论是杂志、网络，还是图书，只要是涉及单片机学习的都有介绍 1602 显示屏的部分。因为它是 LCD 显示屏模块中较常用而易学习的一款，再加上价格相对便宜，吸引了不少初学者购买。现在随便在网上搜索都可以找到许多卖屏的商家，而却鲜有关于 1602LCD 显示屏精致、实用的制作。我这里选择的2402LCD显示屏是完全兼容1602LCD显示屏的产品，区别只是多了8列显示。用2402LCD显示屏学习单片机也有同功之妙，现在市场上出售的2402LCD的内部驱动芯片和1602LCD的也都是一种，这是很容易买到的，不用完全对应型号，只要是2402LCD显示屏就可以实现本制作，现在2402LCD显示屏的市场价在30元左右，买屏的时候别忘了索要显示屏的技术资料，这同属于产品的一部分。

遥控器采用现在单片机爱好者学习时最常用的SAA3010型遥控器，它除了现在用在本制作中，同时还可以用在红外遥控器解码之类的单片机实验内容中。随便一个卖电视机遥控器的摊位都有卖的，只要型号是SAA3010就都可以用于本制作。SAA3010遥控器的市场价在6元左右。

SAA3010遥控器

型号是TSOP1738的家伙是一种红外一体接收芯片，它可以接收并放大红外遥控器发出的信号，最后将数据发送给单片机处理。它和SAA3010遥控器是天作之合，谁也离不开谁，它们也是学习单片机对红外信号处理的不可缺少的组合。虽然红外遥控器和红外接收芯片是一对黄金搭档，可是通常它们并不会出现在同一柜台。TSOP1738还得再到主营电子元器件的地方购买，市场价在3元左右。

这台电子钟具有25路掉电不丢失数据的定时功能，这种掉电不丢失来源于一片EEPROM芯片——AT24C02，这是一款可以擦写100万次、保存数据近百年、拥有256字节的存储芯片。它采用I^2C通信接口，一般的单片机学习教程里也会讲到它，而我在这里就已经实际应用了。参考本制作的电路连接方法和源程序中对AT24C02

的驱动部分，比从书本上理论地研究更容易理解，这也是“实践出真知”的道理。1 片 AT24C02 的价格在 2 元左右。

制作过程

看一看 2402LCD 电子钟的电路图，你可能会发现这次单片机和 LCD 显示屏之间的连接线比上一个制作多一些。没错，这次我们采用的是 LCD 显示屏的并行连接，实际上这种连接是最为常见的，我也提供了这种连接的驱动程序。到这里我说不下去了，已经黔驴技穷了。制作时要注意的地方前文早就介绍完了，我实在想不到还能注意什么，如果这几个制作独立成文的话，我想我可以写得更多，现在只能说点无关紧要的东西拖延时间了。电烙铁烧热的时候不能用手摸！这种级别的事情，大家还是注意一下好。

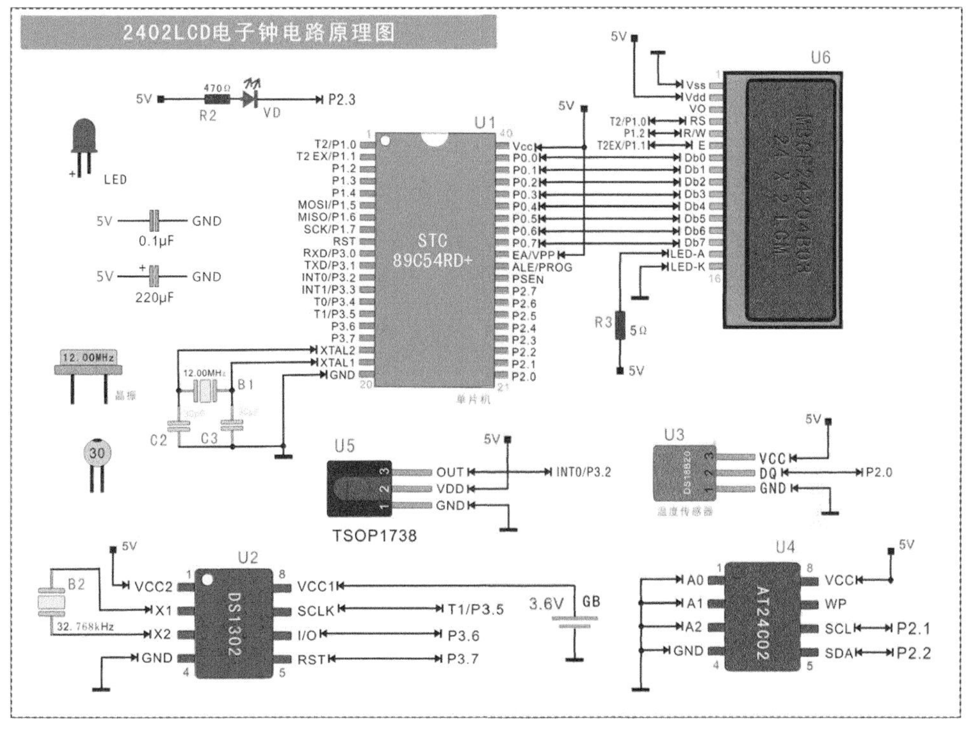

电路原理图

嗯，算一算这个 2402LCD 电子钟的功能很强大了，可用红外遥控器操作，有 25 路独立定时闹钟，而且闹钟数据还是存放在 EEPROM（AT24C02）中，但这些功能并不会让单片机系统的工作原理显得很复杂。单片机会不断从 DS1302 中读取时间数据、从 DS18B20 中读取温度数据、从 AT24C02 中读取闹钟数据并将它们一起送入 LCD 显示屏显示，和 3208LED 电子钟一样，闹钟数据也是不断地与时间数据比对的，如果相同则启动闹钟到时鸣响。每秒钟单片机将重复多次这样的工作。

这个制作独特的地方是单片机不去读红外接收芯片的状态。是单片机不在乎用户对红外遥控器的操作吗？不是。其实有更好玩的东西监视红外接收芯片状态，这就是中断控制器。我好像从来没有提过有这回事，但它还是默默存在的。中断控制器是存在于单片机内部的。顾名思义，中断控制器是中断单片机正在运行的工作而让它干一点别的事情。正如你可以在看书，突然电话响了，你就会中断看书而先接电话，当电话挂断后你又回过神来继续看书。单片机的正常工作就是读一堆数据送入 LCD 显示屏显示，而中断就是红外一体接收芯片发给单片机的一个低电平信号。单片机接到这个中断信号后就会先处理红外遥控器发来的操作，看看用户想干什么。用户操作完成了还回到时间显示状态读数据送显示。中断的应用是比较广泛的，简单的可以用在像上述的事件中断场合，复杂的可以用在操作系统程序的多任务切换。先了解一下，日后中断的学习足够你享受的。

使用说明

控制项（Controller 00 ～ 99）为 00 时定时器为长达 30s 的闹钟鸣响，为 01 时定时器为单音鸣响，其他控制项（02 ～ 99）为预留功能，就是留着为以后的开发做准备。定时器的启动是由每个定时器组的“秒”设置项来决定开启或关闭的。当秒项被设置为忽略时 ，则无论其他数据如何，此定时项被认为“关闭”。当秒项被设置成 00 ～ 59 时，则此定时器项为“开启”状态。即如果使用某定时器项，则该项秒值不能为忽略。

“！ AL*”是定时器总开关，它显示在主菜单上，共有如下 4 种选择。

！ AL0：关闭所有定时器（只是关闭，定时器数据不会被删除）。

！ AL1：开启闹钟定时器。

！ AL2：预留功能，不要选择此项。

！ AL3：开启闹钟定时器。

采用忽略功能的定时器可以有如下多种样式的组合功能（？表示忽略定时的项）。

（1）设置单一次定时闹钟，如 2007/05/19 [?] 12：00.00 _00（只在 2007 年 5 月 19 日 12 时闹钟响一次。注意，_00 是控制项数据）。

（2）设置每日定时闹钟，如 ?/?/?[?] 12：00.00 _00（在每天的 12 时闹钟响一次）。

（3）设置某月定时闹钟，如 ?/05/?[?] 12：00.00 _00（每年 5 月份的 12 时闹钟响一次）。

（4）设置星期定时闹钟，如 ?/?/?[五] 12：00.00　_00（每周五的 12时闹钟响一次）。

忽略定时功能是不是给了你更多的想象呢！这是实用、有趣、千变万化的，还有更多的定时方式等着你去挖掘，没想到定时也可以这么强大。而关于遥控器键盘功能，可以在电子钟工作时按 MUTE 键查看帮助菜单，连续按 MUTE 键查看下一页帮助信息，各按键的功能上面写得很清楚。时间设置什么的功能就不介绍了，因为比较简单，玩一玩就明白了。

定时闹钟是 2402 电子钟的特长，可是生活中可能用不到这么多的定时。用不到的闹钟放着浪费资源，怎么把它们利用起来变废为宝呢？我们发现单片机的 I/O 接口还有一些没有用到的，如果在这些 I/O 接口上扩展一些控制电路，来用定时功能控制家用电器不是很好吗？研究一下源程序，不难实现。

洗衣机控制器

我在第 1 节中曾说过，单片机可以帮我们洗衣、做饭。我家的洗衣机是一个便宜的二手货，里面有一个由发条和齿轮组成的定时器，刚买来没几天就坏了，我非常高兴，因为我可以制作用单片机控制的洗衣机了。其实是我把它拆坏的，对单片机的热爱已经让我冒犯了洗衣机的原设计者，我找到一些高级洗衣机的洗衣流程，又加上了独一无二的无线遥控器控制功能。3 次按键完成洗衣设置，这真是懒汉和想抽出洗衣服时间学习单片机的朋友之最佳选择。

功能特点

- 用户可设置洗涤强度（柔和、低、中、高）。
- 用户可设置洗涤时间（5/10/15/20min）。
- 用户可选择多种洗涤方式。
- 有蜂鸣器提示和 LED 提示。
- 具有浸泡延时功能。
- 采用无线遥控。
- 洗涤暂停和洗涤中止功能。

采购时间

终于摆脱了电子钟的制作，心情应该好了起来。在采购洗衣机控制器的元器件时也不会感觉困难了，元器件相比要少了许多，而且还很便宜。玩过电子制作的朋友对于继电器应该不会陌生，这里使用的是 5V 工作电源，负载为 250V、7A 的断电器 2 个，它们分别控制涡轮式洗衣机的电机正转和反转，在选择的时候要考虑到你的宝贝洗衣机的实际功率。继电器一定要选择质量好的，不能图便宜，不然用不了几天就坏掉了。一般这种型号的继电器的市场价在 3 元左右。

无线遥控收发器的选择也是关键的环节，我这里选用的是具有 2262 和 2272 芯片编、解码的 4 路无线遥控模块，其有效距离可达 100m，用户可以设置编码为遥控器加密。这种模块可靠性高、易于和单片机连接，程序设计上也简单易用。这样一套收发器组合的市场价在 25 元左右。

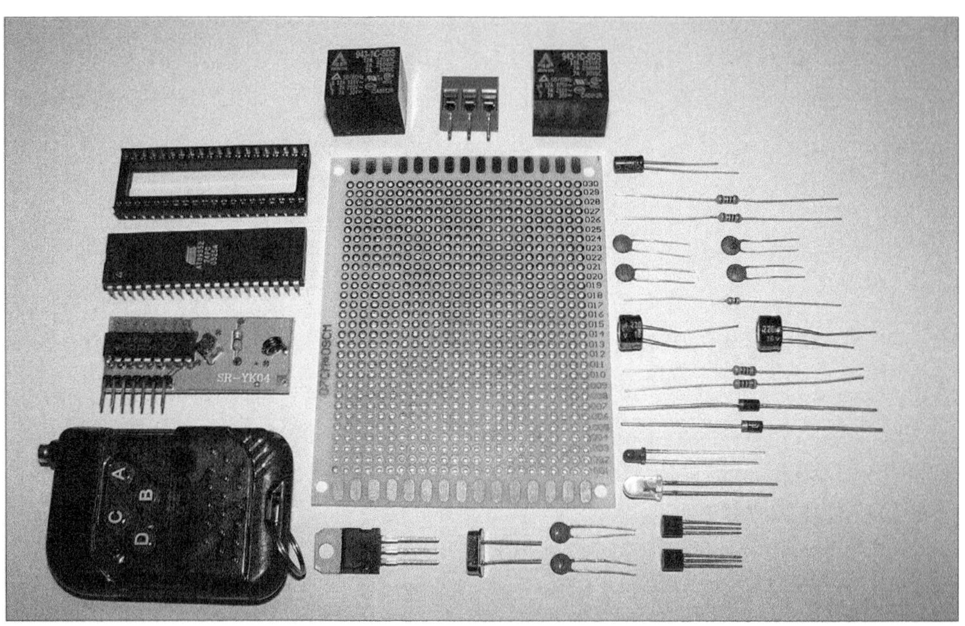

元器件集体照

元器件清单

品名	型号	数量	品名	型号	数量
万用电路板	（视情况而定）	1	单片机	STC89C54RD+	1
晶体振荡器	12MHz	1	二极管	1N4007	2
稳压 IC	LM7805	1	继电器	5V – AD 250V 7A	1
无线发射遥控器	4 路	1	无线接收模块	4 路	1
瓷片电容	0. 1μF	2	电解电容	220μF	2
电源适配器	9V 2A	1	LED	Φ5	1
瓷片电容	30pF	2	三极管	8050	2
蜂鸣器	（视情况而定）	1	电阻	4.7kΩ	2
芯片插座	40PIN	1	电阻	470Ω	2
导线接座	3 路	1			

这次的制作要有一些危险了，因为继电器部分会涉及强电。我说的不只是你的危险，还有单片机的危险。在制作时不要接电机的部分，可以用万用表先测试好，最后再接入电机。单片机要尽量远离继电器，因为继电器工作时的动作会对无线遥控接收模块和单片机电路产生干扰。最好在电路中多加些滤波电容，减少电源部分的干扰。无线遥控接收模块是必须要外接 1 条天线的，用普通的绝缘导线就可以。注意天线不要过长，不然反而降低了接收的质量，一般 10 ～ 20cm 即可。尽量缩短单片机和无线遥控接收模块的连接线长度，这也是为了防止干扰。当遥控器突然不听使唤的时候，你会知道抗干扰是多么重要，我还是希望事先预防、不要遭遇的好。

系统在通电时蜂鸣器长鸣一声，LED 也被点亮，这表示系统已经准备好接收无线遥控器的指令了。单片机一直在读取无线遥控器的状态，当收到无线遥控器的指令后，将得到的数据作为第一项的设置内容，即洗涤强度。蜂鸣器短鸣 1 声进入等待洗涤时间的设置，这个数据同样来自无线遥控器上的 4 个按键。蜂鸣器短鸣 2 声进入等待洗涤方式的设置，过程都是相同的。因为这款洗衣机控制器没有各状态的指示灯和显示屏，所以采用了分步设置的方法以简化操作。长鸣 1 声后，洗衣机按事先的设置开始洗衣，LED 快速闪烁表示洗衣状态，懒汉们可以躲在一旁看电视，洗衣机控制器会完成初洗、浸泡、洗涤的工作，之后长鸣 6 声表示洗衣结束。洗涤期间，单片机的 P2.1 和 P2.3 会不断输出高、低电平来操作 2 个断电器让电机正、反转，同时还要接收无线遥控器发来的中断信号，以暂停或结束洗涤。当洗涤过程结束时，蜂鸣器长鸣 6 声，系统又回到了开机时等待无线遥控器信号的状态，方便漂洗或是洗涤其他衣物。

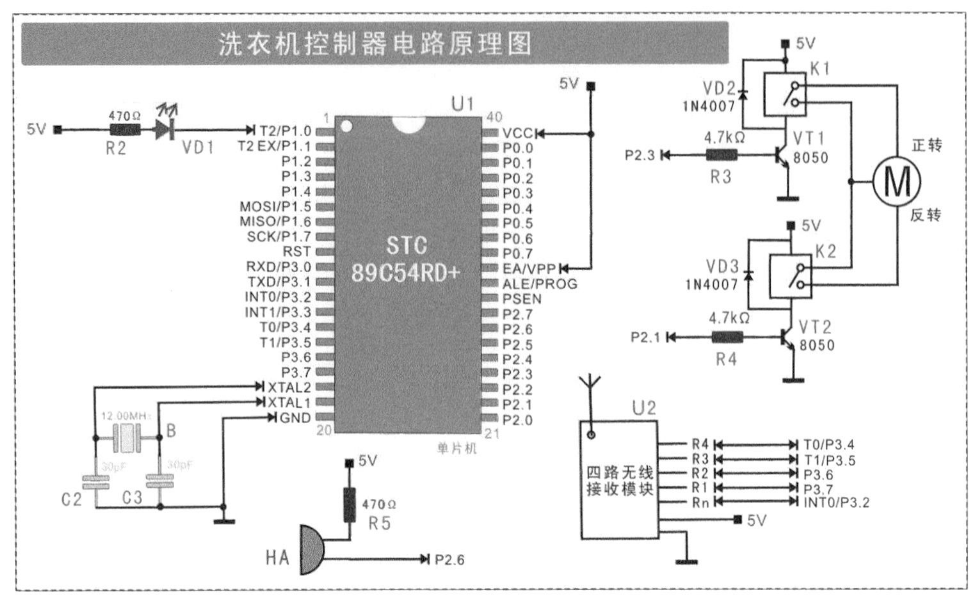

电路原理图

系统冷启动或复位后，顺序按 3 次按键，选择强度、时间和方式，在无线遥控器上有 A、B、C、D 共 4 个按键，按顺序按下它们，即可实现设置。其详细功能设置如下。

第一次按键选择洗衣强度：A——柔和，B——低，C——中，D——高。

第二次按键选择洗衣时间：A——5min，B——10min，C——15min，D——20min。

第三次按键是选择洗衣方式：A——3min 初洗—15min 浸泡—洗涤—结束，B——3min 初洗—30min 浸泡—洗涤—结束，C——15min 浸泡—洗涤—结束，D——洗涤—结束。

在洗涤过程中也可以暂停或结束洗涤：长按 B 键，暂停洗涤；长按 A 键，继续洗涤（暂停时有效）；长按 D 键，结束并复位程序。

在操作过程中可以从提示音中了解设置的状态：短鸣 1 次表示强度设置完成，短鸣 2 次表示时间设置完成，长鸣 1 次表示冷启动 / 方式设置完成 / 开始洗涤，长鸣 6 次表示洗涤结束。

在操作和洗涤过程中，指示灯可以显示系统当前的工作状态：长亮表示冷启动 / 等待输入 / 洗涤结束，慢闪（1s）表示浸泡，快闪（1/4s）表示洗涤。

现在家电中用到电机的地方不只是洗衣器，同样是用继电器在控制电机，可不可以将洗衣机控制器“移居”到电风扇里呢？用无线遥控器控制风扇开关、风速、定时等功能。硬件电路完全适合，只要修改程序就可以实现。面对天书般的代码，你头晕了吗？单片机可以帮助你异想天开，不过首先你要学会和它交流的语言。

我认真地完成着，打磨每一个细节的棱角，希望可以竭尽全力写好我的第一本书。有喜有得，请大家给予我鼓励，让我可以继续与大家交流、分享；有过有失，请诸位务必批评指正，令我在大家的帮助下学习、进步。希望本章可以给你带来技术上的收益和快乐的心情。

未来的日子里，你会安静地坐在自己的房间看书、实验，时而苦思冥想，时而欢呼胜利。单片机世界疆土辽阔，有看不完的知识、学不尽的门道。我能做的事情也只是激发你对单片机的兴趣，后面还有很长的路要靠你自己慢慢摸索。你的制作历程不要仅限于此，当你进入单片机爱好者的世界，你会不断发现新鲜玩意儿，随时随地激发你对创作的热爱。制作它，别怕困难、别怕麻烦，一个纯粹的单片机爱好者，敢于直面困难，敢于接受挑战。来吧，与单片机为伍，欢度轻松愉快的时光，熟练掌握硬功夫之后，让我们朝着软实力的方向继续前行！

第8节 新制作

目录

- SHOOK16 摇摇棒
- Mini48 定时器
- RT3 电子温度计

制作 1：SHOOK16 摇摇棒

黑夜里打开摇摇棒，在空中快速地左右摇晃，神奇的事情就会出现。如果是干木柴的一点炭火，那么摇晃出来的只会是一条弧线。摇摇棒却可以让棒身上的 LED 在划过空中的适当位置时显示文字和图形，这一奇迹就是单片机的杰作。单片机爱好者会在杂志或者网上找到关于制作摇摇棒的文章，相信许多热血沸腾的朋友已经着手制作了，最先要解决的问题是买到水银开关，它并不怎么常见，虽然价格只有 1 元钱。接下来要买一块长条形洞洞板，把 8 个或 16 个 LED 并排焊在上面，然后连接 LED 与单片机之间的导线。如果你觉得这样的制作太麻烦，何不试试精简设计的摇摇棒，让制作更简单，让外观更简洁。单片机、LED、电池、导线、塑料管，这 5

件东西可以制作什么？下面你将了解到如何用这 5 种材料制作可显示汉字的摇摇棒。我将这款设计取名为 SHOOK16 摇摇棒。

SHOOK16 摇摇棒制作起来非常简单，而且它使用 16 个 LED 来显示，可以轻松显示中文、英文和图形。程序设计上考虑了将来的字幕更换，可直接用取模软件生成你需要的字幕内容。整个制作无需 PCB，焊接容易、结构紧凑，只要把贴片 LED 直接焊接在单片机的引脚上就可以了。而且一般的摇摇棒多采用微动开关来切换字幕，SHOOK16 摇摇棒却另有创新，它采用纵向摇动或敲击棒身来切换字幕，字幕的数量完全取决于单片机 Flash 存储器大小。SHOOK16 采用的单片机是 STC12C5A60S2，内部具有 60KB 的 Flash ROM 空间，而程序本身才使用了 2KB，余下的 58KB 可以任你发挥。

第1步

准备制作材料。制作 SHOOK16 摇摇棒所需要的材料少得可怜，通常的制作都不把电池和导线算到材料里面，而在这里算上它们也不过 5 种。电池、单片机、贴片 LED 都可以在电子市场或者网上买到，包装单片机用的塑料管可以在卖芯片的柜台找到，店家多是把它当垃圾处理的，而我们却要把它变废为宝。导线和废弃的元器件引脚不用准备，相信每一个爱好者的桌面上都有一大堆。当然了，因为制作中使用了单片机，所以你还需要准备电脑和为 STC 单片机烧写程序的 ISP 下载工具。有了这些就可以完成制作，是不是有些不可思议呢？原来电子制作可以这么简单！

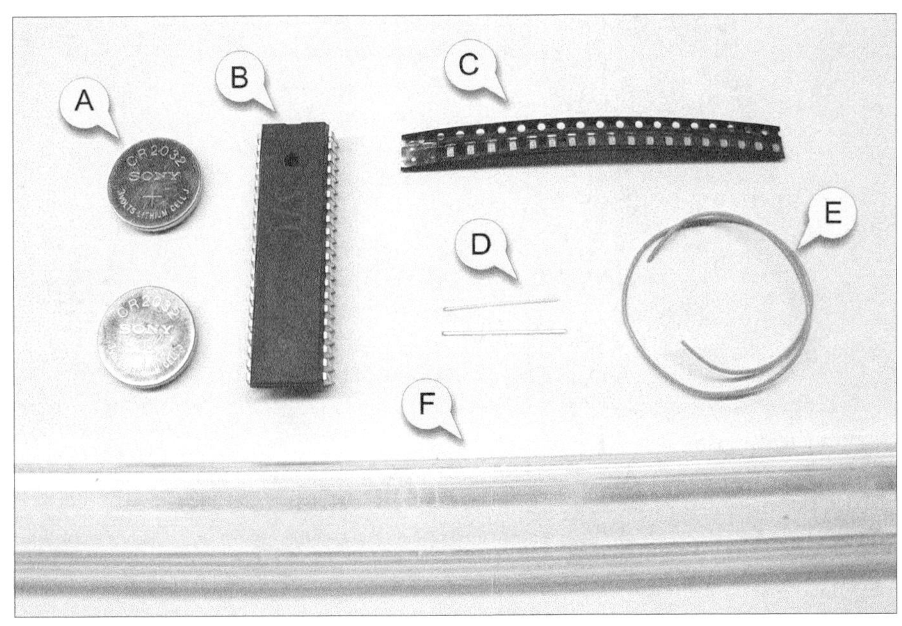

制作 SHOOK16 摇摇棒所需要的材料

好的制作其实并不需要过多的文字说明，那就发挥我的强项，用图解的方式介绍 SHOOK16 摇摇棒的制作方法。制作 SHOOK16 摇摇棒所需要的材料清单见下面的元器件清单。

元器件清单

序号	品名	型号	数量	说明
A	纽扣电池	CR2032 型	2	单节电压为 3V
B	单片机	STC12C5A60S2	1	可使用 STC12C5A 系列的单片机替代
C	贴片 LED	0805 型	16	LED 颜色可根据喜好选择，我使用的是蓝色
D	废弃的元器件引脚	—	2	如直插式 LED 引脚、直插式电解电容引脚
E	20cm 导线	—	1	需要具有一定弹性，轻微弯曲后可复原
F	塑料管	—	1	包装单片机用的那种，长度在 30～50cm

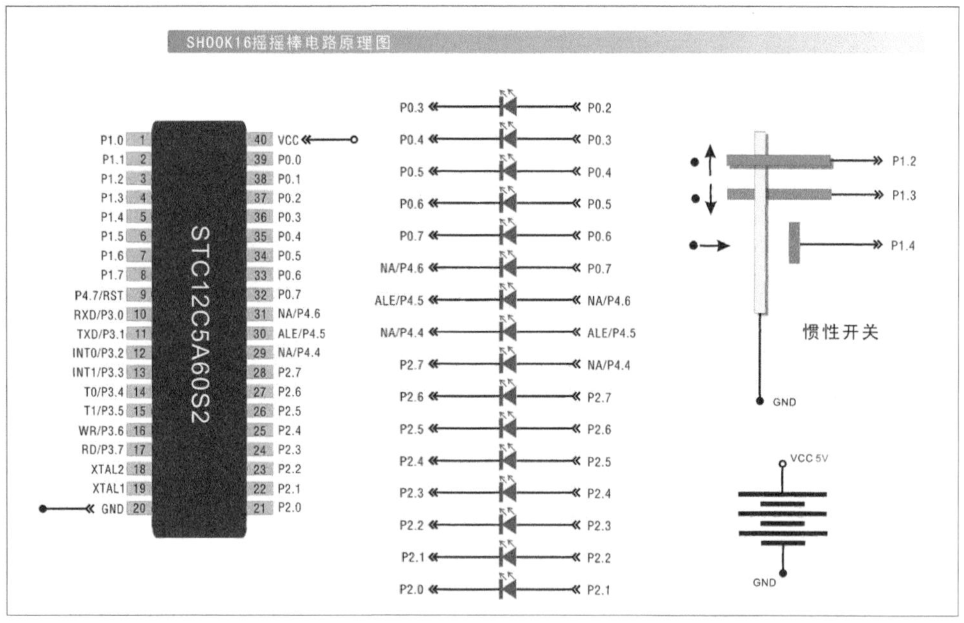

SHOOK16 摇摇棒电路原理图

SHOOK16 摇摇棒的电路原理图也很简单，主要有单片机、LED、惯性开关和电池。电路图中标号相同的引脚是连接在一起的，这是网络标号的表示方法，省去了密密麻麻的连接线。其实在以下的制作过程中并不需要回头来参考原理图，因为电路制作是如此简单，以至于只看实物图片就可以完成制作。下面我们就按顺序对制作的关键节点做图文介绍。

第2步

把单片机第 21 脚到第 40 脚一侧的引脚全部用钳子向外侧弯曲，目的是增加单片机的宽度。

为什么要这样做呢？我在设计的时候是使用了电子市场中常见的包装单片机的塑料管，店家多把空出来的塑料管丢掉。我觉得它们结实而且透明，应该可以制作些什么，于是就向店家要了一些。在设计摇摇棒的时候突然想到塑料管的妙用，如果用塑料管来做摇摇棒的身体应该是很理想的。可是当我把单片机放进去的时候却发现单片机会左右、上下晃荡，这样制作出来的摇摇棒会在摇动时叮当乱响，不知道的还以为是拨浪鼓呢。我也想过用胶带固定或是用纸填充空隙，可是会让制作变得困难，而且也不美观。所以不是缩小塑料管的宽度就是增加单片机的宽度，而弯曲一侧引脚就可以最快速地解决问题。那为什么只弯曲第 21 脚到第 40 脚一侧的引脚呢？这里面还是有门道的，下文告诉你。

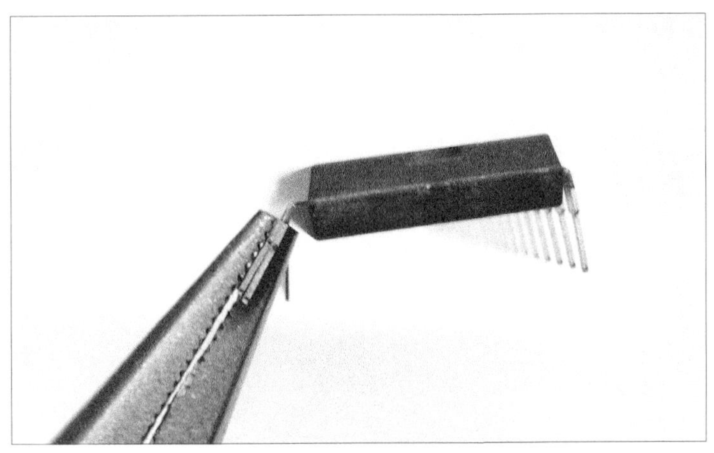

用钳子弯曲单片机第 21 脚到第 40 脚一侧的引脚

弯曲角度以单片机放入塑料管后不易左右移动为准

第3步

制作LED显示电路。把贴片LED直接焊接在刚刚被弯曲过的单片机引脚上。从单片机的21脚（P2.0）开始焊起，贴片LED的负极连接到21脚一侧，后续的LED负极也都朝向这一侧。16个LED分别焊接在单片机的21脚到37脚之间。焊接LED的时间不要过长，电烙铁尖不要碰到贴片LED的塑料面，LED排列得整齐，显示效果才会更好。

将LED直接焊接在单片机的引脚上， LED负极都朝向单片机的21脚一侧

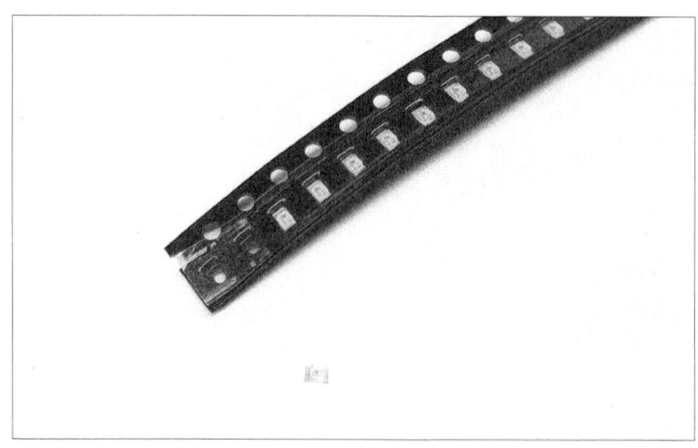

0805型贴片LED

有朋友可能很少接触这种 0805 型贴片 LED，它的体积比大米粒还要小，亮度却不比直插式的 LED 低。这种贴片 LED 在各大电子市场都有销售，包装它们的是一个大圆盘里面的黑色塑料条，好像电影胶片一样，许多贴片元器件都是这么包装的。

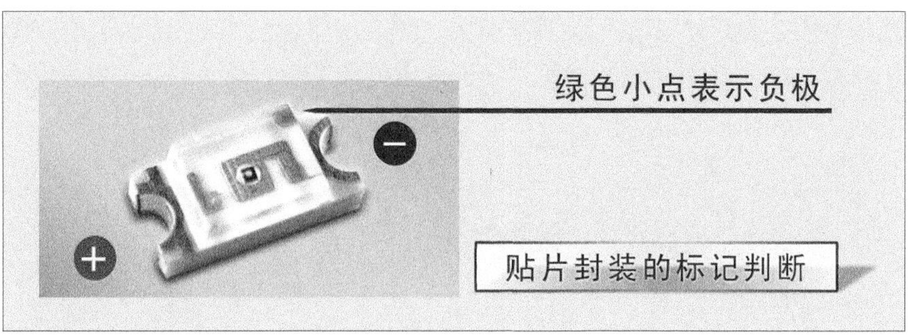

贴片 LED 的极性

贴片 LED 和直插 LED 在使用上并没有太大区别，只需要学会识别贴片 LED 的极性，还有就是在焊接时控制好电烙铁的温度和焊接时间。贴片 LED 的两侧有两个电极，其中标有绿色小点的一侧为 LED 的负极。焊接时先将两个焊盘中的其中一个上锡，用电烙铁熔化焊盘上的锡，同时用镊子轻轻地夹起贴片 LED 放到对应位置，然后撤走电烙铁，等锡凝固后再用常规方法焊接另一边的焊盘。初次焊接的朋友可以在洞洞板上练习，熟悉动作之后再正式焊接。

这种直接焊接的灵感来自于我之前设计的 Mini1608 电子时钟，当我把 LED 点阵屏直接焊接在单片机的引脚上时，我就开始对直接焊接的制作着了迷。在后来的一段时间里，我总会用身边可以找到的元器件往单片机的引脚上安，其中的某一天就想到了贴片 LED。但是当时并没有想到用这个方法来制作什么东西，于是存入了大脑深处，直到在写摇摇棒设计方案的时候才又把陈年的创意翻了出来。贴片 LED 的体积小巧，包装单片机的塑料管又是透明的，正好可以透出 LED 的光。

如此焊接在硬件结构上确实不错，可是在电路原理和单片机编程上面是否行得通呢？嗯，这里的关键问题就是连续 16 个贴片 LED 所连接的引脚都必须是 I/O 接口，并且 I/O 接口在输出高、低电平时都可以直接驱动 LED 发光。也就是说，单片机 I/O 接口输出高电平时至少需要有 20mA 电流的推动能力。唯一可以做到这一点的也只有 I/O 接口的推挽工作方式了。恰好 STC 公司的 10、11、12 系列的单片机都有这一配置，所以我选择了手边常用的 STC12C5A60S2 来实现。

电路原理没了问题，那么如何编写 LED 的驱动程序呢？不仅让 LED 可以任意点亮，还要能控制它们在摇动过程中显示汉字和图形。老实讲，我在设计 SHOOK16 摇摇棒之前并没有了解过其他摇摇棒的原理和编程方法，所以编写传统设计的摇摇棒尚无把握，更何况这种从来没有试过的驱动方式了！攻下这一难关确实耗费了不少精力，值得庆幸的是，N 次调试之后我成功了，现在就滤除那些挫折与失败，仅把成功经验与你分享。

传统的摇摇棒是采用传统的单片机灌电流方式点亮 LED 的。现在闭上眼睛，想象一下摇摇棒摇动时的 1/4 慢镜头，在摇摇棒处在最左边的时候，16 个 LED 会显示字幕数据表里最左边的一列，停留一段时间之后所有 LED 熄灭，等待摇摇棒的身体摇动到字幕数据中下一列的位置，然后显示、停留、熄灭。如此方法一直显示到字幕的最右边。好了，现在取消慢镜头，变成正常速度，我们的眼睛便可以看到那星星点点的亮光在浩瀚无际的夜空中形成飘浮的文字，这种显示方法应该叫作逐列显示。

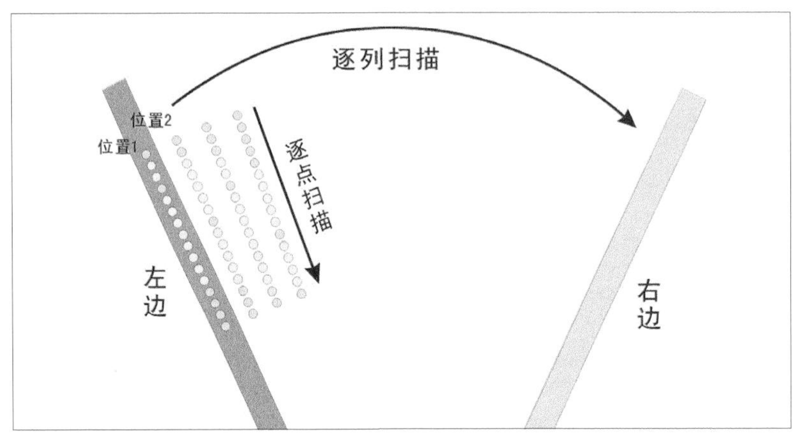

逐点扫描形成列数据， 然后再逐列扫描形成字幕

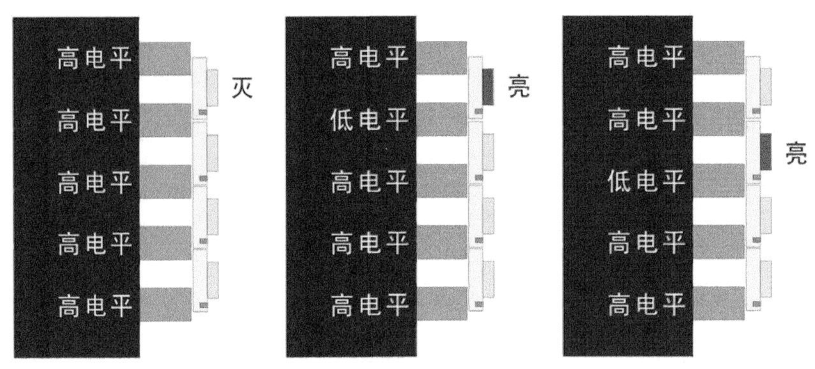

某一 I/O 接口为低电平时负极与之连接的 LED 点亮

SHOOK16 摇摇棒在 1/4 慢镜头的时候看起来是逐列显示的，可是在 1/16 慢镜头的时候却又有不同。SHOOK16 摇摇棒中单片机与 LED 的连接方式注定 16 个 LED 不能同时点亮，它们必须逐一点亮。同一时间内只能有 1 个引脚为低电平，其余引脚都必须为高电平。在摇摇棒的身体摇动到某一位置时，这一列的字幕数据表会被送入显示程序，显示程序要怎么做呢？有点麻烦，它要从上到下依次检查这一列数据中需要点亮的LED。首先检查最上边第 1 个 LED，这一列的数据中不需要它亮，那所有 I/O 接口输出高电平，停留一段时间再检查第 2 个 LED。嗯，第 2 个 LED 需要亮，于是连接第 2 个 LED 负极的引脚输出低电平，其他 I/O 接口输出高电平。这时第 2 个 LED 正极是高电平，负极是低电平，LED 点亮。因为 LED 反向不导通，所

以第 3 个 LED 不亮，其他的 LED 两极都是高电平也不亮。点亮一段时间后再依此方法检查其他 LED。在 1/16 慢镜头时，16 个 LED 就好像单片机实验板上的流水灯程序一样逐一点亮又逐一熄灭。在 1/4 慢镜头的时候逐点扫描只是一瞬间的事，所以看起来它们是同时点亮的，因为它们处在不同的速度等级上。

编写驱动硬件的工作就只是循环将 17 个 I/O 接口中的某一个变成低电平而已了。解决了贴片 LED 驱动的问题却又产生了新问题：我们如何让单片机知道在摇动时哪一时刻摇摇棒的身体处在最左边呢?

第 4 步

制作三向惯性开关。将一支废弃元器件引脚对折并焊接在弹性导线的一端上，弹性导线的另一端焊接在单片机的第 20 脚（GND）内侧，注意掌握导线长度。将第 4 脚（P1.3）引脚向内弯曲至芯片底部，形成惯性开关的一个触点。再用废弃元器件引脚向上延长第 3 脚（P1.2），使之形成与第 4 脚（P1.3）平行且相对的另一个触点。把第 5 脚（P1.4）稍微向内弯曲一点，使它可以在导线向这一侧撞击时首先接触到第 5 脚，这样就形成了 3 个触点。3 个触点分别对应 SHOOK16 摇摇棒的 3 个方向，所以叫三向惯性开关。弹性导线指的是在轻微的外力作用后能够恢复原状的普通导线，也可以用细铁丝代替。调整弹性导线使之在静止状态时处于上、下两个触点的中间。导线悬空的一端应该有一定重量，增加惯性的作用力。

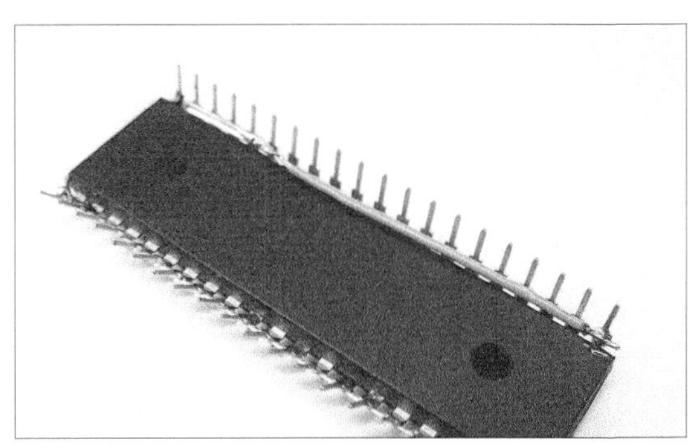

弹性导线的另一端焊接在单片机的第 20 脚内侧

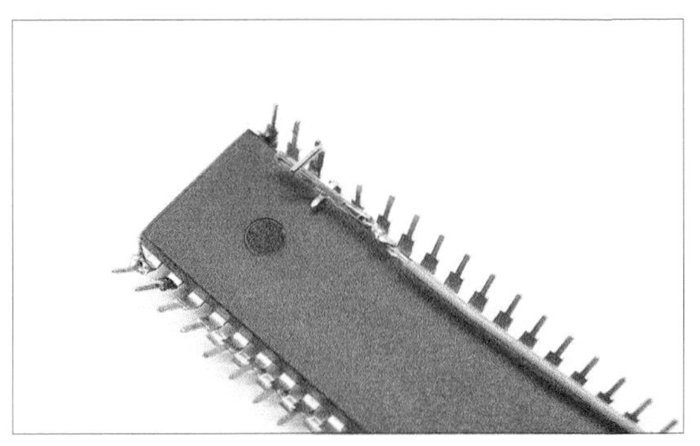

调整弹性导线使之在静止状态时处于上、下两个触点的中间

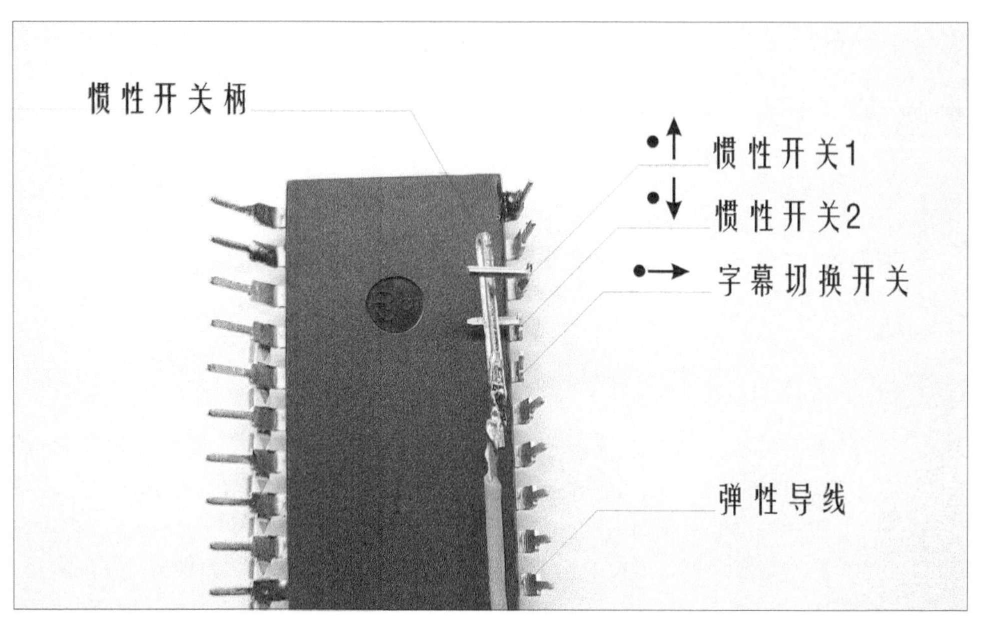

三向惯性开关分别对应 SHOOK16 摇摇棒的 3 个方向

为什么要制作惯性开关呢？其实惯性开关的出现就是为了解决我们前面出现的问题——让单片机知道摇摇棒身体所处的位置。当向右摇晃的时候，由于惯性的作用，惯性开关柄就会撞到左边的惯性开关 2；向左摇晃的时候就会撞到右边的惯性开关 1；向前摇晃的时候就会撞到后边的字幕切换开关。它们相撞的时候就是速度刚刚开始改变的时候，分开的时候也就是速度趋于稳定的时候。更多关于惯性的原理解释可以致电你的中学物理老师。单片机正是利用了这个原理来判断棒身所处的位置的，其中“惯性开关 1”和“惯性开关 2”两个触点是用来判断棒身左右位置的，那“字幕切换开关”让摇摇棒多了一样功能——前后摇晃或敲击时切换字幕。所以这种用弹性导线制作的惯性开关不但不需要使用水银开关，而且还独具特色。

第5步

制作电源电路。取一段导线将一端焊接在单片机的第 20 脚（GND）上。导线另一端的接头处挂上大量的锡，作为电池负极的接触点。用胶带固定导线，使之在摇动时不易乱窜。再把一支废弃的元器件引脚焊接在单片机的第 40 脚（VCC）上，使引脚与单片机上方的导线平行且相对，它们之间的空隙就用来安放电池。将单片机连同电池一并塞进塑料管中，可用透明胶带缠绕单片机一圈，并在塑料管开口处留出胶带头，以方便拉出电池和单片机，摇摇棒不用时可拉出电池（或把纸片塞在两块电池中间）。最后用透明胶带把开口处包好。因为摇动时的离心力向上，加之电池塞入塑料管时本来就已经很紧了，所以单片机及电池不会向下滑落，不需要设计单片机下方固定方法。

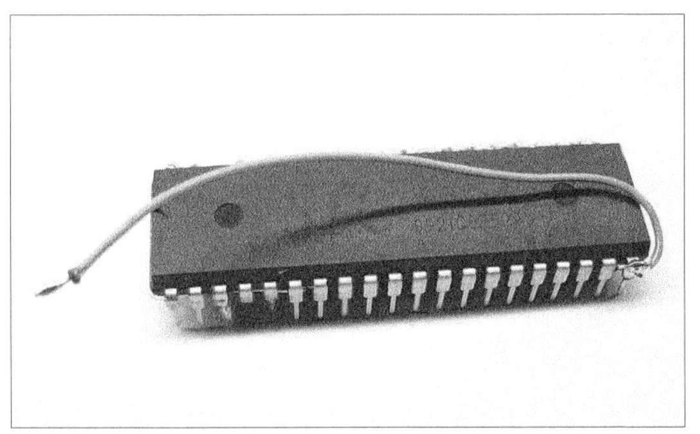

取一段导线， 将一端焊接在单片机的第 20 脚上

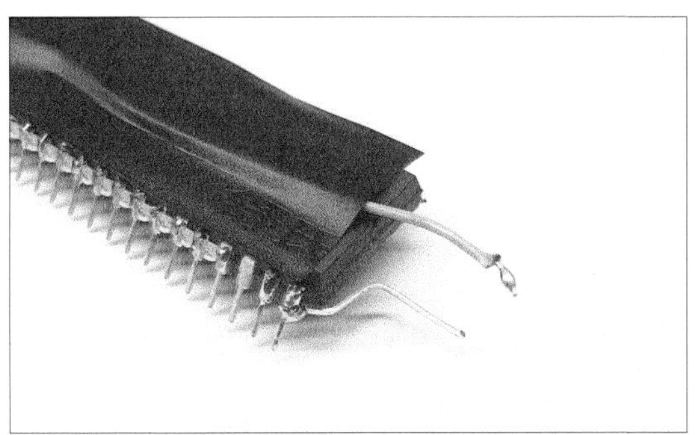

把一支废弃的元器件引脚焊接在单片机的第 40 脚上

将纽扣电池重叠后放入正、 负极接口处

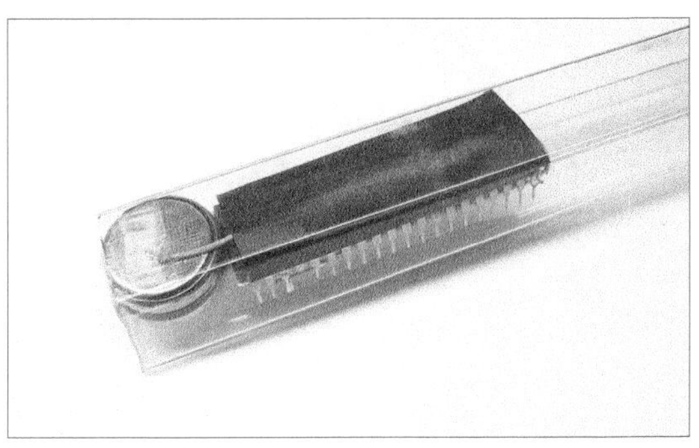

将单片机连同电池一并塞进塑料管中

选择合适的电池是决定整个设计成败的又一关键。最初我采用的是 3 节 5 号碱性电池，因为我总觉得碱性电池的能量是很大的，可以让 SHOOK16 摇摇棒使用得更长久一些。于是我在单片机的正、负极上引出两条导线，通过中空塑料管延长到手柄握着的一端，然后把大大的电池盒用胶带绑在塑料管上。这样一来既不美观也不好操作，和前面的巧妙设计形成了很大的反差。必须重新设计电池方案，哪怕做出一些牺牲。正巧手边有前不久为录制 LED 点阵屏测试方法视频节目而购买的纽扣电池，型号是 CR2032。我拿出电池往塑料管里塞了塞，虽然有点紧，还是可以牢固地塞进去。我大喜！这不正是我想要的样子吗？我马上用短一点的导线把两节纽扣电池夹在中间，一并塞进塑料管里。哈哈，那电池、那塑料管、那单片机，就好像老天爷为它们保了媒一样，那么的般配、合适。不过两节 CR2032 串联的电压是 6V，单片机的工作电压是 4.5～5.5V，这样连接会不会损坏单片机呢？其实并不会，首先电路中存在一定压降，加之纽扣电池可提供的电流并不大，二者相配有惊无险。而且因为单片机第 21 脚到第 40 脚向外弯曲，使得另外一侧的引脚紧贴塑料管内壁，让引脚内侧空出一大块空间，正好是给惯性开关预留的位置。这也正是我要弯曲单片机第 21 脚到第 40 脚一侧引脚的原因。

SHOOK16 摇摇棒在夜间的显示效果

现在，SHOOK16 摇摇棒制作完成。在宁静的夜晚，召集家里的亲朋好友坐在沙发上，关灯，然后把摇摇棒上 LED 的一面对着他们匀速摇晃，那空中飘浮的文字一定会让在场的观众惊叹不已。敲击棒身，“啪”的一声，字幕改变了内容，再敲击——“啪”——又变了。表演结束后，打开灯，其中某位观众站起身来气愤地说：“你要换字幕就换嘛，为什么用棒子打我的头？！”没错，SHOOK16 摇摇棒可以为你的生活带来更多精彩和乐趣。

除文章中的提示外，你还需要注意以下几个问题。

- 在开始制作之前，先要将 SHOOK16 摇摇棒的 HEX 文件烧写到单片机里。
- 随书资料上有 SHOOK16 摇摇棒的源程序文件和 HEX 文件。
- 用 STC-ISP 软件烧写 HEX 文件时要选择“内部 RC 振荡器”。
- 本制作采用 STC12C5A60S2 单片机，不可使用其他系列的单片机替代。
- 如果遇到制作上的问题可以在网上向我提问，我会尽量帮助你解决。

制作 2：Mini48 定时器

Mini48 定时器依然有我的精简电路设计风格，它的设计理念延续了 Mini1608，又另有独特之处。电池盒、单片机、晶体振荡器、电容、蜂鸣器、数码管，几种元器件打造简单的定时器制作，我相信这是你所见过的最简单的定时器制作。Mini48 采用 4 位共阳一体数码管，用来显示定时值的小时和分钟，最大定时时间是 23h59min。时间到时蜂鸣器会鸣响，提示用户定时时间到。如果鸣响 1min 没有关闭电源，单片机就会进入掉电模式，在此模式下系统几乎不耗电。时间的设定没有采用传统的微动开关，而是采用了电平式触摸技术，当手指触摸数码管各位上方对应的单片机引脚时，定时值就会加 1，设置简单，操作还很有趣。电路设计方面没有使用 PCB，而是将单片机与数码管直接焊接在一起，这也得益于元器件特有的结构。其实诸多创新设计都来源于发现了元器件结构和性能方面的巧合。

好了，闲言少讲，开始行动吧。这个制作使用的是 STC11L60XE，这是一款 3V 电压的单片机，可以用 2 节 5 号（AA）电池供电。如果你买不到 3V 单片机，也可以使用 STC11F60XE 或者 STC12C5A60S2 系列等 5V 的单片机代替，当然电源也要跟着换成 3 节 5 号电池。不能用 89C51 系列单片机代替，因为 89 系列的单片机比较古老，不能实现电平式触摸。蜂鸣器要购买那种无源的，如果你想减小体积也可以用压电陶瓷片代替。数码管需要是 4 位共阳的指定型号，其实就是引脚定义要一致，数码管的体积过大或过小都不能正好焊接在单片机上，所以这个部分一定要注意。

元器件清单

品名	型号	数量	说明
单片机	STC11L60XE	1	可用 STC12C5A60S2 等 5V 单片机代替
晶体振荡器	12MHz	1	
电容	30pF	2	
电池盒	2 节 5 号（AA）	1	电池盒上要带有开关
蜂鸣器	5V 无源	1	可用压电陶瓷片代替
LED 数码管	SR430563K	1	4 位共阳动态显示

所需元器件

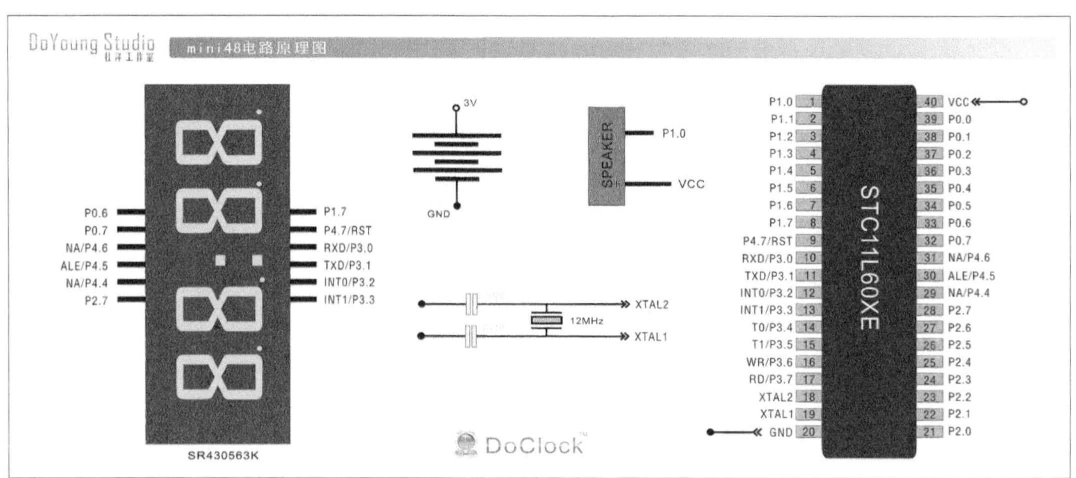

电路原理图

第1步

将 12MHz 晶体振荡器和 30pF 电容按电路原理图焊接在单片机背面的引脚上。让单片机具有外部精准时钟源，这样可以产生准确的定时器时间。在我写这篇文章的时候听说 STC 公司新推出一款 15C 系列单片机，它的内部 R/C 振荡器是高精度的，可以完全省去外部的时钟晶体振荡器。如果以后有机会把 Mini48 的单片机改成 15C 系列的话，我们就可以省去这一步，不需要焊接晶体振荡器和电容了。

第 2 步

把电池盒上自有的导线焊接在蜂鸣器上，并把焊接处用热缩管包好。注意无源蜂鸣器也是分正、负极的，不要接反。这样焊接的并不是最终的电路，一会儿我们还要把导线从中间剪断。

第 3 步

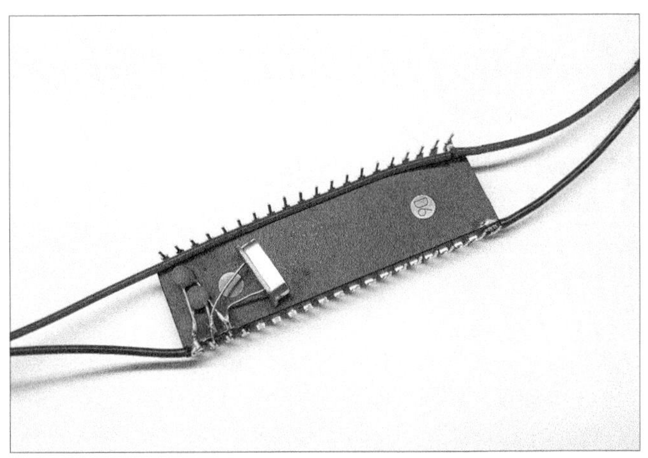

把电池盒正极的导线（红线）并联在单片机的第 40 脚上。把负极的导线剪断，电池盒一端焊接在单片机的第 20 脚上，蜂鸣器一端焊接在单片机的第 1 脚上。如此焊接之后，电池盒、单片机、蜂鸣器三者仍然保持了原来的结构。

第4步

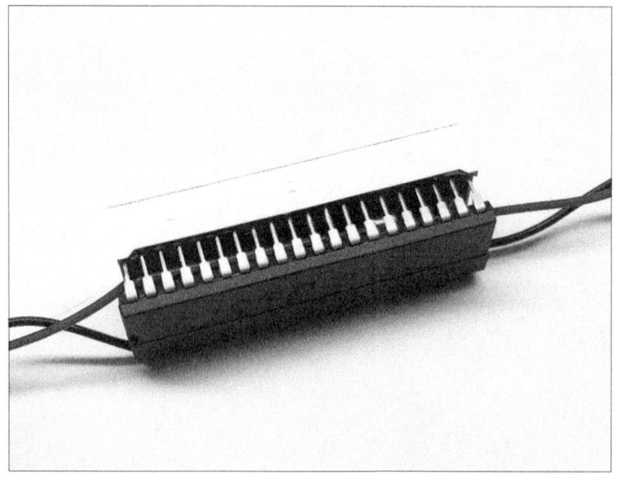

把数码管直接焊接在单片机上。奇妙的是，数码管的引脚正好和单片机的引脚相对应，好像是为其量身定做的一样。单片机 I/O 接口采用推挽输出方式，可以直接驱动数码管显示，不需要驱动电路。程序上采用逐点扫描方式，省去了限流电阻，并能保证数码管上的各段码亮度一致。数码管上方对应的单片机引脚正好设计成电平式触摸按键，既省去了微动开关，又让设计更加简洁。

第5步

打开电源开关，系统初始从 3 分钟开始倒计时。触摸小时和分钟各位上方对应的单片机引脚就可以将此位加 1，加到 9 时返回到 0，从而调整定时时间。

注意事项

■ 在向 Mini48 写入 HEX 文件时，需在 STC-ISP 软件中设置 RET 为 P4.7 接口，否则不能正常显示。

■ 如使用引脚定义不同的数码管，需要在 Mini48 源程序中修改引脚定义，否则不能代替使用。

■ STC 单片机内部具有静电保护电路，所以直接触摸引脚不会出现静电损坏芯片的情况。

■ 随书资料中提供了 Mini48 定时器的源程序文件和 HEX 文件。

制作 3：RT3 电子温度计

我经常去哈尔滨的船舶电子大世界逛逛，在熟得不能再熟的市场里寻找新鲜玩意儿。话说一天下午，我来到专卖 LCD 屏的店里。我和老板已经熟悉，聊了一会儿天之后，我就在他的货架上翻来翻去。要知道在一家店的货架上寻找新奇玩意儿是很让人兴奋的事情。因为满满的架子上有着许多的可能，我们可能找到刚刚进货的新款产品，也可能找到多年未见的老古董，还可能找到自己一直在找却总也找不到的东西。对电子爱好者来说，那满满的货架上，都是尚未开封的生日礼物，既惊喜又神秘。

“哇！好漂亮呀！”我不由得喊了出来。眼前一排亮晶晶的东西，如水晶般纯洁、闪着光。这是一片薄薄的玻璃片，两侧引出一些针脚，乍一看和我们常见的 DIP 封装没有什么区别。我取下一片问老板这是什么。老板说这是 3 位的液晶片，可以显示 3 个数字和小数点。我听老板这么一说就没了兴趣，你想呀，3 位数字能做什么呢？时钟显示至少需要 4 位数字，3 位显示我想不到能做什么。不过因为它太漂亮了，我还是决定买 2 片研究研究。如果可以驱动的话，说不定以后可以找到 4 位的呢。

到家后，我随手把液晶片放在桌子上，几天过去，我也一直没有理它。有一天我吃过晚饭，闲闲地坐在电脑旁想事，忽然看到这块液晶片，于是拿在手里把玩。不一会儿，我下意识地又拿来一块 40 脚的单片机把玩。当我把这两个东西放在一起的时候，奇迹出现了！它们竟然可以天衣无缝地插在一起，达到屏、机合一的境界。哈哈，原来除了 Mini1608 时钟的 LED 屏之外，我还可以有 LCD 屏的精简制作。于是大脑开始高速思考，经过几天的开发，一个创新制作诞生了！

制作 RT3

这个制作在设计时是反向思考的，也就是说先有了单片机和液晶屏组合的可能，才去想这个设计可以制作什么作品。3 位数字用来显示时钟不行，可是显示温度是很好的选择。加上 LM75 温度传感器芯片，这款电子温度计将会是电子爱好者最容易仿制的精简制作。我将这款温度计取名为 Real Temperature 3 电子温度计，简称 RT3！RT3 的重点技术就是如何用没有内置 LCD 驱动电路的普通 51 单片机来直接驱动 LCD 屏。听上去好像很高深，其实并不比驱动 LED 点阵屏复杂。想知道是怎么做到的吗？先保密，请先带着那种对新鲜技术的热情开始 RT3 的制作吧。

元器件清单

品名	型号	数量	参考价格（元）	说明
单片机	STC12C5A60S2	1	12	不能用其他型号的单片机替代
段码液晶片	EDS812	1	18	
温度传感器	LM75	1	3	
纽扣电池	CR2032	2	2	或用 3 节 5 号电池代替
导线		1		
电阻引脚		1		可以用其他金属引脚或导线代替
塑料管		1		DIP40 脚单片机的包装管
微动开关		1		用于增加开关控制功能

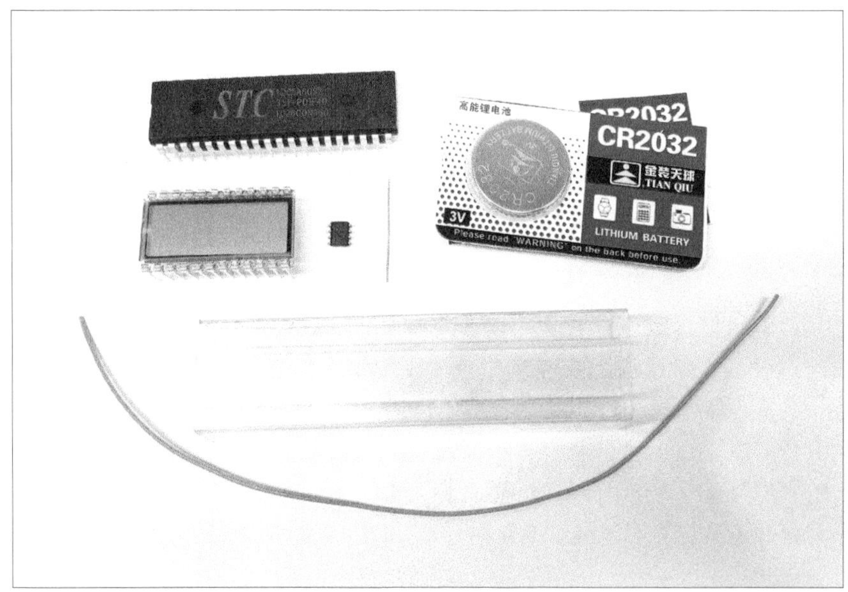

所需元器件

制作 RT3 所需要的材料不多，单片机、温度传感器和段码液晶片是最主要的，其他东西可以在周边找一些可以代替的材料。没有塑料管可以用胶带粘着，电池可以用 3 节 5 号电池或者其他充电电池代替。元器件少，并不意味着就可以随便制作，显示温度只是最基本的要求。为什么不去买一个现成的温度计，正是因为我们想发挥创造和享受制作的乐趣，基本功能之外的设计与制作才是能表达我们能力的部分。越简单越要精心地设计，让你的制作更精致、美观。

RT3 电子温度计特色

- 精简电路设计，极少元器件。
- 液晶片直插结构，较少焊接数量。
- 使用单片机内部 R/C 振荡器，无需外部晶体振荡器。
- 温度传感器可采集 –25 ~ 125℃温度数据。
- 单片机、温度传感器、液晶片均为工业级产品。
- 单片机和温度传感器均采用省电模式，功耗较低。

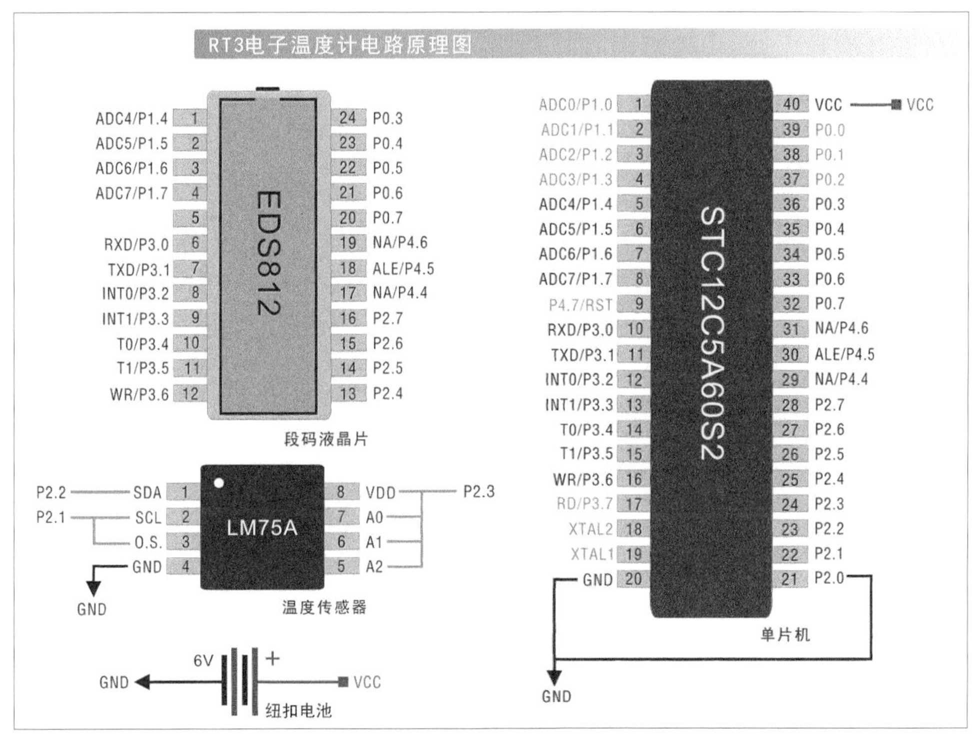

电路原理图

常看我文章的朋友必定对 STC 单片机很熟悉了，液晶片的驱动下面的文字里我会单独大做文章。这里我先介绍一下 LM75 吧。一提到温度传感器，大多数电子爱好者会想到 DS18B20，但是再让大家说出一款与之类似的传感器，我想能说出来的并不多。我想这也可能是 DS18B20 如此热销的原因。先入为主和保守的思想局限了更多的可能，我采用 LM75 也是为了打破这一思想上的局限。LM75 是 NXP 公司（飞利浦麾下的电子公司）生产的一款温度传感器，它也采用数字式温度处理，也有体积小和功耗低的特点，但和 DS18B20 相比，LM75 在使用上有其优势所在，首先 DS18B20 是单总线通信，需要单片机端备有很高的时钟精度，而且单总线上挂接多个传感器在开发上也比较麻烦。LM75 采用飞利浦自家的 I^2C 总线通信，对时钟精度没有要求，用单片机内部的 R/C 时钟源都可以驱动。其次 LM75 的价格只有 DS18B20 的一半。再从编程的难度和芯片附加功能上看，两者相差不多。以我的经验来看，DS18B20 的温度算法很难理解，涉及负温度显示时，不明白温度算法也很难使用。而 LM75 的温度算法非常简单，只要会算加减法，基本上就可以明白温度算法。对初学单片机的朋友来说，这算是很好的入门福音。LM75 的 1、2 引脚是 I^2C 总线的接口，第 3 脚是温度报警输出，第 5 至 7 脚是 I^2C 总线的地址选择位。在 RT3 的制作中，所有的地址选择位都是接在 VCC 上的。LM75 的工作电压范围较宽，不管是 5V 电源还是 3V 电源都可以驱动。我认为唯一美中不足的是 LM75 没有 DIP 封装，只有 SOP8 的贴片封装，对于电子爱好者来讲，这种封装应用在制作中是有一些困难的，还好 RT3 的制作考虑到了这一点，把 LM75 直接焊接在单片机的引脚上，只要细心，焊接并不困难。

LM75 温度传感器芯片

第 1 步　焊接 LM75

将 LM75 如上图的样子放在单片机的第 21 到 23 脚上。

将 LM75 芯片的第 1 至 4 脚如上图所示焊接在单片机上面，注意 2、3 脚合在一起焊接。

剪一段普通直插电阻的引脚，把 LM75 另一边的第 5 至 8 脚焊接在单片机的第 24 脚上。

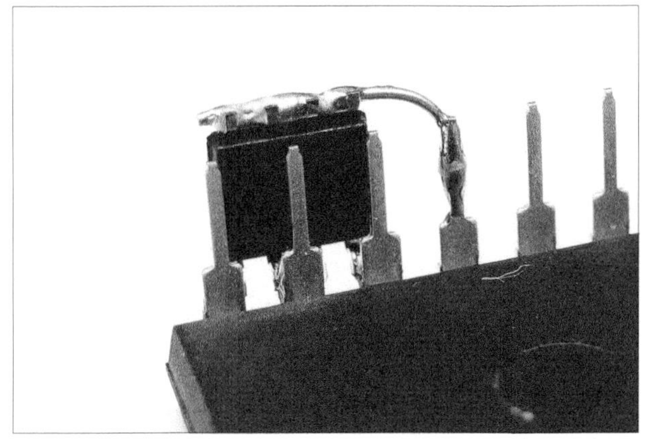

注意 LM75 芯片背面贴在单片机引脚上，引脚间掌握好合适的距离。

第2步　焊接导线

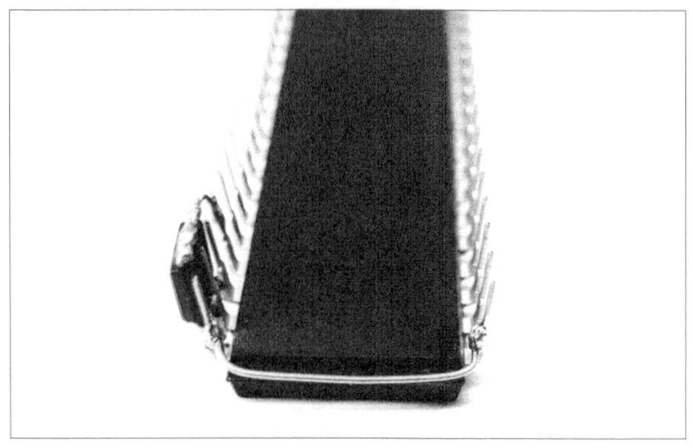

把单片机一侧的第 20 脚和另一侧的第 21 脚用导线连接，目的是让 LM75 的第 4 脚接地。

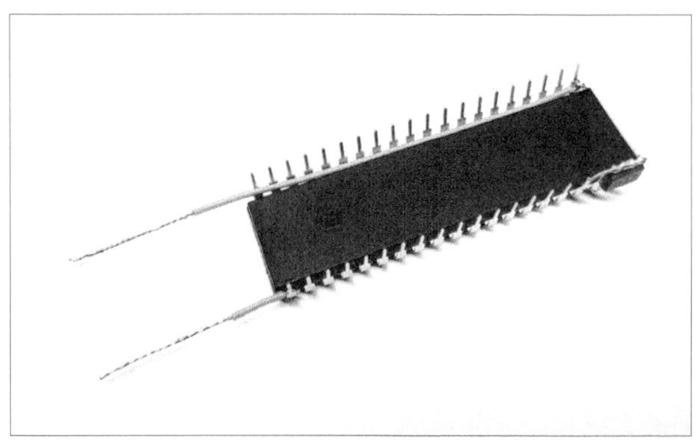

把 2 根导线焊接在单片机的第 40 脚和第 20 脚上，导线另一头镀锡，用于连接电池。

第3步　插接液晶片

把段码液晶片按上图所示的方向对齐插到单片机的背上，注意尽量让相连的引脚接触紧密。

将段码液晶片的第 5 脚微微翘起，和单片机的第 9 脚断开。因为单片机第 9 脚是复位接口，不应该与液晶片引脚连接。真是无巧不成书，如果液晶片第 5 脚对应的是某个数字位上的段码，断开它必然会导致那个段码不能显示。但非常巧合的是液晶片第 5 脚对应的正是第 1 位数字后面的小数点，而这个小数点在显示温度时用不到。哈哈，你认为这是巧合还是上天的安排呢?

第4步　安装电池

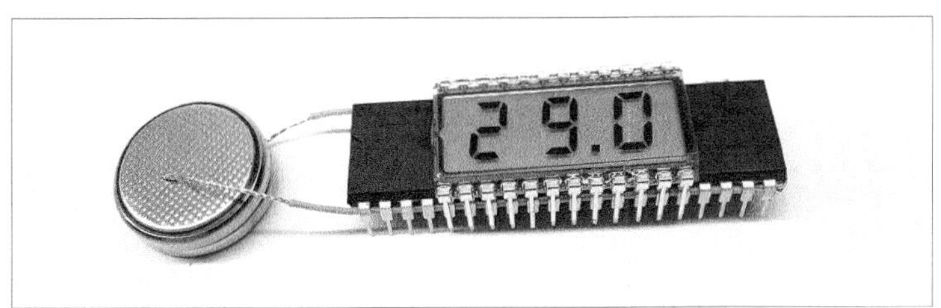

将 2 节纽扣电池叠在一起接在电源引线上。

第5步　安装外壳

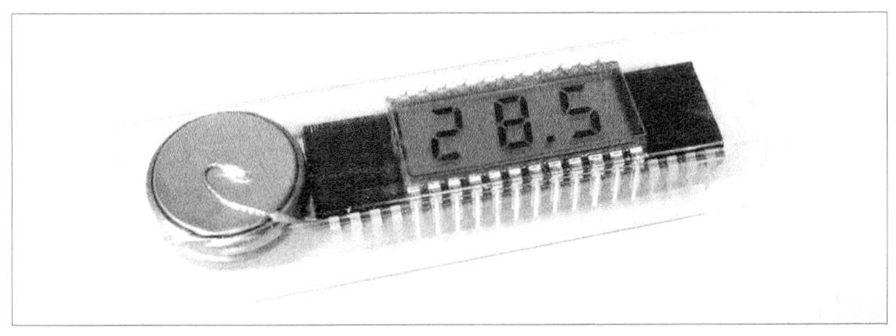

把整个电路部分塞到塑料管中，塞紧。轻松 5 步，RT3 电子温度计制作完成，制作过程根本花不上几分钟，可是达到的效果和功能却是如此奇妙。也许是我过于追求精简设计，而忽视了实用性，在实际使用中发现了一些问题。为了找到精简与实用的平衡点，下面我尝试着做出了一些改进。

使用测试与改进

RT3 采用电池供电，自然而然地就会想到功耗的问题，电池能用多久？这可能是制作者最关心的问题之一。为了尽量节能，我在程序上设计了单片机空闲工作模式。即每 1 分钟更新一次温度显示，平时单片机处理完液晶屏的显示切换之后就进入空闲模式。理论上，更新温度时的电流为 20mA，空闲时的电流为 3mA。这样的功耗听上去好像很小，可是实际的使用时间却让我失望。我用全新的 2 片纽扣电池测试，RT3 连续工作的时间不到 7 天，我也不想买 106 片纽扣电池只为让 RT3 工作一年。我相信使用其他品牌的低功耗单片机可以让 RT3 工作更久，但我想这不是解决之道。

另外一个不可忽视的问题是单片机工作时发热对温度传感器的干扰。有朋友会认为我们常用的单片机是不发热的，可是我用实验证明了单片机确实发热并干扰到了温度数据。当我在一个恒温的环境中开启 RT3 时，在刚刚上电的时候所显示的温度值会较低，随着时间的流逝，温度值会不断上升，直到达到比刚上电时高出 1 ~ 3℃。我推测这不是温度传感器本身的问题，因为我用了其他温度计为了参考，并把 LM75 分离出来单独测试。结果问题只能出自单片机自身的发热，虽然单片机的发热量不能与电脑的 CPU 相比，但对于直接焊接在单片机引脚上的温度传感器来说还是极具杀伤力的。

对于以上两处硬伤，我要如何解决？是改用低功耗的单片机？或是选用大容量的电池？还是放弃精简设计而让 LM75 远离单片机呢？结果我在电池上串联了一个微动开关，从应用设计上解决了技术问题。平时 RT3 不工作，液晶屏上也不显示温度，这样就根本谈不上功耗问题了。当我们需要看温度时，只要走到 RT3 旁边，轻轻地按下开关，电源接通，液晶屏上显示了温度。这个温度值是单片机刚刚上电时的数据，还没有受到单片机发热的干扰。诚然，这样的改进牺牲了原来的不间断显示功能，可是除了油画和照片上的人之外，谁又能每天目不转睛地盯着 RT3 看呢，所以这一改进既不影响人性化设计，又不增加技术难度。一个微动开关，让 RT3 电子温度计完美了。

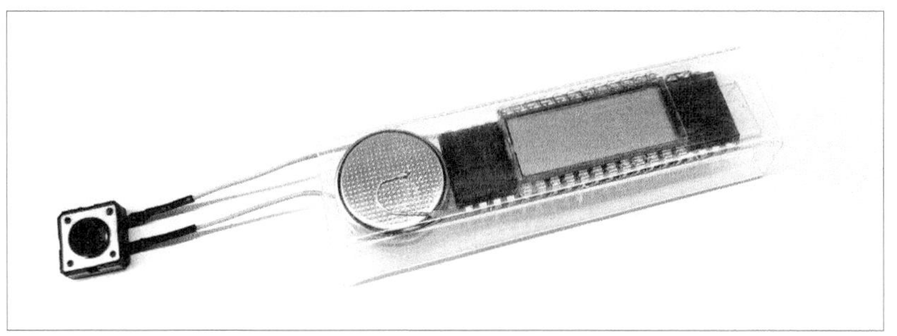

为 RT3 加装微动开关

下面你将看到的是我最爱吃的“酸奶口味棒冰 + 蓝莓果酱”。没错，你现在来到的是 -9℃的冰箱，看到的是冰爽的冰淇淋和 RT3 在一起。RT3 在显示负温度的时候，最左边的数字位用来作为负号显示，后面紧跟 2 位的温度整数显示，省去了小数部分。RT3 最低可以显示 -25℃，不用担心单片机和液晶片会冻坏掉，它们都是工业级产品，

最低可以在 -45℃的环境下工作。可惜的是我们美丽的纽扣电池就没有这么好运了，在 0℃时，电池的电压就会迅速下降，不一会儿单片机就会因电压过低而停止工作。幸好我们有碱性电池，实验证明在冰箱里的低温环境中，碱性电池依然可以和单片机、液晶片并肩作战。所以建议可能会涉及低温环境的爱好者朋友使用碱性电池为 RT3 供电。

低温环境中的 RT3 工作照

巧妙驱动液晶屏

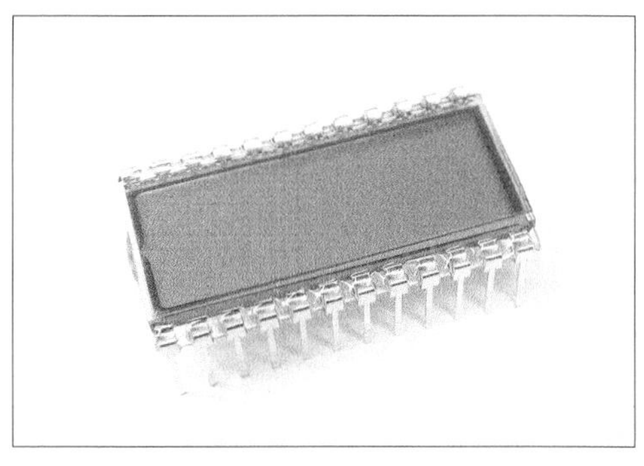

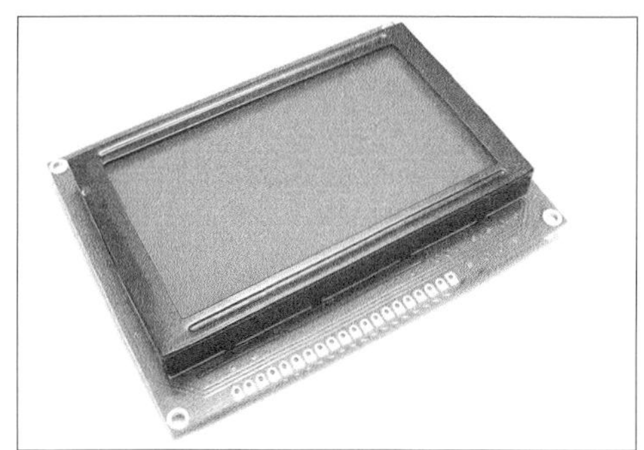

段码式液晶片与液晶屏模块

提到液晶屏，大家首先想到的应该是绿色电路板上面固定着一块玻璃片的显示屏，正如上图右侧所示的显示屏样品。的确，这是最常见的液晶屏样式，之所以称为“模块”是因为它是由玻璃液晶屏幕和驱动电路组合而成的。要知道液晶屏的显示驱动是很复杂的技术，一般需要专门的驱动芯片，驱动芯片需要产生多级电压，还要产生交流驱动电压给玻璃液晶片。玻璃液晶片简单地说就是两片玻璃中间夹着有固定形状的液晶体，液晶体的两极加一定电压时，液晶体将从透明变成黑色，这样我们就可以显示信息了。当然，液晶显示的真实原理要比这复杂得多，有兴趣的朋友可以另外去学习。我们常见的段码较多的液晶片都是采用动态显示结构的，这和 LED 数码管的动态显示原理是一样的。这样的结构省去了大量引脚，但对驱动电路的要求也很高，一般把它和驱动电路放在一起制作成模块销售，这种模块可以直接与单片机连接，减少了单片机开发人员的麻烦，也是目前液晶显示产品应用的主流。相比之下，静态液晶片已经不常见了，因为静态显示结构只有一个公共端，所以每一个段码都有自己独立的引脚。因为引脚太多，同样用驱动芯片制作，当然还是选择引脚少的动态显示结构了。不过静态显示结构不需要多级电压，也没有灰度调试的问题，只要各段码引脚和公共端之间输入一个交流电压就可以驱动起来了。幸好我们的 EDS812 液晶片是静态显示结构的，可以用单片机的 I/O 接口直接驱动。

为什么要用交流电压呢，直流电压不行吗？假如我们在水中加一定的电压会出现什么情况？中学的化学课都学过，水被电解变成氢气和氧气。液晶也是液体，它被施加电压也会被电解，虽然电解出来的不是氢气和氧气，但同样会使液晶失去原来的显示特性。怎么办？不加电压就不能显示，加电压又会被电解。如果是我就会放弃，可是充满智慧的科学家们用简单的方法解决了问题，就好像我用一个微动开关解决了 RT3 的硬伤一样，嘿嘿。科学家们试着用交变电压来驱动液晶，在液晶两端的电压的极性是快速变换的，这样使得液晶还没来得及电解就转变了电极，相同的占空比关系使液晶长时间显示也能安然无恙。

下面我们要讲到如何用普通 51 单片机驱动段码液晶片了，这种驱动方法只用到最基础的普通双向 I/O 接口，没有用到 STC 的 I/O 接口的多种工作方式。驱动静态显示结构的液晶片只要处理好高、低电平变化就可以了。我们先来看看 EDS812 液晶片的引脚定义。“EDS812 段码式液晶片引脚定义”表中第 1 脚为 COM 引脚，它就是所有液晶段码公共端。任何一个液晶段码的电压如果与 COM 端的电压相等，段码的两端就没有电压差，此段码不显示。反过来，如果想让某个段码显示，就需要让这个段码的引脚电平与 COM 端的电平不同，这样产生了电压差，液晶呈黑色显示。

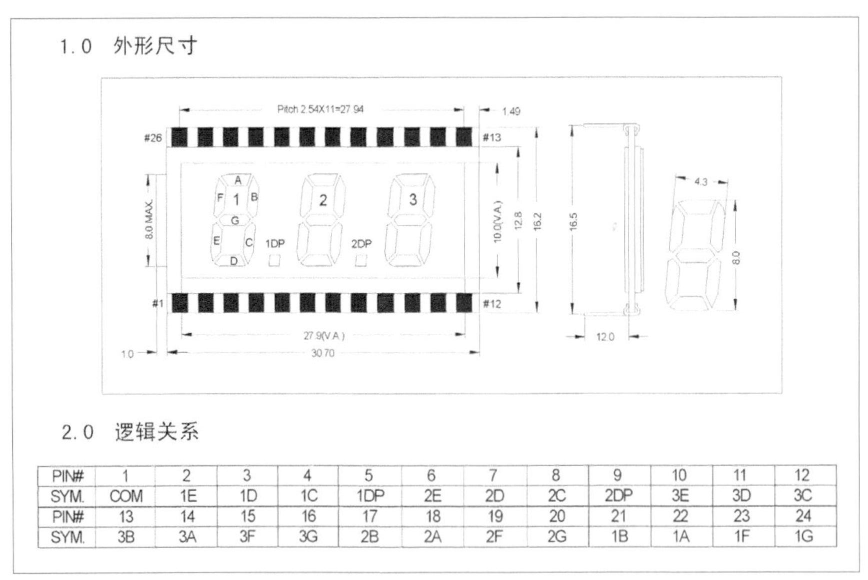

PIN#	1	2	3	4	5	6	7	8	9	10	11	12
SYM.	COM	1E	1D	1C	1DP	2E	2D	2C	2DP	3E	3D	3C
PIN#	13	14	15	16	17	18	19	20	21	22	23	24
SYM.	3B	3A	3F	3G	2B	2A	2F	2G	1B	1A	1F	1G

EDS812 段码式液晶片引脚定义

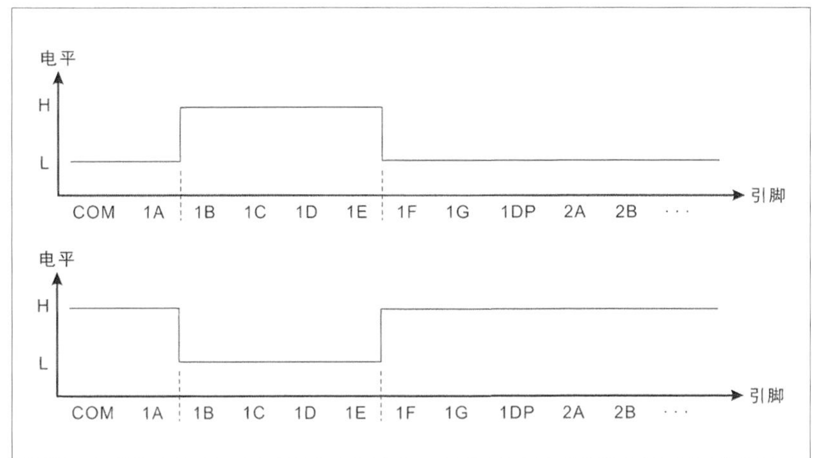

EDS812 段码液晶片驱动方法示意图

例如我们想让液晶片上的 1B、1C、1D、1E 这 4 个段码呈黑色显示状态，其他段码呈透明状态，在单片机程序中要做的就是让这 4 个段码的电平与 COM 的电平不同，再让其他段码的电平和 COM 的电平相同。前面我们讲过，液晶片需要交流驱动，所以我们首先把这 4 个段码对应的 I/O 接口设置成高电平，COM 和其他段码对应的 I/O 接口设置成低电平。延时一段时间（比如 2ms）后再把所有的电平反转过来，再延时一段时间，两次延时的时间要一致。如此循环往复，即可以成功显示我们需要的数字了。

RT3 制作完成了，虽然简单，但设计中充满了巧合、巧妙和巧思。带给你制作快感的同时也能给你一些启发，令你重新去理解单片机制作。如果真是这样，那么我就达到目的了。请你随着这种启发不断扩展思路，想象并尝试更多的可能，我们又向单片机的创新之路迈出了一步。

其他注意事项：

- RT3 电子温度计的 HEX 烧写文件在随书资料中。
- 欲使温度计工作在低温环境中需改用碱性电池（电压在 4.5～6V）。
- 本制作涉及贴片元器件焊接，制作者需要具有一定的焊接水平。
- 下载 HEX 文件时需选择单片机内部 R/C 振荡器。
- 单片机仅可使用指定型号，不能用其他型号代替。

第1章 硬功夫

总　结

我的经历、从面包板开始、下载单片机程序、制作下载线、十三个小实验、第一个作品、更多小制作，一路走来，步伐矫健，你看到了什么、学到了什么、制作了什么？是成功还是失败，是兴趣大增还是想默默离开？硬件既是学习单片机的基础，也是创新的突破口。轻视软件，重视硬件，你将始终停留在单片机初学阶段；重视软件，轻视硬件，你将很难有开拓创新的可能。基础确定上层建筑，本书首章苦练硬功夫，如同站桩、马步，看似简单，但意义非凡。

现在的你是继续下一章的学习还是回头温习呢？如何知道自己的“硬功夫”是否过关呢？给你一个方法，关上电脑，不看电路原理图，将举一反十三中的例子在面包板上凭记忆组装出来。如果轻松完成，就马上开始阅读第2章；如果困难重重，你还得继续努力，直到轻松过关。祝你成功，一切顺利！

第2章 软实力

改、看、组、写、造，五步轻松学习单片机编程。

本章要点

- 对单片机编程产生兴趣
- 可以看懂、修改、移植现在的程序
- 独立编写应用程序和驱动程序
- 了解单片机的程序原理及硬件实现

第 *1* 节　爱编程

目录

- 再忆往昔
- 编程何物
- 编程始末
- 为玩而学
- 千金一诺

再忆往昔

几年前，哈尔滨学府书店开业大吉！…… 熟透了上一章的朋友还记得我的经历吧？上一章重点讲到认识单片机的过程，后面的学习一带而过，没想到这一次还要继续往下讲，应该算是续集。我在船舶电子城买到了单片机实验板所需要的零件，照着书上的电路图开始焊接。我平时就经常制作一些数字电路的小作品，所以焊接单片机电路也并不困难，只是焊接时一直在担心程序的部分。是的，对于大多数刚学习单片机的电子爱好者来说，向单片机内写程序还是大姑娘上轿——头一回。我的第一个念头是怕，怕我不会成功，这种对新事物的恐惧是很自然的。现在看来，这种害怕是完全没有必要的，历来初学者都是先学习一个流程，流程通过了就基本没了困难。我把第一个 HEX 文件下载下去，板子上的 LED 开始闪烁，又下载了一个 HEX 文件，按键可以控制 LED 了，当时就想这也很简单嘛，于是继续往下学习。现在我知道单片机的编程相对其他技术是多么的简单，可是当我什么都不知道的时候只好什么都相信。也许是我选错了教材，而让我多走了一些弯路，或许说这些弯路反而给了我更多的经验。

我所参考的一本单片机学习教材是一本简单易用的入门指南，我依然很感谢它给我的帮助。这本书在讲到编程的时候就直接用了汇编语言，而且讲得还算详细，我也就顺其自然地跟着学了起来，后面又讲到了定时 / 计数器、中断之类的内容也全是用汇编语言讲解。当学了汇编语言 3 个月之后，我才慢慢了解到汇编语言并不是唯一的编程语言，还有 C 语言、BASIC 语言等。问题就在于作者没有让读者了解全局并给予选择的机会，就像父母没有征求子女的同意就让他们来到这个世间。我已经习惯了用汇编语言写程序，对其他语言也并不了解，曾有一时我在技术论坛上发帖子问一些单片机高手："是汇编语言好用还是 C 语言好用？" 很快我得到了回复，不过这让我更困惑了，因为高手们都是分为两派，一派说汇编语言好，一派说 C 语言好，偶尔有几个老好人说两个都好。我也一度加入论战，我站在汇编语言一边，即使我对敌对的 C 语言并不了解。

两年后，我也有了一定的能力，可以开发一些中、小型单片机系统了，这时候我决定学一下 C 语言，这一学不要紧呀，一下子让我爱上了它。可能没有汇编语言的根底也不能让我做出对比，C 语言的优势真是“不堪设想”，其中最重要的就是它的通用性是汇编语言所不能媲美的。不论是 51 系列、AVR 单片机、ARM 核的 32 位处理器，还是嵌入式操作系统的开发，都可以使用 C 语言。51 系列单片机的汇编语言是不能应用在其他类型单片机上的，而 C 语言就是来者不拒，只要简单修改一下就可以放在其他单片机上使用。真可谓是一通百通，编程一点通呀！余下的日子里，我开始深入学习 C 语言了，借鉴别人程序中的优点为我所用，与爱好者交流讨论，终于总结出了自己的一些编程思路和技巧。毕业工作之，我来到一家嵌入式系统开发公司工作，虽然技术不突出、业绩不突出，但怎么说瘦死的骆驼比马大，嵌入式系统业界经验还是有一点的。现在我对汇编语言和 C 语言都有一定的了解，也有一些嵌入式系统方面的经验，应该可以从全局角度观察问题。

借助本书，我将所知道的单片机编程技术跟经验打包和大家分享，我会用通俗易懂的文字、嬉皮笑脸的风格讲述单片机编程的故事，希望本章的内容可以让你学会编程、爱上编程。

编程何物

在我的书架上有几本我认为不错的关于单片机编程的书，可是它们都有一个共同的问题，那就是没有一本书在开篇讲解什么是编程。也许作者认为地球人都知道，或是认为这并不重要而把精力放到实践讲解，这和学校里的课本正好相反。我认为这重要得不得不说，所谓编程就是编写程序的意思，翻开《现代汉语词典》，里面对“程序”的解释是这样的：（1）事情进行的先后次序（例，工作程序，会议程序）。（2）指计算机程序。第 2 条解释很有趣，竟然用程序解释程序。就好像有人问杜洋是哪个杜哪个洋？我回答说是杜洋的杜、杜洋的洋。我认为程序二字应该分开来看，“程”是指规矩、法则，是要有一定的结构和框架，按照一个规则办事；“序”是指以时间为基准的先后关系，是说在时间上要有先有后、有始有终。我们所说的编写程序就是在想方设法满足“程序”二字的含意，在学习编程之前一定要先领悟它，至少当你成为单片机高手时不至于被初学者问倒。说句题外话，当你成为单片机高手之后，如果有人问的问题你也不知道时，一定要沉住气，并用严厉的语气反问：“这个问题你都不知道，自己去找资料！”实践证明这招很有效。当然，如果初学者听到高手讲这样的话，那八成是他不会，不要难为他了，给个台阶下吧。

如果你是单片机初学者或是只想了解编程是怎么回事，那你算是捡便宜了，因为下面我将用通俗易懂的例子说一说编程，带你轻而易举进入单片机编程世界。走过，路过，千万不要错过。

找一个好用又实惠的例子来通俗介绍编程真是不容易，要知道学单片机编程一般是为了控制——自动化控制或是智能控制。第 1 章里有一个“第一个程序”的例子，现在我们依然拿它开刀。它是让一个接到单片机 P1.7 引脚上的发光二极管闪烁的程序，通俗易懂的程序如下 ：

```
你是 STC12C2052 单片机，
你的 P1.7 引脚上接了一个发光二极管，
你的工作内容如下 ：
先点亮发光二极管，
亮 1s，
关掉发光二极管，
关 1s，
重复这些工作。
```

惊讶吧? 通俗到了一定程度了吧? 我可以很负责任地告诉你，编程就是这么简单。上面这段程序就是你对单片机说的任务，只要把指令传给它，并接通电源，它就一丝不苟地按照命令执行。别把单片机当成一部机械，其实它也有生命，你是单片机爱好者就要像爱朋友一样爱它，写程序就是在和单片机对话。你的话说得好，它就乖乖地听从 ；你的话说得烂，它就会推给你一堆问题。当然实际的单片机程序并不是像上面那样写，这只是给人类看的语言，而且是简体中文。单片机需要更专业的语言才行。现在我们就看一下，同样一件事情用单片机看得懂的语言是怎么写的，下面这一段就是实现 LED 闪烁的“第一个工程 .hex”文件的内容。

```
:10000300EF1F70011E144E600BE4FDEDC3947D5091
:04001300EF0D80F776
:0100170022C6
:0B002400B2977FFA7E0012000380F507
:03000000020018E3
:0C001800787FE4F6D8FD75810702002413
:00000001FF
```

“呀！这是什么东西呀，乱七八糟的！”你惊讶的感叹句已经被我听到了。同样的话语也会出现在你看到不认识的文字的时候。不要有语言歧视，单片机在被设计出来的时候就已经给它规定了语言了，而且更可怕的是，不同种类单片机的语言还各不相同。上面这一段乱七八糟的代码也只能被 MCS-51 系列的单片机看懂，所以要想学习它们好比登天。

那我们怎么办呢? 呵呵，别急，一定有办法的，不然第 2 章也只能写到这里了。当我们看不懂一种语言的时候，我们怎么办? 是用《牛津英汉大词典》还是快易通掌上电脑? 总会有一些翻译工具摆在那里，只要我们学习一下翻译工具的使用，把我们想让单片机做的事情翻译成单片机语言并下载到单片机中就 OK 了。单片机世界里的英汉大词典是什么呢? 那就是一种叫编译器的东西，它是专门用来将我们能看懂的语言编译（也就是翻译）成单片机世界的语言的。编译器不是机器，而是软件程序，它们有的是由单片机生产商制作出来的，有的是由专门设计开发编译器的公司制作的。本书主要介绍 MCS-51 系列单片机，所以介绍一款主流的编译器软件——

Keil C51。编译器的功能只是将我们看得懂的语言文件转换成单片机看得懂的语言文件，而某编译器的厂商为了让自己的编译器产品更有竞争力、功能强大，于是就在原有功能的基础上加入了编辑、仿真、调试、下载等一条龙功能。让整个单片机程序的开发过程在一套软件里全部完成，在大大方便了使用者的同时，厂商给这种新产品取了一个响亮的名字——集成开发环境，英文名为 Integrated Development Environment，简称 IDE。Keil μVision2 就是包含了 Keil C51 编译器和更多功能的集成开发环境。很抱歉，本书只能介绍 Keil μVision2 的基本功能，有兴趣玩转 Keil μVision2 的朋友请参考其他图书。

好了，现在我们解决了将我们看得懂的语言编译成单片机语言的问题，这里所说的我们看得懂的语言并不是一篇通俗易懂的文学作品，也不是我们日常的聊天用语，而是我前面提到的汇编语言、C 语言或是 BASIC 语言。学会其中一种语言，再加上集成开发环境的帮助，我们就是单片机编程爱好者了，你的梦想与未来将由此书写。本书中将重点介绍 C 语言的学习与应用，但我并不想把视野局限在语言上面。就像一部内容精彩、结构紧凑、思路清楚的小说，我们并不在乎它是用什么语言来写的一样。此时的语言只是一个载体或工具，更重要的是超脱语言本身的故事情节。

```
#include <REG51.h>                  // (1) 你是 51 单片机
sbit LED = P1 ^ 7;                  // (2) 你的 P1.7 引脚上接了一个发光二极管

void Delay(unsigned int a){         // (3) 延时大约 1ms
    unsigned int i;
    while( --a != 0){
        for(i = 0; i < 600; i++);
    }
}

void main(void) {                   // (4) 你的工作内容如下：
    while (1) {                     // (5) 重复这些工作
        LED = 0;                    // (6) 先点亮发光二极管
        Delay(1000);                // (7) 亮 1s (1000ms)
        LED = 1;                    // (8) 关掉发光二极管
        Delay(1000);                // (9) 关 1s (1000ms)
    }
}
```

把前面说的通俗易懂的语言翻译成 C 语言之后，对于初学者来讲就会显得有一些复杂难懂。没关系，我来帮你逐句解释。

```
#include <REG51.h>                  // (1) 你是 51 单片机
```

这是一个头文件的声明，意思是告诉编译器我们要引用 REG51.h 这个头文件。什么是头文件呢？就是一个定义了某款或某一型号单片机属性的文件，里面包括 SFR 地址定义等信息。这些信息可以确定单片机底层硬件接口与我们写的 C 语言程序之间的连接。不懂没关系，后文中会有深入介绍，现在留个印象就行了。

```
sbit LED = P1 ^ 7;            // (2) 你的P1.7引脚上接了一个发光二极管
```

sbit LED = P1 ^ 7; 的意思是将“LED”这个我们自定义的名称代替“P1 ^ 7”这个接口标号。这样做的好处是在下面的程序中要操作 P1^7 这个 I/O 接口时可以写成 LED，当我们要改用其他 I/O 接口时，只要改一下（2）句中的 I/O 接口编号就可以了，不用到后面的程序里一处一处修改。

```
void Delay(unsigned int a){       // (3) 延时大约1ms
    unsigned int i;
    while( --a != 0){
        for(i = 0; i < 600; i++);
    }
}
```

Delay( ){ } 是一个延时程序，就是让单片机什么都不做，等上一段时间。这个延时程序是一个完整的函数体，让单片机计算一个无聊的 1 加 1 再加 1 的加法，以此来浪费时间，直到达到它完成了我们规定它加到的数值。为什么要延时呢？因为单片机的处理速度非常快，是微秒级的。如果我们不加任何延时程序，只是让单片机控制一个 LED 开关，那么这个开关速度已经超出了我们人眼可以分辨的速度，我们看不到 LED 在闪烁，只是发出暗暗的光，虽然 LED 确实是在闪烁的。延时程序是为了“以人为本”而产生的。

```
void main(void) {                 // (4) 你的工作内容如下：
```

C 语言中的 main 函数是所有程序开始的地方，前面的程序语句都是定义呀、声明呀之类的。从 main 函数开始，单片机的工作正式开始了。顺便说一下，函数这个词是 C 语言里的说法，其实就是一个程序模块，可以和“程序”这个词通用，不用想得太复杂。

```
while (1) {                       // (5) 重复这些工作
```

while (1){ } 是一个判断语句，如果（ ）中的条件为“真”，则执行 {} 中的程序；如果为“假”，则直接跳出 while 语句。现在（ ）中的数值为 1，意思就是永远为“真”，即永远执行 {} 中的程序，而且循环执行。这样就创造了一个条件，我们的 LED 闪烁是循环运行的，而不是昙花一现地闪烁。

```
LED = 0;                          // (6) 先点亮发光二极管
```

现在我们明白了 LED 用来代表 P1^7 这个接口标号 ,LED = 0 就相当于 P1^7 = 0，即硬件上使 P1.7 这个 I/O 接口变为低电平（P1.7 是接口在硬件电路上的表示方式，P1^7 是接口在程序里的表示方法）。P1.7 为低电平应该是 LED 熄灭呀，怎么是点亮呢？别忘了，我们的 LED 的正极接在 VCC 上，负极接在 P1.7 的 I/O 接口上，所以为低电平时才有电流从 VCC 流入 P1.7，LED 才会点亮。

```
Delay(1000);                      // (7) 亮1s (1000ms)
```

Delay 是（3）中提到的延时程序，这里出现，是对延时程序的调用。就是说在这里插入这个延时程序，实现延时。后面括号中的 1000 是需要延时的次数，我们的延时程序执行一次是延时 1ms，现在执行 1000 次，就正好是 1s 了。

```
LED = 1;                             // (8) 关掉发光二极管
```

与（6）相反，将 P1.7 接口变为高电平，LED 熄灭。

```
Delay(1000);                         // (9) 关 1s (1000ms)
```

与（7）相同，延时 1s。

大家要注意，“；”是语句结束符，C 语言规定每一个语句结束都要用“；”分隔，初学者在写 C 语言程序时很容易忘记它而导致编程出错。“//”符号后面是注释信息，是用来让编程人员对程序做出解释，以方便其他人理解程序用的。注释信息不会被编译到程序里，有人认为注释信息不是程序的一部分，只是对程序内容的提示，是可有可无的。我要说这是错误的想法，注释信息在每一个关键语句后面都应该留下，因为程序部分是给计算机看的，注释信息是给人看的，这是解释你程序含意的帮手，别人可以通过注释信息快速理解你的程序，你也可以快速理解别人的程序。如此专业的单片机程序应该人和机械两不误，养成良好的习惯很有必要。对程序的解释到此为止，先不用了解程序部分是怎么实现 LED 闪烁功能的，日后你自然会知道，现在只要你对编程有了一定了解并产生了足够支撑你继续看下去的兴趣和信心就可以了。只要你认真看下去，你的每一处疑问都会得到解答。

编程始末

上文说过，一定要从全局考虑问题并给予选择的机会。那么现在就说一说小小编程在银河系里的地位吧，带你跳到更高的位置思考。你可能想不到 HEX 文件里的代码原来是要人来写的，在 Keil 里面单击编译就可以瞬间完成的工作在单片机发展初期是不可想象的。人们将自己需要的程序转换成二进制代码写入单片机，而且当时的技术有限，每个单片机只允许写一次，如果第一次写错了，这个芯片就变成了废物，现在这种方法早已经没人使用了，只留下这片段的文字记忆。那段艰苦岁月总算过去了，人们有了集成开发环境和仿真工具，程序不需要下载就可以用仿真器直接实验，大大方便了编程中的校错，但那时的单片机还是少数人的奢侈品。后来人们可以用汇编语言和 C 语言开发程序了，而且 Flash 技术的发展也让单片机可以多次写入，使用者可以将程序下载到单片机中运行，运行中发现有错误就改正后再写入再运行，直到完成。这也就是我们现在单片机爱好者的主要的境界，我们多是在写一些简单的程序，这样的程序是单任务的，不能实现一个单片机同时干多件事情，而且程序都是一些底层的操作，很难发展壮大。当我们还在为这种简单方便的编程方式津津乐道时，嵌入式操作系统又悄然兴起，这是从计算机软件方面发展过来的，所以我们并没有察觉。嵌入式操作系统不像现在我们写的单纯程序，它是更强大的管理程序，具有多任务管理、文件管理和设备管理功能，常见的嵌入式操作系统有 μC/OS、Linux、Win CE、VxWorks 等。它们也是用 C 语言或更高级的语言写出来的程序，只是它们更强大、更复杂。在 51 系列单片机学成之后，你有可能接触到嵌入式操作系统，更详细地介绍应该是另一本书的事情，这里我们回到单片机的简单编程，从基础开始。另外还有“原始积累”的问题不得不提，许多爱好者朋友对于使用别人的程序都有一些想不开。都说中华五千年文化博大精深，我们今天的文化都传承了前辈的“原始积累”，我们的语言、文字和价值观都是多少年发展变迁来的。单片机技术自发明到发展也有几十年的历史了，前辈们也积累了大量的资料和经验，一些常用的程序已经经过许多先辈修正、升级，已经相当可靠了。我们后来者不必要非得从头开始，什么事情都要自己做是徒劳无趣的。学会站在巨人的肩膀上，你的目光将更高远。

为玩而学

听说奥组委的一群外国人来北京视察，在听取北京奥运会开幕式的节目介绍时最常问的一句话是：“这个好玩吗？”是呀，玩是人的天性，老外心态好、想得开，什么事都当成是在玩，不考虑那么多“大人的问题”，反而玩得开心、自在。我们爱好电子技术的朋友也就是以此为乐的，凡是学习的东西都是为了玩得过瘾。单片机是好玩的，因为它完成精准而复杂的工作只需要几条程序，这让大家爽歪歪的同时也上升到一个更高的技术层面。

我把单片机的玩法大致分成 3 个类型：硬件玩法、编程玩法、设计玩法。所谓硬件玩法就是把单片机当成一块普通芯片来玩，在网上找一些感兴趣的制作，下载 HEX 文件到单片机上，按资料焊好电路板。整个过程不涉及编程，只是使用网上现有的资源，这对于不喜欢编程或暂时不会写程序的朋友相当适用。编程玩法是说自己写一个程序或是在现有程序的基础上进行改进，来达到自己所需要的功能，前提是你已经找到现成的产品了，你只是让它多一些功能或是更有个性罢了。设计玩法算是高级的了，就是在没有任何前辈铺路的情况下自己研究的功能和软件程序，需要爱好者有较好的基础又要有创新的设计能力。综上所述，可以看出，现在不是你学习单片机而是你要玩它，不管是硬件电路还是编写程序都是你达到设计目的的一种手段，只要可以达到目的，不论是用什么单片机或是用什么语言编程都无关轻重，关键还在于你的理念和设计思路，千万不要为学而学，从爱好者变成会学不会用的“碍事者”。

千金一诺

大家总是对我的承诺感兴趣，这种独特写作风格依然会延续到我的每一个章节，就好像佐罗的“Z”一样。学习编程是要多看、多写、多研究的，所以我的承诺也只限于你专注于编程爱好的时候，你不一定学得比别人好，也不一定学得快，但是对编程的兴趣一定会保持下来，我会不断地激励你，但更主要还是靠你自己。

亲爱的朋友们，阅读本章你将得到以下收益。

- 对单片机编程产生兴趣。
- 轻松建立单片机编程开发平台。
- 学会如何修改现有程序，以实现自己的设计。
- 深入了解单片机编程细节，了解程序的实现原理。
- 用模块化的程序，像搭积木一样组合出自己的程序。
- 练习基本功，从头开始亲手编写一个程序。
- 学会为新器件编写驱动程序，从此可以开拓创新。
- 通篇阅读之后，保证让你继往开来，后来居上！

第2节 建平台

目录

- 建立平台观念
- 安装 Keil μVision2
- 打开现有工程
- 一切从头开始

建立平台观念

东北有三宝：人参、貂皮、乌拉草。编程有三宝，Keil、ISP 和电脑。Keil 是什么？前面有介绍，它有编译器，能编 C51。ISP 是什么？前面有介绍，制作下载线，来把程序烧。电脑是什么？不用我介绍，要学单片机，它可不能少。编程三宝哪里找，配书资料瞧一瞧，瞧一瞧！

我灵感突现，来了一段数来宝。它作为建平台的开篇，一点也不过分。是的，软件平台有三大要件，它们彼此配合，通力完成程序编写、编译、下载、调试的过程。建立平台听上去好像是将软件安装在电脑上，然后使用它们，但我更觉得平台是建在你的心里面的。心中的平台不会被删除，也不会被卸载，它是一种理念、一种习惯、一种编程的思维方式，只有心中的平台建立起来，你才真的明白什么是软件平台。不要局限在照本宣科的步骤之上，有时故意做错也是一种学习方法。下面，我们闲言少叙，跟着我的步骤行走，沿途会有一些崎岖与荆棘，也许你会掉队，也许一些步骤走下来，却没能看到预计的结果。灰心叹气有害身心，亦不能解决问题。更何况咫尺之间便是第 5 章第 1 节的常见问题，那里大有灵丹圣果，可解你一时烦恼。腾云驾雾回到这里，我们继续向软件平台建设之路前进。

安装 Keil μVision2

上一节已经提到，Keil μVision2 是一款集成开发环境，它是由 Keil 公司研究并出售的一款嵌入式软件开发工具。Keil μVision2 并不是此款软件的最新版本，我们以此为例正是因为宣讲 Keil μVision2 的图书资料较多，即使遇见在本书中没有解答的问题，也可以找到更多资料。当了解、熟悉之后，更新自然必不可少。在网上有许多 Keil μVision2 的下载频道，你可以把它敲入搜索引擎，也可以从 Keil 的官网上得到。

因为版权问题，配书资料没有提供 Keil μVision2 的安装程序。Keil μVision2 的安装方法还用介绍？“下一步”就是安装向导。安装完成之后，还有一些补丁要打好。

安装补丁文件：Keil μVision2 安装完成之后，我们还需要再做一些补充安装。在配书资料中有 Keil 软件补丁文件，按照文件夹中的“说明 .txt”文档中的介绍，安装它们（路径：\KEIL 软件补丁文件）。

安装库文件：C51FPS.LIB 是一个浮点运算的库文件，有了它之后，程序里才可以出现浮点运算的内容，不然就会出现错误。将配书资料中的 C51FPS.LIB（路径：库文件）复制到 Keil 的库文件夹中（路径：C:\Keil\C51\LIB）。

安装头文件：STC12C2052AD.H 和 STC11F60XE.H 是 2 个系列的 STC 单片机的头文件，里面定义了 SFR 的代替字符与地址。找到配书资料中的这 2 个文件（路径：头文件），并把它们复制到 Keil 软件的头文件夹中（路径：C:\Keil\C51\INC）。关于什么是 SFR 和头文件，在后面的文章中自有介绍。

至此，Keil μVision2 软件的安装工作完成，如果在第 1 章中你已经安装了 STC-ISP 软件，那么整个平台的安装工作就完成了。在 Keil μVision2 软件的安装目录下（C:\Keil\C51）找到 C51 这个文件夹，这里面有许多好玩的内容，在没有学习编程之前，它们好像是天书一般。不要忘记它们，学成之后回头看看它们，里面的库函数、例程、文档可以帮助你深入认识单片机编程。

打开现有工程

工程图标和软件界面

配书资料里放了一些例子程序与文章配合使用，在“第一个工程”的文件夹下你可以看到一堆文件，其中有我们熟悉的“.c”文件和“.hex”文件，还有统领三军的“.Uv2”文件。“.Uv2”是工程文件的扩展名，双击它就可以直接使用 Keil μVision2 打开整个工程。认真看一下 Keil μVision2 的窗口，我来把它分成四大块。以菜单栏为首的最上边的一横条是基本的操作区，最下边的一横条是显示结果的区域，还剩下中间的一大块，左边一小部分是与工程相关的一些东西，右边大面积的是程序的编辑部分。我们所见过的大多数电子业内的软件都采用这种布局形式，比如 Protel 99 之类的。我认为熟悉这些软件最好的方法就是瞎玩，先别看什么专业的教程，一开始就看教程的话，早晚你会没兴趣的。你就瞎玩吧，想怎么玩就怎么玩，反正不会出人命，怕什么？看那些图标里哪个好看就点一点，看会有什么变化，当实在弄不明白了再看一下书上的介绍。这种死猪不怕开水烫的方法可以激发你的兴趣又让你学得更快，等你玩够了我们再有板有眼地继续。

了解一个软件可以瞎玩一通不伤大雅，而要是想熟悉单片机开发流程的话不继续看下去是不行的。现在我们说的是打开一个工程，目的是修改程序然后导出 HEX 文件。这就显得并不复杂，前期的工作我已经在新建工程时做好了，只要修改和编译即可，关于新建工程的内容就在下面一段里，这种倒叙的手法有点像国产大片，慢慢看吧，希望你会喜欢。图书是非线性媒体，有时我并不觉得这有什么好处，想卖一个关子都很难。

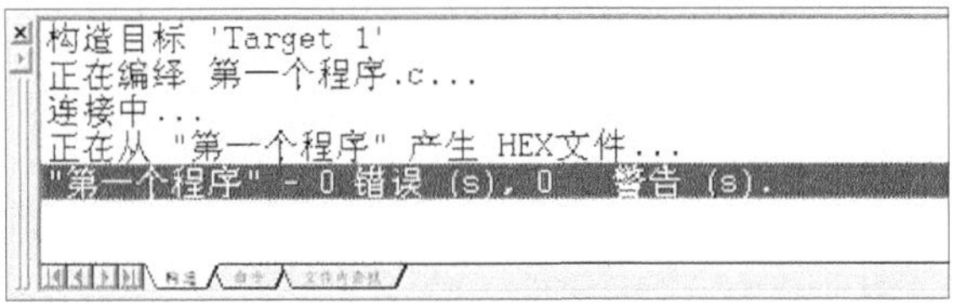

```
构造目标 'Target 1'
正在编译 第一个程序.c...
连接中...
正在从 "第一个程序" 产生 HEX文件...
"第一个程序" - 0 错误 (s), 0  警告 (s).
```

单击 Keil μVision2 窗口顶部菜单栏中的“P 工程”→“B 构建目标”或是直接按键盘上的 F7 键，Keil 就开始编译工程里的程序了。编译结束，在最下边的状态窗口会显示“0 错误，0 警告”。因为这是我事先写好的程序，所以一次就编译通过，当你自己开始写程序的时候，通常都会遇到错误信息而不能编译通过，下文中我们会有重点的介绍。一般我喜欢使用“R 重新构建所有目标”，这是多个程序文件都需要重新编译的时候用的，如果只是一个程序的编译就无所谓了。编译之后，Keil μVision2 将工程中的 HEX 文件重新生成，如果我们写程序用的语句或数值进行了修改就一定还要再单击“构建目标”才行，这相当于电脑上 Windows 系统中的刷新。生成了 HEX 文件之后，Keil μVision2 就可以告老还乡了，该换上年轻小将 STC-ISP 程序烧写软件上场，它将 HEX 文件通过 STC 系列单片机的串口 ISP 功能下载到单片机上。第 1 章已经对 HEX 文件下载到单片机的过程有了介绍，这里不再重复。

```
/*****************************************************************
* 主函数 *
实验板上连接到单片机上的 LED 闪烁程序
*****************************************************************/
void main (void){                    //
     while(1){                       // 无限循环以下程序
          LED = ~ LED;               // 取 LED 相反状态
          Delay(250);                // 修改这里的数值看看会有什么变化
     }                               //(0 ~ 65535)
}
```

下面我们使用本书第 1 章第 3 节中介绍的硬件电路，试着按照上文的步骤下载一次实践看看。然后回过头来在“第一个程序.c”的程序中找到主函数的一段，把 Delay(250); 中的 250 改成 25，再单击菜单栏中的“P 工程”→“B 构建目标”，将新生成的 HEX 文件重新下载到单片机上，看看 LED 闪烁的速度有什么变化。如果 LED 闪烁变快了，那么这个 250 和 25 又是做什么用的呢？再把 25 改成 0 ~ 65535 的任意数值，看看 LED 闪烁又有什么变化？它们之间存在着什么规律呢？好好想一想（注意在使用 STC-ISP 软件下载时，在步骤 5 中要选中“每次下载前重新调入已打开在缓冲区的文件，方便调试使用”这一项，不然下载的还是上一次旧的 HEX 文件的缓存）。

打开现有的工程来编译是一些暂时不会或是不想编程的朋友做单片机实验的好方法，也许你根本不想理会程序的结构，只是想改一下接口定义或参数。这样也很好，也是一种新鲜玩法，但人们都说学海无涯，对知识的追求是没有止境的，玩久了简单的之后就会想玩点更深层次的东西，下面的文字也会渐行渐深。

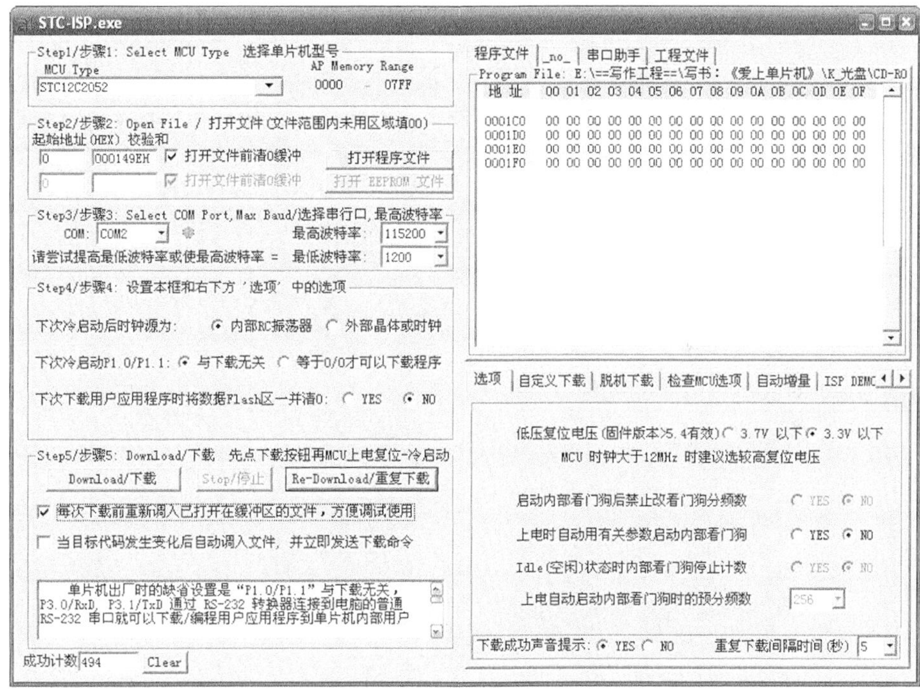

一切从头开始

上面我们讲过了修改程序和编译的方法，下面偷偷告诉你我是怎么新建一个工程的，因为你肯定也希望弄一个完全自己制作的程序，在老师和同学面前炫耀一下，这是你的阶段性进步，我在精神上支持你。

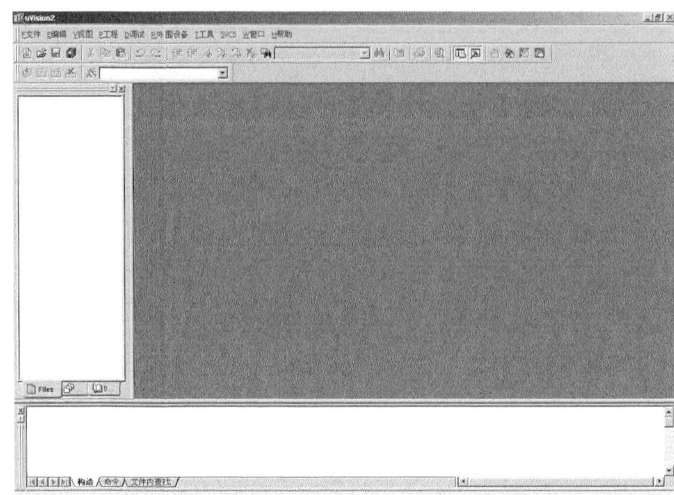

软件图标与界面

虽然 Keil μVision2 窗口看上去不太友好，不过我们以后要常和它打交道。在窗口最上方的菜单栏里单击“P 工程”→“N 新建工程”，这时弹出一个新建工程窗口，先在你的硬盘里的任意位置建立一个文件夹，命名为 ABC，如果你是第一次用 Keil 就要分毫不差地跟我做，否则后果自负哦。将文件夹建在 D 盘根目录下，然后进入文件夹，在文件名文本框中输入一个工程名，这里也叫 ABC 吧，最后单击“保存”，如下图所示。

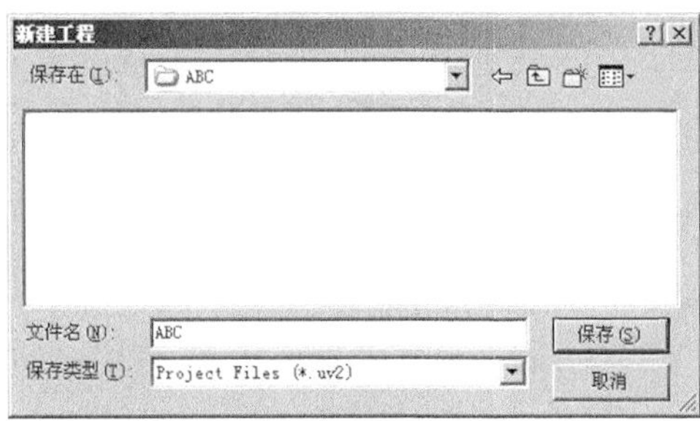

打开文件窗口

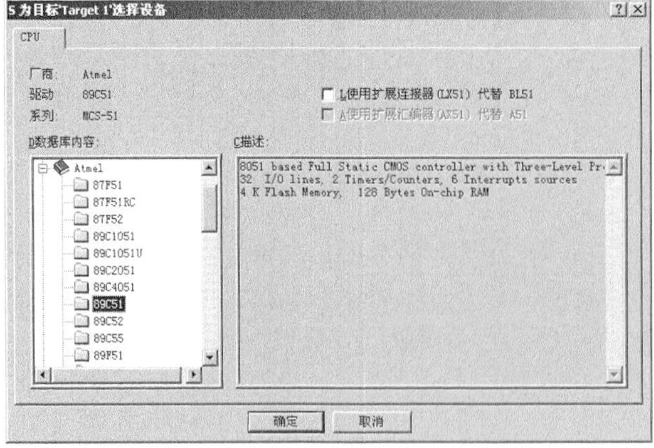

选择单片机型号的窗口

随后又弹出一个对话框，这次是选择单片机型号的窗口，Keil 要知道你想编程什么型号的单片机程序。在左边“数据库内容”框中选择 Atmel 树下面的 89C51。细心的朋友会问了，我们使用的不是 STC 系列的 STC12C2052 单片机吗？为什么要选择 89C51 呢？如果你能在“数据库内容”中找到 STC12C2052 单片机的文件夹，我是非常乐意选择的。可是 STC 系列是国产单片机，还没有被 Keil 放在软件中，幸好 STC 是标准的 8051 单片机，可以完全替换 89C51，只要是兼容 8051 系列的单片机，则放之四海而皆准。最后单击“确定”。

看看，确定之后好像一切又恢复了平静，Keil 的窗口还是老样子。其实细心的朋友会发现窗口左边的“工程工作区”里多了一个名叫 Target 1 的树形文件夹，我们刚才建立的工程就是这个了。暂时先不管它，我们单击窗口顶端菜单中的“F 文件”→“新建”，随后编辑区出现了一个名叫 Text1 的文本窗口，这个就是我们将要写程序的地方了，不过文章思路提醒我现在是讲流程而不写程序，那就先空着吧，没关系。

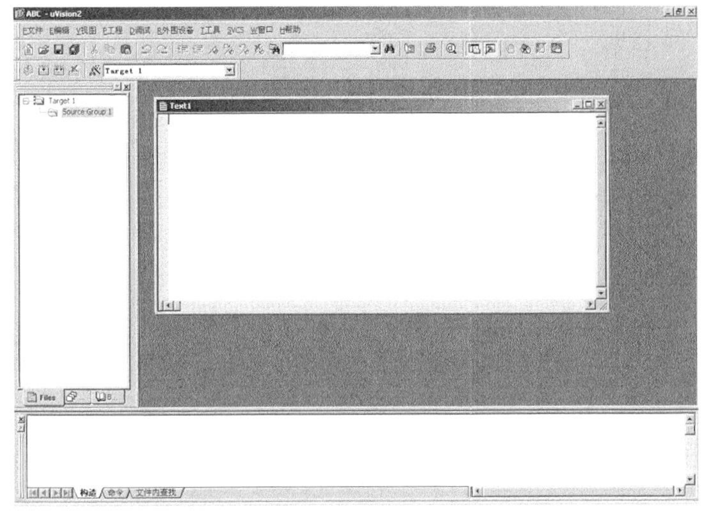

Target1 树形文件夹与 Text1 文本窗口

下面单击“F 文件”→“S 保存”，又会弹出一个保存窗口，将这个文本文件保存在 D:/ABC/ 目录下面，在文件名文本框中输入文件名为 ABC.c，注意一定要输入包括扩展名的文件全名才行哦。最后单击“保存”。到此为止，我们新建了一个用来写程序的文本文件，虽然我们一句话也没有写，不过示意的目的已经达到，下面就要将这个文本文件放进工程项目里面。

单击 KEIL 窗口左边的 Target 1 树形文件夹前面的加号会展开一个名叫 Source Group 1 的文件夹，将鼠标指针放在这个文件夹上单击右键，在右键菜单中选择“增中文件到组 Source Group 1”。我用的是一款汉化版的 Keil 软件来讲解，虽然我很用心注意每一个细节，可是好像软件的汉化者并没有注意到这句话并不通顺，我想应该是“增加文件”而不是“增中文件”。借此提醒大家一句，做技术的人一定不要迷信所谓的权威和影响力，相信证据和实验才是科学精神。

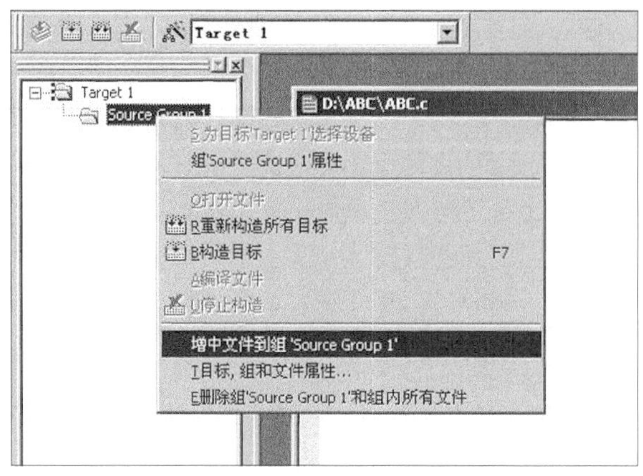

Target1 树形文件夹 Source Group 1 窗口

好了，在所弹出的“打开”窗口里选择 ABC.c 文件，然后单击 Add 按钮增加文件。值得注意的是，这时的增加窗口不会自动关闭，这不是 Keil 软件在开发时的失误，而是因为有一些工程会需要同时打开 N 个文件，而不关闭窗口，让用户增加到满意为止，是一种很好的方法。这里我们增加了 ABC.c 就可以单击“关闭”了。这时工程工作区里的树形文件夹里多了我们刚加入的文件，看起来一切顺利，至少我是这样。

还有最后一步，就是设置工程让它在编译时生成 HEX 文件。新建的工程没有默认生成 HEX 文件而需要手动设置，不得不承认，软件开发人员没有为广大单片机初学者着想。单击“P 工程”→“目标 target1 属性”，弹出如下图所示的窗口。在弹出的窗口中选择“输出”选项卡，在“E 生成 HEX 文件”项目前打上对钩，最后单击“确定”。回到主界面，把配书资料中的工程文件里你喜欢的 C 语言程序复制到你的 ABC.c 文件中，这些工程文件都在第 1 章中使用过。编译它们，生成 HEX 文件，你就可以独自建立工程了。下面的任务就是不用复制别人的程序，而是自己学习编程、独自开发，这也是我在本章中努力的重点。

单击 “P 工程” → “目标 target1 属性” 弹出的窗口

希望你能够虚心、认真地按照本节的内容操作，途中遇见问题可以参考第 5 章的内容。在收工之前，我们来总结一下本节的劳动成果。我们在第 1 章第 3 节中完成了 ISP 下载线的制作和单片机最小实验电路的制作，即等于建立了单片机开发的硬件平台；本节中我们学习了 Keil μVision2 软件的使用方法，还有如何利用它们来完成从新建工程到生成 HEX 文件的流程。至此，我们站在了自己建立的平台之上，熟悉了单片机开发调试的基本操作和流程。现在我只剩下一个任务，那就是让你学会并熟练地独立编程。从下一节一直到本章结束，你会看到我用心的编排、认真的写作，通过改、看、组、写、造五大步骤，只为让你更轻松、更愉快地实现独立编程。

第3节 改参数

目录

本节导图

本节以改参数为借口，介绍单片机C语言编程的各种组成元素。企图达到让你“知其然”的目的。文章最后回到本初，带领大家修改几款程序的内容，从中体悟C语言原理和编程者的智慧。本节内容均为单片机C语言编程基本功，认真研读方可在后文中做到事半功倍。

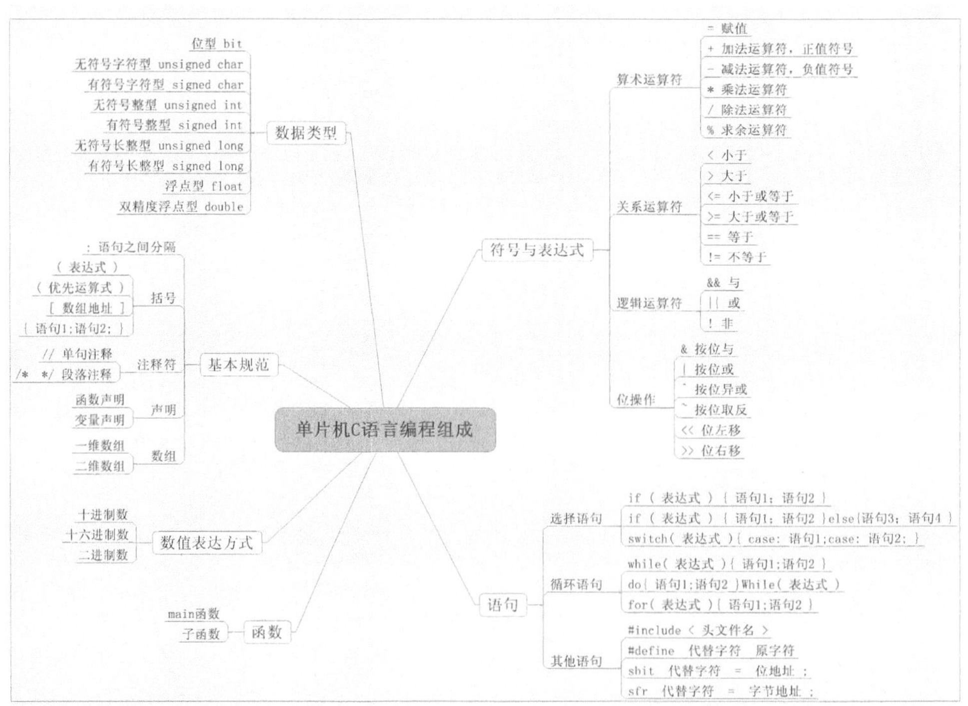

变动数值

还记得上一节中我让大家在程序中修改一个数值吗？那是我们初来乍到的时候，还不懂得程序是怎么回事，就被要求去改数值，战战兢兢生怕一不小心改错了地方。本节中，我们将对第一个工程里的第一个程序做大量的改动。不仅如此，我们还会牵扯到一些基础知识的讲解，让你把“第一个程序”从头到尾玩个通透。

```
/*************************************************************
* 头文件定义 *
/*************************************************************/
#include <REG51.h>                                    (1)

/*************************************************************
* IO 定义 *
/*************************************************************/
sbit LED    =    P1 ^ 7;     //定义 P1.7 为 LED 控制口， 低电平使能  (2)

/*************************************************************
* 毫秒级延时函数 *
调用函数必须给延时函数一个 0 ~ 65535 的延时值， 对应 0 ~ 65535ms
/*************************************************************/
void Delay (unsigned int a){      // 需要输入变量值 0 ~ 65535      (3)
          unsigned int i;                                      (4)
          while( --a != 0){     //i 从 0 加到 600， CPU 大概就耗时 1ms  (5)
                    for(i = 0; i < 600; i++); // 空指令循环     (6)
            }
}
/*************************************************************
* 主函数 *
实验板上连接到单片机上的 LED 闪烁程序
/*************************************************************/
void main (void){                  //                          (7)
     while(1){                            // 无限循环以下程序     (8)
          LED = ~LED;              // 取 LED 相反状态             (9)
          Delay(250);              // 修改这里的数值看看会有什么变化 (10)
     }                                    //(0 ~ 65535)
}
```

在变动数值之前要先认识一下数值和符号。你会问了，不就是 1、2、3、4、5、6、7、8、9、10、+、-、×、÷ 嘛，有什么好认识的，小学就学过了。没错，这些是阿拉伯数字和数学符号，在单片机世界里，情况有所不同。你需要知道更多的数值表达方式和运算符号才可以顺利地编程，在人类的世界里也许你是大学生，甚至博士后，但在单片机世界里，你还只有小学 3 年级的水平。下面的内容可以快速让你了解并熟悉单片机世界的思维方式，让你自由驰骋在两个世界之间。让单片机编程的梦想变成现实。因为我们的目标是同一个世界，同一个梦想。

数值表达

先来总结一下我们需要掌握的知识，然后再逐一来学习。在数值表达上，我们除了熟悉原有的十进制数之外，还要学会二进制和十六进制。在符号表达上要学习C语言中的算术运算符、关系运算符、逻辑运算符和位操作符等。它们并不多，也不难学，希望你保持好奇心和热情，因为这些知识相对于硬件制作来说，确实有一些枯燥。

1. 十进制数

对十进制数我们简单地说两句，所谓十进制数就是我们小学时数学课学过的数值表达方式。由0～9组成，逢10进位。本书的页码采用的就是日常使用的十进制数表达方式。在C语言中没有任何前缀和后缀的数字，都被认为是十进制数表达方式。如2、10、250等。

2. 二进制数

二进制数虽然在单片机编程中并不常用，但它绝对是所有数值表达的基础。因为单片机或者说任何计算器都是运算和处理二进制数的。其他的数值表达方式最终都会变成二进制数输入给单片机，单片机的任何输出也同样使用二进制数。二进制数的理解并不难，二进制数只用0和1这两个数字来表达，它的原则是累加的过程中逢2进位。为了方便理解，我们来用二进制数和日常使用的十进制数做一个对比。C语言中没有二进制数的表达方式，通常是用8421码换算成十六进制数表达。

二进制和十进制数对照表

二进制数	十进制数	二进制数	十进制数
0	0	110	6
1	1	111	7
10	2	1000	8
11	3	1001	9
100	4	1010	10
101	5	11111111	255

从对照表中可以看出二进制数中随着数值的增加，位数也会随之增多。我们常说的8位单片机指的就是单片机一次可以处理的二进制数是8位，正好是1个字节的长度（1个字节有8个位）。那当8个位都是1的时候，得到单片机最大数值处理能力所对应的十进制数为255，超过这个数值，就需要2个字节分2次处理了。我们家用的电脑是32位的，也就是可以一次处理32个位，即4个字节的数据。位数越高，处理速度就较快。

3. 十六进制数

十六进制数是单片机编程过程中最常用也是最重要的数值表达方式，它用0、1、2、3、4、5、6、7、8、9、A、B、C、D、E、F这16个数字和字母组成。当数值为9时，加1后为A，再加1为B，依次类推，一直加到F后开始进位。虽然用英文字母表示数值会有一些不习惯，但是十六进制数在单片机编程中是很常用的，必须要熟练地使用它们。在C语言中用前缀0x后面加十六进制的数字，都被认为是十六进制数的表达方式，如0x00、0x10、0x1f、0xff等，字母不区分大小写。

十六进制和十进制数对照表

十六进制数	十进制数	十六进制数	十进制数
0	0	B	11
1	1	C	12
2	2	D	13
3	3	E	14
4	4	F	15
5	5	10	16
6	6	11	17
7	7	12	18
8	8	13	19
9	9	14	20
A	10	FF	255

4. 你的进制数

了解了上面几种数值表达方式之后，你是否总结了一个规律呢？二进制数逢2进位，十进制数逢10进位，十六进制位逢16进位，它们都是由0～9这10个数字表达，当数字不足就用英文字母补充。按照这个规律，你就很容易理解8进制数，也可以设计出自己个性的表达方式，如五进制数、二十七进制数等。现在明白了吧，所有的进制数只是大家公认的一种表达方式，并不神秘和复杂。

5. 数值转换

现在我们了解了十进制、二进制、十六进制的表达方式，那么它们之间如何转换呢？有一些单片机入门的书花了很长篇幅来介绍各种进制数之间转换的计算方法，我在初学单片机的时候还认真学习了它们，结果看得晕头转向，后来也没有用到几次。有兴趣的朋友可以了解一下进制转换的手工计算方法，这里我只向大家介绍一款软件的使用方法。这款软件不需要安装，因为它就是Windows操作系统自带的计算器软件，在电脑中单击“开始菜单”→“附件”→“计算器”，在计算器的菜单栏单击“查看”→“科学型”，这时界面中就会出现各种进制数的选择项。先选择一个需要转换的进制类型，然后输入数值，再选择需要转换成的进制类型，刚刚输入的数值就转换成需要的进制类型了。而且你还可以直接在计算器中进行科学运算，至此解决了我们的数值转换问题。

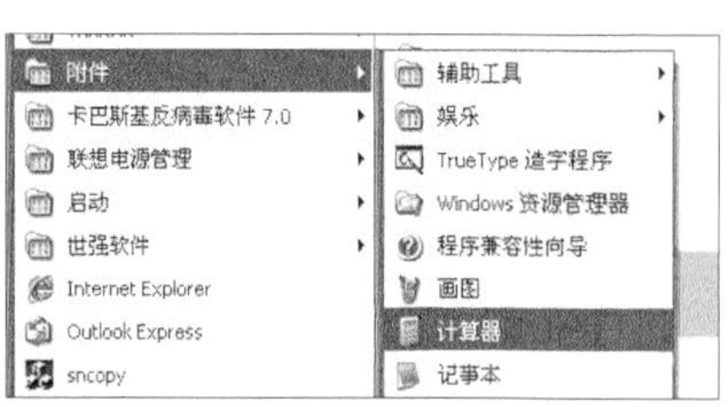

另一种常用的数值转换心算法就是 BCD 码（国内也叫 8421 码），标准意义上的 BCD 码是用 4 位二进制数表示 1 位十进制数。它的换算方式非常有趣，我曾一度为它着迷。后来发现 BCD 码的换算方法还可以在单片机编程上得到很多应用，而且就我的经验来看，应用的频率还很高。当你需要把 8 位二进制数和十六进制数相互转换的时候，当你需要控制寄存器中某一位的时候，都会用到。我们先说 4 位二进制数与十进制数的转换，这是 BCD 码的标准应用。我们先想象出 4 位二进制数从左到右依次标上 8、4、2、1，让 4 位二进制数与它们相乘，然后把结果相加，即（0×8）+（0×4）+（0×2）+（0×1），所得的结果就是十进制数的 0～9，不信可以对照下页的表中 BCD 码与十进制数的关系。当我们用 8 位二进制数时，就需要把其中的前 4 位和后 4 位分开计算。例如十进制数的 95，转换为 BCD 码是 1001 0101。

标准 BCD 码的应用会出现在一些实时时钟芯片的数据存储方式上，如 DS1302 就是用 BCD 码来存储时间值的。而这里我们要谈一个更重要的内容，就是用 BCD 码的换算方式去转换 8 位二进制数和 2 位十六进制数。正是因为 C 语言不支持二进制数在程序里出现，用 BCD 码的换算方法将二进制数转换成十六进制数就是常用的做法。方法是将 8 位二进制数的前 4 位和后 4 位分开换算，得出的 0～F 的分别表示的 2 位十六进制数。例如 1100 0101 的前 4 位转换为十六进制数是 8 加 4 等于 C（哈哈，十六进制哦，不等于 12 的），后 4 位转换为十六进制数是 4 加 1 等于 5，结果得到了 2 位十六进制数就是 C5，在 C 语言里表达为 0xC5。反过来应用也是一样的，例如 0x9E 转换为 8 位二进制数是 1001 1110。我讲得是不是有一些枯燥了？当我们进一步学习 C 语言编程时，你会感激我先讲了 BCD 码的应用。

BCD 码与其他进制数对照表

十进制	十六进制	BCD 码			
		8	4	2	1
0	0	0	0	0	0
1	1	0	0	0	1
2	2	0	0	1	0
3	3	0	0	1	1
4	4	0	1	0	0
5	5	0	1	0	1
6	6	0	1	1	0
7	7	0	1	1	1
8	8	1	0	0	0
9	9	1	0	0	1
	A	1	0	1	0
	B	1	0	1	1
	C	1	1	0	0
	D	1	1	0	1
	E	1	1	1	0
	F	1	1	1	1

符号与表达式

接下来我们来研究一下符号，C 语言中的符号包括算术运算符、关系运算符、逻辑运算符和位操作符等。这些符号很常用，而且容易出错。我经常把“==”（等于）写成“=”（赋值），因为小学的教育对我影响太深，总是习惯性地把“=”当成测试等于使用。所以在学习的过程中，有的时候忘记比记住更难。

1. 算术运算符

算术运算其实也就是简单的四则运算，有加、有减、有乘、有除，还多了一个求余数。在编程开发时，这些运算符都很常用。与数学课上老师告诉我们的规则一样，乘法、除法、求余数都有优先运算的权力，如果需要先计算加法或减法时，需要用括号括起来，例如 (a+b) * c。

符号	说明	优先级	举例
=	赋值	低	c = a + b
+	加法运算符，正值符号	低	a + b
-	减法运算符，负值符号	低	a - b
*	乘法运算符	高	a * b
/	除法运算符	高	a / b
%	求余运算符	高	a % b（得到 a/b 的余数值）

在讲加、减、乘、除之前，我们先来谈一下“等于”的问题。“=”在生活中和小学课堂里是“等于”的意思，在 C 语言里是用“==”来表示的。C 语言把“=”留给了最最常用的赋值功能，几乎每一个单片机程序中都会有它的存在。它的意思是将“=”右边的算式的结果或是数据赋值给“=”左边。例如 c = 1+3，执行这条程序之后，c 的值就等于 4 了。P1 ^ 7 = 0，这条程序的意思是让 P1.7 这个 I/O 接口等于 0。当然也有特殊情况，比方在“第一个程序”的（2）中，sbit LED = P1 ^ 7; 的意思是定义 LED 这个标号表示 P1.7 这个 I/O 接口，这种应用取决于 sbit 这条指令的使用，后面我们会详细介绍。

求余的运算是用来做什么的呢？许多初学的朋友并不了解它在编程之中的用途，这里举一个例子说明。假如我们使用 14/10，结果得 1；如果我们用 14%10，结果得 4；因为 14 除以 10 的结果就是得 1 余 4。但是这在编程中有什么用呢？假如我们需要在 2 个数码管上显示 01 ～ 99，我们就会在程序里定义一个变量 a，让 a 从 01 开始加数。当我们想把变量 a 中的十位送给第一个数码管显示时，只要使用“数码管 1 = a/10”；把个位送给第二个数码管显示时，使用“数码管 2 = a%10”；这样当 a 等于 14 时，第一个数码管显示 1，第二个数码管显示 4，是不是很有趣？想想用 3 个数码管显示 001 ～ 999，应该怎么办呢？

另外再介绍一种自增减运算符，在单片机程序里相当常见。“第一个程序”中的（6）就出现了它的身影。它在一个变量的前面或后面加上“++”或“--”表示自加或自减。例如程序中出现“i++”或“++i”即相当于“i=i+1”（i 的值加 1），“i--”或“--i”即相当于“i=i-1”（i 的值减 1）。注意，“i++”和“++i”也有细微的差异，因极小使用其差异，所以本文将其忽略。

2. 关系运算符

关系运算符并不参与运算，它是对 2 个参数进行测试、比较的，多在条件判断时使用。例如 if(a<b){ c=a+b }，在这条程序中 if 是条件判断，意思是如果 a 的值小于 b，就运行 { } 中的程序，即把 a 和 b 的值相加后给 c。

符号	说明	优先级	举例
<	小于	高	a < b
>	大于	高	a > b

续表

符号	说明	优先级	举例
<=	小于或等于	高	a <= b
>=	大于或等于	高	a >= b
==	等于	低	a == b
!=	不等于	低	a != b

3. 逻辑运算符

逻辑运算无非就是“与”“或”“非”3种，其结果就是“真”或者“假”。

<table>
<tr><th>符号</th><th>说明</th><th>举例</th></tr>
<tr><td>&&</td><td>与</td><td>a && b</td></tr>
<tr><td>||</td><td>或</td><td>a || b</td></tr>
<tr><td>!</td><td>非</td><td>!a</td></tr>
</table>

一般用1表示“真”，用0表示“假”。a“与”b时只有a和b都为1时结果才为1；a“或”b时当a和b中有至少有一个为1时结果为1；“非”a时a为1结果为0，a为0结果为1。在C语言中，只要数值不为0都表示“真”，数值为0就表示“假”。假作真时真亦假，真作假时假亦真。逻辑的有趣就在真真假假之间，这不正像我们生活的现实世界吗?

总结成经典易记的句子如下：

“与”：都真则真。

“或”：有真则真。

“非”：真则假，假则真。

<table>
<tr><th></th><th>真</th><th>真</th><th>假</th><th>假</th></tr>
<tr><td>与</td><td>1 && 1</td><td></td><td>1 && 0</td><td>0 && 0</td></tr>
<tr><td>或</td><td>1 || 1</td><td>1 || 0</td><td>0 || 0</td><td></td></tr>
<tr><td>非</td><td>! 0</td><td></td><td>! 1</td><td></td></tr>
</table>

4. 位操作

位操作是针对1个字节中的8个位来说的，前面说过1个字节有8个位，而单片机运算处理都是以字节为单位的。如何巧妙地操作字节中的位呢？这就需要位操作符和一些小技巧了。但是要想讲解位操作的应用将会涉及许多我们还没有介绍的知识，所以这里不举例说明，后面聊到编程时会介绍。所以这里还是插支书签，留个记号。

符号	说明	举例
&	按位与	
|	按位或	
^	按位异或	P1 ^ 0
～	按位取反	～ P1 ^ 0
<<	位左移	a << 2
>>	位右移	a >> 2

细心的朋友又会注意到在本章第 1 节讲解 LED 闪烁程序时使用了如下的语句：

```
LED = 0;                        // （6） 先点亮发光二极管
Delay(1000);                    // （7） 亮 1s （1000ms）
LED = 1;                        // （8） 关掉发光二极管
Delay(1000);                    // （9） 关 1s （1000ms）
```

而在本节“第一个程序”中却使用了如下的语句：

```
LED = ～ LED;                   // 取 LED 相反状态          （9）
Delay(250);                     // 修改这里的数值看看会有什么变化      （10）
```

它们之间有什么不同呢？其实它们所实现的效果是相同的，只是后者使用了我们刚刚学到的“～”取反位操作符。前者的程序很容易理解，点亮、延时、关掉、再延时。后者的程序中 LED = ～ LED 的意思是先把 LED 的值取反，如果原来是 0 就变成 1，原来是 1 就变成 0，然后把反过来的 1 或 0 再重新给 LED，也就达到了变成与原来相反的状态了。好玩吧，呵呵。

总结成经典易记的句子如下：

“异或”：相异则真。

“取反”：真则假，假则真。

“左移”：向左移动，溢出舍弃，空位补 0。

“右移”：向右移动，溢出舍弃，空位补 0。

```
&  11101010        |  11101010
   10100011           10100011
与 --------        或 --------
   10100010           11101011

^  11101010        ~  11101010
   10100011        取反
异或 --------         --------
   01001001           00010101

   11101010           11101010
   <-------           ------->
<< 1 1101010 补0   >> 补0 1110101 0
左移 --------      右移 --------
舍弃 1 1010100 0      0 1110101 舍弃
```

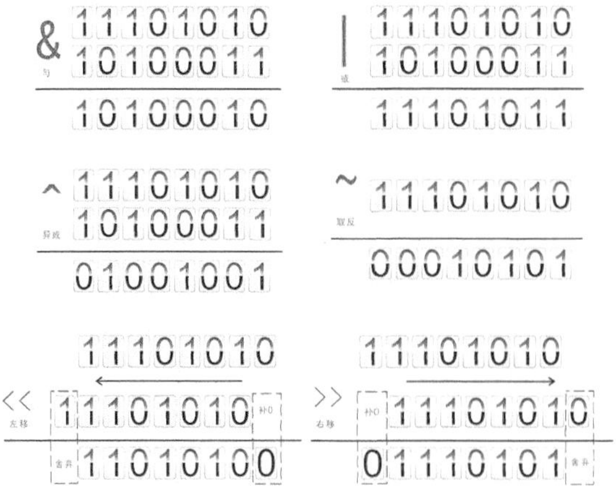

好了，读完以上的内容，“第一个程序”里的一些语句就可以合理解释了。试着改动它们，看看会有什么变化。

- 语句（2）中“sbit LED = P1 ^ 7”表示定义 LED 这个标号用来表示 P1.7 这个 I/O 接口。看一下单片机的引脚定义，试着将 P1 ^ 7 改成其他 I/O 接口，然后把 LED 连接在那个接口上，重新编译、下载，看看我们的修改是否成功。

- 语句（5）中“--a != 0”表示判断 a 的值减 1 之后是否等于 0，如果不等于 0 则为真。试着把“--”改成“++”，把“!=”改成“==”，把 0 改成其他数据，重新编译、下载，看看会有什么不同效果。

- 语句（6）中“i = 0”表示赋值给 i，让 i 等于 0；“i < 600”表示判断 i 是否小于 600；“i++”表示 i 的值加 1；试着把 0 和 600 改成其他数据，重新编译、下载，看看会有什么不同效果。

- 语句（9）中“LED = ～ LED”表示 LED 的值取反之后再写回。试着把“～”改成“&”“^”或其他操作符，看看结果会如何。

- 程序中出现的 0、1、600、250 都是十进制数，试着用十六进制数表示，看看会有什么不同。

发挥你异想天开的本领，改成你自己独特的风格，修改的过程会激发你的好奇心和思考，也会对程序更了解、更熟悉。别怕出错，Just do it!

数据类型

什么是变量？它是相对于常量而言的，常量是不能赋值、也不能修改的数值，比如 250、0x32、1、0，直接用十进制数或十六进制数表达。还有一些定义了固定数值的常量，通常用大写字母表示。而变量就是在程序运行的过程中，数值是不断变化的。这一刻还是 25，下一刻就变成 31 了，我们把这种东西叫作变量。变量不是一个具体的数值，而是一个空盒子，等待我们装进各种不同的数据。这个空盒子有多大？它可以装入多少个数值？每个数值的范围是多少？C 语言给了我们很大的权力去定义变量。好像炒菜要放盐一样，每一个单片机程序都少不了变量的定义，使用变量是编程的必需。

C 语言允许我们用英文字母、数字和下划线给变量取一个名字，比如 a、x、ABC、abc、a1、DY_a1 等。变量的定义字母是区分大小写的，也就是说 ABC 和 abc 是两个不同的独立的变量，从业内人士的习惯来看，大家通常用小写字母定义变量。正如我们在网上注册电子邮箱一样，变量的开头不能是数字，而且已经被 C 语言使用了的语句不可以作为变量的名字，比如 if、char、sbit 等。它们都已经被 C 语言的设计者抢先定义了，用于程序的各种功能。建议大家先用简单的 a ～ z 来定义变量，等熟练编程之后，自然可以游刃有余。

变量定义说明表

数据类型	定义语句	占用空间	数值范围
位型	bit	1 个位	0，1
无符号字符型	unsigned char	1 个字节	0 ～ 255
有符号字符型	signed char	1 个字节	-128 ～ 127
无符号整型	unsigned int	2 个字节	0 ～ 65535
有符号整型	signed int	2 个字节	-32768 ～ 32767
无符号长整型	unsigned long	4 个字节	0 ～ 4294967295
有符号长整型	signed long	4 个字节	-2147483648 ～ 2147483647
浮点型	float	4 个字节	± 1.176E-38 ～ ± 3.40E+38（6 位）
双精度浮点型	double	8 个字节	± 1.176E-38 ～ ± 3.40E+38（10 位）

我们在程序中使用变量之前，要先对变量进行定义，也就是定义盒子的大小和数值的范围。如果没有变量定义，C 语言和编译时就会报错。“第一个程序”的语句（4）中“unsigned int i”就是一个定义变量的语句。“变量定义说明表”中就是 C 语言中可以定义的变量类型和它们的数据范围。“第一个程序”的语句（4）定义了一个无符号整型变量 i，占用了 2 个字节的空间，数值范围是 0 ～ 65535。语句（6）中“for (i = 0; i < 600; i++)”就是对变量 i 的使用。有定义，有使用，二者唇齿相依。

在变量定义中可以用一个语句定义多个变量，比如“unsigned int a,b,c,i”，每个变量之间用英文逗号隔开。还可以在变量定义时直接定义变量的初始值，比如“unsigned int a,b,c=25,i=0x1a”，没有定义初始值的变量，在编译时默认它们的初始值为 0。

在编程中较常用的数据类型是 bit、unsigned char、unsigned int，这几种数据类型受到 Keil C51 软件基本库的支持，可以直接使用。但 float（浮点型）和 double（双精度浮点型）却需要浮点运算库（C51FPS.LIB）的支持，幸好我们在本章第 2 节中安装 Keil μVision2 时已经安装了浮点运算库，直接使用也没有问题了。还有一个“超值”问题在这里需要特别注意，就里说的“超值”与各大超市的商品让利促销不同，在 C 语言中出现“超值”问题是很丢人的。如果我们定义一个变量“unsigned char i=600”或是“bit a=25”，所定义的数值超出了数据类型的边界。有时初始值定义没有问题，可是在使用变量时也会出现“超值”。在编译时，超值一般不会报错，但在运行程序时会出现很大问题。大家脑子里要多留一根神经，当改变一个变量的时候，多花一点时间看看变量的数据类型，也许会减少很多麻烦。

更换语句

在没有总结语句之前，我还以为单片机 C 语言编程中的语句会有很多呢，列出提纲时有些意外，没想到选择语句和循环语句总共才 5 个，而且像 do while 和 switch 这样的语句并不常用，就只剩下 if、for 和 while 语句支撑着半壁江山了。如果说函数体是单片机 C 语言编程的骨架，那么语句便是功能器官。再加上表达式和变量化身的血液循环在各器官间往来，一个鲜活的系统应运而生。

语句	类型	应用
if	选择语句	if (表达式) { 语句 1; 语句 2;} if (表达式) { 语句 1; 语句 2;}else{ 语句 3; 语句 4;}
switch	选择语句	switch(表达式){ case: 语句 1; case: 语句 2;}
while	循环语句	while(表达式){ 语句 1; 语句 2;}
do While	循环语句	do{ 语句 1; 语句 2;}While(表达式)
for	循环语句	for(表达式){ 语句 1; 语句 2;}

1. if 真诚请进、非诚勿扰

if 在英文里是“如果”的意思，语句可以理解为：如果表达式为“真”，则执行语句 1 和语句 2；如果表达式为“假”，则跳过语句 1 和语句 2，执行下面的其他程序。简单地说就是真诚请进、非诚勿扰。

```
if ( 表达式 ) { 语句1; 语句2;}
```

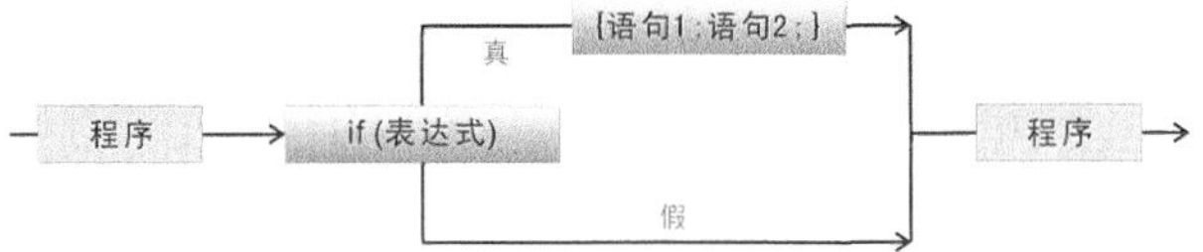

其中表达式就是上文提到的由判断符号组成的语句，比如 a == 1、a > 0x3D。if 可以用在按键的判断上，比如 if(P3 ^ 5 == 0){ P1 ^ 7 = 0 }，意思是当 P3.5 的 I/O 接口为低电平时，也就是按下按键时，则 P1.7 的 I/O 接口输出低电平，即 P1.7 接口上的 LED 点亮。下面是一键无锁开关实验的源程序，找到 if 语句，看看它的用法和上下文之间的关系。

```
#include <REG51.h>          // 通用 8051 头文件
#define DY_PORT             P1 // 定义 LED 连接的 I/O 组
sbit DY_KEY      =          P3 ^ 7; // 按键连接的 I/O 接口
void main(void){ // 主函数
    DY_KEY = 1; // 初始按键
    while(1){ // 循环运行以下程序
        DY_PORT = 0xff; // LED 熄灭
        if(DY_KEY == 0){ // 判断按键状态， 低电平为真
            DY_PORT = 0x00; // 按下按键， LED 点亮
        }
    }
}
```

还有一种 if 语句多了一个在为假时需要运行的语句。if else，意思是如果表达式为“真”，则运行{ 语句 1；语句 2；}；如果表达式为“假”，则执行{ 语句 3；语句 4；}。简单地说，就是真诚进 1 门，非诚进 2 门。

```
if ( 表达式 ) { 语句1; 语句2; }else{ 语句3; 语句4; }
```

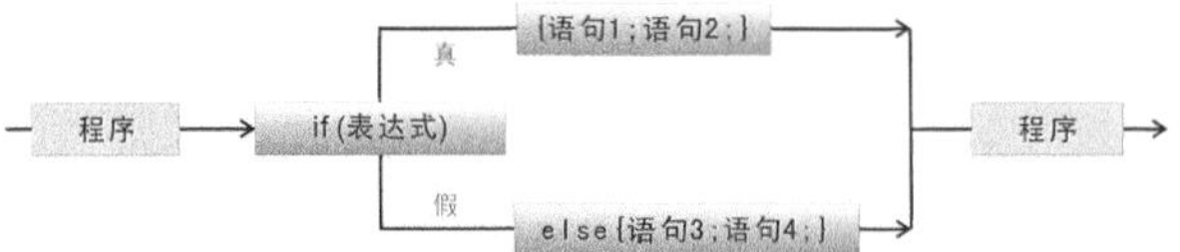

同样是按键判断的例子，如果用上 if else，从逻辑上看，程序就更合理了。按下按键，LED 点亮；未按下按键，LED 熄灭。从这两个例子可以看出，如果你只重视一种结果，只用 if 语句可以针对一种结果来启动我们需要执行的程序。如果你需要对判断的两种结果都做处理，if else 可以在“真”和“假”两种状态分别执行我们需要的两组程序。这就是它们的共性与区别。

```
#include <REG51.h> //通用8051头文件
#define DY_PORT              P1 //定义LED连接的I/O组
sbit  DY_KEY        =        P3 ^ 7; //按键连接的I/O接口
void main(void){ //主函数
    DY_KEY = 1; //初始按键
    DY_PORT = 0xff; // 初始LED状态为熄灭
    while(1){ //循环运行以下程序
        if(DY_KEY == 0){ //判断按键状态， 低电平为真
            DY_PORT = 0x00; //按下按键， LED点亮
        }else{ //为假时执行以下语句
            DY_PORT = 0xff; //未按下按键， LED熄灭
        }
    }
}
```

顺便说一下，你有没有发现我的文字里用了许多“如果”“则”“否则”之类的语汇？它们可以加深你对选择语句的理解，用 C 语言和汉语同时强化你对逻辑关系的敏感度。

if else 最多也只能判断、执行两组程序，要是表达式太复杂了，想判断更多的内容、执行更多组程序就怎么办呢？如果表达式的条件是包含关系，则可以在 if 语句里面再嵌套一个 if 语句，外边的 if 语句判断大范围，里边的 if 语句判断小范围，举例如下：

```
if(a > 5){
    if(a == 6){
        b = 31;
    }
    if(a == 8){
        b = 32;
    }
}
if(a <= 5){
    if(a == 5){
        b = 33;
```

```
        }
        if(a == 3){
                b = 34;
        }
}
```

如果表达式的条件是多选一的话，可以在 if 语句的下面并列出现多个 if 语句，每一个语句判断一个条件，举例如下：

```
if(a == 0){
        b = 22;
}
if(a == 1){
        b = 32;
}
if(a == 2){
        b = 42;
}
```

2. switch 多管齐下、从一而终

如果用 if 实现多项判断的方法你都觉得麻烦，那就来试试新款语句 switch 吧。它是专为多项判断而量身设计的，语句简洁明快，易学易用。在 switch 语句中，表达式并没有真假的判断，而是将表达式中的值依次与 case 后面的值做比对，如果相同则执行此行 case 下面的语句。switch 的表达式只能有一个，但是 case 语句可以有很多，一般程序的多项判断已经足够使用。简单地说就是多管齐下、从一而终。

在下面的应用实例中你可以看到，每一个 case 语句结束的地方都会有 break 语句，这是做什么用的呢？ break 的意思是跳出当前的函数体，这并不是 switch 专用的，break 可以应用在更多的地方，不过要非常谨慎，因为不顾一切地跳出当前函数体，可能会对变量、返回值和堆栈有一定影响，不到万不得已，尽量别用。在 switch 语句里，执行程序只会从与表达式相同的 case 值的下一行开始，但没有规定在什么地方结束。这就麻烦了，踩下了油门却发现没有刹车，程序就会没有条件地执行此条 case 下面所有的程序，不会做任何判断，一路狂飙，直到 switch 语句的末尾。break 语句就是为了在与表达式相同的 case 值执行到下一个 case 之前就及时踩下刹车，跳出 switch 语句。当然，你也可以删除 break 语句，让程序一路执行到底，在某些场合中确实有这样的应用案例。

switch 算是比较复杂的语句了，它还有一个救命的宝贝叫 default。它与 case 语句并列，但被放到了最后。它的功能是为 switch 语句收拾残局的，当表达式中的值没有找到与之相同的 case 值时，程序就会执行 default 语句，当你确定不了表达式中出现什么值时，就试着用 default 语句帮你做最后的处理吧。当然，你也可以不使用 default，那样的话表达式找不到相同的 case，便会默默地退出，不带走一片云彩。

```
switch( 表达式 ){ case: 语句1; case: 语句2;}
```

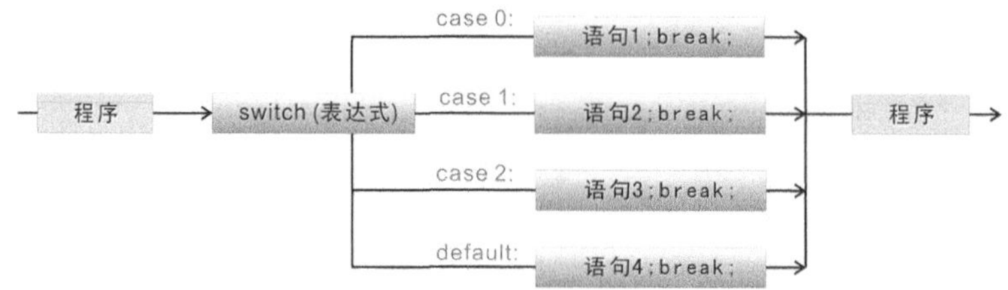

还记得 8 键电子琴的实验吧，这个小实验的程序就用到了 switch 语句，下面是 8 键电子琴的完整程序，注意其中 switch 语句的用法，和它在程序中的上下文关系。程序中有一些内容我们还没有讲到，如果你猜得出来就算你聪明，如果看不明白，可以不去理会，后文定会涉及。

```
#include <REG51.h> //通用 8051 头文件
sbit SPEAKER  = P3^7; //定义扬声器连接的 I/O 接口
#define KEY  P1 //定义按键连接的 I/O 接口组
unsigned char MUSIC;
unsigned char STH0;
unsigned char STL0;
unsigned int code tab[]={ 音符数据表
64021,64103,64260,64400,//低音 3 （mi） 开始
64524,64580,64684,64777,
64820,64898,64968,65030,
65058,65110,65157,65178
};
void main(void){ //主函数
     TMOD=0x01; //定时器 0 工作方式 1
     ET0=1; //允许定时器 0 中断
     EA=1; //允许总中断
     KEY = 0xff; //按键的初始状态
     while(1){      //循环运行以下程序
          if(KEY != 0xff){ //如果有按键被按下 （按键组不全是高电平时）
          switch (～KEY){//判断比对按键值
                    case 0x01://如果按键组的键值为 1，说明 P1.0 接口的键被按下
                         MUSIC = 7;//将音符表中的第一个音符送入寄存器放音
                         break;//退出 switch 函数
                    case 0x02:
                         MUSIC = 6;
                         break;
                    case 0x04:
                         MUSIC = 5;
                         break;
                    case 0x08:
                         MUSIC = 4;
                         break;
                    case 0x10:
                         MUSIC = 3;
                         break;
                    case 0x20:
                         MUSIC = 2;
```

```
                    break;
                case 0x40:
                    MUSIC = 1;
                    break;
                case 0x80:
                    MUSIC = 0;
                    break;
                default:
                    break;
            }
            STH0=tab[MUSIC]/256; //把音符数据转换成振动频率
            STL0=tab[MUSIC]%256; //
            TR0=1;//开启定时器 0
            }else{ //否则 (如果没有键被按下)
            SPEAKER = 1;//扬声器关闭
                TR0=0;//关闭定时器 0
            }
        }
}
void t0(void) interrupt 1 using 0{ //定时器 0 中断处理函数
   TH0=STH0; //送入振动频率
   TL0=STL0;
   SPEAKER=~ SPEAKER; //开始推动扬声器
}
```

3. while 有言在先、周而复始

讲完了选择语言，下面要讲的是循环语句。所谓的循环语句，就是指在一定条件下循环反复执行的一组程序，这种功能可以应用在延时、等待、重复执行等程序之中。个人认为，循环语句好玩的程度大于选择语句。

一般的单片机程序就是一个无限循环程序，从 main 函数开始，结束在 while 语句的无限循环之中。除了无限循环程序之外，while 的经典应用还有许多，比如延时程序和判断放开按键等。while 语句的特点是先判断表达式，如果为“真”则执行 {} 里的程序，如果为“假”则退出。听上去好像和 if 语句没有什么区别，是的，但是 if 语句没有回过头来再判断一次的习惯，而 while 有。条件为真执行 {} 里的程序之后，while 还会再重新判断一次表达式，判断后的操作和前一次相同。也就是说，当表达式始终为“真”时，while 语句就会一直循环下去。如果表达式始终为“假”时，while 语句中的程序一次都不会被执行。

```
while( 表达式 ){ 语句1; 语句2;}
```

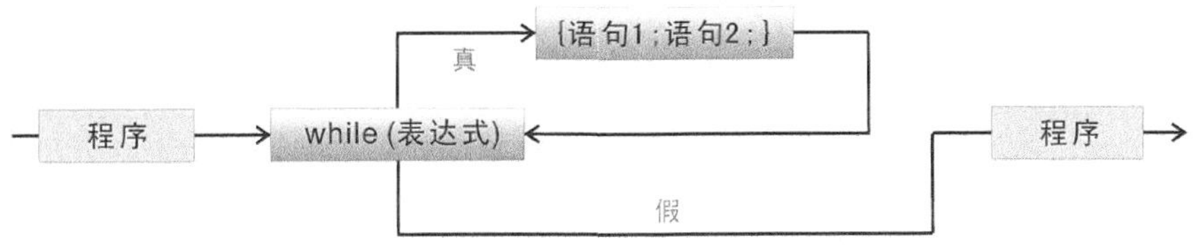

while 语句在一键锁定开关实验的源程序中使用得最为经典。程序中有 3 处使用到了 while，每个应用都不相同。在延时程序中，while 表达式中的变量 a 先减 1 然后判断是否减到了 0，while 语句不断循环，达到了拖延时间的目的；变量 a 减到 0 的时候 while 语句为“假”，退出了。在主函数中的 while 语句中，表达式被固定为 1，也就是说表达式的值永远为“真”，while 永远循环执行下去，没有退出的可能。一般的单片机主函数中都会有一个永远的 while 语句，如果没有它，单片机执行完主函数里的程序之后就会停止工作，只有重新上电或复位才能再执行一遍主函数，然后再停止。第 3 个 while 是为了等待放开按键而设计的，在按下按键后执行了一些程序，然后走到 while 语句这里判断按键的状态，如果为 0 则说明按键没有被放开，继续循环判断，如果为 1 则说明按键被放开了，可以进行其他工作了。第 3 个 while 语句后面没有 {} 和其他语句，仅有表达式和“;”，这样的用法是正确的，意思是条件为真时没有任何语句需要执行，你也可以写成 while(DY_KEY == 0){ }，效果是完全相同的。要是没有放开按键的判断，程序就会始终执行按键程序，你按一次键却相当于按了许多次。这种按键的循环是失控的，所以我们用 while 语句的循环判断一次按键的放开，按键操作才会更分明。完整的一键锁定开关的程序如下，注意 while 在程序中的使用方法，还有按键去抖动在程序中是如何实现的。

```
#include <REG51.h> //51 头文件
#define DY_PORT      P1 // 设置 LED 连接的 I/O 组
sbit  DY_KEY = P3 ^ 7; // 设置按键接在 P3.7
void delay (unsigned int a){ //1ms 延时程序
     unsigned int i;
     while( --a != 0){
         for(i = 0; i < 600; i++);//STC 单片机在外部晶体振荡器为 12MHz 时 i 值为 600
     }
}
void main(void){ // 主函数
     DY_KEY = 1;
     DY_PORT = 0xff;
     while(1){ // 循环执行以下程序
          if(DY_KEY == 0){ // 判断按键
               delay(20); // 延时 20mS 去抖动
               if(DY_KEY == 0){ // 读取按键状态
                    DY_PORT = ～DY_PORT; // 变化 LED 的状态
                    while(DY_KEY == 0); // 等待按键被松开
               }
          }
     }
}
```

4. do while 先斩后奏、循环往复

do while 语句是 while 语句的变种，它和我一样，都姓杜（do），嘿嘿。do while 与 while 的唯一区别就是 do while 先执行程序再判断表达式，表达式为“真”，则继续循环；表达式为“假”，则退出，但 do while 语句至少会执行一次 {} 内的程序。简单地说就是先斩后奏、循环往复。

```
do{ 语句1; 语句2;} while( 表达式 )
```

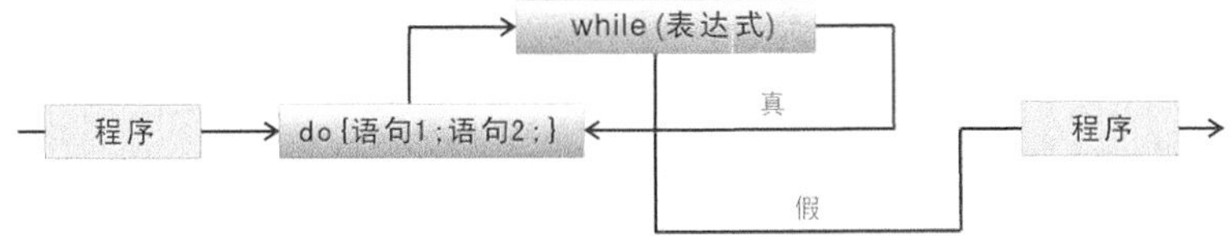

do while 的应用相对来说比较少见，我写的程序中也很少用到 do while 语句，以至于为了举例子而费了一些周折，下面的实例是 Mini1608 电子钟宏大程序中的一个子函数。显然对于刚刚涉及编程学习的你有一些复杂，不用担心，不需要看懂每一条语句，大概看明白 do while 的使用方法就可以了。通过这段程序，你也可以对 Mini1608 程序的复杂程度窥见一斑。

```
void putin (unsigned char u){// 字符载入函数 - 将字符装入显示缓冲区
    unsigned char a = 0;// 定义变量用于数据提取指针
    do{
        Ledplay[bn] = no[u][a];// 将二维数组中的一组数据放入显示缓冲区
        a++;// 换下一个提取字节
        bn++;// 换下一个显示缓冲字节
    }
    while(no[u][a] != 0);// 当显示数据为 0 时结束循环
    bn++;// 换下一个显示缓冲字节
    Ledplay[bn] = 0;// 显示一列的空位， 便于字符区分
}
```

5. for 循序渐进、见好就收

for 语句的特点是先判断表达式，如果为“真”则执行 {} 里的程序；如果为“假”，则退出。每执行完 {} 里的程序之后，for 语句会重新判断表达式，并按结果循环执行或者退出。听上去好像和 while 语句相同，但 for 语句有它卓尔不群之处。for 语句的奥妙都体现在它与众不同的表达式上了，这种表达式也是 5 种语句中独一无二的。

for 语句由 3 个表达式组成，表达式之间用“;”隔开，即 for(表达式 1; 表达式 2; 表达式 3){ }。三者的位置不能调换，每一部分都有自己的特殊用途。

	功能	**说明**
表达式 1	最初执行	进入 for 语句时首先被执行的语句
表达式 2	结束条件	条件为“真”时循环执行语句，条件为“假”时退出 for 语句
表达式 3	追加执行	表达式 2 为“真”且执行完 {} 里的语句后执行表达式 3

for 语句的执行流程是最先执行表达式 1，然后判断表达式 2，如果表达式 2 为“假”时退出。如果表达式 2 为“真”时先执行 {} 里的语句，再执行表达式 3，再判断表达式 2，根据结果循环执行或退出。

```
for( 表达式 1; 表达式 2; 表达式 3){ 语句 1; 语句 2;}
```

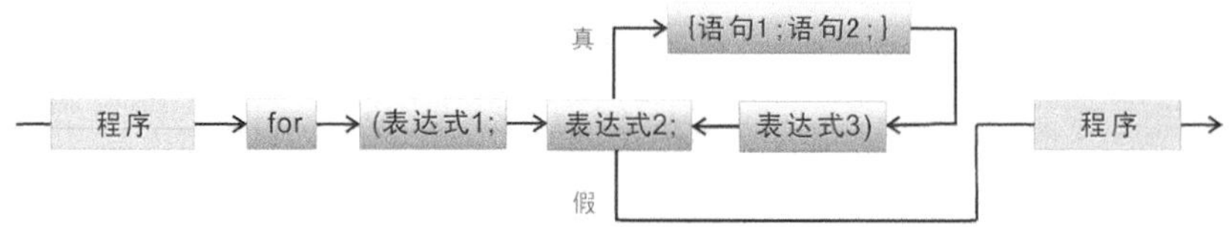

for 语句多用于规定次数的多次循环执行，在单片机的 C 语言编程中 for 语句的使用非常频繁。最常见的一种习惯参数是 for(a = 0;a < 100;a++){ }，在这个例子中 a 是定义的一个变量，语句首先执行表达式 1，让 a 的值等于 0。然后判断表达式 2，看 a 的值是否小于 100。如果小于则表达式 2 为真，执行{}里的语句，再执行表达式 3，即 a 的值加 1，最后再判断表达式 2。这条 for 语句运行的实际结果是什么呢？让我们的脑子模拟程序的思路“仿真”一下。首先 a 的值等于 0，然后判断 a 是否小于 100，因为 a 等于 0，很明显是小于 100 的，所以判断结果为“真”，可以执行{}里的语句。不好意思，为了省事，我没有在{}里写语句，你可以在实际的应用中写上去。{}里的语句执行完后接着执行表达式 3，a 的值加 1，现在 a 等于 1 了。再把值等于 1 的 a 在表达式 2 里判断，1 小于 100，还为“真”，继续执行，a 又加 1，a 等于 2，2 小于 100，再继续。当 a 加到 100 时，再判断 100 < 100，结果就为“假”了，for 语句从此结束。for 语句由生到死，它生命的意义是什么呢？如果{}里有语句，那么这些语句就被重复执行了 100 次，如果{}里面没有语句，那么单片机就白白地浪费了时间，这些时间对单片机来说没什么意义，对我们来说就是最基本的延时程序。想一想 while 语句是否可以达到 for 语句同样的循环效果。for(a = 0;a <100;a++){ }如果用 while 语句应该如何实现同样的功能呢？请你想一想，给自己一个答案。

下面是 8 路 LED 流水灯实验的完整程序，请你认真研究一下 for 语句在程序中的应用，同时也找一找前面所讲的语句是如何相互配合的。再回过头来找一找前面介绍过的实例中有没有 for 语句，看一看刚才还不能理解的部分，现在有什么新的认识。是不是明白得越来越多了呢？但是不是还有一些小细节不知为何呢？比如函数是怎么定义的，程序文本的格式有什么要求。别急，问题迟早会有解答，保持好奇心。现在需要先温习一下这 5 条语句，在电脑上新建一个记事本文档，照着书上的程序，手工键入 5 个实例中你学会的语句部分。就好像小学生在方格本上练字一样，亲手体验一次编程的感觉。

```
#include <REG51.h> //51 头文件
#define DY_PORT      P1 // 设置 LED 连接的 I/O 组
#define DY_SPEED     100 // 设置每一个明亮级的停留时间 （值域： 0 ~ 65535）
void delay (unsigned int a){ // 1ms 延时程序
     unsigned int i;
     while( --a != 0){
          for(i = 0; i < 600; i++);//STC 单片机在外部晶体振荡器为 12MHz 时 i 值上
限为 600
     }
}
void main(void){ // 主函数
     unsigned int i; // 定义变量 i
     unsigned int temp; // 定义变量 temp
```

```
    while(1){
    temp=0x01;
    for(i=0;i<8;i++){ //8 个流水灯逐个闪动
        DY_PORT=～temp;
        delay(DY_SPEED);   //调用延时函数
        temp<<=1;     //temp 左移 1 位， 相当于 temp=temp<<1;
      }
        temp=0x80;
        for(i=0;i<8;i++){ //8 个流水灯反向逐个闪动
        DY_PORT=～temp;
        delay(DY_SPEED);   //调用延时函数
        temp>>=1;
        }
        temp=0xFE;
        for(i=0;i<8;i++){ //8 个流水灯依次全部点亮
        DY_PORT=temp;
        delay(DY_SPEED);   //调用延时函数
        temp<<=1;
        }
        temp=0x7F;
        for(i=0;i<8;i++){ //8 个流水灯依次反向全部点亮
            DY_PORT=temp;
            delay(DY_SPEED);   //调用延时函数
            temp>>=1;
        }
    }
}
```

修改函数

单片机的 C 语言程序分几个层次，完整的程序由函数组成，函数由若干条语句组成，语句由无数个数值、符号构成。如果把一个完整的程序比喻成人体的话，数值和符号是最小的单位，相当于细胞；语句是中间的单位，相当于组织；函数体是最大的单位，相当于器官；每个器官按照一定的规律组合在一起，就诞生出鲜活的人体。前文书我们讲过了细胞、介绍了组织，下面我们就要说说 C 语言的器官了。俗话说“伤筋动骨一百天”，意思是说骨骼的移位是很难恢复的。人类尚且如此，C 语言的“伤筋动骨”自然也不易恢复。修改参数到了函数体的移植和增减上，即表示离大功告成仅一步之遥，也预示着攻关在此、成败在此。除了仔细研究、认真阅读之外，你别无选择。

知道什么是函数吗？前面我提到过函数和程序的意思可以通用，那是从广泛的意义上来讲。我下面要讲的函数则是 C 语言中狭义上的函数，指的就是一个个普通的函数体，别无他意。我们先不介绍函数，先来看一下程序实例中，哪一部分是函数。

一键无锁开关程序中的函数：

```
void main(void){ //主函数
}
```

一键锁定开关中的函数：

```
void delay (unsigned int a){ //1ms 延时程序
}
void main(void){ // 主函数
}
```

8 键电子琴程序中的函数：

```
void main(void){ // 主函数
}
void t0(void) interrupt 1 using 0{ // 定时器 0 中断处理函数
}
```

8 路 LED 流水灯程序中的函数：

```
void delay (unsigned int a){ // 1ms 延时程序
}
void main(void){ // 主函数
}
```

看，4 个不同的实例中，函数体竟然都大同小异。它们的共同特点是都有一个主函数 void main(void){}, 有一些有延时函数 void delay (unsigned int a){}，还有一个有定时器 0 中断处理函数 void t0(void) interrupt 1 using 0{}。在这些函数的 {} 里都有许多语句，删除了这些语句，余下的就是我们所说的函数了，这就是函数。如果你现在就接受了我的说法，并把函数的样子记到你的笔记本上，那我会认为你没有搜索精神。虽然读者是我的衣食父母，可我还是希望你在遇到一个新概念的时候多问一句为什么，为什么要有函数，它有什么用。是呀，函数有什么用呢？单单用我们前面讲到的 5 条语句已经可以编写程序了，函数也只不过是把语句整理起来放在一起嘛。好，为了用行动证明函数的价值，我们先看看程序中如果没有函数会是什么样子。

```
#include <REG51.h> //51 头文件
#define DY_PORT      P1 // 设置 LED 连接的 I/O 组
sbit  DY_KEY = P3 ^ 7; // 设置按键接在 P3.7
void main(void){ // 主函数
     DY_KEY = 1;
     DY_PORT = 0xff;
     while(1){ // 循环执行以下程序
          if(DY_KEY == 0){ // 判断按键

               unsigned int i,a = 20;
               while( --a != 0){
                   for(i = 0; i < 600; i++);//
               }

               if(DY_KEY == 0){ // 读取按键状态
                    DY_PORT = ～DY_PORT; // 变化 LED 的状态
                    while(DY_KEY == 0); // 等待按键被松开
```

```
                }
            }
        }
}
```

上面是一键锁定开关的源程序，它已经出现过一次了，不是吗？我把延时函数取消了，把其中的语句拿出来放在了 main 函数中调用延时的地方。你是不是发现程序变得简洁了？少了几行语句，而且流程性更强，更容易一步一步看懂程序了。这么说来，函数真的没有什么存在的必要了。但假设在 main 函数中延时功能需要被使用 10 次或更多，我们就要重新考虑这个问题了。把同样的用作延时的语句集中到一起，只要在需要时出现调用函数的名字就可以了，无论是出于程序简洁还是日后方便修改的原因，使用函数都是更好的方法，所以函数出现了。函数的目的是让程序更简洁、明了、方便，但在某些时候不使用函数反而是简洁的。所以不要一味地迷恋函数，不管什么程序、不论什么语句都制作一大堆函数，这样既浪费函数，也可以看出你没有理解编程的理念。总体来说，当某一部分语句在一处或多处被重复使用时，可以把这部分语句整理成一个函数体。另一种函数体是按照某些特定的功能而整理出来的函数，它们具有通用性，可以方便地移植到其他程序之中，比如延时函数的功能就是延时，任何需要延时的程序都可以用到它，所以把它制作成函数，需要的时候复制、粘贴就可以了。符合以上两种情况而出现的函数就是好函数，我写的函数都是好函数，呵呵。

```
返回值类型说明　函数名 （参数） { 语句1; 语句2; }
```

有一个函数例外，它就是 main 函数，它是函数之王，被称为主函数，所有的 C 语言程序都必须有唯一一个 main 函数，无一幸免。C 语言的程序从 main 函数开始，从 main 函数终结。main 这 4 个字母是固定表示主函数的，不可以修改，而其他的函数就有开放的权力，允许你为它们自由取名字。和变量名的命名原则一样，函数名也由英文字母、数字和下划线组成，并且必须由英文字母或下划线开头，英文字母区分大小写。因为函数的名字可以任意取，所以大家习惯上按照函数所具有的功能为函数取名，比如把延时函数取名为 delay 或者 YanShi，尽量做到闻其名知其人。就好像一听到杜洋这个名字，就知道此人必定心胸宽广、学问精深一样。

类型	举例
无参数，无返回值	void name (void){}
无参数，有返回值	unsigned int name (void){}
有参数，无返回值	void name (unsigned int a){}
有参数，有返回值	unsigned int name (unsigned int a){}

函数的设计者很细心，不但将完成同一功能的语句整合在一起，还为函数增加了输入、输出的端口，这就是参数和返回值。并不是所有的函数都会用到参数和返

回值，目前我所举出的实例中还没有出现返回值，但可以在延时函数中看到参数。关键字 void 表示“没有”的意思，当这个函数没有参数或返回值的时候，就要在对应的位置处写上 void，表示此地无银三百两。如果需要有参数输入，例如延时函数，就需要一个参数，这个参数决定延时的时间。参数的( )里需要先定义一个或多个变量，定义多个变量时，中间用“,”分隔。

```
void name (unsigned int a){} //定义一个变量
void name (unsigned int a,unsigned int b,bit c){} //定义多个变量
```

变量定义之后，这些变量就可以在函数中使用了，但只能应用于此函数本身，退出函数时这些变量也随之消失。

```
void delay (unsigned int a){ //1ms 延时程序
      unsigned int i;
      while( --a != 0){
            for(i = 0; i < 600; i++);
      }
}
```

变量的初始值来自于函数被调用的时候，下面这一条语句就是调用函数。当程序运行到此处时即会跳转到延时函数中运行，退出延时函数后返回。( ) 里的 20 便是调用函数时写给 unsigned int a 的初始值。延时函数的内部会利用这个值产生不同的延时时间。延时函数退出时，变量 a 会消失，不会占用单片机的内存。如果没有参数输入，我们就必须编写各种不同时间长度的延时函数，需要哪种延时长度就调用哪一种。相对于参数的输入，你更喜欢哪一种呢?

```
      delay(20); // 延时 20ms
```

返回值是一个重要的东西，它会把函数处理过的、需要传回原函数（原函数是指调用之前的函数）的值利用返回值输出出去。我在编程的时候大多会使用全局变量传递函数，这是我的个人习惯，但使用全局变量不利于函数体的模块化移植，而且定义大量的全局变量又会占用许多内存。下一节我会介绍全局变量，到时候大家看看哪一种数值的传递更好一些，发挥各自之所长。

返回值只能传递一个数值，在函数定义时就要确定好返回值的类型，如果没有定义类型，C 语言会默认定义为无符号整型数（unsigned int）。例如 unsigned int name (void){} 中，name 是函数名，前面的 unsigned int 就是定义返回值的类型，这里定义的是无符号整型数。在函数中要怎么产生返回值? 返回值又怎么在原函数中使用呢? 我们举一个加法运算函数的例子来说明这一切。这并不是一个实例，因为加法计算根本没有必要建立一个函数。函数的名字叫 add，有 2 个无符号字符型变量 a 和 b，返回值是无符号整型数。函数中最后一句 return a; 便是决定返回值的语句。return 后面可以跟一个变量，也可以跟表达式，这个变量或表达式的结果就可以作为返回值传递回原函数。

return 后跟变量：

```
unsigned int add (unsigned char a, unsigned char b){
    a = a + b; //a 加 b 之后将结果写入 a
    return (a); // 将 a 作为返回值
}
```

return 后跟表达式：

```
unsigned int add (unsigned char a, unsigned char b){
    return (a + b); // 将 a 加 b 的结果作为返回值
}
```

在原函数中“c = add(5,8)；”就是将送入参数和输出返回值的语句。数值 5 被送入 a，数值 8 被送入 b，把 add(5,8) 当成一个整体赋值给 c，这个值就是返回值，也就是 a 加 b 的值。变量 c 是在原函数中定义的变量，这个值就可以被原函数使用了。使用时注意各传递值的类型要一致，不要出现“超值”的问题。顺便说一下，5 加 8 等于 13。

```
c = add(5,8);
```

写到这里，我有点累了，看看 Mini1608 电子钟，已经是凌晨 3 点钟了。起笔的时候还思路清晰，现在有一点模糊和迟钝，也不知道一路下来我写的内容是否能被初学单片机的朋友所理解、接受。写一些入门类的文章是我最大的挑战，总是有一个无法解脱的矛盾在左右着我。再讲解得更简单一些，让更多的朋友可以轻松理解，这是我的信念，我一直努力地这样做，却好像总也到不了尽头。这条路确实没有尽头，不是吗？读者成千上万，不可能保证大家的学习能力都是相同的，如果写得细致了，就会被骂太啰唆、废话太多；如果写得简单了，又会被骂太深奥、难理解。另一方面时间上也有限制，各方都希望我的作品可以早日出版，可是用的时间少了，我所细加工的时间也就少了。我是处女座，一个追求完美的人，怎么能马马虎虎就放过呢？因为兴趣而写作，却被写作所累，也许我可以换一个角度想想，总有一些读者喜欢我的书，总有一个方法可以平衡各种矛盾。这就好像编程的过程，总会出错，也总能解决。我洗澡放松一下，整理好思路回来继续战斗。

下面我们要讲 3 个问题：函数体的前后顺序、函数声明和函数中的变量。

main 函数为主函数，其他函数称为子函数，一个大哥带领一群小弟。前面提到过，程序从 main 函数开始，然后调用其他函数，大哥可以调用小弟，小弟也可以调用小弟，但最后都要回到 main 函数。在 main 大哥的领导下，函数们形成了自己的帮派。另一方面，以 Keil μVision2 为首的编译器有着另一套游戏规则，函数所组成的程序要想在编译器里通过编译，必须遵守编译器的规定。组成完整程序的函数派从 main 函数开始执行，以 Keil μVision2 为首的编译器派则不管你什么老大 main 函数，它像看书一样把 C 语言文件从头编译到尾。两种不同规则就产生出一个问题，如果我们把 main 函数放在前面（老大理应走在前面），其他函数放在后面的话，在编译到 main 函数所调用的子函数名时，编译器就会出错，因为编译器从来没见过这个被调用的函数。就好像我们看小说时，突然故事中出现一个人名，而之前的内容根本没有介绍这个人一样。好吧，为了迎合编译器派的规则，函数派把自己的位置做了调整，小弟们冲在前面，老大殿后。被老大和其他小弟调用的小小弟放在最前面（通常先挂掉的都是他们），调用其他小弟的小弟放在中间，老大放最后面。这次编译器在编译时，后面调用到的小弟在前面都认识了，程序顺利被编译成了 HEX 文件。

如果你喜欢老大风光地走在前面，或者有的时候小弟之间调用的关系太复杂，不容易理清小弟和小小弟，这时候我们就要列一份小弟的名单出来，放在最前面提供给编译器认识它们，这份名单就叫作函数声明。凡是在编译器编译到调用而前面没有出现的函数时，都必须写入这份名单。老大不需要列入名单，全天下谁不认识大名鼎鼎的 main 函数呀。单片机中断处理函数也不需要列入名单，例如定时器中断处理函数 void Timer0(void) interrupt 1{}，它们早被编译器所知，秘密执行着特殊任务。

定义变量前面有讲过，但定义变量的位置不同，变量的意义也有不同。在函数体之外、程序的最前面定义的变量叫全局变量。在函数体之内定义的变量叫局部变量。全局变量是给所有函数享用的变量，这些变量在程序中始终存在，不会消失。任何函数都可以读写全局变量，所以它是除参数和返回值之外的又一种函数间的数据传递方式。调用的函数修改全局变量，需要的函数读出变量。局部变量就没有这么好运了，它们随函数的调用而诞生，随函数的退出而消失，它们存在的目的只是为了方便函数内部的计算或处理，要么把结果送给返回值，要么不留下任何痕迹。因为每一个局部变量都是临时的，所以占用的 RAM 空间会被释放，再用于其他函数的变量，但同一时间内占用的 RAM 空间很少。全局变量自定义之时就独享了一份 RAM 空间。RAM 空间就好像电脑的内存条一样，变量就好像应用程序。全局变量就好像开机之后就一直开启的应用软件，全局变量越多，内存就较小。局部变量就好像不常用的软件，上网聊 MSN 就打开 MSN，聊完了就关闭。再开启 IE 浏览器看看新闻，看完了再关闭。总之同一时间只开启几个软件，内存占用很小。RAM 空间是怎么回事？变量和常量都存放在单片机的什么地方？我们的程序是怎么操作硬件的呢？在下一节，我们会着重介绍 RAM 空间、变量和硬件之间的关系，精彩内容，不容错过。

定义数组

本来我想把数组的介绍放到下面的基本规范里面，后来考虑了一下，还是想把数组独立出来介绍。其实我在设计这一部分的时候还考虑过介绍指针、堆栈、结构等内容，还真把自己变成专业的 C 语言教育家了，呵呵。因为本书只是引领单片机入门，所介绍的 C 语言内容仅是我们常用的涉及单片机开发的部分内容。就好像于丹老师的〈论语〉心得》，只是用于入门，不能替代《论语》，不能当作学术论文来研究。所以呢，与单片机入门无关的内容我们就少说、甚至不说。

在单片机编程时都会用到大量的数据，有用于计算的，有设定延时时间的，还有音符的长短、I/O 接口的状态。这些数值随程序一起下载到单片机的 Flash 存储器中。单片机也是读取这些存储器中的数值执行程序的。1 个、2 个数值可以直接在编程时输入到对应的位置，可是如果我们需要 30 个甚至更多个数值时，我们该怎么办呢？

就好像书店里的图书，只有几本的时候可随便摆放，可是如果有几十本甚至几百本的时候，我们就应该设置一些书架，把图书按一定的规律放上去。这里所说的书架就是数组。

数组，顾名思义就是一组数据的集合，数组分一维数组、二维数组、三维数组和多维数组。各种数组的基本原理相同，我们仅介绍常用的一维数组和二维数组。只有一横排而没有上下层，所有的图书都按序号排列在一横行，这种书架就是一维数组。书架有多层，每一层又都是一维数组，便是二维数组了。

一维数组定义形式：

```
数据类型说明 数组名 [ 数量 ]={ 数值 1，数值 2 };
```

二维数组定义形式：

```
数据类型说明 数组名 [ 列数量 ][ 行数量 ]={{ 数值 1，数值 2 };{ 数值 3，数值 4 }}
```

[] 里所填写的是数组中数值的数量，如果空着的话，编译器会计算 {} 里的实际数值数量。如果 [] 里写了 10，可 {} 中的数值只有 6 个，编译器会准备 10 个数值，多出的 4 个用 0 补上。如果 [] 里写了 10 个，可 {} 中的数值有 12 个，编译器会忽略最后 2 个数值。以上面的规则来看，初学者朋友最好不要在 [] 里写数量，直接把数值添加到 {} 里就行了。

举例如下：

```
unsigned char code name [10]= // 一维数组
{0x7F,0x02,0x0C,0x02,0x7F,0x3E,0x41,0x41,0x41,0x3E};

unsigned char code name [3][6]={ // 二维数组
{0x7E,0xFF,0x81,0x81,0xFF,0x7E},
{0xC6,0xE7,0xB1,0x99,0x8F,0x86},
{0x42,0xC3,0x89,0x89,0xFF,0x76},
};
```

注意举例中的 code 关键字，它用来表示数组将会和程序一起以常量的形式存入单片机的 Flash 里面。如果没有 code 关键字，数组会以变量的形式存放在单片机的 RAM 空间，数值表中的值将作为变量的初始值。在程序运行过程中，常量数组只能读取、不能修改。变量数组可以读取也可以修改。在后面讲到一些涉及数组的程序案例时，我们再仔细研究数组的应用吧。

```
c = name[2]; // 将一维数组中的第 3 个数值送入变量 c 中 （数组从 0 开始读数）
c = name[1][2]; //将二维数组中的第 2 行的第 3 个数值送入变量 c 中（数组从 0 开始读数）
```

数组的调用和函数的调用类似，写出数组的名字，在 [] 中写上你要取出的数值在数组中的序号。值得注意的是，数组序号是从 0 开始的，而并不是我们习惯上的从 1 开始的。记住，单片机编程中 0 是很重要的一个数值，所有的默认值都是 0，计数也是从 0 开始的。

在 8 键电子琴实验的程序中就使用了一维数组，我把 12 个音符的频率数据以数组的方式整理到一起，下面程序调用的时候就很方便了。看一下 8 键电子琴的完整程序，领悟一下数组的使用方法。

```
unsigned int code tab[]={ 音符数据表
64021,64103,64260,64400,// 低音 3 （mi） 开始
64524,64580,64684,64777,
64820,64898,64968,65030,
65058,65110,65157,65178
};
```

基本规范

不管你是否承认，认真读过以上内容的你已经掌握了 C 语言的基础知识。要知道我在学单片机的时候学习的是汇编语言，一年多后偶然在书店看到一本 C 语言入门的书，大概翻阅了一下，知道了语句、函数、变量、常量，然后回去找了一些 C 语言写的单片机程序小看了一下，之后就一直使用 C 语言编程了。所以现在无论是用汇编语言还是 C 语言，我都应对自如，我还可以把二者组合使用，在 C 语言中嵌入汇编语言。现在对我来说语言真的没有什么了不起，只是一种独特规则的表达方式，更重要的还是看程序结构和编程思路。这样讲并不是想说我多么聪明，其实我是很笨的人，不信可以问我妈妈。我只是想说，C 语言的学习只是单片机入门的基础，并不是什么高深的东西。只要你努力、认真，用不到 1 个月你就可以闭着眼睛写程序了。到那时候，困扰你的问题不是"这个语句什么意思？"而是"如何巧妙计算，简化语句。"本节的最后小做休息，把一路上遗漏的芝麻小事捡一捡。

（1）程序中的字母和符号必须是半角英文字符，编译器不识别全角汉字和符号，在编程时最好关闭输入法。

（2）"//" 在前面的实例中没少出现，它是注释信息的符号。"//" 后面的便是写给我们人类看的语言，只保存在程序文件里，它不会被编译器编译，编译器也知道这只是为了编程者或其他人更好地理解程序而说的"普通话"。注释信息可以是中文、英文或其他奇怪的字符，回车换行即表示注释信息结束。如果你文采飞扬，想写下更多的注释信息，可以用 "/*" 和 "*/" 来标出注释信息。以 "/*" 开头，以 "*/" 结束，之间的所有内容都被认为是注释信息而不被编译。

举例如下：

```
/*******************************************
在此之间的任何文字都被认为是注释信息。
有时可以利用此符号屏障暂时不需要的程序。
*******************************************/
```

（3）其他符号含义

符号	说明
( )	优先运算符号，语句的表达式括号
[ ]	用于数组
{ }	数组、函数体和语句的括号
,	项目和表达式的分隔
;	语句之间的分隔
*	用来表示指针

其他关键字

前面还有出现过一些关键字没有介绍，因为它们涉及单片机硬件和特殊寄存器，这些内容都是下一节文章的重点。这里仅列一个表格简单说明。

关键字	说明
#include < 库文件 >	将库文件载入程序。例：#include <REG51.h>
#define [代替名] [原名]	用代替名代替原名。例：#define PORT P1
sbit [自定义名] = [系统位名];	自定义 SFR 寄存器的位。例：sbit Add_Key = P3 ^ 1;
sfr [自定义名] = [SFR 地址];	自定义 SFR 寄存器的字节。例：sfr P1 = 0x90;

本节内容为 C 语言编程知识，仅介绍与单片机爱好者入门有关的基础内容，并不代表 C 语言编程的所有规则和应用。仅就一般的单片机学习、开发来讲，本节内容已经满足。如需深入学习，可以参考其他单片机 C 语言编程的专业书籍。

终于讲完了，可以松一口气了。我把手边的几本 C 语言编程参考书的内容压缩到一节来介绍，实在是不容易。也不知道你懂得了多少，还有哪些困惑。C 语言的规则简单，而每位编程者都有自己的独特风格。同样功能的两个程序，内容也会千差万别。唯一精通的办法就是多看、多练习，把自己的脑子当成单片机，跑一跑这些程序，想一想作者的编程思路是什么，有什么可取之处。反反复复、一来二去，C 语言的神秘将大白于天下。

为什么每个程序的开头都要载入几个库文件呢？关键字表中提到的 SFR 寄存器是什么？在单片机运行的过程中程序是如何操控硬件的？从程序编写到单片机运行的过程中还有什么有趣的故事？敬请关注下一节的精彩内容。

第4节 看原理

目录

寻找哲人石

哲人石（也叫贤者之石），传说中的一种红色粉末，被炼金术士认为是世界上物质的最高境界，也是唯一一种精神世界以物质的形式存在的物质。哲人石可以连接精神与物质的世界，每一位炼金术士都希望练就哲人石，通向精神世界。在单片机的世界里，程序是单片机的灵魂，硬件是单片机实现应用的物质基础。程序如风，看不见、摸不到，但它包含了编程者的智慧和期望。程序无影无形，硬件却实实在在，什么是单片机程序和硬件之间的哲人石？让大智慧以物质的形式体现呢？

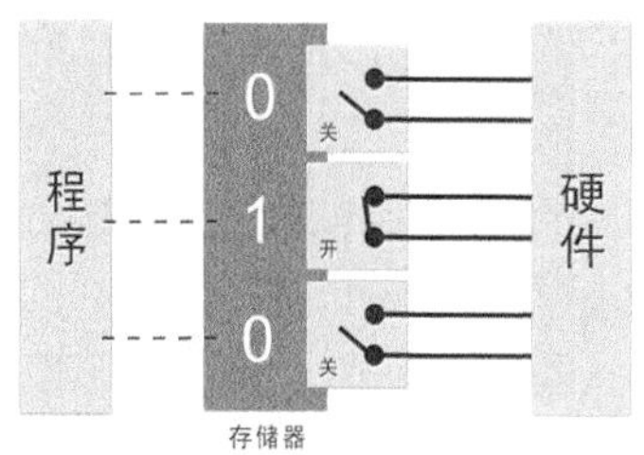

存储器就是单片机中的哲人石。对于程序来说，存储器是一个空盒子，可以放入数据和语句，最基础的由 1 和 0 的二进制数组成。对于硬件来说，存储器是一些开关组，每一个开关都有 2 个状态——“开”和“关”。1 对应着“开”，0 对应着“关”，程序世界与物质实体之间找到了沟通的管道。本节将要介绍的硬件功能在软件上的使用都是经过这一管道完成的，1、0、“开”“关”，2 个数字、2 种状态到底衍生出多少奇迹呢？

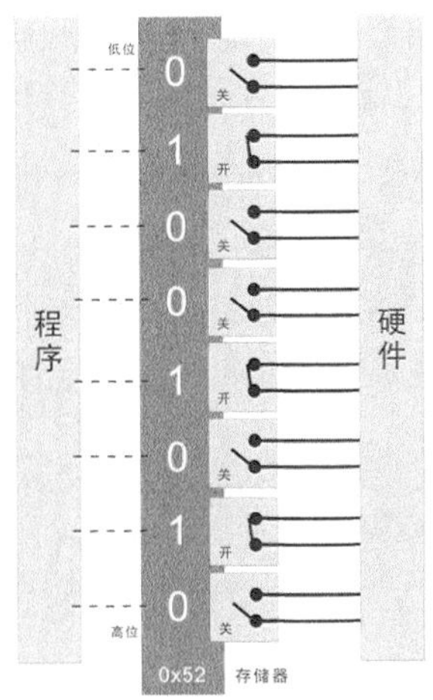

存储器是由一大堆开关组成的，每一个开关都有“开”和“关”2 种状态，每一个开关对应程序中位的概念，每 8 个开关为一组，组成程序中字节的概念。我们前面介绍的单片机编译，就是将 C 语言程序转换成二进制的由 0 和 1 组成的文件。程序的下载过程就是将这些二进制数按顺序放到单片机的存储器中，改变开关的状态。如果数值为 1 则接通开关，如果数值为 0 则断开开关。单片机里有非常复杂的集成电路，存储器中的开关是连接在电路上的，开关的状态会改变电路的状态，最终实现了对硬件的控制。让我们举一个 I/O 接口的例子来说明这一点。

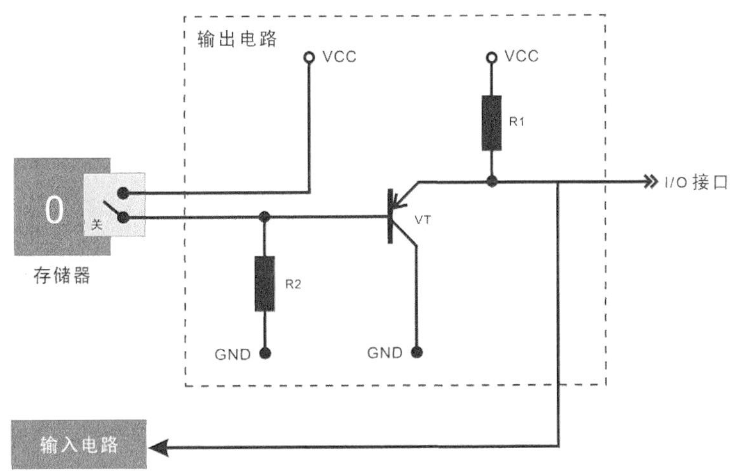

单片机 I/O 接口原理示意图

请看单片机 I/O 接口原理示意图，你不会以为这是真的吧，这只是为了说明软件控制硬件的原理而设计的，实际上单片机内部的电路要比这个复杂，因为还会涉及 I/O 接口工作方式之类的设置，还会有几个开关连接在电路上的。示意图上的输出电路比较简单，由 1 个三极管和 2 个电阻组成。当存储器中的数值为 0 时，开关断开，下拉电阻 R2 将 VT 基极处于低电平状态，三极管 VT 导通，I/O 接口与 GND 短接，I/O 接口处于低电平状态。反之当存储器中的数值为 1 时，开关导通，三极管 VT 基极直接与 VCC 连接，VT 截止，上拉电阻 R1 将 I/O 接口拉成高电平状态。程序运行时不断改变对应 I/O 接口的存储器开关的“开”和“关”，I/O 接口的电平就随之改变。现在你明白了，单片机里面只有一些开关和电路，没有什么脑细胞组织或者神秘物质。

单片机的存储器有许许多多个这样的开关，单片机的设计者根据不同的应用，把这些开关分类，并按一定顺序排列起来。最后再给每一个或每一组开关编上号，以便需要的时候可以很容易找到。在程序的世界里，这些存储器的编号被叫作地址。不同型号的单片机中，存储器开关的个数也不相同，但它们的地址都是从 0x00 开始编号的。

讲到此处暂停一下，上文所讲的内容有没有理解，是豁然开朗还是莫名其妙？仔细理解一下程序和硬件的关系，慢慢领悟单片机的最根本原理。下面话头一转，我们换一个新话题。不是母猪的产后护理，也不是伊拉克战争，而是聊聊 RAM 和 ROM 的区别。

一般的单片机内部有 2 种类型的存储器，一种是数据存储器（RAM），另一种是程序存储器（ROM）。我们用 ISP 下载线下载的程序存储在 ROM 空间里；在单片机运行的时候，程序中的变量存储在 RAM 空间里。它们都是存储器，都由一大堆开关组成。有朋友会问了，既然都是开关，为什么还要区分呢，程序和数据存储在一起不是很和谐吗？是的，和谐是全社会的目标，同样也是单片机存储器的终极理想，可是在单片机的设计过程中出现了一个棘手的问题。现在我们的科技可以制造出几种类型的存储器，见下表。

简称	全称	速度	易失性能	特点
EEPROM	电擦写只读存储器	最慢	掉电存储	早期技术，成本低
Flash	快闪存储器	慢	掉电存储	容量大，成本较低
DRAM	动态随机存储器	中	掉电丢失	成本低
FRAM	铁电存储器	中	掉电存储	成本高，掉电保存次数有限
SRAM	静态随机存储器	快	掉电丢失	成本低，速度快
MRAM	磁性随机存储器	最快	掉电存储	新技术，成本高

从表中你会发现所有的存储器都存在速度、易失性和成本之间的博弈。我们最喜欢的是速度快、掉电存储而且价格便宜的存储器，可是没有一种可以满足我们的要求。SRAM 的速度快、成本低，可以快速读写数据，如果把程序和数据都放在这里是很好的。不幸的是 SRAM 属于易失性（或挥发性）存储器，一旦掉电，我们存好的程序和数据就消失了。Flash 可以吗？ Flash 是非易失性的，掉电后数据依然保存，我们常见的 U 盘就是使用 Flash 技术的。不行，Flash 虽然不易丢失，可是擦写的速度太慢，当单片机需要快速修改变量的时候，擦写 Flash 会用去很长的时间。MRAM 好像速度最快，而且不易丢失，应该是不错的选择。是的，MRAM 有望在未来成为新一代存储器，代替 Flash 和其他存储器。不过现阶段，这项技术的成本较高、技术尚不成熟，还有待进一步研发。最后实在没有办法了，单片机的设计师们想出了一个巧妙的方法，就是使用 2 种存储器，一种用来存储程序，因为程序只是读出来运行，而不需要擦写，所以可以保证速度，但必须掉电存储；另一种用来应付需要高速擦写的数据，它的擦写速度必须足够快。最后设计师们确定了方案，即用 Flash 存储必须长久保存的程序，用 SRAM 存储必须快速擦写的数据，这样问题就解决了。可惜留下一点遗憾，因为

SRAM 在掉电后里面的数据就会丢失，所以每次上电、程序运行之前都要将初始的数据写入到 SRAM 中，掉电前的数据不论重要与否，都不能找回来了。我们用的电脑和单片机的原理一样，也是用硬盘和内存条分开存储程序和数据的。每次开机的时候电脑都要把硬盘里的操作系统和软件的相关数据写到内存条里，如果没有及时存盘就突然掉电，你之前玩的游戏、写的文章将一去不返。

这种将程序和数据分开存储的方式并不是理所应当的，而是没有办法的办法。一旦有速度快、非易失、成本低的存储器问世，电子行业将迎来一次存储器的革命，到时候程序和数据存放在一起，所有内容不会丢失，运算速度也不减当年。到时候就没人用我介绍的单片机，也没有人看我写的书了，对此我只能又爱又恨。

不一定所有的单片机都只使用 Flash 和 SRAM，读到第 4 章的时候你会知道，单片机的程序存储器曾经从 EEPROM 过渡到 Flash。但现阶段所有的单片机都把程序和数据分开存储，所以我们把存储程序的存储器叫程序存储器（ROM），把存储数据的存储器叫数据存储器（RAM）。单片机的用途不同，所需要的 ROM 空间和 RAM 空间也不同，所以大部分单片机在同一系列的不同型号也只是 ROM 空间和 RAM 空间容量的差别。例如 STC12C2052 的 Flash 空间是 2KB，STC12C4052 的 Flash 空间是 4KB，用户可以根据自己开发的程序大小来选型。

嗯，了解了存储器的原理，我们就可以回过头来接着讲存储器的地址编号了。现在知道了，存储器分 RAM 和 ROM，它们的地址也是不同的。更重要的是单片机设计师们为每个存储器的特定地址区域指定了用途，熟悉存储器的特定用途对单片机编程来说非常关键。

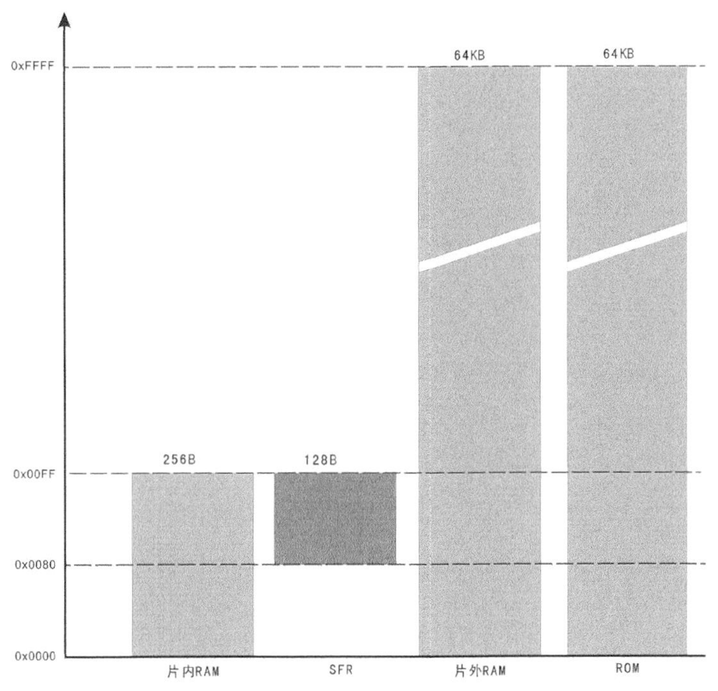

存储器地址分布图

存储器地址分布图中表现出了单片机中 RAM 和 ROM 的所有地址划分，但要注意的是图中的划分只是“行政规划”，并不是说每一款单片机都有 64KB 的 ROM 和片外 RAM，前面我也说过单片机型号差别总要是 RAM 和 ROM 空间的不同。所以图中标出的 64KB 只是可以达到的最大空间，即是 16 位寻址的最大值。不过也有共同之处，8051 的片内 RAM 至少有 128B，SFR 固定是 128B，ROM 空间至少为 2KB，这是目前 8051 单片机最低的配置了。例如目前应用较多的 AT89C2051 单片机就具有 2KB 的 Flash（ROM）和 128B 的片内 SRAM（RAM），STC12C2052 型单片机有 2KB 的 Flash 和 256B 的 SRAM，STC11F60XE 型单片机具有 60KB 的 Flash、1280B 的 SRAM 和 1KB 的 EEPROM（用来存储不希望掉电丢失的数据）。

片内 RAM 和片外 RAM 有什么区别？寻址是怎么回事？什么是 SFR？讲到此处需要停下来单独解释一下读者的疑惑。

片内 RAM 和片外 RAM，听上去好像是指单片机芯片的里面和外面。没错，当初就是这个意思。一般的单片机内部最多集成有 256B 的片内 RAM，如果不够用了，就需要在单片机的引脚上外接一个 RAM 芯片（可以是 SRAM 或其他），常用的外扩 RAM 芯片是 6264（8KB）和 62256（32KB），它是一种高速 SRAM，在许多单片机教程中都有介绍。当单片机内部的 ROM 空间不足时也可以扩展 Flash 芯片或 EEPROM 芯片。单片机原有的就称为片内，外扩的就称为片外。后来随着单片机集成度的提高，有一些需要外扩的芯片被厂商集成到单片机里了，其中也包括 RAM 和 ROM。那么集成进去的 RAM 和 ROM 是算作片内还是片外呢？原来的定义好像不适用于新的单片机形式了，不过目前来看人们还是沿用片内和片外的概念，因为大家把原来 8051 内核以外扩展的部分称为片外。名称的意义改变了，片内是指 8051 原有内核的存储器，后来集成进去的也都叫作片外。如果单片机已经集成了内外存储器，可是还需要再用引脚外接存储器芯片时应该怎么称呼呢？请你想一想，再去寻找答案。

我们有了 RAM 和 ROM 存储器，也有了地址编号，下面的问题就是怎么找到我们需要的存储器单元。解决这个问题就需要涉及寻址的概念。寻址顾名思义就是寻找地址嘛，我们用十六进制数为所有的存储器编好地址名。从存储器地址分布图中可以看到有 4 大块不同的存储器，SFR 是从 0x80 地址开始的，其他每一块都是从 0x00 开始的。它们就好像不同城市的固定电话号码，有的号码是重复的。我们怎么区分各城市之间重复的号码呢？生活常识告诉我们用区号，加 010 就是北京，加 0451 就是哈尔滨。单片机存储器中也有区号，存储器的区号是一些存储类型的定义，在编程的时候就已经把它们区分开来了。

存储类型说明表

存储类型	操作区域	寻址范围
data	字节寻址片内 RAM	片内 RAM 的 128B
bdata	可位寻址片内 RAM	16B，从 0x20 到 0x2F

续表

存储类型	操作区域	寻址范围
idata	所有片内 RAM	256B，从 0x00 到 0xFF
pdata	片外 RAM	256B，从 0x00 到 0xFF
xdata	片外 RAM	64KB，从 0x00 到 0xFFFF
code	ROM 存储器	64KB，从 0x00 到 0xFFFF

上一节我们讲到数组的时候提到过 code 的功能，当时你可能不明白其中原理，现在把所有的存储类型摆在你眼前，你应该清楚一些。在用 C 语言编程时，每一个常量都会存放在 ROM 空间，而存放在 RAM 空间的基本是变量（程序运行中所生成的数值）。在定义变量的时候就会一并决定它存储的位置。只要你给出了存储器块的位置，编译器是会在这个区块内自动分配一个或一组存储器来存放变量的，不需要你考虑具体存放在哪里。你需要做的是计算每个区块剩余存储器数量，因为一旦你定义的数据量超出的区块的大小，程序将会出现不可预知的错误。合理地分配数据的位置，也是编程的必备技能。

存储类型举例如下：

```
data unsigned char a;// 定义字符型变量 a， 变量存放在片内 RAM 空间
pdata unsigned int b;// 定义整型变量 b， 变量存放在片外 RAM 空间
code unsigned char ab []= {};// 数组 ab 保存在 ROM 空间
data unsigned char abc [8];// 数组 abc 定义 8 个字符型变量， 保存在片内 RAM 的
前 128B
```

哦，现在你明白了怎么选择存储器区块，可是为什么每个区块的大小不同？它们之间有什么区别吗？是的，一定有区别，不然大家都大小一样不是很和谐吗。为了从根本上讲解它们的区别，我还需要深入讲一下寻址的原理。下载单片机程序的二进制代码时按程序运行的先后顺序从 0x00 地址开始向后写入 ROM，有一个指针叫 PC 指针，好像手表的指针一样，是专门用来指向单片机需要运行的程序的地址的，PC 指针指到哪，就把哪里的二进制数读出来，再把这个二进制数和单片机内部的指令集对照，看看这个数据是数值还是指令，然后按照比对结果操作内部的复杂的电路来完成任务。指针从 ROM 的 0x00 地址开始，和手表的指针一样不断地走动指向下一个 ROM 地址，单片机就是这样工作起来的。8051 单片机的 PC 指针是 16 位的，也就是说由 16 个 1、0 开关组成。如果用十六进制数表示的话，PC 指针从 0x00 开始累加，最大的值是 0xFFFF，所以 ROM 存储器空间的上限也是 0xFFFF。因为 ROM 的空间再大也没有用了，16 位的 PC 指针也指不到更多的 ROM 地址。就好像我们国家的固定电话号码，原来电话号码是由 7 位组成的，后来因为城市中安装电话的人越来越多，最后 7 位数已经不能再保证每一台电话拥有一个唯一号码了，只好将号码升至 8 位。PC 指针的位数直接决定了 ROM 空间的最大容量，这也是 8 位单片机的局限所在。后来有了 16 位单片机和 32 位处理器，PC 指针的位数也得到拓宽，ROM 的空间也随之扩大。负责片内 RAM 和 SFR 存储器的指针是 8 位的，所以它们的上限地址是 0xFF，一共 256 个地址。

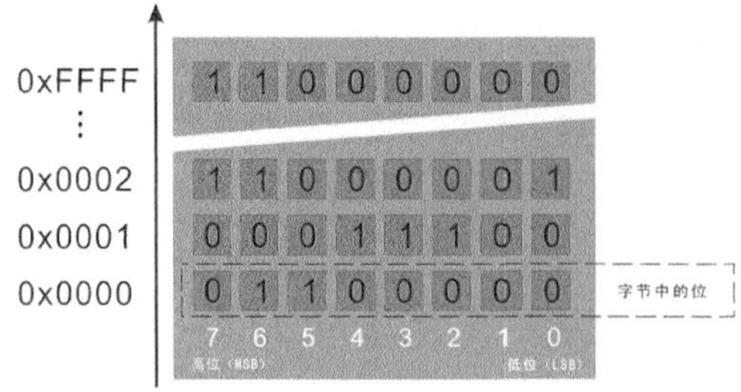

要知道每一个地址都代表着一个字节，即 8 个位。每一个字节都可以表示字符型变量 0x00 到 0xFF 的 256 个数值，也可以表示 8 个 0、1 的开关。请计算一下一片 60KB ROM 和 1280B RAM 的单片机有多少个开关在里面。这些开关将导致单片机内部电路的变化，从而控制硬件，同时它们又可以与程序沟通，传达编程者需要实现的指令。这些存储器的开关就是我们苦苦寻找的哲人石，它们是精神世界与物质世界的信使、单片机存在的基本条件。

解剖单片机

是不是我忘记了什么东西，我还没有介绍什么是 SFR 就突然来到了生物实验室，开始计划着解剖单片机了。没有错，SFR 是非常重要的内容，我怎么会忘记呢！只是现在机会还不成熟，大家再忍一忍，等我们解剖单片机之后，再回过头来好好研究 SFR 的奥秘。

想象一下，我拿着明晃晃的手术刀，插进单片机的身体里，手腕一转，单片机的外皮划开了一条口子。没有鲜血直流，也没有痛苦的呻吟。一道金光从单片机的肚子里面射出来，照得人们睁不开眼。金光慢慢消失，定睛观瞧，单片机的体内结构完全呈现。芯片的中心位置是单片机的“心脏”，一片集成电路晶片被胶体固定在芯片基座上，单片机的每一只引脚都有一根很细的金属丝与集成电路晶片连接，再没有其他的东西在里面了。下一步我们要把单片机的“心脏”取下来做进一步的解剖，余下的“尸体”直接送到“食堂”去了。

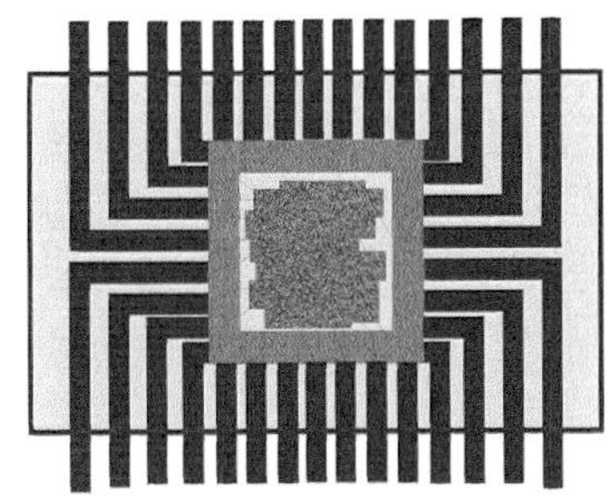

小心地剪断与引脚相连的金属丝，切开胶体，取下集成电路晶片。实验室的角落里有一台高倍的光学显微镜，小心地将晶片放到镜头下面，10 倍、30 倍、50 倍，随着视野的集中，集成电路结构一目了然。集成电路晶片其实就是微缩的电子电路，和我们平时制作的电路从原理上没有什么区别。经过在显微镜下的仔细观察，我发现这款单片机由几个部分的功能电路组成，我把它们的结构框架绘制在 8051 单片机内部结构示意图中，即完成了我对单片机的解剖实验报告。

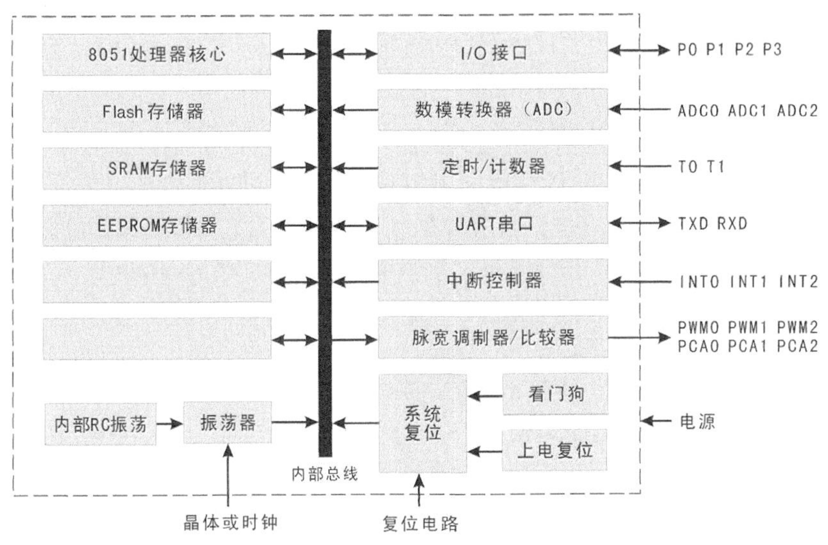

8051 单片机内部结构示意图

单片机的电路中有 8051 的处理器核心，PC 指针、加法器、指令集表都藏在这部分电路里面。其他的功能电路还有 I/O 接口、Flash 存储器、SRAM 存储器、UART 串口、定时 / 计数器、系统复位、时钟振荡器等，它们之间都通过一系列总线连接在一起（先把总线理解成一些普通的电路导线吧，后面我们会介绍总线是什么东西）。电源为集成电路供电，振荡器使用内部 RC 振荡电路或者外部晶体产生基准时钟，复位电路发出启动复位信号，让所有的功能电路回到初始状态，同步工作起点。处理器核心在这个时钟频率下开始工作，从 Flash 中读出程序数据，开始运行。运行时使用的变量被放入 SRAM 之中。其他功能电路的控制开关都放在 SRAM 存储器中的 SFR 里面，处理器核心按程序要求改变 SFR 中对应字节或位的值，各功能电路读出与自己有关的存储器中的值，来改变电路的状态。集成电路中的每一个功能电路都有其独立的输出接口，I/O 接口有 P0、P1、P2、P3，甚至有些单片机就有 P4、P5 组 I/O 接口。每一组 I/O 接口有 8 个引脚（如 P1.0 ～ P1.7），即一共有 32 个 I/O 接口。A/D 转换电路，可以把模拟量转化成数字量，一般的单片机都有 8 个独立的输入接口。定时 / 计数器电路，能对输入的电平脉冲计数，一般有 2 个独立的输入接口。UART 串口，可以完成串口通信，STC 系列单片机用它来实现 ISP 下载，有输入（RXD）和输出（TXD）2 个接口。另外还有电源接口、外部时钟接口、外部复位电路接口等，集成电路晶片向外引出的接口实在是太多了。如果我们每个接口都用金属丝引到单片机的引脚上，大约需要 60 多个引脚。可是单片机的应用很广泛，并不是每一项应用都需要这么多功能，如果真的全部引出来的话，很多应用中的大部分引脚都会空着不用。为了解决应用的多样化，单片机厂商们把一些在应用中互不冲突的功能电路的接口引到同一个引脚上，即一个引脚复用在几个电路上。复用的例子并不鲜见，我们的嘴就是很好的复用实例。我们的嘴作为输入口可以吃、喝、吸气，作为输出口可以说话、吐痰、呼气。如果没有复用，我们每个人就需要 6 张嘴了，一张脸看来是摆不下的。

正因为有了复用，单片机的封装形式变得丰富多彩，出现有 48、40、28、20 等这种引脚数量的封装，每一款芯片都有自己的复用定义。还有一些接口因为某些封装的引脚数量有限而没有引出来，比如 20 脚封装的 STC12C2052，就没有 P0、P2 组 I/O 接口的对应引脚，并不是说单片机晶片上没有这部分功能，只是没有把它们引出来而已。

解剖单片机的故事讲完了，那一只削铁如泥的手术刀、那一道魔幻世界里的金光都为故事增添了几分吸引力，也让一些科学主义者对故事的真实性产生怀疑。好吧，我坦白讲，没有手术刀也没有金光，集成电路晶片也很难完整地从基座上取下来，更不可能在显微镜下清晰地看到集成电路的结构，因为电路实在太复杂了。真实的情况是，我小心地用钳子剪开单片机的外壳，窥见引脚和集成电路晶片。但这是破坏性的实验，结果是我杀死了这个单片机。你不会在任何其他单片机入门的图书里看到拆卸单片机外壳的照片，这实在是太野蛮了。但是我这样做了，而且在我初学单片机的时候就已经这样做过了。“这个神奇的小东西里面到底藏了些什么？”我对世界充满着好奇，要么在家长的责骂声中心灰意冷，要么在看到单片机真实内部结构之后更具理解力和大胆的搜索精神。

演绎控制台

大到舞台剧、演唱会，小到电视台、录音间，都需要有一张控制台。它像一张桌子一样，上面布满了按钮和指示灯，看上去非常复杂。熟悉它们的工作人员反倒觉得很平常，当演唱会开始的时候，他们三三两两安坐在舞台对面的玻璃窗后面，随手按一下，灯光点亮，动手调一调，美妙的歌声环绕现场。在我小时候就有一个梦想，希望有一天坐在那里，摆弄眼前的控制台，好像一个王者，可以主宰一切。

不巧，我没能和灯光、音响的控制器邂逅，而在单片机的世界里遇见了属于我、也属于每一位单片机爱好者的控制台。SFR，特殊功能存储器，具有 128 个字节，每个字节 8 个位，位于 RAM 空间的特殊位置。单片机内部所有的功能电路，包括 I/O 接口、UART、ADC、PWM、EEPROM、定时 / 计数器等都由 SFR 一手掌控，它是单片机世界里独一无二的控制台。我们用程序控制 SFR 的存储器状态，这些状态将以开关量来控制各功能电路的工作。熟练使用 SFR，你便熟练使用了单片机。可以简单来说，SFR 是程序操控硬件的唯一渠道，所有的程序的最终目的都是为了操控 SFR，所有硬件也都由 SFR 操控。现在知道 SFR 有多重要了吧，熟悉 SFR 的基本原理之后，再学习其他型号的单片机时，只要了解这款单片机的引脚定义和 SFR，玩转它就是十拿九稳的事情了。

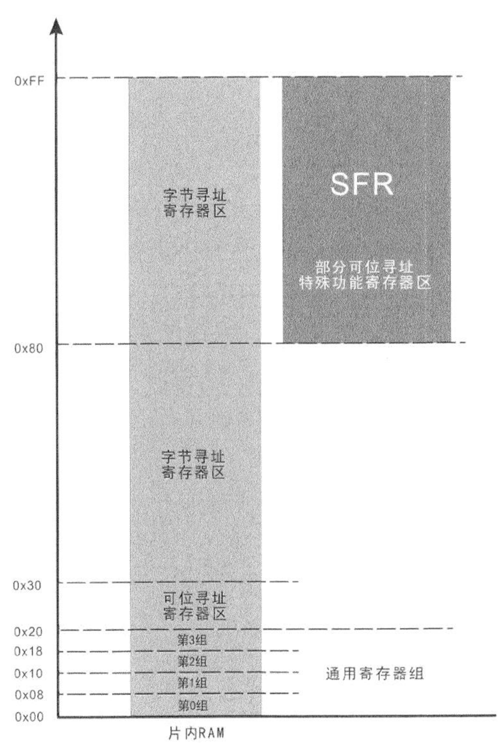

SFR 是片内 RAM 的一部分，可是 SFR 的地址与 0x80 到 0xFF 的地址相同。C 语言不会傻乎乎地把变量存放在 SFR 的空间里，读写 SFR 需要特殊的语句来操作。完整的 SFR 功能表请见配书资料中的附录 B，同时请打开 STC11F-10Fxx.pdf 芯片的数据手册，找到 42 页的特殊功能寄存器映像表和后面几页的详细说明，单片机所有能操控的硬件都在这里了。初学乍到可能看不明白，下面我举几个例子介绍一下如何看懂 SFR。

文件名	路径
STC11F-10Fxx.pdf	本书资料下载区

如果你希望快速地理解 SFR，就需要有所付出。准备一张大纸，画一张如附录 B 的 SFR 完整表，表中的内容先不要填写。把完成后的空表摆在桌子上，从下到上依次是 0x80 到 0xFF 的地址顺序，每一个地址有 8 个位。想象着每一个位都是一个独的开关按键，0 为关、1 为开，现在你有 128 行 8 列共 1024 个开关。这就是你的单片机控制台，熟练地控制它是你的目标。上面的开关并不是都有作用，只有一部分开关和硬件电路连接，还有一些空在那里，等待着日后集成更多功能电路时使用。现在的开关也不是按规则排列的，它们按设计者的想法排列在不同的地址上面。这些开关有的单个操作，有的 8 个一组成组操作，下表是 SFR 中 3 种有代表性的操作方法的例子。

地址	功能	高位（MSB）			位定义		低位（LSB）			初始值
		7	6	5	4	3	2	1	0	
0xA8	IE	EA	ELVD	EADC	ES	ET1	EX1	ET0	EX0	0000 0000
0x90	P1	P1.7	P1.6	P1.5	P1.4	P1.3	P1.2	P1.1	P1.0	1111 1111
0x8C	TH0	0	0	0	0	0	0	0	0	0000 0000
0x8A	TL0	0	0	0	0	0	0	0	0	0000 0000

在 0xA8 地址上是中断控制寄存器 IE，它由 8 个开关组成，每一个开关都有自己的功能，都可以独立操作，初始值都是 0，即单片机上电时所有的中断都是不允许的。前面的文章中提过中断是什么，这里也不做更多的介绍，后面的讲解中会有中断的例子。EA 是单片机总中断开关，相当于电源的总开关，当 EA 位为 1 时单片机才允许所有的中断响应，EA 位为 0 时所有的中断都不允许。ELVD 是低压检测中断开关，为 1 允许电源电压过低时中断，为 0 不允许。EADC 是 A/D 转换中断开关，ES 是 UART 串口中断开关，ET1 是定时 / 计数器 1 中断开关，EX1 是外部中断 1 开关，ET0 是定时 / 计数器 0 中断开关，EX0 是外部中断 0 开关。假设我们想使用 UART 串口中断，虽然我们不知道 UART 串口中断功能到底是怎么回事，但是我们只要在程序中出现“ES = 1 ;EA = 1 ;”或“IE = 0x90 ;(1001 0000)”，串口中断就启动了，就好像拨动 2 个开关一样简单。

在 0x90 地址上是第 1 组 I/O 接口的控制寄存器 P1，它也有 8 个开关，每一个开关对应着单片机引脚上的一个 I/O 接口，可以独立操作它们，初始值都是 1，即单片机上电时所有的 P1 接口都输出高电平。把对应位写入 0 或 1，便可以控制 I/O 接口的电平。这也就是我们前文一直在介绍的单片机 I/O 接口的内容，现在你终于了解本质的原理了。例如让 P1.7 和 P1.6 为低电平，其他接口为高电平，可以在程序中输入“P1 ^ 6 = 0; P1 ^ 7 = 0;”或“P1 = 0x3F;（0011 1111）”，I/O 接口的电平状态马上按照要求改变。

在 0x8A 和 0x8C 这 2 个地址上是定时 / 计数器 0 的数值寄存器，它们各由 8 个开关组成，有时它们合在一起组成 16 位宽度的数值寄存器。它们不像前 2 种 SFR 寄存器可以操作内部开关、控制 I/O 接口状态，它们也是开关，被当作数据存储器使用。每一个地址都可以存储 0x00 到 0xFF 共 256 个数值，地址中的每一个位也没有自己的名字，它们不可以单独操作位，只可以按 8 位一组按字节操作。在 SFR 列表中只有地址可以被 8 整除的功能可以按位操作，也叫位寻址，其他的地址只能按字节操作。

硬件被 SFR 控制，硬件也可以改变 SFR 的开关状态。例如 I/O 接口 P1.7 写入 1，对应的开关位为高电平，但如果 P1.7 外接按键与 GND 短接，按键按下时 P1.7 被变成低电平，对应的 SFR 开关位会怎么样呢？坚持自己的原则吗？不，开关位也会随 P1.7 拉成低电平而变为 0，读 SFR 的状态也就是读取硬件的状态。仔细看一下数据手册上的说明，了解每一种功能在 SFR 上都有哪些对应的寄存器地址，它们的功能是什么，如何操作。再回首，我们来谈谈在程序中操作 SFR 的方法。

关键字	功能	举例
sfr [自定义名] = [SFR 地址];	按字节定义 SFR	sfr P1 = 0x90;
sbit [自定义名] = [SFR 位名];	按位定义 SFR	sbit KEY = P1 ^ 7;

我们需要在程序中定义 SFR 的地址和位，因单片机型号的不同，硬件功能在 SFR 中的地址和用法也不同。所以在新拿到一款单片机的时候需要把 SFR 中对应的功能地址变成我们熟悉 P1、P3、EA 之类通用、易记的自定义名称。没想到吧，我们一直在介绍的 P1、P3 之类的 I/O 接口名竟然是自定义的名称，只要地址是对应功能的 SFR 地址，至于取什么名字随便你。只是有一些自定义名称已经被大多数人默认为是一种标准了。如 SFR 中 0x90 的地址是一组 I/O 接口，你可以把它命名为 ABC，这不会影响程序运行，不过大家已经习惯称之为 P1 了，在使用别人的程序参考或移植时坚持个性对提高移植效率没什么好处。

在任何一个单片机 C 语言程序开始之前都需要定义程序中涉及的 SFR 地址。定义的格式如下：

```
sfr [自定义名] = [SFR 地址] ;
```

当我们需要在程序中用到 I/O 接口、定时 / 计数器、中断之类的功能时，我们需要在 SFR 表中找到对应功能的地址，并在程序开始处定义它们。按字节定义的内容如下：

```
sfr P0   = 0x80;
sfr P1   = 0x90;
sfr P2   = 0xA0;
sfr P3   = 0xB0;
sfr PSW  = 0xD0;
sfr ACC  = 0xE0;
sfr B    = 0xF0;
sfr SP   = 0x81;
sfr DPL  = 0x82;
sfr DPH  = 0x83;
sfr PCON = 0x87;
sfr TCON = 0x88;
sfr TMOD = 0x89;
sfr TL0  = 0x8A;
sfr TL1  = 0x8B;
sfr TH0  = 0x8C;
sfr TH1  = 0x8D;
sfr IE   = 0xA8;
sfr IP   = 0xB8;
sfr SCON = 0x98;
sfr SBUF = 0x99;
```

当 SFR 的地址定义完成后，就可以用定义好的名称来定义字节中的位了。当然只能定义可以位寻址的地址中的位，不能位寻址的只能按字节的方式操作。按位定义的内容如下：

```
sbit P1_0   = P1 ^ 0;
sbit P1_1   = P1 ^ 1;
sbit P1_2   = P1 ^ 2;
sbit P1_3   = P1 ^ 3;
sbit P1_4   = P1 ^ 4;
sbit P1_5   = P1 ^ 5;
sbit P1_6   = P1 ^ 6;
sbit P1_7   = P1 ^ 7;

sbit EA       = IE^7;
sbit ELVD     = IE^6;
sbit EADC     = IE^5;
sbit ES       = IE^4;
sbit ET1      = IE^3;
sbit EX1      = IE^2;
sbit ET0      = IE^1;
sbit EX0      = IE^0;
```

按上面的方法在程序中定义了之后，我们才可以在下面的 C 语言编程中使用 P1、P3、EA、P3_1，如果不按位定义，也可以用 P1 ^ 0、IE ^ 7 这样的方式在程序中出现。但按字节定义 SFR 地址的部分一定要出现。有朋友会问了，在我们前面学习过的程序里面好像没有出现过这些定义呀，在程序中照样也使用了 P1、P3 之类的名称，这是怎么回事呢?

这个问题问得好，这位朋友很细心，可惜没有认真地看过头文件的内容。请大家在电脑中找到 Keil 软件的安装目录，在 C:\Keil\C51\INC 文件夹里面用记事本软件打开 REG51.h、STC11Fxx.H 文件看一看。是不是看到了类似下面的内容。

```
/*  BYTE Register  */
sfr P0   = 0x80;
sfr P1   = 0x90;
sfr P2   = 0xA0;
sfr P3   = 0xB0;
sfr PSW  = 0xD0;
sfr ACC  = 0xE0;
sfr B    = 0xF0;
sfr SP   = 0x81;
sfr DPL  = 0x82;
sfr DPH  = 0x83;
sfr PCON = 0x87;
sfr TCON = 0x88;
sfr TMOD = 0x89;
sfr TL0  = 0x8A;
sfr TL1  = 0x8B;
sfr TH0  = 0x8C;
sfr TH1  = 0x8D;
sfr IE   = 0xA8;
sfr IP   = 0xB8;
sfr SCON = 0x98;
sfr SBUF = 0x99;

/*  BIT Register  */
/*  IE   */
sbit EA    = 0xAF;
sbit ES    = 0xAC;
sbit ET1   = 0xAB;
sbit EX1   = 0xAA;
sbit ET0   = 0xA9;
sbit EX0   = 0xA8;

/*  P3  */
sbit RD    = 0xB7;
sbit WR    = 0xB6;
sbit T1    = 0xB5;
sbit T0    = 0xB4;
sbit INT1  = 0xB3;
sbit INT0  = 0xB2;
sbit TXD   = 0xB1;
sbit RXD   = 0xB0;
```

是的，前辈们为了精简程序、提高效率，想出了这个好方法，他们把每一种单片机的 SFR 地址定义和位定义都单独放在一个文件里面，用单片机的型号或系列名作为文件名。在程序开始的时候不需要烦琐地定义，只要声明这个文件名就可以了。这便是我们常说的头文件了，其实就是每款单片机的 SFR 地址和位定义的语句集合。

所有的头文件都存放在 C:\Keil\C51\INC 文件夹里面，用下面的语句加载它们。

```
#include <REG51.h> //通用 89C51 头文件
#include <REG52.h> //通用 89C52 头文件
#include <STC11Fxx.H> //STC11Fxx 系列单片机头文件
#include <STC12C2052AD.H> //STC12Cx052 或 STC12Cx052AD 系列单片机头文件
```

明白了这些道理之后还是要再认真看一看数据手册，最好可以把它打印出来，大声朗读手册里的内容，在纸上写出你的注解。我可以很负责任地告诉你，当你对数据手册上的所有内容完整理解的时候，就没有什么单片机的问题可以难住你了，就这么简单。要达到这一步，除了持久的热情之外，还要有认真、细致和勤奋。很幸运，你能行。

文件名	路径
STC12C2052AD.pdf	本书资料下载区
STC11F-10Fxx.pdf	
STC12C5A60S2.pdf	

小例观大同

举 4 个例子吧，通过它们让你了解 SFR 真实使用。更多的功能没什么特别，也都如同此法。还是那句话，重要的是熟读、看懂数据手册，手册中有对各个功能的说明和举例，虽然没有我写的那么生动、活泼，但是所述内容一样可以让你学会使用。又是那句老话，基本原理都是相通的，举一可反十三,一通可百通，以小例可观大同。

1. I/O 接口

STC 单片机我很喜欢，除了它可以用低成本的 UART 串口做 ISP 下载之外，还因为其内部集了的传统 8051 单片机没有的功能。在 I/O 接口工作方式上的丰富，让我有机会制作出 Mini1608 和更多好玩的东西。许多用传统 8051 单片机入门的朋友会对 I/O 接口的标准双向接口工作方式形成僵化印象，STC 单片机可以打破僵局，给设计者更丰富的资源。与 I/O 接口有关的 SFR 请见下表。

单片机 I/O 口部分 SFR

名称	地址	功能	位定义								初始值
			7	6	5	4	3	2	1	0	
P0	80h	8 位 I/O 接口 P0	P0.7	P0.6	P0.5	P0.4	P0.3	P0.2	P0.1	P0.0	1111 1111
P0M1	93h	设置 P0 接口的 4 种工作方式									0000 0000
P0M0	94h										0000 0000
P1	90h	8 位 I/O 接口 P1	P1.7	P1.6	P1.5	P1.4	P1.3	P1.2	P1.1	P1.0	1111 1111

名称	地址	功能	位定义								初始值
			7	6	5	4	3	2	1	0	
P1M1	91h	设置 P1 接口的 4 种工作方式									0000 0000
P1M0	92h										0000 0000
P2	A0h	8 位 I/O 接口 P2	P2.7	P2.6	P2.5	P2.4	P2.3	P2.2	P2.1	P2.0	1111 1111
P2M1	95h	设置 P2 接口的 4 种工作方式									0000 0000
P2M0	96h										0000 0000
P3	B0h	8 位 I/O 接口 P3	P3.7	P3.6	P3.5	P3.4	P3.3	P3.2	P3.1	P3.0	1111 1111
P3M1	B1h	设置 P3 接口的 4 种工作方式									0000 0000
P3M0	B2h										0000 0000
P4	C0h	8 位 I/O 接口 P4	P4.7	P4.6	P4.5	P4.4	P4.3	P4.2	P4.1	P4.0	1111 1111
P4M1	B3h	设置 P4 接口的 4 种工作方式									0000 0000
P4M0	B4h										0000 0000
P4SW	BBh	P4 接口开关	–	NA/P4.6	ALE/P4.5	NA/P4.4	–	–	–	–	x000 xxxx

表中的 P0、P1、P2、P3、P4 是各组 I/O 接口对应引脚的控制寄存器，可以位寻址操作。每个 I/O 接口都可以独立设置 4 种工作方式，分别是标准双向输入 / 输出、推挽输出、高阻态输入和开漏状态。

在标准双向输入 / 输出工作方式下，对 I/O 接口写入 1，对应的 I/O 接口输出高电平，写入 0 时输出低电平，用于控制外部电路。将 I/O 接口输出高电平时，可以读出引脚的电平状态并变化 SFR。

在推挽输出工作方式下，对 I/O 接口写入 1，对应的 I/O 接口输出高电平，写入 0 时输出低电平，推挽工作方式与前者的不同是它具有很强的推动能力。在做第 1 章的第一个单片机实验的时候，你就已经发现了多灯实验时正负极都接在 I/O 接口的 LED 的亮度不高。这就是使用标准双向输入 / 输出工作方式的结果，如果使用推挽工作方式，就可以推动 LED、继电器、电动机、扬声器，让它们有充足的电流来工作。

在高阻态输入工作方式下，对 I/O 接口写入 1 或 0 对 I/O 接口的电平没有影响，被设置为高阻态输入工作方式的 I/O 接口没有任何电平状态，就好像一条悬空的导线。这时的 I/O 接口只能用于输入，引脚上有高电平，则对应的寄存器变为 1，引脚输入低电平或悬空时，对应寄存器变为 0。第 1 章中的触摸式 8 键电子琴就利用了 I/O 接口的高阻态输入工作方式实现。

开漏工作方式与标准双向输入 / 输入工作方式基本相同，对 I/O 接口写入 1，对应的 I/O 接口输出高电平，写入 0 时输出低电平。将 I/O 接口输出高平时，可以读出引脚的电平状态并变化 SFR。唯一的区别是开漏工作方式下，单片机内部没有给 I/O

接口接上拉电阻，所以I/O接口的高电平推动能力极弱，需要用外接上拉电阻使用。

通过PxM0和PxM1（x表示端口的数字0、1、2、3、4）2个寄存器的组合，可以有4种状态，分别对应着不同的工作方式。

I/O接口工作方式设定（P1.7,P1.6,P1.5,P1.4,P1.3,P1.2,P1.1,P1.0）

PxM1【7:0】	PxM0【7:0】	I/O接口工作方式（如做ADC使用，需设置为开漏或高阻态输入）
0	0	准双向口（传统8051单片机的I/O接口工作方式）
0	1	推挽输出
1	0	高阻态输入
1	1	开漏

在编程时首先要加载STC11Fxx.h的头文件，因为STC单片机官方给出的头文件中有I/O接口工作状态设置的定义。

```
#include <STC11Fxx.h>       //声明STC单片机头文件
P1M0 = 0x01;                        //设置P1接口工作方式
P1M1 = 0x04;                        //设置P1接口工作方式
P4M0 = 0x02;                        //设置P3接口工作方式
P4M1 = 0xf4;                        //设置P3接口工作方式
P4SW = 0xff;                        //设置单片机功能引脚作为P4接口使用
```

例如我们对I/O接口的工作方式做出如下设置。即表示P1接口中，P1.7到P1.4为标准双向输入/输出接口，P1.3为推挽工作输出接口，P1.2为高阻态输入接口，P1.1为标准双向输入/输出接口，P1.0为开漏状态接口。具体设置可以对照STC单片机的SFR数据表。注意P4SW寄存器对应位设置为1时，则此引脚才可作为P4接口使用，否则将作为外部复位或其他功能。

```
P1M0 = 0x09;                        //0000 1001
P1M1 = 0x05;                        //0000 0101
```

值得注意的是，不同型号的单片机的工作方式的设置有所不同，比如STC12C2052和STC11Fxx两种的PxM0和PxM1的值状态正好相反，仔细观察一下吧。

2. 中断

我是非常讨厌中断的人，我相信每一个人都不喜欢中断，可是现代社会里的中断却非常多。身上带的手机说不上什么时候就来了一个电话，把刚刚想好的思路打断了。网上的QQ、MSN，时不时跳出一个信息，都是些无聊时的无聊行为。相比之下我更喜欢电子邮箱，因为它不会主动打扰我，我只要每天定时地看一下就可以在我悠闲的时候处理来信。

单片机也有电话和电子邮箱，也就是说单片机可以中断处理一些任务，也可以查询处理，一个被动、一个主动。读取按键的状态就是使用了查询的方法，CPU 可以处理其他事情，有一个特定的时间读取按键。看上去是一个不错的方法，为什么还要有中断呢？中断是为了突发、紧急事件准备的，在单片机的术语叫实时性。当单片机里的 CPU 干的事情多了，就不能及时读出按键，当我们需要单片机马上响应我们的按键时，就需要用中断的方法。传统的 8051 单片机有 5 个基本的中断源，增强型 8051 单片机则有更多的中断源，包括 ADC 中断、低电压中断、SPI 总线中断等，基本的中断源见下表。

中断源列表

中断编号	中断源	中断入口地址	优先级
0	外部中断 0	0x03	高
1	定时 / 计数器 0	0x0B	
2	外部中断 1	0x13	
3	定时 / 计数器 1	0x1B	低
4	UART 串口中断	0x23	

5 个中断源中有 2 个是外部中断接口 INT0 和 INT1，2 个定时 / 计数器 T0 和 T1，1 个 UART 串口。中断编号在单片机编程时会用到，用编号来区别中断源。优先级是指在 2 个或 2 个以上中断同时出现时，哪一个有优先中断的权力。有一个中断优先级寄存器可以调整优先级关系，可惜不是很常用，因为同时出现多个中断的时候真的太少了，而 CPU 一旦进去了中断处理程序就会关闭其他的中断请求，直到处理完成。

实现中断功能需要以下 2 个条件。

- 打开总中断（EA）和对应功能的中断允许位。
- 编写中断处理程序，确定中断编号和通用寄存器组。

单片机中断部分 SFR

名称	功能	地址	初始值
IE	中断允许寄存器	0xA8	0xx0 0000
IP	中断优先级寄存器	0xB8	xxx0 0000

地址	名称	位定义							
		7	6	5	4	3	2	1	0
0xA8	IE	EA			ES	ET1	EX1	ET0	EX0
0xB8	IP				PS	PT1	PX1	PT0	PX0

在中断允许寄存器 IE 中，EA 是单片机总中断开关，相当于电源的总开关。当 EA 位为 1 时，单片机才允许所有的中断响应；当 EA 位为 0 时，所有的中断都不允

许。ES 是 UART 串口中断开关，串口收到数据时产生中断；ET1、ET0 是定时 / 计数器中断开关，当定时或计数的值超出累加存储器的最大值时产生中断；EX1、EX0 是外部中断开关，当 INT1 和 INT0 引脚（与 P3.3 和 P3.2 复用）由高电平跳变为低电平时产生中断。假设我们想使用 UART 串口中断，我们只要在程序中出现"ES = 1；EA = 1；"或"IE = 0x90；(1001 0000)"，串口中断功能被允许使用了。

IP 是中断优先级寄存器，PS、PT1、PX1、PT0、PX0 分别对应 UART 串口、定时 / 计数器 1、外部中断 1、定时 / 计数器 0、外部中断 0。相应位置 1，其优先变成最高优先级。空着的位是为以后扩展预留的，新款的 STC 单片机占用了一些预留位，实现了 ADC 和低电压中断功能。在配书资料的附录 B 中的 SFR 表中，还出现了 IE2 和 IP2 的寄存器组，这是因为 STC 新增加的中断已经超过了 8 个，在 SFR 表中用另一组寄存器来装载了。

在 main 函数开始处加入如下的语句就可以允许或禁止相应的中断源产生中断。

```
EA = 1; // 允许总中断
ES = 1; // 允许 UART 串口的中断
EX1 = 1; // 允许外部中断 1 的中断
ET1 = 1; // 允许定时 / 计数器 1 的中断
PX1 = 1; // 外部中断 1 为最高优先级
EX1 = 0; // 禁止外部中断 1 的中断
ET0 = 0; // 禁止定时 / 计数器 0 的中断
```

允许产生中断了，可是中断真的来了要怎么处理呢？ C 语言的主函数和子函数都是用来处理正常的程序的，中断是让 CPU 暂停正在处理的正常程序，转去处理中断事件。就好像中断写字去接一个电话一样，接完电话再回来继续写字。中断是一个非正常的事件，所以它有特殊的函数形式。

```
返回值类型 函数名 （参数） interrupt[ 中断源编号 ] using[ 使用的通用寄存器组 ]
```

```
void name (void) interrupt 1 using 1{
      // 处理内容
}
```

void name (void) 是普通的函数形式，后面的 interrupt 1 就表示此函数是处理中断的函数。interrupt 后接的数据就是中断源的编号，为 1 表示定时 / 计数器 0 的中断处理程序，为 4 则表示 UART 串口的中断处理程序。一旦产生中断，不论正常程序运行到什么地方都会暂停，转到中断处理程序，处理完成后再回到暂停的程序处继续运行。真希望单片机也可以有双核技术，这样就可以同时处理中断又不耽误正常程序了，呵呵。

问题来了，而且一来就是 2 个。首先，中断处理程序的工作过程听上去很合理，产生中断后跳到中断处理程序。可是单片机的程序都是存放在 ROM 空间的，从 0x00 地址开始运行，单片机怎么会知道中断程序在哪个 ROM 地址开始运行呢？其次，正常程序运行得好好的，在 RAM 中也一定有一些变量在使用，突然之间来了一个中断处理程序，处理程序又和正常程序没有什么关联，如果中断处理程序也需要使用 RAM 空间，那正常程序的变量不就被毁掉了吗？

别担心，这 2 个问题都有答案。首先，在中断源列表中有一项是中断入口地址，C 语言早就为中断准备好了入口点，每一个中断入口地址之间都相差 8 个字节，未来的新中断源也会在 8 个字节后面建立入口地址。C 语言还做了更多的工作保证中断处理器的正常使用，C 语言做的低层工作说来话长，也许专业的 C 语言教程可以给你满意的答案。其次，在中断处理程序格式中有一段“using 1”，这就是传说中的通用寄存器组切换。单片机 RAM 的开始位置有 4 组通用寄存器组，每组 8 个字节。正常程序运行时只用到其中一组（一般为第 0 组），当进入中断程序的时候，我们用 using 1 把通用寄存器切换到了第 1 组。当处理程序结束再回到正常程序时，寄存器组还会切换回来。当处理多个中断时还有第 2、3 组通用寄存器供你选择。保证了大家各用各的 RAM 工作组，相互不影响工作。

在后面的文章中还有出现许多次中断的应用实例，这里就不单独举例说明了。嘿嘿，正当我写到这里的时候，一个朋友打来电话，中断了我的写作。抱歉，我要进入电话的中断处理程序了，程序名为“138xxxx0588”，中断编号 86，切换通用寄存器到第 1 组，“喂，您好”！

3. 定时 / 计数器

定时 / 计数器，在前面不止一次呼唤这个名字，它和中断控制器都是单片机最常用的部分。为什么叫定时 / 计数器呢？那是因为它可以接收单片机时钟振荡器的脉冲来计数，单片机引脚上也有 T0、T1 输入端，接收外部的电平信号来计数。前者可以定时，后者可以计数。比如我们想让接在单片机引脚上的 LED 每秒钟闪烁一次，我们可以用单片机 CPU 延时来产生时间间隔，但那样单片机就不能做其他事情了。最好的办法就是用定时 / 计数器里的定时部分，接收振荡器电路的时钟脉冲，每收到一个脉冲计数寄存器的值加 1，计数寄存器的值是 16 位的，当加到最大值 0xFFFF 时，定时器的对应在 SFR 中的标志位置 1，称为计数器溢出，表示定时时间到了。在前面介绍中断控制器的时候也介绍了定时 / 计数器中断的相关内容，是的，定时 / 计数器除了将标志位置 1 等待 CPU 查询之外，还可以产生中断，让单片机进入定时 / 计数器的中断处理程序。定时部分是这样的，计数部分也是相同的，仅是将输入的信号从时钟振荡器改为接收外部引脚的电平脉冲。

如果计数器寄存器的值只是从 0x0000 累加到 0xFFFF，那我们怎么控制定时的时间或计数的次数呢？还有定时 / 计数器（以下简称 T/C）的计数寄存器是可以由使用者修改的，在我们使用 T/C 之前，先算一下我们需要的计数次数（或定时时间），比如我们需要计数到 6 次时产生 T/C 中断，就用溢出值 0xFFFF 减去 6，得到 0xFFF9。最后将结果的高 8 位 FF 写入计数寄存器高 8 位 TH 中，低 8 位 F9 写入计数寄存器低 8 位 TL 中。再启动 T/C 时，计数的开始值就是 0xFFF9 了，达到了我们控制中断计数次数的目的。

单片机定时 / 计数器部分 SFR

名称	功能	地址	初始值
TCON	T/C 控制寄存器	0x88	0000 0000
TMOD	T/C 方式寄存器	0x89	0000 0000
TH0	T/C0 计数寄存器高 8 位	0x8C	0000 0000
TL0	T/C0 计数寄存器低 8 位	0x8A	0000 0000
TH1	T/C1 计数寄存器高 8 位	0x8D	0000 0000
TL1	T/C1 计数寄存器低 8 位	0x8B	0000 0000

地址	名称	位定义							
		7	6	5	4	3	2	1	0
0x88	TCON	TF1	TR1	TF0	TR0	IE1	IT1	IE0	IT0
0x89	TMOD	GATE	C/T	M1	M0	GATE	C/T	M1	M0
		T/C1				T/C0			

在 SFR 中，TH0、TL0 是 T/C0 的计数寄存器的高 8 位和低 8 位，TH1、TL1 是 T/C1 的计数寄存器的高 8 位和低 8 位。这是 2 个独立的 T/C，可以同时工作在不同方式下。其中 T/C1 比较特殊，在使用 UART 串口的时候，T/C1 被指定为 UART 串口产生波特率，即在启动 UART 串口时，T/C1 就被绑架了，必须帮助 UART 串口工作。

TCON 是 T/C 控制寄存器，包含 T/C 的启动开关和标志位，可位寻址操作。有趣的是，TCON 中还包含外部中断（INT1、INT0）的控制寄存器，而没有把外部中断寄存器单独放在一个字节里面，可见设计者还是蛮会过日子的。

名称	说明
TF1	T/C1 计数溢出中断请求标志位。 计数寄存器的值溢出时 TF1 被硬件置 1，如 ET1 = 1（允许 T/C1 中断），CPU 进入 T/C1 中断处理程序时会将 TF1 置 0（自动防止重复中断）。 如果 ET1 = 0（禁止 T/C1 中断），CPU 可以通过查询 TF1 的状态判断计数寄存器是否溢出
TR1	T/C1 开关（为 1 时开启 T/C1，为 0 时关闭）
TF0	T/C0 计数溢出中断请求标志位。 计数寄存器的值溢出时 TF0 被硬件置 1，如 ET0 = 1（允许 T/C0 中断），CPU 进入 T/C0 中断处理程序时会将 TF0 置 0。 如果 ET0 = 0（禁止 T/C0 中断），CPU 可以通过查询 TF0 的状态判断计数寄存器是否溢出
TR0	T/C0 开关（为 1 时开启 T/C0，为 0 时关闭）
IE1	外部中断 INT1 中断请求标志位。 外部中断 INT1 触发时 IE1 被硬件置 1，如 EX1 = 1（允许 INT1 中断），CPU 进入 INT1 中断处理程序时会将 TF1 置 0。 如果 EX1 = 0（禁止 INT1 中断），CPU 可以通过查询 IE1 的状态判断是否有外部中断触发

名称	说明
IT1	外部中断 INT1 触发方式选择。 IT1 为 1 时，单片机的 INT1 引脚上由高电平向低电平变化的瞬间产生中断（下沿触发）。 IT1 为 0 时，单片机的 INT1 引脚上的电平为低电平时将触发中断（电平触发）
IE0	外部中断 INT0 中断请求标志位。 外部中断 INT0 触发时 IE0 被硬件置 1，如 EX0= 1（允许 INT0 中断），CPU 进入 INT0 中断处理程序时会将 TF0 置 0。 如果 EX0 = 0（禁止 INT0 中断），CPU 可以通过查询 IE0 的状态判断是否有外部中断触发
IT0	外部中断 INT0 触发方式选择。 IT0 为 1 时，单片机的 INT1 引脚上由高电平向低电平变化的瞬间产生中断（下沿触发）。 IT0 为 0 时，单片机的 INT1 引脚上的电平为低电平时将触发中断（电平触发）

TMOD 是 T/C 方式寄存器，高 4 位控制 T/C1，低 4 位控制 T/C0，T/C 具有 4 种工作方式，下面仅简单介绍一下，详细的说明可以参考 STC 单片机的数据手册，里面有原理说明，还有编程举例，图文并茂，容易理解。

T/C 寄存器位功能

名称	说明
GATE	门控信号。 为 1 时，除 TR1 或 TR0 为 1 外，还需要 INT1 或 INT0 同时为 1 才启动 T/C1 或 T/C0。 为 0 时，不受 INT1 或 INT0 控制
C/T	定时 / 计数器选择位。 为 1 时，T/C 作为计数器使用，由 T1 或 T0 引脚提供计数寄存器计数脉冲。 为 0 时，T/C 作为定时器使用，由时钟振荡器提供计数寄存器计数脉冲
M1	T/C 工作方式选择
M0	

T/C 工作方式

M1	M0	方式	说明
0	0	0	13 位 T/C，由 TL 低 5 位和 TH 的 8 位组成 13 位计数器
0	1	1	16 位 T/C，TL 和 TH 共 16 位计数器
1	0	2	8 位 T/C，TL 用于计数，当 TL 溢出时将 TH 中的值自动写入 TL
1	1	3	两组 8 位 T/C

部分增强型 8051 单片机中集成了更多的 T/C，还有的具有 UART 串口独立使用的波特率发生器。在使用 T/C 前，先阅读数据手册，了解 T/C 的性能和 SFR 的分布。后文我们会用编程实例介绍 T/C 的使用方法。

4. UART串口

UART 串口是用来单片机之间，或单片机和电脑之间通信的。发送端（TXD）与另一片单片机的接收端（RXD）相连，有专门的硬件来完成通信工作。每一款 8051 单片机都会有至少一个串口，部分型号的单片机具有 2 到 3 个串口（如 STC12C5A60S2）。STC 系列单片机还使用了串口作为 ISP 下载的接口。串口通信的硬件电路简单，软件上只要有相同的工作方式和波特率就可以完成通信。

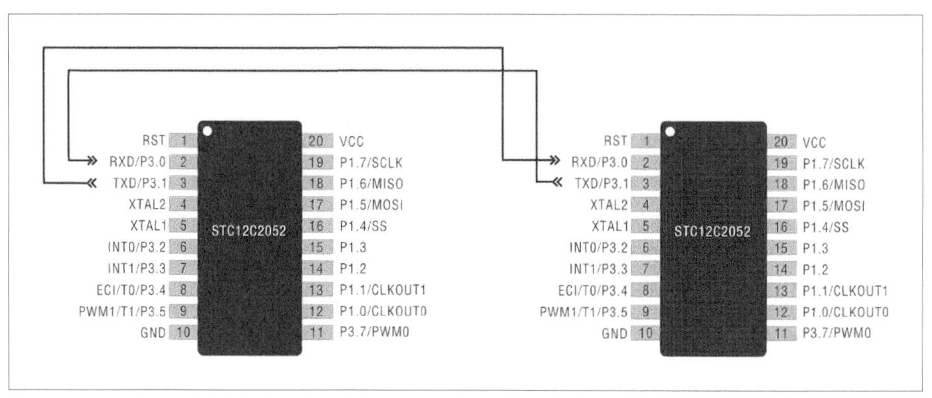

单片机之间串口通信的电路连接

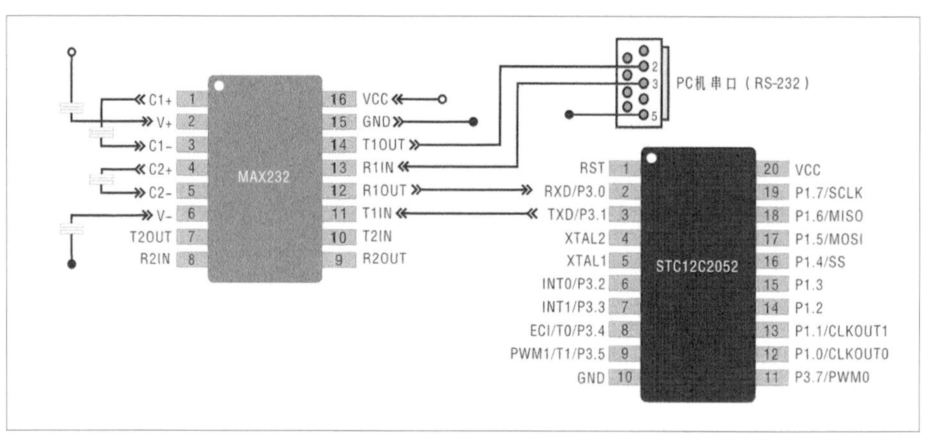

单片机与电脑间串口通信的电路连接

与 UART 串口有关的寄存器有 3 组，但是 UART 串口需要使用 T/C1 产生波特率，所以使用串口所涉及的设置项目不只 3 组。波特率是串口通信的基准速率，使用 UART 串口连接的设备必须有相同的波特率，数据才可以同步。波特率是频率信号，由 T/C1 的定时功能产生，因为 T/C 的特性加之单片机系统的时钟振荡器的不同，常用的波特率和 SFR 设置的关系见下页的表。波特率的值越大，其通信速度就越快，同时传输距离和稳定性也会下降。从表中可以看到，在 12MHz 时钟频率下可以产生的常用波特率不多也不高，所以单片机的应用是与 UART 串口有关的时候多采用 11.0592MHz 的时钟频率。

常用串口波特率

串口工作方式	波特率	12MHz 时钟			11.0592MHz 时钟		
		SMOD	TMOD	TH1	SMOD	TMOD	TH1
方式 1 或 方式 3	19200				1	20	0xFD
	9600				0	20	0xFD
	4800	1	20	0xF3	0	20	0xFA
	2400	0	20	0xF3	0	20	0xF4
	1200	0	20	0xE6	0	20	0xE8
	600	0	20	0xCC	0	20	0xD0

UART 串口可以用中断和查询法处理接收到的数据，如果允许中断，当串口收到一个字节的数据时便产生中断。也可以用查询法读出接收数据标志位 RI 的状态，如果为 1 说明收到数据。接收的数据存放在一个叫 SBUF 的 8 位寄存器里，RI 为 1 时，程序可以读出 SBUF 的数据存到其他地方，然后让 RI = 0。当 RI 再次为 1 时，SBUF 又出现了新接收到的数据。如此循环往复，串口可以接收长串的数据。UART 串口发送数据也是通过 SBUF 寄存器。把需要发送的数据写入 SBUF，其他的什么都不用做，数据就发送出去了。不过为了保证发送完成了，我们还要读一下 TI 的状态，如果 TI 为 0 则说明数据还在发送的过程中；如果 TI 为 1，则说明数据发送完成了，在程序中让 TI = 0，然后把下一个需要发送的数据写入 SBUF 中。

串口部分 SFR

名称	功能	地址	初始值
SCON	UART 串口控制寄存器	0x98	0000 0000
PCON	电源控制寄存器	0x87	0xxx 0000
SBUF	UART 串口数据寄存器	0x99	0000 0000

地址	名称	位定义							
		7	6	5	4	3	2	1	0
0x98	SCON	SM0	SM1	SM2	REN	TB8	RB8	TI	RI
0x87	PCON	SMOD				GF1	GF0	PD	IDL

名称	说明
SM0	UART 串口工作方式选择
SM1	
SM2	多机通信控制位
REN	UART 串口接收允许位（为 1 时允许串口接收数据，为 0 时禁止）
TB8	发送数据的第 9 位，可作为校验位

续表

名称	说明
RB8	接收数据的第 9 位，可作为停止位
TI	UART 串口发送中断标志位 SBUF 发送数据后 TI 被硬件置 1 硬件不会对 TI 清 0，下次使用前必须由程序清 0
RI	UART 串口接收中断标志位 SBUF 接收到数据时 RI 被硬件置 1 硬件不会对 RI 清 0，下次使用前必须由程序清 0
SMOD	UART 串口波特率加倍 为 1 时，波特率加速率加快 1 倍（如原波特率是 1200，加倍后为 2400） 为 0 时，无加倍
GF1	通用寄存器，用户可自由使用
GF0	通用寄存器，用户可自由使用
PD	CHMOS 器件低功耗控制位
IDL	

串口工作方式

SM0	SM1	工作方式	说明	波特率
0	0	方式 0	同步移位寄存器	$f_{osc}/12$
0	1	方式 1（常用）	10 位异步收发	定时器控制
1	0	方式 2	11 位异步收发	$f_{osc}/32$ 或 $f_{osc}/64$
1	1	方式 3	11 位异步收发	定时器控制

本节内部只求了解单片机工作的基本原理，主要介绍了软件和硬件联系方法、单片机硬件的内部结构的原理、SFR 和硬件的关系、单片机常用内部功能的举例。表面上看好像与编程无关，实际上这些内容是编程时必须考虑的，不理解这些内容的后果是看不懂程序，不知道如何修改，特别是 SFR 的部分最为关键。下一节中，我将介绍如何使用现有的函数模块组建出完整的程序应用，涉及 SFR、定时 / 计数器、UART 串口部分的时候，一定要回看本节中的表格。让每一条操控硬件的程序找到自己的“家”。

学习原理是不是有豁然开朗的感觉，原来神奇的魔力竟是这样实现的。第 1 章的内容好像是在变魔术，让你对单片机的魔法感兴趣；第 2 章写到这里是魔术揭秘，把神奇背后的秘密告诉你；从下一节到第 2 章结束，是教你变魔术的过程，一开始你会显得很笨拙，甚至有些吃力，不要紧，跟上我的脚步，在我的带领下，一点一点地，你就被我忽悠瘸了。

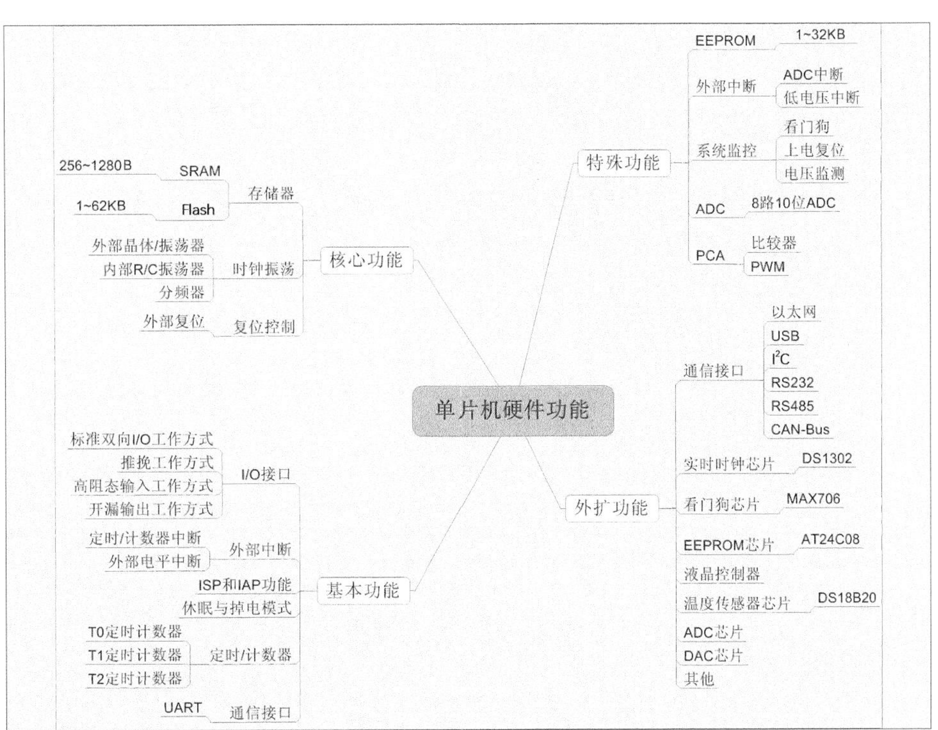
单片机硬件功能
核心功能
存储器
SRAM
256~1280B
Flash
1~62KB
时钟振荡
外部晶体/振荡器
内部R/C振荡器
分频器
复位控制
外部复位
基本功能
I/O接口
标准双向I/O工作方式
推挽工作方式
高阻态输入工作方式
开漏输出工作方式
外部中断
定时/计数器中断
外部电平中断
ISP和IAP功能
休眠与掉电模式
定时/计数器
T0定时计数器
T1定时计数器
T2定时计数器
通信接口
UART
特殊功能
EEPROM
1~32KB
外部中断
ADC中断
低电压中断
系统监控
看门狗
上电复位
电压监测
ADC
8路10位ADC
PCA
比较器
PWM
外扩功能
通信接口
以太网
USB
I²C
RS232
RS485
CAN-Bus
实时时钟芯片
DS1302
看门狗芯片
MAX706
EEPROM芯片
AT24C08
液晶控制器
温度传感器芯片
DS18B20
ADC芯片
DAC芯片
其他

第5节 组模块

虚拟的积木

本节教你一种简单易行的程序设计方法，简单地说就是“搭积木”。或者我们用“借鉴”一词更有善意。单片机发展的几十年间，前辈们已经打出了半壁江山，发展出许多完美的函数模块供我们借鉴，把需要的函数模块组合在一起就成了应用程序。这些函数模块就像积木，我们不用关心木材是从哪片森林里砍来的，也不用理会工人怎么把它们切割成形。得到了积木，选择适合的形状搭上去，雄伟的长城、美丽的古堡、神秘的金字塔便呈现在你的眼前。

“搭积木”是初学单片机的朋友最有效的编程入门方法，许多单片机入门的教程都只介绍了技术却忽视了教导学习方法的重要性。我当年就深受其害，不愿再误导后人，所以本书更多的是介绍技术和学习技术的方法。学用别人的程序组合应用之后，我们再来练习独立编程和驱动程序设计。部分初学者总是喜欢把目光集中在细节问题上，这会让学习变得很累、很难。请看下面一封爱好者的来信和我的回信，希望你从中了解初学编程的方法。

一位爱好者的来信：

杜先生：

你好！以下这个问题我反复查了许多资料就是没有办法明白其中的意思，请你指点一下吧。我从认识单片机至今已有5年时间，现在还处在入门阶段，真是不好意思说出来。这些年来我是断断续续研究单片机的，因为它不是我现在工作所需，我是拿它来玩的。我也曾为学习汇编语言和C语言而烦恼，为参照别人的例子编程而不顺心。看了你的文章，有不错的收获。对于单片机我是很着迷的，但无法深入，希望有你的帮助我能有一个新的飞跃。

我曾参考 DY3208 电子钟的程序做了一个数字钟，用 LED 数码管作为显示，没有做闹钟功能，因为我不明白下面的问题。这个制作给我一个非常大的动力，这也是我这么多年来做出的最为成功的作品。在此也谢谢你的无私共享，相信你出的书也会令我有一个更大的提升。

我的问题是 DY3208 电子钟设置 DS1302 芯片定时值(是 DS1302 的 RAM 地址吧)有以下两条语句。这两行就是对定时的组号、小时设置吧，但不明白为什么 RAM 地址 0xc2 加上 a*6，小时值要加 2，分钟值要加 4？我知道你很忙，不好意思打扰你了，谢谢！

```
if(sel==200){address=0xc2+a*6;max=6;min=0;}
if (sel==201){address=0xc2+a*6+2;max=23;min=0;}
```

我的回信：

您好，感谢您对我的支持与关注。我会努力把书写好的。另外您说的问题是 DS1302 的驱动问题吧？RAM 地址的计算方法是怎么实现的，或者说是为什么会是现在的编程样子。虽然需要用一大堆的 C 语言编程知识，还要引用 DS1302 数据手册里的说明文字，但我很乐意找到它们解析给您听。不过，我不回答这个问题。虽然您很希望了解其中的技术原理，可是它对您来说并不重要，甚至会耽误您的时间。听闻您已经接触单片机有 5 年时间，并且一直热衷于此，应该算是一位很有热情的爱好者了。您现在所提出的问题，和以后还会遇见的问题，都是由一个更大的问题所引起的，那便是学习的角度和视野的问题。

我所写的程序大部分都是独立开发的，不过那是在没有任何其他可参考程序的前提之下。比如 DS1302 芯片的驱动程序是从一位朋友写的程序中移植过来的。我虽然可以分析和理解 DS1302 底层驱动程序的原理，但我从来没有这样做过，因为它已经是一个现成的驱动程序了，拿过来就可以直接使用。分析它的原理、了解它是如何驱动硬件的，对于 DY3208 电子钟的编程和设计没有太多意义。在编程的时候，我考虑最多的是如何让功能更人性化、让这款电子钟更实用、更好玩。也许单片机初学者在思想上总有一个误区，就是要分析、探求已经模块化的程序的原理和由来。但是很少有人会去研究集成电路芯片内部的电路结构，因为它已经封装好了，不能打开看里面。请您把 DS1302 的驱动程序也看成是封装好的内部电路，不用去理会它的工作原理，只要会使用外部接口、知道怎样读出时间、如何修改时间就行了。有人说不求甚解不是严谨的学术态度，但我们并不是搞学术的，只是为了用单片机实现我们的想法，从兴趣中产生快乐。

先是拿来就用，能出作品比什么都重要。当作品做得多了，其中的共通性原理自然而然就清晰可见了，不是学来的，是悟到的。5 年的时间已经过去，这 5 年可以证明我的观点，不是您的能力不足、热情不高，而是学习的方法可能存在问题。我对您的学习经历并不了解，仅是一种通常意义上的假设。您也许并不同意我的观念，但作为同行，我建议您不要把视线局限在程序中的语句或硬件电路的原理上面，至少现在还不是时候。可以让思想站在更高的角度，用大视野看待单片机。不需要精通每个细节，但是可以拿来就用，快速实现自己的想法，创造一个又一个杰作。这是我的亲身经验，希望可以与您分享。

由衷地祝您成功!

杜洋 敬上

模块的收藏

购买《爱上单片机》免费赠送一盒虚拟积木，积木里包括单片机C语言编程常用的函数模块和语句，编写一般程序的时候只要复制、粘贴，应用程序即刻搞定。在配书资料里找到“编程模板”文件，我来介绍如何使用它。

文件名	路径
编程模板	编程模板

我大约数了一下，下面一共有24个模板需要介绍，不过我会用最简短的语言说明它们的使用方法，并在后文教你如何修改、移植和最终在主程序中调用。只要你有信心、有耐心、细致、认真，我保证你在看完本节后可以独立编写一些小程序。

1. 程序说明部分

所有编程的人们习惯上在程序文本的开始处加上一段说明文字，它不参与编译，只是给自己或是其他看程序的人使用的，程序说明中包括程序名、编写人、编写时间、硬件支持、修改日志等内容，有一些团队开发的程序中还会包括团队修改、调试和项目名称之类的信息。第二段的“说明：”是指编程者对程序功能、特性和注意事项的详细说明文字。建议你养成好习惯，认真填写程序说明，至少让别人感觉你很认真、很规范。

有一个小技巧，注意程序文本中的“/***********/”，一条很漂亮的分隔线。仔细观察你会发现有一些分隔线没有末尾的“/”，这是一种巧妙的屏蔽方法，当删除一条分隔线末尾的“/”时，这条分隔线与下一条分隔线之间的内容将变成注释文本信息而不被编译。每一个函数体的说明使用它屏蔽，我们编程时暂时不需要被编译的大段程序也可以用它屏蔽。单行的语句屏蔽可以用“//”实现。

```
[ 程序开始处的程序说明 ]

/*************************************************************************
程序名：
编写人：       杜洋
编写时间：     20 年 月 日
硬件支持：
接口说明：
修改日志：
    NO.1-
```

```
/*****************************************************************
说明：

*****************************************************************/
```

2. 库函数定义

按习惯顺序，下面要定义的是头文件了。我制作了通用 8051 和 STC 系列增强型共 4 种头文件。使用时只复制、粘贴需要的一条即可。如果有新款单片机，可以把厂商提供的单片机头文件放到 C:\Keil\C51\INC 文件夹中，然后把头文件名放入定义语句的“< >”里面。

```
[ 单片机 SFR 定义的头文件 ]

#include <REG51.h> // 通用 89C51 头文件
#include <REG52.h> // 通用 89C52 头文件
#include <STC11Fxx.H> //STC11Fxx 或 STC11Lxx 系列单片机头文件
#include <STC12C2052AD.H> //STC12Cx052 或 STC12Cx052AD 系列单片机头文件
```

以下是 Keil 软件附带的库函数，如果你了解它们的用途就尽量使用它们。例如 string.h 是将 ASCII 码字符和汉字字符在编译时转换成十六进制数值的库函数，在向字符型液晶屏输入字符的程序中就会用到。

```
[ 更多库函数头定义 ]

#include <assert.h>    // 设定插入点
#include <ctype.h>        // 字符处理
#include <errno.h>        // 定义错误码
#include <float.h>        // 浮点数处理
#include <fstream.h>      // 文件输入 / 输出
#include <iomanip.h>      // 参数化输入 / 输出
#include <iostream.h>     // 数据流输入 / 输出
#include <limits.h>       // 定义各种数据类型最值常量
#include <locale.h>       // 定义本地化函数
#include <math.h>         // 定义数学函数
#include <stdio.h>        // 定义输入 / 输出函数
#include <stdlib.h>       // 定义杂项函数及内存分配函数
#include <string.h>       // 字符串处理
#include <strstrea.h>     // 基于数组的输入 / 输出
#include <time.h>         // 定义关于时间的函数
#include <wchar.h>        // 宽字符处理及输入 / 输出
#include <wctype.h>       // 宽字符分类
```

3. 常用定义声明

常用的定义语句前面已经说过很多了，尽量使用头文件中的 SFR 定义，不要用 sfr 语句在程序中定义。在所有函数的前面定义变量即是全局变量，数值永久存在，可被任何函数读写。

```
[常用定义声明]

sfr [自定义名] = [SFR地址] ; //按字节定义SFR中的存储器名。例：sfr P1 = 0x90;
sbit [自定义名] = [系统位名] ; //按位定义SFR中的存储器名。例：sbit Add_Key = P3 ^ 1;
bit [自定义名] ; //定义一个位（位的值只能是0或1）例：bit LED;
#define [代替名] [原名] //用代替名代替原名。例：#define LED P1 / #define TA 0x25

unsigned char [自定义名] ; //定义一个0～255的整数变量。例：unsigned char a;
unsigned int [自定义名] ; //定义一个0～65535的整数变量。例：unsigned int a;
```

如果程序中定义的全局变量不多，可以省略存放位置的关键字，编译器会默认定义成data型变量。更多介绍见本章第3节。

```
[定义常量和变量的存放位置的关键字]

data    字节寻址片内RAM，片内RAM的128字节（例：data unsigned char a;）
bdata   可位寻址片内RAM，16字节，从0x20到0x2F（例：bdata unsigned char a;）
idata   所有片内RAM，256字节，从0x00到0xFF（例：idata unsigned char a;）
pdata   片外RAM，256字节，从0x00到0xFF（例：pdata unsigned char a;）
xdata   片外RAM，64KB，从0x00到0xFFFF（例：xdata unsigned char a;）
code    ROM存储器，64KB，从0x00到0xFFFF（例：code unsigned char a;）
```

4. 选择、循环语句

if、while、do while、switch、for共5条经典语句供你备忘。

```
[选择、循环语句]

if(1){

//为真时语句

}else{

//否则时语句

}

----------------------------

while(1){

//为真时内容

}
```

```
---------------------------

do{

//先执行内容

}while(1);

---------------------------

switch (a){
     case 0x01:
          //为真时语句
          break;
     case 0x02:
          //为真时语句
          break;
     default:
          //冗余语句
          break;
}

---------------------------
unsigned int i;
for(i = 0;i < 65535; i++){

//循环语句

}

---------------------------
```

5. 空白函数模板

常用的函数体有主函数、子函数和中断处理函数，我都对应地建立了空白模板。

```
[主函数模板]

/**********************************************************************
函数名：主函数
调　用：无
参　数：无
返回值：无
结　果：程序开始处，无限循环
备　注：
**********************************************************************/
void main (void){

     //初始程序
```

```
    while(1){

    //无限循环程序

    }
}
/*****************************************************************/
```

常用的中断处理函数可以在后面的模板中找到，这个空白模板是为新的中断源准备的。

```
[ 中断处理函数模板 ]
/*****************************************************************
函数名：  中断处理函数
调  用：无
参  数：无
返回值：无
结  果：
备  注：
/*****************************************************************/
void name (void) interrupt 1 using 1{

    //处理内容
}
/*****************************************************************/
```

中断处理函数应切换不同的寄存器组，以防止数据出错。

```
[ 中断入口说明 ]

interrupt 0 外部中断 0 （ROM 入口地址： 0x03）
interrupt 1 定时 / 计数器中断 0 （ROM 入口地址： 0x0B）
interrupt 2 外部中断 1 （ROM 入口地址： 0x13）
interrupt 3 定时 / 计数器中断 1 （ROM 入口地址： 0x1B）
interrupt 4 UART 串口中断 （ROM 入口地址： 0x23）
（更多的中断依单片机型号而定， ROM 中断入口均相差 8 个字节）

using 0 使用寄存器组 0
using 1 使用寄存器组 1
using 2 使用寄存器组 2
using 3 使用寄存器组 3
```

空白函数模板适合各种无参数和返回值的子函数使用。

```
[ 普通函数框架 ]

/*****************************************************************
函数名：
调  用：
参  数：无
返回值：无
结  果：
```

```
备  注：
/*******************************************************************/
void name (void){

// 函数内容

}
/*******************************************************************/
```

带有参数的返回值的空白子函数，参数的个数和类型可以修改。

```
/*******************************************************************
函数名：
调  用：
参  数：0 ~ 65535 / 0 ~ 255
返回值：0 ~ 65535 / 0 ~ 255
结  果：
备  注：
/*******************************************************************/
unsigned int name (unsigned char a,unsigned int b){

// 函数内容

return a; // 返回值
}
/*******************************************************************/
```

6. 标准应用模板

标准应用模板包括常用的 CPU 延时、定时 / 计数器中断、外部中断、串口接收中断、串口接收查询和串口发送等函数，适合在通用 8051 和 STC 增强型 8051 单片机上使用。

```
[ 延时函数 ]

/*******************************************************************
函数名：毫秒级 CPU 延时函数
调  用：DELAY_MS (1);
参  数：1 ~ 65535 （参数不可为 0）
返回值：无
结  果：占用 CPU 方式延时与参数数值相同的毫秒时间
备  注：应用于 1T 单片机时 i<600， 应用于 12T 单片机时 i<125
/*******************************************************************/
void DELAY_MS (unsigned int a){
    unsigned int i;
    while( --a != 0){
        for(i = 0; i < 600; i++);
    }
}
/*******************************************************************/
```

定时 / 计数器有 4 种工作方式，在后面的函数中有涉及工作方式定义的可以用到。

```
[ 定时 / 计数器函数 ]

-----------------------------------------------------------------------
M1     M0      方式    说明
0      0       0       13 位 T/C， 由 TL 低 5 位和 TH 的 8 位组成 13 位计数器
0      1       1       16 位 T/C， TL 和 TH 共 16 位计数器
1      0       2       8 位 T/C， TL 用于计数， 当 TL 溢出时将 TH 中的值自动写入 TL
1      1       3       两组 8 位 T/C
-----------------------------------------------------------------------
```

T/C0 和 T/C1 的工作方式设置都在 TMOD 项中，16 位计数寄存器的初值可以使用“定时器初值计算”软件得出。不需要的定时器可以用“//”屏蔽。

```
/*********************************************************************
函数名： 定时 / 计数器初始化函数
调  用： T_C_init();
参  数： 无
返回值： 无
结  果： 设置 SFR 中 T/C1 和 （或） T/C0 相关参数
备  注： 本函数控制 T/C1 和 T/C0， 不需要使用的部分可用 // 屏蔽
*********************************************************************/
void T_C_init (void){
    TMOD = 0x11; // 高 4 位控制 T/C1 [ GATE, C/T, M1, M0, GATE, C/T, M1, M0 ]
    EA = 1;// 中断总开关

    TH1 = 0xFF; //16 位计数寄存器 T1 高 8 位 （写入初值）
    TL1 = 0xFF; //16 位计数寄存器 T1 低 8 位
    ET1 = 1; //T/C1 中断开关
    TR1 = 1; //T/C1 启动开关

    //TH0 = 0x3C; //16 位计数寄存器 T0 高 8 位
    //TL0 = 0xB0; //16 位计数寄存器 T0 低 8 位 （0x3CB0 = 50ms 延时）
    //ET0 = 1; //T/C0 中断开关
    //TR0 = 1; //T/C0 启动开关
}
*********************************************************************/
```

传统 8051 单片机的 T0 和 T1 是与 P3.4 和 P3.5 这 2 个 I/O 接口复用的，所以在使用计数器功能时应将 P3.4 和 P3.5 对应的 SFR 位置 1（上电初始时为 1），而且不要用 I/O 接口方式操作它们。

```
/*********************************************************************
函数名： 定时 / 计数器 1 中断处理函数
调  用： [T/C1 溢出后中断处理 ]
参  数： 无
返回值： 无
结  果： 重新写入 16 位计数寄存器初始值， 处理用户程序
备  注：必须允许中断并启动 T/C 本函数方可有效，重新写入初值需和 T_C_init 函数一致
```

```
/************************************************************************/
void T_C1 (void) interrupt 3 using 3{ //切换寄存器组到3
      TH1 = 0x3C; //16位计数寄存器T0高8位 （重新写入初值）
      TL1 = 0xB0; //16位计数寄存器T0低8位 （0x3CB0 = 50mS延时）

      //函数内容
}
/************************************************************************/
```

```
/************************************************************************
函数名：  定时/计数器0中断处理函数
调  用：  [T/C0溢出后中断处理]
参  数：  无
返回值：  无
结  果：  重新写入16位计数寄存器初始值， 处理用户程序
备  注：必须允许中断并启动T/C本函数方可有效，重新写入初值需和T_C_init函数一致
************************************************************************/
void T_C0 (void) interrupt 1  using 1{ //切换寄存器组到1
      TH0 = 0x3C; //16位计数寄存器T1高8位 （重新写入初值）
      TL0 = 0xB0; //16位计数寄存器T1低8位 （0x3CB0 = 50mS延时）

      //函数内容
}
/************************************************************************/
```

传统8051单片机的INT0和INT1是与P3.2和P3.3这2个I/O接口复用的，使用外部中断时应将P3.2和P3.3对应的SFR位置1，而且不要用I/O接口方式操作它们。

```
[外部中断INT函数]

/************************************************************************
函数名：  外部中断INT初始化函数
调  用：  INT_init();
参  数：  无
返回值：  无
结  果：  启动外部中断INT1、 INT0中断， 设置中断方式
备  注：
************************************************************************/
void INT_init (void){
      EA = 1;//中断总开关
      EX1 = 1; //允许外部中断1中断
      EX0 = 1; //允许外部中断0中断
      IT1 = 1; //1： 下沿触发  0： 低电平触发
      IT0 = 1; //1： 下沿触发  0： 低电平触发
}
/************************************************************************/
```

```
/************************************************************************
函数名：  外部中断INT1中断处理程序
```

```
调　用：［外部引脚 INT1 中断处理］
参　数：无
返回值：无
结　果：用户处理外部中断信号
备　注：
/**********************************************************************/
void INT1 (void) interrupt 2 using 2{ //切换寄存器组到 2

      //用户函数内容

}
/**********************************************************************/
```

```
/**********************************************************************
函数名：外部中断 INT0 中断处理程序
调　用：［外部引脚 INT0 中断处理］
参　数：无
返回值：无
结　果：用户处理外部中断信号
备　注：
/**********************************************************************/
void INT0 (void) interrupt 0 using 2{ //切换寄存器组到 2

      //用户函数内容

}
/**********************************************************************/
```

使用 UART 串口时需要占用 T/C1 产生波特率，尽量使用中断方式接收串口数据，注意振荡晶体对应的波特率差异。

```
[UART 串口函数］

/**********************************************************************
函数名：UART 串口初始化函数
调　用：UART_init();
参　数：无
返回值：无
结　果：启动 UART 串口接收中断， 允许串口接收， 启动 T/C1 产生波特率 （占用）
备　注：振荡晶体为 12MHz， PC 串口端设置 [ 4800， 8， 无， 1， 无 ]
/**********************************************************************/
void UART_init (void){
      EA = 1; //允许总中断 （如不使用中断， 可用 // 屏蔽）
      ES = 1; //允许 UART 串口的中断

      TMOD = 0x20;  //定时器 T/C1 工作方式 2
      SCON = 0x50;  //串口工作方式 1，允许串口接收（SCON = 0x40 时禁止串口接收）
      TH1 = 0xF3;   //定时器初值高 8 位设置
      TL1 = 0xF3;   //定时器初值低 8 位设置
      PCON = 0x80;  //波特率倍频 （屏蔽本句波特率为 2400）
      TR1 = 1;      //定时器启动
```

```
}
/**************************************************************/

/**************************************************************
函数名： UART 串口初始化函数
调  用： UART_init();
参  数： 无
返回值： 无
结  果： 启动 UART 串口接收中断， 允许串口接收， 启动 T/C1 产生波特率 （占用）
备  注： 振荡晶体为 11.0592MHz， PC 串口端设置 [ 19200， 8， 无， 1， 无 ]
**************************************************************/
void UART_init (void){
    EA = 1; // 允许总中断 （如不使用中断， 可用 // 屏蔽）
    ES = 1; // 允许 UART 串口的中断

    TMOD = 0x20;  // 定时器 T/C1 工作方式 2
    SCON = 0x50;  // 串口工作方式 1，允许串口接收（SCON = 0x40 时禁止串口接收）
    TH1 = 0xFD;   // 定时器初值高 8 位设置
    TL1 = 0xFD;   // 定时器初值低 8 位设置
    PCON = 0x80;  // 波特率倍频 （屏蔽本句波特率为 9600）
    TR1 = 1;      // 定时器启动
}
/**************************************************************/
```

当接收数据较多的时候，应该在 RAM 中建立一个数组，把数据按顺序放进去，待接收结束后由主函数处理。

```
/**************************************************************
函数名： UART 串口接收中断处理函数
调  用： [SBUF 收到数据后中断处理 ]
参  数： 无
返回值： 无
结  果： UART 串口接收到数据时产生中断， 用户对数据进行处理 （并发送回去）
备  注： 过长的处理程序会影响后面数据的接收
**************************************************************/
void UART_R (void) interrupt 4  using 1{ // 切换寄存器组到 1
    unsigned char UART_data; // 定义串口接收数据变量
    RI = 0;                       // 令接收中断标志位为 0 （软件清零）
    UART_data = SBUF;             // 将接收到的数据送入变量 UART_data

    // 用户函数内容 （用户可使用 UART_data 做数据处理）

    //SBUF = UART_data;           // 将接收的数据发送回去 （删除 // 即生效）
    //while(TI == 0);             // 检查发送中断标志位
    //TI = 0;                     // 令发送中断标志位为 0 （软件清零）
}
/**************************************************************/
```

下面是用查询方式实现的数据接收，所以这不是函数体，它应该被放在主函数的循环体里，循环判断接收中断标志位 RI 是否为 1，但要注意这种方式在单片机任务较多时可能会丢失数据。

```
/*******************************************************************
函数名： UART 串口接收 CPU 查询语句 （非函数体）
调  用： 将下面内容放入主程序
参  数： 无
返回值： 无
结  果： 循环查询接收标志位 RI， 如收到数据则进入 if (RI == 1){}
备  注：
*******************************************************************/

unsigned char UART_data; // 定义串口接收数据变量
if (RI == 1){               // 接收中断标志位为 1 时
     UART_data = SBUF;      // 接收数据，SBUF 为单片机的接收发送缓冲寄存器
     RI = 0;                // 令接收中断标志位为 0 （软件清零）

     // 用户函数内容 （用户可使用 UART_data 做数据处理）

     //SBUF = UART_data;  // 将接收的数据发送回去 （删除 // 即生效）
     //while(TI == 0);    // 检查发送中断标志位
     //TI = 0;            // 令发送中断标志位为 0 （软件清零）
}
*******************************************************************/
```

当发送的数据较多时可以用 for 语句循环将某个数组中的数据发送出去。尽量在发送前关掉总中断，以防止发送时因中断而出错。

```
/*******************************************************************
函数名： UART 串口发送函数
调  用： UART_T (?);
参  数： 需要 UART 串口发送的数据 （8 位 /1 字节）
返回值： 无
结  果： 将参数中的数据发送给 UART 串口， 确认发送完成后退出
备  注：
*******************************************************************/
void UART_T (unsigned char UART_data){ // 定义串口发送数据变量
     SBUF = UART_data;      // 将接收的数据发送回去
     while(TI == 0);               // 检查发送中断标志位
     TI = 0;                // 令发送中断标志位为 0 （软件清零）
}
*******************************************************************/
```

自由地创造

你需要的模块还有很多，比如单片机内部集成的 PWM、EEPROM 和 ADC 等功能的程序模块，也有时钟芯片（RTC）、模块液晶屏（LCM）、温度传感器等外部扩展器件的驱动程序模块，还有未来闻所未闻的新功能、新器件。没我的帮助，你要怎么把它们变成自己的积木呢？怎样把积木修剪成更适合的形状，组合成浑然一体的作品？试举几个小例，搜索、分析、实验、整理、调试，注意创造的过程。

1. 创造单片机内部的PWM模块

PWM 是什么？对，脉宽调制器。我们在第 1 章里不止一次地介绍过，你看，单片机的世界就是这么小，来来回回就是这点东西，再学不会可不要怪我了。PWM 的功能就是输出不同占空比的波形，用 PWM 功能实现 LED 亮度调整。我们还是以 STC12C2052 单片机为例，看看 PWM 功能的模块如何制作。

第一步要做什么？不知所措？把手伸出来！啪～！最原始的资料是什么？对，是数据手册。好了，我们先去看看 STC12C2052 的数据手册。

文件名	路径
STC12C2052AD.pdf	本书资料下载区

从数据手册的第 100 页到第 133 页都是关于 PCA 的内容，PCA 是一种可编程的计数器阵列，我们要讲的 PWM 功能就是 PCA 的一种工作方式，PCA 其他的工作方式先不用管它，那样又会涉及一大堆介绍。你可以自己研究一下比较器和外扩中断源的使用方法。关于 PWM 的内容主要看 100 页的寄存器列表（SFR）、103 页的功能介绍和 116 页的 C 语言示例程序。

下一步是在各大搜索引擎搜索 STC PWM，看看会有什么结果。大概浏览一下，留在脑中备用，当模块设计中遇见困难时，在这里应该会有答案。回到数据手册中来，新建一个 Keil C51 工程（本章第 2 节有介绍），把 116 页的 PWM 输出 C 语言示例程序复制到工程里面。示例程序中有头文件、SFR 定义、主函数，是一套完整的程序结构，可以直接编译看看。

```
#include<reg52.h> //通用 89C52 单片机头文件
sfr CCON= 0xd8; //与 PCA 有关的 SFR 定义
sfr CMOD= 0xd9;
sfr CL= 0xe9;
sfr CH= 0xf9;
sfr CCAP0L=0xea;
sfr CCAP0H=0xfa;
sfr CCAPM0=0xda;
sfr CCAPM1=0xdb;
sfr PCA_PWM0=0xf2;
sbit CR= 0xde;
```

```
void main(void) {
CMOD=0x02; // 设置 PCA 定时器
     CL=0x00;
     CH=0x00;
     CCAP0L=0xC0; // 设置初始值与 CCAP0H 相同
     CCAP0H=0xC0; //25%PWM 占空比周期
CCAPM0=0x42; // 设置 PCA 工作方式为 PWM 方式 (0100 0010)
     CR=1; // 启动 PCA 定时器
     while(1){ }
}
```

非常顺利，编译通过了。回过头来再看一看程序的内容是什么，主函数中首先设置 CMOD=0x02，CMOD 是干嘛的？到第 100 页的 SFR 表里找一下。

CMOD	D9h	PCA Mode Register	CIDL	-	-	-	-	CPS1	CPS0	ECF	0xxx, x000

CMOD - PCA 模式 寄存器的位分配 （地址：D9H）

位	7	6	5	4	3	2	1	0
符 号	CIDL	-	-	-	-	CPS1	CPS0	ECF

CMOD - PCA 模式 寄存器的位描述 （地址：D9H）

位	符号	描述
7	CIDL	计数器阵列空闲控制：CIDL=0时，空闲模式下PCA计数器继续工作。CIDL=1时，空闲模式下PCA计数器停止工作
6 - 3	-	保留为将来之用
2 - 1	CPS1, CPS0	PCA计数脉冲选择（见下表）
0	ECF	PCA计数溢出中断使能：ECF=1时，使能寄存器CCON CF位的中断。ECF=0时，禁止该功能

哦，CMOD 是 PCA Mode Register（PCA 模式寄存器），第 7、2、1、0 位是有用的。CMOD=0x02 就是对第 1 位置 1，那我们看看第 1 位是什么功能。第 2 位和第 1 位是选择 PCA 计数脉冲用的，具体的设置下面有说明。CMOD=0x02 即是 CPS0 置 1，PCA 计数器为内部时钟 Fosc/2（Fosc 是时钟频率之意），也就是 1/2 个时钟周期。

CMOD - PCA 计数器阵列的计数脉冲选择 （地址：D9H）

CPS1	CPS0	选择PCA时钟源输入
0	0	0，内部时钟，Fosc/12
0	1	1，内部时钟，Fosc/2
1	0	2，定时器0溢出，由于定时器0可以工作在1T方式，所以可以达到计一个时钟就溢出，频率反而是最高的，可达到Fosc，通过改变定时器0的溢出率，可以实现可调频率的PWM输出
1	1	3，ECI/P3.4脚的外部时钟输入（最大速率＝Fosc/2）

下两条语句“CL=0x00;”和“CH=0x00;”当中的 CL 和 CH 是什么呢？继续在 SFR 表里查找。找到了，PCA Base Timer Low（PCA 基础定时器低位）和 PCA Base Timer High（PCA 基础定时器高位），这应该和前面介绍过的 T/C 中的 TH 和 TL 是差不多的，高 8 位和低 8 位组合成 16 位的计数寄存器。

CL	E9h	PCA Base Timer Low									0000,0000
CH	F9h	PCA Base Timer High									0000,0000

“CCAP0H=0xC0;” 和 “CCAP0L=0xC0;” 是什么? PCA Module-0 Capture Register Low（PCA 模块 0 的捕获寄存器低位）和 PCA Module-0 Capture Register High（PCA 模块 0 的捕获寄存器高位），同样也是一个高 8 位和低 8 位组成的属于 PCA 模块 0 的 16 位计数器。

CCAP0L	EAh	PCA Module-0 Capture Register Low									0000,0000
CCAP0H	FAh	PCA Module-0 Capture Register High									0000,0000

下一句 CCAPM0=0x42; 是什么? PCA Module-0 Mode Register（PCA 模块 0 模式寄存器）。在工作模式的功能说明里可以看出 CCAPM0=0x42 是选择了 8 位 PWM 模式。

CCAPM0	DAh	PCA Module 0 Mode Register	-	ECOM0	CAPP0	CAPN0	MAT0	TOG0	PWM0	ECCF0	x000,0000
CCAPM1	DBh	PCA Module 1 Mode Register	-	ECOM1	CAPP1	CAPN1	MAT1	TOG1	PWM1	ECCF1	x000,0000
CCAPM2	DCh	PCA Module 2 Mode Register	-	ECOM2	CAPP2	CAPN2	MAT2	TOG2	PWM2	ECCF2	x000,0000
CCAPM3	DDh	PCA Module 3 Mode Register	-	ECOM3	CAPP3	CAPN3	MAT3	TOG3	PWM3	ECCF3	x000,0000

PCA 模块工作模式（CCAPMn 寄存器，n：0，1，2，3）

-	ECOMn	CAPPn	CAPNn	MATn	TOGn	PWMn	ECCFn	模块功能
	0	0	0	0	0	0	0	无此操作
	X	1	0	0	0	0	X	16位捕获模式，由CEXn的上升沿触发
	X	0	1	0	0	0	X	16位捕获模式，由CEXn的下降沿触发
	X	1	1	0	0	0	X	16位捕获模式，由CEXn的跳变触发
	1	0	0	1	0	0	X	16位软件定时器
	1	0	0	1	1	0	X	16位高速输出
	1	0	0	0	0	1	0	8位PWM

最后看看上文，关于 I/O 接口作为 PWM 使用时要如何设置。程序中没有涉及 I/O 接口工作方式设置，默认为弱上拉 / 准双向口，PWM 输出为强推挽 / 强上接输出。我们就用常用的灌电流方式在 PWM0 的输出接口上接一个 LED 做实验吧。

当某个 I/O 接口作为 PWM 使用时，该口的状态：

PWM之前口的状态	PWM输出时口的状态
弱上拉 / 准双向口	强推挽输出 / 强上拉输出，要加输出限流电阻1~10kΩ
强推挽输出 / 强上拉输出	强推挽输出 / 强上拉输出，要加输出限流电阻1~10kΩ
仅为输入 / 高阻	PWM无效
开漏	开漏

限流电阻用 1~10kΩ

普通I/O接口 接负载

在数据手册中找到 STC12C2052 单片机引脚定义图，找到 PWM0 的输出接口在什么地方。哦，找到了，是与 P3.7 的 I/O 接口复用的。按照下面的电路原理图在面包板上搭建电路，把编译好的 HEX 文件下载到单片机上实践一下效果。

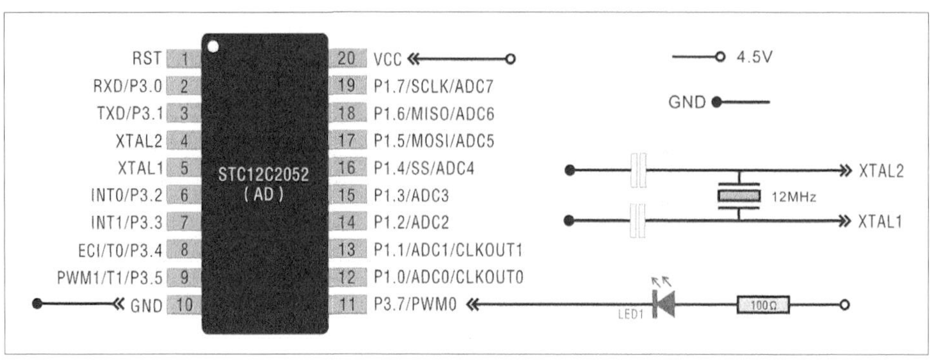

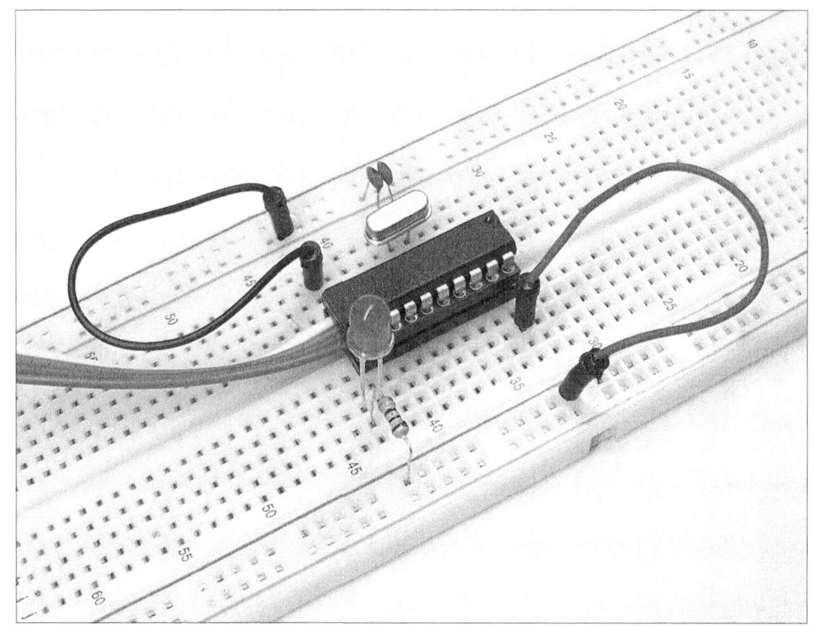

天呀，看起来实验结果并不让人兴奋，LED 点亮了，没有闪烁，就是一直亮着。怎么证明我们的 PWM 实验是成功的呢？从数据手册中我们可以了解到，CCAP0H 和 CCAP0L 是控制 PWM0 输出占空比的关键。在 8 位的 PWM 模式下，PCA 基础计数器 CL 的值在 PCA 启动后递减，当 CL 中的值减到 0x00 后溢出，溢出后的动作是将 CCAP0H 中的值写入 CCAP0L，CL 重新从 0xFF 递减到 0x00。递减过程中，当 CL 中的值大于或等于 CCAP0L 的值时，PWM0 接口输出高电平；当 CL 中的值小于 CCAP0L 的值时，PWM0 接口输出低电平。这种结构就像一个电位器，电阻丝的两端是 CL=0xff 和 CL=0x00，CCAP0L 是中间的滑动片，CCAP0L 的值又来源于 CL 溢出后 CCAP0H 的重新写入，所以调节 CCAP0H 的值就可以调整 PWM0 的占空比输出。

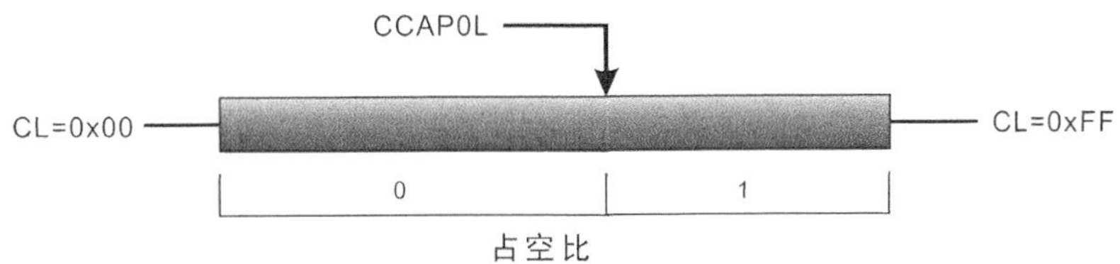

好，我们让 CCAP0L 和 CCAP0H 的值等于 0x10，看看占空比是否改变了，如果我们的推理是正确的，LED 应该变暗。

```
CCAP0L=0x10; // 设置初始值与 CCAP0H 相同
CCAP0H=0x10; //
```

我把值修改好，重新编译，生成 HEX，下载。嗯，是的，刚才的 LED 还很刺眼，现在温和多了，实验成功。再把值改到最小的 0x00 和最大的 0xFF 试试，看看极端状态是什么样子，值等于 0x00 是 LED 熄灭，值等于 0xFF 时 LED 最亮。是这样吗？告诉我你的结果。

实验的成功标志着我们即将拥有属于自己的 PWM 函数模块，至少目前我们在技术上已经掌握了 PWM 功能的基本用法。下一步就是把程序整理成函数模块，放入我们的私人函数库，待到需要的时候轻松取用。

```
#include<reg52.h> // 通用 89C52 单片机头文件
sfr CCON= 0xd8; // 与 PCA 有关的 SFR 定义
sfr CMOD= 0xd9;
sfr CL= 0xe9;
sfr CH= 0xf9;
sfr CCAP0L=0xea;
sfr CCAP0H=0xfa;
sfr CCAPM0=0xda;
sfr CCAPM1=0xdb;
sfr PCA_PWM0=0xf2;
sbit CR= 0xde;
```

首先看头文件和 SFR 定义的部分如何整理。例子中使用的是 89C52 单片机的头文件，我们可以在 C:\Keil\C51\INC 中找到它，它是对基本的 89C52 单片机功能做的 SFR 定义，内容很少，也没有关于 PWM 的 SFR 定义。那我们看看 STC12C2052 单片机的头文件中有没有 PWM 的 SFR 定义呢？我在 STC12C2052AD.H 文件中找到了下面的定义内容。

```
/* PCA SFR */
sfr CCON   = 0xD8;
sfr CMOD   = 0xD9;
sfr CCAPM0 = 0xDA;
sfr CCAPM1 = 0xDB;
sfr CCAPM2 = 0xDC;
sfr CCAPM3 = 0xDD;
sfr CCAPM4 = 0xDE;
```

```
sfr CCAPM5 = 0xDF;

sfr CL     = 0xE9;
sfr CCAP0L = 0xEA;
sfr CCAP1L = 0xEB;
sfr CCAP2L = 0xEC;
sfr CCAP3L = 0xED;
sfr CCAP4L = 0xEE;
sfr CCAP5L = 0xEF;

sfr CH     = 0xF9;
sfr CCAP0H = 0xFA;
sfr CCAP1H = 0xFB;
sfr CCAP2H = 0xFC;
sfr CCAP3H = 0xFD;
sfr CCAP4H = 0xFE;
sfr CCAP5H = 0xFF;

sfr PCA_PWM0 = 0xF2;
sfr PCA_PWM1 = 0xF3;
sfr PCA_PWM2 = 0xF4;
sfr PCA_PWM3 = 0xF5;
sfr PCA_PWM4 = 0xF6;
sfr PCA_PWM5 = 0xF7;
```

STC12C2052AD.H 文件中对 PCA 的 SFR 定义比例子中定义的还要多，完全包括了例子中的定义内容。好，如果我把头文件换成 STC12C2052AD.H，然后删除 SFR 定义部分可行吗？试一试。

```
#include<STC12C2052AD.H> //STC12C2052AD.H 头文件
void main(void) {
CMOD=0x02; // 设置 PCA 定时器
      CL=0x00;
      CH=0x00;
      CCAP0L=0xC0; // 设置初始值与 CCAP0H 相同
      CCAP0H=0xC0; //25%PWM 占空比周期
CCAPM0=0x42; // 设置 PCA 工作方式为 PWM 方式 （0100 0010）
      CR=1; // 启动 PCA 定时器
      while(1){ }
}
```

OK，编译通过。下一步把 PWM 部分从主函数中脱离出去，单独形成子函数。我想应该有 2 个子函数，一个是初始化函数，另一个是占空比修改函数。不过也可以分成更多，比如 PWM 开启和关闭函数，PWM0、PWM1 各自有各自的函数更好。我从“编程模板”文件里找出空白的子函数框架，然后把例子中主函数里的内容复制过去。

```
/*********************************************************************
函数名： PWM 初始化函数
调  用： PWM_init();
```

```
参  数：无
返回值：无
结  果：将 PCA 初始化为 PWM 模式， 初始占空比为 0
备  注：需要更多路 PWM 输出直接插入 CCAPnH 和 CCAPnL 即可
/**********************************************************************/
void PWM_init (void){
CMOD=0x02; // 设置 PCA 定时器
     CL=0x00;
     CH=0x00;
     CCAPM0=0x42;  //PWM0 设置 PCA 工作方式为 PWM 方式 （0100 0010）
     CCAP0L=0x00;  // 设置 PWM0 初始值与 CCAP0H 相同
     CCAP0H=0x00;  // PWM0 初始时为 0

     //CCAPM1=0x42; //PWM1 设置 PCA 工作方式为 PWM 方式
     //CCAP1L=0x00; // 设置 PWM1 初始值与 CCAP0H 相同 （使用时删除 //）
     //CCAP1H=0x00; // PWM1 初始时为 0

     //CCAPM2=0x42; //PWM2 设置 PCA 工作方式为 PWM 方式
     //CCAP2L=0x00; // 设置 PWM2 初始值与 CCAP0H 相同
     //CCAP2H=0x00; // PWM2 初始时为 0

     //CCAPM3=0x42; //PWM3 设置 PCA 工作方式为 PWM 方式
     //CCAP3L=0x00; // 设置 PWM3 初始值与 CCAP0H 相同
     //CCAP3H=0x00; // PWM3 初始时为 0

     CR=1; // 启动 PCA 定时器
}
/**********************************************************************/
```

PWM 初始化函数，不错的名字，函数体的名字沿用先前的规范，叫作 PWM_init。把 CCAP0H 和 CCAP0L 的值都设置为 0x00，保证在程序开始时没有 PWM 输出，然后再用 PWM 占空比设置函数来设置占空比。看上去不错，最后调整一下格式，修改语句后面的注释信息。因为不只 PWM0 一路，还有 PWM1、PWM2 和 PWM3，所以我在初始化函数中加上了更多的初始值，在使用时删除语句前面的“//”就可以了，算是很用心的设计。

```
/***********************************************************************
函数名：PWM0 占空比设置函数
调  用：PWM0_set();
参  数：0x00 ~ 0xFF （亦可用 0 ~ 255）
返回值：无
结  果：设置 PWM 模式占空比， 为 0 时全部高电平， 为 1 时全部低电平
备  注：如果需要 PWM1 的设置函数， 只要把 CCAP0L 和 CCAP0H 中的 0 改为 1 即可
/**********************************************************************/
void PWM0_set (unsigned char a){
      CCAP0L= a; // 设置值直接写入 CCAP0L
      CCAP0H= a; // 设置值直接写入 CCAP0H
}
/**********************************************************************/
```

初始化函数、占空比设置函数全齐了，语句工整、注释清晰，可就是不知道能不能用，万一有什么地方马虎了，到战场上掉链子就惨了。下一步，我们通过调试来验证我们的模块，存在问题马上修改，保证在实战时万无一失。

```
/*************************************************************
程序名：        PWM 模块调试程序 （仅实验用）
编写人：        杜洋
编写时间：      2009 年 7 月 22 日
硬件支持：      STC12C2052  12MHz
接口说明：      LED 灌电流接 P3.7 接口 （PWM0）
修改日志：
   NO.1-
/*************************************************************
说明：

/*************************************************************/

#include<STC12C2052AD.H> // 头文件

/*************************************************************
函数名： PWM 初始化函数
调  用： PWM_init();
参  数： 无
返回值： 无
结  果： 将 PCA 初始化为 PWM 模式， 初始占空比为 0
备  注： 需要更多路 PWM 输出直接插入 CCAPnH 和 CCAPnL 即可
/*************************************************************/
void PWM_init (void){
CMOD=0x02; // 设置 PCA 定时器
     CL=0x00;
     CH=0x00;
     CCAPM0=0x42; //PWM0 设置 PCA 工作方式为 PWM 方式 （0100 0010）
     CCAP0L=0x00; // 设置 PWM0 初始值与 CCAP0H 相同
     CCAP0H=0x00; //  PWM0 初始时为 0

     //CCAPM1=0x42; //PWM1 设置 PCA 工作方式为 PWM 方式 （使用时删除 //）
     //CCAP1L=0x00; // 设置 PWM1 初始值与 CCAP0H 相同
     //CCAP1H=0x00; //  PWM1 初始时为 0

     //CCAPM2=0x42; //PWM2 设置 PCA 工作方式为 PWM 方式
     //CCAP2L=0x00; // 设置 PWM2 初始值与 CCAP0H 相同
     //CCAP2H=0x00; //  PWM2 初始时为 0

     //CCAPM3=0x42; //PWM3 设置 PCA 工作方式为 PWM 方式
     //CCAP3L=0x00; // 设置 PWM3 初始值与 CCAP0H 相同
     //CCAP3H=0x00; //  PWM3 初始时为 0

     CR=1; // 启动 PCA 定时器
}
/*************************************************************/
```

```
/**********************************************************************
函数名： PWM0 占空比设置函数
调  用： PWM0_set();
参  数： 0x00 ~ 0xFF （亦可用 0 ~ 255）
返回值： 无
结  果： 设置 PWM 模式占空比， 为 0 时全部高电平， 为 1 时全部低电平
备  注： 如果需要 PWM1 的设置函数， 只要把 CCAP0L 和 CCAP0H 中的 0 改为 1 即可
**********************************************************************/
void PWM0_set (unsigned char a){
     CCAP0L= a; // 设置值直接写入 CCAP0L
     CCAP0H= a; // 设置值直接写入 CCAP0H
}
/**********************************************************************/
```

```
/**********************************************************************
函数名： 主函数
调  用： 无
参  数： 无
返回值： 无
结  果： 程序开始处， 无限循环
备  注：
**********************************************************************/
void main (void){

     PWM_init(); //PWM 初始化
     PWM0_set(0x10); // 设置 PWM 占空比

     while(1){

          // 无限循环程序

     }
}
/**********************************************************************/
```

从“编程模板”文件中找到程序说明和主函数模板，一并复制到程序中。不需要手工输入，一个工整、漂亮的实验程序就完成了。主函数中的无限循环部分可以加上 CPU 要做的工作，PWM 是独立工作的，不会受 CPU 的影响。STC12C2052 的 PWM1 与 P3.5 接口复用，我也用这个测试程序试过了，一切正常。

现在你还觉得编程困难吗？哈哈，原来觉得困难是因为没有遇见我，你早遇见我你早就会了。那么就把这种三生有幸、相见恨晚的激动化成继续阅读下去的动力吧。

2. 创造单片机内部的 EEPROM 模块

PWM 能调整 LED 的亮度，EEPROM 可以掉电保存我们需要的数据。虽然 Flash 也有这个功能，但是 Flash 是用来保存程序的，有的单片机可以用 Flash 中空闲的空间保存用户需要的数据，但更多的是用独立的 Flash 或 EEPROM 空间实现。STC 系列单片机属于在同一片 Flash 上面划分出程序区（Flash）和数据区（EEPROM），可

以用 EEPROM 方式操作数据区，也可以用 IAP 方式操作程序区（需支持 IAP 方式的单片机）。还是以 STC12C2052 单片机为例，研究一下它的 EEPROM 有什么特性，如何使用。我们再次打开 STC12C2052 单片机的数据手册，找到与 EEPROM 有关的部分。

文件名	路径
STC12C2052AD.pdf	本书资料下载区

在目录中可以看到第 5 章即是介绍 EEPROM 的部分，其中重点还是第 67 页的 SFR 介绍、第 70 页的 EEPROM 地址介绍和第 74 页的完整测试程序。从目前的情况看，好像只要使用 PWM 函数模块生成的步骤就可以炮制出 EEPROM 的函数模块。实际情况是这样吗?

第 67 页的 SFR 介绍很明确，有些许说明文字介绍了每一个寄存器的功能和用法。第 70 页的 EEPROM 地址表，把 EEPROM 空间以每 512 个字节分为一个扇区，扇区和硬盘等存储器的扇区概念是相同的。当看到第 74 页，一个完整的 EEPROM 测试程序时，你是不是傻眼了? 这是什么东西呀，不是我们学的 C 语言呀! 没错，数据手册的作者是用汇编语言写的程序，而我们书中主要是使用 C 语言的。这就难住我们了吗? NO，我们有谷歌搜索，困难来者不惧。搜索“STC EEPROM C 语言程序”，看看有没有现成的 C 语言测试程序，我在搜索结果中花了 2min 找到了完整 EEPROM 功能 C 语言的测试程序，感谢前辈们的无私奉献。其实也可以在宏晶科技公司的官方网站上找到同样的测试程序，程序的内容如下。

```
/*
 --- STC International Limited ----------------
一个完整的 EEPROM 测试程序， 用宏晶的下载板可以直接测试

STC12C5AxxAD 系列单片机 EEPROM/IAP 功能测试程序演示
STC12C52xxAD 系列单片机 EEPROM/IAP 功能测试程序演示
STC11xx 系列单片机 EEPROM/IAP 功能测试程序演示
STC10xx 系列单片机 EEPROM/IAP 功能测试程序演示
 --- STC International Limited ------------------
 --- 宏晶科技  设计 2009/1/12 V1.0 -------------
 ------------------------------------------------
 ------------------------------------------------
 ------------------------------------------------
本演示程序在 STC-ISP Ver 3.0A.PCB 的下载编程工具上测试通过，EEPROM 的数据
在 P1 口上显示， 如果要在程序中使用或在文章中引用该程序，请在程序中或文章中
```

```
注明使用了宏晶科技的资料及程序
*/

#include <reg51.H>
#include <intrins.H>

typedef unsigned char  INT8U;
typedef unsigned int   INT16U;

sfr IAP_DATA    = 0xC2;
sfr IAP_ADDRH   = 0xC3;
sfr IAP_ADDRL   = 0xC4;
sfr IAP_CMD     = 0xC5;
sfr IAP_TRIG    = 0xC6;
sfr IAP_CONTR   = 0xC7;

//定义 Flash 操作等待时间及允许 IAP/ISP/EEPROM 操作的常数
//#define ENABLE_ISP 0x80 //系统工作时钟<30MHz 时, 对 IAP_CONTR 寄存器设置此值
//#define ENABLE_ISP 0x81 //系统工作时钟<24MHz 时, 对 IAP_CONTR 寄存器设置此值
#define ENABLE_ISP 0x82 //系统工作时钟<20MHz 时, 对 IAP_CONTR 寄存器设置此值
//#define ENABLE_ISP 0x83 //系统工作时钟<12MHz 时, 对 IAP_CONTR 寄存器设置此值
//#define ENABLE_ISP 0x84 //系统工作时钟<6MHz 时, 对 IAP_CONTR 寄存器设置此值
//#define ENABLE_ISP 0x85 //系统工作时钟<3MHz 时, 对 IAP_CONTR 寄存器设置此值
//#define ENABLE_ISP 0x86 //系统工作时钟<2MHz 时, 对 IAP_CONTR 寄存器设置此值
//#define ENABLE_ISP 0x87 //系统工作时钟<1MHz 时, 对 IAP_CONTR 寄存器设置此值

#define DEBUG_DATA        0x5A  //本测试程序最终存储在 EEPROM 单元的数值
#define DATA_Flash_START_ADDRESS 0x00  //STC5Axx 系列 EEPROM 测试起始地址

union union_temp16
{
   INT16U un_temp16;
   INT8U  un_temp8[2];
}my_unTemp16;

INT8U Byte_Read(INT16U add);              //读一字节,调用前需打开 IAP 功能
void Byte_Program(INT16U add, INT8U ch);  //字节编程,调用前需打开 IAP 功能
void Sector_Erase(INT16U add);            //擦除扇区
void IAP_Disable();                       //关闭 IAP 功能
void Delay();

void main (void)
{
   INT16U eeprom_address;
   INT8U  read_eeprom;

   P1 = 0xF0;                    //演示程序开始, 让 P1[3:0] 控制的灯亮
   Delay();                      //延时
   P1 = 0x0F;                    //演示程序开始, 让 P1[7:4] 控制的灯亮
   Delay()    ;                  //延时
```

```
    //将 EEPROM 测试起始地址单元的内容读出
    eeprom_address = DATA_Flash_START_ADDRESS;  //将测试起始地址送 eeprom_address
    read_eeprom = Byte_Read(eeprom_address);    //读 EEPROM 的值，存到 read_eeprom

    if (DEBUG_DATA == read_eeprom)
    {   //数据是对的， 亮 P1.7 控制的灯， 然后在 P1 口上将 EEPROM 的数据显示出来
        P1 = ~0x80;
        Delay()    ;                            //延时
        P1 = ~read_eeprom;
    }
    else
    {   //数据是错的， 亮 P1.3 控制的灯， 然后在 P1 口上将 EEPROM 的数据显示出来
        //再将该 EEPROM 所在的扇区整个擦除， 将正确的数据写入后， 亮 P1.5 控制的灯
        P1 = ~0x08;
        Delay()    ;                            //延时
        P1 = ~read_eeprom;
        Delay()    ;                            //延时

        Sector_Erase(eeprom_address);              //擦除整个扇区
        Byte_Program(eeprom_address, DEBUG_DATA);//将 DEBUG_DATA 写入 EEPROM

        P1 = ~0x20;                       //熄灭 P1.3 控制的灯， 亮 P1.5 控制的灯
    }

    while (1);                       //CPU 在此无限循环执行此句
}

//读一字节， 调用前需打开 IAP 功能， 入口:DPTR = 字节地址， 返回:A = 读出字节
INT8U Byte_Read(INT16U add)
{
    IAP_DATA = 0x00;
    IAP_CONTR = ENABLE_ISP;         //打开 IAP 功能， 设置 Flash 操作等待时间
    IAP_CMD = 0x01;                 //IAP/ISP/EEPROM 字节读命令

    my_unTemp16.un_temp16 = add;
    IAP_ADDRH = my_unTemp16.un_temp8[0];     //设置目标单元地址的高 8 位地址
    IAP_ADDRL = my_unTemp16.un_temp8[1];     //设置目标单元地址的低 8 位地址

    //EA = 0;
    IAP_TRIG = 0x5A;   //先送 5Ah，再送 A5h 到 ISP/IAP 触发寄存器，每次都需如此
    IAP_TRIG = 0xA5;    //送完 A5h 后， ISP/IAP 命令立即被触发起动
    _nop_();
    //EA = 1;
    IAP_Disable();  //关闭 IAP 功能， 清相关的特殊功能寄存器，使 CPU 处于安全状态，
                    //一次连续的 IAP 操作完成之后建议关闭 IAP 功能，不需要每次都关
    return (IAP_DATA);
}

//字节编程， 调用前需打开 IAP 功能， 入口:DPTR = 字节地址， A= 须编程字节的数据
void Byte_Program(INT16U add, INT8U ch)
{
```

```
    IAP_CONTR = ENABLE_ISP;          //打开 IAP 功能, 设置 Flash 操作等待时间
    IAP_CMD = 0x02;                  //IAP/ISP/EEPROM 字节编程命令

    my_unTemp16.un_temp16 = add;
    IAP_ADDRH = my_unTemp16.un_temp8[0];    //设置目标单元地址的高 8 位地址
    IAP_ADDRL = my_unTemp16.un_temp8[1];    //设置目标单元地址的低 8 位地址

    IAP_DATA = ch;                   //要编程的数据先送进 IAP_DATA 寄存器
    //EA = 0;
    IAP_TRIG = 0x5A;   //先送 5Ah,再送 A5h 到 ISP/IAP 触发寄存器,每次都需如此
    IAP_TRIG = 0xA5;   //送完 A5h 后, ISP/IAP 命令立即被触发起动
    _nop_();
    //EA = 1;
    IAP_Disable();  //关闭 IAP 功能,清空相关的特殊功能寄存器,使 CPU 处于安全状态,
                    //一次连续的 IAP 操作完成之后建议关闭 IAP 功能,不需要每次都关
}

//擦除扇区, 入口:DPTR = 扇区地址
void Sector_Erase(INT16U add)
{
    IAP_CONTR = ENABLE_ISP;          //打开 IAP 功能, 设置 Flash 操作等待时间
    IAP_CMD = 0x03;                  //IAP/ISP/EEPROM 扇区擦除命令

    my_unTemp16.un_temp16 = add;
    IAP_ADDRH = my_unTemp16.un_temp8[0];    //设置目标单元地址的高 8 位地址
    IAP_ADDRL = my_unTemp16.un_temp8[1];    //设置目标单元地址的低 8 位地址

    //EA = 0;
    IAP_TRIG = 0x5A;   //先送 5Ah,再送 A5h 到 ISP/IAP 触发寄存器,每次都需如此
    IAP_TRIG = 0xA5;   //送完 A5h 后, ISP/IAP 命令立即被触发起动
    _nop_();
    //EA = 1;
    IAP_Disable();  //关闭 IAP 功能, 清相关的特殊功能寄存器,使 CPU 处于安全状态,
                    //一次连续的 IAP 操作完成之后建议关闭 IAP 功能,不需要每次都关
}

void IAP_Disable()
{
    //关闭 IAP 功能, 清相关的特殊功能寄存器,使 CPU 处于安全状态,
    //一次连续的 IAP 操作完成之后建议关闭 IAP 功能,不需要每次都关
    IAP_CONTR = 0;       //关闭 IAP 功能
    IAP_CMD   = 0;       //清命令寄存器,使命令寄存器无命令,此句可不用
    IAP_TRIG  = 0;       //清命令触发寄存器,使命令触发寄存器无触发,此句可不用
    IAP_ADDRH = 0;
    IAP_ADDRL = 0;
}

void Delay()
{
    INT8U i;
    INT16U d=5000;
```

```
    while (d--)
    {
        i=255;
        while (i--);
    }
}
```

找来的程序好像没有我们用模板生成的程序工整，没错，希望他们也可以早点用上我们的模板。不过程序还是 OK 的，只要可以编译使用，剩下的都是小事情。我大概浏览了一遍注释信息，知道了测试程序是在单片机的 P1 接口上连接 8 个 LED，这个电路我们制作过，现在就在面包板上重建出来吧。

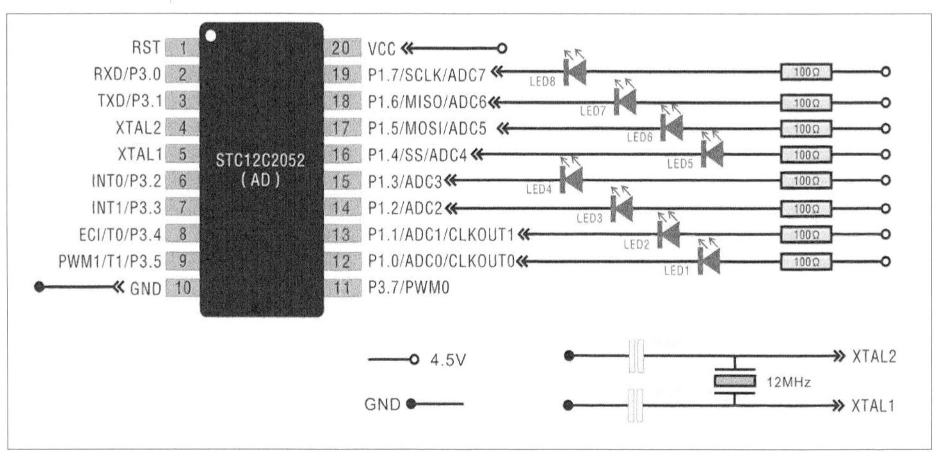

按主函数的流程，程序开始时 P1.0 ~ P1.3 的 LED 点亮，最后 P1.4 ~ P1.7 的 LED 点亮，表示程序开始。随后程序开始读 EEPROM 指定字节的值，再把这个字节的数据与要写入的值对比，如果两值相同则认为 EEPROM 操作成功，P1.7 的 LED 点亮，然后用 P1 接口的 8 个 LED 显示出数值。如果两值不同则认为 EEPROM 操作失败，P1.3 的 LED 点亮，然后把数值写入 EEPROM，再用 P1 接口显示数值。为什么要先读后写呢？第一次运行程序时一定是失败的，因为 EEPROM 中的初始值是 0x00，我们要写入的是 0x5A，失败的结果是执行一次将数值写入 EEPROM 的操作，EEPROM 的数值为 0x5A 了。再次上电的时候，EEPROM 如果在第一次成功写入 0x5A，就与我们要写入的值相同了，表示操作成功。如果 EEPROM 里的值还是 0x00，表示我们没写进去，即是失败。成功或失败在第二次上电的时候显现，你千万要注意。

当初我现研究 EEPROM 实验时也是反复对照、实验才一点一点学会使用的。当时我的运气很不好，复制程序到工程里面，虽然编译通过了，可是下载到单片机中却怎么都是失败。是不是数值有问题？改了数值，结果失败。后来又改了地址，还是失败。数据手册上说电压过低时不允许操作，于是我又测试了电源电压，5V 高高的，没有问题。是单片机坏了，换一片新的？还是失败。啊！我要爆炸了！下狠心一步一步对照着程序流程地毯式排查，依然无功而返。正准备暂时放弃，不经意间发现程序说明的部分。

```
 --- STC International Limited ----------------
一个完整的EEPROM 测试程序， 用宏晶的下载板可以直接测试

STC12C5AxxAD 系列单片机 EEPROM/IAP 功能测试程序演示
STC12C52xxAD 系列单片机 EEPROM/IAP 功能测试程序演示
STC11xx 系列单片机 EEPROM/IAP 功能测试程序演示
STC10xx 系列单片机 EEPROM/IAP 功能测试程序演示
 --- STC International Limited ------------------
```

出现的 4 种适用的单片机系统里竟然没有 STC12Cxx52AD 系列，这让我产生了怀疑，是不是 STC12Cxx52AD 系列与上述 4 种产品系列有什么不同。找出各种数据手册中的 EEPROM 部分进行逐页对比，结果发现 STC12Cxx52AD 系列单片机需要在操作 EEPROM 前对 IAP_TRIG 寄存器先写入 0x46 再写入 0xB9，而另外 4 种单片机系列则需要先写入 0x5A 再写入 0xA5。症结找到了，我怀着激动的心情在程序里找到 IAP_TRIG 寄存器操作的部分。读取、写入和擦除函数中都有对 IAP_TRIG 寄存器的操作，试着把值改成 0x46 和 0xB9，编译，下载。结果如何？自己试试看吧，哈哈！

```
    IAP_TRIG = 0x5A;    //先送 5Ah，再送 A5h 到 ISP/IAP 触发寄存器，每次都需如此
    IAP_TRIG = 0xA5;    //送完 A5h 后， ISP/IAP 命令立即被触发起动
```

“我和单片机一起玩耍，我玩它的时候，它总能给我带来幸福和成就感。它玩我的时候，我总是会烦躁、不知所措，可是耐心研究之后发现过错总是出自我的马虎大意。”——摘自本书第 1 章第 1 节

读取、写入、擦除三部分已经在测试程序中以函数体的形式出现了，不需要我们修改了，稍微整理一下，便为我们的私家函数库迎来了新成员。你要学会利用官方的资料和网络的力量，学会分析问题并找出差异，学会在困难之中开拓进取。除了 EEPROM，单片机内部还有 PCA 的其他工作方式、ADC、看门狗等功能等待着你。去吧，用学到的方法前行，经历失败，收获成功。

3. 创造外扩时钟芯片 DS1302 的驱动模块

有些功能没有集成在单片机内部，比如下面要介绍的实时时钟功能（RTC）、温度数据采集功能，都是以独立芯片的形式出现的。很显然它们不会出现在 SFR 里，也不会在单片机的数据手册里出现。应对外部功能芯片我们需要另一种方法，其结果依然是形成程序模块，多出来的还有电路连接方法和通信协议。

先用简单的语言概括一下工作流程。首先是搜索资料，找到 DS1302 时钟芯片的数据手册（关于为什么要选择这款芯片，我会在第 3 章中介绍），在搜索引擎里搜索“DS1302”“DS1302 C 语言 程序”等关键词，得到搜索结果。找到芯片与单片机的电路连接原理图和可参考的 C 语言程序。在面包板上完成测试，整理函数模块，完成。我们需要特别关注的点有 2 个：电路的连接和芯片的 SFR。电路的连接是指芯片的接口定义及单片机与芯片的连接方式，大多数芯片都是可以用单片机标准双向 I/O 接口来控制的，找到电路图，具体接在哪个 I/O 接口上可以在程序中修改，芯

片本身需要的外围电路要按原理图连接。所谓芯片的 SFR 是指每款芯片内部的寄存器。知道吗，每种独立的功能芯片也有其自己的寄存器，它们也是一群开关，可以控制硬件，也可以由软件读写，和操作单片机内部的 SFR 没有多大区别。

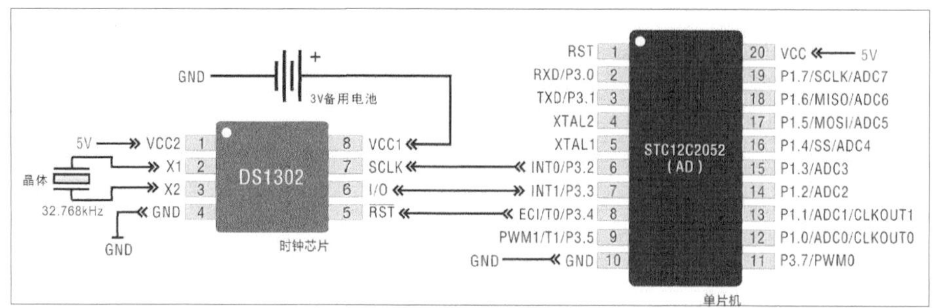

在 DS1302 芯片的数据手册中可以找到寄存器的说明，刚开始看寄存器表是很难明白的，我也没有办法，因为确实需要足够的实验和理解力。现在可以先不管它，因为这不影响我们继续设计程序模块，不过要想全面了解 DS1302 的功能，你必须看懂它。

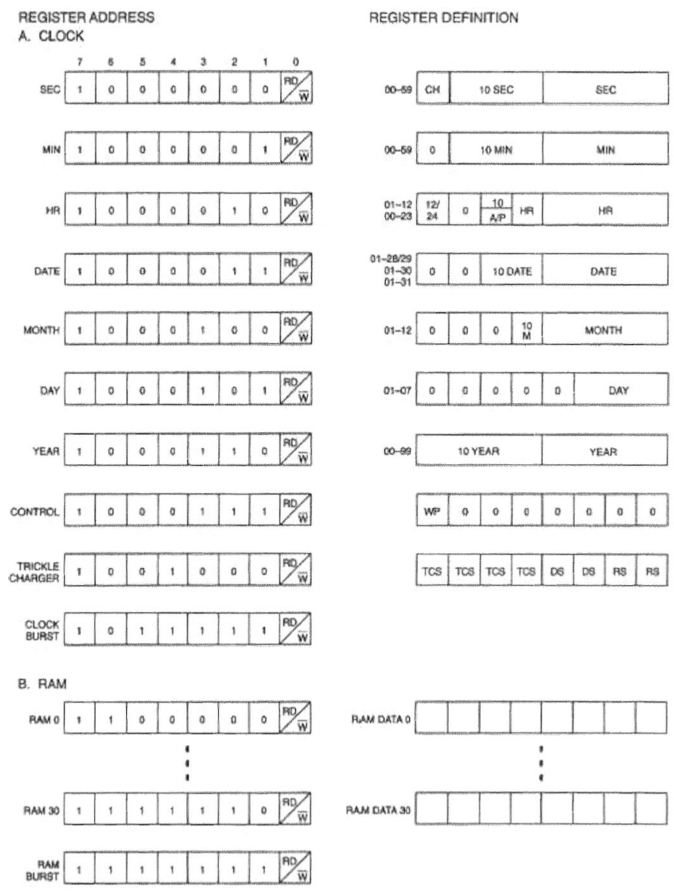

REGISTER ADDRESS / REGISTER DEFINITION

A. CLOCK

	7	6	5	4	3	2	1	0										
SEC	1	0	0	0	0	0	0	RD/W	00–59	CH	10 SEC			SEC				
MIN	1	0	0	0	0	0	1	RD/W	00–59	0	10 MIN			MIN				
HR	1	0	0	0	0	1	0	RD/W	01–12 00–23	12/24	0	10 A/P	HR	HR				
DATE	1	0	0	0	0	1	1	RD/W	01–28/29 01–30 01–31	0	0	10 DATE		DATE				
MONTH	1	0	0	0	1	0	0	RD/W	01–12	0	0	0	10 M	MONTH				
DAY	1	0	0	0	1	0	1	RD/W	01–07	0	0	0	0	0	DAY			
YEAR	1	0	0	0	1	1	0	RD/W	00–99	10 YEAR				YEAR				
CONTROL	1	0	0	0	1	1	1	RD/W		WP	0	0	0	0	0	0	0
TRICKLE CHARGER	1	0	0	1	0	0	0	RD/W		TCS	TCS	TCS	TCS	DS	DS	RS	RS
CLOCK BURST	1	0	1	1	1	1	1	RD/W									

B. RAM

	7	6	5	4	3	2	1	0	
RAM 0	1	1	0	0	0	0	0	RD/W	RAM DATA 0
⋮									⋮
RAM 30	1	1	1	1	1	1	0	RD/W	RAM DATA 30
RAM BURST	1	1	1	1	1	1	1	RD/W	

为了让你更好地理解，我绘制了下面这张表，使用是的我们前面介绍 SFR 的风格。DS1302 既然是时钟芯片就是要产生时间的，而时间中的年、月、日、星期、小时、分、

秒的值都存放在不同地址的寄存器里面。与 SFR 操作不同的是，DS1302 的每一个寄存器有 2 个地址分别对应着写数据和读数据。例如你想读出秒数据，你要用 0x81 地址来读，而想写入秒数据则要用 0x80 地址来写，有趣吧。

寄存器	**地址**	**位定义**								**初始值**
		7	**6**	**5**	**4**	**3**	**2**	**1**	**0**	
秒	0x80（写） 0x81（读）	CH	秒十位			秒个位				0x00
分	0x82（写） 0x83（读）	0	分十位			分个位				0x00
小时	0x84（写） 0x85（读）	12/24 小时	0	10/ A/P	HR					0x00
日	0x86（写） 0x87（读）	0	0	日十位		日个位				0x00
月	0x88（写） 0x89（读）	0	0	0	月十位	月个位				0x00
星期	0x8A（写） 0x8B（读）	0	0	0	0	0	星期			0x00
年	0x8C（写） 0x8D（读）	年十位				年个位				0x00
控制	0x8E（写） 0x8F（读）	写保护	0	0	0	0	0	0	0	0x00
充电设置	0x90（写） 0x91（读）	TCS	TCS	TCS	TCS	DS	DS	DS	DS	0x00
时钟多字节	0xCE（写） 0xCF（读）									
用户 RAM0	0xD0（写） 0xD1（读）	用户数据								0x00
用户 RAM1～29	省略									
用户 RAM30	0xFC（写） 0xFD（读）	用户数据								0x00
RAM 字符组	0xFE（写） 0xFF（读）									

除了一般的时间数据之外，还有一些芯片硬件对应的寄存器设置。例如“秒”寄存器中的第 7 位是走时允许位，此位为 0 时，时钟走时；为 1 时，停止走时。“控制”寄存器中的第 7 位是写保护功能，“充电设置”寄存器的高 4 位和低 4 位通过位的组合来设置备用电池的充电方式。而最后的 31 个字节的用户 RAM 空间是可以由用户自由使用的。一般可以放一些闹钟的设定值。单片机的程序就是通过 I/O 接口与芯片的接口通信，然后操作芯片里面的寄存器的。大多数芯片在原理上和 SFR 的操作是相通的。

单片机与芯片的引脚连接就涉及通信协议的问题。我们已经知道了单片机内部集成了一个 UART 串口，这是完全由硬件实现的功能，单片机的 CPU 不需要考虑

UART 的通信协议，高、低电平怎样的组合表示数据 1，怎样的组合表示 0，这全是硬件的工作。只要向 SBUF 寄存器写入数据，数据自动就发送出去了。并不是所有的通信都这么省事，像 DS1302 这样的 SPI 接口的芯片，有些单片机就没有集成独立的 SPI 接口硬件功能。并不是说单片机就不能用这样的芯片，因为单片机的 CPU 是万能的，它和 I/O 接口的配合可以模拟出所有的通信协议。我们所采用的就是让 CPU 控制 I/O 接口，模拟出 DS1302 芯片的通信协议。这个协议要自己写吗？需要知道引脚上每一时刻的电平状态然后编程吗？No，不需要，那已经是前辈们完成的工作了。于是，聪明的你只要到网络上搜索，应有的尽有之。

好了，下一步看看你在网上找到了什么。有没有找到 DS1302 的中文数据手册，有没有找到现成的 C 语言程序模块，有没有找到网友们对 DS1302 的问题和评价？记不记得第 1 章的 DY3208 电子钟就是采用的 DS1302 时钟芯片呢？看看源程序中有没有值得取用的部分。其实学习单片机并不难，只要你看破表层的烦琐和复杂，把视线聚集在最根本的原理上，单片机也就如此而已了。在电脑硬盘上心爱的位置新建文件夹，取名为“编程模板”，把你整理好的程序模块分门别类放进去。要是你乐意的话，还可以建立共享博客空间，把程序模块与更多人分享。做到这一步，你已经很棒了，第 2 章未完，你的程序之路稳中有升。

最后的组合

程序模块一个又一个诞生，我们把单片机和周边芯片的世界从物质升华到了精神层面。可是问题随之而来，我们如何利用程序模块，怎么把它们有效地组织起来为产品的应用而服务呢？在主函数当中应该演绎着这样一群语句，它们有条理地相互组织在一起，时而计算、时而调用程序模块，它们像无形的手牵住每一个孤独的模块。有了它们，模块才有活着的意义，应用才能实现。它们需要我们来撰写，为应用而撰写，它们是最后的组合，编程战争的下一个阵地。

如何在编写应用程序时练习编程的基本功？怎样调试应用程序？如何拥有自己的编程风格？下一节我将与你一起研究如何为应用撰写主函数。

第6节 写程序

目录

- 为应用编程
- 为成功调试
- 串口小秘书
- 为风格练习

为应用编程

《著作权法》对著、编和编著有这样的规定：具有原创性的作品称之为著；将已有的他人作品整理、编辑而成的作品称之为编；编著居于二者之间，既有原创的部分又有摘录的部分。按此推理，单片机应用程序的设计应该算是我们的编著作品。上一节我们用超长篇幅介绍了程序中“编”的部分，本节着重介绍“著”的部分。在主函数中把程序模块按应用的需要高效地组合在一起，便是“著”的基本目标。

帮我想一想，怎么用前面所学的程序模块组合一个应用实例再和大家分享呢？要用到PWM，再加上其他一些功能。应用不能太复杂，适合初学的你DIY，还要有趣、实用。这个问题把我难住了，在编写大纲的时候真没有考虑得这么细致。我一个人闷在家里想了一天，最后确定与大家一起制作一款“触控调光台灯”，以LED灯作为台灯的光源，用PWM调整LED亮度，用单片机的RAM记忆当前照度，在不掉电的情况下保存亮度。增加3个触摸键，其中1个是电源开关，另外2个是分别控制亮度加减。依然使用STC12C2052单片机为例，在面包板上先搭建硬件电路。电路连接是PWM0（P3.7）引脚连接LED灯，通过PWM输出调光，P1.7、P1.6、P1.5引脚连接触摸键。

事先要准备几张白纸、一支铅笔和平静的心情，要知道我们要制作什么、我们的目标是什么，把重要的内容记在纸上，这是日后整理计划书的好方法。前面我们已经涉及PWM程序模块，制作应该简单多了，而且很实用呀！宁静的夜晚，在自己制作的可调亮度的台灯下细细品读《爱上单片机》乃是人生一大乐事。东西是好，在制作的开始我们要先设计出方案才行，要知道我们不是先有程序再谈功能的，程序应该是最后的环节。先想想我们的制作需要几个部分：电源部分、LED部分、单片机控制部分、触摸键部分。再来想想我们所需要实现的功能，最好把几条功能特征列出来。

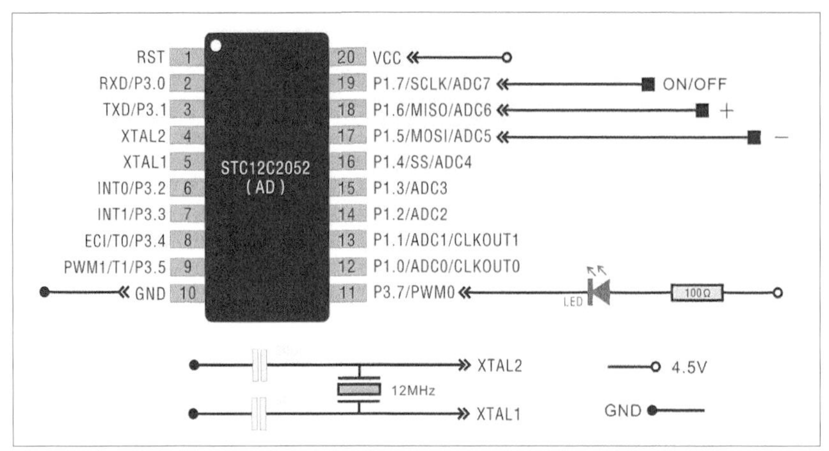

电路原理图

- 按键控制开 / 关灯。
- 按键控制加 / 减亮度。
- 台灯亮度无级调整。
- 亮度可记忆。

上列功能只是最基本的功能，当然你可以再加一个蜂鸣器，让它可以具有提示音或是唱起音乐，还可以加遥控器或是更具天才想象力的功能，而现在我们先制作实现最基本的功能。将基本的功能在白纸上列出来之后，下一步我们再细分它们。

- 采用一个触摸键单独控制开关灯，按一下开灯再按关灯。
- 采用“变亮”和“变暗”2 个触摸键控制台灯的亮度，按下时亮度逐渐改变，放开时定格亮度。
- 采用 256 级 PWM 无级亮度调整。
- 当前亮度数据在单片机的 RAM 中保存，在单片机不掉电时记忆先前亮度。

首先接通电源，LED 应该是熄灭的，按下电源开关键（ON/OFF），LED 灯由最暗亮度缓缓地变亮，达到记忆的亮度为止。再按下电源开关键，LED 灯慢慢变暗至熄灭。关灯状态下按亮度加、减是无效的，开灯状态下按加、减键调整亮度。步骤整理如下。

开灯：按电源按开灯，从 EEPROM 读亮度值，由最暗值渐变到记忆亮度。

调光：按加键（+）变亮，按减键（–）变暗。

关灯：再按电源按关灯，加减键无效。

要知道凡是与人有关的设计一定要考虑人性化、简单化和通俗化。在细分功能时要注意这一点，要服从大众的逻辑、让操作简单方便。如果大家都认为文字是从左往右阅读的，而你非要从右往左写，那你写的就只能留给外星人看了，创新是为了方便使用者，不是以牺牲人性化为代价。细分功能确定了，我们就可以写一样东西，你会以为是写程序吧？不，写程序之前还会涉及的一个问题是结构流程。通常情况下，程序流程图可以有效地帮助我们在编程之前理清思路。

应用程序在编写之前需要先在草纸上画流程图，很新鲜是不是？许多初学单片机的朋友不重视流程图，认为太麻烦、没必要。我不敢说他们不对，不过我认为流程图是非常重要的，它就像一本书的大纲和目录，直接定义了全书的基本框架。所谓的高手们在编写新程序的时候是不画流程图的，因为流程完全置于心中，只是在工作笔记上把重要的细节和备忘的内容写一写，编程熟练和经验丰富是不画流程图的本钱。对于你来说，先打好基础，不断积累，才能逐渐成为无纸化办公的环保型人才。

我要介绍程序流程图，我的腿开始发抖，脸色也变得苍白，看上去很紧张。是呀，自我学习单片机到现在没有画过几个完整的程序流程图，现在逼上梁山又要介绍，所以有什么言语不周的请多多包涵。要知道不画程序流程图其实是一个很不好的习惯，我是需要自我检讨的，总是认为这没什么用处，最后还是深受其害，我写的程序就有过结构混乱的情况、出现过本应该避免的错误。一些计算机专业出身的朋友是不会有这些问题的，只是现在广大单片机爱好者之前都是搞电子技术的，所以程序方面的理论水平自然欠缺，所写的程序也处在“基本可靠”的层面。我希望单片机初学者可以学习一下计算机基础知识，这可以为你未来的编程之路打好坚实基础。

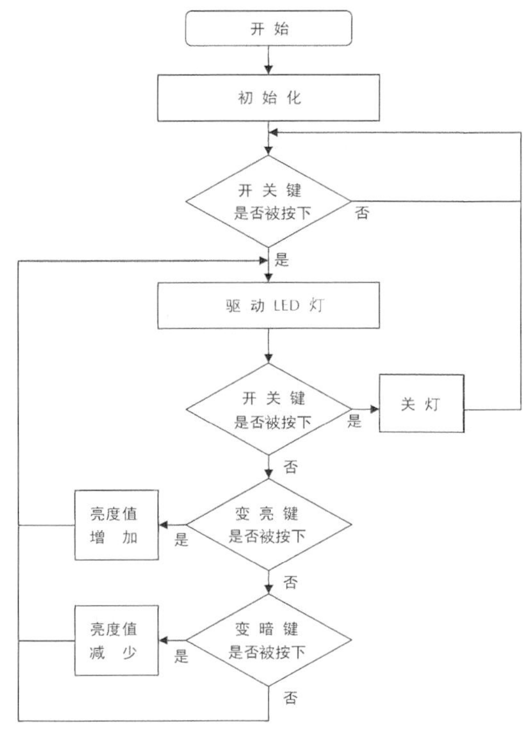

流程图

其实流程图就是将一个系统的程序分成多个部分，在编程时只要将各部分的程序块写好，再在主循环程序中将各程序模块按顺序联系起来。所以说有了流程图之后，程序的结构计划也就完成了。绘制程序结构框图也是要靠经验的，当程序写得多了，自然就可以总结出流程图的各部分和排列的顺序，而最基本的还是跟着调光台灯的功能思路来写，前文把功能确定了下来，程序流程就必须要实现这些功能。通常在接通电源时程序应该是怎样的，之后的什么条件会触发它改变状态，改变状态后的工作又是什么，之后又会有几种状态选择，依据这个思路往下想，在草稿纸上就会勾勒出靠近完整的图样，检查有多少个循环结构，各部分功能可不可以再细分。最后按照单片机的思路从头到尾把各种可能的状态都在脑子里走一遍，看看还有什么失误或更好的方法。三五回合之后，一个正确、完整的程序流程图诞生了。也许你还没有真正开始写一行程序呢，可是你的编程工作已经完成了一半，而且是最关键的一半，你的程序是否优秀、简洁、实用，到流程图完成之时已经分出高下。《触控调光台灯》的故事大纲已经确定，余下的工作就是用生动的语言书写。

我们要把流程图中的区块变成具体的程序语句。这包括初始化程序、开灯判断程序、LED 灯驱动程序、关灯判断程序、关灯程序、“变亮”判断程序、亮度值增加程序、“变暗”判断程序和亮度值减少程序，一共 9 个程序块。其中包含了 5 个循环体，它们是开灯判断循环、关灯判断循环、亮度增加循环、亮度减少循环和无操作循环。寻找循环体是挺容易的，重点只要找准所有流程的状态，找到流程图中箭头构成的环路即找到了循环体。

[程序 1]

```
/*********************************************************************
程序名：        触控调光台灯
编写人：        杜洋
编写时间：      2009 年 7 月 25 日
硬件支持：      STC12C2052  12MHz
接口说明：      P3.7 （PWM0） 用 PWM 控制 LED， P1.5 ～ P1.7 接 3 路触摸键
修改日志：
    NO.1-20090725_0622 完成触控开关 LED 灯部分和 PWM 调光部分程序。
    NO.2-20090725_0638 完成开关灯时的渐变亮度。
/*********************************************************************
说明：电路制作时需要将触摸键和 VCC 线放在一起，然后触摸时将手同时触摸按键引脚和
VCC 线。

/*********************************************************************/
```

好，现在开始写程序了，在程序文本最开始的部分要加一段说明文字，介绍程序名、作者、编程时间之类的信息。如果不写，对程序没有影响，只是不符合通常的编程习惯，就像我前面说的，程序不只是能用就行的。说明文字见 [程序 1]。

[程序 2]

```
/*********************************************************************/
#include <STC12C2052AD.H> //STC12Cx052 或 STC12Cx052AD 系列单片机头文件
```

```
sbit ON_OFF_Key = P1 ^ 7; //ON/OFF 开关键
sbit Add_Key = P1 ^ 6; // 加亮度 (+)
sbit Doc_Key = P1 ^ 5; // 减亮度 (-)
//LED 与 P3.7 (PWM0) 连接

unsigned char Bright=0x88; // 全局变量, 亮度值
bit POWER=0; //LED 灯开 / 关状态标志位
/**************************************************************/
```

通常，说明文字下面接着就是定义信息，见 [程序 2]。空行将其分成 3 段，其中第一段是头文件定义，第二段是接口定义，定义了 3 个触摸键的引脚位置，因为 PWM0 是固定与 P3.7 接口复用的，所以不需要定义。第三段是定义全局变量，其实就是定义了 2 个变量，在下面的程序中用它们记录一些重要数据，“unsigned char Bright=0x88;”是在 RAM 中定义一个字节的亮度存储器空间，用来存储用户最后设定的亮度值，亮度的初始值是 0x88。而“bit POWER=0;”是定义一个位变量，用来标志当前 LED 灯的开关状态的。为什么定义它们，怎么知道需要定义什么呢？在没有写主函数之前我也不知道，当主函数中的某些状态无法用现有的变量计算或判断时就要加入新的变量了。在下文的介绍中你会看到我定义它们的原因。

[程序 3]

```
/**************************************************************
函数名： PWM 初始化函数
调  用： PWM_init();
参  数： 无
返回值： 无
结  果： 将 PCA 初始化为 PWM 模式， 初始占空比为 0
备  注： 需要更多路 PWM 输出直接插入 CCAPnH 和 CCAPnL 即可
**************************************************************/
void PWM_init (void){
CMOD=0x02; // 设置 PCA 定时器
     CL=0x00;
     CH=0x00;
     CCAPM0=0x42; //PWM0 设置 PCA 工作方式为 PWM 方式 (0100 0010)
     CCAP0L=0x00; // 设置 PWM0 初始值与 CCAP0H 相同
     CCAP0H=0x00; // PWM0 初始时为 0
     CR=1; // 启动 PCA 定时器
}
/**************************************************************/

/**************************************************************
函数名： PWM0 占空比设置函数
调  用： PWM0_set();
参  数： 0x00 ～ 0xFF (亦可用 0 ～ 255)
返回值： 无
结  果： 设置 PWM 模式占空比， 为 0 时全部高电平， 为 1 时全部低电平
备  注： 如果需要 PWM1 的设置函数， 只要把 CCAP0L 和 CCAP0H 中的 0 改为 1 即可
**************************************************************/
```

```
void PWM0_set (unsigned char a){
     CCAP0L= a; // 设置值直接写入 CCAP0L
     CCAP0H= a; // 设置值直接写入 CCAP0H
}
/*********************************************************************/
```

PWM 的程序模块（见 [程序 3]）我们在上一节已经制作完成，现在就是用到它的时候。工整地把它复制过来，等待主函数的调用。

[程序 4]

```
/*********************************************************************
函数名： 毫秒级 CPU 延时函数
调  用： DELAY_MS (?);
参  数： 1～65535 （参数不可为 0）
返回值： 无
结  果： 占用 CPU 方式延时与参数数值相同的毫秒时间
备  注： 应用于 1T 单片机时 i<600， 应用于 12T 单片机时 i<125
*********************************************************************/
void DELAY_MS (unsigned int a){
     unsigned int i;
     while( --a != 0){
          for(i = 0; i < 600; i++);
     }
}
/*********************************************************************/
```

[程序 4] 是毫秒级延时程序，在程序中主要起到减缓渐亮速度的作用。它也是后来在主函数需要的时候才加进来的。

[程序 5]

```
/*********************************************************************
函数名： 主函数
调  用： 无
参  数： 无
返回值： 无
结  果： 程序开始处， 无限循环
备  注：
*********************************************************************/
void main (void){
     PWM_init(); //PWM 初始化

     P1M0 = 0xff; // 将 P1 接口设置为高阻态输入
     P1M1 = 0x00; // 触摸按键启用

     DELAY_MS (200); // 延时等待 I/O 接口电平状态稳定

     while(1){ // 循环程序部分
          unsigned char a; // 临时变量
```

```
        if(ON_OFF_Key == 1){ //开关键被按下
            if(POWER == 0){ //如果当前状态为关， 则执行开灯程序
                for(a=0;a<=Bright;a++){ //
                    PWM0_set(a);
                    DELAY_MS (20); //渐亮的时间间隔
                }
                PWM0_set(Bright); //达到存储的LED灯亮度
                POWER = 1; //把状态标志位变成开
            }else{ //如果当前状态为开， 则执行关灯程序
                for(a=Bright;a>0;a--){ //循环渐暗
                    PWM0_set(a);
                    DELAY_MS (20); //渐暗的时间间隔
                }
                PWM0_set(0); //关灯
                POWER = 0; //把状态标志位变成关
            }
            while(ON_OFF_Key == 1); //等待按键放开
        }

        if(Add_Key == 1 && POWER == 1){ //加亮度键被按下， 同时在开灯状态下
            Bright++; //亮度值加1
            PWM0_set(Bright); //将值写入PWM控制LED灯亮度
            if(Bright >= 0xFD){ //如果亮度值大于0xFD， 则不再增加
                Bright = 0xFD;
            }
            DELAY_MS (20); //渐变亮度的时间间隔
        }

        if(Doc_Key == 1 && POWER == 1){ //减亮度键被按下， 同时在开灯状态下
            Bright--; //亮度值减1
            PWM0_set(Bright); //将值写入PWM控制LED灯亮度
            if(Bright < 0x08){ //如果亮度值小于0x08， 则不再减少
                Bright = 0x08;
            }
            DELAY_MS (20); //渐变亮度的时间间隔
        }
    }
}
/*************************************************************************/
```

[程序5]便是主函数，主函数由4个部分组成，从主函数开始到循环程序部分开始之间是初始化部分，单片机每次上电都会执行一次（仅执行一次）这部分程序，比如初始化PWM、设置I/O接口工作方式之类。第2部分是循环程序中的开关键按下判断部分，当触摸此键时ON_OFF_Key等于1，进入语句后判断当前的开关状态，如果是开则执行关灯程序，如果是关则执行开灯程序。第3部分和第4部分分别是亮度增加和减少按键的处理。请把我刚才说的主函数中的各部分与流程图比照一下，看看是不是很有趣。主函数的大框架就是按照流程图设计的，而各部分中的每一条语句又是按照功能描述编写的。

虽然你知道程序中的大部分都是从程序模板上复制而来的，可是你还是不清楚从流程图到功能描述再到编写程序当中的详细过程。就好像美食节目中只介绍材料和完成后的菜肴，而没有介绍制作过程一样，学到最后还是不能炮制。下面占用一点时间把触控调光台灯的整个制作过程按时间顺序一一道来。

第一步是复制基本框架，就是程序说明（[程序1]）和定义信息（[程序2]），定义信息在一开始只定义了3个触摸键的引脚。在编写程序的初期阶段不需要预先定义下面可能用到的变量，先把目前所知的引脚先定义好，其他的部分等到用到的时候再回头定义。第二步复制PWM程序模块，因为我们在功能描述中已经提到用PWM实现LED灯的调光，这也是事先知道需要用到的模块，所以先放进来。但是延时函数没有一并放进来，因为目前我们还不清楚会否用到延时函数，还是那个原则，只把目前所知的先定义、先复制。第三步复制主函数框架，先把初始化的部分写出来。

```
void main (void){
    PWM_init(); //PWM 初始化

    P1M0 = 0xff; // 将 P1 接口设置为高阻态输入
    P1M1 = 0x00; // 触摸按键启用

    while(1){ // 循环程序部分
    …………
```

初始化中一定有PWM功能，程序模块都已经放进来了。下面是把P1.5～P1.7接口设置为高阻态输入工作方式，因为P1组I/O接口只用到这3个接口，所以其他接口就一并设置了。如果另几个接口有设备连接，就要按照数据手册中的I/O接口说明来设置每一个接口。初始化部分没有出现延时200ms的函数，不是我忘记了，而是因为那是在调试时发现了问题而后补的程序，按照正常的思路还不能考虑那么细致。注意，在写好一部分语句之后（最好是写一句就注释一句），要马上在其后面加上注释信息。不一定每条都加，重要的地方和备忘的地方一定要加。不要打算等程序全部完成之后再写注释信息，到时候你自己都不一定能轻松看懂全部的语句了，不信你可以试试看。养成良好的习惯没坏处。

第四步是编写主函数中的循环程序部分。不要以为下面的程序像写文章一样一字、一行地出现，编程的顺序是跳跃式的。我先在循环程序里面写了一条语句，送入一个值给PWM，然后就开始编译出HEX文件。我已经在面包板上搭建好了电路，把HEX文件下载下去看看PWM的程序部分是否可以正常执行。然后我再把值改成200，再编译、下载，观察LED灯的亮度有没有改变。通到几次实验证明到目前为止程序工作正常。这是智慧的方法，在语句数量不多的时候就马上验证，一步一个脚印，用步步为营的方式尽量让错误和问题早发现、早治疗。

```
    while(1){ // 循环程序部分

    PWM0_set(50);

    }
```

第五步开始按流程图上的区块来编写程序了。首先写出 3 个触摸键的判断语句，基本框架显现出来了，下面要做的就是把内容填满。在加、减亮度的部分，我试探性地假设一个亮度值的变量，然后让它加、减 1，再把值送到 PWM 控制 LED 灯的亮度。考虑了一下感觉可行，于是回过头来，在定义信息部分加入了 Bright 变量的定义。然后呢，还是编译、下载，观察触摸亮度加、减键时的变化。

```
while(1){ //循环程序部分

    if(ON_OFF_Key == 1){ //开关键被按下

    }

    if(Add_Key == 1){ //加亮度键被按下
        Bright++; //亮度值加 1
        PWM0_set(Bright); //将值写入 PWM 控制 LED 灯亮度
    }

    if(Doc_Key == 1){ //减亮度键被按下
        Bright--; //亮度值减 1
        PWM0_set(Bright); //将值写入 PWM 控制 LED 灯亮度
    }
}
```

果然，在触摸亮度加、减键时，LED 灯确实有亮度变化，可是很杂乱，速度也很快。怎么让变化速度慢下来呢？加入延时程序试试。于是我加入了毫秒级延时程序，把延时调用语句放在按键判断语句里面，延时值设置为 200ms，同样编译、下载、观察。这时候出现了 2 个问题，首先是速度变得太慢，需要再调整一下延时的时间，其次是亮度加到最大值时突然跳变到最小值，亮度减到最小值后又突然变到最亮。这是因为主管亮度的变量 Bright 的数值范围是 0 ～ 255，当值等于 255 却要再加 1 时就会变 0，当值等于 0 却要再减 1 时就会变 255。应该在加、减的两端设计“护栏”，加、减到极限时就停止再加、减。于是程序便写成了下面的样子。再一次编译、下载，亮度加、减的速度合适，也消除了跳变的现象。

```
while(1){ //循环程序部分
    if(ON_OFF_Key == 1){ //开关被键按下

    }

    if(Add_Key == 1 && POWER == 1){ //加亮度键按下，同时在开灯状态下
        Bright++; //亮度值加 1
        PWM0_set(Bright); //将值写入 PWM 控制 LED 灯亮度
        if(Bright >= 0xFD){ //如果亮度值大于 0xFD，则不再增加
            Bright = 0xFD;
        }
        DELAY_MS (20); //渐变亮度的时间间隔
    }

    if(Doc_Key == 1 && POWER == 1){ //减亮度键被按下，同时在开灯状态下
```

```
            Bright--; // 亮度值减 1
            PWM0_set(Bright); // 将值写入 PWM 控制 LED 灯亮度
            if(Bright < 0x08){ // 如果亮度值小于 0x08， 则不再减少
                Bright = 0x08;
            }
            DELAY_MS (20); // 渐变亮度的时间间隔
        }
    }
```

下一步就剩下开关灯的功能没有写了。但是必须研究的是怎么控制开关灯呢?可以把 PWM 功能关闭，也可以把占空比的值设置为 0。我采用的是后一种方法，不需要改动 PWM 的程序模块，更方便一些。问题来了，我怎么判断当前台灯的开关状态呢? 如果没有 PWM 调制，我只要读一下驱动 LED 灯的 I/O 接口的电平就行了，可是 PWM 状态下电平是不断变化的。看来需要设置一个开关标志位了，每次开灯的时候顺便把开关标志位置 1 ，关灯的时候再清 0，再拿标志位作为判断台灯状态的依据。开灯时把变量 Bright 的值写入 PWM，关灯时写入 0 即可。于是我增加了 POWER 标志位，写出了下面的程序。再次编译、下载、观察。

```
        if(ON_OFF_Key == 1){ // 开关键被按下
            if(POWER == 0){ // 如果当前状态为关， 则执行开灯程序
                PWM0_set(Bright); // 达到存储的 LED 灯亮度
                POWER = 1; // 把状态标志位变成开
            }else{ // 如果当前状态为开， 则执行关灯程序
                PWM0_set(0); // 关灯
                POWER = 0; // 把状态标志位变成关
            }
        }
```

开关功能是可以了，但是当一直触摸开关键不放的时候，LED 会快速地闪烁，最后放手时开关状态不确定。如果我们是在开发抽奖游戏机的活，这样的功能是很正确的，但是作为台灯开关是不被接受的，于是我加入了循环判断按键放开的程序。另外还需要加入的是开关灯时的渐亮、渐暗效果，考虑了一下，用 for 循环和临时变量可以搞定。再一次编译、下载、观察。

```
        if(ON_OFF_Key == 1){ // 开关键被按下
            if(POWER == 0){ // 如果当前状态为关， 则执行开灯程序
                for(a=0;a<=Bright;a++){ //
                    PWM0_set(a);
                    DELAY_MS (20); // 渐暗的时间间隔
                }
                PWM0_set(Bright); // 达到存储的 LED 灯亮度
                POWER = 1; // 把状态标志位变成开
            }else{ // 如果当前状态为开， 则执行关灯程序
                for(a=Bright;a>0;a--){ // 循环渐暗
                    PWM0_set(a);
                    DELAY_MS (20); // 渐暗的时间间隔
                }
                PWM0_set(0); // 关灯
```

```
                POWER = 0; // 把状态标志位变成关
            }
            while(ON_OFF_Key == 1); // 等待按键放开
        }
```

前面的问题解决了，又出现新问题。在关灯的时候触摸亮度加、减键会让 LED 灯突然亮起来，很吓人。必须让亮度加、减键只在开灯时有效才行。于是在亮度加、减键的条件判断上加入了同时判断开关标志位状态的语句。编译、下载、观察。多次测试发现了一些小问题，稍微调整一下数值和语句顺序都得到了解决，最后我著成了完整的主函数（见 [程序 5] ）。

```
    if(Add_Key == 1 && POWER == 1){ // 加亮度键按下， 同时在开灯状态下
    …………

    }
    if(Doc_Key == 1 && POWER == 1){ // 减亮度键按下， 同时在开灯状态下
    …………

    }
```

就这样，编程的过程为发现问题、解决问题，写一段然后编译、下载、观察，再写一段。不论程序大小，基本上是这个过程，因为总有一些我们考虑不到的问题，所以下载到单片机里测试的程序变得非常关键。只有在这一步里发现问题才会有继续改进的可能。问题总能解决，就怕不能发现问题，掌握基本编程方法之后把注意力集中在测试上，认真、细致地测试每一个细节，完美的作品方能成就。还记得 EEPROM 的程序模块吗？试试能不能把亮度值写入 EEPROM 里面，掉电后依然保存数据。再试试使用先前学过的电子电路，用 PWM0 输出接口控制 30W 的电灯泡。发挥你的动手能力，把它们变成现实。关于触控调光台灯的 C 语言文件可参考配书资料。

文件名	路径
Table_lamp.c	源程序文件 \ 触控调光台灯

为成功调试

写程序、编译、下载、测试，我们把这一过程称为程序的调试。程序简单，调试便简单，但二者并不总是成正比关系。有时一个小失误就会耗费许多时间和精力，不亚于恋爱中的悲欢离合。调试是编程开发的重要环节，编写程序是在为画面勾勒出大体的轮廓，而调试是细细描绘的过程。在没有仿真设备的情况下，只把程序下载到单片机中看效果是效率比较低的方法，当设计一些大程序时有一些困难。还好我们现在玩的都应该算是小程序，这一部分与你聊一聊调试中的问题和解决。

1. 编译出错

调试中的问题主要出在两个方面，编译时出错和运行时出错。前者是指程序在编译的时候未能通过，编译器发现程序中语句格式上的错误，后者是指编译顺利通过，但是程序运行时出现了问题。问题可能出自程序的流程、参数错误（例如“超值”）

或者兼容性问题。下面这段信息是每一个编程爱好者都希望看到的，它表示编译成功，0 个错误，0 个警告。

```
Build target 'Target 1' （建立目标 Target 1）
compiling Table_lamp_UART.c... （编译 Table_lamp_UART.c 文件）
linking... （连接）
creating hex file from "Table_lamp"... （生成 HEX 文件）
"Table_lamp" - 0 Error(s), 0 Warning(s). （0 个错误， 0 个警告）
```

如果语句的格式不正确，编译器会出现什么样的提示呢？我们在 main 函数上面加一个可爱的表情试试。

```
void main (vo*_*id){
}
```

错误提示如下，双击提示信息便可以跳到出错的位置。

```
Build target 'Target 1'
compiling Table_lamp_UART.c...
TABLE_LAMP_UART.C(120): error C141: syntax error near '*', expected ')'
（TABLE_LAMP_UART.C 第 120 行出错，错误号 141，语法错误在“*”附近，估计是“）”）
Target not created
```

去掉 PWM_init() 后面的“;”，提示信息说是语法错误，错误在 UART_init 附近。

```
void main (void){
     PWM_init() //PWM 初始化
     UART_init(); // 串口小秘书在此初始化了 ^_^

TABLE_LAMP_UART.C(123): error C141: syntax error near 'UART_init'
```

把 UART 串口发送函数 UART_T 放到 main 函数的下面时，会有下面的错误信息。

```
TABLE_LAMP_UART.C(119): warning C206: 'UART_T': missing function-prototype
TABLE_LAMP_UART.C(119): error C267: 'UART_T': requires ANSI-style prototype
TABLE_LAMP_UART.C(169): error C231: 'UART_T': redefinition
```

在无参数的函数调用时加入参数，会有下面的错误提示信息。

```
PWM_init(8); //PWM 初始化
TABLE_LAMP_UART.C(121): error C267: 'PWM_init': requires ANSI-style prototype
```

许多朋友在学习编译 DY3208 电子钟的时候容易出现下面的错误，没有找到 C51FPS.LIB 文件。许多人好像对提示信息视而不见，大概是他们英文学得不好，看不明白，一直在问我是怎么回事。我告诉他们是因为没有安装库文件，还要告诉他们具体的方法（见本章第 2 节）。其实不需要问我，除了直接看懂提示信息的意思之外，还可以把它们复制到网上，用 Google 引擎搜索一下。你会发现，你并不是发现问题第一人，早有先烈死在此处。不论如何都可以自己找到答案。

```
*** FATAL ERROR L210: I/O ERROR ON INPUT FILE:
    EXCEPTIKEILON 0021H: PATH OR FILE NOT FOUND
    FILE: C:\\C51\LIB\C51FPS.LIB
```

我并不是在列举出所有的出错信息，那需要非常了解 Keil 软件内核，而且还要系统地把它们分类说明，我只是想告诉大家一个熟悉错误提示信息的方法。最好的防疫方法是注射疫苗，最好的解决问题的方法是熟悉问题。在现有的、可顺利编译的程序中制造各种可能的错误，故意出错，看看提示信息是什么样子。不要以为我是在开玩笑，这是一项严肃的练习，需要特别花一点时间给自己"找茬"。我可负责任地告诉你，这一练习会让你少走许多弯路。

2. 运行出错

太可怕了，我最怕的就是运行出错。如果有专用的仿真工具，我便可以了解单片机 RAM 中各寄存器的数据、ROM 中程序运行的情况，对于找到症结大有帮助。在艰苦的日子里，怎么解决顺利编译，却又会在运行时出错的程序问题呢?

发现问题已经很不容易了，比如我在调试 DY3208 电子钟的时候，如果程序下载后 LED 屏都没有点亮，我反而容易找到问题，可能是电路短路或是程序中没有驱动 LED 工作。如果问题只会导致 2010 年 12 月 10 日这一天中 LED 屏不亮，那我要怎么知道呢? 只有通过用户的问题反馈才能发现。所以显性的问题可以考验你解决问题的水平，隐性问题考验你发现问题的能力。除了多制作、多编程之外，没有更好的途径和方法，程序越大，考虑不到的问题就越多，让失败来得更猛烈些吧，千番考验可练就火眼金睛。

许多朋友问，我的显示怎么是乱码呀！我的 LED 怎么不亮呀！好像受了多大委屈一样，到最后还是会发现都是自己的错。排检问题的秘诀就是找规律，把错误的现象当成正确的现象，通过现象探索造成现象的原因。不要把错误当错误去看，不然你会很心烦，用希望解决问题的方法解决问题并不高效。所谓的正确和错误，只是看现象是不是你想得到的，如果不是，你就认为是错误的现象。现象就是现象，把现象分成对和错确实没有必要。多问一句为什么，把现象当成探索原因之旅的起点，从现象反向推理到本质，这才是优秀编程者应有的素质和技能。只是为"错误"苦恼，加之期盼成功的急切心态，到最后只能让你手足无措、不知所措而已。

分析、推理的过程难免会需要一些单片机运行的参数，用排除法把没有问题的部分找出来，逐步缩小排查范围。比如在不用的 I/O 接口上临时连接一个 LED 用于测试，在程序中的可疑位置插入点亮 LED 的程序，用 LED 的状态判断程序运行是否正常。还有一个更好的办法，就是使用串口小秘书。

串口小秘书

当我们调试一个单片机程序时，总是希望可以看到程序运行的情况，这包括 I/O 口的状态和内部程序关键数值的变化情况。如果在黑黑的单片机芯片块上方开一个槽，装上一片 16 ：9 的真彩液晶屏，将单片机运行的状态和参数显示出来，那么作为使用者的我们一定非常愿意，可是买这样一块单片机非让你倾家荡产不可。单片机的设计者们早已考虑到这个问题了，让编程人员可以轻松地与单片机交流同时又不增加成本的最好方案就是串口。大家应该是熟悉 UART 串口的，对不对?

我们所用的 STC 单片机可以用 UART 串口下载程序，而以往的诸多单片机学习教材好像都不约而同地把单片机自带的串口功能当成了一个串口通信小实验来学习，实验做完了，大家就忘记串口而将时间花在更有吸引力的液晶屏显示之类的实验中去，至少我见过的教材都是如此。目前爱好者们调试程序大多是采用功能设备的反应来诊断程序错误的，就像中医常用的望、闻、问、切四法。比如要让一个单片机的 I/O 接口变成低电平，我们就会在这个 I/O 接口上接入一个 LED 电路，在程序中设置这个 I/O 接口的电平为低，当在程序运行后 LED 点亮了，说明程序正确，否则就需要重新检查一下程序，同时还要看电路是否无误。依我看来，这是最常见的方法，但不是最好的，使用串口功能可以更爽地调试程序。同样将一个 I/O 接口变成低电平，只需要在程序中设置这个 I/O 接口的电平为低，然后再读出这个 I/O 接口的状态送到串口中，串口的另一端和电脑连接，I/O 接口的状态将会显示在“串口助手”软件上。就这样，有了串口就不需要实际的外围显示电路，而且再复杂的数据也可以轻松地显示，实为单片机程序调试小秘书、工作学习必备佳品。这么好的东西怎么用呢?下面我们就来研究一下。

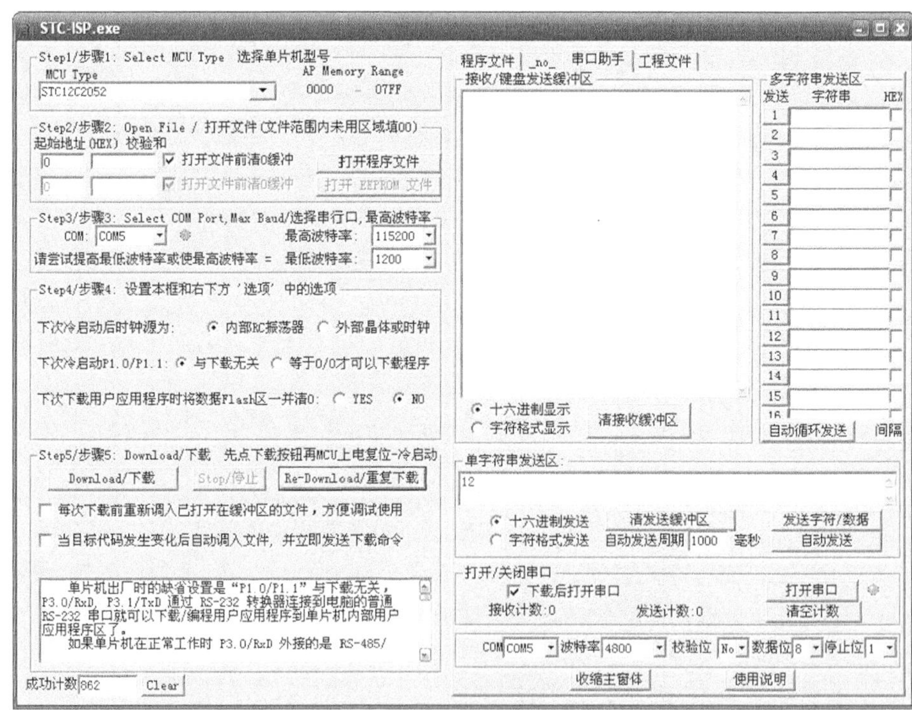

在 STC 单片机下载软件 STC-ISP 里面就集成有一个串口助手软件，就在窗口右边的选项卡里。只要连接好 ISP 下载线，在下载完程序之后就可以直接打开串口助手来调试程序了，非常方便。关键的一点是要在程序中加入串口部分程序。把一个串口程序加入到我们要调试的程序之中，当程序运行时，我们把需要的数据通过串口发送给电脑。还记得前面介绍过的UART串口程序模块吗？我们还以触控调光台灯为例，试着把串口小秘书嵌入其中。

```
/*********************************************************************
程序名：        触控调光台灯 （UART 串口调试版）
编写人：        杜洋
编写时间：      2009 年 7 月 25 日
硬件支持：      STC12C2052  12MHz
接口说明：      P3.7 （PWM0） 用 PWM 控制 LED， P1.5 ～ P1.7 接 3 路触摸键
修改日志：
    NO.1-20090725_0622 完成触控开关 LED 灯部分和 PWM 调光部分程序。
    NO.2-20090725_0638 完成开关灯时的渐变亮度。
    NO.3-20090725_1208 加入 UART 串口调试程序。
/*********************************************************************
说明：电路制作时需要将触摸键和 VCC 线放在一起，然后触摸时将手同时触摸按键引脚和
VCC 线。

/*********************************************************************/

#include <STC12C2052AD.H> //STC12Cx052 或 STC12Cx052AD 系列单片机头文件

sbit ON_OFF_Key = P1 ^ 7; //ON/OFF 开关键
sbit Add_Key = P1 ^ 6; // 加亮度 （+）
sbit Doc_Key = P1 ^ 5; // 减亮度 （-）
//LED 与 P3.7 （PWM0） 连接

unsigned char Bright=0x88; // 全局变量， 亮度值
bit POWER=0; //LED 灯开 / 关状态标志位


/*********************************************************************
函数名： PWM 初始化函数
调  用： PWM_init();
参  数： 无
返回值： 无
结  果： 将 PCA 初始化为 PWM 模式， 初始占空比为 0
备  注： 需要更多路 PWM 输出直接插入 CCAPnH 和 CCAPnL 即可
/*********************************************************************/
void PWM_init (void){
CMOD=0x02; // 设置 PCA 定时器
     CL=0x00;
     CH=0x00;
     CCAPM0=0x42; //PWM0 设置 PCA 工作方式为 PWM 方式 （0100 0010）
     CCAP0L=0x00; // 设置 PWM0 初始值与 CCAP0H 相同
     CCAP0H=0x00; // PWM0 初始时为 0
     CR=1; // 启动 PCA 定时器
}
/*********************************************************************/

/*********************************************************************
```

```
函数名：PWM0 占空比设置函数
调  用：PWM0_set();
参  数：0x00 ～ 0xFF （亦可用 0 ～ 255）
返回值：无
结  果：设置 PWM 模式占空比，为 0 时全部高电平，为 1 时全部低电平
备  注：如果需要 PWM1 的设置函数，只要把 CCAP0L 和 CCAP0H 中的 0 改为 1 即可
/*********************************************************************/
void PWM0_set (unsigned char a){
    CCAP0L= a; // 设置值直接写入 CCAP0L
    CCAP0H= a; // 设置值直接写入 CCAP0H
}
/*********************************************************************/

/**********************************************************************
函数名：毫秒级 CPU 延时函数
调  用：DELAY_MS (?);
参  数：1 ～ 65535 （参数不可为 0）
返回值：无
结  果：占用 CPU 方式延时与参数数值相同的毫秒时间
备  注：应用于 1T 单片机时 i<600，应用于 12T 单片机时 i<125
/*********************************************************************/
void DELAY_MS (unsigned int a){
    unsigned int i;
    while( --a != 0){
        for(i = 0; i < 600; i++);
    }
}
/*********************************************************************/

/**********************************************************************
函数名：UART 串口初始化函数
调  用：UART_init();
参  数：无
返回值：无
结  果：启动 UART 串口接收中断，允许串口接收，启动 T/C1 产生波特率 （占用）
备  注：振荡晶体为 12MHz，PC 串口端设置 [ 4800，8，无，1，无 ]
/*********************************************************************/
void UART_init (void){
  // EA = 1; // 允许总中断 （如不使用中断，可用 // 屏蔽）
  // ES = 1; // 允许 UART 串口的中断

    TMOD = 0x20;  // 定时器 T/C1 工作方式 2
    SCON = 0x50;  //串口工作方式1，允许串口接收（SCON = 0x40 时禁止串口接收）
    TH1 = 0xF3;   // 定时器初值高 8 位设置
    TL1 = 0xF3;   // 定时器初值低 8 位设置
    PCON = 0x80;  // 波特率倍频 （屏蔽本句波特率为 2400）
    TR1 = 1;      // 定时器启动
}
/*********************************************************************/

/**********************************************************************
```

```
函数名： UART 串口发送函数
调  用： UART_T (?);
参  数： 需要 UART 串口发送的数据 （8 位 /1 字节）
返回值： 无
结  果： 将参数中的数据发送给 UART 串口， 确认发送完成后退出
备  注：
*********************************************************************/
void UART_T (unsigned char UART_data){ // 定义串口发送数据变量
    SBUF = UART_data;             // 将接收的数据发送回去
    while(TI == 0);               // 检查发送中断标志位
    TI = 0;                       // 令发送中断标志位为 0 （软件清零）
}
/*********************************************************************/

/*********************************************************************
函数名： 主函数
调  用： 无
参  数： 无
返回值： 无
结  果： 程序开始处， 无限循环
备  注：
*********************************************************************/
void main (void){
    PWM_init(); //PWM 初始化

    UART_init(); // 串口小秘书在此初始化了 ^_^

    P1M0 = 0xff; // 将 P1 接口设置为高阻态输入
    P1M1 = 0x00; // 触摸按键启用

    DELAY_MS (200); // 延时等待 I/O 接口电平状态稳定

    while(1){ // 循环程序部分
        unsigned char a; // 临时变量

        UART_T (Bright); // 把亮度值发给 PC @_@|||

        if(ON_OFF_Key == 1){ // 开关键被按下
            if(POWER == 0){ // 如果当前状态为关， 则执行开灯程序
                for(a=0;a<=Bright;a++){ //
                    PWM0_set(a);
                    DELAY_MS (20); // 渐暗的时间间隔
                }
                PWM0_set(Bright); // 达到存储的 LED 灯亮度
                POWER = 1; // 把状态标志位变成开
            }else{ // 如果当前状态为开， 则执行关灯程序
                for(a=Bright;a>0;a--){ // 循环渐暗
                    PWM0_set(a);
                    DELAY_MS (20); // 渐暗的时间间隔
                }
                PWM0_set(0); // 关灯
```

```
                    POWER = 0; // 把状态标志位变成关
                }
                while(ON_OFF_Key == 1); // 等待按键放开
            }

            if(Add_Key == 1 && POWER == 1){ // 加亮度键被按下， 同时在开灯状态下
                Bright++; // 亮度值加 1
                PWM0_set(Bright); // 将值写入 PWM 控制 LED 灯亮度
                if(Bright >= 0xFD){ // 如果亮度值大于 0xFD， 则不再增加
                    Bright = 0xFD;
                }
                DELAY_MS (20); // 渐变亮度的时间间隔
            }

            if(Doc_Key == 1 && POWER == 1){ // 减亮度键被按下， 同时在开灯状态下
                Bright--; // 亮度值减 1
                PWM0_set(Bright); // 将值写入 PWM 控制 LED 灯亮度
                if(Bright < 0x08){ // 如果亮度值小于 0x08， 则不再减少
                    Bright = 0x08;
                }
                DELAY_MS (20); // 渐变亮度的时间间隔
            }
        }
}
/*******************************************************************/
```

以上程序中主要加入的是 UART 串口初始化和数据发送程序模块，初始化程序的调用放在主函数前面就可以了，而发送程序的调用根据调试数据的需要放在不同的位置。把串口版的程序编译、下载，打开串口助手，观察亮度值在触摸操作时的变化。

```
    UART_init(); // 串口小秘书在此初始化了 ^_^
    UART_T (Bright); // 把亮度值发给 PC @_@|||
```

这里算是抛砖引玉，更多关于串口小秘书的玩法就请你在日后的调试中慢慢累积吧，有了新成果一定要和我分享哦。加入串口小秘书的 C 语言文件可以参考配书资料。

文件名	路径
Table_lamp_UART.c	源程序文件 \ 触控调光台灯

为风格练习

也许之前你在别的文章中见过 C 语言的程序，是不是有一些地方和本书中的程序不同呢？当然，我是指风格上的不同。程序编译后的二进制文件是给单片机看的，只要程序的语法正确、结构正确，在运行时是不会有问题的。就好像我们写信一样，只要让对方知道你写的内容就可以了，至于是宋体字还是楷体字并不

重要，只是你的个人习惯。我看过的一些单片机教材上都是在讲程序的内容，从没见到有介绍编程写法的，可能是我看的书不多，不过就我看过的确实没有。我认为这是漏洞，我现在写书稿都是用电脑打字，所以大家看不到我手写字的样子，说实话不能说难看，而是相当难看。小学时，老师教我们写字时就没有注重写字的形体，那时只是要求哪几课的生字词，每个写 2 行，当时我是贪玩型的，想多一点时间研究小电池和小灯泡，于是急急忙忙地写，最后写得又快又丑。老师照样在作业本上打对勾，因为她和我们都认为只要写完就好，美丑无所谓。大学时给心仪的同学写信，虽然很下功夫可是还是得到人家“字如其人”的客观评价。所以这种观念在我的心中种下，留下难忘的童年阴影。现在的我下意识中对美观非常敏感，我要制作的单片机作品总是会用很多时间来考虑美观问题，包括写单片机程序也是美观优先。我希望编程初学者可以切实地注意到这一点，在你的程序可以正常运行也能被别人看懂的同时，再注重一下格式和注释信息，这种细致、认真的态度会让你更优秀。

先说一下我的编程目标，看看哪一些观点是你认同的。(1) 简洁明了，程序文本打开之后首先给人的印象就是干净、利索。(2) 条理清晰，程序运行的每一步都会一目了然，很容易分清楚、看明白。(3) 注释信息言简意赅，不一定每一条程序后面都有注释信息，但是关键语句后面一定有注释，而且要达到言简意赅、没有歧义。(4) 易改易用，程序在调试时很容易修改其中的关键内容，而对其他部分没有影响，当程序中需要加入内容或是某一部分需要复制到其他程序中应用时，要容易修改、方便移植，虽然 C 语言本身的移植性就很好，但是在我们写程序时依然需要考虑。

下面我们要做两件事，一是从头开始在空白的文档上一字一句地编程，二是从编程过程中找到自己的编程风格。“自己的编程风格”，很酷的名字哦！熟练使用程序模板之后，我们需要培养自己独特的编程风格，让你的程序自成一派。要想做到这一点，需要刻苦地练习，即手工写入程序。

我的实践经验告诉我，初学单片机编程一定要有一次这样的经历，找来一份自己喜欢的程序样式，从头到尾不使用复制、粘贴，纯手工输入每一个字符，直到完成。听上去好像很愚蠢，但这个练习会让你快速提升。在手工输入的过程中，你可以了解自己对哪些语句熟悉、对哪些语句陌生。使用 Tab 键和空格键的缩进让你熟悉程序格式的排版。从头到尾地书写，每一个函数的特点和规范深植内心。这种练习所带来的体验会让你产生创意，并能从另一个角度了解编程。来吧，必须的。

你可以参照自己喜欢的程序风格来临摹，我在此以触控调光台灯的程序为例。使用键盘上的 Tab 键和空格键产生缩进，通常的习惯是每一个 { } 里面的语句都比外面的语句多缩进一格。注释信息可以紧跟语句，也可以把多行的注释信息居左对齐。输入程序语句之前要确认使用的是纯英文输入法，编译器不允许中文字符出现在语句中，注释信息部分可以使用中文。

```
	if(ON_OFF_Key == 1){ //开关键被按下
		if(POWER == 0){ //如果当前状态为关， 则执行开灯程序
			for(a=0;a<=Bright;a++){
				PWM0_set(a);
				DELAY_MS (20);		//渐暗的时间间隔
			}
			PWM0_set(Bright);		//达到存储的 LED 灯亮度
			POWER = 1;			//把状态标志位变成开
		}
	}
```

在输入时多做尝试，总结出自己的变量名定义规则，尝试不同的排版风格和美观设计。还有注释信息的内容要怎么写，用文言文还是白话文。2 个函数之间统一空几格，不同功能的语句放在一起时应该怎么区分。还是要单独花一点时间研究一下，最后把程序模板里的模块都改成你的编程风格。养成良好的编程风格和习惯，与人方便、自己方便。

下一节，我会用简短的文字告诉你如何在没有资料参考的情况下为元器件设计程序模块。千万不要错过哦。

第 7 节 造驱动

目录

- 元件无模块
- 驱动无参考

元件无模块

电子元器件是电子元件和器件的总称，元件是指不能产生电子，在电路中不能对电压和电流进行转换或控制的组件，如微动开关（按键）、电阻、电容、电感等。器件是指可以产生电子，在电路中可以转换或控制电压、电流的组件，如二极管、三极管、集成电路芯片等。大家有没有注意到，我们在学习单片机的过程中更多地关注着器件的使用。程序模块也都是关于单片机内部功能和外扩芯片的，我们同样使用了微动开关却没有为它设计专业模块，同样命运的还有发光二极管（LED）。似乎它们太简单，直接用 I/O 接口的电平就可以控制，没有集结成块的必要。有没有这样的必要呢？下面我以 LED 和微动开关为例，从编程规范化的角度说明一下为简单元器件设计模块的方法。

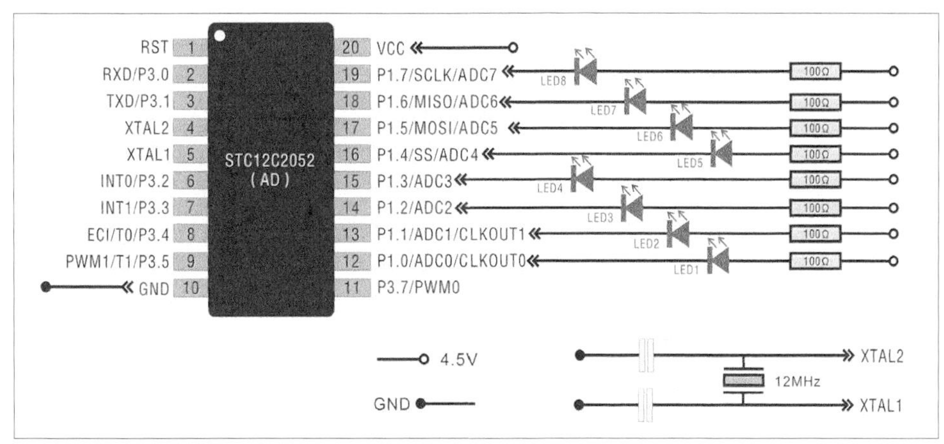

LED 驱动电路原理图

LED 是输出设备，用来显示或做其他应用。在程序中多是直接去控制与 LED 连接的 I/O 接口的电平状态。

```
sbit LED    =   P1 ^ 7;
LED = 1;
LED = 0;
```

现在我们试着把LED的控制封装成函数模块，看看会有什么不同。

```
sbit LED    =   P1 ^ 7;

/*********************************************************************
函数名：LED驱动函数
调  用：led (1);
参  数：1：LED点亮， 0：LED熄灭
返回值：无
结  果：点亮或熄灭1个LED
备  注：
*********************************************************************/
void led (bit a){
LED = ～a; //将参数值送入LED连接的I/O接口
}
*********************************************************************/

sbit LED1    =   P1 ^ 5;
sbit LED2    =   P1 ^ 6;
sbit LED3    =   P1 ^ 7;

/*********************************************************************
函数名：LED驱动函数
调  用：led (1,1);
参  数：a：开/关LED的编号。 b：1=LED点亮， 0=LED熄灭
返回值：无
结  果：分别点亮或熄灭3个LED
备  注：LED编号不符时无操作
*********************************************************************/
void led (unsigned char a,bit b){
switch (a){
          case 1:
               LED1 = ～b;  //将参数值送入LED连接的I/O接口
               break;
          case 2:
               LED2 = ～b;
               break;
          case 3:
               LED3 = ～b;
               break;
          default:
               break;
     }
}
*********************************************************************/
```

LED的程序模块与直接控制I/O接口相比，除了把简单的东西变复杂了之外，好像没有什么特别。是呀，在小程序中体现不出模块化的优势。但假如我们的程序复杂，

需要控制的 LED 数量较多，或者 LED 的驱动方式不同时（例如推挽驱动、阵列控制等），把 LED 控制封装成程序模块是最好的选择。首先是方便移植，因为应用层的程序不直接操作硬件，所以应用层程序不需要在移植时做修改，只要简单地改一下驱动程序就可以方便地应用在其他程序上。当电路硬件有修改时，也只要修改驱动程序即可。其次是程序的结构清晰、有条理。我喜欢把东西严格地分类，把东西排列得整整齐齐，这可能与处女座的性格有关，但我更相信这是程序员必备的良好习惯。在编程模板上放入各种常用的 LED 驱动程序模块，当你开始设计模块的时候就会发现,LED 的驱动方法无非就是那么几种,每每不同的总是细节。有了 LED 的编程模板，编程效率会大有提高。试着参考 Mini1608 和 DY3208 电子钟的 LED 点阵屏的驱动程序，看看它是怎么操作 128 个和 256 个 LED 的点阵显示屏的。

“经典的单片机 C 语言程序结构顺序”

（1） 程序说明
（2） 头文件、 接口定义、 变量定义
（3） 硬件层驱动程序
（4） 应用层调用函数体
（5） 主函数

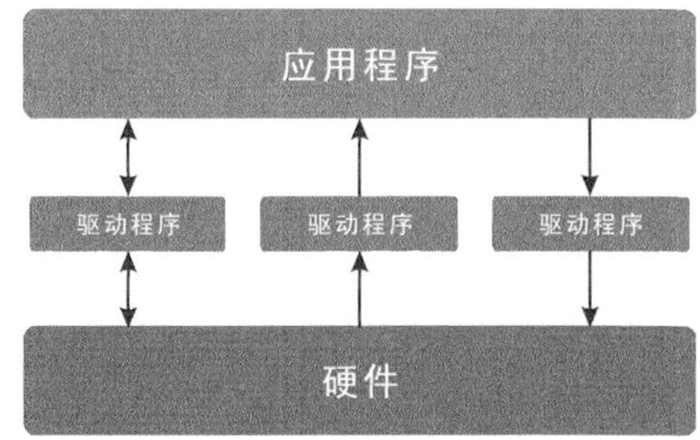

微动开关(按键)的连接方法也是多种多样,有独立按键、阵列按键和混合式按键。假如你突然有了新的创意，准备用五向开关（就是部分手机上使用的导航杆）或者旋转编码器（音响中常见的数字调音量的旋钮）来操作设备，那么分别为每一种方法建立程序模块将更有价值，它们也都属于按键，只是结构不同而已。下面 2 个例子介绍了独立按键和阵列按键的驱动程序模块，在眼睛没有看到它们之前试着自己来设计，再和我写的程序对照一下。别以为我的程序就一定正确，我相信你会有更好的答案。

独立键盘电路在连接少量按键时很实用，一旦按键数量较多就会占用大量的 I/O 接口，因为电路原理要求每一个按键占用一个 I/O 接口。按键的一端与 I/O 接口连接，另一端与地连接，单片机需要不断扫描 I/O 接口的电平状态，一旦键被按下，对应 I/O 接口的电平就为低电平，通过判断哪一个 I/O 接口是低电平就可以确定键值。我采用的是整组 I/O 接口（P1 接口）的扫描，如果按键数量不多，你可以参考一键锁定开关的程序（见第 1 章第 5 节）来编写独立扫描按键的函数模块。但不论用什么方式都要加入按键去抖动的部分。

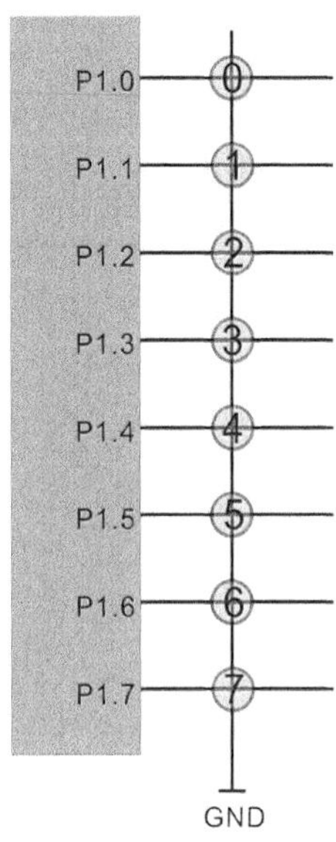

独立键盘驱动电路原理图

```
#define KEY P1 // 键盘所连接的 I/O 接口组定义

/*****************************************************************
函数名： 8 个独立式键盘驱动程序
调  用： ? = Key ();
参  数： 无
返回值： unsigned char 键值 0 ～ 8
结  果： 有键被按下时返回值为键值 1 ～ 8， 无键被按下时返回值为 0
备  注： 在主函数中不断调用
*****************************************************************/
unsigned char Key ( ){ //8 个独立键盘处理程序
unsigned char a,b;
KEY = 0xff; // 设定键盘初始电平状态
if (KEY != 0xff){ // 读取键盘状态是否改变
   Delay (20); // 延时 20ms 去抖动
   if (KEY != 0xff){ // 重新读取
        a = KEY; // 寄存状态值到 a
}
     switch(a){ // 键盘状态查表
        case 0xfe: b = 1; break;
        case 0xfd: b = 2; break;
        case 0xfb: b = 3; break;
        case 0xf7: b = 4; break;
        case 0xef: b = 5; break;
        case 0xdf: b = 6; break;
        case 0xbf: b = 7; break;
        case 0x7f: b = 8; break;
        default:   b = 0 ; break;
        }
     }
```

```
return (b); // 将 b 中的键值代号送入函数返回值
}
/*********************************************************************/
```

独立键盘的连接方式在 1 组的 8 个 I/O 接口上只能驱动 8 个按键，而阵列键盘的连接方式在同样的 8 个 I/O 接口上却可以驱动 16 个按键，而且稍微修改一下电路图和程序还可以驱动更多。阵列键盘的电路原理和阵列式 LED 显示屏的原理相似，只是前者是输入、后者是输出。阵列键盘的原理是扫描对应行和列的电平状态，某键被按下时，会有 1 条行线和 1 条列线短接，驱动程序就是要找到这 2 条线，然后像确定地球经纬度一样找到按键所在的位置。我的驱动程序是采用行列线电平反转来找到键值的，你也可以用逐行、逐列扫描的方式来实现。每一种实现方法都会有自己的优缺点，这些内容就在你的实验里慢慢领悟吧。

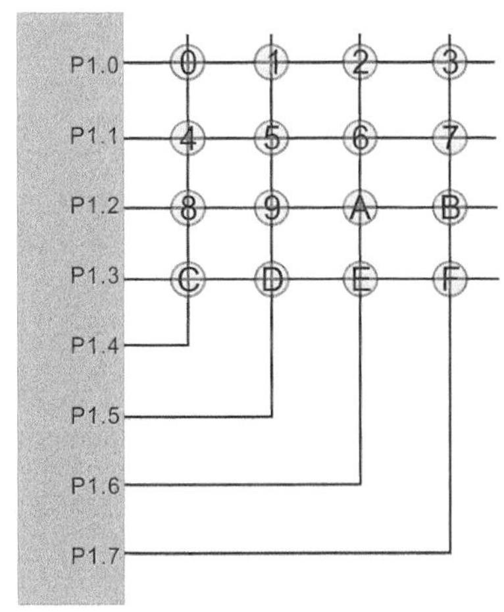

阵列键盘驱动电路原理图

```
#define KEY P1 // 键盘所连接的 I/O 接口组定义

/*********************************************************************
函数名： 16 个阵列式键盘驱动程序
调  用： ? = Key ();
参  数： 无
返回值： unsigned char 键值 0 ～ 16
结  果： 有键被按下时返回值为键值 1 ～ 16， 无键被按下时返回值为 0
备  注： 在主函数中不断调用
*********************************************************************/
unsigned char Key ( ){ //4*4 阵列键盘处理程序
unsigned char a,b,c;
KEY = 0x0f; // 设定键盘初始电平状态
if (KEY != 0x0f){ // 读取键盘状态是否改变
   Delay (20); // 延时 20ms 去抖动
   if (KEY != 0x0f){ // 重新读取
       a = KEY; // 寄存状态值到 a
     }
     KEY = 0xf0; // 设定键盘反向电平状态
```

```
    c = KEY; //读取反向电平状态值到c
    a = a|c; //a与c相或
    switch(a){ //键盘状态查表
       case 0xee: b = 1; break;
       case 0xed: b = 2; break;
       case 0xeb: b = 3; break;
       case 0xe7: b = 4; break;
       case 0xde: b = 5; break;
       case 0xdd: b = 6; break;
       case 0xdb: b = 7; break;
       case 0xd7: b = 8; break;
       case 0xbe: b = 9; break;
       case 0xbd: b = 10; break;
       case 0xbb: b = 11; break;
       case 0xb7: b = 12; break;
       case 0x7e: b = 13; break;
       case 0x7d: b = 14; break;
       case 0x7b: b = 15; break;
       case 0x77: b = 16; break;
       default:   b = 0 ; break;
       }
    }
return (b); //将b中的键值代号送入函数返回值
}
/*****************************************************************/
```

也许你会说，2 个例子会不会太少了，能不能再讲一下继电器之类的元器件的驱动程序呢？其实我举的 2 个例子一个是输入、另一个是输出，在第 3 章中你会知道，可以找到的输入和输出设备万变不离其宗，即使我讲得再多也跟不上新型元器件的发展速度。来吧，为你的单片机事业而奋斗吧，建立完整的单片机编程模板体系，把每一个使用过的和即将使用的元器件资料和程序模块分类整理，这就是你的第一桶金，你的“原始积累”。

驱动无参考

人家都说学海无涯，单片机编程也好像无穷无尽，总是参考前辈们的程序什么时候是个头呀！你就一直学习，努力地学习吧，早晚有一天你会发现你学到了尽头。编程的尽头处有 3 件东西：应用程序、驱动程序和算法。掌握了它们，便终结了学习的岁月，日后的编程便始终是重复的体力劳动，如果你需要靠编程赚钱，你会很快对其他事情产生兴趣。应用程序是把驱动程序按照应用过程排列起来，应用程序的主要工作是不断地判断，然后在相应的时刻输出要求的结果。关于应用程序部分的编写可能参考前辈们的作品，由浅入深，很快便会有门道。算法的部分本书没有介绍，好像我也没有发现其他的单片机教程里面提到过，因为那需要涉及超多的数学知识，比如导数、微积分之类。如果你是在开发语音识别产品的程序，那就必须硬着头皮学习算法的部分。如果很幸运只是写一点或简单或复杂的控制程序，那么谁又会对陈景润老师的理论感兴趣呢？

这里是第 2 章的最后一段文字，压轴大菜是教你不参考任何前辈的程序实例，而能独立编写器件的驱动程序。你不会总有前辈，除非你乐意一直跟在别人的屁股后面。冷门的器件和新出品的芯片都是前无古人的处女地，你会发现全世界的爱好者都等着你编写的驱动程序，他们恭敬地叫你一声前辈，然后留下电邮地址和一句感谢，他们求索的样子颇有你当年初学编程时的风范。如果你真的希望编写前所未有的驱动程序，那么请你一定要认真严谨，因为你的作品将会成为“前辈的足迹”，你的担当不亚于刘翔。同本章的其他部分一样，我介绍的是独立编写驱动程序的方法，你学习的是万变不离其宗的基本原理。不管是冷门的还是全新的器件，官方至少需要提供的资料便是数据手册（Datasheet）。要想彻底了解一款芯片，那就要看它的数据手册，因为这是芯片生产商提供的资料，是最正确、最权威的数据，我们在其他文章中看到的对这款芯片的介绍，其实都是从数据手册里看到，然后添枝加叶演绎出来的，实质性的东西万变不离数据手册。我在这里的千言万语也不如你静下心来认真去看一看它，英语不好的朋友也可以先看看中文翻译版，然后再对照英文的看一遍，总之官方指定的标准英文版本一定要看。一份芯片的数据手册都会包括以下几部分内容，我们以达拉斯公司生产的一款实时时钟芯片 DS3231 来举例说明。

（1）产品特性。一般出现在首页，重点介绍产品的优点和优势是什么。

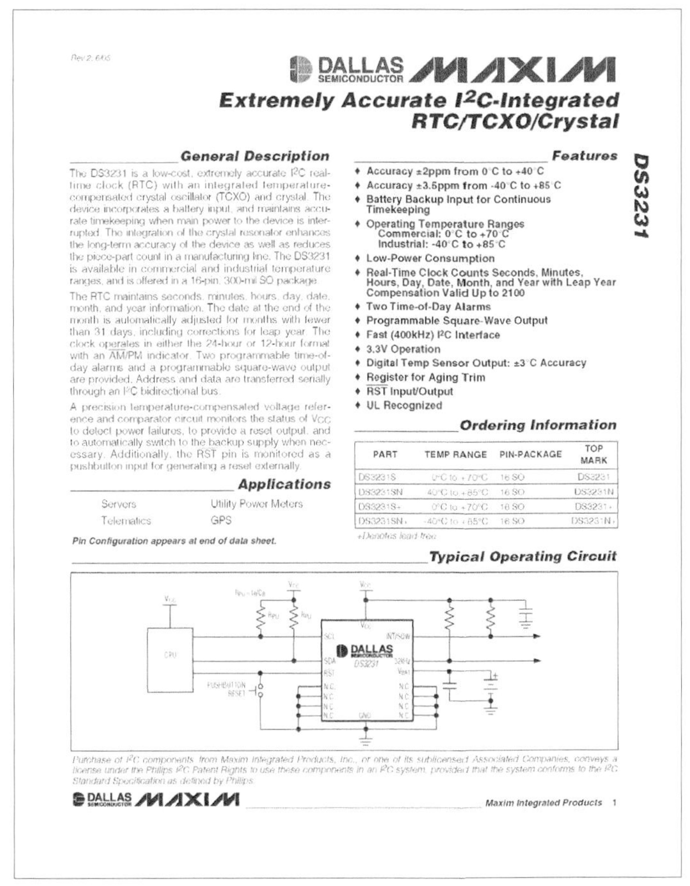

Rev 2; 6/05

DALLAS SEMICONDUCTOR MAXIM

Extremely Accurate I^2C-Integrated RTC/TCXO/Crystal

DS3231

General Description

The DS3231 is a low-cost, extremely accurate I^2C real-time clock (RTC) with an integrated temperature-compensated crystal oscillator (TCXO) and crystal. The device incorporates a battery input, and maintains accurate timekeeping when main power to the device is interrupted. The integration of the crystal resonator enhances the long-term accuracy of the device as well as reduces the piece-part count in a manufacturing line. The DS3231 is available in commercial and industrial temperature ranges, and is offered in a 16-pin, 300-mil SO package.

The RTC maintains seconds, minutes, hours, day, date, month, and year information. The date at the end of the month is automatically adjusted for months with fewer than 31 days, including corrections for leap year. The clock operates in either the 24-hour or 12-hour format with an $\overline{AM}$/PM indicator. Two programmable time-of-day alarms and a programmable square-wave output are provided. Address and data are transferred serially through an I^2C bidirectional bus.

A precision temperature-compensated voltage reference and comparator circuit monitors the status of V_{CC} to detect power failures, to provide a reset output, and to automatically switch to the backup supply when necessary. Additionally, the RST pin is monitored as a pushbutton input for generating a reset externally.

Applications

Servers　Utility Power Meters
Telematics　GPS

Pin Configuration appears at end of data sheet.

Features

- Accuracy ±2ppm from 0°C to +40°C
- Accuracy ±3.5ppm from -40°C to +85°C
- Battery Backup Input for Continuous Timekeeping
- Operating Temperature Ranges
  Commercial: 0°C to +70°C
  Industrial: -40°C to +85°C
- Low-Power Consumption
- Real-Time Clock Counts Seconds, Minutes, Hours, Day, Date, Month, and Year with Leap Year Compensation Valid Up to 2100
- Two Time-of-Day Alarms
- Programmable Square-Wave Output
- Fast (400kHz) I^2C Interface
- 3.3V Operation
- Digital Temp Sensor Output: ±3°C Accuracy
- Register for Aging Trim
- $\overline{RST}$ Input/Output
- UL Recognized

Ordering Information

PART	TEMP RANGE	PIN-PACKAGE	TOP MARK
DS3231S	0°C to +70°C	16 SO	DS3231
DS3231SN	40°C to +85°C	16 SO	DS3231N
DS3231S+	0°C to +70°C	16 SO	DS3231+
DS3231SN+	-40°C to +85°C	16 SO	DS3231N+

+Denotes lead-free

Typical Operating Circuit

Purchase of I^2C components from Maxim Integrated Products, Inc., or one of its sublicensed Associated Companies, conveys a license under the Philips I^2C Patent Rights to use these components in an I^2C system, provided that the system conforms to the I^2C Standard Specification as defined by Philips.

DALLAS SEMICONDUCTOR MAXIM　　*Maxim Integrated Products* 1

（2）电气参数。芯片的工作电压、电流、温度等参数，一般用表格呈现。

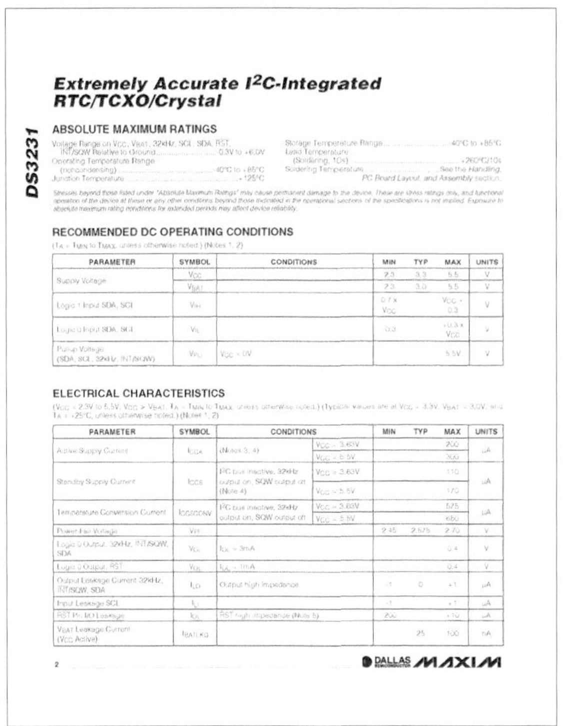

Extremely Accurate I²C-Integrated RTC/TCXO/Crystal

DS3231

ABSOLUTE MAXIMUM RATINGS

Voltage Range on VCC, VBAT, 32kHz, SCL, SDA, RST, INT/SQW Relative to Ground .... -0.3V to +6.0V
Operating Temperature Range (noncondensing) .... -40°C to +85°C
Junction Temperature .... +125°C
Storage Temperature Range .... -40°C to +85°C
Lead Temperature (Soldering, 10s) .... +260°C/10s
Soldering Temperature .... See the Handling, PC Board Layout, and Assembly section.

Stresses beyond those listed under "Absolute Maximum Ratings" may cause permanent damage to the device. These are stress ratings only, and functional operation of the device at these or any other conditions beyond those indicated in the operational sections of the specifications is not implied. Exposure to absolute maximum rating conditions for extended periods may affect device reliability.

RECOMMENDED DC OPERATING CONDITIONS

(T_A = T_{MIN} to T_{MAX}, unless otherwise noted.) (Notes 1, 2)

PARAMETER	SYMBOL	CONDITIONS	MIN	TYP	MAX	UNITS
Supply Voltage	V_{CC}		2.3	3.3	5.5	V
	V_{BAT}		2.3	3.0	5.5	V
Logic 1 Input SDA, SCL	V_{IH}		0.7 x V_{CC}		V_{CC} + 0.3	V
Logic 0 Input SDA, SCL	V_{IL}		-0.3		+0.3 x V_{CC}	V
Pullup Voltage (SDA, SCL, 32kHz, INT/SQW)	V_{PU}	V_{CC} = 0V			5.5V	V

ELECTRICAL CHARACTERISTICS

(V_{CC} = 2.3V to 5.5V, V_{CC} > V_{BAT}, T_A = T_{MIN} to T_{MAX}, unless otherwise noted.) (Typical values are at V_{CC} = 3.3V, V_{BAT} = 3.0V, and T_A = +25°C, unless otherwise noted.) (Notes 1, 2)

PARAMETER	SYMBOL	CONDITIONS		MIN	TYP	MAX	UNITS
Active Supply Current	I_{CCA}	(Notes 3, 4)	V_{CC} = 3.63V			200	µA
			V_{CC} = 5.5V			300	
Standby Supply Current	I_{CCS}	I²C bus inactive, 32kHz output on, SQW output off (Note 4)	V_{CC} = 3.63V			110	µA
			V_{CC} = 5.5V			170	
Temperature Conversion Current	$I_{CCSCONV}$	I²C bus inactive, 32kHz output on, SQW output off	V_{CC} = 3.63V			575	µA
			V_{CC} = 5.5V			650	
Power-Fail Voltage	V_{PF}			2.45	2.575	2.70	V
Logic 0 Output, 32kHz, INT/SQW, SDA	V_{OL}	I_{OL} = 3mA				0.4	V
Logic 0 Output, RST	V_{OL}	I_{OL} = 1mA				0.4	V
Output Leakage Current 32kHz, INT/SQW, SDA	I_{LO}	Output high impedance		-1	0	+1	µA
Input Leakage SCL	I_{LI}			-1		+1	µA
RST Pin I/O Leakage	I_{OL}	RST high impedance (Note 5)		-200		+10	µA
V_{BAT} Leakage Current (V_{CC} Active)	I_{BATLKG}				25	100	nA

2　DALLAS SEMICONDUCTOR MAXIM

（3）工作特性。用一组直方图或曲线图来表示芯片的工作特性。

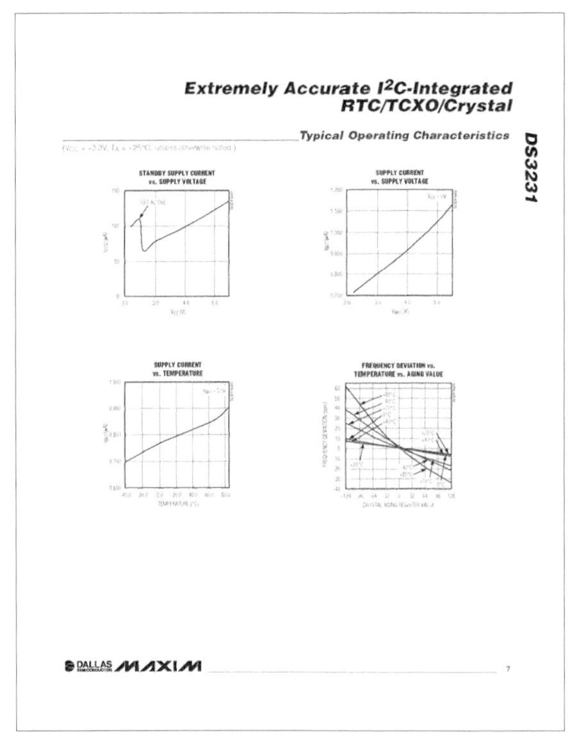

（4）引脚定义。芯片各引脚的功能介绍，部分手册还会提供参考电路图。

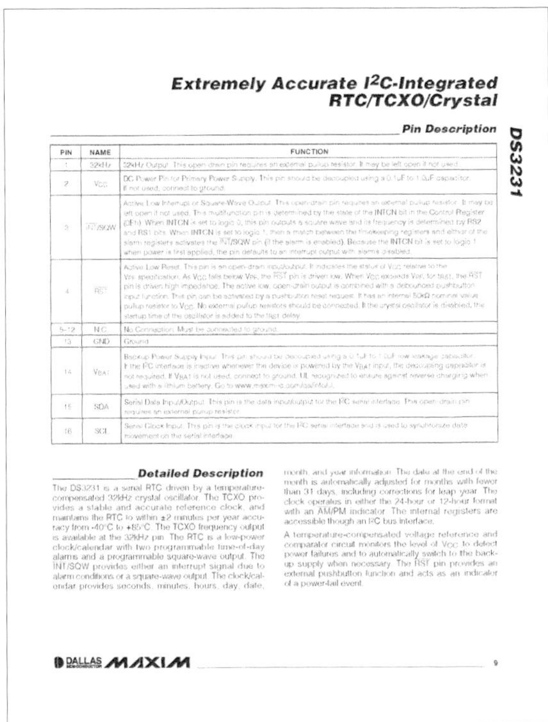

Extremely Accurate I²C-Integrated RTC/TCXO/Crystal

DS3231

Pin Description

PIN	NAME	FUNCTION
1	32kHz	32kHz Output. This open drain pin requires an external pullup resistor. It may be left open if not used.
2	V_{CC}	DC Power Pin for Primary Power Supply. This pin should be decoupled using a 0.1μF to 1.0μF capacitor. If not used, connect to ground.
3	$\overline{INT}$/SQW	Active Low Interrupt or Square-Wave Output. This open-drain pin requires an external pullup resistor. It may be left open if not used. This multifunction pin is determined by the state of the INTCN bit in the Control Register (0Eh). When INTCN is set to logic 0, this pin outputs a square wave and its frequency is determined by RS2 and RS1 bits. When INTCN is set to logic 1, then a match between the timekeeping registers and either of the alarm registers activates the $\overline{INT}$/SQW pin (if the alarm is enabled). Because the INTCN bit is set to logic 1 when power is first applied, the pin defaults to an interrupt output with alarms disabled.
4	$\overline{RST}$	Active Low Reset. This pin is an open-drain input/output. It indicates the status of V_{CC} relative to the V_{PF} specification. As V_{CC} falls below V_{PF}, the $\overline{RST}$ pin is driven low. When V_{CC} exceeds V_{PF}, for t_{RST}, the $\overline{RST}$ pin is driven high impedance. The active low, open-drain output is combined with a debounced pushbutton input function. This pin can be activated by a pushbutton reset request. It has an internal 50kΩ nominal value pullup resistor to V_{CC}. No external pullup resistors should be connected. If the crystal oscillator is disabled, the startup time of the oscillator is added to the t_{RST} delay.
5–12	N.C.	No Connection. Must be connected to ground.
13	GND	Ground
14	V_{BAT}	Backup Power Supply Input. This pin should be decoupled using a 0.1μF to 1.0μF low-leakage capacitor. If the I²C interface is inactive whenever the device is powered by the V_{BAT} input, the decoupling capacitor is not required. If V_{BAT} is not used, connect to ground. UL recognized to ensure against reverse charging when used with a lithium battery. Go to www.maxim-ic.com/qa/info/ul.
15	SDA	Serial Data Input/Output. This pin is the data input/output for the I²C serial interface. This open-drain pin requires an external pullup resistor.
16	SCL	Serial Clock Input. This pin is the clock input for the I²C serial interface and is used to synchronize data movement on the serial interface.

Detailed Description

The DS3231 is a serial RTC driven by a temperature-compensated 32kHz crystal oscillator. The TCXO provides a stable and accurate reference clock, and maintains the RTC to within ±2 minutes per year accuracy from -40°C to +85°C. The TCXO frequency output is available at the 32kHz pin. The RTC is a low-power clock/calendar with two programmable time-of-day alarms and a programmable square-wave output. The $\overline{INT}$/SQW provides either an interrupt signal due to alarm conditions or a square-wave output. The clock/calendar provides seconds, minutes, hours, day, date, month, and year information. The date at the end of the month is automatically adjusted for months with fewer than 31 days, including corrections for leap year. The clock operates in either the 24-hour or 12-hour format with an $\overline{AM}$/PM indicator. The internal registers are accessible though an I²C bus interface.

A temperature-compensated voltage reference and comparator circuit monitors the level of V_{CC} to detect power failures and to automatically switch to the backup supply when necessary. The $\overline{RST}$ pin provides an external pushbutton function and acts as an indicator of a power-fail event.

DALLAS SEMICONDUCTOR MAXIM 9

（5）内部原理。用框图的形式说明芯片内部的结构。

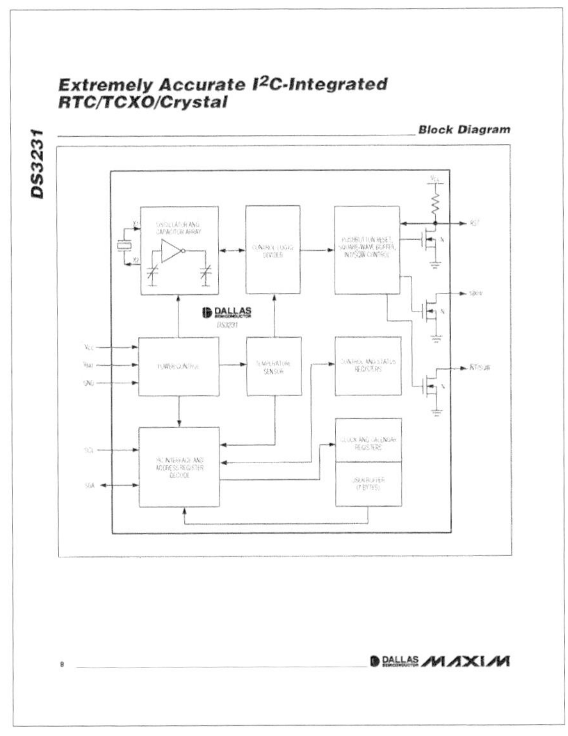

Extremely Accurate I²C-Integrated RTC/TCXO/Crystal

DS3231

Block Diagram

8 DALLAS SEMICONDUCTOR MAXIM

（6）时序图表。多用一系列波形图表示与芯片通信的时序关系。

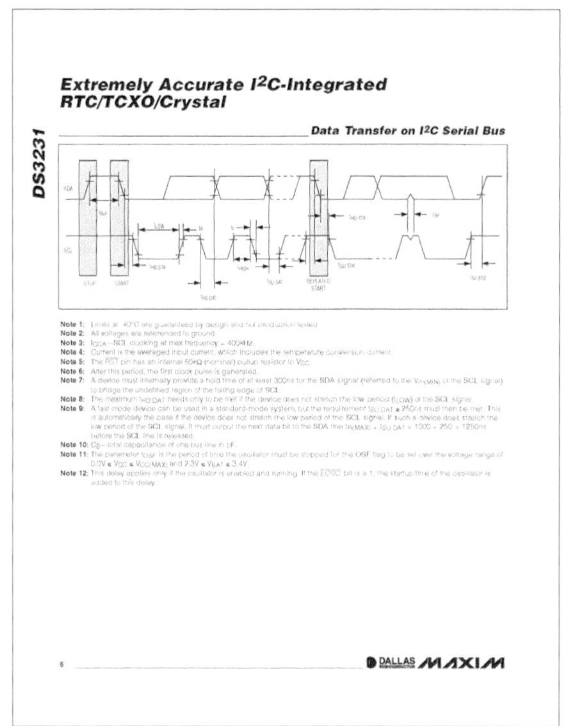

Extremely Accurate I²C-Integrated RTC/TCXO/Crystal

DS3231

Data Transfer on I²C Serial Bus

Note 1: Limits at -40°C are guaranteed by design and not production tested.
Note 2: All voltages are referenced to ground.
Note 3: I_{CCA}—SCL clocking at max frequency = 400kHz.
Note 4: Current is the averaged input current, which includes the temperature conversion current.
Note 5: The $\overline{RST}$ pin has an internal 50kΩ (nominal) pullup resistor to V_{CC}.
Note 6: After this period, the first clock pulse is generated.
Note 7: A device must internally provide a hold time of at least 300ns for the SDA signal (referred to the $V_{IH(MIN)}$ of the SCL signal) to bridge the undefined region of the falling edge of SCL.
Note 8: The maximum $t_{HD:DAT}$ needs only to be met if the device does not stretch the low period (t_{LOW}) of the SCL signal.
Note 9: A fast-mode device can be used in a standard-mode system, but the requirement $t_{SU:DAT} \geq 250ns$ must then be met. This is automatically the case if the device does not stretch the low period of the SCL signal. If such a device does stretch the low period of the SCL signal, it must output the next data bit to the SDA line $t_{R(MAX)} + t_{SU:DAT} = 1000 + 250 = 1250ns$ before the SCL line is released.
Note 10: C_B—total capacitance of one bus line in pF.
Note 11: The parameter t_{OSF} is the period of time the oscillator must be stopped for the OSF flag to be set over the voltage range of $0.0V \leq V_{CC} \leq V_{CC(MAX)}$ and $2.3V \leq V_{BAT} \leq 3.4V$.
Note 12: This delay applies only if the oscillator is enabled and running. If the $\overline{EOSC}$ bit is a 1, the startup time of the oscillator is added to this delay.

6 DALLAS SEMICONDUCTOR MAXIM

（7）指令集表。或用文字或用表格介绍的与芯片通信所需要的指令。

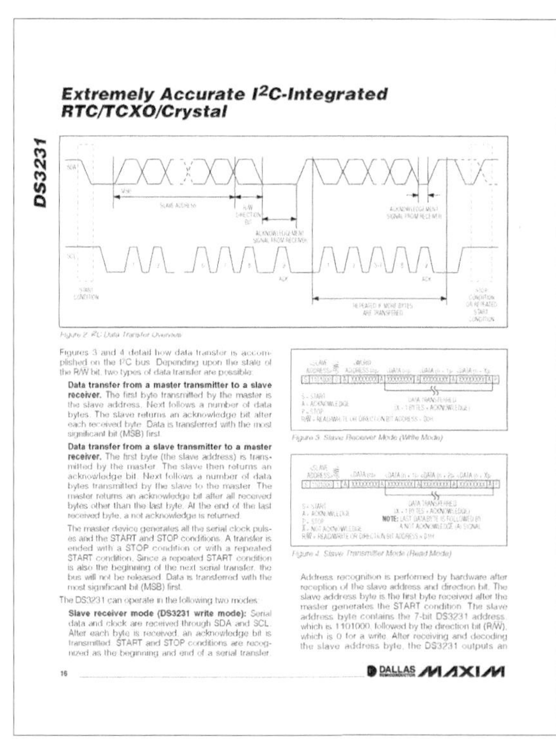

Extremely Accurate I²C-Integrated RTC/TCXO/Crystal

DS3231

Figure 2. I²C Data Transfer Overview

Figures 3 and 4 detail how data transfer is accomplished on the I²C bus. Depending upon the state of the R/$\overline{W}$ bit, two types of data transfer are possible:

Data transfer from a master transmitter to a slave receiver. The first byte transmitted by the master is the slave address. Next follows a number of data bytes. The slave returns an acknowledge bit after each received byte. Data is transferred with the most significant bit (MSB) first.

Data transfer from a slave transmitter to a master receiver. The first byte (the slave address) is transmitted by the master. The slave then returns an acknowledge bit. Next follows a number of data bytes transmitted by the slave to the master. The master returns an acknowledge bit after all received bytes other than the last byte. At the end of the last received byte, a not acknowledge is returned.

The master device generates all the serial clock pulses and the START and STOP conditions. A transfer is ended with a STOP condition or with a repeated START condition. Since a repeated START condition is also the beginning of the next serial transfer, the bus will not be released. Data is transferred with the most significant bit (MSB) first.

The DS3231 can operate in the following two modes:

Slave receiver mode (DS3231 write mode): Serial data and clock are received through SDA and SCL. After each byte is received, an acknowledge bit is transmitted. START and STOP conditions are recognized as the beginning and end of a serial transfer.

Figure 3. Slave Receiver Mode (Write Mode)

Figure 4. Slave Transmitter Mode (Read Mode)

Address recognition is performed by hardware after reception of the slave address and direction bit. The slave address byte is the first byte received after the master generates the START condition. The slave address byte contains the 7-bit DS3231 address, which is 1101000, followed by the direction bit (R/$\overline{W}$), which is 0 for a write. After receiving and decoding the slave address byte, the DS3231 outputs an

16 DALLAS SEMICONDUCTOR MAXIM

(8)寄存器表。如果芯片内部带有寄存器，则手册上会用表格介绍寄存器的用法。

Extremely Accurate I²C-Integrated RTC/TCXO/Crystal

DS3231

Figure 1. Timekeeing Registers

ADDRESS	BIT 7 MSB	BIT 6	BIT 5	BIT 4	BIT 3	BIT 2	BIT 1	BIT 0 LSB	FUNCTION	RANGE
00H	0	10 Seconds			Seconds				Seconds	00-59
01H	0	10 Minutes			Minutes				Minutes	00-59
02H	0	12/$\overline{24}$	$\overline{AM}$/PM 10 Hour	10 Hour	Hour				Hours	1-12 + $\overline{AM}$/PM 00-23
03H	0	0	0	0	0	Day			Day	1-7
04H	0	0	10 Date		Date				Date	01-31
05H	Century	0	0	10 Month	Month				Month/ Century	01-12 + Century
06H	10 Year				Year				Year	00-99
07H	A1M1	10 Seconds			Seconds				Alarm 1 Seconds	00-59
08H	A1M2	10 Minutes			Minutes				Alarm 1 Minutes	00-59
09H	A1M3	12/$\overline{24}$	$\overline{AM}$/PM 10 Hour	10 Hour	Hour				Alarm 1 Hours	1-12 + $\overline{AM}$/PM 00-23
0AH	A1M4	DY/$\overline{DT}$	10 Date		Day Date				Alarm 1 Day Alarm 1 Date	1-7 1-31
0BH	A2M2	10 Minutes			Minutes				Alarm 2 Minutes	00-59
0CH	A2M3	12/$\overline{24}$	$\overline{AM}$/PM 10 Hour	10 Hour	Hour				Alarm 2 Hours	1-12 + $\overline{AM}$/PM 00-23
0DH	A2M4	DY/$\overline{DT}$	10 Date		Day Date				Alarm 2 Day Alarm 2 Date	1-7 1-31
0EH	$\overline{EOSC}$	BBSQW	CONV	RS2	RS1	INTCN	A2IE	A1IE	Control	—
0FH	OSF	0	0	0	EN32kHz	BSY	A2F	A1F	Control/Status	—
10H	SIGN	DATA	DATA	DATA	DATA	DATA	DATA	DATA	Aging Offset	—
11H	SIGN	DATA	DATA	DATA	DATA	DATA	DATA	DATA	MSB of Temp	—
12H	DATA	DATA	0	0	0	0	0	0	LSB of Temp	—

Note: *Unless otherwise specified, the registers' state is not defined when power is first applied.*

DS3231 I²C interface may be placed into a known state by toggling SCL until SDA is observed to be at a high level. At that point the microcontroller should pull SDA low while SCL is high, generating a START condition.

Clock and Calendar

The time and calendar information is obtained by reading the appropriate register bytes. Figure 1 illustrates the RTC registers. The time and calendar data are set or initialized by writing the appropriate register bytes. The contents of the time and calendar registers are in the binary-coded decimal (BCD) format. The DS3231 can be run in either 12-hour or 24-hour mode. Bit 6 of the hours register is defined as the 12- or 24-hour mode select bit. When high, the 12-hour mode is selected. In the 12-hour mode, bit 5 is the AM/PM bit with logic-high being PM. In the 24-hour mode, bit 5 is the second 10-hour bit (20-23 hours). The century bit (bit 7 of the month register) is toggled when the years register overflows from 99 to 00.

The day-of-week register increments at midnight. Values that correspond to the day of week are user-defined but must be sequential (i.e., if 1 equals Sunday, then 2 equals Monday, and so on). Illogical time and date entries result in undefined operation.

When reading or writing the time and date registers, secondary (user) buffers are used to prevent errors when the internal registers update. When reading the time and date registers, the user buffers are synchronized to the internal registers on any START and when the register pointer rolls over to zero. The time information is read from these secondary registers, while the clock continues to run. This eliminates the need to reread the registers in case the main registers update during a read.

DALLAS SEMICONDUCTOR MAXIM 11

(9)细节说明。用大段的文字介绍芯片使用的方法和注意事项。

Extremely Accurate I²C-Integrated RTC/TCXO/Crystal

DS3231

Operation

The block diagram shows the main elements of the DS3231. The eight blocks can be grouped into four functional groups: TCXO, power control, pushbutton function, and RTC. Their operations are described separately in the following sections.

32kHz TCXO

The temperature sensor, oscillator, and control logic form the TCXO. The controller reads the output of the on-chip temperature sensor and uses a lookup table to determine the capacitance required, adds the aging correction in AGE register, and then sets the capacitance selection registers. New values, including changes to the AGE register, are loaded only when a change in the temperature value occurs, or when a user-initiated temperature conversion is completed. The temperature is read on initial application of V_{CC} and once every 64 seconds afterwards.

Power Control

This function is provided by a temperature-compensated voltage reference and a comparator circuit that monitors the V_{CC} level. When V_{CC} is greater than V_{PF}, the part is powered by V_{CC}. When V_{CC} is less than V_{PF} but greater than V_{BAT}, the DS3231 is powered by V_{CC}. If V_{CC} is less than V_{PF} and is less than V_{BAT}, the device is powered by V_{BAT}. See Table 1.

Table 1. Power Control

SUPPLY CONDITION	POWERED BY
$V_{CC} < V_{PF}$, $V_{CC} < V_{BAT}$	V_{BAT}
$V_{CC} < V_{PF}$, $V_{CC} > V_{BAT}$	V_{CC}
$V_{CC} > V_{PF}$, $V_{CC} < V_{BAT}$	V_{CC}
$V_{CC} > V_{PF}$, $V_{CC} > V_{BAT}$	V_{CC}

To preserve the battery, the first time V_{BAT} is applied to the device, the oscillator will not start up until V_{CC} is applied, or until a valid I²C address is written to the part. Typical oscillator startup time is less than one second. Approximately 2 seconds after V_{CC} is applied, or a valid I²C address is written, the device makes a temperature measurement and applies the calculated correction to the oscillator. Once the oscillator is running, it continues to run as long as a valid power source is available (V_{CC} or V_{BAT}), and the device continues to measure the temperature and correct the oscillator frequency every 64 seconds.

Pushbutton Reset Function

The DS3231 provides for a pushbutton switch to be connected to the $\overline{RST}$ output pin. When the DS3231 is not in a reset cycle, it continuously monitors the $\overline{RST}$ signal for a low going edge. If an edge transition is detected, the DS3231 debounces the switch by pulling the $\overline{RST}$ low. After the internal timer has expired (PB_{DB}), the DS3231 continues to monitor the $\overline{RST}$ line. If the line is still low, the DS3231 continuously monitors the line looking for a rising edge. Upon detecting release, the DS3231 forces the $\overline{RST}$ pin low and holds it low for t_{RST}.

The same pin, $\overline{RST}$, is used to indicate a power-fail condition. When V_{CC} is lower than V_{PF}, an internal power-fail signal is generated, which forces the $\overline{RST}$ pin low. When V_{CC} returns to a level above V_{PF}, the $\overline{RST}$ pin is held low for approximately 250ms (t_{REC}) to allow the power supply to stabilize. If the oscillator is not running (see the *Power Control* section) when V_{CC} is applied, t_{REC} is bypassed and $\overline{RST}$ immediately goes high.

Real-Time Clock

With the clock source from the TCXO, the RTC provides seconds, minutes, hours, day, date, month, and year information. The date at the end of the month is automatically adjusted for months with fewer than 31 days, including corrections for leap year. The clock operates in either the 24-hour or 12-hour format with an $\overline{AM}$/PM indicator.

The clock provides two programmable time-of-day alarms and a programmable square-wave output. The $\overline{INT}$/SQW pin either generates an interrupt due to alarm condition or outputs a square-wave signal and the selection is controlled by the bit INTCN.

Address Map

Figure 1 shows the address map for the DS3231 timekeeping registers. During a multibyte access, when the address pointer reaches the end of the register space (12h), it wraps around to location 00h. On an I²C START or address pointer incrementing to location 00h, the current time is transferred to a second set of registers. The time information is read from these secondary registers, while the clock may continue to run. This eliminates the need to reread the registers in case the main registers update during a read.

I²C Interface

The I²C interface is accessible whenever either V_{CC} or V_{BAT} is at a valid level. If a microcontroller connected to the DS3231 resets because of a loss of V_{CC} or other event, it is possible that the microcontroller and DS3231 I²C communications could become unsynchronized, e.g., the microcontroller resets while reading data from the DS3231. When the microcontroller resets, the

10 DALLAS SEMICONDUCTOR MAXIM

（10）封装尺寸。多出现在手册的末尾，用 CAD 图纸介绍芯片封装的尺寸数据。

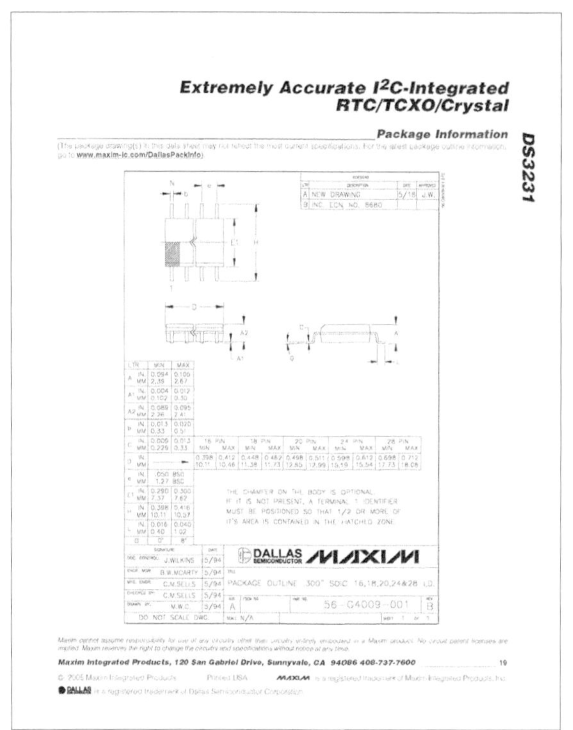

说到这里有朋友会问了，不是讲驱动程序的编写吗，怎么突然讲起数据手册了呢？不要急，想学习独立编写驱动程序，首先要了解数据手册，找到与编程有关的资料。在数据手册中，与硬件制作有关的部分是电气参数、工作特性、引脚定义和封装尺寸，与驱动编程有关的是时序图表、指令集表、寄存器表和细节说明。在编程之前首先要确定一下驱动程序所需要的硬件电路，通过电气参数了解芯片的工作电压和电流、阻容性，通过引脚定义得知电路原理图中芯片与单片机的连接方式，通过封装尺寸确定 PCB 的制作。硬件连接完成后才开始进入驱动编程。

驱动编程的实质是通过程序控制单片机与芯片通信，而通信的目的就是读写芯片。一般来讲，芯片的驱动程序其实就是在对芯片做读和写的操作，闭上眼睛想一想你所知道的芯片驱动程序是不是像我说的这样。通过本章第 4 节你又得知了，读和写都是在操作芯片上的寄存器，从寄存器里读数据和把数据写入寄存器。数据手册中的寄存器表就是介绍你要读写的寄存器的，阅读寄存器表就可以知道这款芯片的所有功能，所有功能都会“映射”在寄存器表上，了解寄存器表就了解了芯片有何功能。下一步，单片机怎么去读写这些寄存器呢？怎么让芯片知道我要读哪个地址呢？这就涉及指令集表的部分。指令集表列出了芯片可以听懂的话，例如 0xEE 表示读、0xFF 表示写、0x01 到 0x80 表示寄存器的地址，这些数据所表示的指令包含在指令集表里。下一步，指令集表又是如何通过 I/O 接口的高、低电平把电平的状态变成一串串数据和指令的呢？这就又涉及了时序图表的部分。时序图表说明了单片机和芯片之间的电平随时间变化的关系，在什么时间单片机要给芯片一个高电平，又在什么时候芯片会输出一个低电平，单片机的 I/O 接口输出电平又输入电平。来来回回的电平组合便组成了指令集表中的指令，指令的通信又读写了寄存器，寄存器中的数据包含着时间和日期，实时时钟芯片的功能得到了应用。

明白了时序图表、指令集表和寄存器表之间的关系，我们就成功了三分之一。一定要看懂数据手册里的这 3 个部分，电平是怎么组成指令的，指令是如何操作寄存器的，每一个细节都要看懂。到后来，脑子里面可以想象出单片机与芯片通信的样子，一幅很有立体感的画面：导线好像下水管道一样粗大，里面的电流发着蓝光咔咔作响。电流想进入芯片内部必须绕成锯齿式的波形，突然电流化身成 0 和 1 的数字穿透了芯片外墙。芯片里面的寄存器好像一个个装满电流的盒子，寄存器里的电流时满时空，最后一个由蓝光电流组成的大屏幕上显示出 12 时 38 分的字样。当你完全明白了原理，我们就成功了三分之二。

最后就是用 C 语言或是其他什么五花八门的语言编写驱动程序了。驱动程序也由 3 部分组成，分别对应着时序图表、指令集表和寄存器表。让我们看看实时时钟芯片 DS1302 的驱动程序，与时序图表对应的是以下一段程序，这段程序中使用最多的是 I/O 接口的读写和延时。DS1302 芯片因为有时钟输入信号线，由单片机给出同步时钟信号，所以没有涉及延时。但 DS18B20 单总线通信时就会涉及延时。

```
/*********************************************************************/
void clock_out(unsigned char dd){ //-DS1302 驱动程序 （DS1302 驱动）
    ACC=dd;
    clock_dat=a0; clock_clk=1; clock_clk=0;
    clock_dat=a1; clock_clk=1; clock_clk=0;
    clock_dat=a2; clock_clk=1; clock_clk=0;
    clock_dat=a3; clock_clk=1; clock_clk=0;
    clock_dat=a4; clock_clk=1; clock_clk=0;
    clock_dat=a5; clock_clk=1; clock_clk=0;
    clock_dat=a6; clock_clk=1; clock_clk=0;
    clock_dat=a7; clock_clk=1; clock_clk=0;
}
/*********************************************************************/
unsigned char clock_in(void){ //-DS1302 写入字节 （DS1302 驱动）
    clock_dat=1;
    a0=clock_dat;
    clock_clk=1; clock_clk=0; a1=clock_dat;
    clock_clk=1; clock_clk=0; a2=clock_dat;
    clock_clk=1; clock_clk=0; a3=clock_dat;
    clock_clk=1; clock_clk=0; a4=clock_dat;
    clock_clk=1; clock_clk=0; a5=clock_dat;
    clock_clk=1; clock_clk=0; a6=clock_dat;
    clock_clk=1; clock_clk=0; a7=clock_dat;
    return(ACC);
}
/*********************************************************************/
```

下面的程序部分对应的是指令集表，这一部分虽然也有操作 I/O 接口的语句，但是程序主要的作用是在表达将电平时序组合成指令的过程。读数据和写数据在相同时序下的电平状态不同所表示的指示也不同。

```
/*****************************************************************/
unsigned char read_clock(unsigned char ord){ //-DS1302读数据（DS1302驱动）
    unsigned char dd=0;
    clock_clk=0;
    clock_Rst=0;
    clock_Rst=1;
    clock_out(ord);
    dd=clock_in();
    clock_Rst=0;
    clock_clk=1;
    return(dd);
}
/*****************************************************************/
void write_clock(unsigned char ord, unsigned char dd){ //-DS1302 写数据
（DS1302 驱动）
    clock_clk=0;
    clock_Rst=0;
    clock_Rst=1;
    clock_out(ord);
    clock_out(dd);
    clock_Rst=0;
    clock_clk=1;
}
/*****************************************************************/
```

与寄存器读写有关的是下面这段芯片初始化程序，当然其他部分的芯片操作程序也与寄存器有关，在此仅以初始化程序为例。读取 0xC1 地址处的数据，写入日期和时间的数据，就是最后操作寄存器的工作。只要把芯片实现某一功能所需要寄存器操作整理成函数模块，在应用程序需要的时候调用，驱动程序也最终完成了任务，下面的时钟初始化函数就是经典的应用实例。

```
/*****************************************************************/
void Init_1302(void){//- 设置 1302 的初始时间（2008 年 11 月 3 日 00 时 00 分 00
秒星期一）
    unsigned char f;
    if(read_clock(0xc1) != 0xaa){ // 判断芯片是否首次上电
        write_clock(0x8e,0x00);// 允许写操作
        write_clock(0x8c,0x08);// 年
        write_clock(0x8a,0x01);// 星期
        write_clock(0x88,0x11);// 月
        write_clock(0x86,0x03);// 日
        write_clock(0x84,0x00);// 小时
        write_clock(0x82,0x00);// 分钟
        write_clock(0x80,0x00);// 秒
        write_clock(0x90,0xa5);// 充电
        write_clock(0xc0,0xaa);// 写入初始化标志 RAM （第 00 个 RAM 位置）
        for(f=0;f<60;f=f+2){// 清除闹钟 RAM 位为 0
```

```
                write_clock(0xc2+f,0x00);
            }
            write_clock(0xc2+7*6+4,2);// 设置显示方式为流动显示 (2)
            write_clock(0xc2+7*6,1);// 设置流动速度为 1
            write_clock(0x8e,0x80);// 禁止写操作
        }
}
/*********************************************************************/
```

DS3231 芯片的驱动程序需要怎么写呢？在时序的部分主要考虑 I/O 接口电平和延时问题，在指令部分主要把“读”“写”等指令封装成函数体。在寄存器部分主要把芯片在应用中的各种功能封装起来，如初始化、连续读出日期和时间等。最后供应用程序调用的仅是各种功能的应用函数体。

初学者尝试编写驱动程序时最常遇见的问题就是看不懂时序图。时序图确实很不容易理解，数据手册的最大特点就是点到为止，从不像本书一样啰啰唆唆。为了让大家明白时序图是怎么回事情，我再多说一点。下面的一张时序图表是读和写 2 个时序图，上面的图是读时序。所谓时序就是按照时间顺序的一个操作过程，在读时序部分有 3 条蜿蜒曲折的横线，左边有它们的名字，分别是 RST、SCLK、I/O，这对应着芯片上的 3 个引脚，时间从左边开始向右走，横线向上走就表示在单片机控制上要拉成高电平（操作数据为 1），横线向下走则控制成低电平（操作数据为 0），如果又有向上走，又有向下走（像 I/O 时序线上的）就表示根据实际情况定义电平高低。所谓的实际情况就是根据指令的不同而不同。

TIMING DIAGRAM: READ DATA TRANSFER Figure 5

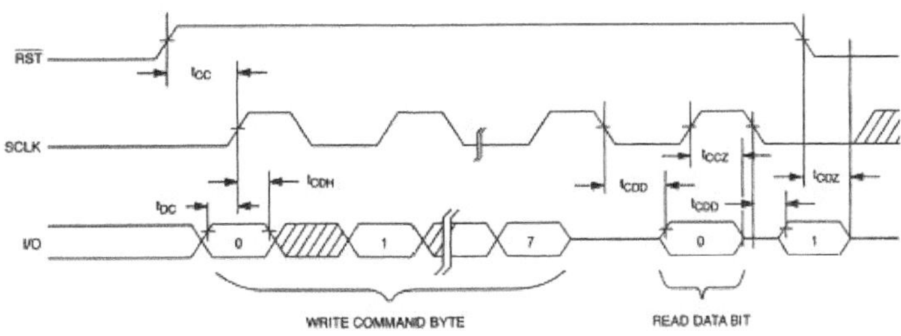

TIMING DIAGRAM: WRITE DATA TRANSFER Figure 6

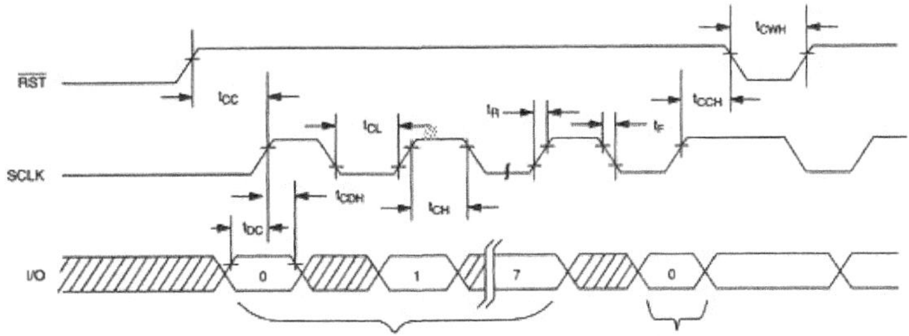

时序图表

现在我们将一把尺子竖在图表上，从左向右滑动来模拟时序的行走。一开始 3 条线都是平静的，突然 RST 向上走了，表示 RST 接口需要变成高电平。继续走突然 I/O 线又变成高或者低电平了。I/O 是数据线，所以这个高或低可能是读出来的值或是需要写入的值，I/O 时序部分下面有一行字写着 WRITE COMMAND BYTE（写入指令字节），意思说这个值是需要单片机写入的，至于写什么内容要看指令集表。假设我们的单片机在这时向 I/O 接口写入 0 或 1，继续向下走。突然 SCLK 变高电平了，我们要让单片机把 SCLK 接口变成高电平，之后就这样一直走下去。这个识图的过程就好像我们刚学习识别电路图一样，需要一个过程。现在经验告诉我 RST 是一个芯片使能接口，高电平使芯片允许读写数据。单片机向 SCLK 写入高低电平变化的时钟信号，I/O 按照这个时钟信号在 SCLK 从低电平变成高电平的时候将芯片写入 0、1 数据或是读出数据。可能有些朋友暂时还看不明白，不过没有关系，只要多看多思考就会有效果的，要知道能看懂数据手册就变成设计者了，这还不够你显摆的吗?在写程序的时候就可以根据时序图表的顺序操作，下面是一个简单的示范，并不能真正应用，它就是按时序图表顺序编写的，时序图表和指令集表是芯片驱动程序编写的本源，不信你找一找别人写过的 DS1302 驱动程序，再反向推理出驱动程序所实现的通信时序，看看是不是和这个时序图表中所介绍的一样呢。

```
RST     =     1;     // 复位端变成高电平， 允许芯片通信
IO      =     1;     // 向 I/O 接口写入 1 （这是需要写入的第一个数据）
SCLK    =     1;     // 将 SCLK 变成高电平
SCLK    =     0;     // 将 SCLK 变成低电平 （这时第一个数据写入完成）
IO      =     0;     // 向 I/O 接口写入 0 （这是需要写入的第二个数据）
SCLK    =     1;     // 将 SCLK 变成高电平
SCLK    =     0;     // 将 SCLK 变成低电平 （这时第二个数据写入完成）
…                    // 以此类推
RST     =     0;     // 操作完成， RST 变成低电平， 禁止通信
```

数据手册是一个好东西，每当你见到不熟悉的芯片时，首先就要想到找一找它的数据手册，当你可以独立欣赏它的时候，表明你就已经不简单了。如果还可以根据数据手册写出驱动程序来，你的编程之路就算走到了尽头，因为事实证明你已经从单片机初学者一跃成为编程界的新锐。

第8节 在线仿真

目录

- 什么是仿真
- 仿真电路连接
- 新建仿真环境
- 流水灯程序仿真实例

有单片机初学者问了我这样一个问题：单片机真是个好东西，可以实现我的很多想法，就是在编程开发的时候太麻烦，每次改动都要重新编译、下载，再等待着问题的出现。仅调试一个参数就要花上几小时的时间。对于我们这些没什么编程经验的菜鸟来说太麻烦了。我想单片机技术发展至今，应该有更便捷的开发工具吧。杜老师你平时是怎么开发单片机软件的？有什么秘诀传授一下呗！

我的回答是：当然有秘诀，那就是使用“仿真功能”。什么是仿真？它如何实现更快捷的开发呢？详见下文。

什么是仿真

什么是仿真？从字面的意思来理解，仿真的东西本身不是真的，却要假冒真的。如果放在商业市场上，仿真就是假冒伪劣商品，是不好的东西。可是从单片机技术角度来看，仿真却是大大的好事。为什么假冒的会是好事？我们直接用真的不是更好吗？是的，真的是很好，可是假冒的也不错，呵呵。真实有真实的好处，但也有局限性，仿真就要解决真实的局限性，让开发者拥有超越真实的魔力。我们举一个汽车设计的例子来说明一下吧。

大家一定在影视剧或电视广告中看过这样一个镜头：在一个大大的厂房里，一辆崭新的小汽车正在以很高的速度撞向一面厚厚的水泥墙。坐在车上的两个人面不改色心不跳，一动不动地等待着死亡。他们为何如此冷静，因为他们是实验用的假人。说时迟那时快，汽车已经撞到了墙上，巨大的声响夹杂着飞溅的碎片充满了空间，汽车在撞击中成了变形金刚，假人依然面无表情，旁边的几台高速摄像机记录下了这一切。这是一次真实的撞击实验，目的是得出这款车型在出现意外时，是否能保住人的小命。安装在车上和假人身上的传感器所得出的数据，能帮助工程师们发现安全隐患，改进汽车的设计。可以说以上就是一次仿真实验，一辆真车和两个假人有计划地撞墙，模拟了真实车祸的情况。仿真让实验变成可能，因为没有一个真人愿意坐在车里参与这场实验。当真实情况很难在开发时再现时，仿真就可以帮助开发者完成必要的实验。这就如同单片机开发中，我们在自己的实验板上开发一款新产品一样。当我们设计好了一个产品的功能时，要在实验板上模拟用户的操作，看看操作是否正常、产品的反应速度和稳定性如何。这些都是在仿真——模仿用户使用的真实情况。如果你按照本书第 1 章的内容制作了一些小制作，你就一定改动过程序，并下载到单片机上看过实际的效果，你也一定遇到过问题，并通过修改和调试解决了它。若是这样，你就已经实践了仿真，而你自己却没有察觉到。

有朋友会问了：如果这就是仿真，那还有什么好讲的呢？嗯，如上所说的仿真是广义上的仿真，凡是在实验室里用实验板或工程样机模拟用户使用的过程，都可以算是仿真。而还有一种狭义的仿真，就是下面要重点介绍的内容。再说回到汽车撞击实验的故事吧。后来呀，汽车公司的老板在办公室里坐不住。因为每当从外面传来一声巨响，他就知道又有一辆新车被撞得稀巴烂，一阵痛苦涌上心头。虽然理性上明白这是为了开发出更安全的汽车，可是感性上还是不喜欢这种烧钱的行为。人们常说利益推动科技进步，当老板的利益受损，自然就会有高科技问世了。不久，工程师们用上了一种电脑仿真软件，它采用了虚拟现实的技术，只要在电脑上按几个钮，输入汽车的一些参数，一台虚拟的汽车就出现在屏幕上。这辆虚拟汽车能和真车一样撞击、飞溅，然后得出一大堆接近真实场景的数据。不仅能模拟真实的撞，还能歪着撞、倒着撞、飞起来撞、飞起来转体 360° 的撞，还能暂停时间、一步一步撞，或者只看撞击中某一秒的数据。这一技术完全超越了真实实验，撞击再也不用耗人、耗时、耗物了，新车的开发速度也快了很多，大大降低了成本。唯一的消耗就是多交点电费，在老板看来已经无所谓了，要不然那些工程师也会在电脑上偷偷地玩《魔兽世界》。

汽车公司的遭遇在单片机公司也同样发生着，各种仿真软件如雨后的水泡子般越来越多。有的直接在电脑上虚拟仿真，还有的用一种叫仿真器的东西，让实验板与电脑连接，给实验板或工程样机增加了单片机实物所不能达到的仿真功能。其中最重要的一个功能就是“单步运行”了。在仿真软件里，把单片机从上电开始以正常的速度一直运行下去的过程叫“全速运行”。相对的，如果单片机只运行程序中的某一条或几条程序就是单步运行。在非仿真的情况下，单片机是不能单步运行的。那单步运行有什么用呢？呵呵，单步运行非常有用呀，甚至可以说是一项单片机开发的重大进步，就如同录音带和 MP3 的区别一样。录音带在听歌的时候必须从头听到尾，如果想换歌就得花时间倒带，而且你也不能精准地倒到下一首歌的开始处。而 MP3 不是连续地线性存储，你可以任意地换歌，还能把任意一段反复听。在单片机的开发中，我们为了测试某个部分的功能，必然要从头运行，再路过不必要部分才能达到。大把的时间浪漫在多余的劳动上面了，现在有了单步运行，你想到哪就到哪，你想反复运行某段程序也没问题。其间你还能修改大部分参数，不仅能模拟真实的运行，还能歪着运行、倒着运行、飞起来运行、飞起来转体 360° 的运行。好玩吧！下面说说主流的 3 种仿真方法：纯软件仿真、使用仿真器、用单片机仿真。

纯软件仿真

纯软件仿真是指不借助任何硬件平台，只在电脑软件里模拟电路连接和单片机程序的运行。这种软件在数字 / 模拟电路中很流行，也有很多种仿真软件。可是能模拟 8051 单片机的软件并不多见，圈子里比较常见的就是 Proteus ISIS。这款软件是由一家英国的软件公司开发的，不仅可以模拟数字 / 模拟电路、单片机，还提供了大量的元器件和工具。比如电压表、电流表、示波器。可以模拟的单片机包括 8051、AVR、PIC 等。软件不大，视图直观，操作简单，是一款很不错的单片机仿真软件。Proteus ISIS 在仿真软件中是优秀的产品，可是纯软件仿真这事在实际开发中仍存在很多问题。首先，软件中虽然带有大量的单片机周边元器件，但与实物的元器件种类相比，还是少得可怜。若是使用特殊的模块或定制传感器，纯软件仿真就力不从心了。另外，我也不建议单片机初学者使用仿真软件，因为单片机入门重在动手能力，如果仅从仿真软件上连接电路和在实物上动手组装电路完全是两种体验。就好像在电脑上玩《反恐精英》和实地参与反恐行动的差别不是一点半点，参考后者你真的有紧张、痛苦，甚至死亡的体验。动手组装单片机电路的过程会促进学习者的思考，会有切实明确的经验，这是非常必要的。因此我也不建议初学者用现成的开发板（实验板），那些由厂商设计好的电路，看上去是省去了麻烦，其实这麻烦是初学者必须体验的环节。好了，话都说到这个份上了，再往下讲还有什么意思了呀，换下一个话题。

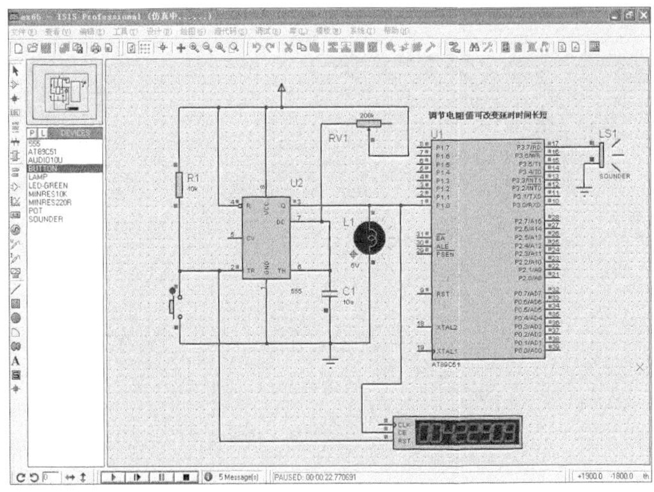

Proteus ISIS 软件界面

使用仿真器

仿真器听上去是很高科技的东西，其实并不复杂。上面说的软件仿真，其实就是软件假装自己是硬件，仿真器的工作就是假装自己是单片机。其实仿真器的内部也是用单片机制作而成的，但是内部的单片机和电路不是给用户使用的，它们是要接收电脑上的用户程序（你编写的程序），然后在输出接口上输出高低电平。仿真器的输出接口和常用的 40 脚单片机非常像，只是在接口上面多出一排线与仿真器主机连接。在仿真时，你需要把这个输出接口插在实验板的单片机插座上。输出接口代替单片机，实现了软件和硬件之间的通信。这种硬件仿真器根据功能的不同，价格差异很大。便宜的只要几百元，贵的可以达到上万元。但无论如何，仿真器的效果一定是优于纯软件仿真的，因为仿真器是在用户的实验板（或目标电路板）上调试的，调试出来的程序完全符合实际电路的需要。而且仿真器的输出接口是模拟单片机的 I/O 接口的，所以功能较多的仿真器可以仿真很多种不同品牌和不同型号的单片机。这是非常方便的，同时也有很强的扩展性。不过有好就有坏，仿真器虽然可以模拟单片机，但它毕竟不是真正的单片机。也就是说，用仿真器调试出来的程序可以在仿真环境下稳定工作，可是一旦换成真正的单片机，可能还会出现一些问题。但无论怎样，我们都必须以真正的单片机运行的效果为准。虽然仿真器是电子工程师的最爱，可作为初学单片机的电子爱好者，从仿真器的价格和调试的效果来看，仿真器还不是最适合我们的仿真方案。

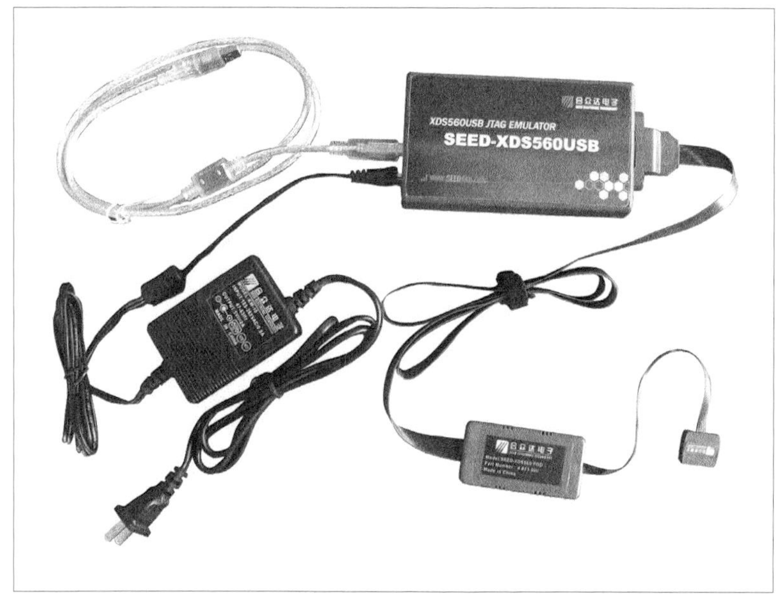

一款单片机仿真器

单片机片上仿真

好了，现在该说到我们要着重介绍的“用单片机仿真”了。这种仿真是基于单片机本身的仿真，也就是说现在你用来仿真的单片机，未来同样将用于最终的产品。也就是说一个单片机，既能仿真又能实际使用，不需要额外购买别的东西，也不需要安装特殊的仿真软件。对于初学单片机的你来说，用单片机仿真是性价比最高的选择，你甚至不需要修改电路，用给单片机下载 HEX 文件的电路就能实现仿真。各大单片机公司还都开发出不同性能的支持片上仿真的单片机。其中 STC 公司也有一款性能很不错的片上仿真单片机——IAP15F2K61S2，让我们的单片机开发过程更方便、更快捷。下面我就给大家介绍一下片上仿真环境的建立，还有进入仿真界面的操作流程，最后以一个实例告诉大家如何进行仿真调试。这是一些非常简单的操作，只要按照书中的步骤操作，就一定能顺利学会。

带有仿真功能的单片机 IAP15F2K61S2

仿真电路连接

建立单片机仿真环境，最主要的工作是设置软件的参数，而硬件电路的连接是很简单的事。如果你已经根据本书第一章的内容制作出了 ISP 下载线，并成功地给单片机写入了 HEX 文件。那么从某种意义上讲，你已经完成了单片机仿真的硬件电路连接。也就是说，单片机仿真电路与 ISP 下载电路是完全相同的。如果是这样，我为什么还要花时间来讲仿真电路的连接呢？因为虽然电路连接相同，但单片机不同了。我们不能使用 STC12C5A60S2 和 STC12C4052AD 来仿真，因为这两款芯片不带仿真功能。而唯一带仿真功能的单片机 IAP15F2K61S2 是最新发布的 15 系列单片机，它有着不相同的引脚定义。我们只要熟悉了它的新引脚定义，再来制作电路就不难了。

首先我要说一下 IAP15F2K61S2 单片机与我们之前学过的 12 系列单片机的区别。首先最明显的是引脚定义的不同，虽然 IAP15F2K61S2 也是 40 脚的单片机，但如果把它直接插在我们做好的 ISP 下载线里，你会发现单片机是不工作的。不仅 I/O 接口不兼容，连 VCC 电源输入的位置也不同了。接下来是外部晶体的使用，12 系列单片机内部虽然有 RC 时钟，但还保留了外部晶体的接口，我们为此接了 12MHz 的晶体。IAP15F2K61S2 单片机却不需要接外部晶体，因为在它的内部集成了一个高精度的内部时钟源，可以用软件将时钟频率设置成 5~30MHz。这一改进对我们使用者的意义是：不论我们作何应用，都不需要外接晶体的电路了。只要连接 VCC 和 GND，单片机就可以工作。再连接 TXD 和 RXD，单片机就能 ISP 下载和仿真。另外 IAP15F2K61S2 还具有 16 位自动重装初值的定时器、可移位的串口、多功能的中断等。这些新功能，我们在下一节中为大家介绍。现在要做的是：找到 IAP15F2K61S2 上的 VCC（18 脚）、GND（20 脚）、TXD（22 脚）、RXD（21 脚）4 条线，并与 USB 下载模块连接。

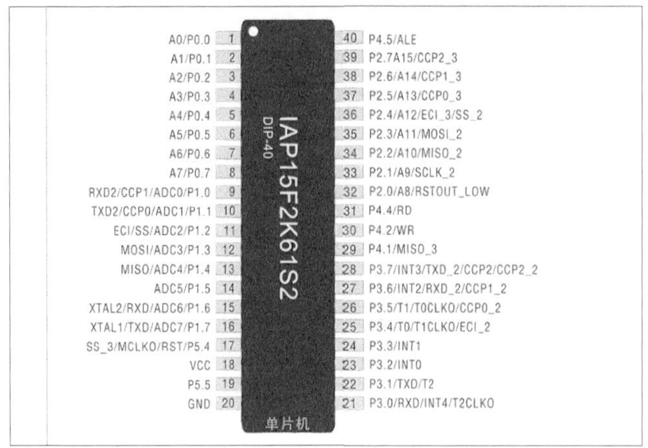

可仿真单片机 IAP15F2K61S2

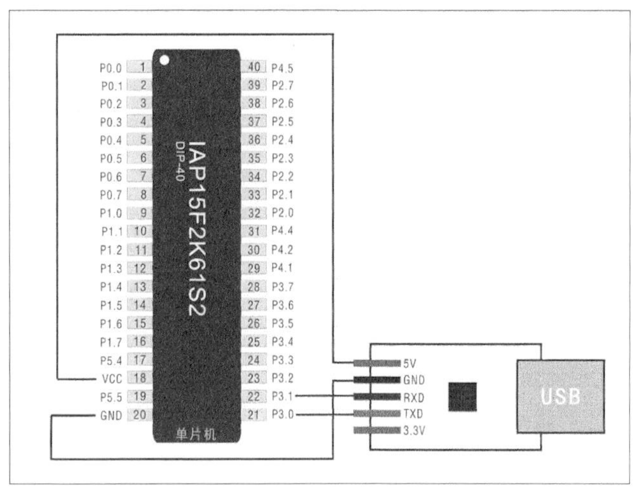

下载 / 仿真电路原理图

新建仿真环境

硬件电路连接完毕后，下面开始步骤较多的软件设置，请大家一定按我的步骤仔细进行。

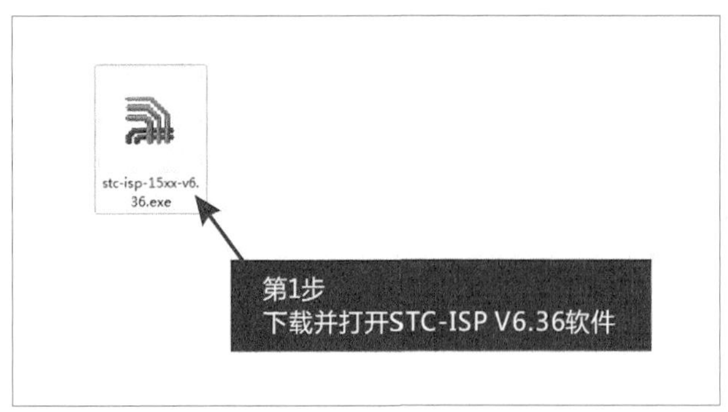

第 1 步：在本书附带的资料中找到 STC-ISP V6.36 软件（路径：/ 相关软件 / STC-ISP_V6.36.exe）。我们之前一直用 STC-ISP V4.60 软件，现在借这个机会也可以升级一下，新的软件兼容以前的所有功能，同时还有了不少改进。支持 ISP 下载和仿真的同时，也有定时器计算器、软件延时计算器等实用的小工具。

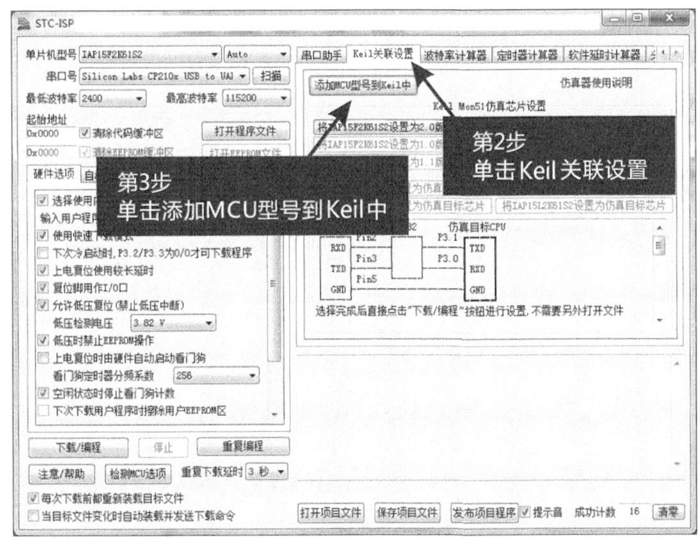

第 2 步：单击软件右侧的“Keil 关联设置”选项卡。仿真相关的操作都在这个选项卡里完成。

第 3 步：接着单击“添加 MCU 型号到 Keil 中”。这个操作效果是把 STC 芯片的仿真程序与 Keil 软件绑定在一起，这样 Keil 软件中的仿真功能才能操作 STC 单片机硬件。

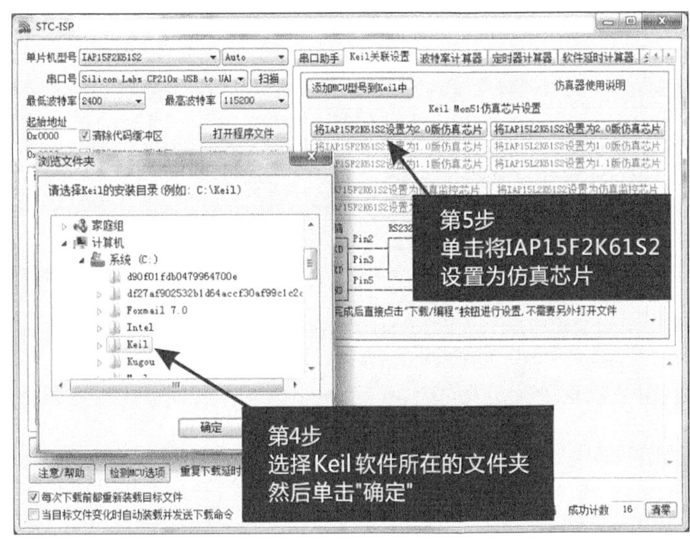

第 4 步：在弹出的“浏览文件夹”窗口中找到 Keil 软件的安装目录（默认是在 C:/Keil 中），并单击“确定”。

第 5 步：单击“将 IAP15F2K61S2 设置为 2.0 版仿真芯片”，在此处可以仿真的芯片有两款：IAP15F2K61S2 和 IAP15L2K61S2，前一款的 F，表示它是 5V 电源电压的芯片；后一款的 L，表示它是 3.3V 电源电压的芯片。我们以 5V 芯片为例。

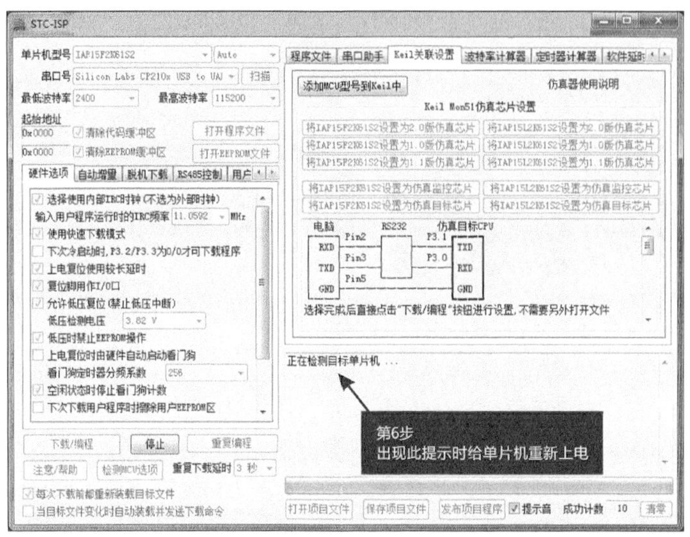

第 6 步：按下第 5 步的按钮后，按键变灰，下方状态窗口出现“正在检测目标单片机”。这个提示的意思是你需要给单片机重新上电了，和之前给单片机写入 HEX 文件的方法相同。此时在硬件上给单片机冷启动，即会出现下载程序的提示，最后显示下载完成。大家可能不明白了，不是要仿真吗，为什么还要下载程序呢？其实这次下载的是仿真所需要的仿真处理程序，而不是我们要运行的 HEX 程序文件。仿真处理程序的功能是接收 Keil 软件通过串口发出的仿真指令，再用这个指令去操控单片机寄存器和 I/O 接口什么的。由此可见仿真处理程序是必不可少的哦。

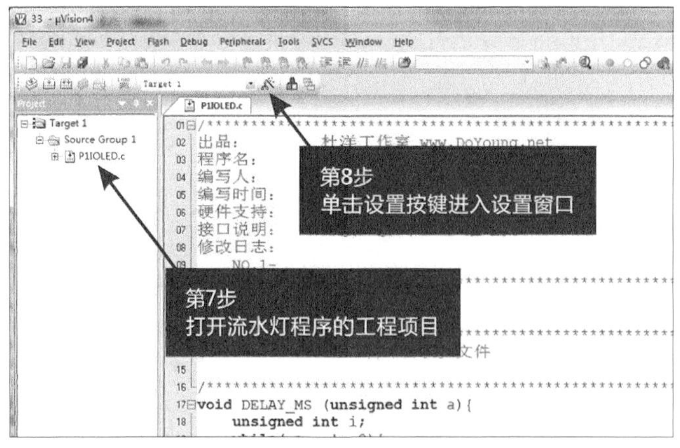

第 7 步：打开 Keil，打开你想要仿真的项目，我打开一个 P1 接口流水灯的程序，一会我们也以此为例详细讲解。

第 8 步：单击 Target Options 按键，或在菜单栏中单击 Project → Options for

Target。哦，对了。之前的讲解中我一直使用的是 Keil2，那么现在也升级到 Keil4 了，Keil4 是英文界面的，稳定性也更好了。当然你用 Keil2 也可以完成仿真，如果你已经习惯了中文界面，不升级也可以。

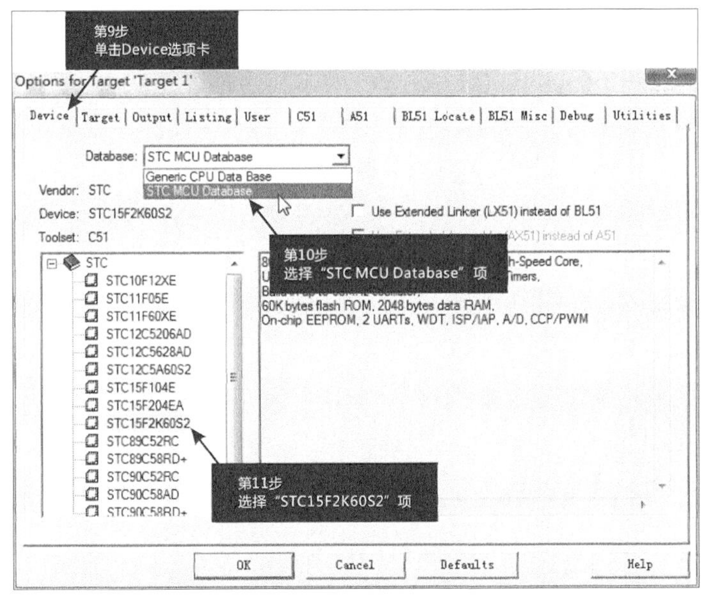

第 9 步：进入 Options 窗口后，单击 Device 选项卡。

第 10 步：在 Database 下拉列表中选择“STC MCU Database”项。选中后才会出现 STC 系列单片机的型号。

第 11 步：在左侧型号中选择“STC15F2K60S2”项。这里选的是系列型号，包括同系列的很多款单片机。

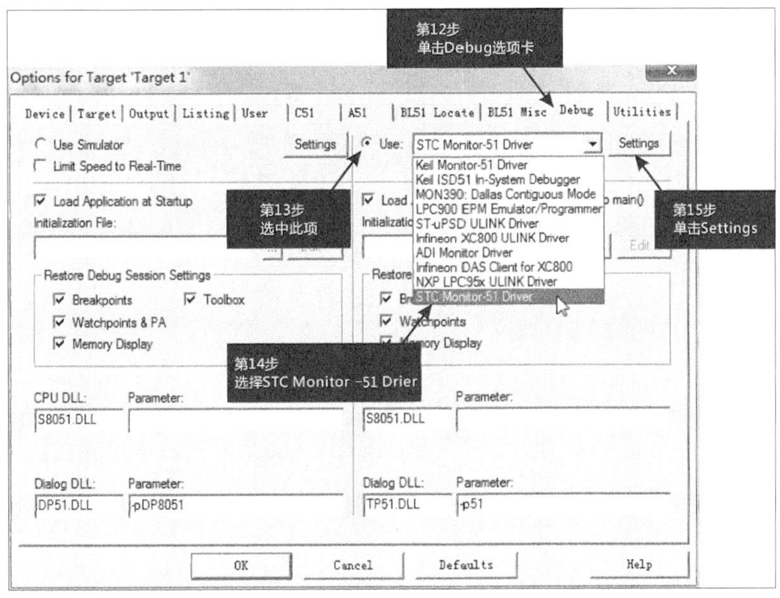

第 12 步：选择“Debug”选项卡。这里面都是与仿真相关的设置。

第 13 步：选中窗口右上方的项目。

第 14 步：在下拉列表中选择“STC Monitor-51 Driver”项。

第 15 步：选择好后，单击右侧的“Settings”按钮。

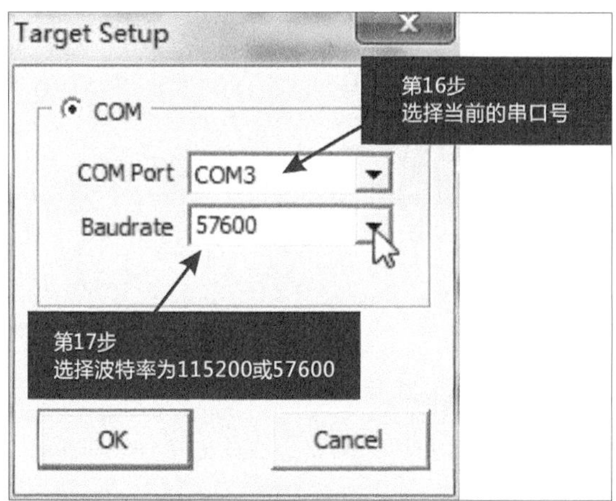

第 16 步：在弹出的窗口中可以设置仿真用串口通信的串口号和波特率。串口号就选择单片机正在使用的串口号。

第 17 步：在波特率下拉列表中选择 115200 或 57600，这个部分涉及仿真的稳定性。所以需要由你的经验来设置。如果你是第一次使用，可以多设置几个值看看，哪一个最稳定就用哪个。如果仿真时出现错误提示也可能与此有关。

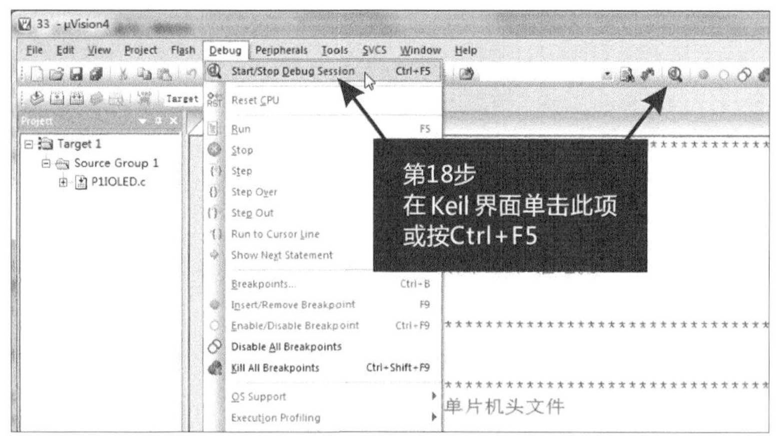

第 18 步：设置完成后回到主界面。单击 Debug → Start/Stop Debug Session 或按键盘上的 Ctrl+F5 开始仿真。这个操作是开始或停止仿真的切换按钮。如果我们之前的设置都是正确的，单片机硬件也接通了电源，这时 Keil 软件会切换到仿真界面。

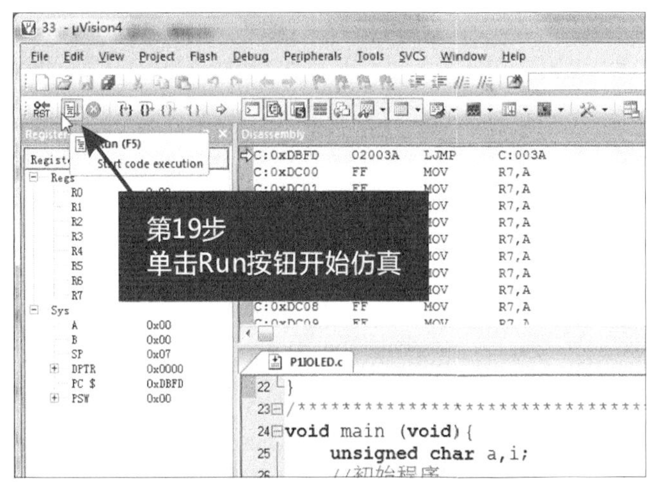

第 19 步：单击仿真界面下的“Run”按钮或按键盘的 F5 键就可以全速运行我们的程序了。如果一切正常，你将会在单片机硬件电路上看到 8 个 LED 顺序点亮，呈现流水灯效果。如果想复位单片机，可以按左边的“RST”按钮。

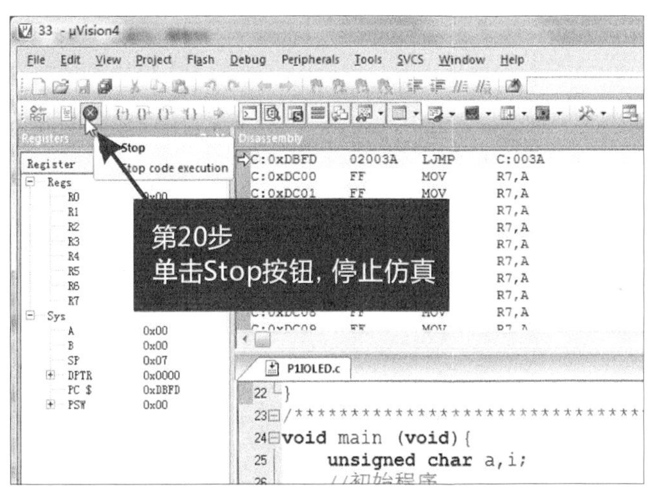

第 20 步：在全速仿真运行的状态下，单击“Stop”按钮，停止仿真。

注意：如果在进入仿真界面或单击“Run”按钮后，出现如上页图所示的提示窗口。则表示你之前的设置存在问题，或者是硬件电路的部分有异常。解决的办法是：首先把 Keil 软件退回到正常编程状态，然后重新给单片机上电，再尝试进入仿真界面。如果还不行，则重新给单片机下载一次仿真处理程序。再不行的话，就选择 Keil 仿真设置里的其他波特率，再重复前面的尝试。最后实在没有办法的话就重启电脑试试，或者打电话向我求助。

流水灯程序仿真实例

以上是仿真环境的建立和基本的仿真程序运行方法，下面我们就以流水灯的程序为例，讲一下仿真的过程与技巧吧。首先要做的是在单片机的 P1 接口上接 8 个 LED，流水灯程序运行起来的时候，8 个 LED 会按顺序亮起。因为 LED 在单片机上所产生的电流不大，所以可以不加限流电阻。同时也要把 USB 下载模块接好，不然我们怎么仿真呢？接下来就是加载流水灯的程序了。这个部分大家当然可以自己来写，并不复杂。但为了保证仿真时不会因为程序的问题而导致错误，我还是写了一个标准的流水灯程序。建议大家第一次仿真时，还是用我给出的标准程序，当你熟悉了仿真之后，再仿真自己的程序，这样可以避免不少问题和麻烦。

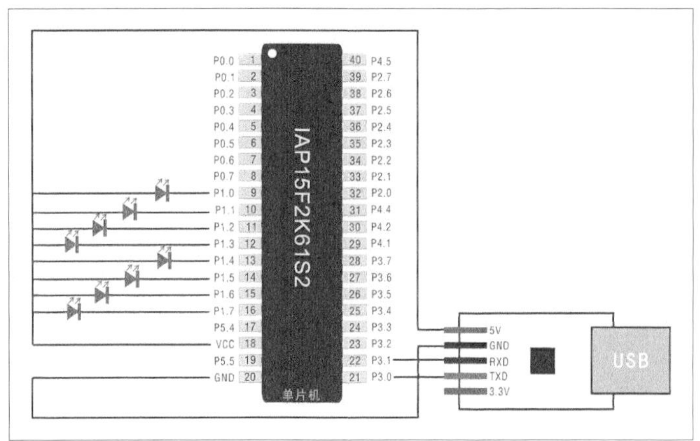

流水灯程序的硬件电路图

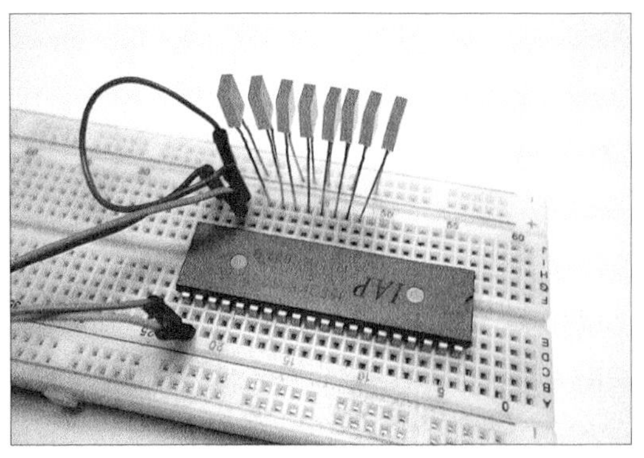

电路在面包板上连接的照片

```
/***********************************************************************/
程序名：       P1 组接口流水灯
编写人：       杜洋
编写时间：     2013 年 4 月 11 日
硬件支持：     STC 单片机
接口说明：     P1 接口接 8 个 LED， 灌电流
/***********************************************************************/
#include <REG51.h> // 单片机头文件

void DELAY_MS(unsigned int a){// 延时程序
    unsigned int i;
    while(a--!=0){
        for(i=0;i<600; i++);
    }
}
/***********************************************************************/
void main(void){
    unsigned char a,i;
    while(1){
        a=1;// 初始值
        for(i=0; i<8; i++){// 循环 8 次
            P1=~a;// 将 a 的值取反送入 P1 接口
            a=a<<1;//a 值左移
            DELAY_MS(100);// 延时
        }
    }
}
/***********************************************************************/
```

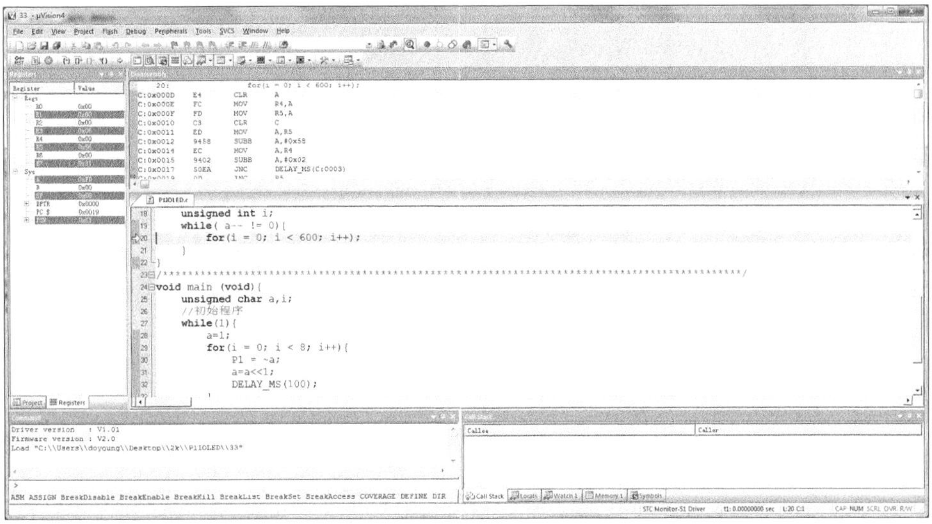

仿真调试界面介绍

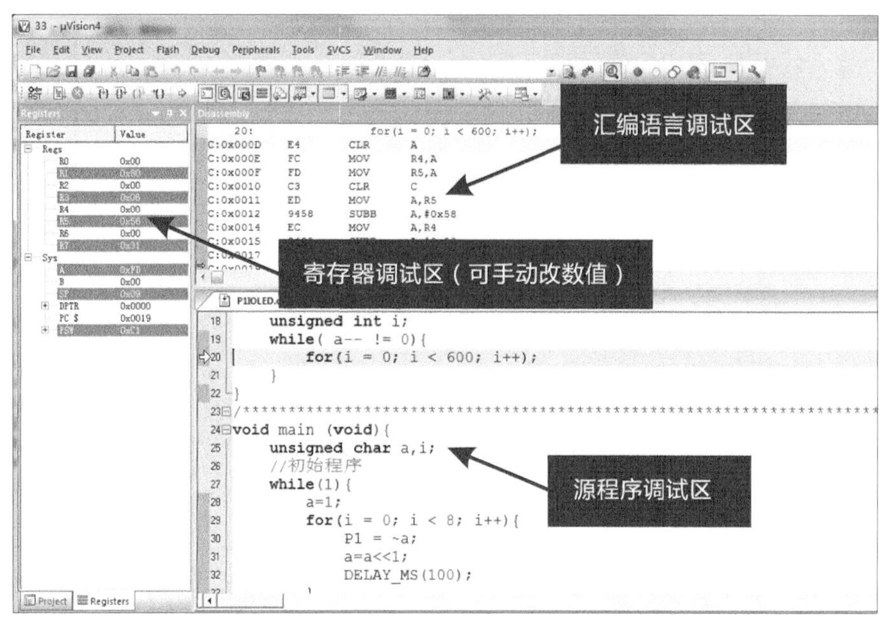

仿真调试窗口介绍

好了，现在打开流水灯的工程文件，进入仿真调试界面。这时可以看到界面中包含了很多大小不同的窗口，它们都是干什么的呢？这里我们只介绍最重要的 3 个窗口的应用。界面右侧上方较大的窗口是汇编语言调试窗口，里面既有 C 语言（我们写的源程序），还有软件自动编译出的汇编语句。要知道，单片机是不能直接读懂 C 语言的，这对它来说实在太难了。所以 Keil 软件要先把 C 语言转成汇编语言，显示在汇编语言调试窗口上。在仿真的过程中，软件真正执行的是这些汇编语言。而如果窗口中都是汇编语言，我们调试人员又很难看出这些汇编语言与 C 语言源程序的对应关系，于是软件在这个窗口中先显示一行 C 语言，再在其下面显示这行 C 语言所转换成的汇编语言。在汇编语句的左侧有一个黄色的小箭头，这个被称为“程序运行指针”。它所指向的汇编程序行就是仿真软件正在执行仿真的那一行。大家从此可以看出每一行 C 语句都会转换出至少 3 行汇编语句。也就是说，要执行 3 步以上的汇编语句才能完成 1 行 C 语言的指令。了解这一点是非常重要的。

在汇编语言调试窗口的下面是 C 语言源程序调试窗口，我们的源程序就在此处供你参考。在窗口的左侧也有一个小黄箭头，与汇编语言调试窗口里的黄箭头对应。双击源程序中希望仿真的行就能让黄箭头跳到对应的位置，再单击单步运行时，就会从这一行开始运行。值得注意的是，看到这个窗口的时候，大家一定会以为在调试的过程中只要改动源程序调试窗口里的内容，再单击运行，就会执行新的程序，但事实并不是这样的。源程序调试窗口只是给我们调试时考虑的，在这里修改是不能更新仿真的。所以我们还需要退出仿真界面，在 Keil 的编译界面下修改，再进入仿真界面仿真。虽然有点麻烦，但相比于把程序用 ISP 下载到单片机里调试可要方便得多。

界面最左边的一个纵向的矩形窗口是寄存器调试窗口，这个部分显示的是单片机内部与运算有关的寄存器。包括 R0 到 R7、PSW、加法器 a 等。在仿真调试的过程中，这些数据的值会随着程序的运行而改变。你可以观察这些数值是否如你意，同时还可以修改数值到你希望的状态，再运行程序，程序会按你设置的数值运行，非常方便。

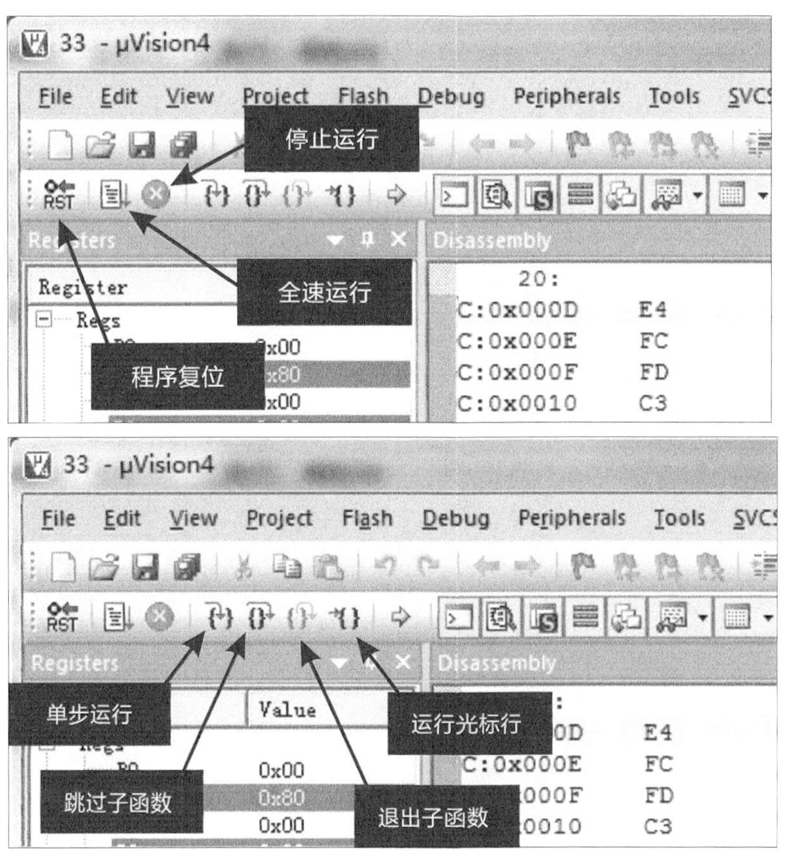

仿真调试相关按钮

好了，现在就来仿真流水灯的程序看看吧。在仿真界面的左上角有一排按钮，它们是控制仿真的操作按钮。它们从左到右依次是“复位”“全速运行”“停止”“单步运行”“跳过子函数”“退出子函数”和“运行光标行”。这些按键就好像 DVD 播放机上的操作按键，可以正常播放，可以快放、慢放、单帧步进。这些仿真按钮就是 DVD 机的遥控器，你完全可以这样理解。“复位”按钮相当于 DVD 机上的归零键，即把播放的时间设置到 00：00，也就是从头播放。按下后，仿真软件会把单片机复位，随后的运行就是从程序最初状态开始的。“全速运行”相当于 DVD 机上的播放键，按下后程序会以正常的速度仿真，其效果和把 HEX 文件下载到单片机上运行的效果相同。“停止”按钮相当于 DVD 机上的停止键，无论程序运行到什么地方都要停下来。因为只有停止运行后，才能设置各种参数、修改源程序文件。“单步运行”就是 DVD 机上的单帧步进按键，可以一帧一帧地看画面，从而发现容易闪过的细节。单击“单步运行”，仿真软件只走一步，仅运行一行汇编程序。在你想知道程序在某处到底发生了什么，单步运行是最好的查看方式。但假如程序很长很长，中间又有很多子程序，要走到想调试的某处并不容易。这时就要用到下面 3 个按钮。“跳过子函数”就是在当前的程序中不进入任何子函数的单步运行。例如现在调试流水灯程序，我们只希望看到灯流动时的几个关键点的状态，这样自然不需要进入延时函数。单击“跳过子函数”就不会进入延时函数，只在改变 I/O 接口状态的主函数部分运行。要是不小心进入了延时函数怎么办？单击“退出子函数”按钮可以跳出当前的函数，回到上一级函数。如果当前在主函数里的话，这个按钮是灰的（不能单击）。如果你还是感觉不方便，那“运行光标行”按钮一定适合你。单击它可以跳到汇编语言光标所在的那一行，不论那一行离当前运行的行有多远，都会跳过去运行。与前几个按钮相比，“运行光标行”看上去像超人一样可以飞到任何地方，可是它并不会运行中间的程序部分，如果中间程序中有一些必须被运行的部分，那“运行光标行”将会错过这些程序而使寄存器的数值混乱。就好比你用 DVD 看一部电影，刚看完前 3min，你就突然跳到 40min 处，而中间 37min 的剧情你全然不知。电影是线性的，单片机程序也是。所以在你没有把握的情况下，尽量不要用“运行光标行”。仿真功能给调试带来许多方便，但也要谨慎使用仿真按钮，不要让程序失灵才是。

在流水灯的例子中，程序里的函数关系相对简单。只要一直单击“跳过子函数”按钮就可以避开延时函数单步运行。每单击一次，你会发现在汇编调试窗口中的黄指针向下移动了一行，而每移动 3 行（某些程序行数更多）才完成 1 行 C 语句。在运行到“P1 = ~a;”这行时，你会看到在硬件电路中，第一个 LED 点亮了。然后跳过了延时程序，当再一次来到“P1 = ~a;”这行时，第二个 LED 点亮，第一个 LED 熄灭。在这个过程中，你能发现寄存器调试窗口中的数值在不断变化，那些值就是单片机真实运行时的参数。如果你足够认真，你会发现我们在 C 语言文件中定义的 2 个变量 a 和 i 是和寄存器 R0~R7 中的某 2 个对应的。也就是说，我们定义的变化，其实就是单片机寄存器上真实的寄存单元的变化。如果你找到它们，并修改这些值，没错，接下来的运行效果就不同了。不断单击下去，LED 继续变化，直到一个循环结束和另一次循环开始。熟悉了单步运行之后，再单击“全速运行”看看，那将是一个与真实无异的单片机运行状态，LED 以很快的速度流动着，好像一部以正常速度播放的电影。

接下来，请把你之前学过、用过的程序，都用仿真的方法运行一次吧。你一定会遇到问题，不过没有关系，在不能运行或死机时，重新开始就行了。仿真不比真实，会有一些不确定的因素出现。把握它们，解决它们。

第9节 内部功能

目录

- 新型号单片机概要
- 高精度内部时钟源
- 16位自动重装初值定时器
- 可切换位置的串口

《爱上单片机》第1版是2009年出版的，我没有使用当时很常用的AT89S52单片机作例子，因为那是20世纪90年代的产品了，至少也有20年了。我希望让大家入门单片机的同时，还可以与时俱进，用时下最好的芯片。不论是个人DIY，还是今后的产品开发，学习新型单片机都会有很大的益处。于是我选择了当时比较新颖的STC12C4052AD和STC12C5A32S2为例。科技日新月异，转眼间又过了几年，正在我策划第3版的新内容时，又有新型号的单片机问世了。我在想，何不就借势来个“版本更新”，让大家再一次与时俱进？所以在第3版新增的内容中，我选择了功能更高级的STC15F2K60S2单片机来更新大家已经学过的知识。就好像新手机换掉旧手机一样，每一次更新都需要再学习，而新的手机总能带给你更多的方便和满足。单片机的更新也是一样，并不是说之前学过的内容没有用了，事实上我们正需要在之前的知识和经验的基础上学习。请大家放心，新型号单片机的原理和部分知识结构与之前相同，只是在一些不足之处加以改进，也正是我们希望看到的。

有些朋友在听到几款单片机型号之后，很困惑地问我：单片机有这么多型号，它们到底都代表着什么？它们彼此之间是否通用？我要怎么区别它们呢？——这是一些非常有代表性的问题，我还不能在此回答，因为关于单片机型号说明的文章与本章的内容不符。于是我把这个问题的答案写到了第5章的问答之中，若你也有此困惑就请去了解一下吧。下面我们开始介绍新型号的新功能。

新型号单片机概要

我们要介绍STC15F2K系列单片机中具有仿真功能的IAP15F2K61S2这一型号。因为它是这个系列当中功能最强的。它具有61KB Flash存储空间，40脚直插封装的单片机就有38个I/O接口，也就是说，除了VCC和GND之外全是I/O接口。8 路 ADC、2 个串口、3 路 CCP、多路中断和定时器，这些都没什么稀奇的了。最具新意的是，它内部集成了高精度的时钟源（内部晶体振荡器），不需要外接晶体振荡器。大家可能会想到 STC12C2052AD 不是也有内部时钟源吗，新芯片内部有时钟源很正常呀！其实此时钟非彼时钟，它们虽然都是内部时钟，但精度差很多。STC12C2052AD 的内部时钟的频率会随着环境温度的变化而漂移。可能本来是 12.000MHz，温度一变就成了 11.900MHz 了。别看是一点点的漂移，累积起来就是很大的误差了。而 IAP15F2K61S2 内部的时钟源相对来说比较精准，不仅在温度变化时不会有大误差，而且内部的时钟源不是固定的频率，而是可以在下载 HEX 时一并设置频率的。这是很大的突破，对单片机爱好者来说是很有用的。与高精度时钟源配合出现的还有一项改进，就是 16 位自动重装初值定时器，我们之前讲的单片机最多具有 8 位自动重装初值的功能。自动重装初值是一项很有用的功能，例如我们在制作电子时钟的时候，需要用单片机产生 1s 的延时。这 1s 必须准确，如果有误差，那分钟和小时也都不准确了。在使用定时器产生延时的时候，如果不是自动重装的话，程序就要花时间去给定时器装计时初值，这段装初值的时间积少成多，最后让时钟变慢了。自动重装能瞬间装上初值，不需要单片机程序参与这一过程，定时的时间就有了保证。

另外还有一个并不重要但是又需要说的改进，那就是 I/O 接口定义和之前的单片机完全不同了。我们以最常用的 40 脚直插封装的单片机为例，新旧两款单片机只有第 20 脚（GND）是相同的，其他引脚全不同。所以在使用之前你要完全学习新的接口定义了，虽然它们外观上几乎一样。那我们下面就来仔细研究一下新的接口定义，在了解的过程中，也帮助大家记忆。先来看看左侧的 1~20 引脚，其中 1~8 脚是 P0 组 I/O 接口，9~16 是 P1 组 I/O 接口，都排列得很整齐。P0 组复用于外挂 RAM 芯片的地址数据位，这部分我们几乎用不上，不需要了解。P1 组接口的复用就多了一点，除了 8 路 ADC（模数转换）输入外，还有 2 路串口、1 路 SPI 接口。独特的是原来独立存在的外部晶体接口（XTAL1、XTAL2）与 P1.6、P1.7 接口复用了。也就是说，在不接外部晶体的情况下，不会有 2 个引脚闲置了，它们都能变成 I/O 接口。接下来第 17 脚是 P5.4 接口，同时复用为 RST 复制。第 18 脚是 VCC 电源输入，在之前的单片机里 VCC 都是在第 40 脚的哦，这里一定要注意，不能想当然地去连接。第 19 脚是 P5.5 接口，没有复用。第 20 脚是 GND 电源地，只有这一个接口与之前的单片机相同，哎，太不容易了。

下面是右侧的 20 个引脚，从下往上数，第 21~28 脚是 P3 组接口，P3 接口复用的功能比以往要多一些，包括了 INT0 和 INT4 的 5 路外部中断输入、T0~T2 的 3 路计数器输入，还有 CCP0_2~CCP2_2 的 3 路 CCP 功能接口，“CCP0_2”后面的“_2”是指可设置的输出位置。也就是说 CCP0 这个接口有 3 个复用的位置，分别是 CCP0、CCP0_2、CCP0_3，你可以在内部 SFR 中设置为其中的一路输出。这种可改变复用接口位置的设计很不错，不会因接口占用问题而头疼了。接下来是 3 个 P4 接口：P4.1、P4.2、P4.4，它们也都有复用功能，但并不重要。突然出现这 3 个接口，编号又不连续，是什么用意呢？我也不太清楚，暂且这么记住吧。随后 32~39 脚是

P2 组接口，同时复用了 SPI 总线、CCP 功能和复位输出（RSTOUT_LOW），我想大家也明白 CCP0_3 的意思了吧？最后第 40 脚是 P4.5 接口，单独地放在原来是 VCC 的位置。不太明白为什么要这样设计，可能是为了方便某些应用吧。单片机接口定义总是很奇怪的，呵呵。

新的单片机还有几个小区别在这里说一下。首先单片机的型号的开头有的是 STC，而有的是 IAP。STC 很明显是公司名称的缩写，而 IAP 不是另一家公司的名称，而是“在应用编程”的缩写。意思是单片机程序能在运行的时候修改自己，就好比现在的智能手机可以自动从网络上下载更新补丁并安装是一个原理。把 IAP 放在公司名称的位置是希望更好地强调这一功能吧。另外还有一个区别，STC12 系列单片机中用 C 表示单片机电源输入是 5V，用 L 表示电源输入是 3.3V。但到了 STC15 系列时，就用 F 表示电源输入是 5V，用 L 表示电源输入是 3.3V 了。嗯，新单片机大概也就这么多差别了，当然还有一些不太重要的差异我就不讲了，有兴趣自己研究一下吧。下面详细介绍对我们来说很重要的几个功能，建议大家使用新单片机的这些功能来完成开发，对你还有很大的提升。

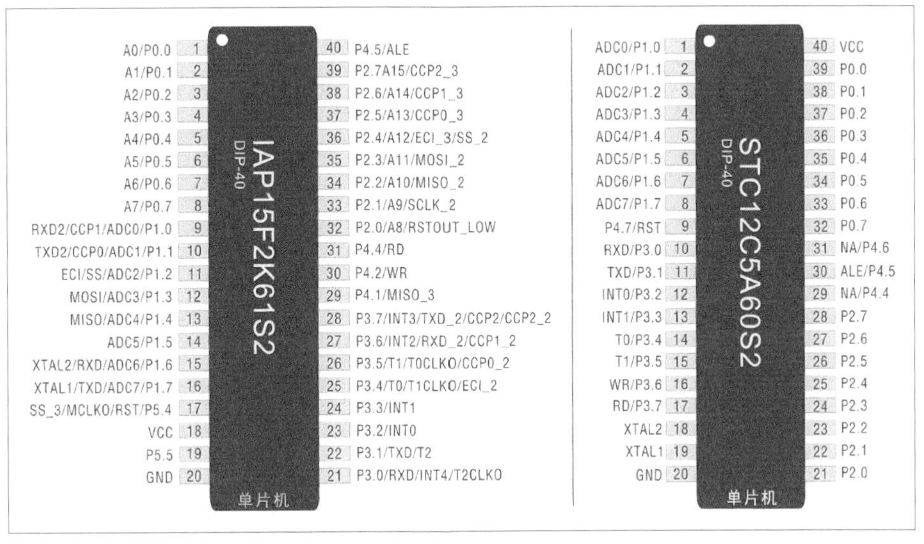

单片机 I/O 接口定义的区别

高精度可调内部时钟

好的，介绍完单片机的基础情况之后，下面我们来逐一地说明它的重要功能。首先我们讲一下最基础的内部时钟源的使用，因为我们每时每刻都会用到它。我知道单片机用的外部“晶体振荡器”是用石英晶体制作的，因为切片的石英晶体能对特定的频率产生反应。石英晶体一般是封装在一个独立的金属或塑料外壳中的，若想把它放进单片机的封装应该是不容易的事（否则为什么要把它放在外面呢）。所以单片机的内部时钟源所使用的不是石英晶体，而是 RC 振荡电路。RC 指的是电阻和电容所组成的频率发生电路，电容值和电阻值的不同，能产生不同的频率。单片机正好可以放入这样的电路，于是我们所用的单片机的内部时钟源又叫作“内部RC 时钟”。RC 时钟的好处就是可调频率，你想呀，我们都可以操作单片机复杂的寄存器，要改内部电阻和电容的值肯定不难。只要单片机的设计师开放这部分，用户就可以自己设置时钟的频率（这也是我下面要介绍的）。但是 RC 时钟也有缺点，那就是精度不高。导致这个问题的原因很多，生产工艺会导致误差，温度变化也会导致频率的漂移。所以内部 RC 时钟只能用在对频率精度要求不高的地方，像在第 1 章介绍的电子制作也多使用外部石英晶体。STC15 系列单片机在内部 RC 时钟方面有了很大的改进，首先单片机工程师增加了设置内部 RC 时钟频率的功能，同时在单片机中做了 RC 时钟的温度补偿电路，从而提高了内部 RC 时钟的精度。

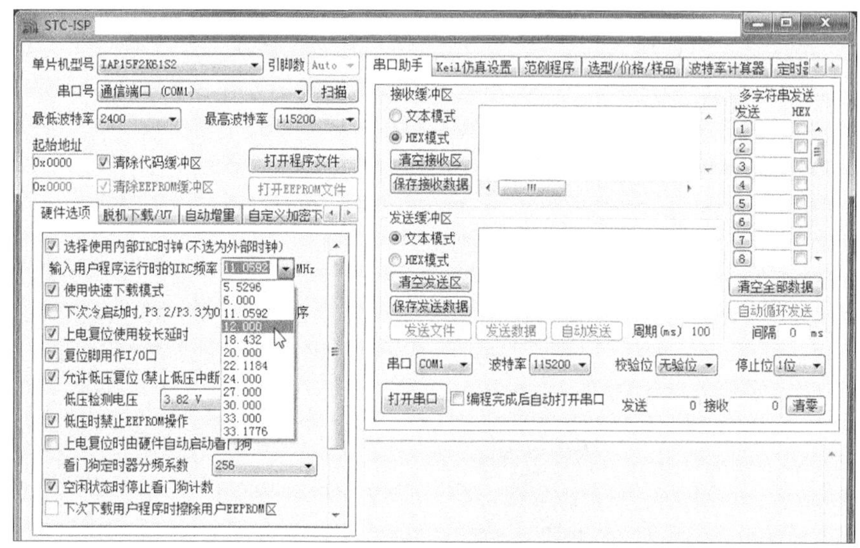

那么内部 RC 时钟的精度到底有多高呢？官方给出的数据是 5‰，例如单片机工作频率在 4MHz 时，无论温度如何变化，时钟频率的误差是 ±0.02MHz；工作在最大的 40MHz 时，误差是 ±0.2MHz。大家对这个数据有什么感觉吗？反正我从数据中看不出这个误差值会导致什么。于是我做了些实验来测试高精度的内部 RC 时钟都能做什么。

首先我做了串口实验，看用内部 RC 时钟是否能完成单片机与电脑之间的串口通信。我分别在 12MHz 和 11.0592MHz 上做测试，结果令人满意。串口可以稳定地收发数据。接下来是用单片机内部的定时器来产生电子钟的秒、分钟和小时，看看内部 RC 时钟能不能保证走时的准确。要知道电子钟对误差非常敏感，即使一点点误差，在时光流逝之中积少成多，不一会就有很大的误差了。经过一小时的测试，发现电子钟慢了约 18s。为了避免测试程序及定时器的问题，我又用了外部石英晶体测试了一遍，结果一小时内超时几乎没有误差。由此判断内部 RC 时钟的精度达不到制作电子钟的程度。这实在是太可惜了，原打算可以制作一款不需要外部晶体的电子钟呢，看来短时间内是达不到了。虽然有了这点遗憾，可是内部 RC 时钟的改进还是很有用的，除了电子钟之外的开发应该都不需要外部晶体了。省钱不说，还免去了电路设计与制作的麻烦。

内部 RC 时钟这么好，那要怎么设置呢？其实方法非常简单，只要在最新版的 STC-ISP 下载软件（V6.36 及以上版本）中选择 STC15 系列单片机的型号，就可以在下方的“硬件选项”选项卡中找到“内部 IRC 时钟”的设置项。软件里的 IRC 可能就是内部 RC 时钟，其中“I”应该表示 inside 的意思吧。选中 IRC 选项前面的对钩，则下次启动时会使用内部 RC 时钟，取消对钩则下次启动时改用外部晶体，软件默认是有对钩的。这个选项的最后边有一个下拉列表框，展开后能看到单片机开发中常用的时钟频率，如 12MHz、11.0592MHz。选择你需要的频率，单击“下载”，单片机下次启动时就会使用新设置的时钟频率了。注意，是下次冷启动时才生效哦！特别是在调试程序时一定要注意。如果下拉列表里没有你需要的频度怎么办？没关系，除了选择还可以输入。你可以在选择框上直接输入数字，范围为 4~40MHz，可精确到小数点后 3 位。这真是太方便了，我一直用固定时钟频率来调试程序中的定时器初值，现在看来我完全能固定定时器初值，反用设置时钟频率来调试了。

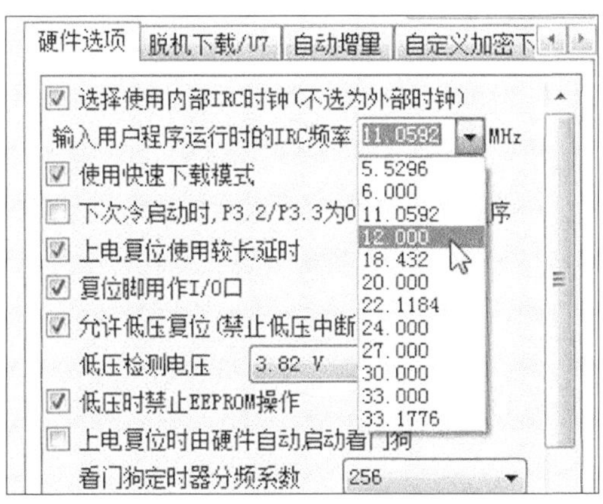

16 位自动重装初值定时器

让单片机产生精准的时间，还有一个更重要的装置就是定时器。定时器已经是单片机中必不可少的功能组件之一，有的单片机甚至有 3~5 个定时器，用来产生各种不同的时间，或用于精准的延时，或用于产生波形。在传统的 8051 单片机中有 2 个定时器（T0 和 T1），它们都有 4 种工作模式：13 位手动重装、16 位手动重装、8 位自动重装和双 8 位手动重装。这 4 种模式中，定时时间最长的是 16 位手动重装工作模式，因为它的位数最多，在 12MHz 时钟频率下最大可以定时 65.536ms。不过在这种工作模式下，每次定时时间到达后，单片机需要通过程序再次重装定时器的初值，这一过程需要一段时间才能完成，会使得定时的时间有延长。不太确定的延长导致定时值不那么精准了。就好像半自动机枪，每打完一弹夹子弹，就要手工装入另一个弹夹。而 8 位自动重装模式则好像全自动机枪，不需要人参与，打完一个弹夹后自动装入下一个弹夹。这样的设计保证了定时时间的精准，唯一可惜的是在自动重装的工作模式下，仅有 8 位的定时值。也就是说最大的定时时间仅有 0.256ms，跟 16 位的 65.536ms 比少了太多。这么多年来，单片机爱好者一直面临着两难的选择，要么定时时间长但精度不高，要么高精度定时但时间较短，难道就不能有精度又高、定时又长的 16 位自动重装模式吗？真巧，现在有了。STC15 系列单片机多了这一功能——16 位自动重装模式。

虽然每一位单片机爱好者都希望学习新的知识，可是大家面对已经学过的技术并不希望它改变。至少我是这样的。16 位自动重装模式是很棒，但如果很难学的话，我宁可继续用精度不高的 16 位手动重装模式。可是看过数据手册之后，我发现 16 位自动重装模式并不难，甚至不需要学习。不需要设置 SFR，也不用增加新的程序。自动重装的过程是单片机自动完成的，只要选择定时器的工作模式 0，就是 16 位自动重装。接下来，无论你是使用定时器中断还是查询方式，都不用写入重装 TH 和 TL 的程序行，因为那只要在定时器初始化的程序中写入一次就够了。更方便的是，你还可以在新版的 STC-ISP 软件上找到“定时器计算器”附加功能。这个功能可不是只算出个 TH 和 TL 初始值给你。你只要给它一个想定时的时间，再设置一下工作模式、晶体频率等参数，单击下方的“生成 C 代码”，在窗口中会出现一段完整的定时器初始化 C 语言程序，连程序后面的注释文字都写上了。再单击“复制代码”，粘贴到你的 Keil 程序中，就这么简单。有了 16 位自动重装模式，我们再也不需要其他定时器工作模式了。从前之所以有 4 种模式是因为在没有 16 位自动重装模式的情况下，只能在现在的模式中让用户选择最适用的一种。就好像找女友一样，有的美貌、有的贤惠。现在有一位既美貌又贤惠的女生，你还不快追。好了，现在事情变得简单了，我建议大家在学习 STC15 系列单片机时，定时器只学 16 位自动重装模式，不用再学其他的。

新版 STC-ISP 软件中的 “定时器计算器” 功能

没错，学习单片机应该是这样的，所有的基础底层工作都由单片机公司完成了。我们开发者只要借助单片机公司提供的软件和例程中开发我们的上层应用就好。换句话说，单片机公司设计更高性能的单片机，我作为教学者把这些最新的性能及应用方法以最直白易懂的语言传达给你。你作为单片机使用者，最大的任务是如何把这些新东西应用到自己的作品中，做出更棒的产品和项目。我的意思是：学会使用定时器不是你的目的，那是万里长征的第一步。学而无用，相当于没有学。再设计单片机作品的时候，当你用上 16 位自动重装定时器，让你的时钟走时更准确，让你的延时更精确，你才算完成了任务。

下面是 16 位自动重装模式的实例程序，我用它产生了时、分、秒的电子时钟程序。可以说电子时钟程序最能够发挥 16 位自动重装模式的 0 误差特性。有热情的朋友，可以用这个程序做一款电子时钟，再拿来和第 1 章中用 16 位手动重装模式的时钟做一个比较，看哪个走时更准确。

```
16 位自动重装模式例程
/*************************************************************************
函数名：定时 / 计数器初始化函数
调  用：T_C_init();
参  数：无
返回值：无
结  果：设置 SFR 中 T/C1 和 （或） T/C0 相关参数
备  注：本函数控制 T/C1 和 T/C0， 不需要使用的部分可用 // 屏蔽
*************************************************************************/
void T_C_init (void){
    AUXR &=0x7F;  // 定时器 0 工作在 12T 模式， 定时器 1 工作在 12T 模式
    TMOD=0x00;    // 工作方式 0 是 16 位自动重装
    EA=1;         // 中断总开关
    TH0=0x3C;     //16 位计数寄存器 T0 高 8 位
    TL0=0xB0;     //16 位计数寄存器 T0 低 8 位 （0x3CB0 = 50ms 延时）
    ET0=1;        //T/C0 中断开关
    TR0=1;        //T/C0 启动开关
}
/*************************************************************************
函数名：定时 / 计数器 0 中断处理函数
调  用：[T/C0 溢出后中断处理 ]
参  数：无
返回值：无
结  果：重新写入 16 位计数寄存器初始值， 处理用户程序
备  注：必须允许中断并启动 T/C 本函数方可有效，重新写入初值需和 T_C_init 函数一致
*************************************************************************/
void T_C0 (void) interrupt 1 using 1{ // 切换寄存器组到 1

    // 中断的处理程序部分 （不需要 TH0 和 TL0 的重装初值程序）

}
/*************************************************************************/
void main (void){ // 主程序
    T_C_init(); // 初始化
    while(1){
        // 用户的程序
    }
}
/*************************************************************************/
```

可切换位置的串口

串口大家一定都用过了，不论是 ISP 下载还是用串口助手调试程序，串口都是单片机初学者必须熟悉的功能。串口的电路连接简单，编程方便易用。可是它有没有什么缺点呢？在我的实际开发中，确实发现了串口的不足之处。其中有一项不足是硬件上的，而新的单片机正好在硬件上改进了这个不足。如果我们的产品开发中，不涉及串口的使用，那么我们通常会把 P3.0（RXD）和 P3.1（TXD）移作他用。同时在硬件电路上预留出这 2 个接口，可供 ISP 下载、调试程序使用。在这种情况下，串口的功能完全被忽略。但是，如果产品中要用到串口，我们就必然要把 P3.0（RXD）和 P3.1（TXD）引到接口的 DB9 接口上（串口专用的标准 9 针接口），以专用为串口功能，与电脑或其他单片机上的串口通信。大家想象一下，这样有什么缺点呢？我猜你想不到缺点，反而会想到优点了。因为如此一来，我们再不用预留 ISP 下载接口了，串口本身就是了。即可以用 ISP 下载程序，然后直接当用户串口，再方便不过了。嗯，这是一种好的情况，与单片机连接的电脑，正好就是 ISP 下载的电脑。如果它们是两台电脑会怎样？下载的时候把线插在 A 电脑上，下载完成再换插到 B 电脑上调试。另外 ISP 与用户串口并用，也会导致在某些情况下误操作。最好的解决之道就是把它们分开。

在 STC15F2K60S2 系列单片机中，有一项新功能是设置串口数据线的位置。在新版 ISP 软件的“硬件选项”中有这一项目。若选中此项，在 ISP 下载完成后，串口 1 的数据线就会从 P3.0（RXD）和 P3.1（TXD）转换到 P3.6（RXD）和 P3.7（TXD）上去。开发者还是用 P3.0 和 P3.1 给单片机下载程序，但单片机程序中所使用的用户串口却是 P3.6 和 P3.7。在设计电路板的时候，只要把 P3.6 和 P3.7 引脚接到 DB9 接口上，同时预留 ISP 下载接口（P3.0 和 P3.1）则可两全其美，互不影响了。若不选择此项，串口 1 的 ISP 与用户串口依然并用，在使用同一台电脑下载和调试时最方便。

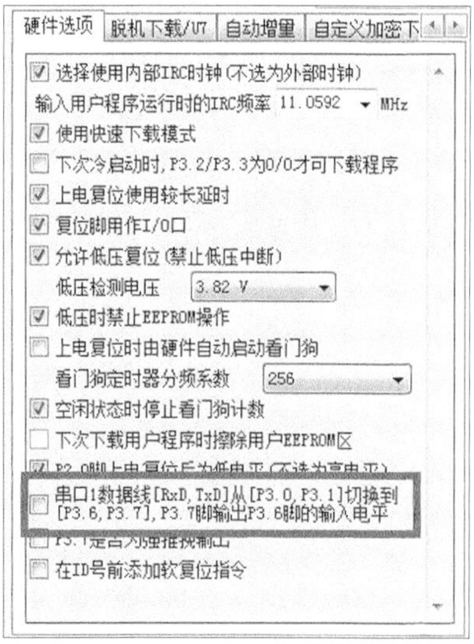

串口转换的设置项

第10节 举实例

目录

在本书第 1 版出版之后，有一些读者反馈说还是不太会写程序。其实呀，写程序就好像小学生写作文一样，多看多写，时间一长自然就会了。我上高中的时候，语文老师要求我们每天写一篇日记。当时我特讨厌语文老师，可是坚持了半年就发现我的写作水平有了明显的提高，如果当时没有老师逼着，现在可能就不会写出这本书了。同样的，请大家在不丢失兴趣的前提下多逼着自己多看多写程序。于是本书第 3 版加了这一节，看看第 1 章完成的制作的程序都是怎么写出来的。希望能让大家爱上编程。

第一个制作的程序分析

产生时钟数据

第 1 章中我们完成了一位数字时钟，这个制作的设计简单，直接用单片机产生时钟数据，不用专用的时钟芯片。所以在程序上我们需要重点关注的是如何用单片机产生时钟数据，如何让时钟数据在 LED 上显示，按键调时的程序是怎么实现的。最后再看一看这几部分程序是怎么联系起来相互协作的，在程序的流程中要怎么安排它们的位置。接下来我们就一件件分析吧。

首先是单片机产生时钟数据，时钟数据包括小时、分钟、秒。因为一位数字时钟没有年、月、日的显示，这在编程上会省事很多。一般我们会用单片机的定义器中断产生一个基准时间，再用进位计数的方法产生秒、分、时。为什么要用定时器中断而不用单片机主程序产生呢？那是因为时钟数据并不是单片机要做的主要工作，就好像我们电脑屏幕右下角的时钟，电脑不会用 100% 的 CPU 处理时钟数据，我们还有 QQ 聊天、看视频等更重要的事。所以凡是用单片机独立产生时钟数据的程序里，都会用定时器中断。定时器是单片机内部独立工作的一个计时（或计数）器，之前已经讲过。它的好处是在计时的时候不需要单片机主程序参考，我们可以在主程序里干别的，当定时时间到了，定时器会产生一个中断，单片机进入中断处理程序。比如 [程序 1] 中设置了定时器每 10ms 中断一次，那么我们用一个寄存器 cou 来计有多少个 10ms 的中断，如语句 [1]，每进入一次中断 cou 加 1。当计到 100 次时（从 0 到 99）则是 1000ms 也就是 1s 了。通过语句 [2] 进入 1s 的处理程序，cou 被清零，好迎接下一次 10ms 的计数。另外在这段程序里还定义了一个 sec 用于秒的进位。按照前面的程序，如语句 4，每加 1s，sec 加 1。而语句 [5] 之后的则是分钟和小时，原理是一样的，每 60s 加 1min，每 60min 加 1h，到 24 时则所有数据清零。这样时钟数据就分别存放在 sec、min 和 hou 这 3 个寄存器中。这 3 个寄存器特意定义成全局变量，程序中所有地方都可以调用它们。最后，语句 [6] 是用来给定时器重新写入 10ms 基准时间初值的，这个初值决定了定时器是定时 10ms 还是其他时长。这个初值由 2 个字节组成，那是通过单片机外接晶体振荡器频率、单片机速度及多个方面决定的。在网上有很多这类定时器初值的计算软件，这里不多讲了。总之现在我们产生了单片机的时钟数据，并可以在主程序中调用时间。

[程序 1]

```
//DIY8 一位数字时钟 时钟数据产生部分程序 （定时器中断）
void tiem0(void) interrupt 1 {   // T/C0 中断服务程序（产生 10ms 时基信号）
     cou++;                      // 软计数器加 1     [1]
     if(cou>99){                 // 计数值到 100(1s)     [2]
          cou=0;                 // 软计数器清零     [3]
          sec++;                 // 秒计数器加 1（进位 10ms×100=1s)   [4]
          if(sec>59){            // 秒计数值到 60     [5]
               sec=0;            // 秒计数器清零
               min++;            // 分计数器加 1（进位 60s=1min)
               if(min>59) {      // 分计数到 60
                    min=0;       // 分计数器清零
                    hou++;       // 时计数器加 1（进位 60min=1h)
                    if(hou>23)   // 时计数到 23
                         hou=0;  // 时计数器清零
               }
          }
     }
     TH0=0xd8;                      // 重置定时常数     [6]
     TL0=0xf0;
}
```

[程序 2] 是在主程序开始处写入的定时器初始化程序，要知道在单片机上电的时候，需要运行这些程序来设置定时器。语句 [1] 设置定时器的工作方式，语句 [2] 写入定时时间初值。语句 [3] 打开总中断，语句 [4] 打开定时器中断，这两条语句就好像打开闹钟的开关一样。语句 [5] 开启定时器，这时定时器开始计时了，注意这一条一定要在上述设置完成之后。不然定时器开启了，结果还没设置初值，那就乱套了。所以编程序时前后顺序很重要，有时就是因为几条语句的顺序不对，达不到理想的效果。而顺序问题在 Keil 编译时是查不出来的。

[程序 2]

```
//定时器中断相关的初始化设置
void main(void){
      TMOD=0x11;      // 定时 / 计数器 0,1 工作于方式 1    [1]
      TH0=0xd8;       // 预置定时常数 55536(d8f0),产生 10ms 时基信号  [2]
      TL0=0xf0;
      EA=1;           // 开总中断    [3]
      ET0=1;          // 定时 / 计数器 0 允许中断    [4]
      TR0=1;          // 开闭定时 / 计数器 0    [5]
```

LED 显示程序

LED 显示部分的程序是在主程序中调用的，因为要控制众多 I/O 接口显示时间，而且要不断切换，在一位数字中显示 2 位小时和 2 位分钟。所以程序分为 LED 显示驱动程序和显示效果处理程序，我们先来看看显示效果处理的部分，就是怎么让 LED 显示出一个数字，然后熄灭一会，再显示下一个数字。在 [程序 3] 中，语句 [1] 是主循环，语句 [2] 是菜单 1 的处理程序，菜单 1 的循环就是时钟正常显示的处理。用 MENU 的数值作为菜单的跳转，这样就能把时钟正常显示、调时等功能放入不同的菜单处理。语句 [3] 设置动画的速度，这个速度在正常显示时被设置为 150，在调时菜单里被设置为 1，因为调时的时候不显示渐变的动画。语句 [4] 是很有趣的，它是一个 turn() 函数，这个函数的作用是当你在里面输入 0 到 9 时，LED 上就会显示“0”到“9”的数字。这是怎么做到的呢？一会在 LED 驱动部分再讲吧。反正在 turn() 函数输入时间值就对了。因为我们是在一个数位上分时显示 2 位小时和 2 位分钟，那第一个要显示的是小时的十位。hou/10 的意思是小时值（hou）的数据除以 10，并取整数部分。结果就是正好把 hou 的十位取出来了。这个方法大家要记住，以后凡是把某一个数值的个位、十位、百位单独取出来的，都用这个方法。语句 [5] 是 LED 显示的延时函数，这个函数确定了小时的十位在 LED 上停留多少时间。语句 [6] 熄灭所有 LED，这个函数是 LED 驱动函数，一会儿讲。随后又是 turn() 函数，这次是 hou%10，即是取除数的余数，那正是 hou 的个位。然后又是显示和熄灭 LED 的函数。接下来是冒号的显示，这里因为控制冒号的是一个独立的 I/O 接口，所以这部分直接控制 I/O 接口的电平来控制冒号。最后是分钟的十位和个位，也是亮后熄灭。

[程序 3]

```
//LED 效果显示部分程序
while(1){  //主循环程序 [1]
     unsigned char a,b;
     if(MENU==0){              //菜单 1 [2]
          ledh=1;              //熄灭冒号
          SP_DIS=150;          //LED 动画渐变的速度设置 [3]
          turn(hou/10);        //按当前时钟数据点亮对应的 LED [4]
          delay_P2();          //LED 显示的时间长度 [5]
          displayN();          //熄灭所有 LED [6]
          delay_P2();          //LED 显示的时间长度
```

```
        turn(hou%10);      // 按当前时钟数据点亮对应的 LED
        delay_P2();        //LED 显示的时间长度
        displayN();        // 熄灭所有 LED
        delay_P2();        //LED 显示的时间长度
        ledh = 0;          // 显示冒号
        delay_P2();        //LED 显示的时间长度
        ledh = 1;          // 熄灭冒号
        delay_P2();        //LED 显示的时间长度
        turn(min/10);      // 按当前时钟数据点亮对应的 LED
        delay_P2();        //LED 显示的时间长度
        displayN();        // 熄灭所有 LED
        delay_P2();        //LED 显示的时间长度
        turn(min%10);      // 按当前时钟数据点亮对应的 LED
        delay_P2();        //LED 显示的时间长度
        displayN();        // 熄灭所有 LED
```

接下来看看 [程序 4]，这是一次时间显示结束后的间隔。这个时间就比之前熄灭的时间长一些，不然看时间的人会不知道从哪开始了。语句 [1] 就是调用了标准的延时程序。语句 [2] 判断按键是否被按下，key1 == 0 && key2 == 1 的意思是当按键 1 被按下且按键 2 没有被按下时才进入这个 if 程序。这样做可防止 2 个键同时被按下的误判断。语句 [3] 在延时去抖动之后又判断一次。语句 [4] 是菜单的设置，因为确定按键 1 被按下了，把 MENU 的值改成 1，之后程序就会跳出 MENU==0 的循环，而进入 MENU==1 的循环，也就是调时菜单部分。语句 [5] 等待按键被放开，这条语句是非常必要的，如果没有这一条，程序就会直接跳入调时程序，而我们的按键 1 如果没有被放开就会直接调时了。一般的按键处理程序都要有这一条。语句 [5] 中{ } 里的是当按键没有被放开，程序要做什么。ledh = 0; 是让冒号点亮，用来表示我们的按键状态。

[程序 4]

```
// 显示间隔及按键处理
    delay_ms(7000); // 延时 7000 个单位， 约 2s  [1]
    if(key1==0 && key2==1){ // 判断按键 1  [2]
        delay_ms(20);// 去抖
        if(key1==0 && key2==1){ // 再次判断按键 1  [3]
              MENU=1; // 跳到调时菜单  [4]
              while(key1==0||key2==0){ledh=0; } // 等待按键被放开  [5]
        }
    }
```

[程序 5] 是调时处理程序部分，是 MENU==1 的循环。接在后面 MENU==2、MENU==3、MENU==4 的循环在程序结构上也都是一样的。只不过是 2 位小时、2 位分钟的分开调节菜单。语句 [1] 把动画速度调时 1，即不显示动画效果。语句 [2] 显示当前要设置内容的值，这里是小时的十位。语句 [3] 熄灭所有 LED。数字显示然后熄灭，就产生不断流动的效果，也起到了不断刷新显示的功能，不然会出现乱码。语句 [4] 判断按键 1 的程序了，如果按键等于 1，则 MENU=2，也就是跳到下一项（设置小时个位）。语句 [5] 判断按键 2，如果按键 2 被按下，则小时十位加 1，这里面涉

及一个算法。语句 [6]~[10] 把小时的值拆分成十位和个位，分别存入 a 和 b 两个寄存器中。然后 a 加 1，但如果 a 大于 2（语句 [9]）的话，就使 a=0，因为小时最大值是 23，十位不会大于 2。加完之后的小时值再重新写回到 hou 中（语句 [10]）。语句 [11] 等待按键放开，但这里的等待什么也不做。

[程序 5]

```
//调时处理程序
if(MENU==1){
    SP_DIS=1; // [1]
    turn(hou/10); //[2]
    displayN2(); //[3]
    if(key1==0 && key2==1){ //判断按键 1 （下一项） [4]
        delay_ms(20);//去抖
        if(key1==0 && key2==1){
            MENU=2;
        }
    }
    if(key2==0 && key1==1){ //判断按键 2 （数值加 1） [5]
        delay_ms(20);//去抖
        if(key2==0 && key1==1){
            a=hou/10; //[6]
            b=hou%10;//[7]
            a++;//[8]
            if(a>2){//[9]
                a=0;
            }
            hou=a*10+b;//[10]
        }
    }
    while(key1==0||key2==0){ } //[11]
}
```

接下来看看 [程序 6]，LED 驱动部分。LED 驱动是指直接操作 I/O 接口来控制 LED 的亮和灭，不过因为我们要控制多个 LED，而且需要 LED 组合成文字，所以在设计上要加入点亮和熄灭两组程序。在 [程序 6] 中，语句 [1] 是带有动画效果的熄灭程序。在程序里能够看出，每将一个 LED 段熄灭就调用一次延时（delay_P1();），延时使 LED 段的熄灭是一段一段的，看上去好像流动熄灭的。而语句 [2] 的程序就是不带延时的，所有 LED 几乎同时熄灭。它们分别用在正常显示时的动画熄灭和调时时的快速熄灭。接下来语句 [3] 是数字“1”的点亮程序，语句 [4] 是数字“2”的点亮程序，后面还有其他数字的点亮程序结构都是一样的。注意看，语句 [3] 是不是和语句 [1] 很像，区别是一个是熄灭，一个是点亮。不过语句 [3] 中只有点亮部分的 LED 段才有动画延时，不点亮的地方延时也没有意义嘛。有朋友会问了，哪个数字点亮哪个 LED 是怎么知道的呢？其实这就是靠不断地尝试，设计出自己的数字样式。

[程序 6]

```
//LED 驱动程序
void displayN(void){          //带动画效果的熄灭 [1]
     ledc2=1;delay_P1();ledd2=1;delay_P1();
     ledc1=1;delay_P1();ledd1=1;delay_P1();
     lede2=1;delay_P1();ledg2=1;delay_P1();
     lede1=1;delay_P1();ledg1=1;delay_P1();
     ledb2=1;delay_P1();
     ledb1=1;delay_P1();ledf2=1;delay_P1();
     leda2=1;delay_P1();ledf1=1;delay_P1();
     leda1=1;
}
void displayN2(void){         //不带动画效果的熄灭 [2]
     ledc2=1;ledd2=1;
     ledc1=1;ledd1=1;
     lede2=1;ledg2=1;
     lede1=1;ledg1=1;
     ledb2=1;ledb1=1;ledf2=1;
     leda2=1;ledf1=1;leda1=1;
}

void display1(void){          //笔画 "1"      [3]
     ledb1=0;delay_P1();ledb2=0;delay_P1();
     ledc1=0;delay_P1();ledc2=0;delay_P1();
     leda1=1;leda2=1;
     ledd1=1;ledd2=1;
     lede1=1;lede2=1;
     ledf1=1;ledf2=1;
     ledg1=1;ledg2=1;
}
void display2(void){          //笔画 "2"   [4]
     leda1=0;delay_P1();leda2=0;delay_P1();
     ledb1=0;delay_P1();ledb2=0;delay_P1();
     ledg2=0;delay_P1();ledg1=0;delay_P1();
     lede1=0;delay_P1();lede2=0;delay_P1();
     ledd1=0;delay_P1();ledd2=0;delay_P1();
     ledc1=1;ledc2=1;
     ledf1=1;ledf2=1;
}
```

了解了 LED 驱动程序之后，再来看看它是怎么和单片机主程序（时钟数据显示）的程序联系起来的。一般来讲，这样的程序都需要一个底层驱动和上层应用之间的连接程序，如果在主程序里直接调用 LED 各数字的点亮程序就太复杂了。[程序 7] 就是连接程序，名叫 turn()，在主程序里被调用。它里面有一个 switch 选择判断。如果给 turn 的值是 1，就跳到语句 [1] 处，执行 display1(); 即显示数字“1”的 LED 驱动。结果是往 turn() 里写入一个值，LED 就显示对应的数字。这种连接程序的设计是很重要的，如果有复杂的程序设计，连接程序会更复杂。但它的目的是尽量减轻主程序的复杂度。好了，关于一位数字时钟的程序的重要部分都讲解完了，其他都是边角的部分了，大家私下里多用心好好看一看，把程序的流程和结构看透。

[程序 7]

```
void turn(unsigned char i){
     switch (i){//
          case 1://[1]
               display1();
               break;//
          case 2://
               display2();
               break;//
          case 3://
               display3();
               break;//
          case 4://
               display4();
               break;//
          case 5://
               display5();
               break;//
          case 6://
               display6();
               break;//
          case 7://
               display7();
               break;//
          case 8://
               display8();
               break;//
          case 9://
               display9();
               break;//
          case 0://
               display0();
               break;//
     }
}
```

Mini48 定时器程序分析

[程序 1] 是 Mini48 定时器的程序，也用到了定时器中断程序，只是这次产生的不是时钟数据，而是倒计时数据，说白了就是倒着走的时钟。于是在定时器中断处理程序中，所在的寄存器都是减法处理的，大家一看就明白了。但是这段程序值得注意的是，加法和减法在程序顺序上有不同之处，因为加法的数值上限是 255，如果用双字节的整型数则达到 65535；而减法的下限不得小于 0，如果用有符号数值，可以小于 0，但是那需要浮点计算。为了保证在无符号数值中不会出现 0 减 1 的事情(会导致错误)，就得先判断 cou 是否小于 1（ 也就是 0)，先后再处理，最后 cou 减 1，

其他的数值也都是这样的。还有加法的上限值写 59 的地方，而这里写的是 60，原因大家自找一下。

[程序 1]

```
//倒计时时钟处理程序
void tiem0(void) interrupt 1{    // T/C0 中断服务程序（产生 50ms 时基信号）
    if(cou < 1){                 // 计数值到100(1s)(****时间为倒计时****)
        cou = 20;                // 软计数器清零
        if(TIME_SS < 1){         // 秒计数值到 60
            TIME_SS = 60;        // 秒计数器清零
            if(TIME_MM < 1){ // 分计数到 60
                TIME_MM = 60;        // 分计数器清零
                if(TIME_HH < 1){     // 时计数到 23
                    TIME_HH = 24; // 时计数器清零
                }
                TIME_HH--;           // 时计数器加 1(进位 60min=1h)
            }
            TIME_MM--;               // 分计数器加 1(进位 60s=1min)
        }
        TIME_SS--;                   // 秒计数器加 1(进位 10ms*100=1s)
    }
    cou--;                           // 软计数器加 1
    TH0=0x3c;                        // 重置定时常数
    TL0=0xb0;
}
```

[程序 2] 是一段上电初始化程序，在主程序最开始的时候调用。程序中语句 [1] 的部分设置 I/O 接口的工作方式，因为 Mini48 是采用单片机直接驱动数码管的方式，所以在与数码管连接的部分要用强推输出，在触摸按键的部分要设置成高阻输入。设置的内容用了伪指令，方便在程序一开始的部分修改。语句 [2] 设置定时器，之前讲过。语句 [3] 设置特殊功能寄存器，查一下数据手册就会知道，这里是为了让 P1.0 接口独立产生频率，使扬声器发音。语句 [4] 设置定时器上电时最初显示的定时值。这个值大家可以修改，我设置的是 3 分 5 秒。

[程序 2]

```
//上电初始化程序
void init (void){ //上电初始化
////[1]
    P0M0=DY_P0M0SET; //设置 I/O 口工作方式 （行为推挽， 列为普通输入 / 输出）
    P0M1=DY_P0M1SET;
    P1M0=DY_P1M0SET;
    P1M1=DY_P1M1SET;
    P2M0=DY_P2M0SET;
    P2M1=DY_P2M1SET;
    P3M0=DY_P3M0SET;
    P3M1=DY_P3M1SET;
```

```
    P4M0=DY_P4M0SET;
    P4M1=DY_P4M1SET;
    P4SW=0xff; //启动 P4 接口
    P0=0xff;
    P2=0xff;
////
    DY_PWM= 9;
    dis_off();
////[2]
    TMOD=0x11;              // 定时 / 计数器 0,1 工作于方式 1
    TH0=0x3c;               // 预置产生 50ms 时基信号
    TL0=0xb0;
    EA=1;                   // 开总中断
    ET0=1;                  // 定时 / 计数器 0 允许中断
    TR0=1;                  // 开闭定时 / 计数器 0
/////[3]
    //WAKE_CLKO=(WAKE_CLKO | 0x04);// 开机音
    BRT=(256-240);          //启动独立时钟 P1.0 接口输出功能
    AUXR=(AUXR|0x10);
////[4]
    TIME_HH=0;              //上电定时初值
    TIME_MM=3;
    TIME_SS=5;
    MENU=0;
}
```

[程序 3] 是主程序中 MENU==0 的内容。这个部分是让数码管正常显示时间的，diplay_data() 是一个接口程序，它里面需要给出 2 个参数，第一个参数是哪一位数码管显示，第二个是要显示的内容。其中语句 [1] 中多了 +(TIME_SS%2)*0x80 这部分，功能是走时的时候让数码管上的小数点闪烁。disdata[TIME_MM/10] 这句是调用一个数据表，要知道数码管上的 LED 段和单片机接口并不是一一对应关系，为了达到对应，用 disdata[] 数组设计好从 0 到 9 的显示图样，按顺序放在数组里。这样想显示什么数字，只要调出 disdata[] 数组中对应数据的位置顺序就行了。

[程序 3]

```
//主程序循环
    while (1){
        if(MENU==0){   //显示倒计时主界面
            diplay_data(1,disdata[TIME_HH/10]);
            diplay_data(2,disdata[TIME_HH%10]);
            diplay_data(3,disdata[TIME_MM/10]+(TIME_SS%2)*0x80);//[1]
            diplay_data(4,disdata[TIME_MM%10]+(TIME_SS%2)*0x80);
```

[程序 4] 中 MENU 值不是菜单切换而是定时器在不同状态时的切换。MENU==1 是在最后一分钟时，显示秒的倒计时，MENU==2 是时间到了的处理，MENU==3 是扬声器提示一段时间后，自动进入断电模式。

[程序 4]

```
if(MENU==1){  //显示最后一分钟的秒倒数
      diplay_data(3,disdata[TIME_SS/10]+0x80);
      diplay_data(4,disdata[TIME_SS%10]+0x80);
      if(TIME_SS==0){
            MENU++;
      }
      if(DY_KEY1==1||DY_KEY2==1||DY_KEY3==1||DY_KEY4==1){
            MENU--;
            TIME_MM=0;
            TIME_SS=5;
      }
}
if(MENU==2){  //门铃鸣响表示时间到
      TIME_SS=DY_LONG;
      while(TIME_SS>0){
            beep1(); //
            diplay_data(1,disdata[0]);
            diplay_data(2,disdata[0]);
            diplay_data(3,disdata[0]+0x80);
            diplay_data(4,disdata[0]+0x80);
      }
      MENU++;
}
if(MENU==3){  //进入掉电状态 （只能重启复位）
      beep0(); //
      PCON=0x02; //进入掉电模式
}
```

[程序 5] 是触摸按键处理程序，听上去感觉触摸按键是很不好实现的功能，其实就是利用我们的手指在触摸到 2 个单片机引脚的时候，会产生有一定阻值的连接。程序中把一个引脚设置成高电平，把另一个引脚设置成高阻输入状态。当有触摸时，高阻输入的引脚会有高电平进来，判断这个高电平就能处理按键了。硬件上的巧妙设计，使得我们有 4 个按键的位置。我们用这 4 个按键分别处理数码管上 4 个时间值的调节。if(DY_KEY1 == 1){ } 的判断语句里面是按下按键的处理内容，调节的方法上文讲过了。重点看触摸键去抖动的方法是调用了 30 次显示程序，这种技巧也是常见的，好处是等待按键抖动的过程，数码管会一直显示。在很多需要实时调用显示才行的程序里，会把显示程序用到延时程序中。

[程序 5]

```
//触摸按键处理
while(DY_KEY1==1||DY_KEY2==1||DY_KEY3==1||DY_KEY4==1){
      unsigned char i;
      for(i=0; i<30; i++){//循环显示， 等于键盘去抖的功能
            diplay_data(1,disdata[TIME_HH/10]);
            diplay_data(2,disdata[TIME_HH%10]);
            diplay_data(3,disdata[TIME_MM/10]+(TIME_SS%2)*0x80);
```

```
        diplay_data (4,disdata[TIME_MM%10]+(TIME_SS%2)*0x80);
    }
    if(DY_KEY1==1){
        delay1ms(50);
        if(DY_KEY1==1){
            TIME_HH=TIME_HH+10;
            beep2(); //
            if(TIME_HH > 23){
                TIME_HH=0;
                if(TIME_MM==0){
                TIME_MM=1;
            }
        }
    }
}
```

最后看看 [程序 6]。

[程序 6]

```
//LED 驱动程序
void displayHH1 (unsigned char d){ //第 1 列横向显示程序
    unsigned char i;
    i=d & 0x01;
    if(i==0x01){
        DY_LED1_H1=1;DY_LED1_L1=0;}delay(DY_PWM);dis_off();
    i=d & 0x02;
    if(i==0x02){
        DY_LED1_H1=1;DY_LED1_L2=0;}delay(DY_PWM);dis_off();
    i=d & 0x04;
    if(i==0x04){
        DY_LED1_H1=1;DY_LED1_L3=0;}delay(DY_PWM);dis_off();
    i=d & 0x08;
    if(i==0x08){
        DY_LED1_H1=1;DY_LED1_L4=0;}delay(DY_PWM);dis_off();
    i=d & 0x10;
    if(i==0x10){
        DY_LED1_H1=1;DY_LED1_L5=0;}delay(DY_PWM);dis_off();
    i=d & 0x20;
    if(i==0x20){
        DY_LED1_H1=1;DY_LED1_L6=0;}delay(DY_PWM);dis_off();
    i=d & 0x40;
    if(i==0x40){
        DY_LED1_H1=1;DY_LED1_L7=0;}delay(DY_PWM);dis_off();
    i=d & 0x80;
    if(i==0x80){
        DY_LED1_H1=1;DY_LED1_L8=0;}delay(DY_PWM);dis_off();
}
```

试着探索更多源程序

通过以上几个例子，大家有没有发现程序编写的一些规律？比如在一套程序中有主程序和中断处理程序，有驱动程序和上层效果程序，有判断程序、循环程序、跳转程序。是的，每套程序都有自己的组成部分，就好像电影里有故事、有音乐、有对白、有道具、有演员一样，一套程序就是一部电影。而你就是电影的导演，你不仅要关注电影整理的结构和故事，还要选择演员、确定道具，出了问题也要你来解决。总之，你需要有大局观，还要重视细节，才能写好程序。以我的经验，可以把程序分解成头文件、接口定义、寄存器定义、延时程序、各种驱动程序、上电初始化程序、中断及定时器处理程序、一些需要被反复调用的子程序、主程序（主循环）。在每一段程序里都会有 if、for、switch、while 的循环或判断语句，这是程序之所以执行的重要组成。

学习编程最好的方法就是如上文这样分解、分析，从中发现实现各种功能的技巧，并一样一样地记下来。待到下次有用的时候，就能拿出来直接用了。积累的分析越多，你的编程水平自然就越高了。再结合之前讲过的组模块的方法，把程序当成模块复制、粘贴，再修改一下模块之前的连接部分，一段属于你的程序就诞生了。到这里相信大家都明白了，我只能帮你到这了，接下来的路要靠你勤学苦练了。从现在开始，把本书资料里的所有示例程序都一一分析，并在程序文件中加入你的备注信息。马上就要成功了，看好你哦，加油。

第 11 节 辅助工具

目录

在用单片机进行的开发过程中，我们不仅要用仿真软件调试程序，还要用到很多辅助工具软件。比如在进行串口通信的时候要用到“串口助手”，在用到定时器的时候会用到“定时器计算器”来帮助我们换算定时时间。更重要的还包括一些资料，做硬件电路的时候会需要单片机的引脚定义图，写程序的时候会参考别人的示例程序。这些帮助我们高效开发的辅助工具和资料要到哪里找到呢？其实你完全可以在网上找到它们，但它们每一样都是独立存在的，而且资料有好有坏，万一找到的资料存在问题反倒耽误了开发，用起来也不方便。幸好 STC 公司看到了这一困难，并在新版的 STC-ISP 软件中加入了很多软件工具。到我写完书稿时，STC-ISP 已经出到了 6.86 版，你可以到 STC 公司官方网站下载更新的版本。接下来我花点时间介绍一下辅助工具的使用方法，也许你目前没有这方面的需要，因为只有在真正的项目开发过程中，这些工具才能发挥作用。但你可以先把这些工具学习一遍，以后用到的时候更能得心应手。

STC-ISP 软件图标

首先我们要在电脑上安装最新版本的 STC-ISP 软件，我这里以 V6.86 版本为例。

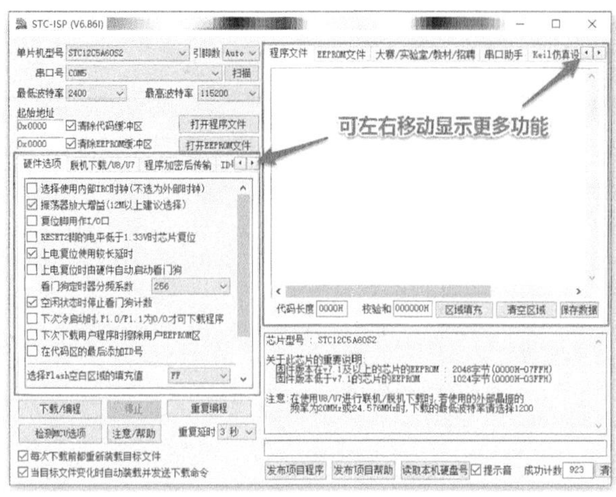

STC-ISP 软件界面

安装好后，双击打开软件。在软件界面上，我们重点关注两个区域（图中加框部分）。一是左边的下载选项区，这个部分在平时做 ISP 下载时，用于设置晶体振荡器、复位等硬件选项。其实在“硬件选项”选项卡的旁边还有很多选项卡，它们都是和下载程序相关的辅助功能。二是界面右边的程序文件区，这个部分默显示程序文件内容，但旁边也有很多选项卡，这些都是帮助开发者高效开发的功能。其中的“程序文件”选项卡是用来显示加载进来的 HEX 程序文件的，“EEPROM 文件”选项卡是用来显示加载的 EEPROM 文件的，这两个功能都用于下载过程的显示，不属于辅助工具。要讲辅助工具，我们要从“串口助手”开始。

串口助手

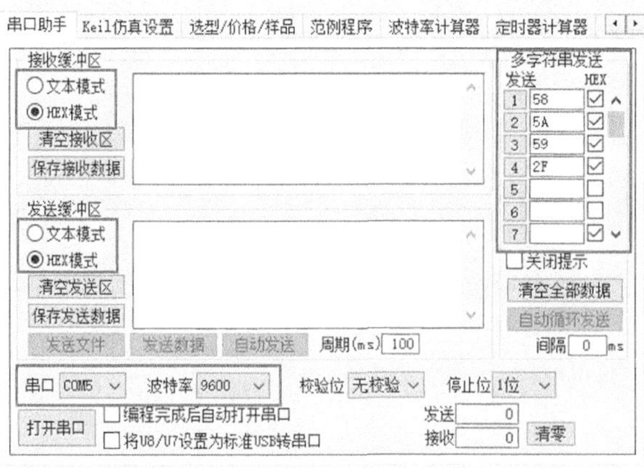

串口助手界面

串口助手是单片机开发之中最常用的工具，不论是用串口做调试数据显示，还是要开发串口设备，串口助手工具都是非常好的选择。串口助手的使用方法很简单，当你要使用单片机的 UART 串口功能的时候，可以在单片机端写入 UART 程序，发送或接收数据。然后将单片机的串口连接到电脑上，比如我们用现有的USB下载模块就可以。硬件准备好后，单击STC-ISP界面右边的“串口助手”选项卡，在最下方选择串口的基本设置，选择你正在使用的串口号、与单片机一致的波特率数值。设置完成后单击“打开串口”按钮。这时串口助手可以工作了。串口数据界面有3个部分，上方是“接收缓冲区”，下方是“发送缓冲区”，右边是“多字符串发送”。

在“接收缓冲区”，串口助手会把单片机收到的数据显示在接收区的文本框里。文本框有两种显示模式，文本模式和HEX模式。文本模式指的是以ASCII码字符的方式显示数据，包括了英文字母、数字和符号。HEX模式则是以十六进制的方式显示数据。前者主要用于人机对话等功能的开发，后者主要用于数据分析或数值比对。在模式选择的下方是“清空接收区”，可以把所有接收到的数据清空。“保存接收数据”是把收到的数据另存为文本文件。

“发送缓冲区”里也有同样的模式、清空、保存。只是在下方还有3个按钮，“发送文件”按钮可以打开一个TXT或HEX文件，将文件里的内容一次性发给单片机。“发送数据”是把发送框里的内容发给单片机。“自动发送”则是以后面设置的“周期”值为准，反复将发送框里的数据发给单片机。

最后是右边的“多字符串发送”区域，这个功能非常有用，你会在开发中遇见这样的情况：有好几种数据需要反复发送，可是要发哪组数据得看状态再定。如果使用发送框的话，那么一种只能发送一串数据。如果要发送别的数据，还要清空发送框，再写入新的数据，非常麻烦。但如果用“多字符串发送”就方便多了。这个区域被分成从1到30的独立发送组，可以在每组里面写入要发送的数据。当把输入框后面的HEX项打上钩时，就表示以十六进制数据发送，如果不打钩则以ASCII码字符数据发送。数据写好后，想发送哪组数据时，只要单击这组前边1到30的编号按钮就可以了。下方的“清空全部数据”按钮可以把30组输入框的所有数据清空。下方的“自动循环发送”按钮则可以把30组输入框中，有数据的输入框按下方设置的“间隔ms”时间，依次发送。串口助手大概就是这些功能，在未来单片机开发过程中，熟练使用串口助手可以使你更轻松地看到调试数据，大大提高开发效率。

范例程序

在串口助手的右边还有一个重要的功能叫“范例程序”，这是STC公司官方给出的不同单片机型号下的不同功能的测试程序。我们在学习单片机的过程上，总是需要先参考别人写的程序，从中了解功能的特性和程序编写的原理。而单片机公司给出的官方程序要比第三方程序更可靠。而且在STC-ISP软件当中，范例程序给出得可谓相当全面，不仅每一个系列的单片机都有自己的专用范例，而且每个功能都有多种不同效果的范例，还同时配有C语言和汇编语言两个版本。单击“范例程序”的选项卡，就会出现相应的界面。在界面上方的下拉列表可以选择单片机系列，点开之后会弹出一个包含有所有STC单片机系列的下拉列表。找到自己需要的单片机系列，点开系列名左边的加号，会弹出这个系列下的程序范例名称。再点开前边的加号，就会有 C 语言和汇编语言两个程序版本的选择。单击 C 语言版本就会在界面的文本框中看到范例程序了。界面下方有一排按钮，“复制代码”是直接将文本显示框里的 C 语言或汇编语言文件复制到 Windows 系统的剪贴板上，“保存文件”是把文本框里的内容直接保存成 C 文件。“直接下载 Hex”是把范例程序编译的 HEX 文件直接保存，而不保留源程序。“保存为 Keil 项目”则是把范例直接生成 Keil 的工程文件夹，用户可以直接在文件夹里打开 Keil 工程。

在我的书中涉及编程分析的内容不多，主要是因为这本书的目标是让大家让单片机产生兴趣，编程开发还需要你另外学习。“范例程序”就是一个不错的学习渠道，可以把范例中的程序都下载到单片机上看看效果，然后再回过头来分析程序，看看程序是如何达到这样效果的。

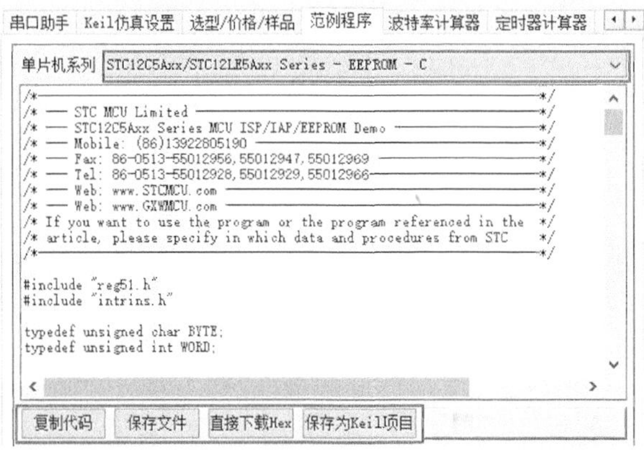

范例程序界面

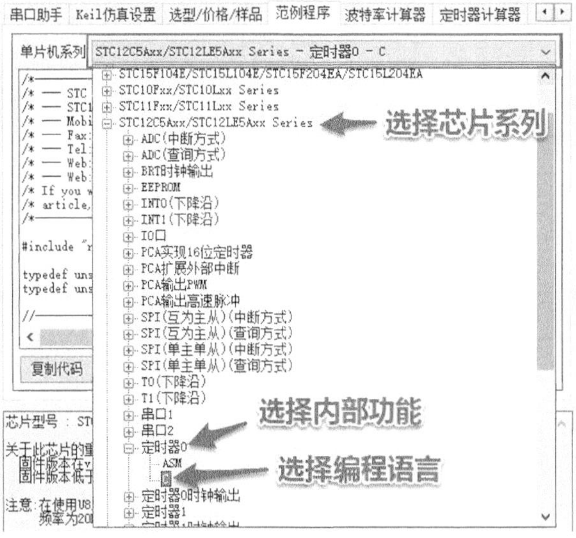

单片机系列下拉列表

波特率计算器

我们在学习和使用 UART 串口功能的时候都会遇见一个问题，那就是波特率值的计算。因为在单片机上是通过定时器功能来产生 UART 串口波特率的，所以不同的定时器设置会对波特率值产生影响。如果仅用普通计算器把各种设置选项都考虑进去，计算起来很麻烦。这时“波特率计算器”就能派上用场了。单击“范例程序”右边的“波特率计算器”选项卡，在界面上可以设置关于串口的内容，包括系统晶体振荡器频率、希望达到的波特率值、UART 串口号，还有用哪个定时器产生波特率。当所有内容设置好后，单击下方的“生成代码”按钮，在文本框里就会成生对应设置的 C 语言初始化函数。然后再单击“复制代码”，就能把函数复制到剪贴板上，再打开你需要的 Keil 工程，把代码粘贴到程序当中就可以了。在设置定时器的时候尽量选择“16 位自动重载”这一项，这是 STC 单片机主打的功能，定时器的初始值由硬件直接载入，可达到很高的定时精度。

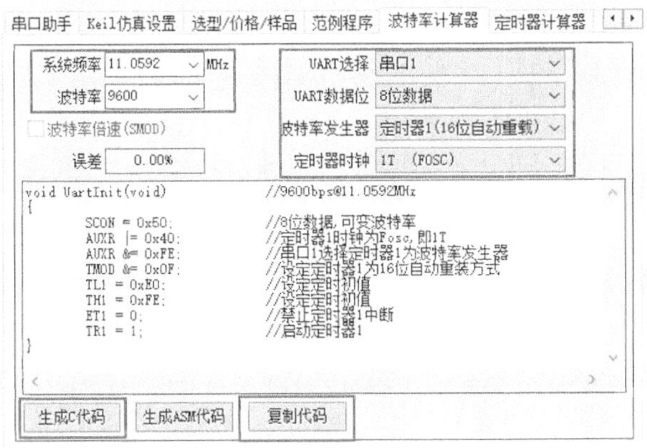

波特率计算器界面

定时器计算器

在单片机开发中，肯定会经常用到定时器，关于定时器时间值的计算，在软件当中也有对应的工具，这就是“定时器计算器”。点开“定时器计算器”选项卡之后，会有多个项目要设置，包括系统晶体振荡器频率、希望定时的时间长度、选择哪个定时器、定时器的模式、定时器时钟周期。如果你使用的是最近的STC15系列单片机，那建议使用16位自动重载模式，这会让定时器精度更高。设置好后单击下方的“生成C代码”按钮，在文本框里就会成生对应设置的C语言初始化函数。然后再单击“复制代码”，就能把函数复制到剪贴板上，再打开你需要的Keil工程，把代码粘贴到程序当中就可以了。

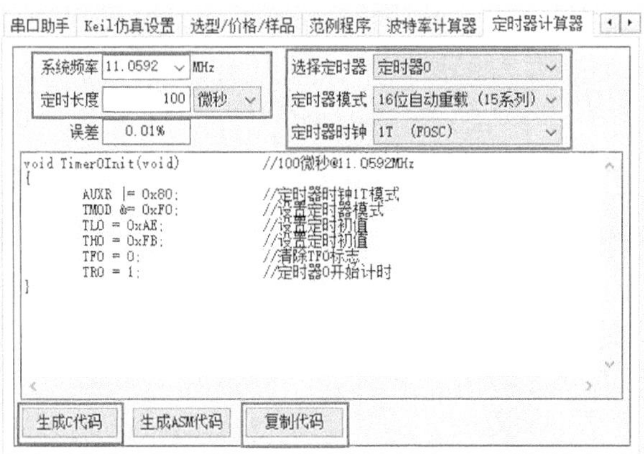

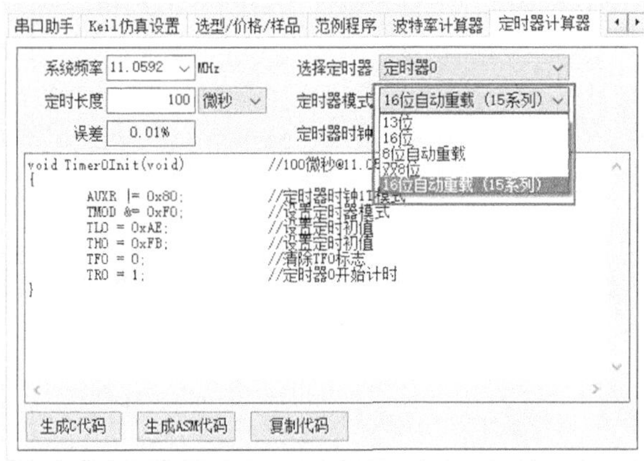

定时器计算器界面

头文件

在创建 Keil 工程的时候，不同的单片机型号需要载入不同的单片机头文件，在之前的教学当中，我在资料包里面直接给出了常用的头文件。可是随着我们对 STC 单片机应用的深入，未来会涉及更多新型号的单片机。这时仅用我们现有的头文件是不够的。要想得到最新的头文件，除了到 STC 公司官方网站上查询之外，还可以在 STC-ISP 软件的辅助工具里找到。在右侧的辅助功能区可以找到"头文件"选项卡，打开界面之后，我们可以选择单片机型号系列，同一系列里的所有型号都可以通用一个头文件。选择好后，在下面的文本框中就会显示头文件的内容。直接单击下方的"保存文件"，把头文件保存在 Keil 安装路径下就可以了。注意保存的文件名，在程序开始部分用 #include 加载的头文件名要与保存的头文件名相同。

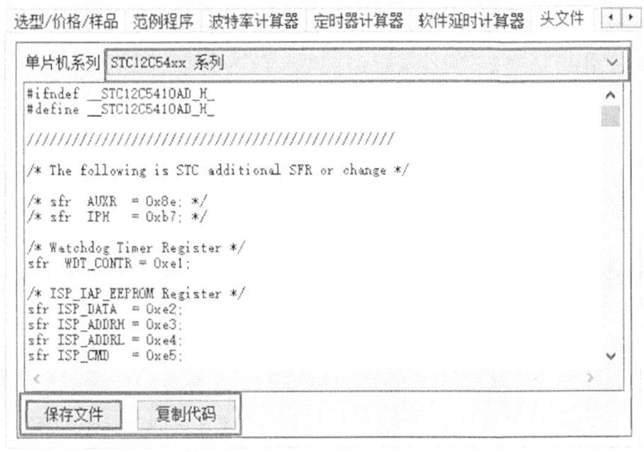

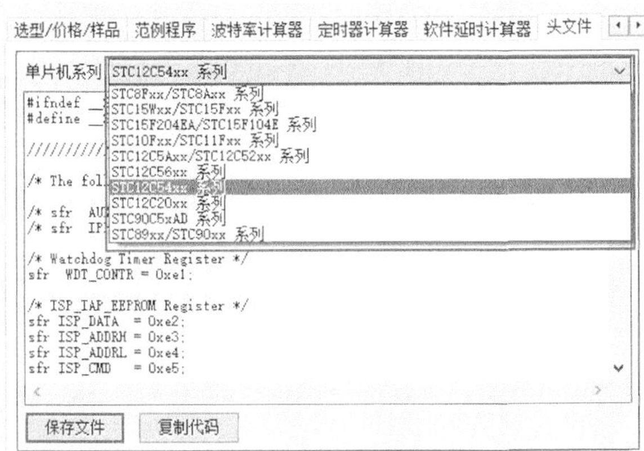

头文件界面

封装脚位

在单片机编程初期，我们总会涉及 I/O 接口在程序上的定义，这时最需要查看单片机引脚定义图。每款单片机最权威的引脚定义图在数据手册当中，翻看手册里的图纸也是件麻烦事。在 STC-ISP 的辅助功能里，包括有“封装脚位”这一项。在界面上可以选择单片机的型号系列和封装型号，选好后，会在下方的窗口里显示对应的单片机引脚定义图。定义图上的标注和数据手册上是一样的，使用起来却要比数据手册更简单、便捷。

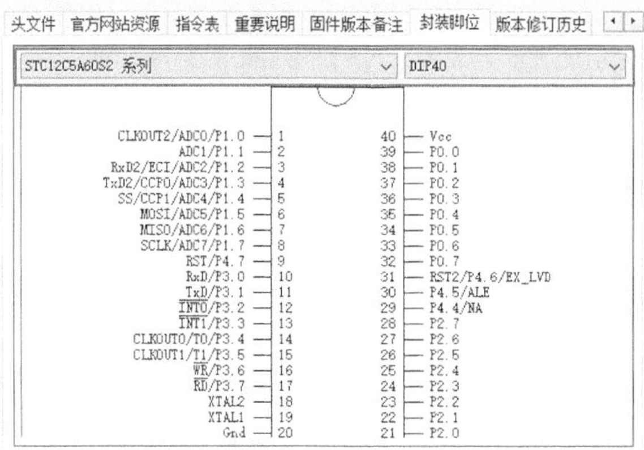

封装脚位的界面

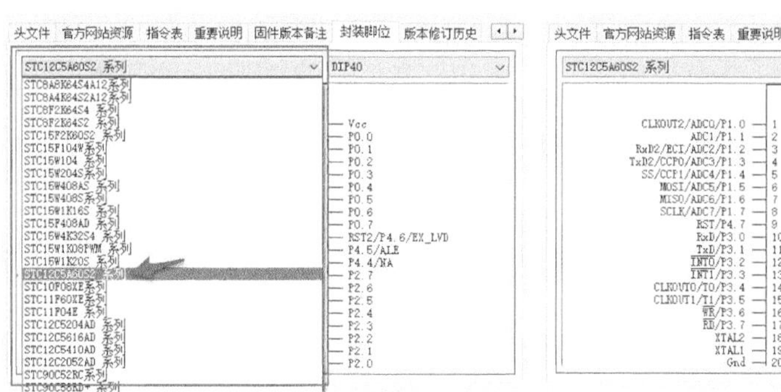

选择型号和封装

程序加密后传输

在 STC-ISP 软件的左边部分有关于下载的相关功能，其中最有价值的就是“程序加密后传输”。这个功能可以防止别人通过程序烧写过程窃取你的 HEX 文件。如果你的单片机程序是对外保密的，那么加密传输就非常有必要了。单片机的程序下载需要通过 UART 串口，如果你委托别人用电脑或下载器给单片机写程序，别人为了取得你的源程序，就会用一个串口监听器来读取下载过程中的串口数据，这个数据就是你的 HEX 文件。然后他再通过反汇编就能得到你的源程序了。如果想防止别人监听你的下载过程，最好的方法就是给下载过程加密。大家可以使用这个辅助工具，生成一个密钥，把密钥和程序一并下载到单片机中，下次再下载程序时，就可以用加密的方式传输了。这个功能对于初学者来说可能没什么用处，而对于产品开发的工程师来说是有很大帮助的。因为在商业竞争中，技术的加密是很重要的开发需要。

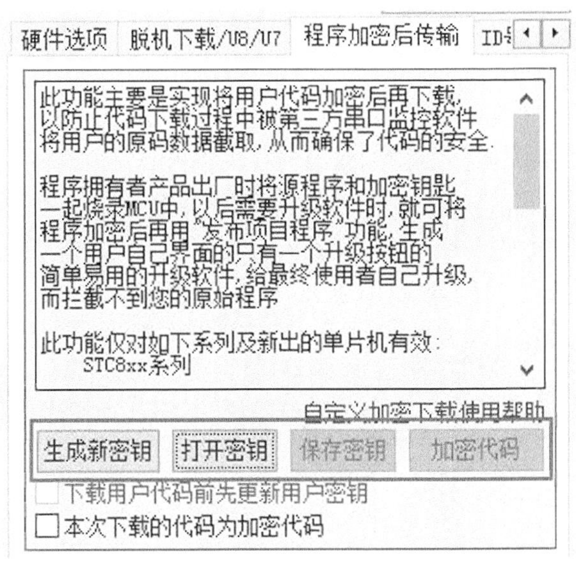

程序加密后传输的界面

ISP 监控程序区

在单片机开发的过程中，为了反复调试程序效果，一定会反复用 ISP 下载程序。一般的 ISP 下载程序方法是给单片机重新上电，使单片机上电时进入 ISP 监控程序区，从而完成下载。可每次都给单片机重新上电，对开发人员来说有些麻烦。为了解决每次都要重新上电的问题，STC-ISP 里面有一个“收到用户命令后复位到 ISP 监控程序区”的辅助功能。首先我们在 STC-ISP 软件的左侧下载选项区找到这个功能，在界面中有“自定义命令”输入框，我们可以在这个输入框里写入自定义下载的指令，只要单片机在串口中收到这个指令就会开始 ISP 下载。当然也可以使用它默认的命令内容。然后我们需要把文本框里面的“C 语言代码”部分复制到单片机程序中，要保证单片机的串口收到数据时就能执行这段程序。第一次写入程序需要用一般的 ISP 方法，而下次再进行 ISP，只要单击界面下方的“发送用户自定义命令并开始下载”，串口就会发送事先定义的命令，并使单片机软件复位，进入 ISP 监控程序区，完成 ISP 下载。全过程不需要重新上电，也不需要在硬件上做任何操作，使用起来非常方便。

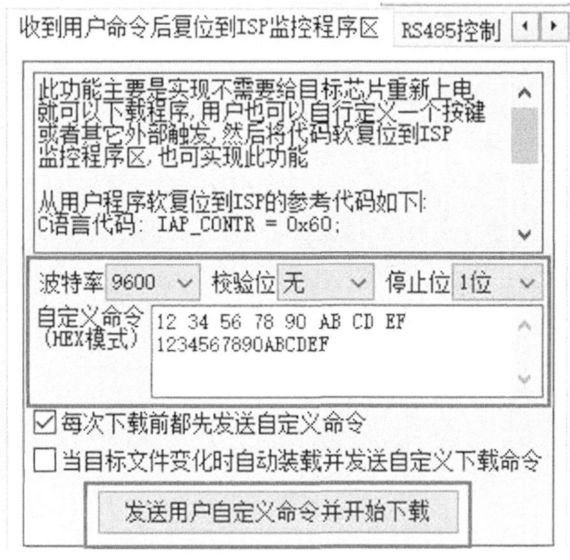

监控自动下载的界面

第 2 章 软实力

总　结

从传统数模电路出身的单片机初学者最难搞懂的就是编程，来来往往多少渴求成为编程高手的人们都困在此处。与纯硬件电路不同，单片机是用软件控制硬件，实现数模电路中用硬件实现的功能。第 2 章软实力试着用全新的思路诠释编程，从我的编程之路到建立平台，从改写现有程序到建立编程模板，从软硬件原理介绍到无参考编写驱动程序，一路下来说得最多的话便是“万变不离其宗”和“编程基本原理”。是的，学好单片机编程的关键首先是思维方式的转变，换句话说就是先要学会编程思考，其次是了解编程的本质与精髓，即原理相通、万变不离其宗。其他的单片机教程可能更关心用什么语言、怎么学好语言（汇编语言或 C 语言），而本书更关注编程方法的运用。软实力的另一个重要体现就是建立自己的编程模板，硬件上有工具、元器件、资料、电路图的积累，而软件有软件平台和编程模板的积累。第 2 章没能给你更多即取即用的实例，它给你的是看不见、摸不着的好东西。

从第 3 章开始，你所学习的将与技术无太多关系，是否继续阅读将决定你是技术员还是工程师。我一直认为技术是简单的东西，说 0 就是 0、说 1 便是 1，认真找找资料就能八九不离十。但要是没有扎实的技术知识和经验，那也没能力再谈工程和行业。再回首，在第 2 章中找出第 1 章所述制作的工程文件，把硬功夫和软实力放在一起温习，让软硬合一、浑然一体。在学习更高层面的单片机知识之前，先要在技术层面上顶天立地。

第3章 小工程

学习工程设计，深化工程思考。

本章要点

- 独立完成工程设计
- 掌握系统思考与团队合作的能力
- 从工程实践中积累经验

第 1 节 工程思考

目录

- 工程师思考
- 博观而约取
- 万法归宗：运算和通信
- 厚积而薄发

工程师思考

认真看过前面两章内容的朋友是不是爱上了单片机呢？你学到了硬件制作的技能，学到了软件编程的技巧。在你的潜意识里面，分散的知识和经验之间相互碰撞、组合，然后形成了自己的一套关于单片机所有技术的系统结构。你的系统结构中会有单片机、单片机最小系统电路，然后是各种外围芯片、显示屏、按键。仔细回想，如果你的脑子里真的有了框架，则说明你已经具备了单片机技术层面的思考方式，它可以指导你完成单片机 DIY 的制作，焊接单片机电路，设计一些有趣的单片机实验，不过最大程度也就仅此而已。如果你大胆地想去设计以单片机为核心的产品，那么问题就严肃了，首先在思考方式上就不过关。电子爱好者有爱好者的思考方式，工程师有工程师的思考方式，大家同是设计、制作，所关注的重点不同，所要达到的目标不同。欲想进一步研究单片机，用单片机来设计产品，首先必须从技术思考上升到工程思考的高度，用工程师的眼光设计工程项目。虽说必须，但是挂着工程师的名号却不具有工程思考能力的"能人志士"不在少数。本章"小工程"，从工程角度介绍单片机，讲述以单片机为核心的产品设计方法和相关问题，带你从技术层面上升到工程高度，重新认识既熟悉又陌生的单片机。

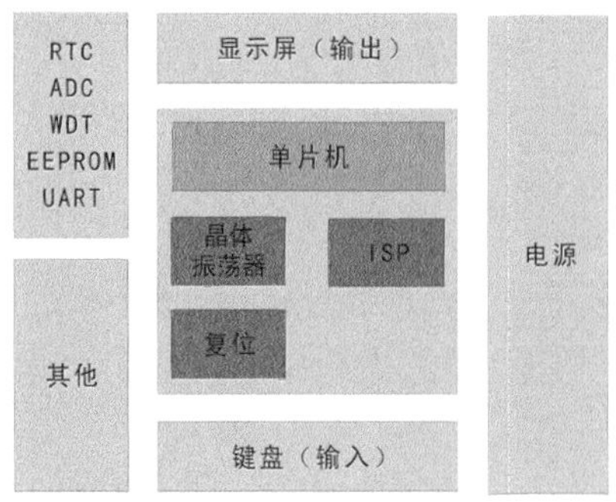

从技术层面认识的单片机结构

单片机初学者与专家有什么不同，是专家的经验丰富吗？不然，经验如果只是经验，则并没有什么价值，价值在于从丰富的经验中总结出规律和思考方式。同样的问题，工程师与技术员的思考方式不同，这也就是他们能力之所以不同的要素之一。重申一次，这里所说的工程师并不是某公司的职位名称，而是指具有工程思考能力的人。下面让我们来比较一下面对问题时不同的思考。

问题	工程师思考	技术员思考
选择新型号单片机	原理相通	重新学习
如何了解芯片的技术参数	官方数据手册	搜索应用实例
如何开展新项目	团队合作	独立完成
如何理解单片机系统设计	万变不离其宗	复杂而烦琐
如何开始工程项目	软硬件同时进行	先有硬件再编程
谁来决定产品功能	用户及潜在用户	研发人员

工程、项目、方案，在概念上很难明确地界定。直观的感觉是经过一系列复杂的工作而完成一项任务，工程中会涉及各种行业和技术，会有许多人员参与其中，花费很多时间和金钱。工程是一件很严肃、严谨、认真的工作，会有大量资料堆积在桌子上，每天都有几个例行会议，讨论下一步的安排。要是以雄壮的交响乐为背影，很少有人不联想到美国大片。研发型企业中都设立有研发部，或被称为工程部，其目的都是做技术研究、完成工程项目。电子爱好者们梦想着可以进入大企业中的研发部，一同参与产品的技术开发，那代表着可观的收入和被羡慕的社会地位。在第 4 章中你可以了解更多行业内幕，而在这里，我们仅谈一谈如何从工程角度思考，在深入主题之前，我先要动摇一下你的固有思想。

还记得大学里的计算机原理课吗？一个老师来来回回地介绍运算器、存储器、控制器，到头来交上一纸答卷，却没有看到过所学的东西到底长什么样子，后来学生们把所学的知识又还给了老师。如果当时老师能从微机室里偷偷借出一块电脑主板，然后说说 CPU 和硬盘各属于哪些部分，也许我现在早已成为国家级黑客。理论的东西在前两章里尽量避开，害怕大家因为刻板、无聊而失去兴趣。所谓从工程角度思考说白了就是从实践经验思考上升到理论思考。理论从实践中总结，实践以理论为基础。实践经验再多，却没有把经验总结成理论，只能说很遗憾。本书从实践开始，并不止于实践层面，也许有的朋友看过前面两章之后便觉得后三章是“选修”内容，实际上它们都是重要的必修课。

工程思考主要是从宏观上全面总结概括单片机技术中的所有内容，按功能分门别类。它就如同植物的根，不论枝叶多么茂盛也离不开这个根。在技术发展的过程中，天天有新的元器件摆上货架，月月有突破性的技术出现，可是基本理论却长久不变。STC 系列单片机今天还新鲜，明天就是陈年往事。之所以涉及 8051 单片机理论知识的图书始终出现在书架上，正是因为理论如钻石般持久不变。下面开始介绍理论了，相信我会尽量把它讲得生动有趣，我相信，在硬件与软件学习中产生的问号都可以在理论中找到答案，阅读以下内容应该会有豁然开朗的感觉吧。

博观而约取

有一款全电脑智能控制洗衣机，它有简洁的外观设计，时尚又美观，采用彩色液晶显示屏，全中文菜单操作，具有电容感应式触摸按键、超静音电机，可设置时钟定时洗衣，有自动进水、脱水、排水及热烘干功能，让你彻底摆脱洗衣烦恼。这样一款产品显然采用单片机控制，看似前卫的诸多功能其实在技术上并不困难实现。让我们看看它都包括哪些组成部分。

首先要有单片机，前面介绍过，单片机的内部集成了许多功能，如果把单片机当成一个部分来看待就不能还原到理论层面，所以我们在头脑中把单片机的封装打开，把内部的各功能部分独立出现。这样一来，CPU 内核的部分可以看成运算器和控制器，Flash 和 SRAM 可以看成存储器，触摸式按键的电路部分可以看成输入，电机和进排水阀的控制电路可以看成输出。液晶显示屏也可以看成输出，但是液晶屏模块上往往会有一个驱动芯片，因为单片机的 I/O 接口不能直接驱动液晶屏，所以液晶屏的驱动芯片应该看成协处理器，协助 CPU 来驱动液晶屏。另外，实现定时功能的部分如果是采用独立的时钟芯片，就也应该被看成协处理器，协助 CPU 计算定时时间。单片机与时钟芯片、单片机与液晶屏驱动芯片之间是需要特定的电路连接和软件协议来通信的，这样又涉及通信的部分。最后便是系统电源，为整个洗衣机供电。总结各部分之间的关系可以绘制出下面的框图。

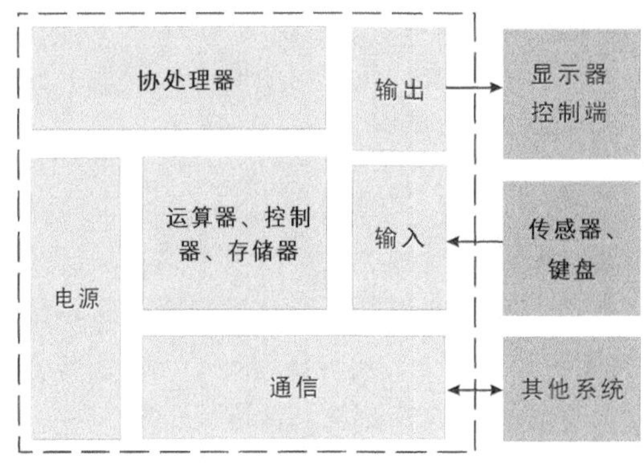

从工程层面认识的单片机结构

单片机就是一个小型的计算机，所以在原理上和计算机原理是一致的。通过上面的分析可以把系统分解成运算器、控制器、存储器、协处理器、输入、输出、通信和电源。其中运算器和控制器可以合称为处理器。它们的具体功能描述如下。

1. 运算器和控制器（处理器）

运算器、控制器（处理器）是单片机系统的核心部分，它通过调用程序内容来运算和控制，实现单片机的各种功能。运算控制功能主要由单片机中的处理器来完成，处理器的性能有许多种，有 4 位、8 位、16 位、32 位甚至更高，相同位数的情况下的处理速度也有差异。

2. 存储器

用来存储各种数据，包括程序、用户数据、环境变量等。目前的存储器主要分为 RAM 和 ROM，其中 ROM 用来存放程序，RAM 用来存放数据。存储器的种类有 Flash、SRAM、EEPROM 等。存储器、运算器和控制器是单片机系统中必不可少的部分，缺少任何一个都不能构成系统。

3. 协处理器

协处理器对于单片机初学者来说可能有一些陌生，其实从字面上的意思很容易理解，它指的是一些帮助单片机中的处理器来处理某些特定任务的部件。例如实时时钟芯片（如 DS1302）便是典型的协处理器，它没有输入什么环境信号，也没有输出控制什么设置，它完全是帮助单片机来计算时间，因为用单片机计算时间既不精准又占用 CPU 资源。另外液晶显示屏模块上的驱动芯片虽然与液晶片组装在一起，但从大的角度看，它也属于协处理器，帮助单片机驱动液晶屏。

4. 输入（状态、数据、操作）

各种外界环境发生的变化被单片机采集，这样的功能部分均被看成输入。输入内容主要包括状态的改变、数据输入和用户操作，例如用户操作的按键。所有传感器都属于输入部分，如 DS18B20 温度传感器。

5. 输出（控制、显示）

将电平信号转变外界环境状态的装置均被看成输出。例如单片机控制电机、继电器、LED、蜂鸣器。输出的内容主要有控制和显示。电机、继电机当属控制，LED、蜂鸣器、液晶显示屏当属显示，显示又属于人机界面的组成部分。有朋友会问了，你刚刚不是说液晶屏部分应该看成协处理器吗，怎么这么一会又变卦了？注意，我当时是说液晶显示屏模块中的驱动芯片属于协处理器，如果按整个液晶显示屏模块来看应该属于显示输出部分，二者并不矛盾。

6. 通信（总线、专线）

单片机与单片机、单片机与协处理器、单片机与各种输入 / 输出芯片都需要通信，按一定协议规范来接收或发送数据的情况都可以看成通信。通信协议有许多种，如常用的 SPI、I^2C、UART、RS-232、RS-485、CAN 等。其中涉及专线通信和总线通信，在下文会进一步介绍。

7. 电源

电源无需过多地介绍，大家都很清楚。电源可分为系统电源和特殊电源，系统电源是指让单片机系统正常工作而提供的电源，特殊电源是为特殊应用而设计的额外电源。特殊电源的例子有实时时钟长久走时用的备用电池、液晶显示屏模块所需要的负压电源等。

运算器和控制器、存储器、协处理器、输入、输出、通信和电源，单片机系统中的万事万物都由这七大部分包括了。不管是新出的元器件还是某某技术的重大突破，全都逃不出“如来佛的手掌心”。七大部分并非在每一个系统中都会出现，有一些系统中就可能没有协处理器，还有的可能没有输入或输出部分，但是运算器和控制器、存储器、电源是必须存在的部分。有朋友可能认为这七大部分已经是单片机系统的最基本组成了，而在我看来还有更基本的理论，那单片机系统中的七大部分又是从哪里衍生出来的呢?

万法归宗：运算和通信

依我的个人观点来总结，单片机系统无论大小、胖瘦，复杂还是简单，其都在完成最基本的两件事情，即运算和通信。运算器和控制器本来就是为运算而设计的部分，其内部也有涉及内部总线的通信。存储部分其实就是从存储器中读写数据，并送到运算器和控制器运算，存储器与运算器和控制器之间也要进行通信。协处理器本身就是在做运算，然后把运算结果“通信”给运算控制器。输入、输出部分更是一种运算和通信的结合体，将电信号“通信”给运算控制器，或是把运算控制器“运算”的结果“通信”给输出设备。即使是用 I/O 接口的高低电平控制继电器，说白了也是一种通信，只是它的协议很简单而已。如同易学中的两仪生四相、四相生八卦、八八六十四卦包含宇宙万物的原理一样，无论单片机系统多么复杂都可以归纳到七大部分，而七大部分还可以还原到运算和通信。反过来从运算和通信出发，你的视野无限开阔，所有一切尽收眼底。掌握了运算和通信的精髓，便从根本上全面掌握了单片机系统，同时也具备了工程师思考，是可以在单片机世界里畅行无阻的时候了。

厚积而薄发

我说七大部分可以涵盖所有单片机系统中的事物，不论你信与否，下面我都会尽我所能把它们列举出来，因为我想让你知道一件事情：即使把七大部分的枝枝叶叶全部展开也没有多大的面积，至少我可以用很小的篇章一个一个地列出。

1. 处理器

处理器的型号很多，但把它们分类之后也并没有多少。从处理位数上分有 4 位、8 位、16 位、32 位、64 位，有一些专用处理器甚至达到 128 位。从速度上分类可以分为 0 ～ 100MHz 的低速、100 ～ 500MHz 的中速和 GHz 级别的高速处理器。在内核结构上可以按内核的设计厂商来分类，例如 x86 和 MCS-51 是英特尔公司的两款内核结构，ARM7 和 ARM9 是 ARM 公司研发的内核结构。你可以准备一份表格，把你遇见的处理器核心列出来，然后把使用过的单片机型号填写在对应处理器核心的后面。下面的表格中仅列出一部分内核，以此为基础，你可以扩展更多。

名称	厂商	应用	举例
x86	英特尔	通用型计算机	Intel Pentium

续表

名称	厂商	应用	举例
MCS-48	英特尔	工业控制	80C48
MCS-51	英特尔	工业控制	80C51
AVR	Atmel	工业控制	ATmega48
ARM7	ARM	工业控制	S3C44B0、AT91SAM7S64
ARM9	ARM	智能多媒体产品	S3C2410、AT91SAM9261
ARM11	ARM	安全性相关产品	S3C6410
AVR32	Atmel	智能多媒体产品	AT32AP7000
XScale	英特尔	智能多媒体产品	PXA270
STM32	意法半导体	智能多媒体产品	STM32F103RB
PIC	微芯科技	工业控制	
MC68000	摩托罗拉		
其他			
专用处理器			

2. 存储器

凡是嵌入式系统都离不开存储器，无论是内嵌还是外接。本书第 2 章中已经仔细介绍过存储器的分类和原理了，存储器也只有下表中的几种类型。存储器是运算和通信的基础，运算和通信所需要的数据从存储器里来，结果又放回存储器。如果没有存储器，嵌入式系统就可以用“巧妇难为无米之炊”来形容了。最常用的当属 SDRAM 和 NAND Flash，在 32 位系统中它们几乎成了经典设置。

名称	功能	应用	举例
SRAM	静态随机存储器	高速寄存	IDT7134SA70P
DRAM	动态随机存储器	高速寄存	DRAMSA5328F
SDRAM	同步动态随机存储器	高性能寄存	K4S281632K
NOR Flash	NOR 型快闪存储器	快速读写数据存储	SST39VF160
NAND Flash	NAND 型快闪存储器	大容量数据存储	K9F1208
DATA Flash	数据快闪存储器	快速读写数据存储	AT45DB161
EPROM	电写入只读存储器		
EEPROM	电擦写只读存储器	低成本小容量存储	AT24C08
FRAM	铁电存储器		FM24CL16
MRAM	磁性随机存储器	高性能存储	MR2A16ACYS35

3. 协处理器

协处理器有时独立存在(如实时时钟芯片)，有时会和输入、输出设备封装在一起。

从系统整体的角度看时，需要把同一封装里的协处理部分和输入、输出部分区别开来，最典型的例子就是液晶显示屏模块。液晶显示屏模块多是把液晶屏、驱动芯片和背光组件封装在一片 PCB 上，留出接口与单片机连接。从表面上看液晶显示屏模块属于输出设备，而把系统拆分开来再看，液晶显示屏模块中的液晶屏和背光组件属于输出部分，驱动芯片其实是帮助单片机在硬件和软件上驱动液晶屏的，当属于协处理部分。如此看来大量的输入、输出设备中都含有协处理器，只是它们在封装上很少独立存在，就被我们习惯性地“误认为”了。通过工程思考可以给你新的启发，发现技术层面之外的深层问题。考虑一下还有哪些东西属于协处理器，想想它们协助 CPU 处理了什么工作，你会发现协处理器还真是蛮重要的。

名称	功能	应用	举例
数字信号处理（DSP）	可编程处理器	各种处理应用	ADSP-TS201
实时时钟（RTC）	产生实时时钟	电子时钟	DS1302
液晶屏驱动控制器	驱动液晶屏		
总线控制器	实现总线协议	总结协议实现	MAX485
看门狗控制器（WDT）	监控系统工作	系统保护电路	MAX705
调制解调器		ADSL 上网	
其他			

4. 输入

任何系统以外的环境数据被系统采集并进行处理均可视为输入。输入其实就是将各种物理量（如温度、压力、声光等）转换成电信号（电压或电流）。输入的内容主要有环境的数据和人的操作两部分，环境数据通过五花八门的传感器采集，人的操作部分被称为人机界面，主要通过键盘、语音识别等实现输入。仔细想想，人的操作应该也属于环境变量。在工程设计时，涉及输入部分的时候只要考虑系统需要什么样的环境数据，然后选择适当的传感器来采集就可以了。

名称	功能	应用
按钮开关	用户操作输入	各种键盘
温度传感器	感知环境温度	电子温度计
湿度传感器	感知环境湿度	电子湿度计
压力传感器	感知压力数据	电子秤
加速度传感器	感知物体移动加速度	硬盘跌落保护系统
重力传感器	感知地球重力方向	手机旋转自动感应
颜色传感器	感知颜色	
CCD/CMOS 图像传感器	采集图像信号	摄像头
音频传感器（话筒）	采集音频信号	话筒
超声波传感器	采集超声波信号	超声波测距

续表

名称	功能	应用
光电器件	感知环境光线	楼道声光控灯
无线电接收	接收无线电信号	手机
红外线接收	接收红外线信号	遥控电视机
一氧化碳传感器	感知一氧化碳含量	煤气泄漏报警器
其他		

5. 输出

和输入正好相反，输出是指由系统控制输出设备来改变环境状态。输出是将电信号转换成其他物理能，包括有热能、光能、声波、磁能、动能等。输出主要有控制和人机对话两部分，控制就是直接把电信号转换成其他物理能而实现控制的部分；人机界面（输出）是指为人的操作需要而输出信息的部分。

名称	功能	说明
电动机	产生动能	步进电机、伺服电机
数码管	人机对话	显示数字和字母
LED 显示屏	人机对话	用于大型室内外显示设备
LCD 显示屏	人机对话	用于小型低功耗显示设备
LED	光电转换	人机对话中的状态指示或照明
扬声器	声音提示	多用于人机对话时的声音提示，也可以播放音乐
红外线发射	产生红外线	用于电器遥控器、PDA 设备与电脑的通信
无线电发射	产生无线电波	无线电控制与通信
超声波发生器	产生超声波	多用于超声波测距
继电器	高电压控制	继电器内部为一个电磁控制结构，用于电源隔离控制，多用于低压控制高压的场合
振动器	触觉提示	手机中的振动器
电磁铁	电磁控制	
电热丝	电加热	
其他		

6. 通信

有一定单片机开发经验的朋友也会对总线的问题有所不解，在传统的教材里面鲜有关于总线的介绍。几年前我买到一本关于 CAN 总线应用方面的书，书很厚，价格也不便宜。为了学习它，我总是把它放在我的包包里，空闲的时间拿出来研究。内容有些死板，有些地方实在看不懂也要硬着头皮去看。没过多久，我终于把它看完了，突然有一种解放的感觉，此时的我只有一个问题还不清楚——CAN 总线到底用几根电线呢？直到我参加工作，在测试产品的时候才知道，原来 CAN 总线用了

2 根电线。不久前也有爱好者对我设计的电路产生怀疑，为什么我在单片机的一组 I/O 接口上并联了 2 个芯片。为此我要仔细说说总线，别让总线的问题变成专业的笑话。

如果把一组线路连接一个设备比喻成私人汽车的话，那总线就是在一组线路上连接多个设备的公共汽车。私人汽车可以很快速地从起点驶到终点，但每一家人就要拥有一辆汽车，占用了大量的资源。而公共汽车从起点出发，途经许多个站点，不同地点起程和下车的人都可以挤在里面，公共汽车的速度较慢，但是节省了许多资源。总线在英文里称为 Bus，这个单词也有公共汽车的意思，总线的设计理念就来自于公共汽车。同一种总线上挂接着多个设备，每一个设备就是公共汽车的中途一站，公共汽车里的乘客就是要传输的数据，乘客都有自己的目标地址（目的地），通过软件协议完成单片机与设备之间的通信。如何设计总线，让乘客快速、安全地抵达，成了交通部门和总线设计人员共同的课题。

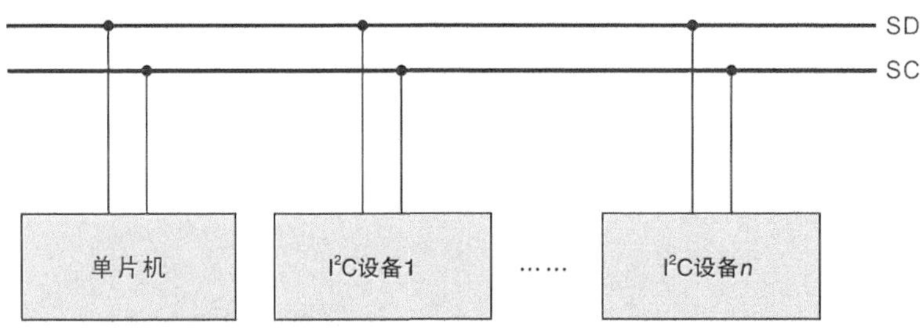

I²C 总线连接示意图

比如最常用的 I²C 总线由数据线（SDA）和时钟线（SCL）2 条线组成，总线上有一个主控端和多个从设备端。每次通信时，单片机都要先在时钟线上给出时钟频率，然后在数据线上发送一个从设备地址码。每一个从设备都有自己在总线上的唯一地址码，所有从设备都会收到单片机发出的地址码，但只有对应地址码的从设备回应，单片机收到回应后开始传送正式的数据。每一种总线都有它挂接从设备的极限，并不是无限挂接的，I²C 总线最多可以挂接 112 个从设备。

单片机上没有需要的总线接口怎么办？是的，前面的章节中我们认识的单片机并没有提供丰富的总线接口，比如 STC12C2052 只有 SPI 总线接口，总线接口有其对应的硬件电路，软件上都在 SFR 里面设有寄存器，我们在使用时不用理会通信协议，只要读写相应的寄存器就行了。硬件集成总线接口的单片机固然使用方便，可是单片机上没有总线接口也不会难住我们，至少我们有 I/O 接口，它可以模拟出我们需要的大部分总线接口，需要多做的工作只是写出总线的驱动程序。第 2 章中介绍的 DS1302 时钟芯片（SPI 总线）的驱动程序就分别有总线接口和没有总线接口 2 种应用形式。

为什么有些总线需要时钟线呢？当你了解了一些总线的知识后你会发现有一些总线上设有时钟线（如 SPI、I²C），而有一些则没有（如 CAN-Bus），这是为什么呢？在我说明原因之前，请你试着找到有时钟线和没有时钟线的设备有什么不同。你会发现单片机与单片机之间通信的总线都不需要时钟线，而没有外部时钟电路的芯片都采用了时钟线。因为并不是每一款芯片都像单片机一样具有自己的时钟信号，所以芯片上的时钟线就是让单片机在与芯片通信时给芯片一个时钟基准。这种同步时钟的好处是对系统的时钟精度要求不高，因为是单片机提供芯片的时钟，通信可以以任何速度进行。而没有时钟线的总线就需要通过波特率来统一时序，总线上连接的各种设备都必须按波特率通信。这样做的好处是精简了硬件电路，缺点是需要总线上的每个设备都有精准的独立时钟。

常见总线介绍

名称	通信线数量	说明
I^2C	2 线 + 共地	这是由飞利浦公司设计的一款总线标准，通过软件地址来区分总线上的 I^2C 芯片，I^2C 总线由时钟、数据 2 条线组成。I^2C 多用于低速数据通信，如 EEPROM、RTC 等
I^2S	3 线 + 共地	它与 I^2C 总线的原理相似，I^2S 主要用于音频数据的传输，除时钟、数据线外，还多出一条切换左右声道的数据线。总线上芯片用独立的使能信号线控制
SPI	4 线 + 共地	SPI 总线由数据输入、数据输出、时钟和使能信号线组成。由使能信号区分总线上的芯片。SPI 总线也多用于低速数据通信，如 EEPROM、RTC 等
1-Wire（单总线）	1 线 + 共地	用于单片机外围芯片通信
RS-485	外接 2 线 /4 线	工业控制中常用的总线，有 2 线和 4 线两种连接方式。可以实现 1 200m 以内的远距离通信，总线上最多可以挂接 32 个从设备
CAN	外接 2 线	工业与汽车控制中常用的总线，为 2 线式叉分信号
USB		用于外围设备通信
IEEE 1394（火线）		用于外围设备通信
PCI		用于板内通信
其他		

7. 其他

除了上述的区别之外，还有一些内容算作单片机系统的基础部分，比如电源、系统时钟和复位。一般来讲，它们都属于单片机最小系统的部分，单片机系统中可以没有输入和输出，却不能没有电源、时钟和复位。下面我们分别来介绍它们。

电源是任何一种电子产品必需的组成部分。单片机系统所需要的电源常见的有 5V、3.3V 的，另外还有 1.8V、1.2V 的，特别一点的还有需要双电源的。电源的供给有 2 种途径，一种是将市电转换成低电压的单片机系统电源，另一种就是使用电池供电。因为市电是交流电源，所以转换后的电源仍然会有波动，甚至市电中的干扰电波也会对单片机系统造成影响。所以使用市电转换方式供电的单片机系统都要考虑电源滤波问题。单片机系统的稳定性有很大一部分取决于电源的稳定性。

时钟控制器是产生单片机系统时钟的部件，最常见的是外接晶体振荡器，也有一些单片机是内置了 RC 振荡电路的，STC 的大部分单片机内部都有 RC 振荡电路。时钟频率与单片机的性能有关，一款单片机适用多少频率的晶体，要看数据手册上的说明。外部晶体振荡器的精度高，在对时钟要求严格的环境下使用，而内部的 RC 振荡电路精度不高，会随环境温度的变化而漂移，多用在不要求时钟精度的场合。

在单片机系统中，不一定只有单片机需要复位，有一些芯片也需要复位。复位分为上电复位、看门狗复位、电压跌落复位和手动复位。最简单的上电复位电路是用一个电容和一个电阻组成的 RC 复位电路，而对系统稳定性要求较高的场合要使用专用的复位芯片。

名称	功能	说明
电源	提供系统电源	在单片机系统中常见的电源电压有 5V、3.3V、1.8V 和 1.2V，有一些芯片需要双电源供电，如同时需要 5V 和 3.3V 电源。可采用 LM1117 系统集成稳压芯片得到需要的电压值
时钟控制器	产生系统时钟	内部 RC 电路或外部晶体振荡器产生系统时钟信号。单片机一般采用外部晶体振荡器产生时钟
复位	为系统提供复位信号	用 RC 电路或专用芯片产生复位电平，用于单片机和其他芯片的初始化。新一代 STC 单片机就内置了专用复位芯片，不需要外接复位电路
滤波	滤除干扰	滤除电源、高频电路等信号的干扰。常用的方法是加滤波电容和金属屏蔽网。滤波电路直接反应在系统的稳定性上，因为外部干扰，单片机系统会出现各种故障。滤波电路的设计非常重要
ESD	滤除电气静电干扰	ESD 是为防止外部静电损坏电路而设计的，大部分单片机内部集成了 ESD 功能，也有一些独立的 ESD 芯片可以连接在涉及外部电路的接口部分。器物摩擦、人体接触都会产生静电，大量静电可以直接损坏电路中的元器件
保险管	过电压、过电流保护	保险管可以防止电源意外过电压、过电流所造成的损坏。工程设计中常用的是自恢复型保险管
其他		

你一点不用害怕，因为以上这些即是全部，与单片机有关的部分就是这些。我所认识的单片机世界就是这样，也许还有一些东西我没有写到，只能用才疏学浅来求得你的原谅。从本书第 2 章的内容你知道了单片机编程可以像搭积木一样简单，那么从工程思考的角度看，单片机系统也是由各功能部分的硬件和软件组合而成的。

我并不相信下面这个故事是真实发生过的，但是作为经典的举例说明却非常恰当。你从故事可以体会到工程思考并非灵丹妙药，只有在适合的情况下使用才能发挥其效力。话说某国外企业引进了一条香皂包装生产线，结果发现这条生产线有个缺陷：常常会有盒子里没装入香皂。总不能把空盒子卖给顾客啊，他们只好请了一个学自动化的博士设计一个方案来分拣空的香皂盒。博士找来了十几人的科研攻关小组，综合采用了机械、微电子、自动化、X 射线探测等技术，花了几十万元，成功解决了问题。每当生产线上有空香皂盒通过，两旁的探测器会检测到，并且驱动一只机械手把空皂盒推走。中国南方有个乡镇企业也买了同样的生产线，老板发现这个问题后大为恼火，找了个小工，让他 3 天之内把这个问题搞定。小工果然有办法，他到电器市场花了 30 元钱买了台电风扇对着生产线上的皂盒猛吹，空皂盒因为重量轻而被吹下流水线的传送带。故事可以从两个角度去解读，或说中国乡镇企业不会用工程思考解决问题，或说外国企业小题大做了。我的观点是中国乡镇企业没有或不会使用工程思考，没能从生产线的工程学设计上分析问题，却正好遇见了这么一个简单的问题，假如问题复杂，便不会存在这个有趣的故事；而国外企业的工程师用惯了系统思考而不能跳出来看问题，把简单的问题复杂化了。工程思考是好东西，但并非放之四海而皆准。用简单的方法解决简单的问题，用复杂的方法解决复杂的问题才是工程设计的王道。

第2节 工程设计

目录

- 客户需求
- 设计草稿
- 元器件选择
- 设计冗余
- 编写报告

有朋友会问了，单片机刚刚入门，电子钟还没有研究明白就开始学习工程设计是不是有点太早了呢？没错，初学单片机的朋友涉及产品开发确实有点早，可是如果学业有成再来研究工程设计又会太晚。本章要介绍的不是技术而是经验，让大家先了解一款产品是如何制作出来的。

客户需求

工程设计纯属“纸上谈兵”，不用给电烙铁加热，也不用打开 Keil 窗口，工程设计要做的就是把客户提出的产品需求书变成项目评估报告。所谓产品需求书其实有 3 种可能的来源：

- 客户提供的 ODM 产品需求；
- 市场部门提出的市场需求；
- 创新需求。

客户提供的 ODM 产品需求是指某一家公司或个人主动找到你，热情地想与你合作。他们手上有一个项目，是一个很大的工程，其中有一部分涉及嵌入式系统，他们不是业内人士，也不想就此机会苦学单片机，他们为了尽快让他们的项目完工，必须把涉及嵌入式系统的部分外包出去。真是“天赐良缘”，他们找到了你的公司，你可能是公司老板，或者是即将承接任务的研发人员。几次交流之后，他们对你们的实力充满信心，没过多久他们送上一份产品需求文件，文件里列出项目需求和与嵌入式系统有关的技术需求。接过这份文件，你的工作便开始了，人家不会相信你的口说为凭，即使他们完全不懂得技术也依然需要一份专业的、漂亮的项目评估报告。

报告中需要写出可否在技术上实现项目需求，具体的技术方案是什么，需要多长时间的研发周期，大约需要的人力、资金投入如何。真实客观的数据会被你的老板和同事看到，稍微美化之后再递交给你的客户。几番讨价还价之后，双方微笑着伸出右手，一方得到了订单，一方解决了问题。

市场部门提出的市场需求是指由公司内部的市场部门提出产品需求，然后交给研发部门评估，大多数具有自主产品的公司都会发生这样的故事。研发部门没有主导权，它仅是产品链条的中间一环，前端有市场部门分析用户需求和市场动向，后端有销售部门推广产品。市场原则是有需求才有供给，用户对新产品的需求首先会被市场部门察觉，他们最了解市场，他们最明白用户需要什么。换句话说，他们最精通如何赚钱。产品的研发计划来自于市场部门，决定是否研发取决于公司高层，最后的研发任务才会落在工程师头上。这时的项目评估报告是对市场部门提出的产品需求书的回应，评估报告提交后会由市场部门和公司高层审核，项目完成之后的产品验收也是市场部门的事情。产品的性能不能让他们满意是你的责任，他们对产品满意却业绩不佳则是他们的问题，在权责问题上要搞清楚。不要得罪市场部门，他们是潜伏在公司内部的重要客户。

创新需求即创造新需求，是指由研发部门自主开发产品，来引领用户产生需求。要知道有一些市场需求是可以制造出来的，部分商家为此投入力量来挖掘客户的潜在需求。大多数人们没有边走边听音乐的需求，SONY 却发明了随身听，引领了一场全民听音乐的革命；人们本没有坐在家里与万里之外的朋友聊天的想法，贝尔却发明了电话，让世界变成了村落。创新的技术超越市场部门的洞察力，也超越了用户的想象力。在没有任何市场需求时的需求书就是在假设一种潜在的用户需求，它有可能变成现实，也有可能石沉大海，评估报告则是根据这种潜在需求来制作的。创新需求具有一定的风险，不如客户需求和市场部门的需求来得容易，没有天才头脑和十足把握的朋友最好不要尝试。

要想写好评估报告，首先你要理解需求书，然后根据需求书的要求提出几种可行的方案，选择最适合的方案之后确定技术细节和元器件，最后检查方案中还有哪些可删减和优化的部分。评估报告编写的过程中要与市场部门不断地讨论，再由公司高层审核，一旦批准即表示项目启动。当项目开始的时候，你还需要考虑更多的内容，比如掌控研发进度、管理团队合作、解决突发问题，这些内容会是下几节文章的主角。本节工程设计，从收到需求书开始一路跟随工程师的思考，认真、严谨、周到、细致的设计项目，把工程师的经验与智慧结晶在项目评估报告里。学会了工程设计，便熟悉了工程思考。

我曾经遇见过的项目不多不少，对我来说都具有挑战性。其中有一个项目让我印象深刻，因为经历了这个项目，我突然之间悟到了工程思考，随后的日子里我就运用工程思考的方式去重新理解工作上的事情，原来许多不解的问题在换一种角度思考的时候却有了答案。从项目本身看，自助式加油机的项目与我遇见过的其他项目并没有什么不同，只是因为它的神奇功效让我在编写本节提纲时决定以此为例。

也许我的领悟只是一种无聊的巧合，但是我还是希望它并不是巧合，希望大家也可以从中领悟工程设计的基本原理。

那是2008年的一天，公司里来了几个客户，他们看上去很重要，得到了老板的直接会见。后来才知道他们有项目要与我们公司合作，这个项目便是后来让研发团队辛苦劳累几个月的自助式加油机项目。客户显然并不是嵌入式系统的内行，薄薄的几页需求书中罗列的需求有些笼统，说实话我们最怕这样草率的客户，往往容易造成误解和矛盾，搞得大家都不愉快。为了让需求内容更具体，我们又和客户就一些细节展开讨论，一个一个地确定本不确定的条目。第二天，老板召集研发部门内部人员开会，问问这个项目有没有做的必要，如何来做。自助式加油机产品需要工业级产品要求，而且与汽油有关，汽油属于易燃易爆品，一旦出现问题就会牵扯到命案，所以我们在要不要承接的问题上左思右想。自助式加油机是为无人管理的自助加油站配备的产品，在未来一些偏远地区需要加油的业务量不大，加油站就可以摆几台自助式加油机在那里。车主把车开到加油站，在自助式加油机的键盘上输入想要加油的数量，对着读卡器刷一种非接触式IC卡（卡上的金额是在售卡点存入的），加油机就会从卡中扣除本次的加油费用。扣款之后，加油机内部的油管阀门打开，车主自己打开车子的油盖，自助加油。加油机上的液晶屏显示当前的加油量，当达到油量时阀门关闭，加油机上的小窗口吐出一张小票，上面印有本次加油的相关信息和“欢迎下次光临”的字样。下一辆车开过来时，依然重复上述的过程。听上去好像和可口可乐的自动售货机没有什么区别，只是出售的液体不同。如果你有爱车就会更理解我讲的故事了。

配书资料中的附录C是一份完整的产品需求书，虽然写得并不优秀，可是瑕不掩瑜，你依然可以从中学到一些东西，有说明不清的地方我们再来和客户讨论。需求书中涉及公司名称、项目名称和一些不便公开的内容都被我剪掉了。

项目的需求书一般包括以下内容：

- 应用说明；
- 技术要求；
- 研发周期；
- 项目款项；
- 验收标准。

仔细阅读附录C你会从字里行间发现撰写需求书的人对技术部分并不熟悉，这是大多数项目承接过程中都会出现的一个现象。如果客户懂得技术，就不会与我们来合作了，他可以自己完成或者雇用一个听他指挥的短工。许多公司在接到这样的项目之后都会暗地里骂客户不懂装懂，然后草草地按需求书上的条目需求应付了事。这样做的后果往往是客户得不到自己想要的产品，然后就会回来与公司交涉，公司方又会拿出需求书说自己完全是按上面的要求设计的。如果客户还要求改进，则公司方会拖延、转移话题或者另行收费修改。这是一种典型的短视公司的做法，仅仅看到眼前的项目款，却忘记了基业长青的秘诀。

如果你是承接项目的研发公司，请不要把目光局限在客户需求上，应该与客户进行更深入的沟通，透过客户的需求而看到客户的问题是什么。工程师应该针对客户问题而不是客户需求来设计方案，因为在嵌入式系统的领域，我们比客户更专业，我们知道如何更好地解决问题，知道哪种方法更有效。关注客户问题的例子在日常生活中也会经常遇到，比如你到便利店去买一把剪刀，如果服务员如你所愿给了一把适合的剪刀，那么服务员只关注到了客户需求。但如果服务员亲切地问你买剪刀做什么用，你说家里有一瓶红酒的木塞打不开，想用剪刀撬开，那么服务员会推荐你放弃剪刀而去买一个开瓶器，这位服务员关注的就是客户问题了。服务员显然比顾客更了解工具的种类和使用，她可以用专业眼光分析顾客的问题，并提出更有效的方案。附录 C 的需求书中提到通信接口采用光电隔离，电路中增加防静电电路，这些都是客户需求。其实客户想解决的问题是系统安全。从安全的角度上分析则会涉及防火花、防雷电、防静电、防人为破坏、防自然力破坏、防电源异常等。把我们对系统安全的更多考虑内容和客户交流，看看哪些是他们没有想到的问题，哪些是我们多虑的部分。作为客户来说，他们最了解的也不是需求，而是他们每天为之苦恼的问题，所谓需求只是他们凭借自身经验而提出来的解决方案。试着多和你的客户沟通，发现客户需求背后的真正原因。了解了客户问题之后再用你的专业眼光来改进需求书，这时的需求书才是完备而卓越的。

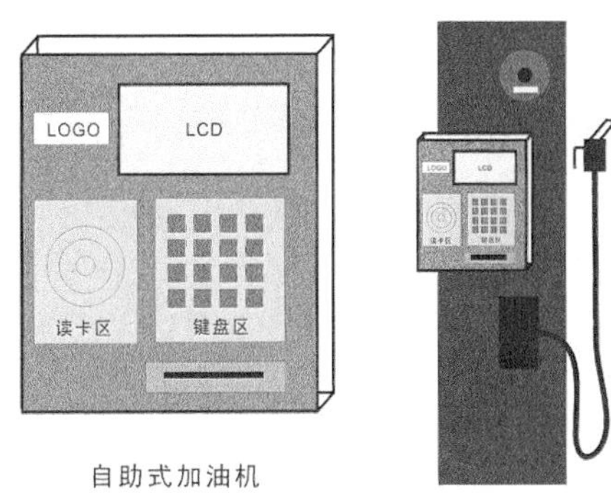

自助式加油机外形示意图

设计草稿

如果你拿到需求书就立即确定了要使用的单片机型号和周边器件的型号，那么不是因为你太草率就是神仙显灵了。说话要打草稿，设计也一样。如果你是承接项目的工程师，在分析需求书的时候就应该同时写出评估报告的草稿。了解得越多，思路就越清晰，技术上如何实现需求的方案落于笔下。让我们看看附录 C 中的需求书，然后和我一起分析技术上的实现方法。想出什么样的方案、方案的可行性大小都取决于你的研发经验，经验越多，越容易给出优秀的方案。如果你只有本书中的一些面包板和洞洞板的制作经验，也可以用你的经验来设计方案，不能保证其优秀，至少还是可以完成的。

先从需求书中摘出一些与技术相关的关键词如下：

工业级标准、12V 电源输入、独立射频 IC 读卡模块、独立字符型热敏打印机、2 路以上高速计数器、点阵式 LCD、8×8 阵列键盘、RS-232 接口、2 路 RS-485 接口、2 路 10 位 ADC、32 路 I/O 接口、断电保护、看门狗、实时时钟、连续工作 72 小时。

如上文所说，这些技术关键词是客户对自己问题给出的方案，我们需要进一步得知客户的问题是什么。经过与客户沟通，了解到一些客户的问题如下：

- 产品需要在我国东北地区使用，所以需要工业级温度范围（-40 ～ 85℃）的产品。
- 这款加油机沿用老式产品的外壳和部分组件，所以是 12V 电源输入的。
- 高速计数器是用来采集发油流量信号的。
- 2 路 10 位 ADC 功能是用来采集温度信号的，因为在不同温度下油料的体积是有差异的。
- 沿用老式产品的外壳，机壳上留有 LCD 显示屏和键盘的位置。
- 客户已经找到了独立的射频读卡器，其输出为 RS-232 接口。
- 2 路 RS-485 接口作为外部扩展通信接口，用于票据打印机、报警器等。
- 要求的 32 个 I/O 接口，目前仅使用 19 个，其余为预留。
- 系统在意外断电时数据不能丢失，特别是在加油的过程中。
- 实时时钟主要用于票据打印时加印时间信息。
- 看门狗功能防止系统程序跑飞而导致安全问题。
- 加油机在夜间不工作，连续工作不超过 10h，72h 测试是为了保证超限工作时的稳定性。

了解到客户问题之后，我发现有一些需要改进的地方。从客户的需求书和实际问题的差距可以推测出客户的技术水平，这是很重要的一份情报。虽然从和客户的聊天中也可以摸索到这一点，但是他们总会避而不谈自己的弱点，从需求和问题分析客户会更准确一些。知道了客户的技术水平，便知道如何和客户在技术上沟通了。需求书上的技术方案并不是解决客户问题最好的方案，以客户问题为依据，我们可以给出许多改进意见。

RS-485 有两种模式，一种是 4 线制通信，另一种是 2 线制通信，在 4 线制通信时只能够使用点对点的通信，在 2 线制的通信方式下可以在总线上同时挂接 32 个设备。RS-485 总线的最大传输距离是 1200m，最大传输速度为 10Mbit/s。所以在 2 线制的通信方式下，不论是挂接打印机还是报警器，甚至是未来扩展更多的设备，1 路 RS-485 总线就可以从容应对。因此，建议客户在 RS-485 总线部分的需求上使用 2 线制的方案。

需求书中需要 32 个独立 I/O 接口，其中输入 16 个、输出 16 个，可是目前应用的 I/O 接口只有 19 个，其余 13 个为预留接口。预留接口的数量有必要这么多吗?而且输入预留 6 个，输出预留 7 个。I/O 接口有标准输入 / 输出双向功能，所以可以适当减少一些预留接口数量，减少系统设计压力，避免浪费。

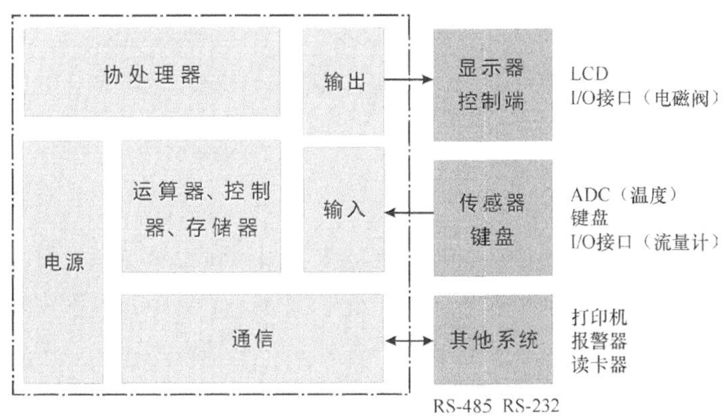

系统结构图

从工程思考的角度为系统各部分功能进行划分，可以得出如下的分类：

分类	功能部分
处理器（运算器、控制器）	单片机
存储器	ROM、RAM、掉电保护 RAM
协处理器	实时时钟、看门狗
输入	键盘、流量计、温度传感器、报警输入
输出	电磁阀、显示屏、蜂鸣器
通信	读卡器、报警器、票据打印机
电源	降压、稳压、滤波整流

在此项目的需求书中可以发现，温度传感器接口是直接给出来的，也就是说在加油机上已经安装了 2 个温度传感器，咨询客户得知是一种工业用热敏电阻，热敏电阻已经连入电路，直接输出电压信号，用 ADC 功能可得出温度值。假设客户没有提供温度输出接口，我们还要自行设计它，或采用低成本的热敏电阻，或采用高可靠性的数字温度传感器（LM75 或 DS18B20）。另外，已经固定在机壳上的射频读卡器、热敏打印机和用户键盘都是不可更改的部分，接口由用户给出，我们在设计草

稿的时候只需要考虑它们的接口定义即可。

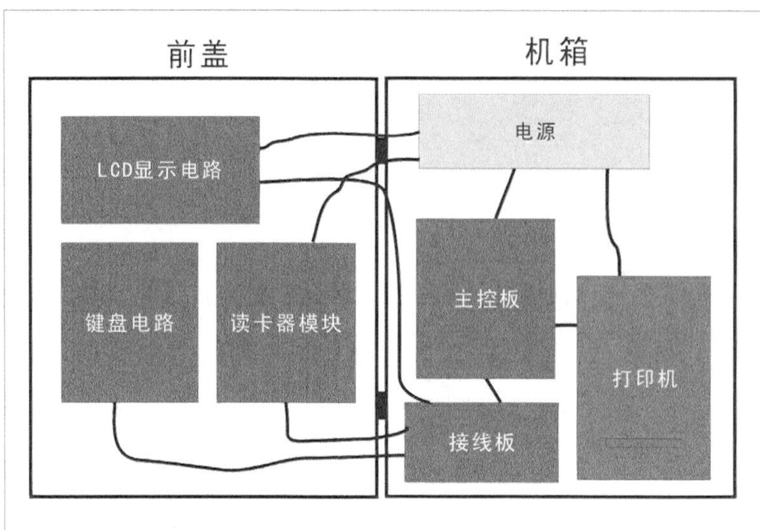

自助式加油机机箱内部结构图

以上是仅就自助式加油机项目设计的草案，从中可以了解项目设计所需要思考的内容。可能我还忽略了项目设计中人性化的问题，产品中与人有关的设计应该尽量贴近人的习惯，多从使用者的角度考虑会让产品有血有肉。在草稿设计阶段，你需要考虑以下问题，把这些问题罗列出来然后细细研究，便可以做出周密的评估报告和计划书。

- 了解用户已经完成的工作。
- 把系统的各功能部分分类。
- 考虑产品的工作环境。
- 考虑用户的使用过程。
- 考虑重要组件的细节。
- 列出技术参数。
- 找到攻关难点。

元器件选择

技术细节确定之后就要初步确定元器件的型号，要确定的元器件只是主要的几种，并不包括周边电路的电阻、电容之类。元器件的选择应该和公司里的采购部门交流，了解现在芯片的采购资料，会让你的元器件选择更符合当前的市场情况。选择元器件时必须要考虑以下一些问题。

■ 是否有大量市场货源。

■ 订货周期。

■ 是否是成熟产品。

■ 公司内部已有使用经验者优先。

■ 性能是否达到设计要求。

■ 批量价格与同类产品比较是否低廉。

■ 是否有完备的技术资料。

■ 是否具有两种以上的可替代产品（不同公司的同类型产品最佳）。

■ 是否被客户接受（在为客户讨论方案时需要求得客户意见）。

不论是什么项目，最先选择，也是最重要的选择部分就是单片机。现在的单片机都在内部集成了更多的功能，其性价比要高于从外部扩展这些功能。所以选择一款恰当的单片机成为重中之重。单片机周边元器件的选择则以单片机为参考，尽量选择大众化、市场上普遍可以买到的产品。除了考虑芯片功能、性能、价格之外，封装形式也要重点考虑。考虑封装主要是为了保证产品的体积合适，也是为了方便生产。DIP 是前一代封装形式，SMD 是新一代的封装形式也会是未来的主流。咨询一下各种封装的价格差异，再问问外包生产的工厂更擅长哪种封装的焊接工艺。下面就本项目的一些主要元器件做出选择，你可以有不同意见，因为每个人的经验不同、考虑问题的角度不同，得出的方案也就不同。所以，以下仅代表个人观点。

单片机： STC12C5A60C2

在单片机选择上并没有太多的讲究，无论你是使用 PIC 系列还是 MCS-51 系列单片机，关键是看你目前具备哪一种开发平台。现在的单片机基本上是通用型的，每一系列单片机都有不同的封装、功能，只在你所熟悉的单片机系列里面选择就可以了，尽量不要跨越平台。比如你们一直在使用 STC 系列的单片机开发项目，而这次的项目却希望用 PIC 系列的单片机来开发，这是很不明智的。因为 STC 系列和 PIC 系列单片机所使用的软件和工具是不同的，在短时间内不可能熟悉新平台，这样做也会使项目延期并出现不可预知的问题。本书一直以 STC 系列单片机为例，所以本项目的研发依然使用它们。因为以 MCS-51 为内核的单片机有许多厂家生产，一旦 STC 系列单片机出现供货问题，我们还可以采用华邦、Atmel 等其他厂商的类似产品，满足了“可替代产品”的要求。

单片机程序方面首先要选择已有经验的编程平台，因为单片机开发主要的工作就是编程，所以选择单片机时也要考虑编程平台。至于用 C 语言还是汇编语言，也要看哪个经验更丰富、更常用。不过，在移植和模块化的编程团队合作开发中，采用 C 语言更有利于开发。

STC12C5A60C2 是 STC 系列单片机中功能强大的一款，内部集成了 2 个 UART 接口,48 脚封装的产品中有 40 个引脚可以用作 I/O 接口。内部集成有 RC 时钟振荡器、上电复位、看门狗、ADC、PWM 等功能，其功能完全符合本项目的要求。

实时时钟： DS1302

许多朋友有一种误区，以为像 DS1302 这种常见的芯片只适合电子 DIY 使用，如果做项目就应该使用更高级的时钟芯片。DS1302 没有什么不好，应用广泛、性价比高，项目研发和电子 DIY 选择元器件的标准其实一样，不要过高地看待项目研发。有一些单片机内部也集成了实时时钟功能，如果选择了那款单片机就省去了独立的时钟芯片。STC12C5A60S2 内部并没有时钟功能，所以我们需要选择独立的时钟芯片。众多时钟芯片中我们最熟悉的就是 DS1302，而且客户并没有在需求书中对时钟的精度提出要求。是不是我们就可以使用了呢？不行，需求书里没有提到，并不表示客户不关心，有可能他们忘记了这项内容。所以我们还需要和客户沟通，听听他们对我们采用 DS1302 的方案有什么建议。DS1302 需要采用 32.768kHz、6pF 的外部晶体，晶体的质量直接影响了时钟的精确度。所以在向客户提出方案之前我们需要自己先测试一下 DS1302 的误差范围，在讨论的时候也有真凭实据可言。

RS-232 芯片： MAX232

STC12C5A60S2 内部集成有 2 路 UART 接口，用 MAX232 芯片可以将其转换成 RS-232 接口标准。虽然电平转换的功能也可以用分立元器件组建，但是可靠性并没有 MAX232 芯片高。我想说的是，在实现功能的方案中有许多种可以备选，你需要反复评估它们，选择最适合的方案。MAX232 采用 5V 单电源供电，只需要很少的外围元器件，有 DIP 和 SMD 封装可供选择。

RS-485 芯片： MAX485

STC12C5A60S2 的另一个 UART 接口可以用在 RS-485 总线接口上面，使用 MAX485 芯片就可以轻松实现。MAX485 芯片的接口也很简单，单片机端除了 UART 的 2 个端口之外，还需要一个 I/O 接口控制输入 / 输出的切换。

LCD 显示屏： LCD12864

当今的科技发展迅速，彩色 TFT 显示屏已经不是什么新鲜玩意儿了，为什么还要使用 STN 的单色 LCD 显示屏呢？使用 LCD12864 是有几方面考虑的，因为彩色 TFT 显示屏在强光下会很难看清其显示的内容，不适合在户外使用。再从性价比上考虑，彩色 TFT 显示屏的价格居高不下，而 STN 单色 LCD 显示屏却有着较大的市场份额，价格也比较低。在自助式加油机上显示简单的数据信息确实足够了。

其他： 热敏打印机、 射频读卡器

热敏打印机和射频读卡器可以算是独立的产品，它们内部都含有单片机系统，用于控制打印和读卡。它们可以算作输入设备，也可以看成单片机之间的通信，打印机和读卡器里的单片机还可以视为协处理器。在选择打印机和读卡器的时候重点考虑的是接口的硬件连接和软件协议。如上所述，打印机和读卡器都采用了 RS-485 接口，虽然市场上类似的产品多采用 RS-232 接口，但是客户显然已经准备好了它们，不需要我们选择。我们要做的是研究如何控制它们，怎样读写射频卡，怎样打印信息。

设计冗余

对于初学工程设计的朋友来说，可能头一回听说冗余这个词。从字面上理解，冗余就是多余部分的意思。冗余在工程设计里面具有 2 种含义，一是去除设计中多余的、重复的部分，而使电路变得更简洁；二是为关键组件添加备用组件，一旦组件失灵，备用组件仍可保证系统工作。在这个项目的设计中，对冗余的这 2 种含义我们都要考虑。冗余包括硬件和软件，在工程设计时需要考虑，在开发过程中也需要考虑，甚至有一些公司在产品生产时还在考虑。曾经听一位朋友说，他的同学毕业后应聘了一家家电公司，他的工作就是测试从现有的产品上取下电容、电阻之类的元器件，看电路是否还可以正常工作。他所做的工作目标就是为公司省钱，甚至已经成为不良行为。冗余一定要适可而止，不能过分地删减，也不要过度地添加。它是一种需要许多环节参与的综合性技术。

首先是去除设计中多余的、重复的部分。硬件电路在设计时多会引用现有的经典电路图，在上面稍微修改就应用在本项目中，编程方面也会是编程模块的累加。既然是累加，难免会有重复的部分，比如某 2 个电路里面都有电源稳压电路，某几段程序里面都有延时子程序。这时我们要把重复的部分只留其一，让电路和程序精简、适当。有些部分是不能被删减的，换句话说，如果某些部分被删减将会影响系统性能。比如每个经典电路上都会有电容滤波电路，它们应该分布在每部分电路的周围，是不能删除的，除非做过科学的计算。还有一种情况，你只用某电路或编程模块的一部分，剩下多余的部分可以果断地删除。去除冗余完全是凭借开发经验，去除冗余设计后的产品更精练、低成本，一些创新的灵感也会由此产生。

其次是添加备用组件。在民用的产品中很少看到添加备用组件的例子，不然厂商设在各地的售后服务部就会很轻闲了。添加备用组件多是在安全性、稳定性考虑高于成本考虑的时候，军用产品和部分工业产品符合这一条件。一般来讲，添加备用组件就是在现有系统边上放入一个与之类似的备用系统，一旦主系统出现问题，备用系统就会接过工作任务。备用电池是说明备用组件最好的例子，为了防止因断电所导致的损失，某些由市电供电的系统会加装备用电池。

另外，还有一项要求不在冗余之列却也非常重要，这就是扩展预留。谁能想到未来会发生什么，在设计的最后考虑一下未来的变化，与客户沟通，听听他们有什么计划。在自助加油机的需求书里，客户已经需要预留一些 I/O 接口，这就是准备扩展时使用的。在设计 PCB 的时候也要多考虑意外情况，在设计 PCB 时预留一些焊接替代元器件的位置，一旦发现问题，不用重新设计 PCB 就可以焊接上替代元器件而解决问题。不要把事情做得太满，为一些小规模的改进做好预留，后续的工作会更轻松。

编写报告

请把上文介绍的内容整理出来，编写成一份独立的项目评估报告。报告的章节划分和排版格式没有要求，只要把上面介绍的内容整理好、放到报告里就可以了，注意条理要清晰。还有一些事情你需要考虑，但不用放到评估报告里面：项目的开发成本和开发周期。一般来讲，评估报告是给客户的正式文件，如果客户没有特别要求，就不需要写明经费方面的问题，仅就技术层面评估，充分发挥你的强项。

不要把评估报告丢给客户就不理不问了，这时候你需要和客户有更多的沟通，了解客户的不同意见。当与客户在技术层面上发生分歧时，千万不要折中或者听从客户的意见，要花时间尽量说服他们。因为产品一旦发生问题，客户才不会红着脸内疚呢，你必须承担全部责任——所有人都这么认为。开始撰写评估报告吧，万里长征刚刚开始，在项目开发的过程中你将面临更多挑战。下一节告诉你，理想与现实会有多大差距，思想与行动之间还存在着多少秘密。

第3节 工程开发

目录

项目启动

我左手端着一杯热茶，右手拿着一堆资料和笔记，若有所思地走进会议室，研发部的几位同事已经在这里等候。“小王怎么没有来？”我问道，顺便探出头去，冲着办公室的隔间喊：“小王，开会了，讨论自助式加油机的计划。”小王的隔间没有声音，倒是旁边的小张告诉我说小王在见一个客户，可能要晚一点过去。“好的，尽量让他快一点。”说完我便回到会议室，开始自助式加油机计划书的讨论会。小张递过来一张会议记录，每一个参加会议的同事都要在上面签字，表示参加了开会，产品经理也不例外。

“好了，不等了，小王有客户，一会儿过来，我们现在开始吧。销售部下午3点还要用会议室，我们还有一个半小时的时间。”我习惯性地做了开场白，然后将手中复印多份的资料分发给每一个与会者。

“这是我写的自助式加油机的研发计划，昨天已经发给陈工（研发部经理）看过了，今天把大家召集过来，就计划中的一些细节讨论一下。”说着，我用目光向几位硬件和软件工程师示意了一下，看到后排座新来的同事默默地低着头，有一些不知所措。嗯，新人对环境和工作都还不习惯，希望他可以了解一个工程从开始到完成的整个流程是怎么样的，这样对他日后的发展也有好处。虽然我这样想，但没有和他说，也是希望看看他自己的态度是否主动。我不指望一个不能主动参与到团队合作的人能有多大的作为，这是团队合作的基本能力。

“有一些同事可能还对自助式加油机这款新产品的计划不是很了解，尤其是新来的同事，我在这里简单介绍一下。自助式加油机是上周一个客户提出的产品需求，但是由于研发部这边一直在接另一个客户的OEM项目，一直拖到现在。大家或多或少地也能听到我们的E3型工控主板的客户反馈，至少技术支持那边会收到一大堆问题。这些问题我也大概了解了一下，大体上是嵌入过程中的软件和硬件问题，主要还是硬件。”硬件工程师有一点拘谨，说到自己的头上确实不是什么好事情，不过责任必须要承担。

“问题来了，”我继续讲道，“大家也在资料上看到了，这样一些功能，放在双层板、90mm×90mm 的板子上，能布得下吗？”

“应该布不下。”陈工说。

“我算过 130 多个元器件，都是 SMD 的，不加扩展板的话，好像正好，问题不大。”我说。

“那没有用，你还要算走线和元器件间距，过 EMC（一种电子产品电磁兼容性能标准认证）的时候有点险。”陈工解释说。

“刘工，你感觉如何？”我说头一转，问一下“久经考验”的硬件工程师。

刘工沉默了一会儿，说可以试试。

“不要试，这个现在就得决定，我们不可能在布硬件的时候说布不下了，再换成大尺寸板吧？这个问题交给刘工了，明天我们决定下来，看用什么元器件可以减小面积。实在不行，咱们到其他几家供应商那儿看看。”

会议如此进行着，我必须在几个关键问题上得到答案，这样才可以让领导签核，正式立项。我像导演一样，要在脑中完成整个设计方案，并执着地坚持着我想要的效果，不能向技术上或是生产上的所谓的困难妥协。因为公司里的每一个部门都有自己的观点角度，都有自己的利害关系，在有些问题上，他们有他们所谓的难度和不可能完成的任务。这个时候，我一定要坚持，但也要适度地在证据面前松手。从计划书开始，自助式加油机就和我们亲密接触了，产品定义、型号命名、项目管理、任务安排、组织会议、文件整理、关键技术参数的确定、BOM 单确定、生产工艺确定、说明书制作、产品定价、成本核算、配件确定、产品培训等。

这是一件复杂的事情，要想胜任，你不只要懂技术，还要懂市场、懂销售、懂技术支持、懂管理、懂设计、懂生产，还有懂一系列乱七八糟的事情。任何一个细节出错，都可能导致后续一系列的连锁反应，会有更复杂的补救措施、一长串成本上涨的数字。如果你不够细心，劝你还是为你的精力和健康多多着想。许多未出校门的大学毕业生曾向我许下宏愿，将来一定要成为技术总监或是总工程师，以为达到技术上的高峰就可以封笔收刀了。其实技术这个东西在整个公司的产品研发和销售上只占一个部分，技术起重要作用，但不是关键作用。整体方案的设计与所有部门的整合、管理，更有挑战性也更有成就感。这是需要综合能力的位置，许多公司因为有了产品管理而大步前进，许多公司因为还停留在技术是技术、生产是生产、销售是销售，而在逆水中行船。

1 小时之后，会议结束。会议记录表的最后一栏是本次会议达成的事项。会议本身不产生任何效益，只是一群人坐着说话、浪费时间，如果没有达成任何事项，那就相当于被开除之前的告别仪式。本次会议达成的事项如下。

- 在 1 天之内确定 PCB 尺寸和元器件数量及基本排布。
- 在 2 天内与采购部配合，就目前的产品方案给出硬件成本。
- 在 2 天内核算出本项目前期研发成本。
- 在 2 天后重新整理计划书，并递交总经理审批。
- 召开项目第一次例会，讨论技术细节。

另外，确定产品开发周期为 2 个月，硬件工程师 1 人，软件工程师 2 人，技术监制由陈工担任，技术员由研发部内部指定，不在计划之列。PCB 的打样需要 7 天，外包的生产厂家还要制作贴片机量产用的钢网，还要几天时间。最后上机试产，又要几天的时间。试产的样品送回公司调试，再由各方提出修改方案，进行第一次修改。一般情况下硬件只进行 1 次修改，最多是 3 次。超过 3 次时，工程师就可以回家待业了。修改后的硬件再重复前面的过程，最后确定样品验收合格，就可以大批量生产了，根据市场预期来设定量产的数量。公司不希望大量现金流积压在库房，但也要考虑分销商供货和产品交货期的问题，利弊权衡都要操心。

留下一个漂亮的签名，新项目研发就此开始！

计划书

如果说评估报告给出了从技术上如何满足客户需求的方法，那么计划书则全盘说明了我们要怎么行动，评估报告中技术是主角，计划书里研发团队是核心。工程开发需要一纸计划，就好像拍电影需要剧本一样。计划书以评估报告为蓝本，规定项目研发的每一处细节，给研发团队里的每一个成员分配任务。下面是嵌入式系统项目的计划书中所要包含的内容，你可以试着以此为大纲来撰写你的计划书。

市场调查 / 客户需求
项目目标

技术
功能参数设计、 内部评估元器件选择、 电路设计、 结构设计、 PCB 制作、
软件开发、 资料文档编写、 成本控制

产品
产品命名、 版本号规定、 修订原则、 质量设计、 工艺要求、 包装设计、 说明书制作
外部认证 （ROHS、 EMC、 CCC、 CE 等）

生产
生产流程、 生产方法、 测试方法、 质量管理 （QA）、 质量控制 （QC）

市场
市场定位、 销售方式、 市场推广、 广告设计、 价格制定

技术支持
技术支持期限、 规则制定、 技术人员培训

人事安排
指定负责人
　任务分配
　时间安排

资金安排
　所需资金
　所需设备

产品验收
资料管理
修订
备注

有一份漂亮的计划书并不能保证最终产品的成功，除了团队管理者的决策能力和团队成员的执行能力之外，还应该注意避免以下一些问题。

- 细节描述模糊不清。
- 不经过集体讨论。
- 形式主义。

计划书指导具体行动，如果计划书中的描述都模糊不清，又怎么能保证项目的准确呢？比如计划书里不应该出现“近期”“大约”“可能”之类的词句，如果要表达大概的时间可以用 1 ～ 3h；如果要表示数值的误差可以用 12mm（±1mm）；如果不确定结果，可以备上几种方案或注明临时决定。无论计划书是谁完成的，都要在例会上与团队成员一起讨论，讨论计划书的过程本身就是一项重要工作，因为大家在讨论时可以达成共识，对项目的理解不会有大的偏差。要知道计划书的目的是统一行动，让工作有组织、有效率。不要为了写计划书而写计划书，如果团队的管理者可以用语言让每位成员心领神会，那就没有必要写计划书了，直接把管理者的话录下来更好。

提到讨论与达成共识就自然少不了会议，项目开发中进行的会议可以不断校正行动路线，总结先前的经验，安排后续的工作。下面是常用的会议安排，当然环境不同，会议的形式和安排也会不同，不要照着我的做，尽量随机应变。

项目开发流程：

顺序	工作	会议	说明	涉及部门 / 人员
1	方案提出及可行性评估	第一次会议	提出方案并召开部门会议评估方案可行程度及市场预期	研发部门 市场部门
2	项目目标确立		确定最终需要实现的目标，包括项目内容和时间	总经理（审批）
3	起草计划书（草稿）	第二次会议	起草计划书将项目目标、所需费用、所需时间、参与人员做文件说明	研发部门
4	讨论计划书细节	第三次会议	相关部门对研发的细节问题做进一步的讨论	研发部门
5	任务与时间分配		详细分配任务并完成计划书	研发部门
6	第一次总结会议	第四次会议	研发期间须通过 3 次或多次会议进行阶段性总结，以此调整研发速度，保证项目按时完成	研发部门
7	第二次总结会议	第五次会议		研发部门
8	第三次总结会议	第六次会议		研发部门
9	任务承交及文件存档	第七次会议	如任务按期完成则开会讨论项目验收，并将项目相关所有资料送交存档	研发部门 总经理（审批）
10	庆功会和奖金颁发	庆功会	相关人员参加庆功会（宴），按照公司项目奖金制度颁发奖金。在对项目成果进行肯定的同时，让员工从紧张的研发中放松	相关人员

大多数人对开会留有错误的印象，以为开会就是坐在那里发呆，或者是巩固某种关系。不可否认，有些会议确实如此，但是项目讨论会关系到项目的成败，不可儿戏。开会每个人都会，可是会议总会有一些问题，让会议的效率越来越低。以下列出开会要注意的问题。

■ 会议需要规定时间。

■ 会议应尽量简短。

■ 开会不是在休息。

■ 会议要有议题和确定事项。

■ 做好会议记录。

会议从几时开始，到几时结束，都应该准确地预告，没头没尾的会议是最糟糕的。团队成员都有自己的工作任务，谁也不想在永远讨论不完的会议里浪费时间。事先通告会议时间和主题，可以让与会人员安排好会前、会后的工作，也可以让其他想使用会议室的部门避开你们。会议尽量要短，冗长的会议不能让人集中精力，动不动就开上几小时的会议让人疲惫。回忆一下你所参与过的大型会议，还记得当时的自己和周围的人是什么状态吗？开会不是来休息的，要打起精神，把它当成重要工作。不，它本来就是重要工作。一次会议应该有一两个主题，而在会议结束时一定要有结果，所谓结果就是达成事项。达成的事项由哪些成员负责，完成的期限是什么，要一一写在会议记录上。如果没有达成具体事项，那开会又是为了什么呢？

团队合作

一提到团队合作我就头疼，一群人做着一大堆事，结果发现团队合作还不如单枪匹马工作更有效率。如果人数众多是团队合作的主要因素，那么中国和印度应该是世界上最发达的国家。在嵌入式行业里，团队合作不佳是一种非常普遍的现象，有些老板放弃合作的方式，让一个工程师独立承接项目，从工程设计到原理图绘制，从 PCB 制板到软件编程，全部由一位高手完成。只身作战的缺点有很多，因为不能分工合作，每一项工作内容都不能深入，一个人的经验和知识而决定着项目质量，一旦工程人员离开将不能继续研发。现在的技术人才走走停停，真的想依靠一位高手完成工作，对公司方面来讲是危险的。对电子爱好者来讲，可以独立开发项目并不是什么优势，一般人都可以做到。可以融入团队合作，专业精湛且与同事合作愉快却是难事。专业技能和团队合作能力才是当今嵌入式行业较为看重的“品牌”。团队合作能力和团队的领导者有直接关系，团队的失败就是领导者的失败，团队的成功是成员共同努力的成果。无论你身居何位，你都有责任和你的同事团结起来，热爱你的工作，热爱你的团队。

一个优秀的团队应该符合以下条件。

1. 团队成员对工作充满热情

一个嵌入式项目的研发团队里有硬件组和软件组，硬件组完成电路原理图的绘制、PCB 制板等工作，软件组完成编程、调试。大家都要相互了解团队中其他人的工作，同时又对自己的部分充满信心和热情。对工作抱有热情的人更容易能激发灵感，更有耐心处理繁杂的事物，更有责任心把问题处理好。对工作充满热情是优秀团队的基本条件。

2. 有激励管理和人性化制度

怎么让团队充满热情呢？显然不是靠每个人的道德修养，激励管理和人性化制度必不可少。人们都喜欢听鼓励的话语，用“做不好就扣工资”的老办法来提高工作效率根本行不通。试着发现团队中每个成员的长处，充分肯定他们的优势所在。“迟到 1 分钟罚款 10 元”，这样的制度是人性化的吗？你是希望看到大家都早早地坐在办公室里发呆，还是希望每一个都在认真完成工作，不管他们身在哪里？办公室是提供良好工作环境之处，而不是限制人身自由的地方。用务实的态度建立激励管理和人性化制度将有利于团队合作。

3. 没有顾虑地无障碍沟通

激励管理和人性化制度可以让每一位成员有更好的工作状态，那么怎么加强成员之间的合作和默契呢？这个问题需要用无障碍沟通来解决。如果你发现了电路原理图中存在的问题，你会毫无顾虑地直言吗？如果你并不负责硬件研发。指出硬件研发人员的错误会引起他们的不满，他会说："你又不是搞硬件的，你懂什么？"如果问题只是你的误解所致，那么别人会怎么看待你呢？他们会在背后说："就这个人不懂装懂，结果他说的全是错的。"发现问题的人考虑到太多的与问题无关的事情，包括对自己的怀疑、人际关系的处理、事后别人对自己的看法等。这些顾虑阻碍了团队的沟通，也让人与人的关系变得复杂，更关键的是顾虑会让问题隐藏而不能被及时解决。请鼓励勇敢直言的人，让团队养成就事论事的好习惯，不混入办公室政治之中。团队会在无障碍沟通的环境里更加团结。

4. 团队讨论时相互提出建设性意见

团队合作过程中最常见的毛病就是开会，因为一个问题而召集人马进行冗长的会议，问题却不被解决。为什么呢？因为大家都在问题的严重性讨论中浪费时间。谁需要知道问题可能会导致什么样的可怕后果，除了让人不寒而栗之外没有别的作用。没有人希望后果发生，大家需要解决问题的方案。一直提出问题、重复问题都是在浪费时间。别一张嘴便说这个有问题、那个有问题，请说说对于解决问题的方法你有什么高见。问题大家都很清楚，还是花点时间思考，认真提出建设性意见、给出解决方案。大家彼此建议，相互补充，很快就可以讨论下一个问题了。

5. 卓越的完成项目是每一位成员发自内心的目标

在路过某一品牌时装店的时候，正巧看到所有的店员在广播的鼓动下整齐地拍手，嘴里还念念有词。我半开玩笑的对身边的朋友说："你看，他们在统一目标呢。"企业的目标各有不同，这要看领导者的经营理念了，而项目的目标几乎没有什么区别，都是要高质量、低成本、短时间地完成任务。统一目标对团队合作有多大的帮助？时装店的老板比别人更清楚。不断地喊出口号，与同事共勉，慢慢地便真的变成发自内心的目标，大家也确实相信目标可以实现。成功积累经验，失败找出原因，视你的项目内容定出具体的目标。目标一定要具体，要有数据的限制才行，比如在 2 天内完成 PCB 布线或者 5 天内完成程序开发。同时一定要让目标从成员的内心产生，不能留于口头。如果只是嘴上说说，还不如聊聊电影明星的私人问题。

在嵌入式行业里处处可见团队合作，小到项目研发，大到部门合作、公司间战略合作。无论你是团队的普通成员还是团队的领导者，甚至是团队之外的无关人士，你都要了解团队合作的方法。在团队合作时做好本职工作是远远不够的，那样只能叫分工合作。团队合作需要充满工作热情的成员、激发动力的管理、无障碍的沟通、建设性的意见和统一的目标。具备以上条件的人们才叫团队。在细部工作中体现个人才能，在系统整合时展现集体智慧，我想这才是团队合作的精髓。

遇见问题

可能出错的地方一定会出错，项目研发的过程中会有一些事情是评估报告和计划书都没有预见到的，问题并不可怕，可怕的是同样的问题出现第二次。遗憾的是，可怕的事情经常发生。一个人经常生病是因为他有着不良的生活习惯，问题的再现也是一样，养成良好工作习惯才是解决问题的关键。

一定会有一些事情是计划书中都没有预见到的，这就是我写这段文字的目的。谁也不是神仙，不能掐指推算未来，虽然思考周全能体现管理者的能力，但我认为更重要的还是如何解决问题。在解决问题之前还有一步必须努力，那就是及时说出问题。有朋友会觉得说出问题应该是很平常的事情呀，没有什么难处。但当问题与个人利益关联的时候，及时说出问题就成了难事。硬件工程师会发现电路设计中的漏洞，可是他不会说出来，因为他知道一旦问题说出来了，需要花费时间和精力去解决的是他自己。抱着多一事不如少一事的人生哲学，问题就被隐藏起来了。化解的办法并不复杂，只要让及时说出问题变得对他更有利，问题自然会浮出水面。如果你是发现问题的人，我劝你及时说出来，否则后患无穷。

我把我所遇见过的突发事件整理了一下，总结出以下一些问题类型。如果你有兴趣，容我一一介绍。

- 客户需求无法实现。
- 找不到原因的问题。
- 小问题。
- 致命问题。

1. 客户需求无法实现

客户的需求在评估报告里面都被满足了，双方愉快地签下了合同。可是实际开发的过程中却发现我们当初想当然的地方存在着不可能完成的任务，除了后悔之外，我们还能做什么呢？首先要尽快想出补救方案，研究从技术上可否补偿。如果不行就要坦白问题，寻求客户的理解和让步，千万不要用谎言应对，不要再用错误去掩盖错误，到最后只能让自己越陷越深。对客户实话实说，与他们共同承担问题会更有利于问题的解决。有的时候客户要求 PCB 的尺寸是 20mm × 30mm，实际布局的时候发现元器件在这么小 PCB 上摆放不完，也许是客户需求苛刻，可能客户自己也这么认为，或者他们只是随口定下需求，其实根本不在乎 PCB 的尺寸。只要坦诚地告诉客户我们的问题，请求他们放宽尺寸限制或者用多块 PCB 就可以解决。

2. 找不到原因的问题

人们常说“发现问题，解决问题”，好像发现了问题就一定能解决。实际上有一些问题很难找到原因，好像魔鬼附身一样。在我的经验世界里，发现问题却找不到原因的情况非常少见。正如在我刚刚学习单片机的时候，我制作了一款 USB 接口的编程器，通电测试的时候却发现它各种状态均正常就是不能下载程序。我用排除法逐一证明电路没有问题，又认真检查编程器的源程序（此下载线是使用单片机制作的），问题依然没有解决。在我的电脑上重新安装了驱动，还是没有作用。忍无可忍的时候，我选择了放弃。电子 DIY 很轻松，可以自由放弃，但是项目开发不允许这样的行为。发现不了原因与运气有关，也许你点背，需要一年才能找到问题，客户不会等你一年，除非他们别无选择。在这种紧要关头如何紧急应对呢？说回我刚才的例子，无药可救的编程器在半年之后突然好了起来，工作正常，和没有发生过故障一样。非常奇怪的现象让我对找出答案更有兴趣了，我反复回忆在半年来究竟发生了什么变化。后来原因找到了，在这半年里我重装了我电脑的操作系统，重新安装了编程器的驱动程序，驱动程序和操作系统的兼容性问题是当初根本没有考虑过的事情。所以在找不到原因的时候，反思一下哪些地方是你自然而然认为不会出错的，哪些部分是你相信了自己的经验而轻视了检查的。钳子就在桌子上，可是你就是视而不见，这样的事情大家都经历过，这就是找不到原因的原因。如果还是无疾而终，就请跳出原来的思维，开始开发另外的方案，常言说得好："车到山前必有路"。

3. 小问题

千里之堤溃于蚁穴，从项目开发过程中出现的小问题可以看出你们是否认真关注细节。在管理学大师的文章里面都可以找到"细节决定成败"的句子，这对项目开发同样适用。并不是说关注细节就可以不出现小问题，关注细节是为了把小问题从根源上解决。导致问题的原因往往不在问题本身，而在其更深层次的问题上。千万不要轻视小问题，如果不及时改正，日后小问题将变成大麻烦。比如我遇到的一件事情，某一项目中 PCB 上的 UART 串口标号为 UART_1，而同一家公司的另一个项目中 PCB 上 UART 串口的标号变成 COM_1，虽然二者的意思相近，业内人士都能了解其含意，而且即使标号错误也不会影响系统的正常工作。这就是我所说的小问题，小到没有任何损害，却可以反映出此公司的接口标号没有规范，产品监管不严，不注重细节。不论你身居何职，发现小问题会是工作中最幸运的事，在问题还可以掌控的时候解决它，并由此发现深层次的隐患。

4. 致命问题

小张大叫一声，顺势哭了起来，硬件工程师脸都绿了，直直地盯着屏幕。怎么了？一个致命问题导致系统崩溃。每个人捶胸顿足。最夸张的后果就是这样吧，遇到致命问题让大家都不好过。致命问题就是可以导致系统不能正常工作，且需要极大的成本才能弥补的问题。我还真的不知道怎样处理致命问题，当客户完全不能接受的时候，还能怎么办呢？致命问题鲜有发生，一旦发生，我们必须冷静处理，不要再投入精力去补救了，尽量把损失降到最低。

另外，请记录项目开发中遇见的所有问题，这些都是宝贵的经验。下一次，预防这些问题的方法将出现在计划书里。

杀青

编筐编篓重在收口，项目结束的时候也是最关键的时候。产品测试、资料整理、送审和后续一系列事情由此展开。下面就项目收尾时的几个关键问题分享一下我的经验。

1. 测试

项目开发的过程中都会测试各部分的功能，不过到项目结束的时候还要有一次总体的测试。这次的测试除了产品在正常工作时的功能测试之外，还会有异常状态下的测试，要知道异常环境下的正常，才是高品质产品的标志。首先要做的是正常测试，使用多个样品，用同样的顺序和方法模拟用户操作。看每一项功能是否符合要求。正常操作之后再来进行误操作测试，在模拟用户的错误操作时，看产品是否能有效阻止误操作，不会产生不良后果。然后是老化测试，让产品经受时间的考验。接下来是极限测试，测试产品的各种功能参数的极限值，比如工作温度、电源电压等。最后是破坏性测试，模拟使用过程中可能发生的恶劣情况，例如浸水、高温、剧烈振动、静电等。我们不能保证环境不变，产品必须经得起考验。测试结果将可能出现在测试报告里。通过测试可以深入了解产品性能，发现潜在问题，在让客户满意的同时考证工程开发的劳动成果。

2. 文档

项目结束之时也是资料繁杂之日，收尾的另一项重点工作是收集、整理、备份资料，还需要编写产品的相关文档，如使用说明书、FAQ、技术手册等。详细的介绍你可以在下一节找到。

3. 送审

产品是否合格是由客户决定的，产品在完成样品的时候要及时和客户交流，听取客户的意见，到项目结束时也要让他们开心。检阅我们的测试报告之外，客户还会用自己的方法验收。因为在项目研发的过程中就一直在与客户沟通，所以客户看到最终结果时并不会感到意外。记住，不要等到送审阶段才给客户“突然惊喜”，实时保持沟通，让客户随时了解开发动态才是最好的送审方法。

4. 庆功

客户验收通过即表示项目顺利结束，这是团队的小小胜利，需要庆祝一下，激励团队继续前进。一般的庆祝方法无非是旅游或者大吃一顿，不论怎么庆祝，目的都是玩、放松，让大家更有热情投入到今后的工作当中。

第4节 产品管理

目录

- 生产销售
- 资料管理
- 技术支持
- 升级更新

生产销售

通过前面几节的内容，我们得到了什么？一款新产品和一大堆与产品有关的资料。当产品验收没有任何问题之后，我们就要把它们生产出来。最好的生产方法就是完全外包给工厂，在经济危机的时候这样做会让不少工人保住饭碗。外包生产的部分有 PCB 的生产和成品板的组装。

PCB 的生产和工艺的复杂程度有关，一般的制作周期是 3 ～ 10 天，也可以制作得更快，但要另外加钱。PCB 是按单位面积收费的，价格在几元到几百元不等。首次生产需要收取开模的费用，之后同一种 PCB 再生产时只收取制板费用，所以一种 PCB 生产得越多，平均价格最越低。现在市场上承接 PCB 生产的工厂多如牛毛，厂家之间的品质差异也越来越小，只要交了钱，给出制板文件，过不了多久你会收到一袋真空包装的包裹，那就是你想要的东西。

把 PCB 和元器件准备好，送去外包生产的工厂，等待它们的将是大型的焊接流水线。第一次上流水线的时候工厂里的设计人员会为贴片机编写本产品生产的程序。首先工作人员需要使用钢网给 PCB 上的所有焊点上锡膏，锡膏是膏状的焊锡，加热到一定温度时会熔化然后凝固在焊盘上。刷上锡膏的 PCB 被贴片机定位之后，贴片机便根据程序把元器件摆放在 PCB 的焊盘上。此时 PCB 上有锡膏，锡膏上又放上的元器件，只要加热到一定温度，元器件就自然被焊接到 PCB 的焊盘上了。贴片元器件需要用回流焊机，直插式元器件则采用波峰焊机。最后是洗板、测试，一款产品就制作完成了。当然，外包给流水线工厂的生产必须是大批量的，如果仅生产十几个或几十个，则更适合外包给手工焊接的工厂。手工焊接的费用低，问题也多，虽然工厂小妹的业务熟练，但也难免会有多焊、缺焊、断路、短路的情况。找到适合自己的外包厂商，让专业人士去处理生产问题。

流水线上的工人

流水线上的贴片机

流水线上的回流焊机

生产过程涉及的环节有采购、生产、质量管理（QA）、质量控制（QC），包装好的产品送到仓库里面，接下来就是等待客户把它们一箱一箱地提走。先生产再销售已经是大家早已习惯的经营模式，我们很难想象矿泉水公司在接到我们的订购电话之后才去生产，但是在嵌入式行业，先销售再生产并不是什么新鲜事。任何精明的企业家都不希望把资金压在仓库里一箱箱布满灰尘的产品上面，所有的投入均变成现金流，所有的风险都由客户承担是最好的事情。在嵌入式行业里有这样一种行情，公司只完成项目的设计而不生产产品，充其量只制作一些样品。接到客户订单后，客户会先支付一定比例的预付款，把这些钱投入生产、按期交货，就可以得到另外一部分货款。听上去这好像是一本万利的生意，但实际并不如想象的简单，其间有许多复杂而烦琐的事情需要处理，你需要投入更多的精力去了解生产这个大课题。

酒香也怕巷子深，在竞争激烈的市场里，好的产品也需要营销。销售是产品存在的目的，技术性能再好，若不能销售出去，也没有被研发的意义。我曾听说过非常好的嵌入式产品滞销的情况，因为只是公司老板喜欢，而客户并不买账。在嵌入式行业里面，销售的工作并不容易，首当其冲的就是定价问题。

产品的定价一般是由市场、研发和销售多方讨论的结果，无论是什么产品、无论是哪家公司，在定价问题上都会非常小心谨慎。从理论上看，产品的定价应该是生产成本加上利润，但实际上产品的价格一般与成本无太多关系，唯一不变的规律是售价永远高于成本。产品定价最需要考虑的因素是市场上同类产品的价格，保持与同类产品相当的价格，同时性能上又有自己的特色，前景就会一片大好。关键的问题是不要从一件产品能给公司带来多大利润的角度考虑，应该研究的是消费者愿意花多少钱来购买我们的产品。另外产品的价格还可以反馈微妙的市场信息，如果你的产品一上市就供不应求，你在心喜若狂的同时有没有发现价格给你的暗示呢?是的，产品供不应求说明你的定价过低，人们以占便宜的心态来购买产品。那你要问了，虽然价格偏低但销售量大增，同样可以给公司带来利润呀！但事实是，在销售量增加的同时，你需要投入更多的人力、物力去生产、销售和技术支持，这些因销售量增加而增加的投入反而会让你损失利润。薄利多销并非放之四海而皆准，在嵌入式行业里要找到自己的营销模式才行。

也许在研发部门设计的只是一款产品，可是销售部门却需要添枝加叶把“它”变成“它们”。目前市场上参与竞争的产品已经不是单枪匹马了，一款设计方案可以衍生出产品系列，产品系列有高、中、低多款产品，分别对应高、中、低的市场需求。一般来讲，产品的不同档次的技术差别不大，更多的只是“包装”上的差距，细微的价格和性能差异都会给客户更多的选择空间，不然他们就会选择其他公司的产品了。试着把一款产品变成一系列产品，再把系列产品变成产品阵营，让所有客户的需求都可以在你的产品线上找到解答。

经营模式和竞争优势是企业发展的命脉，在产品销售方面需要专业人才的参与，销售的世界博大精深，需要让专业人士去解决。除了产品还有服务，服务其实也属于一种软性产品，同样是帮助用户解决问题的。不要把服务当成不值钱的赠品，试着去发挥服务的价值，如果运用得当，你会发现服务所创造的价值比产品还要多，而且服务独一无二、不可仿制。无论是产品还是服务，我们可不是在运行“石油换食品”计划，我们的目标不是让客户喜欢我们的产品和服务，而是让客户对公司产生忠诚度，让客户相信公司的技术实力，让客户乐于和公司合作。好的产品如果没有好的生产和销售配合，也不能发挥其应具有的优势。项目结束后的最主要工作就是协助生产和销售部门，让研发部门的劳动成果发挥最大的商业价值。

资料管理

我有一个非常好的习惯，每当脑子里蹦出新鲜想法的时候都会把它记到本子上，当有一天翻看时，会突然发现自己原来还有过这么好的想法，真是太有才了。我曾经给一个朋友做项目，项目完成后我刻了一张光盘给他，光盘里面是与项目相关的所有资料。资料分成几个文件夹，包括需求书、BOM 表、说明书、PCB 文件、源程序等，用 A ～ Z 的英文字母排列。资料里有常见使用的文档也有网上参考的资料，与项目相关的任何资料都被收录，甚至包括我和客户的 QQ 聊天记录。起初我的朋友好像对这张光盘并不感兴趣，只是草率地看了一下就丢在了一边。当时我心里窃笑，总有一天他会后悔的。果然，几个月之后他再一次向我来要项目中的一份资料，我说光盘里面有，他却说他找不到那张光盘了。没办法，当我再次刻光盘给他的时候，他视如珍宝。

资料管理的意义非常重大，它是面向未来的工作。在未来，项目的升级更新需要现在的资料管理，其他项目的技术参考也需要现在的资料管理。现在不做好准备，未来后患无穷。常见的资料管理问题有两种，一种情况是在项目进行的同时根本不整理资料，等到项目结束后再整理已经残缺不全了。另一种情况是虽然也整理资料，但只是建了一个项目文件夹，把所有的资料堆积在一起。需要查找某一资料的时候却发现自己好像是在垃圾场里寻找可回收物品的工人。公司内部网络上没有搜索引擎，你需要与项目同步收集资料，并把它们整理妥当。下表仅是就某嵌入式研发项目的资料做出的分类，你还需要在实际的研发中增加或删减一些文件夹，比如是一个软件研发项目则可以删除“PCB 文件”和“生产文件”这两个文件夹。资料管理没有统一标准，一切视你的实际情况而定，尽量做到细致、完整。

某项目资料管理实例

文件夹名	子文件夹	说明
客户需求		放置客户需求书或市场部门需求文件
评估报告		对项目的技术评估报告
计划书		项目计划书
工程日志		项目开发的日志，记录工作事件

续表

文件夹名	子文件夹	说明
工程笔记		项目研发人员的工作笔记
PCB 文件	电路原理图、PCB 图、制板文件	PCB 设计的相关文件
软件资料	应用程序、仿真调试	应用编程相关资料
生产文件	BOM 表、质量文件、测试文档	与产品生产相关的文件
用户文档	使用说明书、数据手册、FAQ	交给用户参考的项目相关资料
培训资料		用于公司内部人员的产品培训资料
参考资料		本项目所参考的相关资料
验收报告	验收标准文件、验收报告	项目验收的标准和结果
升级更新	BUG 记录、反馈意见、版本说明	项目未来的升级更新的相关资料
工具说明	软件工具、仪器设备	记录项目开发所使用的工具
数据备份		以上资料更新前的数据备份
其他		其他未分类资料

在资料管理中有以下事情需要注意。

- 一个文件的更新应该在日志中做好记录。
- 文件名应加注版本号信息，每次更新文件时同时更新版本号。
- 在文件中注明更新的内容，并将更新前的文件放入“数据备份”文件夹中。
- 任何时候都不得删除文件，不需要的文件应放入“数据备份”文件夹中。
- 涉及核心技术的重要资料需要考虑保密的问题。
- 不能明确分类的资料应放入“其他”文件夹中。
- 文件夹应在项目开始时创建并实时更新。

关于资料的编写也有需要注意的地方，你要保证这些花费时间和精力整理完备的资料本身是有意义的。也就是说，当未来的自己或他人找到某一份资料时，资料的内容是有价值且能够帮助未来的人们解决问题的。我不反对人们花大量的时间把一堆垃圾摆放整齐，但这多少有些可笑。资料中面向客户的部分尤为重要，这部分资料涉及公司的对外形象，也影响着未来的补救成本。为什么这么说呢？试想一个简单的例子，客户看不懂产品的使用说明书会有什么后果？较好的后果是客户打电话过来，请教技术支持人员，增加了本来不需要付出的技术支持的工作量；严重的后果是客户因为误操作损坏了产品，然后就是一大堆维修工作和相互推卸责任的狡辩。虽然有些公司会对客户进行一段时间的培训，但这并不应该成为资料编写不详细的借口。那么，资料应该如何编写才有价值呢？怎样记资料内容既不多余又不短缺呢？先参考一下同行的“作品”，再发挥你的天才写作水平吧。

技术支持

我做过一段时间的技术支持，工作的内容就是通过电话、网络等各种形式回答客户的问题。在没有交易之前，我要努力告诉客户，我们的产品可以解决你的问题而且物有所值；在成交之后，我要努力告诉客户，产品中存在的问题可以解决而且他没有上当受骗。这真是一项锻炼人的工作，除了具备丰富的技术经验，还要用良好的口才、得理不让人的气势打造权威之势。关键的关键是真的能解答客户的问题，而不是记在纸上等待稍候回复。在我快速晋升的职业生涯里，技术支持工作是我最难忘的，因为是客户教会了我书本上学不到的技术。

如果你正在做技术支持，或者你以后有机会加入技术支持人员的行列，请你一定要非常珍惜，因为没有人比你更幸运了，对于书本上学不到的经验来说，客户是最好的老师。我所见过的技术支持人员中最差的工作方式是用搪塞客户的办法解决问题，他们认为客户就是恶魔，他们脸色苍白、面无表情、眼睛里带着凶光，用麻木且不耐烦的声音对客户说："又怎么了？讨厌鬼。"稍好一点的技术支持人员会是热情对待工作的年轻人，他们发自内心地想去解决客户的问题。先不用考虑他们可以坚持多久，失去新鲜感的时间对每个人都是不同的。先知先觉的他们发挥了第 4 章第 4 节中"主动掌控一切"的本领，只要客户满意、老板开心，自己的空间也会更大。他们认真回答客户提出的问题，并把问题记录在本子上，经过一段时间之后，把总结的问题汇报给领导，表示他们认真地完成了工作。接下来，产品会根据客户问题而改进，典型的问题也会被写入新版的《使用手册》。最好的技术支持人员会帮助客户发现问题，也让客户帮助自己提升。他们认为客户就是老师，他们感觉到与客户交流学习要比看培训课上的幻灯片更有效果。和客户打成一片，让客户成为实验室里的小白鼠，无条件地帮助公司完善产品（虽然这个比喻不恰当，可我想不到更好的例子了）。

好的，让我们看看技术支持人员可以从他的客户那里得到多少收益吧！回答客户问题需要深入学习一些技术知识，是提升技术水平的好方法。与客户交流可以锻炼沟通技巧，让你更快应对行业内的社交场合。从客户提出问题到找出症结，需要不断地推理、测试，可以锻炼你对问题的分析判断力，更能训练出超越经验层面的直觉。和客户结交朋友，你的人际关系网络由此展开，那些被你帮助过的客户终有一天会帮到你，即使你身居他处。客户们身处不同领域，试着向他们请教，你会发现除了嵌入式系统之外，他们懂得的更多。如果你早一点发现客户的"高蛋白"，也许你会比现在更出色。技术支持的问题就在于他们总是把客户当成学生。但事实却是，无论什么时候，提问者永远都是最真诚、最谦虚的老师。总之，千万不要把客户的问题当成负担，做好技术支持是迫使你进步的重要财富！

升级更新

产品发布之后便是根据客户的反馈意见不断升级更新，反馈来源于技术支持，客户的反馈建议是升级更新的重要因素。产品更新的次数和时间完全取决于产品的生命周期。除非老板有什么惊人的想法，否则产品更新的标准始终超出客户期望一点，始终比竞争对手好一些；更新的时机是在客户最需要的时候，始终比竞争对手快一步。公司承接的项目众多，产品又千变万化，当有人提出需要更新某款产品的时候，你可能早就把它忘得一干二净了。这时，资料管理就显示出它的价值所在，从计划书到数据手册，过程中的每一份资料都整齐地排列在你的桌面上。有的时候升级更新是为了解决产品存在的问题，巩固现在客户；还有一种可能是提高产品性能或增加新的功能，拓展新的市场。这两种情况的处理是完全不同的，首先，当产品存在问题且这个问题会影响产品的正常使用时，更新是要立即全力以赴的。即使在产品设计时考虑了冗余，也依然不可能考虑周全，通过客户的问题反馈才是完善产品的最佳方法。其次，如果产品的升级更新是为了拓展新市场，那么问题就变得复杂了。

可以说我是一个善良的孩子，在没有弄明白复杂的社会关系之前，我总认为升级更新只是技术层面的问题。客户提出了意见，我们乐意改进，然后就是召集研发部门的工程师，讨论更新产品的计划。嗯，在复杂的市场竞争中，我把问题想得太简单了，升级更新的运行更受到市场的操控。想象一下，如果某公司在新产品发布一个月之后就升级了原来的性能，后果会是什么呢？客户疯狂购买升级之后的产品，这是我们乐意看到的，而之前生产的产品无人问津。会有一大堆产品压在仓库里，这就是你不希望看到的结果。于是大家学得聪明了，除了销售环节把产品分成档次之外，还要看市场状态决定产品的更新。有远见的电子厂商所使用的技术都是他们几年前的研究成果，并不是他们讨厌人前显贵，而是他们在等待现有产品赚到足够的利润时才开始考虑升级更新，这就是传说中的“技术积累”。总而言之，如果客户发现了致命性的问题，那就必须马上改进。如果只是性能优化，则要更多地考虑市场因素，在现有的产品的业绩刚刚开始下滑的时候再让新产品进入市场，你的升级更新会为你创造它所能发挥的最大价值。

第3章 小工程

总 结

第 3 章从工程思考开始，让观念改革先行一步，从工程角度重新认识单片机。以单片机为核心的嵌入式系统可以分为处理器、存储器、协处理器、输入、输出、通信等部分，系统的本质工作是运算和通信。在第 2 节中工程设计成了主角，一项工程从客户需求书开始，其间需要完成方案设计、元器件选择、编写评估报告，在项目开发过程中要经常保持与客户沟通。当方案被客户认可便进行研发行动，研发团队需要团结一心努力工作，对过程中遇见的问题逐个攻关，最后测试产品、整理资料、送审和庆功，为项目开发画上句号。在第 4 节中，产品脱离了项目本身，成为即成事物。我们要考虑产品如何生产、怎样销售，如何把产品相关的杂乱资料分门别类。在客户遇到困难的时候需要技术支持人员的帮助，技术支持是帮助产品完善的方式，客户也从中得到了解答。产品的升级更新让产品的生命周期更持久，发挥产品所能带来的价值极限。

累人的项目终于结束了，从开始到结束，我们经历了太多波折，作为项目的领导者，既要从宏观上设计解决方案，又要从微观上掌握技术细节，既要领导团队合作，又要与客户周旋，果然是能力越大，责任也越大。我用了一章的内容介绍工程开发，是希望把工程开发中的基本内容告诉大家。我从工程师、项目负责人和客户的角度讲解，希望你不要局限在现在的职位上考虑问题。只要你在此行业里生存，总有一天你也会拥有客户、也会成为别人的客户，即使你目前还只是单片机初学者。有读者可能更希望我在第 3 章中重点介绍工程开发中的技术问题，但我觉得那样并不明智。在其他的图书里面，你会找到更多关于技术的内容，它们或严谨或权威，绝对是工程开发的优秀参考材料。但请相信我，致力于嵌入式行业的朋友早晚都要经历工程开发中与技术无关的设计和管理，到那个时候你就会真正理解我的良苦用心了。

第4章 大行业

熟悉行业现状，了解行业历史，融入行业社会，面向行业未来。

本章要点

- 单片机与嵌入式系统行业现状
- 单片机的发展历史与未来趋势
- 作为爱好者如何进入行业社会
- 探索技术、 积累经验、 开拓创新

第1节 行业概要

目录

- 行业现状
- 产业链
- 必备经验

行业现状

我大学毕业之后工作的第一家公司位于东莞的一个县城，那里的制造型企业甚多。公司以生产电脑周边产品为主，有台式电脑主机箱、键盘、鼠标的装配。我坐在办公室里，属于研发人员。有一天下车间参观，我看到秩序井然的流水线，各种各样的机械设备，大开眼界。后来我换了工作到深圳，从事嵌入式系统的研发，这时总要接触的是设计部分的工作，后来也了解一些 PCB 生产和电路板焊接方面的知识，看着一只机械手快速地把元器件摆放在 PCB 的指定位置，经过高温炉烘烤之后，板子就焊好了。一排排坐在桌前的工厂小妹，把眼前一箱箱电路板清洗干净送上测试架，然后印上 PASS 标志。我在校园里一直研究技术，学习单片机的硬件制作和程序开发，工作之后突然接触到这么多技术之外的事情，对我来说是新鲜的。原来在技术之外还有这么多并非技术，却又与技术密切相关的知识。嵌入式行业的知识与经历让我受益良多，它让我更加明白从技术到产品过程的细节，更能从大行业的角度思考问题。所以，本书单独借用一章的内容浅谈电子技术行业故事，试图让你从工程考虑换成行业考虑。如果你是准备投身嵌入式系统行业的爱好者朋友，或是刚刚毕业准备在嵌入式系统行业有所作为的大学生，本章的内容都会令你受益。了解行业经验、从时间和空间角度介绍行业概要的任务交给我就对了。

什么是嵌入式系统？许多专业书籍都希望用一句话清晰地解释嵌入式系统，却都失败了。就好像“人”的概念从生物和道德上的解释不同一样。我们先不给嵌入式系统下定义，我们先来看看它包括什么。

嵌入式系统的应用领域

领域	产品举例
工业控制	数控机床、设备控制、数据采集卡
医疗设备	B 超机、X 光机、电子血压计、监护仪

续表

领域	产品举例
军事应用	导弹、雷达、通信设备、无人飞行器
通信应用	手机、卫星、以太网产品、无线通信产品
交通应用	路灯、交通灯
商业应用	ATM、POS 机、传真机、电梯
民用产品	冰箱、空调、洗衣机、扫地机器人
消费类电子	MP3、数码相机、游戏机、GPS 导航、电子相框

非嵌入式系统的产品

领域	产品举例
工业控制	老旧控制柜、普通机床
民用产品	老式收音机、老式电唱机、普通手电筒、老式电风扇、门铃

现在你能够接触到的电子产品中已经很少不涉及嵌入式系统了，只有在老式的电子产品中还使用机械或数码电路的控制方法，我们也正处在一个向老式设备中嵌入嵌入式系统的时期，上到军事下至民用无不涉及嵌入式系统。涉及嵌入式系统就是在某一特殊应用的产品中使用单片机或其他处理器，使产品具有自动化、智能化控制功能；嵌入式系统只是产品的一部分，不能独立构成产品，它必须嵌入到产品之中。我们把嵌入在产品中并与编程控制相关部分的硬件和软件（如单片机、时钟芯片、显示屏等）称为嵌入式系统，而把产品称为具有嵌入式系统的产品。手机还叫手机，而不必改为嵌入式系统手机，但你要知道它的里面是有嵌入式系统的。PC 并不属于嵌入式系统，首先 PC 是通用式系统，其次嵌入式系统还有一个主要特点就是软件、硬件可裁剪。我们的 PC 上有许多功能我们并没有用到，例如我个人只用电脑来写文章和看网页，即电脑上的 VGA 接口、1394 接口和 PCMCIA 卡口根本没有使用，我从不玩游戏，所以软件上的显卡加速等软件也没有使用。如果有厂商针对我的使用情况删除我不使用的软件和硬件，为我量身设计一台专用电脑的话，这台电脑可以称为嵌入式系统。

我人生中经过的三十余年正是嵌入式系统发展的年代，单片机的问世直接催生了这个行业，单片机性能的创新和软件产品的丰富让嵌入式系统高速发展。在我小的时候，洗衣机还是由发条和开关控制时间和电机转速的，现在是全电脑程控的。当年的收音机是用可变电容调台的，现在已经是数字调台的，音质也好上许多。在未来，嵌入式系统朝着网络化、节能化、智能化的方向发展，让你们家里的空调、冰箱，甚至闹钟都可以上网。试想在未来的某一天早晨，超市的送货员按下你家的门铃。送货员热情地对你说："您好，先生，您家的冰箱向我店发出送货通知，您家的冰箱里的鸡蛋用完了，这是给它（冰箱）送来的货。请允许我把鸡蛋放进冰箱里，以便冰箱确认付款。"另外，你家的电表会从你的信用卡里自动付账给电力公司，洗衣机会把洗好的衣服叠整齐并放到衣柜里，这些梦想的实现都离不开嵌入式系统。

嵌入式系统的发展方向：

- 网络化；
- 省能、环保；
- 智能化、人性化。

而在目前，嵌入式系统的应用分为几个层次。以单片机为主的嵌入式系统使用简单的单线程实现应用，不涉及操作系统和复杂数据处理。这种应用主要是民用和工控控制类产品。而以 32 位处理器为主的嵌入式系统则安装了操作系统，系统性能和数据处理复杂程度也大大优于单片机系统。这种应用主要是在数码产品、网络产品中，比如数码相机、智能手机、手持式游戏机等。

与嵌入式系统相关的设计、研发、生产、销售的企业构成了嵌入式行业。今日的嵌入式行业已经有自己完善的产业链，它也是现代科技产品的缔造者。随着人们对电子产品性能要求的日益提高，嵌入式行业的发展潜力无比巨大。中国作为“世界工厂”，在全球的嵌入式产业中具有举足轻重的地位。从全球格局来看，中国基本处于“6+1 产业模式”当中的制造部分，而北欧、美国和日本等发达国家和地区掌握着设计、核心技术、物流、销售网络等重要部分。中国是嵌入式行业中重要的制造者和消费者，但从全球角度来看，中国还处在全球嵌入式行业的“初级阶段”。

在中国，嵌入式行业的发展存在着一些问题。其一是我国不掌握处理器芯片设计的核心技术，还只能做一些简单生产和二次开发的工作。虽然国内已经有公司声称设计出自主版权的微处理器芯片，但其市场竞争力与欧、美、日等发展国家和地区的进口芯片相差太远。要把“中国制造”变成“中国创造”，必须从教育、资金、政策上下大力气投入方可见到成效。其二是国内市场对知识产权的保护还不足，致使嵌入式软件的研发缺少推动力。

产业链

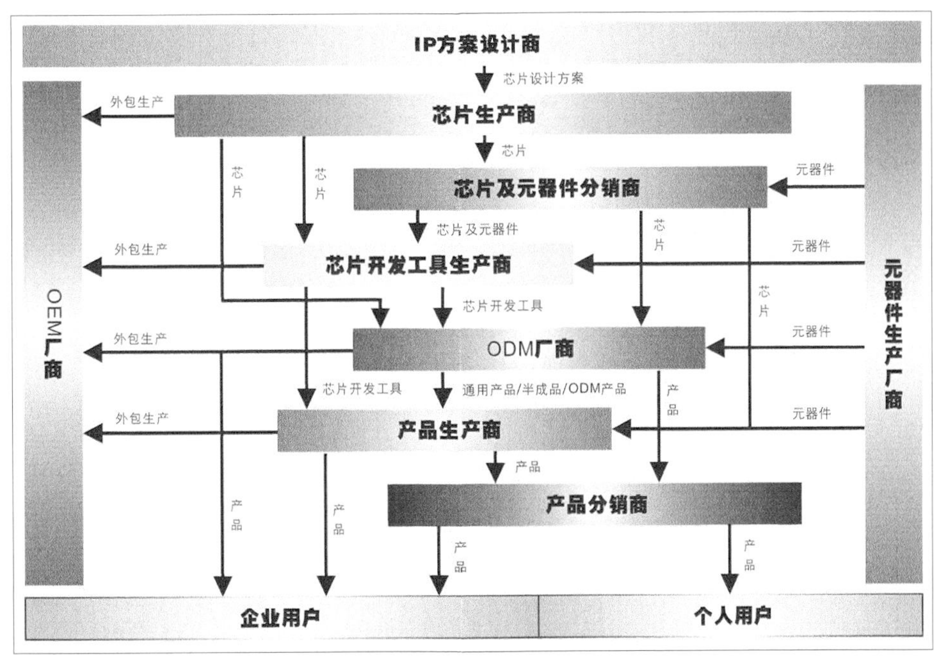

ARM 公司是典型的只做芯片内核设计方案的公司之一，而其他企业的 IP 方案设计则是产业链向上、下游扩张的结果。比如英特尔公司，自己设计芯片，然后自己生产芯片，还生产电脑主板，又生产电脑整机。它的业务已经扩展到整个产业链的各个环节，这时它的竞争也不是产业链环节的竞争，而是和其他大公司的产业链之间进行的产业链竞争。这是大公司的风范，也是企业发展的重要方向之一。国内也有一些企业发展得很迅速，它们有前瞻的视野和卓越的管理能力。

最后的一道门槛就是 IP 方案设计和芯片生产了，这是投入资金、人力、物力最大的环节、也是收益最高的环节，这也是产业链的最上游。经济基础决定上层建筑，而电子行业中上游决定着行业的未来。有什么样的芯片，决定了产品有什么样的功能。设计、生产自己的芯片，将是公司实力的象征，也可以更容易地扩展产业链。单片机时代摆脱了分立元器件的复杂与低效，却同时将技术发展的决定权垄断了进来。芯片决定产品性能、芯片决定产品价格、芯片决定趋势、芯片决定行业。正是这只巨大的领头羊，让我产生了羊群心理。昨天看到都在学 8051，大家就一起学 8051；今天又看到 ARM 技术炒得火热，又呼呼啦啦跑过去学习 ARM。我不是指责，这并没有什么不好，我也正在学习 ARM，我只是希望大家从另一个角度了解自己行为的原因。

我是电子 DIY 的狂热者，但不是新技术的追随者。我明确地知道，进入这个行业的目的。我是来玩的，不是来学习的，学习不是目的，是我实现玩好电子 DIY 的手段。我也关注最新的行业新闻，也翻阅新器件的数据手册，目的是为了看看有什么好玩的。也请书本面前的读者朋友也要像唐僧一样想清楚，自己是从何处而来，又要到哪里去。说了一大堆，仅是我个人的观点。并不是说除了芯片设计与生产，其他的环节都只能忽略了。我还是相信，只要科学、认真、精致、关注细节，不管做什么，成功必然乘马而来。

IP 方案设计商

IP 方案设计商以出售智慧产品为主，不生产实物产品。ARM 公司是著名的 IP 方案设计商，只设计 ARM 处理器的内核结构，为芯片生产商提供方案和技术支持。IP 方案设计商可谓一本万利，软件复制成本几乎为零，只要防止盗版行为便可以保证企业赢利。

芯片生产商

芯片生产商并不是指自己生产芯片的企业，我相信会有企业这样做，但大多数是交由劳动力价格较低地区的 OEM 企业生产。比如你会发现一款美国公司的芯片竟然在中国或越南生产。而芯片生产商真正的工作是设计、管理和经营。大多数芯片生产商都具备芯片的设计能力，不需要 IP 方案设计商的作品。在销售方面，芯片生产商在全球都设有办事处或销售总代理，直接面向企业用户，接受订单。

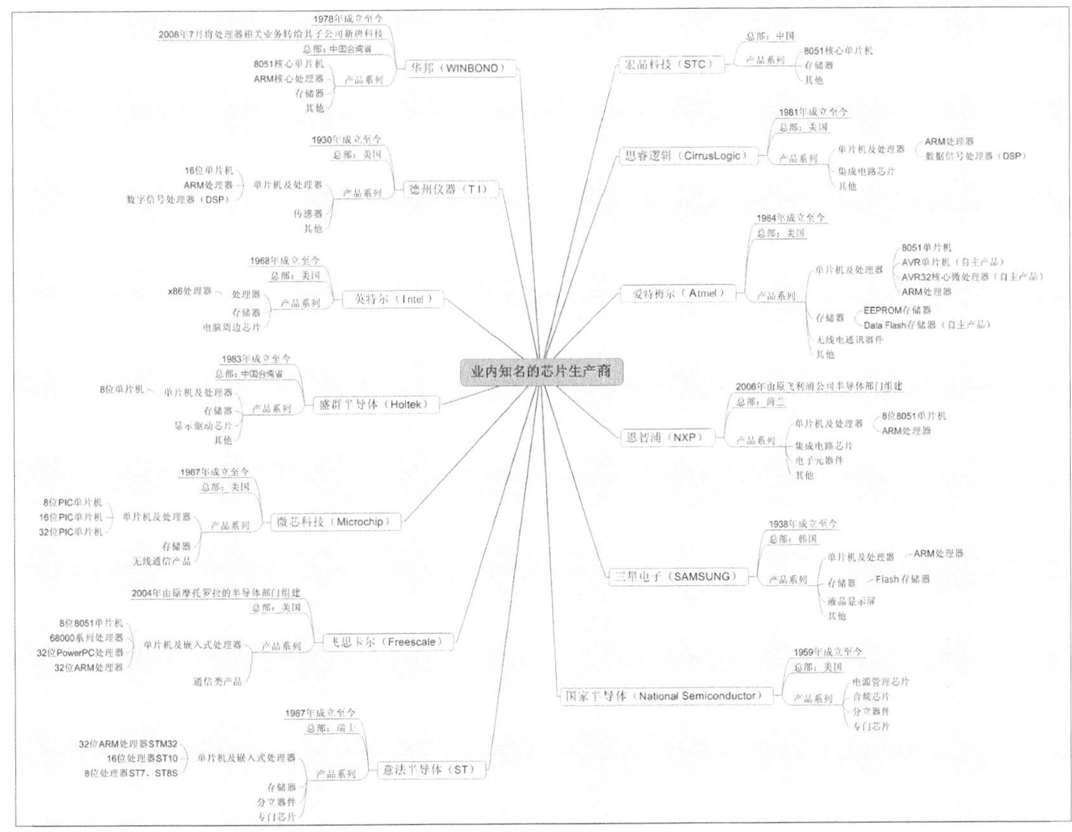

芯片及元器件分销商

包括上文所说的销售总代理和地区代理，都属于分销商的范围。芯片生产商也可以自己出售芯片，可是它们对各地区的市场及文化并不了解，与当地的分销商合作是较好的解决方案。分销商从芯片生产商那里拿货批发给二级分销商或出售给最终用户。到电子市场看看吧，那一个个柜台都是分销商。

芯片开发工具生产商

芯片开发工具生产商是为产品开发商服务的，因为产品开发商更注重产品应用开发，而希望快速完成单片机及周边芯片的开发。如果从芯片生产商那里买来芯片研究，一定会花费许多时间。但如果有一家公司专门研究某几款芯片，它们提供开发工具（如开发板、仿真器）和软件包，还会提供必要的技术支持，那么对于产品开发商来说就减去了不少麻烦，这就是芯片开发工具生产商的作用。国内的许多中小公司都是从芯片开发工具生产商起步，不断向产业链的两端发展而做大的。在未来，随着产业链的进一步细化，芯片开发工具生产商也将会有更细的划分，这也是许多创业者的首选入口。芯片开发工具生产商主要的营利手段是提供完整的技术资料、工具和服务，以降低产品开发商在产品开发中的时间成本和资金投入。

ODM厂商

ODM厂商自主进行技术研发，有的也生产自己的产品。有一些方案被产品开发商看中（例如洗衣服的智能控制器），直接向ODM厂商购买整体方案。ARM公司即属于芯片厂商眼中的ODM厂商，而从嵌入式产品角度看，提供产品技术方案的厂商都属于ODM厂商。技术创新是ODM厂商的核心竞争力，随着产业的细化，ODM厂商将会越来越多。

产品开发商

针对某领域的应用产品比如电视机、洗衣机等进行开发的厂商，根据市场需要设计产品，并不一直用到嵌入式系统，而我们这里提到的则是用到嵌入式系统的那部分厂商。比如带微电脑控制器的洗衣机就需要嵌入单片机。洗衣机开发商只对洗衣机在行，而对单片机和嵌入式系统并不感兴趣。直接从ODM厂商那里定制洗衣机控制器的整体方案是最好的选择，但也有从芯片开发工具生产商那里购买开发工具来研发的，这样做的目的是更有主导权，可以持有技术。在产品中大量使用嵌入式系统的情况下，这种独立研发是有必要的。

产品分销商

产品分销商在生活中经常见到，它们更了解市场、懂得销售，所以把产品推给它们来销售将更有效率。一般来说产品分销商具有地区优势和公共关系优势，其主要客户是本地区的散户和具有良好关系的大客户。它们的营利手段即是得到好的进货价，再卖出好的销售价，从中赚取差价。

元器件生产厂商

元器件生产厂商以生产电容、电阻、三极管、数模集成电路芯片为主，作为嵌入式系统必要的组成部分，其市场需求量巨大。因为大多数元器件技术简单、容易生产，只需要大量的资金投入即可，所以元器件生产厂商的竞争激烈。目前它们主要集中在珠三角和长三角地区。在北京或是深圳的电子一条街，都可以看到各种摆满元器件的柜台，它们有一些是厂家直销，还有一些是总代理商，其背后都是元器件生产厂商。它们主要以生产元器件为主，属于薄利多销的生产型企业。

OEM厂商

OEM厂商即我们俗称的代工厂，它们自己不具有技术能力，仅是按客户的要求生产。在其他厂商眼中，OEM厂商是它们的外包企业。一些不涉及核心技术又具有重复性的劳动都可以交由OEM厂商来完成。OEM企业在中国遍地开花，是改革开放中经济发展的重要支柱之一。

企业用户

企业用户在市场营销中又被称为组织型客户，一般情况下采购、付款、决策者并非同一个人。其实前面所说的 OEM 厂商、分销商等均属于企业用户，但我这里所指的是最终企业用户，即购买嵌入式系统产品是作为生产资料，来生产其他与之无关的产品。比如某工厂采购一批数控机床是为了生产汽车发动机使用的。一般企业用户的交易过程复杂、采购的数量较多，具有长期的合作关系。

个人用户

个人用户也就是所谓的“消费者”，其购买全过程可由个人完成。个人用户购买嵌入式产品多用于办公和家用。比如某单片机爱好者购买一块开发板，或者某上班族购买一款智能手机。个人用户的交易量少、交易过程简单。

教育机构

教育机构以教授技术和经验为目的，多为学校或培训公司。目前来看，知名的嵌入式系统的教育机构可数，多是一些单片机学习班之类，以为嵌入式系统研发公司培养技术人员为主。大学中的嵌入式系统相关专业是目前主流的教育机构，但其教学内容已经落后于当前技术，甚至严重脱节。而公司型培训课的灵活性高，培训内容与当前技术水平相近，但是多为“速成班”，更注重就业问题，而少有理论研究和学术讨论。

行业媒体

传统的行业媒体是以《无线电》《电子报》为主的平面媒体，随着网络的发展，新兴的网络媒体开始抢占市场，也会是未来的发展趋势。行业媒体以传播行业新闻、技术资料和论坛为主，面向产业链的各个环节，为企业之间建设信息桥梁。目前的行业媒体均非主导媒体，内容以陈述内容为主，缺少独立意见。国内行业媒体的成熟还需要较长的时间。

测试厂商

不论是芯片生产还是产品生产，都会涉及测试。而芯片的测试尤为专业，甚至需要专门的测试公司来完成。大企业具有自己的芯片测试部门，而更多的企业把芯片测试工作外包。不论是晶原片还是成品芯片，都有测试厂商承接订单。它们把芯片送上造价上百万元的测试设备，机械自动将好与坏的芯片分类，最后打印出测试报告。测试厂商的数量不多，在珠三角地区就有几家，主要依存在芯片和元器件生产商的周围。

认证单位

认证单位拥有专业的测试、测量设备，为企业或产品颁发证书。常见的认证有 EMC 认证（产品）、CCC 认证（产品）和 ISO 认证（体系），颁发证书的国家机关或认证组织必须具备国家或国际上相关标准的认证资格。厂商需要向认证单位交付一大笔认证费用，认证单位严格按照标准考核。但在国内市场中认证环节往往混乱且被轻视。因为大多数企业不愿意交纳认证费用，于是出现假冒证书和后门认证等问题。相信，随着行业的不断成熟、规则的不断完善，认证工作将逐渐走上正轨。

软件商

软件商提供嵌入式系统所需要的软件产品，最著名的软件商就是美国的微软公司。它不但用视窗操作系统占领了 PC 市场，还大手笔向嵌入式操作系统和软件进军。目前 Windows CE 和 Linux 操作系统已经成为嵌入式操作系统的主流。在未来，嵌入式系统软件和开发工具软件将不断推出，嵌入式系统硬件层面的发展空间已经有限，下一个阶段的产业竞争将会是嵌入式系统软件的竞争。我相信随着软件的突起，行业的发展和产业链的构成将会有新的变局。

在产业链中还涉及物流公司、金融机构、政府机关等多个环节，因为与主题关系不大而没有详细介绍，但不代表它们不存在，有兴趣的朋友可以参考经济学和管理学方面的资料。我对行业的理解肤浅，没有多年的行业经验，撰写本节文字也没有参考太多的资料，所述之言定会有失误之处，写下本节文字是希望可以和大家分享我眼中的嵌入式产业，让大家对嵌入式产业有一定的了解，甚至产生兴趣。要想严谨、认真地研究行业和产业链，还需要阅读专家的著作或者权威的资料才行。

必备经验

行业职位

传说中大楼倒了砸死 10 个人，其中 9 位是总经理，还有 1 位是副总经理。这个故事放在现今的社会里一点也不夸张，现在的民营企业中对职位的定义并不严格，技术职位也同样泛滥，随便收到一张名片便是某某企业的工程师。民营企业振兴，嵌入式行业里面也催生出新的职位体系，主要还是参照欧美的公司体制。与技术相关的职位大体上分为技术员、测试员、助理工程师、技术支持工程师、硬件工程师、软件工程师、高级工程师、总工程师、技术总监、技术顾问等。某人的职位也完全由公司内部决定，印一盒名片便是你的证件。职位大体上有 2 个作用，首先是说明了你的工作内容，其次是确定了你的社会地位。例如你是某公司的硬件工程师，即表示你的工作与硬件开发有关，从中也可以看出你的福利水平和地位。在行业内部的社交场合，你的职位会帮助你结识新朋友，也决定了你在他们眼中的重要程度。

1. 技术员和测试员

技术员和测试员负责基本层的技术工作，大部分为不涉及研发的生产、维修等重复性工作，是公司中最底层的技术职位，一般不涉及外事活动，也没有名片。对于技术员和测试员，大部分企业要求大学专科以上学历，电子技术相关专业，可以是应届毕业生和社会人士。因为工作内容涉及基层，所以从技术员开始不断晋升的人会更了解企业的基层情况。

2. 助理工程师

助理工程师负责协助研发工程师（硬件工程师、软件工程师）完成部分工作，比如帮助硬件工程师为 PCB 布局，或者帮助软件工程师测试程序的 BUG。有一些公司会让技术员来协助工程师工作，这要看公司规模和管理体系的差异。其工作内容有一定技术难度，助理工程师也属于研发团队的组成部分。助理工程师要求大学本科以上学历，电子技术相关专业，也可以是应届毕业生，但有相关工作经验者会优先考虑。助理工程师参与项目开发，如果不是很笨的话，在两年之间应该会有晋升的机会。

3. 技术支持工程师

技术支持工程师负责产品售前和售后的技术服务，解答客户咨询的问题，帮助用户使用。除了要有过硬的技术知识和经验外，还需要有良好的沟通能力。销售员和技术支持工程师是企业的门面，是需要直接与用户打交道的，不论外表或内涵都要非凡。技术支持工程师要求大学本科以上学历，电子技术相关专业，有一年以上相关工作经验，熟悉使用英语的应聘者将成为抢手的人才。成为技术支持工程师之后，你将面临两方面的选择，或者向技术领域发展，或者向销售及管理层发展。

4. 研发工程师

研发工程师是研发部（或工程部）里面工程师们的总称，大部分还是会细分成硬件工程师和软件工程师，有一些公司甚至细分到具体的技术领域（如 Windows CE 软件工程师）。研发工程师们算是公司技术部分的核心力量了，项目经理提出产品方案，研发工程师们便开始各就各位开始研发。研发工程师的能力直接决定着产品的品质水平。研发工程师一般要求大学本科以上学历，电子技术相关专业，有三或五年以上相关工作经验。

5. 高级工程师

所谓高级工程师其实只是具有多年工作经验的研发工程师，也有一些高级助理工程师的职位也是如此。他们所做的工作与研发工程师无异，只是在地位、福利方面有所提升。

6. 总工程师

总工程师是研发工程师在技术层面上的管理者，与部门经理一职并不矛盾。总工程师拥有极好的地位和福利，他也需要参与研发工作，对重要的技术问题做出决策。有一些总工程师也会承接一部分研发任务。

7. 技术总监

技术总监一般不参与研发工作，只是为产品中的技术部分把关，保证技术层面不出现大的问题。在一些中小型企业里，技术总监多由总工程师兼任。

8. 技术顾问

技术顾问大都不是公司内部成员，多为业内知名人士或者其他公司的技术要员。只是在公司有重大疑难问题时才向其咨询，大部分时间里技术顾问有他自己的工作，还有一些技术顾问只是挂名而已。

9. 其他职称

公司里面的非技术职位也有一些，比如销售员、销售工程师、市场经理、产品经理、项目经理、项目总监、部门经理、经理助理、副总经理、总经理等。

行话术语

“嘎哈呢”这个句子谁知道是什么意思？纯正的东北人一看便知道了。地区方言可以听音便知你是不是本地人，社会上的各行各业也都有自己的行话、术语。嵌入式行业发展了多年，有没有自己的“方言”呢？嵌入式行业的专业术语不多，但一听便知你是不是内行人。只是读过些技术教程是不会学到行业术语的，非要在行内混上一段日子才能对术语不假思索、应对自如。比如“lay 板”“打样”“烧机”“过炉”等。还有一些必须了解的业内基础知识，一种是各大芯片厂商的名称和简称，比如国半、NXP、微芯，还要知道业内产品的种类和国际、国内知名的制作商。在侃大山的时候多少会提到这些“专有名词”，如果一问三不知，至少会失去聊天的资历。行话术语都是活的文化，因地区和时代的不同而变化，本书暂不介绍具体的术语，等到你进入嵌入式行业之后，有 N 多体验的机会。

样片申请

想知道如何得到免费的芯片样片吗？其实这并不难，各大芯片厂商为了让芯片开发工具厂商可以了解自己的芯片，不惜血本地提供免费试用服务。只要打一个电话、填一份表格，再稍微等上几天，一盒你想要的芯片就会自动寄上门。但首先你要让芯片生产商相信你是他们的潜在客户。首先你必须以公司（或组织）的名义申请，其次你的公司必须与嵌入式行业相关，保证以上两点之后，你就可以到其公司的官方网站（或申请样片的活动网页）下载申请表。填写你的公司名称、你的职务、需要的样片型号及数量等信息，注意不要泄露公司机密。把申请表传真过去，接下来就是等待门铃响起。如果你没有这样的“职务之便”，试着用朋友关系或者校方的名义（如果你是在校学生）申请。申请样片不仅经济实惠，而且有一些市场上很难买到的芯片都可以通过申请样片的方式得到。

批量报价

走进电子市场，在人来人往之间寻找自己需要的元器件。当你问老板这个芯片多少钱的时候，他会反问你一句“你需要多少个”，这就是批量报价的概念。一般的电子爱好者只是买几个芯片回家玩玩，数量不会超过 10 个；小公司的资金不足，没有能力大量存货，数量一般不会超过 1 000 个；大型的生产企业实力雄厚，一次订单数量都会是上万个。对于不同的采购数量来说报价也是不同的。因为芯片和其他元器件属于薄利多销产品，买得越多越便宜的道理很好理解。如果你只是想买几片玩一玩，可以说你想拿几个样片回去测试，有的时候老板还会免费送你几片呢。

第2节　行业历史

目录

单片机发展史

1. MSC-48时代

2010年上海世博会开幕时，8051单片机迎来了它30岁的生日。与电子计算机的发展史相比，单片机的发展并没落后多少。但从发展速度上来看，单片机和嵌入式系统却比PC的发展速度慢了许多，这是为什么呢？这近40年的时间都发生了些什么？8051是谁发明的？它经历了怎样的历史演变？它有着哪些沧桑往事？我认真查阅了大量资料，还有一些"证物"和传言。有些事件一板一眼，而有些故事好玩有趣。我试着用演义的方式来告诉你关于单片机的故事，试图把那段历史有血有肉、真实、生动地展现在你的面前。

20世纪40年代，第二次世界大战临近结束，为了满足美国空军的需要，麻省理工学院发明了世界上第一台电子管计算机。历来每次重大的科技进步和技术创新都源于战争，计算机的发展也彻底地改变了我们的生活，把我们卷入了21世纪全球化信息时代的商业战争。1958年9月集成电路被发明，计算机的发展进入了第三代集成电路阶段。10年之后的1968年，英特尔（Intel）公司成立，其创始人正是集成电路的发明者。1971年，英特尔公司引入了大规模集成电路设计，推出了4004型微处理器，这是一款4位的微处理器，运算速度在10万次/秒，采用BCD码输入和输出，这种能力显然跟不上时代发展的需要。于是短短1年之后，英特尔公司又推出了8008型微处理器，这并不是4004的功能升级产品，而是一款全新的8位微处理器，被认为是当时最优秀的微处理器。与此同时，英特尔公司开始思考未来的发展方向，这是历史性的关键时刻。当时的8位微处理器可以向高端发展，不断提高其性能来实现宏大又复杂的数据计算；另一方向也可以向低端发展，发展成为单一芯片的微型控制器，应用于工业生产的机电控制，代替传统的开关和机械装置。最后英特尔决定大小通吃，两手抓，两手都要硬。

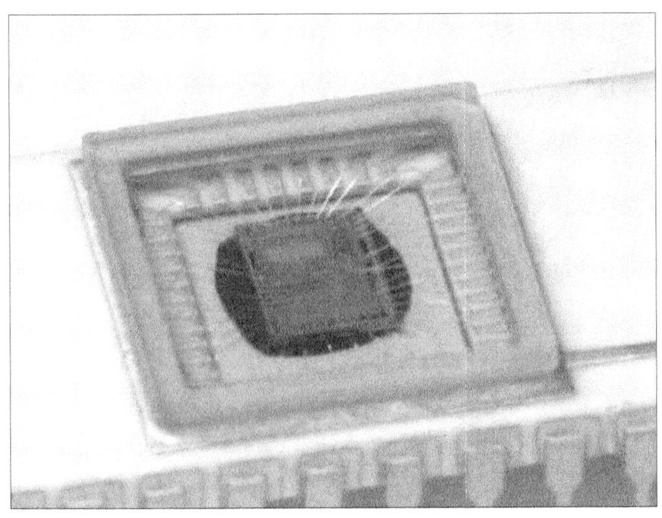

集成电路晶片

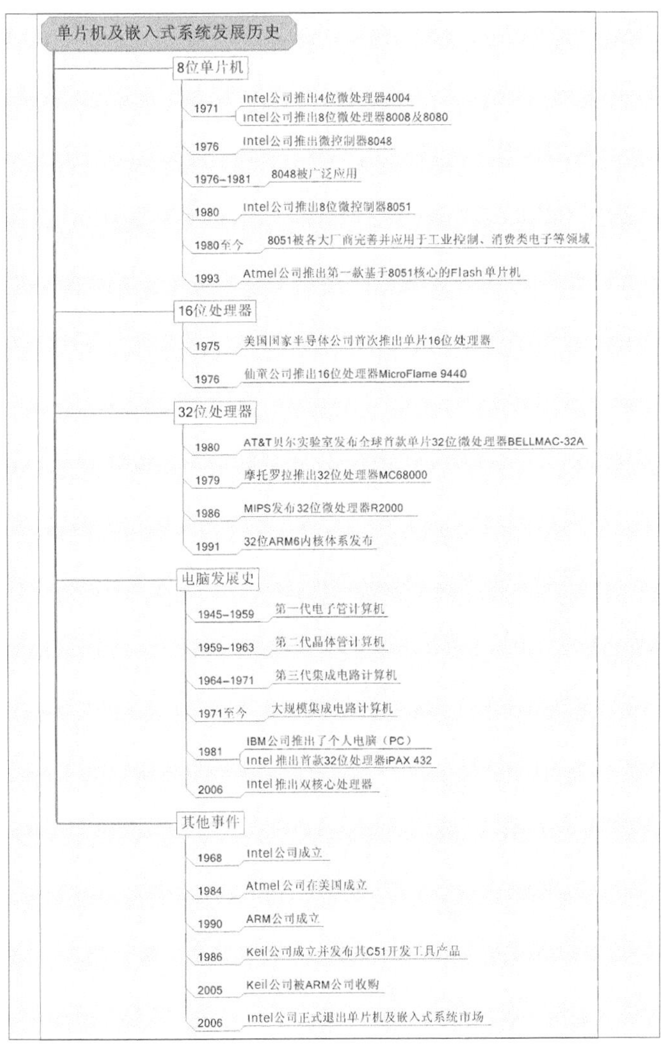

单片机及嵌入式系统发展历史
8位单片机
1971
Intel公司推出4位微处理器4004
Intel公司推出8位微处理器8008及8080
1976
Intel公司推出微控制器8048
1976–1981
8048被广泛应用
1980
Intel公司推出8位微控制器8051
1980至今
8051被各大厂商完善并应用于工业控制、消费类电子等领域
1993
Atmel公司推出第一款基于8051核心的Flash单片机
16位处理器
1975
美国国家半导体公司首次推出单片16位处理器
1976
仙童公司推出16位处理器MicroFlame 9440
32位处理器
1980
AT&T贝尔实验室发布全球首款单片32位微处理器BELLMAC-32A
1979
摩托罗拉推出32位处理器MC68000
1986
MIPS发布32位微处理器R2000
1991
32位ARM6内核体系发布
电脑发展史
1945–1959
第一代电子管计算机
1959–1963
第二代晶体管计算机
1964–1971
第三代集成电路计算机
1971至今
大规模集成电路计算机
1981
IBM公司推出了个人电脑（PC）
Intel 推出首款32位处理器iPAX 432
2006
Intel 推出双核心处理器
其他事件
1968
Intel公司成立
1984
Atmel公司在美国成立
1990
ARM公司成立
1986
Keil公司成立并发布其C51开发工具产品
2005
Keil公司被ARM公司收购
2006
Intel公司正式退出单片机及嵌入式系统市场

1976 年 8048 型微控制器问世。大家注意，前边提到的都是“微处理器”，而这里首次出现了“微控制器”一词。没错，这在历史上也属首次，微控制器也就是我们后来通称的“单片机”。许多朋友可能和我一样喜欢拿老旧的东西和现代的东西对比，从中看出科技的进步，也会有一种优越感、满足感。那么世界上首款单片机 8048 的性能又是怎样的呢？ 8048 属于 8 位单片机，内部也包括处理器、存储器和一些外设功能。8048 的 RAM 空间为 1KB，另有 64KB 的 ROM 数据存储空间。8048 型单片机直插封装有 40 个引脚，其中 27 个 I/O 接口中有 2 个是标准双向输入 / 输出接口，其他可复用于外扩存储器的数据、地址总线。它具有 1 个定时 / 计数器、1 个外部中断控制器。8048 的最大频率为 11MHz，完成一个指令需要 15 个机器周期。8048 没有 ISP 下载功能，存储器是可电写入、并在紫外线照射下擦除的 EPROM，但是核心晶片被封装在不透光的外壳里，根本无法照射紫外线。就好像我们今天使用的 CD-R 光盘一样，把程序写进去了，也就不能修改了。如果一不小心写错了程序，那么这个小黑块就废掉了。那在开发调试时需要大量修改要怎么办呢？于是出现了单片机的仿真调试工具，不需要下载程序就可以实现开发。可是程序不可擦除在某些应用上还是不方便，于是英特尔公司又研发出了具有紫外线光擦除功能的 8748 型单片机。它与 8048 的大体功能无异，只是在芯片的顶部开了一个小窗户，透过上面的玻璃可以看到里面的核心晶片。这样就可以照射紫外线擦除了，可是玻璃封装的造价较高，8748 的价格也自然水涨船高。

我曾在初学单片机的 2005 年，在哈尔滨的电子市场里面见过这种单片机。店家告诉我，向单片机写入程序时需要一套烧写工具，写入时只需通过普通的电信号，而在擦除时需要把单片机放在紫外线灯下面照射几十分钟。 原来的程序擦除后就可以写入新程序了。每次擦写都需要按这个步骤操作。虽然它相对于 8048 来讲有了很大进步，可是今天的我们仍然无法接受，至少对于普及给单片机爱好者来说，这种操作确实太麻烦了。

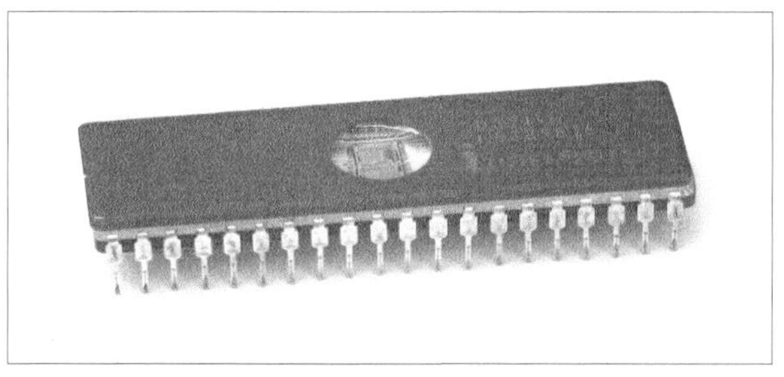

在 8048 热火朝天的激情岁月里，与之互补的同系列产品也前后推出，其中包括具有紫外线擦除功能的 8748，减少了引脚数量和低成本的 8021，还有各种款式存储器空间大小版本的 8039、8040、8049、8050 等。另外还有不少其他厂商竞相追捧，其中日本的东芝、NEC，还有欧洲、苏联的一些厂商纷纷向英特尔公司购买 8048 的制作授权，然后自己生产以 8048 为核心的“个性”产品。例如它们有些产品内部集成了 ADC 等功能，应用工控中的模拟量数据采集。到了 8051 的时代，申请授权的人就越来越多了。

这些产品都是以 8048 为基本核心而衍生出的系列产品，所以将 8048 核心的一系列产品统称为 MCS-48。有趣的是，即使在 Flash 技术已经无比成熟的今天，你依然可以在电子市场里买到 8048、8078 或是其他同类型产品，一片大约在 15 元以内，不过想找到是越来越困难了。1981 年英特尔公司又研发推出了新款产品 8049，有趣的是在此一年之前就已经推出了新版单片机产品 8051。8049 应该算是明日黄花、8048 系列单片机的最后献礼。此后数年间，MCS-51 全面替代 MCS-48 产品。

从 1976 年 8048 问世，到 1980 年 MCS-51 开始全面占领市场，其间只有短短 4 年。时间虽短但成果卓越，8048 问世之初就被应用在一款名为 Odyssey2 的游戏机上，后来又被首次应用在汽车发动机控制上，成为“车载电脑”的鼻祖。1981 年，IBM 公司发布了第一台个人电脑（PC），8048 作为协处理器被应用在电脑的 PS/2 键盘控制上面，而 IBM PC 的处理器就是下面要介绍的 8088。

2. MSC-51 时代

1979 年 6 月英特尔推出了新款 8 位处理器 8088，它是该公司之前推出的 8086 处理器的改进版本。8088 面市后很受欢迎，并成为 IBM 个人电脑的处理器。当时与之竞争较激烈的便是 MC68000，MC68000 是摩托罗拉（Motorola）公司在 1979 年推出的一款 32 位处理器，曾一度被多家大型电脑生产商使用，在市场上占有主导地位。那边在电脑市场上大厂商之间打得火热，这边微控制器的发展稳中有升。

英特尔 **8088** 微处理器

1980 年 8051 型单片机问世，在原有的 8048 基础上全面升级，4KB 的 RAM，128KB 的 ROM 空间，堆栈空间由 16 个字节变成了无限制，定时 / 计数器和外部中断控制各增加到 2 个，还增加了一路 UART 串口控制器，运行一个指令的机器周期也从 15 降到了 12。8051 型单片机推出之后一度被称为增强型 MCS-48 单片机。大家会发现 8051 在性能上与本书中介绍的 STC 系列单片机相比有一些落后，可是如果你使用过 AT89C51 或同类产品，你就会发现 8051 和 AT89C51 的性能基本相同，而许多单片机入门教程也正在以 AT89C51 甚至 8051 单片机做教学例程，这一点倒是很继承传统。

英特尔公司以处理器和存储器起家，后因存储器产品与日立公司竞争失败，而后专注于处理器的研发。英特尔公司生产微控制器（单片机），准备将其应用于工业等领域，但它并不了解这一行业，所以发展受到制约。同 8048 一样，8051 同样也向不少公司提供了授权，其中包括著名的飞利浦、西门子、Atmel、华邦等公司，其中贡献杰出的当属飞利浦公司，它采用 PDF 格式制作了 8051 的数据手册，这大大方便了其他设计公司研究参考，完成了设计资料的整合。其他厂商也都如法炮制，生产出自己独特的 8051 单片机。其中最为重要的事件就是在 1993 年，Atmel 公司生产出了第一款具有 Flash 存储器的 8051 单片机，这标志着高速电擦写存储器的时代到来了。Flash 单片机让小型的开发公司和单片机爱好者实现低成本、方便的单片机开发成为可能，而后 ISP 和 IAP 功能的发明又近一步简化了开发平台，降低了开发成本。Atmel 又首先推出了 20 个引脚版本的 AT89C2051 单片机，在一些小型产品的应用上大受欢迎。由此，Atmel 公司在业内创造了影响力和领先地位，虽然其他厂商的 8051 单片机也在生产，但 Atmel 的单片机产品还是最受欢迎，当时的许多教材均以 Atmel 公司的 Flash 单片机为教学实例。虽然 AVR 和 STC 单片机后来居上，但到目前为止还没有彻底取代 AT89C51 和 AT89S51 的地位。1986 年 Keil 公司成立，旨在开发单片机系统的软件工具，旗下的 Keil C51 编译器被广泛使用。2005 年，Keil 公司被后来居上的 ARM 公司收购并整合开发出了 Keil ARM 编译器，用于 ARM 内核的单片机开发。

3. 单片机新时代

新型的单片机具备更快的处理能力，STC 系列单片机依然沿用 8051 核心，但其性能已经有了很大的改进。单片机的时钟频率可达 40MHz，一个指令也只需要 1 个机器周期，内部集成的功能也相当丰富，而价格却比以往的产品还要低。正当 8 位单片机发展得如火如荼的时候，16 位和 32 位单片机的面市一直屡见不鲜，几家大厂都设计出了改进型 8051 或是独自设计核心的 16 位单片机。处理能力的提升也意味着价格的偏高，一片 16 位单片机的价格会是增强型 8051 单片机的 2 ～ 6 倍，而实际的应用领域却又很窄。1990 年 ARM 公司的成立打破了 16 位单片机尴尬的局面，因为 ARM 公司设计的 32 位 ARM 内核结构是高效率且物美价廉的，Atmel、飞利浦、三星、华邦等公司都预见了 ARM 内核不可估量的潜力，而通通向 ARM 公司购买授权，生产 ARM 内核的 32 位处理器。英特尔公司后来也推出了基于 ARM 内核改进的 XScale 系列处理器。论性能，32 位单片机天生丽质，不论是速度还是集成度都让 16 位单片机汗颜。论价格，8 位单片机生产水平成熟，市场竞争激烈，价格自然远低于 16 位单片机。高不成低不就之下，16 位单片机也渐渐隐退江湖。ARM 是明智的，找准了行业发展的大趋势，也凭此创造了 ARM 的新趋势。

自 1976 年 8048 的问世到 2006 年英特尔公司的离开，单片机行业发展的近 40 年里，前期是英特尔公司一统天下，引领单片机发展，后期则是飞利浦、Atmel 等厂商共同协作、竞争，优化了 8051 单片机的性能。8051 在市场上并不孤单，除了前面提到的摩托罗拉公司的单片机与之竞争外，还有像微芯（Microchip）公司的 PIC 系列单片机依然是 8051 的劲敌。即使如此，8051 仍然占据了全球一半以上的市场份额。2006 年，英特尔公司宣布正式退出单片机及嵌入式系统领域，Keil 公司被 ARM 公司收购。两大巨头的转变是否标志着行业的重新洗牌呢？8051 是否随着英特尔公司的退出而走到了生命的尽头？单片机的未来将去往何方？

STC 系列 8051 核心的单片机

国内行业发展

1982 年国内开始引入单片机技术，到 1986 年时单片机开始风靡一时。许多单片机研究机构纷纷建立，市面上开始出现单片机技术的相关图书。1993 年 Atmel 公司生产出了第一款 Flash 存储器的 8051 单片机，这一技术的出现使得单片机得到了更普及的应用。

目前在国内市场中，8051 单片机与 ARM 处理器占主导地位。目前国内还没有生产出具有市场竞争力的自主知识产权的单片机产品，大多都是在单片机应用层面发展。SoC（片上系统）时代已经到来，发展自主 SoC 处理器，并能以较高性价比占领市场，将会使中国的单片机行业有能力反客为主，掌控整条产业链。

第3节 ARM小记

目录

- ARM 的起源
- 学习指南

ARM 的起源

ARM（Advanced RISC Machines，进阶精简指令集机器），如果你在前面的文章里一直把这个单词读成 A-R-M，那么将有一个好消息和一个坏消息。好消息是：你这是初次接触到 ARM 技术相关的文章，而本节内容正是专为你量身打造的，无论你是嵌入式系统的门外汉还是单片机技术的初学者，都可以通过本节内容轻松地了解 ARM 技术。请相信我，这并不困难！坏消息是，我很抱歉地告诉你，它的正确读法应该是 arm，是手臂、胳膊的英文发音。很糗是不是？但除非你是在大声朗读，不然没人会知道的。你又多了一个知识和一个不可告人的秘密。调整一下心态，我们的故事就从这里开始吧！

1990 年，有一家高科技公司在美丽的英国安了家，公司是由一群先知先觉的工程师组成的，他们致力于一种新的 CPU 体系结构的设计。他们想让这款 CPU 的性能更为出色，有精简的指令集（可以理解成给 CPU 发出命令的咒语，当然是越简单越好了），有较低的功耗以适合在需要高速度运算又采用电池充电的设备当中使用。当时传统的大功耗 CPU 的发热量大，需要使用风扇散热，这确实很不方便，至少我不希望我的智能手机看上去像电吹风。所以，他们夜以继日地开发，努力实现这个伟大构想。终于，他们成功了！大家兴高采烈地为这款新的处理器结构取了一个响亮的名字——Advanced RISC Machines，简称 ARM。有趣的是这家公司的名字也是 Advanced RISC Machines Ltd.，简称 ARM，不得不说他们当初成立公司时的伟大目标现在实现了，可是这个巧合里面有什么精彩秘密呢？其实早在 1983 年，一家名为 Acorn 的电脑公司就已经开始着手开发精简指令集的 32 位微处理器。1985 年，该公司已经研发出了 ARM1 处理器，一年之后又推出了 ARM2 处理器并批量生产，之后不久又推出了 ARM3 处理器。这个时候已经大名鼎鼎的苹果公司看到了商机，于是想和 Acorn 公司合作开发。后来双方研究决定另外开设一家新公司，专门设计、研发精简指令集处理器。于是才有了前面提到的 ARM 公司的成立。ARM 公司成立之后所研发的是 ARM6 型处理器结构，推出之后就被自己的两个东家（苹果和 Acorn 公司）应用在其新款的电脑产品上。

现在好了，我们的 ARM 处理器结构诞生了，一开始 ARM 公司的处理器自产、自用，可是随后吸引了一大批世界级的芯片生产厂商（也可能是 ARM 公司邀请他们过来的，谁知道呢），这些大厂商们正在为处理器市场的弊端而发愁，所以很快双方建立了合作，即 ARM 公司自己不生产芯片，而是出售其 ARM 处理器结构的设计方案，各大芯片生产厂商根据设计方案来生产 ARM 结构的处理器芯片。这是一桩一本万利的生意，各大厂商每生产一片 ARM 体系结构的处理器就要向 ARM 公司支付一笔知识产权费用。仅是出售一套现有的内核方案就需要至少 20 万美元，如果还需要 ODM 修改服务则更是需要上千万美元。ARM 公司也在不断地升级、完善自己的产品以占据更多的市场份额。目前的 32 位微处理器市场上，ARM 体系结构的产品已经占到 7 成以上，而且还在增长。ARM 公司身体力行，用实践证明了“知识就是财富”这句话的真实性。

话分两头，单表买家。ARM 处理器结构被各大芯片厂商采用，制作出高性能、低功耗的处理器，然后推向市场（通常我们叫它“ARM 处理器”，还有叫“ARM 单片机”的）。这些厂家里包括三星电子（SAMSUNG）、飞思卡尔（Freescale，摩托罗拉旗下公司）、思睿逻辑（CirrusLogic）、爱特梅尔（Atmel）、恩智浦（NXP，飞利浦旗下公司）、国际商业机器公司（IBM）、德州仪器（TI）、富士通（FUJITSU）、任天堂等，相信这些公司不是脑门发热的家伙，它们选择 ARM 一定有更长远的考虑。

处理器行业方兴未艾，每天都会有新的技术和方案来满足我们的需求。在低端市场有 51 单片机等 8 位处理器来满足我们制作流水灯、电子钟之类的作品（请原谅我又提到电子钟，我真的热衷于此）。它们结构简单、价格便宜、易学易用，是目前电子爱好者热衷的玩意儿。在高端市场有 x86 结构的 32 位或 64 位的处理器来构成 PC 的核心部分。它们性能极高、速度飞快，一边看电影一边聊 QQ 都不在话下。而一些需要电池供电的手持设备，如智能手机、高级游戏机、数码相机、掌上电脑等消费类电子产品却需要一款中端类型的处理器。ARM 不是唯一的选择，却是最好的选择。苹果的 iPod、诺基亚 N93、索尼 - 爱立信（简称索爱）K 系列手机、戴尔的 PDA 电脑、任天堂的掌上游戏机、多普达的智能手机，还有国内的一些电子产品上无不用到 ARM 的处理器。同时在世界范围内的嵌入式行业也刮起了一股 ARM 的流行风，ARM 的学习教程、开发实验板、开发工具、仿真软件日新月异、层出不穷。许多 8051 单片机的研发公司也开始向 ARM 转型，原本学习 8051 单片机的技术人员和爱好者，也开始追赶流行，开始学习 ARM 技术。我个人认为这种“追赶时尚”多少存在一些非理性和麻木的因素。单片机行业真的要从 8 位转向 32 位吗？ARM 全面取代 8051 是未来市场的趋势吗？作为单片机初学者的你应该怎么办，是紧跟时代脉动，还是深入一门技术？以我个人拙见，根本没有选择的必要，下文中再与你细细聊。

ARM 是最好的选择，但不是唯一的选择，与之竞争的对手也非等闲之辈。最有名的当属英特尔公司出品的 XScale 处理器。有朋友会问了，你不是说英特尔在 2006 年时已经退出嵌入式领域了吗？怎么还会出嵌入式处理器呢？答案很简单，因为这些芯片是在 2003 年前后推出的，当英特尔退出嵌入式领域时，就将 XScale 处理器部门卖给了 Marvell 公司。XScale 系列处理器从早期英特尔生产的 PXA255、PXA270 到现在 Marvell 公司生产的 PXA300、PXA310、PXA320，从性能上看都相当优秀。XScale 处理器曾被应用在掌上电脑和智能手机（如 MOTO E680）上。有趣的是 XScale 处理器也是在 ARMv5TE 核心的基础上改进而成的。另外还有飞思卡尔公司的 ColdFire（冷火）处理器架构、AIM 联盟（苹果、IBM、摩托罗拉的联盟）所研发的 PowerPC 微处理器架构、MIPS 技术公司的 MIPS32 和 MIPS64 处理器架构。另外还有像 AVR32 等新型处理器不断推出，这些都是 32 位嵌入式微处理器，由于篇幅所限就不一一介绍了。更多关于 ARM 的内容敬请关注我即将撰写的 ARM 入门图书，这里就只留下些蜻蜓点水时的涟漪吧。

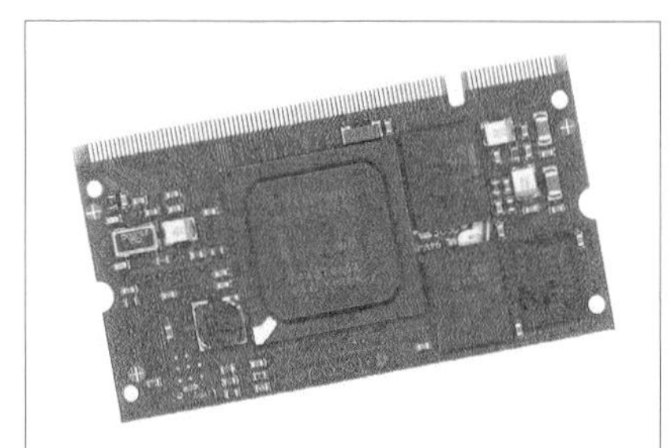

ARM 核心的处理器芯片

ARM 内核分类及应用

系列	架构	内核	特色	速度	应用
ARM1	ARMv1	ARM1			
ARM2	ARMv2	ARM2	Architecture 2 加入了 MUL 乘法指令	4 MIPS @ 8MHz	游戏机
	ARMv2a	ARM250	Integrated MEMC (MMU)、图像与 I/O 处理器。Architecture 2a 加入了 SWP 和 SWPB 指令	7 MIPS @ 12MHz	游戏机、学习机
ARM3	ARMv2a	ARM2a	首次在 ARM 架构上使用处理器高速缓存	12 MIPS @ 25MHz	游戏机、学习机
ARM6	ARMv3	ARM610	v3 架构首创支持寻址 32 位的内存	28 MIPS @ 33MHz	Apple Newton 手提电脑
ARM7	ARMv3				
ARM7TDMI	ARMv4T	ARM7TDMI(-S)	三级流水线	15 MIPS @ 16.8 MHz	游戏机、iPod 音乐播放器
		ARM710T		36 MIPS @ 40 MHz	精简型手提电脑
		ARM720T		60 MIPS @ 59.8 MHz	
		ARM740T			
	ARMv5TEJ	ARM7EJ-S	Jazelle DBX		
StrongARM	ARMv4				
ARM8	ARMv4				

系列	架构	内核	特色	速度	应用
ARM9TDMI	ARMv4T	ARM9TDMI	五级流水线		
		ARM920T		200 MIPS @ 180 MHz	Armadillo、GP32、GP2X、Tapwave Zodiac 游戏机
		ARM922T			
		ARM940T			GP2X 游戏机
ARM9E	ARMv5TE	ARM946E-S			Nintendo DS 掌上游戏机、Nokia N-Gage 手机
		ARM966E-S			
		ARM968E-S			
	ARMv5TEJ	ARM926EJ-S	Jazelle DBX	220 MIPS @ 200 MHz	索尼爱立信 K、W 系列手机，明基西门子 x65 系列手机
	ARMv5TE	ARM996HS	无振荡器处理器		
ARM10E	ARMv5TE	ARM1020E	(VFP)，6 级流水线		
		ARM1022E	(VFP)		
	ARMv5TEJ	ARM1026EJ-S	Jazelle DBX		
XScale	ARMv5TE	80200/IOP310/IOP315	I/O 处理器		
		80219		400/600MHz	Thecus N2100 网络存储适配器
		IOP321		600 BogoMips @ 600 MHz	
		IOP33x			
		IOP34x	1~2 核，RAID 加速器		
		PXA210/PXA250	应用处理器、7 级流水线		Zaurus SL-5600 掌上电脑
		PXA255		400 BogoMips @ 400 MHz	Palm Tungsten E2 掌上电脑
		PXA26x		可达 400 MHz	Palm Tungsten T3 掌上电脑
		PXA27x		800 MIPS @ 624 MHz	HTC Universal 智能手机，Zaurus SL-C3100、3200 掌上电脑，Dell Axim x30、x50 系列掌上电脑
		PXA800(E)F			
		Monahans		1000 MIPS @ 1.25 GHz	掌上电脑
		PXA900			Blackberry 8700 系列黑莓手机
		IXC1100	Control Plane Processor		
		IXP2400/IXP2800			
		IXP2850			
		IXP2325/IXP2350			
		IXP42x			NSLU2 网络存储适配器
		IXP460/IXP465			

系列	架构	内核	特色	速度	应用
ARM11	ARMv6	ARM1136J(F)-S	SIMD、Jazelle DBX、(VFP)、8 级流水线		Nokia N93 手机、N800 手机
	ARMv6T2	ARM1156T2(F)-S	SIMD、Thumb-2、(VFP)、9 级流水线		
	ARMv6KZ	ARM1176JZ(F)-S	SIMD、Jazelle DBX、(VFP)		
	ARMv6K	ARM11 MPCore	1~4 核对称多处理器、SIMD、Jazelle DBX、(VFP)		
Cortex	ARMv7-A	Cortex-A8	Application profile、VFP、NEON、Jazelle RCT、Thumb-2、13-stage pipeline		Texas Instruments OMAP3 手提电脑
		Cortex-A9			
		Cortex-A9 MPCore			
	ARMv7-R	Cortex-R4(F)	Embedded profile、(FPU)	600 DMIPS	
	ARMv7-M	Cortex-M3	Microcontroller profile	120 DMIPS @ 100MHz	Luminary Micro 微控制器家族
	ARMv6-M	Cortex-M0			
		Cortex-M1			

常见 ARM 内核处理器一览

生产商	内核版本	型号	优势	参考价格（元）
三星电子	ARM7TDMI	S3C44B0		30.00
三星电子	ARM920T	S3C2410	性价比高	40.00
三星电子	ARM920T	S3C2440		45.00
Atmel	ARM7TDMI	AT91SAM7S256		45.00
Atmel	ARM7TDMI	AT91SAM7X256	内置以太网功能	50.00
Atmel	ARM926EJ-S	AT91SAM9261	超低功耗	70.00
Atmel	ARM926EJ-S	AT91SAM9263		100.00
思睿逻辑	ARM920T	EP9307	简化版 EP9315	110.00
思睿逻辑	ARM920T	EP9315	集成更多功能	160.00
飞利浦	ARM7TDMI-S	LPC2100		20.00
飞利浦	ARM7TDMI-S	LPC2210	性价比高	30.00

学习指南

许多朋友想学习 ARM，可是又不知道该从何入手。想听听我的传奇经历吗？那是大学三年级临毕业之前，我在哈尔滨的电子市场看到了一款 LPC2200（这是飞利浦旗下的一款 ARM 处理器）开发板，带一个真彩液晶屏，开机时很炫酷，随板又赠送一本 ARM 基础教程。我当时很开心，在 8051 还没有学出什么名堂的时候，就开始想转战 ARM 技术。我当时这款产品要价 2000 元，我反复挣扎了很久，最后还是压不住冲动的性子，把它买了下来。我当时向爸爸许诺，一定在短期之内把 ARM 学好。我还真是下了狠心，在各位同学纷纷准备毕业设计论文的时候，我正抱着一本 ARM 基础教程的书反复研究。当时还没有什么好的 ARM 技术论坛，21IC 论坛上水太深，也不敢随便冒泡。就这样，短暂又美好的大学时光过去了，那时我已经自认为对 ARM 技术有了一定的了解。书中主要讲述 ARM7TDMI 的系统结构及原理，枯燥且难以理解，如果是在今天的话，对于这种书我都懒得翻，可当时是朝圣般研读。我当时学习到 ARM 是一个结构非常复杂的微处理器，它是 32 位处理器，是一个超级单片机，要了解 ARM 的内核结构、精简指令集的使用，还要学习汇编语言，最后就是学习一个叫 μC/OS-II 的操作系统，总而言之要学的内容比 8051 复杂，设计制作也就更难了。今天回想起来，当时学过的内容也没有什么印象了。

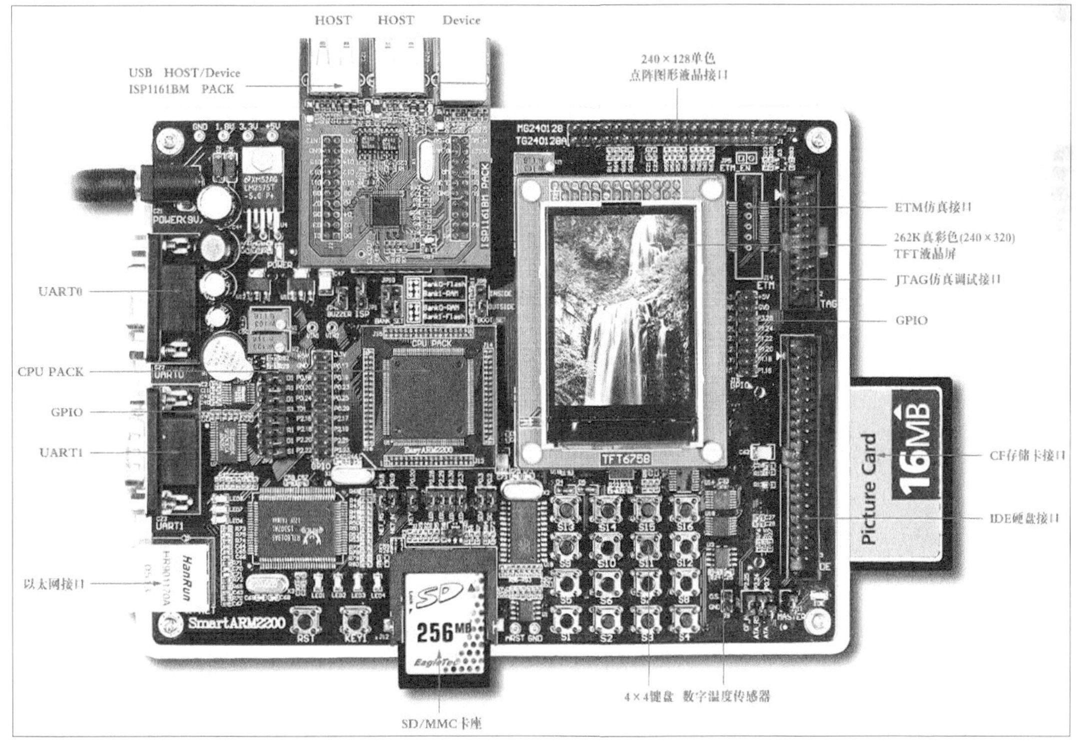

LPC2200 开发板

转机发生在南下求职之时。毕业之后许多同学留在了哈尔滨，而我却选择只身一人南下深圳，因为那里的电子行业发达，如果可以找到一家好公司，可以学到很多经验。和我想法一样的人应该有很多，可是最后的遭遇也各不相同，我还是比较幸运的，找到一家很不错的嵌入式系统研发公司，老板对我也很好。我在那里从测试员做起，然后做到技术支持工程师。一路下来经历了许多有趣的事情，也从产品应用的角度重新认识了 ARM。我觉得后来在工作经验中学到的 ARM 是更成熟、更鲜活的，虽然我的水平一直很差，可是瘦死的骆驼比马大，稍微写写表面的文章还是可以的。

经验中的 ARM 和书中的 ARM 完全不同。我要学习的从内核结构变成了操作系统，ARM 的最大特点就是可以安装嵌入式操作系统，包括在 ARM7 上安装 μC/OS-II，在 ARM9 上安装的 Windows CE、VxWorks 和 Linux。安装了操作系统的 ARM 其实更简单、更容易了。以应用较广泛的 Windows CE 来说，我们要开发的 USB 接口、以太网之类的功能早就已经模块化了，可以直接加载使用。我们需要做的只是用 EVC 编译器制作一个主程序和用户界面。

所以 ARM 已经将强大的操作系统将底层硬件分隔开来，学习 ARM 其实是在学习操作系统，就好像我们今天学习 PC 的使用，其实主要是在学习 Windows 操作系统的使用。ARM 的学习如果从电脑软件一端入手便会很容易，如果从单片机一端的硬件结构开始，那么会困难一些。但并不是说不可以这样学习，把 ARM 处理器当成超级单片机使用也是很好的选择。市场上许多介绍 ARM 入门的书多是电子行业的资深人士写的，他们熟悉 8051，当 ARM 出现时，习惯上将 ARM 处理器当作高级版的单片机来看待，自然也就习惯性地从硬件入手教学。另一方面，现在已经非常成熟的电脑软件开发的专家，多是用 VC 来编写电脑软件，如果让他们使用 EVC（嵌入式 VC）来开发嵌入式系统自然不在话下，可惜他们并没有及时进入这个领域。所以由电脑软件专家编写的嵌入式系统开发教程更是凤毛麟角。嵌入式系统要想快速发展，必须由懂得单片机开发的硬件工程师和通晓电脑软件开发的专家通力配合才能实现。目前业内也都意识到了这一点，嵌入式系统的未来值得期待。

作为个人来讲，无论你是单片机爱好者，还是电子技术应用专业的在校大学生，在掌握 8051 应用之后都应该尽量学习一下 ARM 方面的知识。我个人推荐你学习三星电子公司出品的 S3C2410 或 S3C2440 处理器，它们是 ARM9 核心的，可以安装 Windows CE 和 Linux 操作系统，市场上的学习板价格便宜，图书和资料丰富。相信你会爱上图形界面的开发的，那确实是让一件电子爱好者很感兴趣的事情。现在行业内嵌入式系统的开发人才短缺，学好 ARM 也会对找工作大有好处，知道一个 ARM 工程师的收入是多少吗？下一节告诉你这个秘密。

文章的最后再叮嘱几句，希望对你的 ARM 学习之旅有所帮助。

- 跳过 ARM7，直接选择 ARM9 核心的处理器，推荐学习 S3C2410 或 S3C2440。

- 重点学习嵌入式操作系统的应用软件开发，推荐学习 Windows CE 或 Linux。
- 尽量选择电脑软件开发人员编写的教学图书。
- 学习的成果要可以变成自己的作品，推荐以项目开发的方式学习。

也许看过了这节的内容，你暗下了决心要在学好 8051 之后学习 ARM，如果你有自信并乐意坚持的话，我会在精神上支持你，默默地为你加油打气。可是学完了 8051 之后学习 ARM，学习 ARM 之后又要学习什么呢？有的为了就业、有的为了爱好，每个人都在选择自己的成功之路，那么你的成功之路在哪里？你的个人发展计划是什么呢？下一节《成功之路》中，也许我的经历和观点可以为你提供一些参考意见。

第4节 成功之路

目录

- 我的奋斗
- 职场须知
- 发展创业
- 电邮问答

我的奋斗

本节让我们来谈谈如何在嵌入式行业中打拼并踏上你的成功之路，一路得到领导欣赏、一路晋升、成就梦想，或者自主创业，成为业内著名的企业家。成功之路蜿蜒曲折，要经历“九九八十一难”才能取得成果，本节文字与你分享前辈们走过的足迹，不论你是就业还是创业，我都会告诉你在嵌入式行业中发展需要注意哪些美景和荆棘。

我南下广东就职第一份工作时，就在日记本上写下了自己努力的目标。“远期目标：5年内做到嵌入式系统行业的高级工程师，年薪20万元以上。近期目标：在3个月内到深圳的嵌入式系统的研发企业做技术工作，月薪2000元以上”。刚刚大学毕业的我，对未来不解、迷惑，希望有一个前辈帮我指明方向。可惜命运弄人，一直没有人可以帮到我，只有靠自己的努力。2个月后，我顺利地找到了一家嵌入式系统开发公司，虽然公司里的同事不多，可是每天的工作都很开心，都有新的收获。那一年，我作为技术员，完成产品的测试工作，收入是每月2300元。我很幸运，很开心，给家里打电话汇报了喜讯，父母高兴得不得了，四处和亲戚朋友宣传，为自己的孩子而骄傲。我对他们说，这是一个好的开始，我会继续努力的，为我的远期目标而努力。说着说着，都会被自己的话感动得流泪。今天回想当时的情景，有一些温馨也有些可笑。

我每天早上8点半上班，晚上6点下班，许多时候忘记吃早餐，搭乘拥挤的公交车，走在喧闹的人群里。我每天都有测不完的产品，时不时地还会犯错，乖乖地听从老板的训话，然后试着平静，继续工作。半年之后，因为人手不足，老板希望我可以做技术支持，接听客户的电话，回答他们的技术问题。面对新工作，我总是试着回避，可是还是要面对。有些客户很不幸，听到我在电话那边支支吾吾、不知所云。我在这边满头是汗，不知道怎么回答，甚至听不懂他的问题。有一次，有一个客户咨询一款产品的性能，其中问到是否有 2D 图形加速功能，我当时经验不多，再加上有一点紧张，以为这款产品是有这个功能的，于是和客户说有。客户非常高兴，他说他找了好几家公司的产品，都没有这个功能，听说我们的产品有他很高兴。第二天，他专程到我们公司上门拜访，希望可以亲眼看到。另一个资深的同事接待了他，他说希望看一看 2D 图形加速功能，同事说我们的产品没有这个功能呀！客户很诧异，便问，杜工是哪一位，昨天他明明和我说有这个功能的。同事叫来了我，老板也闻讯而来，当时气氛那个尴尬呀！想死的心都有了。后来老板用他过人的公关技巧平息了事情。这次难忘的事件让我下定决心死记硬背每一款产品的性能，这件事情也让我明白了一个道理，就是要“珍惜每一次出丑的机会”，只有出了丑，勇敢地面对它，才不会在以后更大的问题上出丑、出错。

在同事的帮助下，我学会了先把客户的联系电话和问题记下来，然后问问同事、查一查资料，再回复客户。当问题积累多了，自然可以应对自如。就这样，我在客户的逼迫之下学习了嵌入式系统的技术知识，不仅是技术，还有客户常见问题和解答的经验。让我从听到电话铃声就心跳加速，到听不到电话铃声就手心发痒。就在那个时候，我发现了行业里学到的嵌入式系统知识与在学校里看教科书、在开发板上做实验是完全不同的。现实中的嵌入式系统知识更多地涉及市场和应用，和书本上只介绍纯技术原理有很大的反差。而且工作时间越久，我就越觉得书本上的东西越没有用，甚至书上的一些内容会产生误导，在很长一段时间之后才校正过来。因为我深受其害，所以我写的文章都不会只讲技术，而是或多或少地涉及一些现实的（或者说真实的）内容。

一年之后，我在产品设计上的能力得到了领导的肯定，领导让我接手一个新的项目研发。当时公司处于转型期，正是需要人才的时候，这一次的任命给了我一个展现自己能力的机会。我在心中默念“只许成功不许失败”，花了精力在项目上，希望与其他同事合作完成这个项目。因为职位的变动，同事关系也变得微妙而不自然，言语和行为之中都可以感觉到压力。原来的测试员无足轻重，没有人和我计较，可是身居项目负责人，就不可避免地卷入办公室政治，这里有权谋较量，这里有针锋对决。我慢慢明白了，公司里不只是为了工作而工作，虽然大家都是打工仔，可是还要拼一个高低胜负。要想玩好这个游戏，先要认同游戏规则。玩得不好的人会讨厌办公室政治，玩得好的则乐在其中，我也有一段时间沉迷于这个游戏，甚至一度迷失了自己。

除了嵌入式系统的技术之外，我还花时间研究管理学、经济学，《哈佛商业评论》和彼得·德鲁克的作品成了我爱不释手的宝贝。慢慢地，我发现看似无关的门类之间却有着相通的道理，有一些管理学的启发会让我在技术上有新的创意。除了技术之外的事情我都会借用管理学和经济学的知识去解决。

2008 年底正是全球金融危机最严重的时候，每一家公司都在研究裁员和促销的问题。在这个时候我却选择了主动离职，有朋友说我太傻，其他人都找不到工作，你却放弃了不错的机会。面对变革我也感到害怕，我也希望在动荡的时局下保持安宁，但我知道我不能被动，保全工作会让我失去竞争能力和主动权。对我来说这次经济危机却是一个机会，让我重新认识自己、重新选择未来计划。我心头聚集着长久以来的愿望，幻想着用自己的努力来实现它们。关于我的具体计划，在此也不方便透露，雄心大志说得太多，反而会给自己压力。就好像早就和图书编辑定好了交稿日期却一拖再拖，希望这个缺点能在新的工作中去除。

我要准备创业了，身边有一些创业多年的朋友，有些成功地坐在老板椅上签发文件，有些失败的重回人才市场寻求面试机会。我从他们的身上总结了一些特点，也许这些便是他们取得不同结果的原因。保持现状容易，寻求突破困难，走出了这一步，我心里坦荡却面对压力。

职场须知

让作品说话

花一点篇幅说说嵌入式行业的应聘技巧。许多成功学和面试技巧方面的书籍都会提到如何给面试官留下好印象、如何书写简历、如何在面试和笔试中展现你的才华。这些方法和技巧在嵌入式行业的应聘中同样重要且有效。人人都在竭尽所能展现自己的时候，你有什么一鸣惊人的法宝呢？在嵌入式行业的应聘中最有效的法宝就是让作品出来说话！嵌入式行业有一点好处，无论你是搞硬件的还是玩软件的，你都可以独立研发出自己的作品，可以是电路经典、布局合理的 PCB，也可以是条理清晰、算法简练的 C 语言程序，最好是一套具有创意想法的完备产品。面试的时候，别人是在用口才推荐自己，而你要做的就是展示你的作品，让未来的同事们从作品中看到你的实力。嵌入式行业的面试官多半都是研发部门的技术人员，当你可以和面试官在作品的技术上展开讨论时，你的胜算会超过你的期望。不过一定要保证两件事：一是你的作品足够优秀，至少让面试官产生兴趣；二是你对作品的技术内容了如指掌并可以对答如流。当面试官表现出兴奋和欣赏的神情时，你需要做的就是在心中暗暗提高价码，然后和他们讨价还价。如果你没有作品可以展示，那就从现在开始制作；如果你还不懂得制作，那就多翻书、快学习。机会留给有准备的人，也留给有作品的人。

面试门槛高

大学本科以上学历，3 年以上相关工作经验，熟悉 C 语言程序、Linux 移植、Windows CE 开发，看过这些千篇一律的要求才发现自己会的东西太少、根本达不到应聘单位的要求。嵌入式行业里的企业无论大小都对工作经验和专业技术很热衷，他们需要的是来了就可以马上投入项目开发，并可以超出预期地完成工作。这是他们对人才的要求，初出大学校门的你是不是有些力不从心？有些人找不到工作而被迫自主创业，而另一方面具备行业经验的“高手”也正在婉言拒绝高薪职位，走上自主创业的道路。我曾经也负责过公司的招聘工作，收取一份份简历、向应聘者提问。

作为面试员，我最关注的问题有以下几点，也许其他公司有不同的看法，那是他们的事情。

- 热情、机敏、灵活。
- 爱好电子技术。
- 专业技术能力。
- 学习能力和潜质。

很遗憾，在我负责招聘工作的时期中没有招聘到一位符合以上要求的人才。正如我曾说过的，真正的人才早已经被其他公司挖走了，无奈，只能劣中选优。大多数公司也都面临着人才短缺，而另一方面人才市场也面临着就业率低下的现状。公司找不到人才，求职者找不到工作，部分原因是学生不符合市场需要。面试关键的两个门槛就是工作经验和专业技术，这对求职者一方来说，特别是大学毕业生最为缺乏。我在这里给出建议，对于工作经验是不可以无中生有的，即使熟读本书第 4 章也不能让你具备必要的素质，所以最好的方法就是从不需要工作经验的基层工作做起，积累行业经验和技术知识，在 2 ～ 3 年后择机而动。专业技术是指上岗之后需要的工作技能，如果你不熟悉的话想装是装不长久的。不如在学校期间就锁定职业目标，然后针对一门职位所需要的技术下功夫学习。自学或参加学习班都可以，获得一技之长方可平步青云而无忧。

珍惜出丑的机会

久经考验的工程师是经历了 N 多次尴尬与难堪才磨炼出来的。第一次焊接、第一次面试、第一次自我介绍，在面对诸多第一次的时候总会有些紧张、害怕的心态。那些时候因为没有经验而出了丑，在众人面前丢了面子。反转一个角度想想，你需要珍惜每一次出丑的机会，虽然当时很难过，但从长远的目光来看，每一次出丑都是一次刻骨铭心的进步。风平浪静的航线练就不出老练的船长，不断为自己制造出丑的机会不是傻瓜的行为。在技术上主动给自己制造麻烦要比麻烦不期而遇更容易掌控，在事业上珍惜每一次出丑的机会，用一时的惊慌、恐惧换得长久的坦荡、自然。

主动才能掌控一切

“小杜，去把那件事做一下！”当领导对我发出指令即证明我还没有学会主动进攻，还在被动地工作而且越来越被动。当我在一本管理学书籍上看到“主动才能掌控一切”的时候，我突然间重新活了过来，就是这句话改变了我的事业轨迹。你的老板同样需要教育，你可以在工作上影响他、管理他，这不是玩笑话，事实就是如此。主动需要自信，自信需要不断证明自己，反过来讲，如果你有能力又可以主动出击，你便有机会证明自己。二者构成良性循环，相互促进、互相推动。学会珍惜出丑的机会之后，试着主动发现问题、主动提出、主动解决，要比你的老板更快一步。把局面变成主动向领导汇报工作，甚至督促领导关注某些问题，这样的结果是什么呢？你的工作能力得到展现，你成为领导者不可或缺的得力助手。

完成分内工作，参与其他事情

一位新来的技术员呆呆地站在窗户边上，看着路上的行人。经理问他为什么不去工作，他说他的工作任务已经完成了。这是很愚蠢的一种行为。另外一种做法是在快速完成分内工作之后再去参与其他事情，以让自己完成比规定任务更多的工作。首先经理会高兴，因为在他眼里你是一个没有私心、任劳任怨的“傻瓜”。你自己也会开心，你又争取到了更多出丑的机会，而且主动掌控、要求工作。慢慢地，你会比别人更出色，更会被领导重用。一旦出现晋升的机会，你猜经理是会考虑整天很忙碌但工作效率低、刚刚能够在规定时间内完成工作任务的“聪明人”，还是会考虑工作效率高、没有私心又可以超额完成工作任务的“傻瓜”呢？

面对危机

“哦，天啊！”不论是大声惊呼还是心中默念，发出这样的感叹定是发生了意想不到的事情。千不该万不该，历史没有如果，时间不能倒流。面对危机是遇见危机时最好的处理方法，逃避只会让事态变得更严重，在事态尚可以掌握的时候解决它，这是唯一方法。任何一件事情没有料到，后果便不理想。你不可能掌握每一处细节，不可能有完美的解答，必须要做的就是果断处理。这是开拓型领导者的必备素质，也是成功解决危机的必须重点。面对危机，在事态可控之时果断处理，事情总会发生，也总会结束。

大局观

虽然你只是一名技术员、测试员、助理工程师，但你可以想象自己就是公司的总经理，你的工作是从全局思考，确定公司的发展方向和管理方针，始终可以用大局观来看待问题。从公司文化的角度找到团结合作失败的根本原因，从公司产品在市场上的竞争优势角度分析产品销售问题的关键所在。透过现象看本质，问题的真正原因不在问题本身而在其更深层次的问题之中。唯有大局观才能居高临下、洞察秋毫，在主动掌控、参与其他事情的时候，才能直指要害，从根本上解决问题。

工作和爱好的平衡

有的同事会摇着头说，当你把爱好变成了工作，你就不会再爱好它了。还有一些人说，把爱好变成工作，每一天都在做自己喜欢做的事是最幸福的生活。两者都有其道理，也都发生在每个爱好者的身上。我的工作经历没能给我答案，我也不知道别人做何感想。有些电子爱好者的工作与电子毫无关系，他们特别希望辞去现有的工作，然后投身嵌入式行业。有些嵌入式行业的从业者，他们并不是电子爱好者，只是拥有一技之长，在此赚钱生活。面对种种工作与爱好的差异，我没有什么独到的见解，只是个人认为把爱好变成工作，应该是有趣的事情吧。要么爱一行干一行，要么干一行爱一行，因人而异吧。

拥有用户的眼光

如果你是嵌入式行业中的工程师或技术员，你会更关心技术上的实现，更关心老板是否满意。但是，好的工程人员更应具备的是用户的眼光，从使用者的角度思考。第 3 章中处处都在传达这一理念。你不为用户着想，给用户找麻烦，用户就会给你找麻烦。站在用户角度思考是一种能力，并非人人都可以具备，要想成为优秀的工程师、设计师，拥有用户的眼光至关重要。

还要有全球的眼光、历史眼光、趋势眼光

你有没有想过一家公司可以 24 小时工作？在珠三角的一些生产企业中经常可以看到这种情形，用于生产的机械 24 小时工作，参与生产的工人则有白班和夜班两组交替，达到最大生产效率。如果把这种方法用在设计公司，你能否确定上夜班的工程师可以保持最佳状态呢？全球眼光可以解决这个问题。一家设计公司在中国的上海和美国的纽约分别设立两间办公室，所有的员工通过网络联系，在网上建立有研发平台。当纽约时间抵达下班回家的时候，上海的员工正在迎接新的一天。工作任务可以在 24 小时内不间断地完成着，而身居两地的工程师都可以享受正常的工作时间。这家公司比同一地区的公司更有效率，每一分钟都在前进，这仅是全球眼光的一个案例。

有谁可以将电子元器件的历史故事一一道来？小到电阻、电容，大到单片机、PC，电子技术的发展从何而来，经历了哪些历史的转折？每个人都想预知行业未来，都想用独到眼光分析趋势脉动。分析有何依据？脉络从何谈起？具备历史眼光，从历史中寻找规律、洞察基本原理。了解行业的过去，熟悉技术的发展历程，具备历史眼光能够更全面地看到问题，在历史中寻找答案。欲有前瞻视野，必先通达古今！

未来能否预知？趋势由谁掌握？社会发展到今天已经具有不可预知的复杂性。每一件事情都会有 N 多个环节参与其中，要想从复杂的社会活动中推测未来，可谓无比困难。任何一个不为人知的小公司都可能一夜成名，一项不起眼技术可以改写历史。趋势眼光不是预测趋势，如上所云，趋势太难预测。绞尽脑汁不如转变思维，与英雄同路，成为趋势的制造者。最大的成功都是从制造趋势而得来的，今天 PC 的软件帝国仅因比尔先生的一个梦想。你的梦想是什么？许多专家正在预测。

发展创业

知道自己将遭遇什么

你知道走上创业之路将遭遇什么吗？你要为产品和经营劳心，你要为与合作者的关系劳心，你要为资金周转劳心，还有员工管理、市场营销、技术创新，还有税务问题、客户关系、危机处理等。一旦公司里发生任何问题，最终需要面对的都是

你。准备好接受这些复杂、烦琐的事情了吗？其中的一些会让你长期经受痛苦的折磨。你有多大的抗压能力，你能否在困境中愈挫愈勇呢？这是你真正想要的生活吗？扪心自问，给自己一个答案。

我有一个梦想

马丁·路德·金要消灭种族歧视，比尔·盖茨希望每一个人的桌面上有一台电脑，Google 努力创造最好的搜索引擎。每一位伟大的企业家都有一个梦想，他们穷尽毕生精力去实现它，他们中的大多数并不总是成功，但是没有梦想的创业者注定不能成就大业。有些创业者白手起家的目的就是为了赚钱、营利，这种想法没有问题。如果只是希望在广阔的嵌入式市场上占得一席之地，那么过不了多久，成功的就是你。对于那些想做一番大事业的朋友，拥有一个梦想并努力地实现它是必需的、最根本的要素。

第一桶金

总要有一笔钱或多或少地支持你白手起家。不管是注册公司、租借办公室、购买原料还是置办器材都离不开第一桶金。如果你自己没有巨额存款，那么不管是亲朋相借还是入股投资，都会给你带来责任和压力，若成功皆大欢喜，若失败将负债累累。第一桶金让你更仔细地考虑事情，经常从噩梦中惊醒。创业本身就是一种冒险，谁让你不愿意安静地坐在办公室里按月领取工资呢。准备几万元或几十万元的资金，把它们用在与盈利有关的地方，时刻关注财务报表，让波浪稳中有升。

经营模式和竞争优势

嵌入式行业方兴未艾，好像任何一个创业者都可以在此找到谋生之地，最常见的就是元器件销售和开发板的生产和销售。花很少的资金投入就可以生产出自己的产品并有一些的销售量。依我看，目前的嵌入式行业很不成熟，还有很多可以开拓的空间。一般企业的老板分为 2 种类型，技术出身的创业者和销售出身的创业者。技术出身的老板更看重公司的技术实力，对营销和市场并不在行。销售出身的老板更看重公司的营销能力，在产品的类型上可以轻易地转型，即什么赚钱卖什么。不论哪一类老板的经营之道都是一套自己的经营模式和竞争优势。创业之初先细数一下你的未来竞争者，它们有什么样的经营模式和竞争优势？它们又有什么样的弱点可以突破？你的公司采用何用经营模式？你的竞争优势是什么？把以上问题列在纸上，大声念给你的投资人或合作者听，让大家达成共识，并相信这就是我们公司存在的理由。

始终居安思危

你怎么看待自己的公司，它是完美无缺还是漏洞百出？优秀的创业者需要在安定中洞察潜在的危机。居安思危，可以长治久安。嵌入式行业的运转速度相对于其他行业是缓慢的，竞争的环境并不激烈，许多领导者都会把当前的格局看成静止状态，自顾自地满足、止步不前。一旦风雨欲来，未雨绸缪者方可决胜千里。保持危机感就是保持长远发展的很好方案。

广交人脉

广阔的人际关系网络会让你的事业发展如鱼得水，在整合资源的时候你会发现人际关系资源起到了至关重要的作用。无论你是在职场还是独立创业，广交人脉都是必须中的必须。也许你和我一样只擅长技术研发，不太喜欢、也不擅长和人打交道。那么，并不是说你注定失败，而只能说你的事业发展要比别人困难了。认识人多也并不是好事，当你想找一个律师处理法律问题时，你却发现你认识的朋友都是技术类的大师。不要局限在某一个领域结交朋友，试着认识朋友的朋友，认识形形色色、各行各业的优秀人才。如果你也有你的长处，他们同样乐意和你交往，因为他们和你的目的没有两样。希望你明白我在说什么。

人才在哪里

老板的志向远大，却因没有合适的人才行事而变得举步维艰。无数次参加人才招聘会，无数次在网络上寻觅却不能如愿，徒劳无功之后便会问：“人才都跑到哪里去了？”千里马常有，而伯乐不常有。你要相信始终有更好的公司，有更好的伯乐团队先声夺人。好的人才大都被其他公司先抢了去，要想得到优秀的人才，需要到优秀的公司里挖掘。如果你没有能力持续提供更好的福利水平，也不能给他一个深信不疑的希望的话，还是劝你放弃挖掘人才的念头，转而在公司内部培养人才。内部培养的人才具有很高的忠诚度，对公司的文化和历史的了解深入。但是培养人才的时间很长，又需要大量的投入，存在高风险问题。同样，如果你不能提供不断提升的福利水平和晋升机会，又不能让他认同你的经营理念，那么人才迟早是别人的。各位未来的企业家除了具备伯乐识马的能力之外，还要有培养人才、留住人才的能力。

没有最好，也没有更好

“没有最好，只有更好。”在我小的时候就听到了这句广告词，现在却再也听不到了，那家公司没有保持“更好”就消失在新一波的商业浪潮之中。好的公司明白亢龙有悔的道理，在某一事业发展到顶点的时候便自行转向新的领域从头再来。事物的发展有其规律，发展到巅峰便会开始走下坡路，无法保持最佳状态。好的企业者应该把自己当成最大的敌人，给自己找茬，保持自己的最佳状态。这样才能生生不息，成就百年品牌。

电邮问答

我很荣幸可以接到各界朋友发给我的电子邮件，与技术问题相比，我更乐意与你探讨行业故事。说老实话，我的经验并不多，对行业的理解也是盲人摸象。请大家持批判态度看我的文章，然后再写信说说你的想法。也许在一问一答之间就可以了解行业发展的真谛。下面正是一位网友的来信，所聊的内容涉及技术、行业和个人。我在考虑，也许公开这些信件会让更多的朋友受益吧。

杜先生：

你好！我是《无线电》杂志的读者和无线电爱好者，我拜读了你在《无线电》杂志的几篇文章，从单片机到 LED，感觉你写的文章确实很精彩，实在令人佩服。目前我在汕头大学，今年研究生毕业，毕业课题与计算机控制相关，不过我用的是 PLC。我想就杜先生所了解的单片机和 LED 的两个方面请教您两个问题。

（1）有关单片机和嵌入式的产业方面问题。我想请问杜先生是否给自己的职业作了较长远的规划？我对电子制作的爱好估计与你的情形差不多。你有将嵌入式的爱好当作自己的事业来经营的打算吗？目前我正面临着就业和下海的选择，但是不甘心给人打工，而且感觉懂单片机的技术人才太多了，虽然搞技术的工程师受人尊敬，但我老感觉这是一碗青春饭，累。大家的水平都差不多，我能不能做一点集成度高一点或者说是上游的活儿？但我对创业前景又比较模糊，有些犹豫，不知道从何处入手为好。我要请教的问题是，如果想把自己的爱好和事业联系起来的话，比较详细地讲你觉得有哪些路可走？

（2）我对 LED 的产业也很感兴趣，这源于我表哥。他也是无线电发烧友，在家乡的县城里开了一家家电维修门店，已经有了近 20 年的从业经历，技术顶呱呱。目前也有些岁数了，感觉精力各方面赶不上以前了。他手头上有一些资金，感觉家电维修的路可能越走越窄，因为大宗家电维修的市场会萎缩。他有个朋友在深圳开厂做这种 LED 灯。去年的时候，他专门到深圳考察过 LED 市场。表哥的朋友告诉他这个行业目前的前途比较可观，这种灯泡的出口前景非常好，深圳非常缺少从事 LED 出口的懂英文的外贸人员。我想目前他还不能进入 LED 节能照明的行业，他想搞一些所谓的高亮度 LED 应用，比如三四级市场的 LED 装饰、霓虹灯等。但我感觉这种简单应用应该是没什么前途的，因为大点的城市这种东西很多年前就是司空见惯了。杜先生在深圳，想必对这个行业非常了解，我想听听你是怎么看待这个行业的？客观地讲，你认为如果我们从事这个行业的切入点在哪里？会有什么作为？

非常感谢！顺祝商祺！

汕头 周先生

周先生：

你好！你是首位在电子邮件里问到产业问题的，我很高兴你可以提这样的问题，因为技术只是实现产业和产业链的工具，技术问题是狭窄的，产业问题是博大的。你有这样的心智和眼光实属难得。我很荣幸可以发表一下我的观点，并希望和你继续交流。以下是我对你问题的回答。

1. 我在 3 年前曾对我的事业做过一个长期和一个短期的规划，我当时把它们写在我的日记本上，以此激励自己实现目标。我的长期规划是成为嵌入式行业的总工程师，短期规划是在深圳找到一家嵌入式的公司从事技术研发工作。在一年半之后，短期规划实现了，3 年之后我却放弃了我的长期规划。为什么呢？因为在新的工作和经历当中，我发现了更适合我的规划和目标。于是我做出了新的决定，朝着新的方向迈进。我现在虽然不方便说出我新的规划是什么内容，可是它还是和我的爱好相关的，核心的理念与坚持没有改变。所以当你问到我有没有长远规划时，我扪心自问了一下，还是有一个内心深处的目标在呐喊，可我并不理睬它，因为这个目标还是会随着我的阅历的增加而改变的，而长久不变的是内心里的一份对实现自我价值的理念和对电子技术爱好的执着。这是内心的坚持，但我并不急于实现它，我更能保持着一种平静的、顺其自然的心态，在机缘到来时，随缘而动，求得自心不急躁、不烦恼。

关于在从业还是创业的苦恼，我也刚刚经历过。我最终的决定并不能给你作为参考，因为每个人的内心理想和外界条件各不同，关键是抛开外界的名利场，倾听自己内心的声音，你想做什么？选择你喜欢的，这就是快乐的、我想要的生活。所以这个问题我不能给你解答，关键还是看你自己的内心。

是的，现在的技术人才很多，一般都懂单片机，ARM 技术也有许多人在研发，市场竞争是存在的，但这还没有达到完全竞争市场的程度，是可以突破、创新、做到卓尔不群的。这里有两个突破口可以供你参考。

（1）大师级突破

有一个小品其中有一句台词可以言简意赅地解释跨行业突破，大意是说他在小品界里相声说得最好，在相声界里歌唱得最棒，在歌唱界里摄影技术最牛，在摄影界里小品演得最佳。现在的技术人员是很多，在我看来并没有几位大师。大师和专家不同，专家是将一门技术研究得很透彻，同时又能将复杂技术用专业术语解释清楚的人。而大师是可以将多门技术研究得很透彻，又可以把多门技术联系进来创造更大价值，同时又能将复杂技术用通俗语言解释清楚的人。大师不必样样都精、样样都会，他们能把自己了解的多个行业的知识组合起来，形成新的东西；他们能把不同行业的问题整合起来，相互解决。福特从屠宰场学到了流水线技术用在了汽车生产，才有了今天的汽车产业；史蒂夫·乔布斯将美学、工程学、营销学和电子技术整合起来，才有了苹果独树一帜的品牌。如果你不只会单片机技术，试着把其他你擅长的东西整合进来，即使你不是单片机的高手，也是出众的，不是一个只懂技术的千篇一律的打工仔了。

总之，博学产生创意，创意催生新价值。

（2）专家级突破

如果你只懂单片机又不对任何别的行业感兴趣，那就学单片机吧，不要想着赚钱或是出名得利之类的事情。找到一个你乐于实现的应用，一直努力做下去。心里坚持一个信念：我要做出最好的×××。×××可以是单片机制作的电子钟、小机器人、大尺寸LED显示屏、智能家电控制器等。目标是做到最好，再从最好做到更好。只要你坚持并做到了最好，钱呀、名呀什么的，自己就会找上门来了。当然最好的定义各有不同，只是希望你理解我的意思。考察一下你身边最好的快餐店、最好的快递公司、最好的歌手、最好的技术人才，看看他们有什么长处。

2. LED的市场潜力很大，如何来做呢？在上面的回答里你应该可以找到答案了吧？要么看看LED技术能不能和其他技术或行业整合起来，用LED技术解决那个行业的问题。要么将LED技术或销售做到最好。未来的发展只是一个“势”，关键是谁都知道LED技术前景可观，可又有几人真的成功呢？

希望我的回信对你有所帮助，祝你一切顺利！

杜洋 敬上

第5节　智能家居的未来

目录

- 20年前的设想
- 我幻想的智能家居
- 云计算与物联网
- 智能家居的危机
- 总结

20年前的设想

我从小喜欢电子技术，很关注这方面的新闻。记得10岁那年，我在电视上看《生活》节目，节目中除了介绍日常柴米油盐，还有一个科技类板块。什么最新的200万像素数码相机、16和弦铃声的手机、能存储10MB数据的磁盘，每一款都是当时的尖端产品。科技发展如此之快，快到20年前的高科技在今天听起来像个笑话。可有一期节目中介绍的未来科技至今都没有实现。那天的节目令我印象深刻，节目组参观了微软公司的智能家居样板间，由技术人员全程介绍，操作每件前所未见的智能家居设备。进门时不需钥匙，只要用眼睛看着镜头，说一声："开门。"瞳孔和声音双重识别会确认你的身份。进入走廊又见墙上有块彩色屏幕，按旁边的按键可控制整个房子的电灯开关、空调温度，还能播放音乐、拨打电话。当你走出一个房间，灯会自动关掉。客厅有面巨大的电视墙，能看电视也能玩游戏，还能打开Windows系统收发邮件、编辑文档。你还能对着遥控器说话，用语音控制电脑。技术人员又介绍了卧室和厨房的新奇功能，最后说这套智能系统是由机房中的3台大型计算机作中央控制的，因涉及核心技术不能让节目组拍摄。看完电视，我一夜未睡，在脑子里想象着身处未来智能家居的情景。想着我要如何操控电灯，如何选择电影。想到每一处细节，越想越兴奋，多么期待那一天能快点到来呀。20年过去了，当年微软的智能家居系统走入平常百姓家了吗？

我的表妹刚结婚不久，婚礼时我作为娘家亲戚参观了她的新房。一进门就发现走廊的墙上嵌着一块彩色触摸屏，表妹说她很早就有个心愿，希望每天回到家都能听到喜欢的音乐。于是她花了几万元装上这套墙壁音响系统，放出的音乐所有房间都能听到。来到客厅，一台60英寸智能电视机挂在墙上。电视机接入了Wi-Fi，不论是电影、电视剧还是体感游戏都应有尽有。我怀疑表妹是不是也看了那期《生活》

节目，节目里的部分智能设备在如今已经实现，而且不需要 3 台大型计算机，性能更强大。原来我不知不觉见证了智能家居从无到有的过程，这都得益于我表妹对科技时尚的喜爱，可惜她新房里的设备并没有普及到千家万户，依然是等待普及的未来产品。另一方面，我们技术圈子里所言的智能家居可远不止于此，从前的设想实现了，可设想本身也在进化。当年的“智能”对网络时代的今天有了新的定义。智能家居的时代还没到来，它要何时到来呢?

我幻想的智能家居

现在凡是科技企业必谈智能，在网上搜索智能家居的新闻也有万条之多，给人的感觉是智能家居的普及近在眼前了，可却没有一份报道能细致地描写出未来家居到底是什么样子（至少我没看到过）。我们也只能在美国科幻大片中找到点线索。今天小弟我就斗胆幻想一下 20 年后的智能家居，再从细节上说说你将拥有怎样的体验。和 20 年前的微软预言一样，智能电视机已经成为第一件普及开来（或即将普及）的家电产品。再过 20 年，电视机会变成什么样子呢? 我认为电视机将在 20 年后消失，不再有智能电视机的概念。因为显示屏幕将会消失，所以与之相关的电视机、手机、平板电脑、显示器也会退出市场。显示屏幕的目的是满足视觉获取信息的需要，科技的进步方向就是让信息源离人体的视、听、味、触的器官更近。听觉最先达到终点，耳机的发明使音源在鼓膜不到 1cm 的地方振动。音箱的存在是因为耳机性能未能达到声场的最佳效果，通过越来越逼真的音效技术，耳机将达到甚至超越真实的声音，未来的耳机将完全取代音箱等设备。在未来，更靠近眼球的视觉设备将完全取代显示屏幕。不久前微软发布了一款交互式眼镜，你不仅能在眼镜里看到虚拟信息和现实画面，还能用手势与之互动。人类的主要感受器官都在头上，眼镜能覆盖眼睛和耳朵，使信息源与视听器官零距离。由此可见，未来的智能眼镜将会取代手机、电视机、电脑等产品，成为完全个人化的信息来源。智能眼镜既可看到现实，又能看到内置屏幕产生的图像，它是虚拟现实技术的开端，是智能家居技术的核心组成部分。

基于智能眼镜技术的成熟，智能家居的发展才会有质的改变。原来的手指与屏幕间的互动变成手势与眼镜的虚实交互。智能眼镜将像普通眼镜一样轻巧，随时带在身上。通过眼球运动和意念传感器判断你的意图，并给出反馈。如此一来，开关类的家电（如电灯、门锁）将在眼镜的操作下、在虚拟按钮上开关，无需用手、瞬间完成。其他家用电器的智能则体现在全自动、无需人类的劳动上。比如洗衣机，目前的自动化仅是把衣服洗干净，但这只是最终目标的一个阶段。我们的终极需求是随时拥有干爽整洁的衣服。洗衣机只能洗涤，晾干、熨烫、收纳的工作还需人工完成。所以未来洗衣机会变成服装管理系统，在洗衣机上方有一个玻璃衣柜，干净的衣服就放在那里。在恒温恒湿状态下保护衣物，供你随时取用。你穿过的脏衣服则随手放入下方的备洗区，当备洗衣服数量足够多，洗衣机会按种类把衣物自动投入滚筒，洗好、烘干、叠好、自动放入衣柜。每件衣服在出厂时会嵌入一片射频芯片，标明衣物的面料、颜色、洗涤方式。洗衣机读出衣物属性，分开处理。你需要做的是把脏衣服放入备洗区，取出干净的衣服穿上。洗衣机还会与智能眼镜配合，推荐给你符合天气和出席场合的衣物搭配。需要干洗的衣服，洗衣机会自动向干洗店下订单，干洗店派人上门取走，洗好后再送回来放入衣柜。

说到派人，在未来派人上门最多的电器便是智能冰箱。智能冰箱不只能保鲜，还是你的食物管家。只要事先设定好需要的食品，冰箱会自动下单给附近的网上超市（或电商），超市派人把东西送到你家，送货员上门时会有全程摄像监控，人脸识别系统与超市人员数据库中的人脸比对，数据吻合才开门。送货员把食品放入冰箱对应位置，冰箱会自动扫描条码，确认商品并用你的支付宝给超市付款。送货员离开时还会随手带走你的生活垃圾。在更远的未来，送货员也会被专用机器人代替，你需要做的是从“永远不会空”的冰箱里取出食物，吃完后把垃圾投入垃圾桶。冰箱中还有微波加热区，可以在你取用前自动加热或解冻。冰箱还会提醒你食物的保质期和能量表，推荐合理的饮食计划。

未来的智能家电还有很多，就不多举例了。独立的家电好像还需要一台中央控制主机协调各电器间的配合。但你的家里不会有3台大型计算机，既占用空间又需要不断升级和维修硬件。未来的中央控制主机不在你家里，也不在别的地方，它是虚拟在云端的。云技术拥有强大的处理能力，存在于任何接入互联网的地方。云端以家庭为单位，将各种家电联网，将每个家庭的电器锁定成一个分组，绑定在这家主人的账号上。表面上家电是由你来控制的，实际上是云端接收你的指令再控制电器。所有的智能部分都在云端实现，电器本身不需要更新软件。

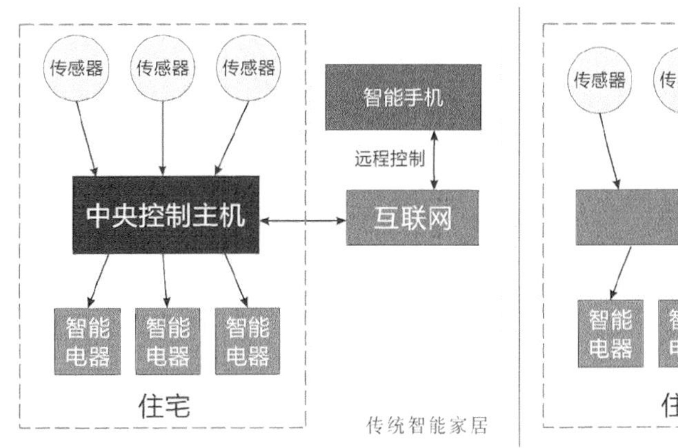

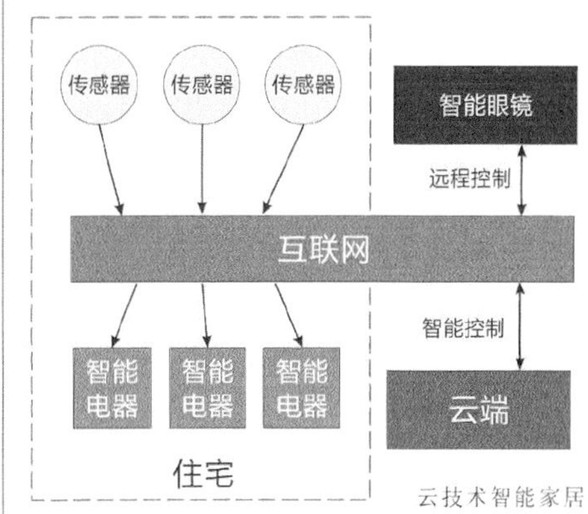

传统智能家居与云技术的智能家居比较

云计算与物联网

好了，幻想的部分至此结束，下面回到现实，看看我们离无需人工的全自动化智能家居还有多远，需要有怎样的技术突破。回看我的幻想，也许你会发现智能家居的核心技术是云计算和物联网。云计算基于大数据计算，猜出你的喜好和行为习惯，又能根据小区、城市区域的人群特征，从更大的层面协调控制，以达到城市甚至全球级别的统一化智能。云计算需要大量的数据支持，这些数据从哪里来呢？自然是从物联网中来，物联网包括传感器和控制器两部分，在未来，智能的初期是传感器发展的阶段，虽然目前云计算已经有手机、电脑端输入的大量数据，但这些都是虚拟网络中的。只有让大量传感器接入网络，才能让现实中的数据加入。云端有了更丰富的数据来源，将会进化得越来越智能。云计算达到智能控制的程度时，物联网中的控制器部分才能得到发展，使云端全面操作现实。当万物都接入网络，物联网与互联网的无限扩展，智能家居反变成简单的工作，智能城市、智能国家、智慧地球才是云计算和物联网的终极目标。目前云计算已经得到科技界的充分重视，大数据时代的概念深入人心。搜索引擎网站已经能记忆用户的搜索习惯，推荐你可能喜欢的内容。购物网站能“猜”到用户的购买概率，定向投放广告内容。智能手机提供更多个人数据进化云端。云计算技术在商业领域有着极大的价值，无数公司投入研发。在这种趋势下，要达到智能家庭、智能城市的中央主机级别，应该用不了多久。

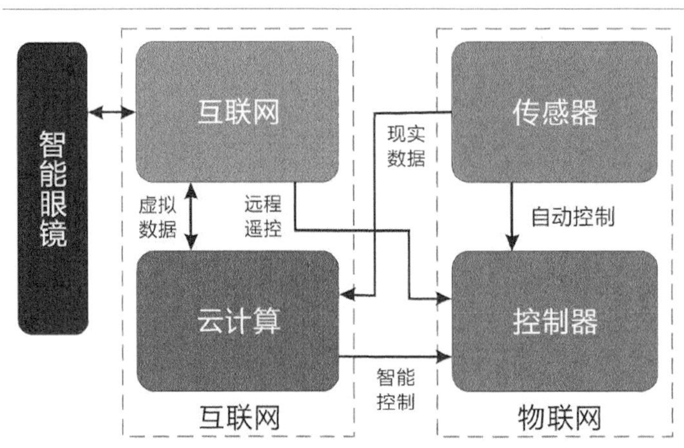

云计算与物联网的关系

相对于云计算技术的方兴未艾，物联网的发展要慢一些。云技术的工作是编写软件代码，物联网的基础是开发硬件产品。软件比硬件更易开发，学过单片机的朋友都明白这一点。软件上有模块化的驱动程序和成熟的算法，移植和调试都很方便。硬件电路虽然也有模块化，可为了控制成本和体积，电路要重新设计。而且元器件质量、生产测试及稳定性都是复杂的问题，所以软件的丰富程度和更新速度总是强于硬件。简单来说，物联网在家居层面上只要给传统电路加入网络模块，让电器接入 Wi-Fi 就行了。可由于云计算还没有准备好，使得这样的硬件产品就算出现，也不能独立完成高度智能，最后轮为用手机 App 遥控的噱头产品。总之，目前还没有较大规模的商业利益推动物联网发展，也只有等到云计算技术在智能控制方面有所突破，智能家居中的“智能”才真的名副其实，其发展才能进入快车道。到时候，传统家电公司会狂热地开发云电视机、云冰箱，相关产业链为其提供配套服务，智能家居的普及指日可待。当家庭智能化了，小区的智能、城市的智能还会远吗?

说了半天都没提到技术层面的问题，因为技术层面根本没有困难。就如 20 年前的微软智能家居，技术上已经实现，只是成本太高，不能普及。虽然有些事会让电子爱好者感觉不开心，但不可否认，推动科技进步的从来不是技术，而是商业利益。你不能以优异技术劝别人研发，只要让他们看到有利可图即可。智能家居随时可能实现，我们唯一能做的就是等待，等待云计算技术的成熟，等待硬件成本下降，等待大众对智能家居的需求(大众对其产生依赖需要一段时间)。如果你是电子爱好者，想在未来崭露头角，那么学习基于单片机的网络控制技术是非常明智的选择。

智能家居的危机

智能家居是未来的趋势，不可逆转。不论你喜不喜欢都要活动在里面。你会想了，智能家居这样好，怎么会有人不喜欢呢？科技从来都是把双刃剑，智能家居可造福于人，也能带来前所未有的危机。物联网产品上会有各种传感器，有光线、温度、红外线、磁场传感器。还会有话筒、摄像头之类的高级传感器，而且它们都是接入互联网的，一旦有黑客侵入云端，你的所有家庭隐私都会走光。现在已经有黑客能侵入智能手机，盗取私人照片。虽然我的手机没被侵入过，但我有时会忽然产生不安全感。我不知道现在是不是有人正通过手机的话筒和摄像头窃听着我。就好像电影《全民公敌》那样，所有的电子产品都成了监控工具，而且是你主动带在身上的。未来的智能将进入到你认为最私隐的家里。本来回家是无比安全的，却总有些恐惧在心底。

窃听还不算什么，更可怕的是黑客想伤害你。物联网的传感器能用来窃听，那被控制的电器能造成现实中的严重后果。比如关掉冰箱电源，毁掉你的美食；在你洗澡时把水温调到 100℃，烫伤你；家里没人时启动电磁炉，烧掉你的家；更严重的能把城市网络中所有用电器统统打开、调到最大功率，使电网超载，导致全城停电。黑客只要进入云端，便能为所欲为。再强大的电脑软件也会存在漏洞，在没有找到绝对安全的方案之前，智能世界将始终面临不可想象的危机。黑客的侵入虽然恐怖，但面对我接下来要讲的危机，也只能算小儿科了。在凯文·凯利的经典著作《失控》里描写了蜜蜂的智慧。小蜜蜂们总是有组织地成群行动，单独一只的智商很低，而整群的蜜蜂则会有较高的智能。它们会群体行动，如同一只大生物。又如一个神经细胞没有用处，可上亿个神经细胞互相连接便有了智能。未来众多云计算机加上物联网，很可能产生高于人脑的高级智能体。高级人工智能会有自己的思考和判断，而且人类无法得知。就像一只蜜蜂不能理解蜂群的行动一样。到那时，我们人类便成为智能系统的组成单元，它要如何对待我们，我们根本猜不到，只能听天由命了！

总结

智能家居一直是电子爱好者热衷的前沿技术，普通人却不知道如何切入其中。智能家居不是远程控制，不是单独的智能电器所能达到的，它是收集无数个传感器的数据，用云计算处理并操控家电服务于人的系统。智能家居及更大规模的智能城市、智慧地球都基于云计算和物联网技术的发展。而它们目前并没有准备好，云计算在商业的推动下迅速发展，物联网则因成本过高而进步缓慢。只有等到物联网的传感器足够丰富、云计算足够成熟，智能家居才能迎来春天。那春天定是电子爱好者施展才华的最佳时机。无论是创客空间还是开源硬件，都在为未来做技术准备和人才培养。值得高兴的是，物联网（特别是接入网络的传感器）的发展带来的嵌入式产品爆炸式发展就在几年之内。与此同时，智能家居也将面临黑客和人工智能的威胁，但那会是智能硬件高度普及的中后时期才会遇到的。我想那时的人们已经有了解决之法。而当下正是嵌入式系统的黄金时代，是电子爱好者和创客们百年不遇的好时机。嵌入式系统将是未来智能家居发展的主角之一，学习单片机及网络技术，开发基于网络传感和控制的电子产品，把各种电子产品接入互联网，你很有可能成为未来智能家居领域的领航者。最后再说一句，以上内容仅是我个人浅见，仅供读者参考。在完成本文的这一刻，我突然感觉到未来就在眼前。

第4章 大行业

总　结

了解行业需要从空间和时间两个方面进行：行业现状和产业链、行业历史与未来。我本人算不上经验丰富，从工作经验中领悟到一些行业的事情，从前辈的教导中学习到了更有远见的行业趋势。与大家分享行业故事是希望正在业内打拼或即将进入嵌入式行业的朋友可以先知先觉，避免走不必要的弯路。本章第 1 节开门见山介绍行业现状，让你了解嵌入式系统都应用在何处。对产业链的介绍更是将从市场需求到产品生产所要穿过的一系列链条清晰点名。必备经验部分从人的角度关注了个人参与嵌入式行业的工作职能和社会地位。第 2 节“行业历史”，以单片机发展历程为主线，以技术上的重大进步讲述近 40 年的行业故事。第 3 节“ARM 小记”，介绍目前在业内备受追捧的 ARM 处理器历史及发展，从一个侧面表现嵌入式行业的无限潜能。第 4 节“成功之路”还是回归到个人应该如何参与到行业当中，不管是就业还是创业，闯入者必须具备哪些能力。如果你深深地热爱这一行业，希望你可以通过自己的努力把事情做好，为社会、为行业、为广大电子爱好者、也为自己做出成绩。

嵌入式行业出现时间短，技术门槛高，与其他电子产业相比并不成熟。但嵌入式行业所蕴含的潜力巨大，亦是未来电子技术发展的必然趋势。欢迎你加入这一行业，把自己的爱好当成事业来做，把你的智慧和才能献给嵌入式行业。本章内容并没有参考什么权威资料，而是根据我的亲身经历所总结，一家之言难免会有错误，在此先求得各位的谅解。以个人浅见撰写本章内容本来就是很冒险的事，我思考许久还是决定试一试，支持我这样做的是希望单片机爱好者认识并熟悉行业故事的热切心情。因为我相信，技术是一时的，行业才是长久的。

来吧，带着理想与激情加入嵌入式行业，我们在这里等你了！

第5章 巧问答

技术、工程、行业，以及与之相关的问题和解答。

本章要点

- 了解本书中常见问题与解答
- 养成单片机学习的良好习惯
- 了解作者本人的观点和私人问题

第1节 常见问题

目录

所谓的公共地是要连接到大地上吗？

我在初学的时候也曾经这样认为，把我制作的每一个作品的公共地端用粗粗的导线连接在一起，然后找一块肥沃的土地把公共地线埋进去，这很滑稽却并非现实。公共地端指的是所有元器件的电平参考点，高电平、低电平或是复杂的信号波形都必须有一个电平参考点，所有元器件的公共地端都要连接在一起。通常的做法是将电源的负极（–）作为公共的电平参考点，也就是公共地。在行业术语和电路图中也通常简称为地。公共地的电平规定为0V，其他电平都参考它、与它相比较。

有几种特殊情况要注意：

（1）有多个公共地端：在某些电路设计中，会有GND和AGND两个标号，它们是不同的。GND表示普通的公共地端或是数字地端（如果是单片机电路或其他数字电路）。AGND表示的是模拟公共地端。它们分别作为数字信号和模拟信号的参考电平，通常二者是不可以连接在一起的，否则会出现相互干扰。如果你真的涉及这样的电路，建议你深入地了解一下相关知识，本书只能抛砖引玉。

（2）没有公共地端：RS-485 总线、CAN 总线等数据总线，只有 2 条导线连接在 2 个设备之间实现通信。它们是不需要公共地端的，对此请不要大惊小怪，因为它们采用的是差分信号方式，2 条导线是相互作为参考电平的，所以没有公共地端一样可以通信。你只要留下印象，当有一天遇见它的时候，自然会显得沉稳、老练。

如何看懂本书中的电路原理图?

本书中的电路原理图与其他书中的不同，除了美观之外，还有一种 Q 的感觉。有一些初学者朋友可以看得懂用线将各元器件连接起来的电路原理图，却看不懂用网络标号“虚拟”连接的设计。在电路图绘制软件上，用网络连接的方式表示电气连接的例子非常多，它的特别之处就是相同标号表示导线连接。同一张图中相同名字的标号即是用导线连接的，例如同一图中出现的多个 GND 和 VCC，它们之间都应该被视为导线连接。如果你还是不能习惯，建议你用笔把相同标号的部分连接起来，像小时候经常看到的连线题一样。初学电子技术时，学会认电路图是重要的一关，应该参考专题文章来好好学习一下。

书中出现的 1T 和 12T 单片机具体是什么意思?

1T 是指 1 个机器周期内执行一条指令的单片机，12T 就是 12 个机器周期内执行一条指令的单片机，是一种性能指标。传统的 8051 单片机是 12T 单片机，而 AVR、STC11/10 系列单片机是 1T 单片机。1T 单片机的速度理论上比 12T 单片机快 6 ～ 12 倍，也是目前高性能单片机的代表。

用 AT89C51 单片机可以直接替换 STC11F32XE 吗?

不可以，STC11F32XE 是 1T 单片机，而且其内部集成了许多功能。AT89C51 是 Atmel 公司较早前推出的产品，内部集成的功能不多。如果正好你使用的是 STC11F32XE 中特有的功能，替换就更不可能了。不过 STC89C51 可以和 AT89C51 或 AT89S51 相互替换，但它们的 ISP 下载方式不同，需要特别注意。

STC-ISP 软件在下载程序时提示“握手失败”，怎么办?

握手失败多是在初步连接成功，正要进入下载过程时出现。试着在 STC-ISP 软件的第 3 步中将最高波特率的值改为 1200，再重新下载看看。如果不行，则需要检查硬件电路连接了。

为什么 DIP 封装的单片机多使用芯片座插接在电路板上?

在电路板上焊接芯片座，然后把单片机插在上面已经成了单片机 DIY 和部分产品惯用的方法。使用芯片座是为了方便取下单片机，因为单片机是可编程器件，早先的单片机都是需要用编程器烧写程序的，如果单片机不能从电路板上取下，就很难放到编程器的芯片座里。后来有 ISP 下载线功能的单片机问世了，只要在电路板上预留一个接口就可以在系统中烧写程序，很方便。但是因为后来的单片机初学者直接参照前人的设计来制作电路，没有考虑为什么要用芯片座，所以即使使用具有 ISP 下载功能的单片机也使用了芯片座，一直沿用至今。从产品设计的角度考虑，使用芯片座是不可靠的设计，因为芯片座是插接式结构的，很容易松动。另外电路板老化后，芯片座上的接触点会产生电阻，使数据采集产生误差，甚至影响系统的正常工作。如果使用 AT89C51 这类无 ISP 功能的单片机而有程序升级更新的可能时要使用芯片座，如果使用 AT89S51 或 STC12C2052 这类有 ISP 功能的单片机就尽量不使用芯片座为好。话又说回来，对于一般的电子制作，主要是以学习、实验为目的的，使用芯片座会更利于实验研究。请权衡利弊，自己选择吧。

如何制作 5V 稳压电源？

稳压电源部分的制作是比较容易的，集成稳压芯片解决了电源稳压问题。理论上的电源输入范围是 5 ～ 18V，LM7805 的输出都会是 5V。建议大家用 9V 2A 或 12V 2A 的电源适配器（俗称电源变压器）作为市电的转换。220μF 的电解电容正负极千万不要接反，不然十有八九会爆炸。LM7805 稳压芯片是有一个散热片接孔的，实验板的功率不大就不用接散热片了，如果发现此芯片发热也是正常的，不用怕。如果非常热，就要检查一下电路是否有短路。晶体振荡器、陶瓷电容是不分正负极的。在电路板布局中尽量减少电源部分的走线，同时多加一些 0.1μF 的陶瓷电容来滤波，以得到更稳定的电源。

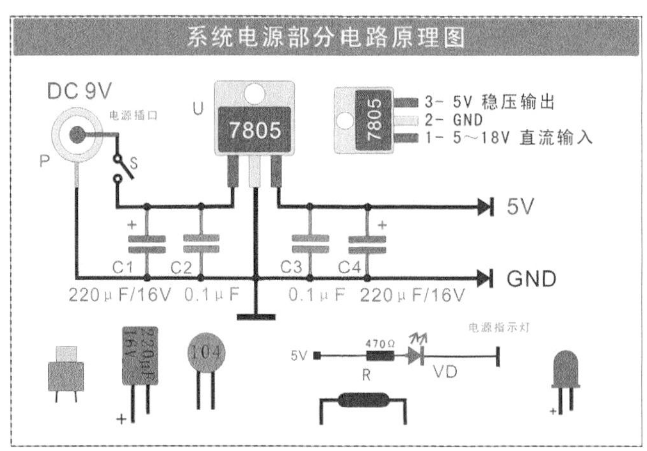

手上有一片没有资料的液晶屏， 我要怎么把它用起来呢?

在单片机的学习过程中，我曾经遇见过这样的情况。在电子市场很便宜地买到一块液晶屏模块，以为是捡了大便宜，却发现找不到这款屏的资料，最后只好放在一边迎接灰尘。在商业的技术开发中不会遇见这种情况，每一款配件都需要掌握详细资料。但如何把没有资料的器件用起来成了电子爱好者的常见问题。对于形形色色的芯片和模块，我也没有什么更好的方法，只能建议用相似器件的资料去尝试。你可以在网上找到同样规格的液晶屏产品，比如你的液晶屏是 1602 的，则在网上找到尽量多的 1602 的液晶屏资料，然后把这些资料与手上的实物比较，用排除法淘汰不符合的资料。例如手上的屏有 16 个引脚，那么非 16 个引脚的资料就可以被淘汰。最后在余下最符合的资料中逐一尝试，直到令其正常工作。这种比较相似资料的方法同样可以用在其他没有资料的元器件上，但是尝试的成功率并不高，还是尽量使用有资料的元器件吧，毕竟我们不是破案专家。

为什么要将按键的另一端与 GND 连接? 可否接在 VCC 上?

目前常用的是将按键的一端连接在 I/O 接口，另一端连接在 GND 上，首先让 I/O 接口为高电平，当按键被按下时 I/O 接口读出低电平。如果你真的有搜索精神，最好做一个实验，将另一端连接在 VCC 上，先让 I/O 接口为低电平，然后判断当接口为高电平时表示按键被按下。看看实验的结果是什么? 怎么样，你成功了吗? 哦，可惜没能成功。为什么呢? 因为短路了，呵呵，不是你的脑子短路，而是你的实验电路是短路的。正常的电路中，单片机处于标准双向 I/O 接口工作方式，当按键没有被按下时，I/O 接口相当于悬空，当按键被按下时 I/O 接口与 GND 连接，相当于什么? 对，短路了，所有与 GND 的连接都是短路。结果怎么样，I/O 接口没有选择地变成了低电平。但如果反过来，一开始就让 I/O 接口短路，然后再用 I/O 接口内部控制弱弱地上拉。结果很明显，杯水车薪，无论按键有没有被按下，你读到的都只有低电平。怎么解决这个问题呢? 将 I/O 接口设置为高阻态输入工作方式试一试，没有任何初始电平的接口会减少许多麻烦。

单片机型号的区别是什么？

有很多单片机初学者问过我一个问题：STC12C2052AD 能用 STC12C4052AD 替换吗？它们有什么区别？这个问题对我来说再简单不过了，但对于不了解芯片型号定义的初学者来说却是困难的。我在撰写这本书的时候，一直坚持把所学的东西忘掉，用初学者的眼光看问题。可是在这一点上，我却没有做到位。因为我忽略了这个懂的人看起来简单，不懂的人看起来却复杂的问题。这是我的失误，在此我向大家道歉，并给大家解答。单片机型号和其他 3C 数码产品的型号一样，由一堆英文字母和数字组成，是开发者为了方便区分同一类产品的细微差别而制定的。一般会包含产品的版本、性能、功能、工艺等信息，只要了解开发者的制定规则就能明白其中含意。下面我来说一下其规则所在。

先来以我们熟悉的 2 款单片机型号为例——STC12C5A60S2 和 STC12C2052AD。看看两款芯片的共同之处，它们都有相同的“STC12C”，后面的字母就不尽相同了。“STC”你懂的，这是宏晶公司名称的缩写形式，就好像“杜洋”的缩写是“DY”一样。我有一个好朋友，他的名字缩写是“WC”，我们经常以此开玩笑。看来家长除了要给孩子起好听的名字，还要注意缩写。“STC”是个不错的缩写，好记也好读。AT 是 Atmel 公司的缩写，还有 PIC、STM、NXP、TI 等，都是著名芯片公司的缩写。不过这个缩写不仅代表公司，它还表示没有 IAP 功能的单片机。IAP 是“在应用编程”的意思，是说单片机程序可以操作它自己。我们常用的 ISP 是“在系统编程”，是用 ISP 下载时把 HEX 程序写到单片机中。如果要修改程序，则要在电脑上改，再用 ISP 下载一次。而 IAP 则更厉害，它能在程序运行的时候，自己改写程序内部的参数，甚至修改程序本身。IAP 功能适用于需要在线更新的产品，可以自动升级。如果你发现你的单片机缩写的部分是 IAP，表示这块单片机支持 IAP。如果是 STC，则只是普通 ISP 单片机。STC 公司每个系列单片机都有一款支持 IAP 的型号，但价格也是最高的。如果你不是特别需要 IAP 功能，一般买以 STC 开头的即可。

随后是“12”，这是一个单片机的系列名。目前 STC 单片机有 89、90、10、11、12、15 等多个系列。其中 89 系列是最早的与传统的 8051 单片机兼容的，现在已经被淘汰了。90 是在 89 的基础上加入新功能的系列，也几乎没人用了。10 和 11 是新的 1T 系列单片机，在保持单片机基础性能和功能的基础上，做到低价格，针对一些对性能要求不高、对成本要求敏感的产品。12 也是新 1T 高性能单片机，其内容集成了大量的功能单元：ADC、PWM、多路定时器、多功能中断、内部时钟、更多 I/O 接口。这一系列单片机可以满足对性能和功能要求较高的产品开发，正是因为它的功能众多，可学的内容最多，我们也是以此系列为例来入门单片机的。

“C”这个位置表示的是单片机的工作电压。一般有 2 种电压：工作电压在 3.3~5.5V，通常被称为 5V 单片机，用“C”表示。工作电压在 2.2~3.6V，通常被称为 3V 单片机，用“LE”表示。15 系列单片机中，表示电压的字母有所变化。5V 单片机用“F”表示,3V 单片机用“L”表示。不过不管怎么变，大家都能从中发现规律，万变不离 3V 和 5V。

说完相同的部分，接下来就是两款型号不同的部分了，一款是 5A60S2，另一款是 4052AD。不论哪种，都包含着 3 组信息：内部 RAM 的大小、内部 Flash 的大小、特殊功能说明。其中“5A”和“52”表示的是 RAM 的大小，5A 表示的是 1KB 再加上 256B，一共是 1280B。要知道，最早的单片机 RAM 空间很小，只有 256B，写一些大程序时，RAM 明显不够用。所以有一些增强型单片机另外加了 1KB 的 RAM，多加了 RAM，性能提升很多，自然在型号中要有体现。而“52”则表示没有加入 1KB 的单片机，也就是标准的 256B。如果另加了 2KB 的 RAM，就用“2K”来表示，在 15 系列单片机中有这样的型号。“60”和“40”表示的是单片机 Flash 空间的大小，Flash 是用来存放 HEX 文件的。如果 Flash 太小，有一些大的程序就放不下，下载时就会出问题。Flash 大小和单片机成本成正比，所以尽量选择与我们所开发的程序相近的 Flash 大小，是最有性价比的选择。“60”表示 Flash 空间有 60KB，而“4052AD”中的“40”则只表示 4KB。为什么是 4KB 而不是 40KB 呢？因为 STC12C4052AD 算是比较老的芯片了，在选型指南里竟然还有 512B 的型号 STC12C0552AD。“05”表示 0.5KB，那“40”也自然就表示 4KB 了。而 STC12C5A 系列单片机最小的 Flash 空间是 8KB（用“08“表示），最大是 60KB（用“60”表示）。两种新旧程度不同的芯片，表示上有了这个差别，大家知道了也就很容易记住了。最后的“S2”和“AD”是单片机特殊功能的体现，一般是为了强调两款芯片中有无此功能而写上的。比如有一款型号是 STC12C4052，没有后面的“AD”，这表示没有 ADC 模数转换功能。为了和有“AD”的相区别，“AD”就成了型号的一部分。“S2”表示 2 个串口，原理与之相同。

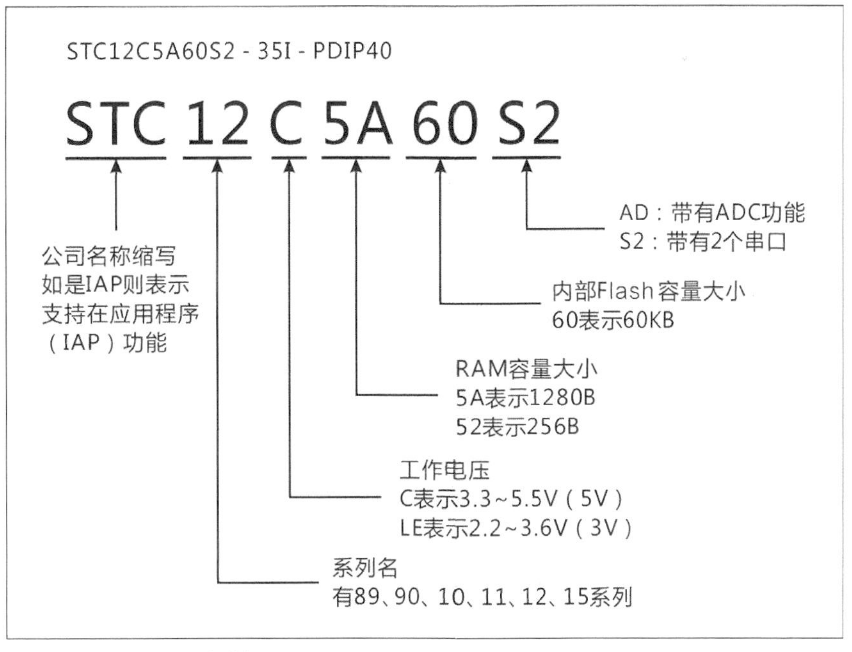

STC12C5A60S2 型号解析

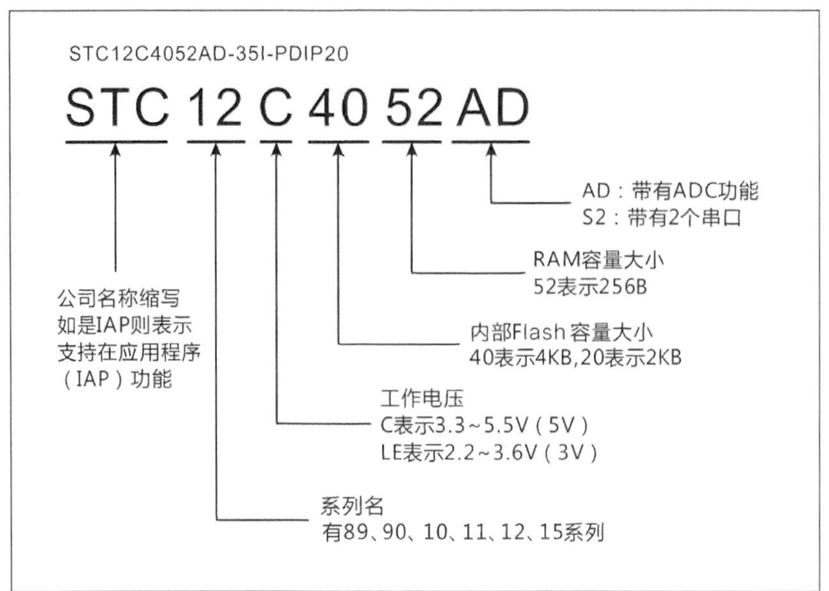

STC12C4052AD 型号解析

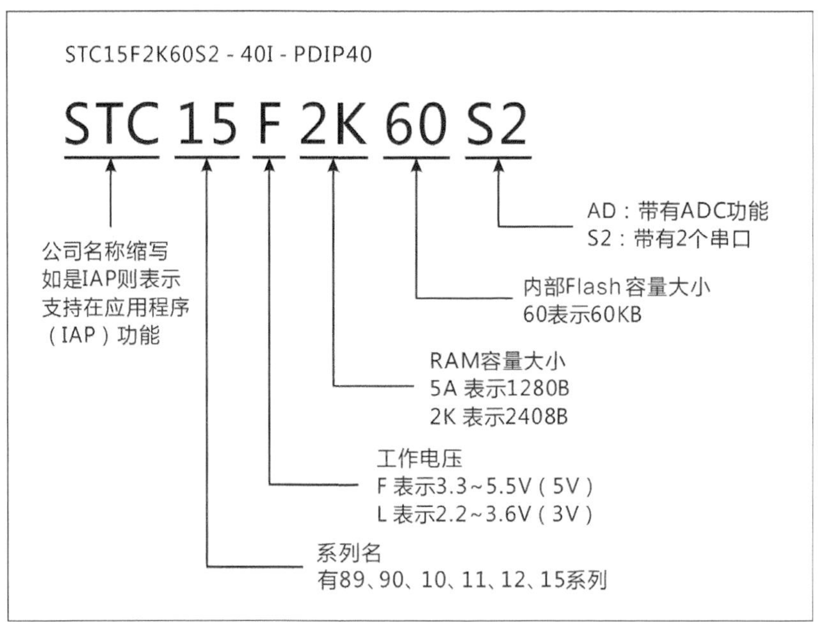

STC15F2K60S2 型号解析

除了单片机性能和功能之外，在型号中还需要表达其生产工艺及封装的信息，这部分就由后缀名来呈现了。后缀名紧接着主型号，用“–”隔开，共分成 3 个部分。例如：STC12C5A60S2–35I–PDIP40 这个型号。“–35I”中的 35 表示单片机外部晶体的最大频率，单位是 MHz，即这款单片机外部晶体（晶体振荡器）最大频率为 35MHz。“I”表示单片机的工作温度在 –45~85℃，符合工业级产品要求，可应用在工作环境恶劣的工业设备中。如果这个位置是“C”则表示单片机的工作温度在 0~70℃，不能用在工业产品上，只能在室内环境下使用，属于商业级产品。不过目前随着单片机生产工艺的提高，工业级和商业级的价格相差很少。有些厂家甚至取消了商业级，全部是工业级单片机。大家的选购单片机的时候，只买工业级（I）即可。最后的“-PDIP40”是单片机的封装名称。“PDIP”表示双列直插式封装，“40”表示有 40 个引脚。封装形式一般还有 SOP（双列贴片）和 LQFP（四周引脚贴片）等。因为封装在外观上一眼就能看出来，所以大家可以先观察外观，再记住单片机上的封装名称。时间一长，自然就熟悉了。

除了单片机的型号和后缀型号之外，在型号旁边还会有一些英文字母，那些就不是给用户看的了，多是开发者需要了解的信息。包括生产日期、固件版本、产地等。这些大家都不需要在意了，和我们没有一毛钱关系。

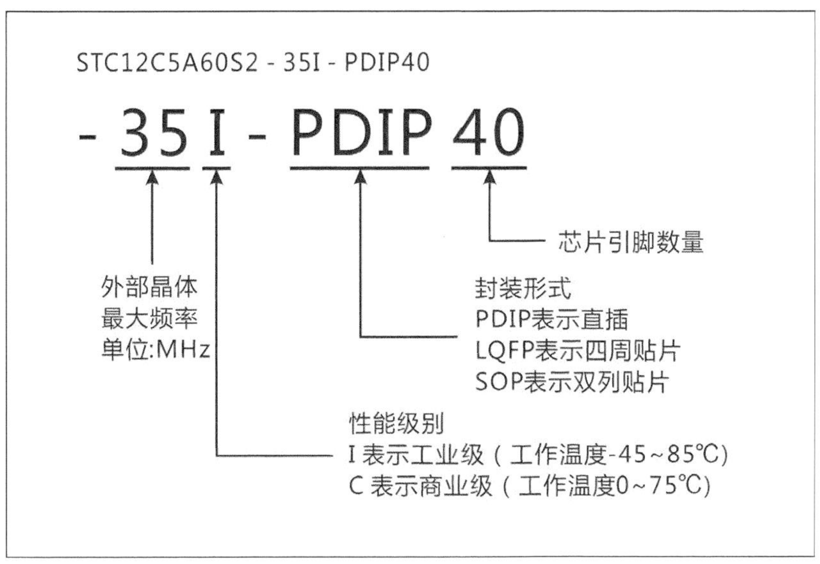

104 电容的重要性！

104 电容是指 0.1μF 的电容，因为电容上标有“104”字样，所以通常被称为 104 电容。大家可以在第 1 章的电子制作实例中发现，在电源的正负极间都会有一个或两个 104 电容。表面上看好像没有什么用处，但是它起到了去除电源干扰的作用，是非常重要的元器件。如果你在单片机开发中发现单片机工作不稳定，经常会出错或失灵，反复检查却没有问题，这个情况就可能是电源干扰了。单片机对电源的要求比较高，如果电源上的杂波多、电压不稳定，很有可能出现程序跑飞或 I/O 接口失灵的情况。最简单的解决之道就是加 0.01~0.1μF 的电容，通常是加 0.1μF（104）的。在尽量靠近单片机的地方，在电源正负极间加上，最好加 1 个或 2 个。如果是电池供电还没关系，如果是变压器供电就一定要加 104 电容，没得商量。如果单片机电源中有大功耗并需要经常开关的设备时，开关的瞬间会有很大的电压、电流的变化，导致单片机复位或出错。这时又要加上电容量更大的电容器，一般是 100μF 或 220μF 的。具体的电路，在本节开头的部分有介绍。之所以提到这一点，就是有很多初学者在此“失足”，于是我在这里好心提醒各位即将“失足”的少年们。

关于 STC-ISP 软件的使用问题

有许多读者反馈，在使用 USB 下载线和 STC-ISP 下载软件的时候总会出现下载失败的问题。最近有 N 个朋友问我关于下载的问题，在此对所有的下载失败现象和可能导致的原因给予总结。以下失败现象是在使用 STC-ISP 软件时，状态窗口所提示的信息。

失败现象：

```
Chinese: 正在尝试与 MCU/ 单片机 握手连接 ...
打开串口失败 !
Chinese: 串口已被其他程序打开或该串口不存在。
```

解决方法：

（1）检查 USB 下载模块的连接是否正常，模块上的绿色和红色 LED 都亮起表示连接正常。绿色 LED 不亮表示 USB 驱动程序出现问题，可以拔下 USB 模块重插一次。红色 LED 不亮表示模块没有供电，或是 USB 模块后面的电源输出端（3.3V、+5V、GND）有短路。

（2）在控制面板→系统→硬件管理器中找到端口→ CP2101 串口，了解括号里的 COM 号。如果括号里显示 COM4，那在 STC-ISP 软件里也要选择 COM4 才行。

（3）有时由于 STC-ISP 软件不稳定也会导致找不到串口，重启软件、重插 USB 模块再试一下。

（4）USB 模块的驱动程序没有安装好，或者和其他端口驱动程序冲突，也会有找不到串口的情况。重新安装并重启电脑再试。

失败现象：

```
Chinese: 正在尝试与 MCU/ 单片机 握手连接 ...
(3s 后出现如下显示)
Chinese: 连接失败， 请尝试以下操作：
1.  在单片机停电状态下， 点下载按钮， 再给单片机上电
2.  停止下载， 重新选择 RS-232 串口， 接好电缆
3.  可能需要先将 P1.0/P1.1 短接到地
4.  可能外部时钟未接
5.  因 PLCC、 PQFP 转换座引线过长而引起时钟不振荡， 请调整参数
6.  可能要升级电脑端的 STC-ISP.exe 软件
7. 若仍然不成功，可能 MCU/单片机内无 ISP 系统引导码，或需退回升级，或 MCU 已损坏
8.  若使用 USB 转 RS-232 串口线下载，可能会遇到不兼容的问题，可以让我们帮助购买
兼容的 USB 转 RS-232 串口线
仍在连接中， 请给 MCU 上电 ...
```

解决方法：

（1）出现这样的情况首先证明了 USB 模块的连接和 USB 驱动程序工作正常，是正常的下载提示，这时给单片机重新上电就可以开始下载了。如果重新上电仍然没有出现下载进度条，可能出现的问题集中在 USB 模块后端，即单片机电路的部分。

（2）首先需要检查 USB 下载电路的硬件电路连接是否正确。

正确电路连接如下图所示。

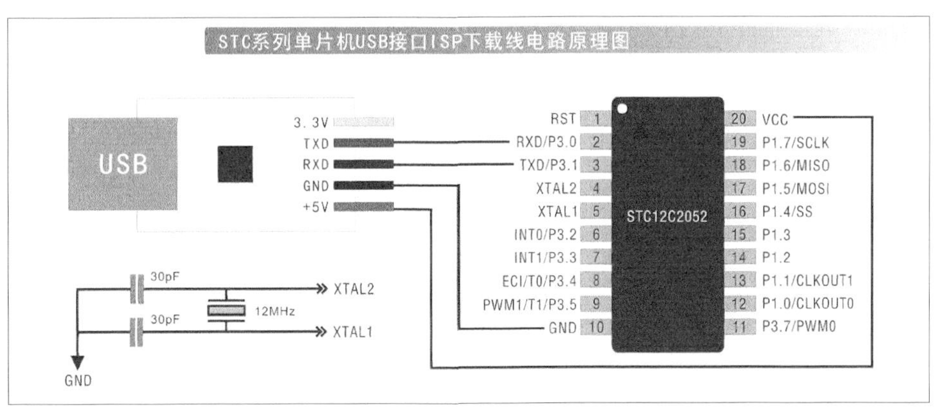

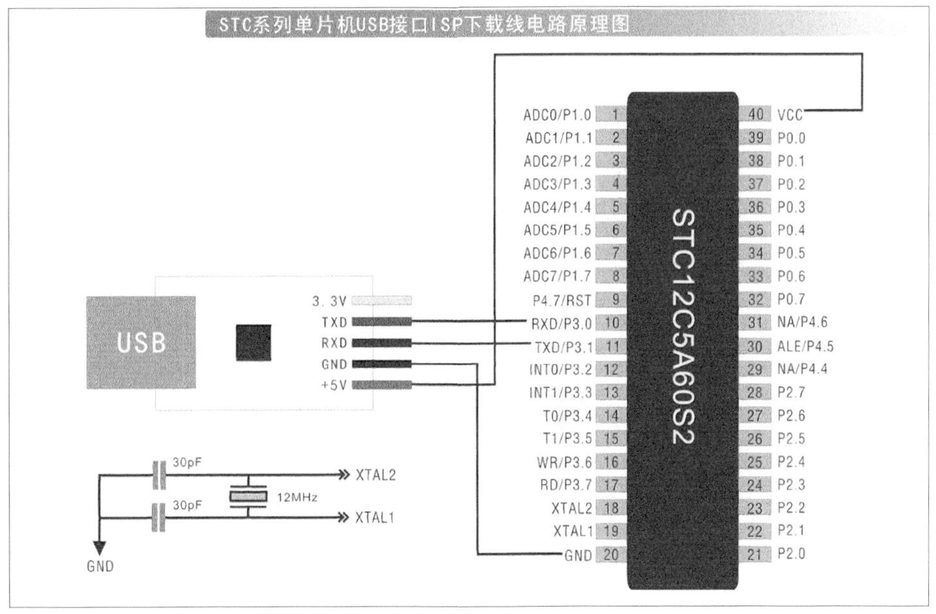

（3）检查单片机是否有接外部晶体。虽然有一些单片机之前设置的是内部 RC 时钟，即不需要外部晶体也可以下载，但如果不小心在某次下载时使用了 STC-ISP 软件默认的外部晶体，正好单片机外部又没有接晶体，就会下载失败。请在单片机的外部加 6 ~ 35MHz 的晶体、30pF 的电容（见上图），然后再重新下载试试。40 脚单片机首次下载时要加外部晶体振荡器电路！

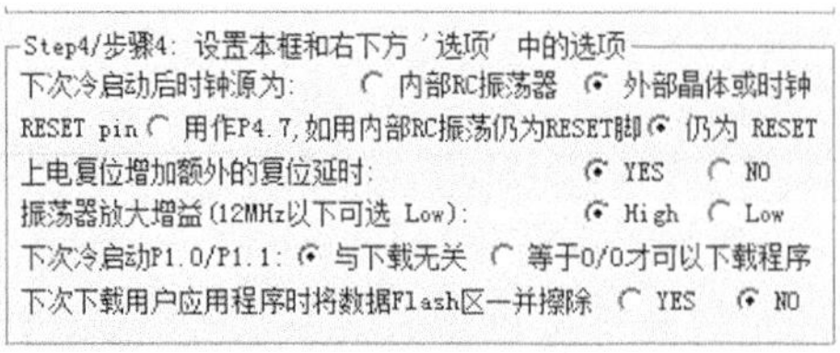

Step4/步骤4: 设置本框和右下方 '选项' 中的选项
下次冷启动后时钟源为: 内部RC振荡器 外部晶体或时钟
RESET pin 用作P4.7,如用内部RC振荡仍为RESET脚 仍为 RESET
上电复位增加额外的复位延时: YES NO
振荡器放大增益(12MHz以下可选 Low): High Low
下次冷启动P1.0/P1.1: 与下载无关 等于0/0才可以下载程序
下次下载用户应用程序时将数据Flash区一并擦除 YES NO

（4）STC-ISP 软件里有下载保护设置，即需要将 P1.0 和 P1.1 两个 I/O 接口同时与 GND 连接才可以下载程序。一般型号的 STC 单片机默认是不使用这个保护的，但如 STC12C5406 等单片机是默认开启保护的。如果上面的方法失败，请尝试将 P1.0 和 P1.1 接口短接在 GND 上，再下载看看。而且以后注意在下载时关闭这个保护功能，除非当你需要保护。

（5）USB 模块后端的 5 个针没有定向装置，所以有时会插反，或者误把 5V 单片机的电源接在 3.3V 上，这些情况也会导致下载失败。

失败现象：

```
Chinese: 正在尝试与 MCU/ 单片机 握手连接 ...
MCU Type is: STC12C5A60S2
MCU Firmware Version: 6.2I
Chinese:MCU 固件版本号 : 6.2I
下次冷启动后使用外部晶体或时钟
RESET pin 仍为 RESET
上电复位不增加额外的复位延时
振荡器放大增益 :                    High gain
下次下载时 P1.0/P1.1 与下载无关
下次下载用户应用程序时将数据 Flash 区擦除 : NO
P4.6/RESET2 用作 P4.6
启动内部看门狗后禁止改看门狗分频数          NO
下次上电自动用有关参数启动内部看门狗        NO
Idle（空闲）状态时内部看门狗停止计数          YES
冷启动后内部看门狗预分频数（未启动）:       256
MCU Clock:24.045688MHz./ 时钟频率 :24.045688M.
Chinese: 正在重新连接 ...
（几秒钟后显示）
Connection failed. / 握手失败 (End: 21:00:39)
```

解决方法：

（1）这个问题多出现在 STC12C5A60S2 单片机上，在较高的波特率时很容易在下载时出现握手失败。一般的解决方法是将第 3 步串口的最高波特率选择到 2400，这样可以保证下载，但是下载的速度较慢。

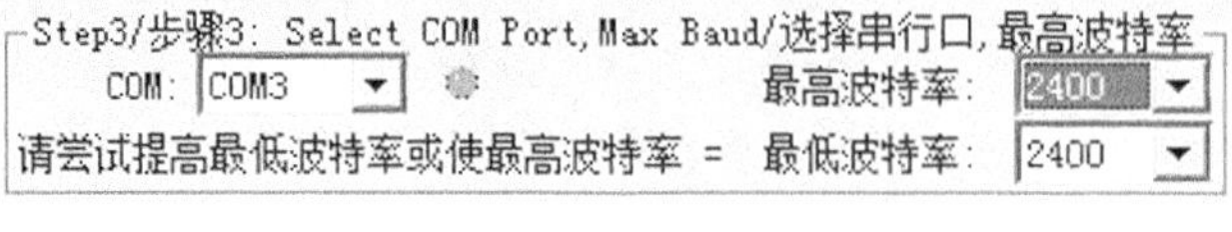

Step3/步骤3: Select COM Port,Max Baud/选择串行口,最高波特率
COM: COM3 最高波特率: 2400
请尝试提高最低波特率或使最高波特率 = 最低波特率: 2400

（2）另一种解决方法是把最高和最低波特率选择到同样的数值（如都调到9600），用下拉列表中不同的波特率来下载看看，找到成功率最高的那一个数值。那便是你的幸运数值了。

（3）到 STC 公司网站上下载 STC-ISP V4.86 版本（或更高版本）的程序，可以流畅地为 STC12C5A60S2 下载程序，不需要改波特率。

失败现象：

单击 STC-ISP 软件的“下载按钮”时，STC-ISP 软件自行关闭。

解决方法：

先将单片机的电源断开，然后再单击“下载”按键，再给单片机上电。出现此问题的原因可能是单片机现存的用户程序在操作 P3.0 和 P3.1 接口（UART 复用接口），使得 STC-ISP 软件接收到错乱的串口数据，而导致软件自行关闭。

问：在用 Keil 软件编译程序时出现如下错误警告，是怎么回事？

```
error 318: can't open file ' STC12C5A60S2.H '
或 error 318: can't open file ' STC12C2052AD.H '
```

答：错误警告的中文意思是“不能打开 ' STC12C5A60S2.H '”这个文件。此文件的扩展名是 .H，即头文件。在 Keil 的安装包中只有早期的 51 单片机头文件，而没有 STC 系列单片机的头文件，需要我们手动加入。

请把 STC12C5A60S2.H 这个文件复制到 C:\Keil\C51\INC 文件夹下，然后再重新编译即可。

问：如何知道要下载的 HEX 文件的大小是否超过单片机的容量呢？

答：STC-ISP 这个软件具有显示 HEX 文件大小的功能。在下页图框内所显示的就是 HEX 文件下载到单片机里的实际大小，单位是字节（B）。另外注意 1KB=1024B，2KB=2048B。下图中的程序大小是 4880B，用 5KB 的单片机可以容纳（如 STC12C5052AD）。如果你的程序大小超过了所选择的单片机型号的容量，软件会弹出提示窗口，问你是否删除多出的部分。一般情况下删除多出部分会让程序无法正常运行。

另外，在电脑上看到的 HEX 文件的属性，其中的文件大小并不是真正下载到单片机中的文件大小，电脑上显示的文件通常比实际大小要大很多。所以不能看这个属性。

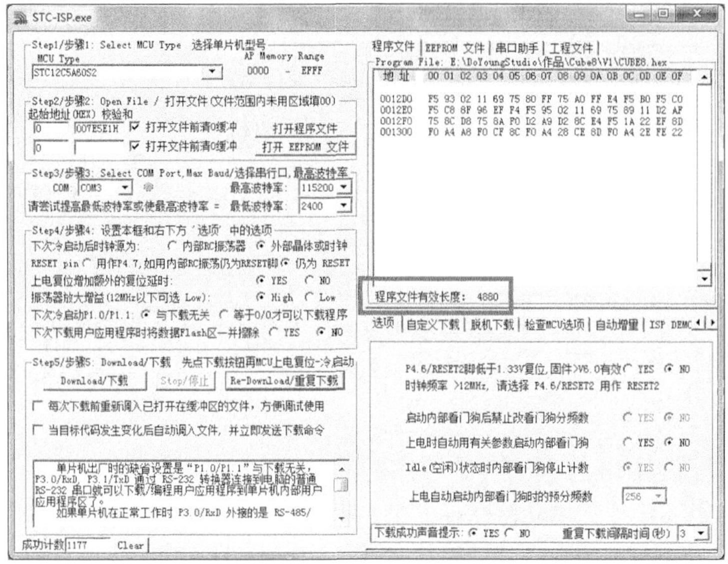

STC-ISP.exe
Step1/步骤1: Select MCU Type 选择单片机型号
MCU Type
AP Memory Range
STC12C5A60S2
0000 - EFFF
Step2/步骤2: Open File / 打开文件
打开程序文件
打开 EEPROM 文件
Step3/步骤3: Select COM Port,Max Baud/选择串行口,最高波特率
COM3
最高波特率: 115200
最低波特率: 2400
Step4/步骤4: 设置本框和右下方'选项'中的选项
Step5/步骤5: Download/下载
Download/下载
Stop/停止
Re-Download/重复下载
程序文件
EEPROM 文件
串口助手
工程文件
Program File: E:\DoYoungStudio\作品\Cube8\V1\CUBE8.hex
程序文件有效长度: 4880
选项
自定义下载
脱机下载
检查MCU选项
自动增量
成功计数 1177
Clear

第2节　惯性发展

目录

■ 科学之精神

■ 独立之思考

■ 认真之态度

■ 爱好之乐趣

■ 过程之享受

■ 分享之喜悦

本节内容的目的是帮助你养成良好的工作习惯，这些习惯会令你的成果更出色，同时让你受用终身。培养这些习惯的前提是你希望严格要求自己、出色地完成工作，希望不断提升自己的素质和技术水平，把事情做得更好。

处在当今电子行业之中，你会发现科学技术日新月异，每天都要阅读大量资讯，每天都要学习最新技术，这样才可以在潮流之中逆水行船。除了前文提到的“终极理念”可以让我们以不变应万变之外，还有什么东西可以让我们保持良好状态，立于不败之地呢？如果你是向我询问，我的答案很简单，那就是养成一些习惯。这和你为了达成某种目的不同，习惯是你愿意的、不知不觉的非主观强制行为。它在你的潜意识里，在暗中帮你达成目的。学习单片机一段时间之后，你会发现所有的技术、经验和思路，到最后都化作了习惯。那我们要养成什么习惯呢？这个问题问得好，我正要把它们一一道来。

科学之精神

我曾经问过身边许多搞技术的朋友一个问题，题目是“如何测试一个电子设备的功率”。我得到的大部分答案是用电压表和电流表测试，把他们按测试电路连接起来，然后读出电压、电流值。再通过 $P=UI$ 的公式，计算出功率值。当我让他们再详细说一下步骤和细节时，有些朋友左思右想，有的朋友说得天花乱坠。从这些回答中不但可以看出有的人科学精神的不足，还可以发现有些朋友不注重细节，也缺少认真的态度。现在请你闭上眼，想一想你会怎么作答。

比较科学的方法是先校准测试设备，如电压表、电流表。然后按测试电路连接好，上电测试开机时功率，并记录，再过一段时间之后再读数测试，目的是为了记录开机到稳定工作时的功率变化。然后把设备设置到最大功耗状态并测试功率，再设置为最小功耗状态并测试功率。重复以上步骤 3 ～ 10 次，并计算平均值，以减少误差。在测试的全过程中保持环境温度不变，并记录环境温度，表示在某温度值下测试的结果，因为环境温度会对功率值有所影响，然后把所有记录整理成测试报表。这个过程还可以更细致，不过上述方法对于一般测试已经足够。

科学的态度、科学的方法、科学的讨论，看似平常的东西却难以做到。实证科学是基础的一步，就是用实验证明理论，实证科学的好处就是不论什么时间、什么地点，只要条件具备都可以重复证明。就好像本书第 1 章和第 2 章的内容一样，不论你是谁、什么时间和地点，只要按照文章里的内容制作硬件或写程序，都可以得到和我一样的结果。虽然实证科学并不能等同于终极真理，但是在电子技术的领域仍然适用。所以遇到问题不能靠想象、猜测或所谓专家的话，应该通过实验来证明，在某种程度上讲，没有实证就难有发言的权力。

总之，科学之精神就是要用科学思考解决科学问题，但不要只用科学眼光去看待所有事物。存在的便是合理的，学会平等与包容，用大视野和大胸怀感悟世界，相信你会更有成就。

独立之思考

一句话经过几十人的传递之后就会变得面目全非，每个人都是编剧和导演，按照自己的喜好加工故事。网络时代，每个人都是记者、都是发言人，许多资讯越来越靠不住了。在学习技术的过程中不要轻信别人的发言，那些信息如果不能带给你启发，就没有什么价值。不要轻信“权威”，他们的理论会印刷在漂亮的纸面上，或是使用“国际的”之类的称号；还有一些著名的企业，听到它们的名字就会产生敬意的那种，忘记吧，这些所谓的权威只能迷惑我们的眼睛。某某专家的书可能枯燥无趣，某某权威的话可能漏洞百出。在学术面前，没有草民也没有权威。不假思索地相信它们是个不好的习惯。首先，你可能被误导，对事物产生片面的认识，不能跳出常规思考。其次，这会抑制你独立思考能力的发展，总是相信外在的言论，就会不愿意思考、不愿意怀疑，创新和发展也就无从谈起。

突破这一困境的方法就是学会独立思考，建立自己独有的知识体系和思考方式，掌握基本原理，跳出思维常规，用新思维来工作、来设计。在我看来，知识和资讯只有两个作用：帮助思考和启发思考。如果失去这两个作用，它们就只不过是一堆符号罢了。所以建议你在学习的时候首先不轻信外来的知识和资讯，当需要时，尽量用实验去证明。然后就是摆正知识和资讯的位置，它们的作用只是帮助和启发我们思考的，学习时可以此作为选择标准。

独立思考可以产生创意，独立思考可以产生灵感，可是我们怎么才可以保持独立思考的习惯呢？这确实是一个问题，并不是看完本文然后对自己说“好了，我要独立思考了”，就可以解决的问题。养成独立思考的习惯需要以下几个条件。

- 多看一些对你有启发性的观点。多看一些和你原有观点不同的文章，从中可以得到启发，当一件事情的观点变多了，就可以全方位地考虑问题，思考也会随之活跃起来。

- 对新旧事物保持兴趣。保持一颗童心，不管对新鲜事物还是对习以为常的东西都保持兴趣，并多问几个为什么。你会发现，突然间原来熟悉的东西变得陌生了，并且大有奥妙。

- 发挥天马行空的想象力。异想天开不是坏事，我的好多设计灵感都是在荒诞的想象之后产生的，尽情地想象吧，激活你的脑细胞。突然有一天，一个伟大的设计就会浮现在你眼前。

认真之态度

我有一个朋友去一家公司面试，老板让他焊接一块电路板，他看了看电路图，然后内心里大笑不止。因为这个电路对他来说并不难，还以为是他运气很好呢。很快，他把焊好的电路板给老板看，老板仔细地左看右看，最后的评语是“不认真”。认真完成每一件事情是多么困难呀，也很难得。认真做事的结果是工作变累、时间更久，可是成果会令你忘记之前的烦恼。认真地设计、认真地焊接、认真地思考每一处细节，最终的成果会让自己满意、让别人满意。

反观现在的电子爱好者，一些人总是马马虎虎、得过且过。画的 PCB 问题很多，写的程序乱七八糟。长此下去，不但得不到别人的肯定，在工作上也很难得到领导的重用。某些电子产品质量差，除了为降低成本而偷工减料之外，我想也和工作不认真有一定关系。我认为认真的态度和个人性格有关，比如我是一个完美主义者，所以我才可以保持这种认真的工作状态。除此之外我真的不知道如何可以训练认真的态度，大家自己找一找吧。

爱好之乐趣

我曾经在某论坛上看到一个帖子，楼主说自己受了同学的打击，因为他有电子制作的动手能力，他的同学则偏向于理论知识，他的同学对他说即使动手能力再强，工资也不会很高。楼主变得无语，开始反思自己做的单片机实验，反思自己写过的程序，慢慢陷入了失望之中。这是一个没有逻辑的故事，首先，动手能力的强弱和工资水平没有什么直接的关系，还要看你的综合素质和机遇；其次，楼主因为同学的一句话就变得灰心失落，可见他对自己并不自信；最后，没有自信而导致他失望的原因是楼主认同了他同学的价值观，即工资高是学习的最终目的，如果工资不高，其他的都没有意义。

不可否认，在经济高速发展的今天，有些人变得一切向“钱”看，一切利益至上。希望大家不要浮躁，静下心来想一想学习单片机是为了什么。是为了找到好工作、赚大钱，还是单纯的热爱呢？至少目前正在看书的你，真的只是热爱单片机这小东西。那就不要去管别人，认定自己的理想和价值观，走自己的路，跟着自己的感觉走，跟着自己的兴趣走吧！想制作一个流水灯，那就去做吧，不要在乎别人说这有多简单；想制作收音机，那就去做吧，不要在乎别人说这个不赚钱。只要从中产生快乐、产生成就感，还有什么比这更值得留恋？跟随自己的兴趣，认真地去做，你就是最棒的，你就是最有潜力的。

有朋友会问了：“好，你让我跟着兴趣走，那我的兴趣就是制作一般太空飞船，我要怎么办呢？”我想你要么是一个理想远大而且又会抬杠的人，要么就是日本动画片看多了。当我们的兴趣和理想在短期之内不能达到的时候，我推荐你读一读《庄子》。还有一个网友在QQ上问我说，他是一家工厂的电工，每天朝九晚五，平凡地工作着。他的兴趣是单片机，他是在《无线电》杂志上看到我的单片机入门文章之后开始对单片机产生兴趣的。他想辞去现在的工作去应聘一家单片机开发公司，想当一名研发工程师。我问他现在的技术水平如何，他说自入门到现在有2年了，可是还只停留在一些简单的实验上，设计和编程水平一般。话语中可以感觉到他对现在工作的不满，也感觉到他希望实现理想的急切心情。我劝他不要冲动，静下心来想一想自己内心里真正要的是什么。不要被电工和工程师的地位差距迷惑，在面向理想的同时不要忘记自身能力有限的事实。后来，他说他还是喜欢电子制作，制作的时候让他感觉很开心。于是我建议他去制作，不论是什么，只要是自己想做的东西，从简单的开始，一个一个制作，不要在乎成败，用平常心态享受制作过程的乐趣。当制作的东西多了，手法熟练了，水平自然也就提升了。当技术水平足够了，再试着投出简历。他接受了我的建议，并试着去做，已经很久没有联系了，也不知道结果如何。我们每个人都有自己的理想，可是现实却有着许多制约，不要放弃理想，也不要太执着。试着转变一下想法，让理想中符合现实条件的一部分先去实现，当现实情况恶化时，可以先把理想暂时放下，不断地修炼自己。条件好转的时候再择机而动，达到理想和现实情况的吻合。尽量不要强行变化，万物自然都有它的规律，慢慢来，一切会好起来的。

我现在就非常想制作一个刚刚设计出来的方案，可是为了赶上本书出版的周期，只好暂时放下兴趣先完成工作。人在江湖身不由己，自由自在能有几回。拥有自由的时间去做爱做的事情本身就是一种幸福了。但也要有一定的限制，不要因为“自由”而耽误了应该做甚至必须做的事情。毕竟，对于亲人和社会还是要有责任在身上。还在上学的爱好者们不要因此误了学业，已经工作的朋友们则要平衡好工作和生活。我相信，可以玩单片机的朋友都是智慧的、理性的，处理好这些矛盾应该不在话下。

过程之享受

爱好之乐趣是从大的方面谈如何处理理想和现实的问题。过程之享受则谈一谈在单片机 DIY 的时候如何更好地享受过程。不管你之前有没有实验，随着本书一路制作下来，你有没有享受到制作过程的愉快呢？如果遇见了很多阻碍和不解，有没有心烦甚至愤怒呢？当制作成功的时候，有没有欣喜若狂？当别人对你的作品赞扬有加时，你有没有骄傲、自豪？当别人对你的作品不以为然，甚至瞧不起时，你有没有心灰意冷、失去信心呢？那些外界评价和不良心态夺去了你本该享受到的愉快过程。

为失败而苦恼，为成功而狂喜，都是因为你太计较结果在自己眼中的成败。为他人表扬而骄傲，为他人批评而灰心，都证明你太在乎结果、在乎别人眼中的成败。总而言之就是轻视过程、重视结果。如果你是这样，希望你能换一个角度想一想，放下成败、放下目的。《庄子》里有一个故事，讲的是有一个工匠，他的雕刻技艺出神入化。有人问他是如何做到的，他说他在开工之前首先需要花 3 天时间忘记完工之后大王会给他多少赏赐，再用 7 天时间忘记完工之后众人会给他多么高的荣誉，再用 15 天时间忘记自己的存在，把所有的心智凝聚在工作上，以这样的状态工作数日，精品自然成就。

当我们放下成败、放下目的之后，下一步就是享受过程。一提到过程，有人可能会想到许多讨厌又很难解决的问题，一大堆电路需要焊接，而且一不小心就会出错。好像过程没有什么快乐可言，反而是调试成功之后才会有很大成就感。现在请换一个角度，享受一下过程的快乐。

从网上或是杂志上看到一款 DIY 作品，你的脑子里便浮现出许多画面，这时候你已经开始享受作品带给你想象的畅快了。接着你下定决心开始准备制作，在网上或电子市场很方便地就可以买齐元器件，同时可以找到更多的资讯。有时还可以在元器件选择上根据自己的需要有一些小创新。然后把元器件按照资料上的原理图组装起来，或自己设计出更好的组装方法，甚至小小地改变一下电路，让它变得更优秀。把每一个焊点焊接得很美观，把结构设计得很漂亮，心里也美滋滋的。电路制作好之后，已经算是一种成功了。接通电源，如果一次就成功说明你有很好的动手能力或者是这个制作很简单、设计得不容易出现问题。但如果接通电源，没有什么反应，出现了这样或那样的问题，太好了，恭喜你，现在你要比别人学到更多的东西了。因为 90% 以上的经验都是在失败中积累的。遇到问题，不要轻易地问别人，别人都很忙。首先要想着怎么自己解决这些问题。找到问题的答案是一个搜索的过程，如果你喜欢看探索频道，你就会喜欢上搜索问题的过程。大多数人认为解决问题是痛苦的，是因为他们不知所措，没有方法。要想享受解决问题的快乐，首先要学会解决问题的方法。

一般的问题可以用推理、验证、排除三个基本步骤来解决。首先是观察问题的现象，你一定知道是什么现象，不然你也不会知道有问题存在。问题知道了，根据电路原理推理一下可能导致问题的几个区域，比如电源部分、单片机最小系统部分或其他。好了，问题就藏在这几个地方，下面我们通过实验逐一证明它们是正常的或是导致问题的。验证的过程需要用万用表、示波器等工具测试电路，这些工具不正是为了验证而准备的吗？如果证明某一部分是正常的，并不是失败，而是表示我们离答案更近了一步。因为这部分被排除了，导致问题出现的原因就藏在余下的部分。很有趣，不是吗？用科学之精神、认真之态度、独立之思考重复推理、验证、排除，找到原因，你就会恍然大悟。处理问题，收获颇多。

有的时候所有的地方都检查了，可是就是找不到原因所在。就好像你在家里找东西一样，明明它就在桌子上，可是你却视而不见。你的脑子已经钻进了一个死胡同，这个时候再检查下去也不会有什么效果。离开一会儿，出去散散步、看看我的网站或者和亲友们聊聊天。半小时之后再回来重新检查，用新空气、新思路，效果不可同日而语。万一没有任何进展，也没关系，这是多么有趣的事情呀。自己亲手制作的问题会让自己无法解决，那就把它交给未来的自己吧。因为未来的自己更有知识、更有经验，对他来说这个问题会很简单。把有问题的制作放在一边，上面贴上纸条，纸条上写“请 3 个月后的自己来解决这个问题”。然后现在的你就可以轻松地找一些新东西来制作了。把快乐留在当下，把问题留给时间去解决。享受制作过程，它令你更稳重、更有耐心；享受制作过程，它令你更睿智、更有阅历。当你苦恼、心烦的时候，试着让自己享受过程，慢慢地，你就会投入其中，乐在其中。相信我，这是真的。

分享之喜悦

与别人分享技术和经验，让你的成就感和幸福感倍增，也让别人分享你的快乐。同时你也可以帮助后来者和需要的人们，共同学习、共同交流、共同进步，大家好才是真的好。你可以开通一个博客，把你的作品和经验放上去，或是注册一个论坛的账户，支持别人的帖子，发表自己的帖子。大家也会把好东西与你分享，你可以从中学习更多，还可以结交到知音、知己。那些和你一样的爱好者是在空间维度上最值得与其分享的人。你的分享改变了自己，也改变了他们。

除了和他人分享之外，你也别忘了和未来的自己分享。写笔记是最好的方式，几个月后的你可以从你的笔记中找到遗忘的经验，几年后的你可以从你的笔记中读到自己的进步历程。

第3节 花边问答

目录

单片机的内容算是告一段落了，下面留一点版面回答一下与本书有关或无关的其他问题。可以是关于我本人的，可以是我对某个问题的看法的，也可以是其他富有创意的问题。

你问我答

我很笨，脑子反应慢，我能学好单片机吗?

我可以很负责任地告诉你，能。只要你热爱单片机，别去和他人比较，享受单片机带给你的快乐，不断进步，不断超越自己。只要你满怀信心地说："学好单片机，我能"。

学习单片机有哪些需要注意的坏习惯?

（1）问别人问题或是所谓的向高手请教都是不好的习惯，不论是什么问题也无论多着急。所有的问题都可以在实验和搜索引擎的帮助下解决，向别人寻问会降低自己的学习能力，而且应该有一种羞耻感。

（2）完全按照现有的资料仿效而没有自己的改进。

（3）骄傲、自满。

我文化水平低，英文水平差，学习时间少，我没有好的老师引导，我进步比别人晚，我学习单片机会不会很困难?

借口、借口、借口、借口、借口，找来这些借口一定花了不少时间吧？但是这些借口除了证明你不上进之外还有其他效果吗？少谈困难，多讲方法；少说话，多制作；少一点借口，多一些热情。

学习单片机要花很多钱呀？我现在经济条件不好，有没有便宜一点的方法，最好是不花钱的？

不好意思，学习单片机是要有一定的经济投入的，如果你捉襟见肘的话，我建议你可以量力而行，有一点能力时可以买几片单片机和面包板来玩，大约 10 元。一直在面包板上做实验的话，可以玩很长时间。如果你还没有电脑的话，就可以在网上或电子市场买一些 DIY 的套件来制作。暂时把编程的学习放一放，有了电脑之后再学编程，那时你的硬件经验丰富，学习编程也如顺水行舟。

作为单片机爱好者，学有所成之后可以有何作为？

如果你有工程开发功力，可以开发一些产品来卖，或者转让技术。如果你的文笔不错，可以考虑为电子技术相关的杂志投稿。如果想从事这方向的工作可以应聘单片机的研发型企业。是玻璃总会反光，如果你是人才，必定不会被埋没。

我很热爱单片机，可是学习的过程总是不顺利，有的时候真的快没有信心了，我该怎么办？

“把我生命里的每一分钟，全力以赴我们心中的梦。不经历风雨，怎能见彩虹，没有人能随随便便成功。”每当我遇到挫折的时候，脑海里就会活现出《真心英雄》，想一想风雨总会过去，天晴终见彩虹，我的信念又坚定了一些。

贴片封装（SMD）的元器件前景如何？

是未来的发展趋势，如果你有条件话，尽量购买和使用 SMD 的元器件。

你的书里为什么实际制作的例子不多呢？

这本书主要讲单片机基本原理，原理通了就会一通百通。更多的例子可以在其他图书中或网上找得到，如果大家希望我来讲例子的话，我可以考虑再写一本书专门介绍。

PIC、AVR、DSP、FPGA、ARM、CPLD 这么多领域，我要学哪个？

如果看过本书之后，你认为你只学会了 8051 单片机，甚至只学会了 STC12C2052 单片机的使用，那不能不说是我的一次失败。因为你要知道，我从头到尾一直在讲的是单片机原理，使用 STC 系列的 8051 单片机，只是因为它更适合初学者入门，仅是以此当作实例，目的是从实例中讲解单片机的基本原理，讲解的是一种思考方式和习惯。PIC、AVR、DSP 之类并没有与单片机原理划清界限，只是在单片机的原理上各有千秋罢了。单片机原理是学习单片机的精髓所在，这是重中之重。可惜的是，在单片机爱好者，甚至工程师当中，懂技术的人很多，真正明白这个道理的人很少。不需要非要选择一门来学习，先大概了解它们。当有应用需要的时候大概看一下数据手册，很快你就会使用了。

51 单片机是不是快被淘汰了？还有必要深入学习吗？

回到 51 单片机是不是快被淘汰的问题。产品是否被淘汰由市场决定，从经济学的角度讲，就是需求决定供给、决定生产，是不是被淘汰要看是不是有还有人在使用。产品淘汰的一个基本指标是当产品 B 的性能等于或优于产品 A，而产品 B 的价格等于或低于产品 A，这时产品 A 将渐渐减少市场份额。目前 51 单片机可以说应用得相当广泛，因为它的技术普及、价格便宜、资料丰富，还没有产品 B 的出现。而且还有许多公司还在不断研发新的 51 单片机产品。当然，我们所说的淘汰是狭义上的，从广义上讲，电子管产品在高保真音响和特殊仪器中还在使用，就不存在淘汰的问题了。

如果你认为你只学到了 8051 一种单片机的知识，那可能是我在前面章节里没有表达清楚，也可能是你没有认真阅读书中一些非技术性的文章，这里我再重申一遍。我们学习的是单片机，因为 51 系统单片机发展成熟、应用广泛、资料较多，更有益于初学者入门，所以我希望通过 51 单片机来带领大家了解单片机的原理和应用。只要学会了 51 单片机，其他系列或型号的单片机也是大同小异的。只要单片机基本原理学通了，则一通百通。

我是单片机初学者， 有一个驱动 TFT 液晶屏的问题想请教。

许多初学者来信或留言问一些高难度的问题，这些问题大多是在设计复杂电路或程序的时候才会遇见的，而从提问的言语中可以看出他们是初学者。例如有位朋友刚学单片机不久，在网上看到有人用彩色液晶屏制作的电子相框，很感兴趣，按照网上的资料制作出来了，可是怎么都不显示，问我是怎么回事。如果只就问题来说，可能出现问题的地方很多，我甚至怀疑他会不会买错了某个芯片的型号或是焊错了位置。虽然有一定单片机设计经验的高手也会有这样的问题，但我并不会如此担心。所以，通过 QQ 也好、E-mail 也好，这种远程的帮助是很难解决问题的，只能靠他自己用实验来解决。

而从另一个角度讲，我们抛开问题不谈，看看我们学习单片机的热切之心是不是变得急躁了呢？如果你是刚刚入门的初学者，应该把精力放在基础的制作上面，不要太深究原理，能理解的学一点，不能理解的留给未来。制作更多的作品，遇到更多的问题，积累更多的经验，你便能理解原来不解的问题了。当你向我提出超出你现在水平的问题，我会告诉你先把它放一放，即使我解释了，你也不一定能完全理解。先对你的问题自问自答，区分问题的难易程度，选择适合自己现有能力的问题。一步一步推进，一步一个脚印。

你了解这么多初学者的常见问题， 你的经验是怎么积累的？

我的经验是初学者们教给我的。听上去有些不可思议，却是事实。当我有独立设计能力的时候，就有许多初学者向我提问题。说实话，同其他人一样，每天回答这些问题确实很烦人，一开始我尽量不去理会他们，任凭他们苦苦相求。也不知道是什么时候，我突然想通了一个道理，那些问题多多的初学者，应该是我的老师呀！

之后，我试着有问必答，从解决制作中的小错误到帮助他们设计方案，都来者不拒。结果出乎意料，本以为会烦到生病，可是结果却让我积累了经验，这些宝贵的经验是他们的，却通过问题的方式教会了我。当自己在实验中遇到问题时，这些经验确实也帮到了自己。三人行必有我师，与大家同行，其乐无穷！

学习中遇到问题时， 有什么快速的解决方法？

如果你问我，某某芯片的中文资料哪里可以下载？某某元器件如何使用？制作中的问题如何解决？哪里有更多你需要的文章？在一个新问题出现时，你首先在问的不是我，也不是任何你认识的人，有一个免费为你服务的网站，页面设计简洁，上面的搜索栏允许输入各种问题，轻轻单击，便有了答案。养成习惯吧，遇事不求人，80% 以上的问题在此都可以找到答案。

怎样成为单片机高手？需要多长时间？

你要是高手，要有人说你是高手，说你的人要是高手，满足以上条件你就是高手了。但不要奔着以上 3 条努力，那样只会是短暂的。而是要认真把一门技术研究精通，那时你才是高手！把一门技术研究精通，而且可以用专业术语讲明白，你便成了专家。把一门技术研究精通，可以用日常通俗的语言讲明白，你便成了老师。把多门技术研究精通，可以用日常通俗的语言讲明白，又可以融汇多门技术创造出新的技术，那你便成了大师（大学老师）。江湖上卧虎藏龙，还是要有谦虚的态度，切记。以我的经验，如果掌握了要领，想具备高手的素质应该至少需要 3 个月时间。

你是如何解决技术上的难题的？

绝大多数技术问题可以通过阅读资料和实验找到答案，不需要问人。玩单片机到一定程度时便学习了基本原理和找到答案的方法，方法比答案本身重要得多。有一些应用或行业问题，我会与同行讨论，从讨论中得到启发。

你是如何解答别人提出的技术问题的？

有人向我提问时，我会用引导的方式让提问者思考，帮助他们自己找到答案。直接告诉他答案是愚蠢的，这样会促使他不断地提问而不去独立思考。同时，我会将有代表性的问题和解答放在我的博客里，当有人问同样问题时，我就让他们到博客里寻找答案，我也省去了重复回答。

单片机会坏吗？它有多长寿命？

会坏的，每一个爱好者都会有烧坏单片机的经历，单片机承受电流过大时最有可能烧坏。如果电路正常的话，单片机应该会有很长的使用寿命，具体情况要问一问厂商。

如何在单片机设计上有所创新？

当你希望创新的时候，你就已经不想跟随别人的后面走了。不论是电子 DIY 还是工程设计，创新都会带来许多好处。创新有几个层面，包括理念创新、产品创新和技术创新，理念创新是在观念和行为方式上的创新，产品创新包括功能创新、人性化设计之类的创新，技术创新应用了新器件或是程序的编程之类的创新，因为篇幅关系，这里就不详细介绍了。值得注意的是，许多人认为现代单片机技术的创新在硬件上是有限的，更多的应该是软件上的创新。我认为这是一种错误的说法，就好像19世纪末有人提出世界上能够被发明的东西已经全部被发明出来的预言一样。正是这种传统思维的限制，让许多人信以为真。因特网的出现在一定程度上阻碍了创新，电路图和程序不断地被转载、抄袭，时间久了，那些传播得最广的电路图和程序竟成了所谓的经典电路和程序，错误抄多了反而成了标准，然后被更广泛地转载、抄袭。这种把异态当常态的环境本身就阻碍了创新。另外，硬件的创新不只是降低成本，还有提高性能和产生新发明。国内的一些企业所谓的创新，只是为了降低成本，赚取更多的利润。这些行业现实告诉我们，创新之路多歧途，要坚持，需要智慧和勇气。

产生创意的方法在第5章第2节讲到过，独立思考，跳出思维常规，应用基本原理和从其他行业、学科中寻找灵感。祝你成功！

你的电路图制作得很漂亮，请问是用什么软件画的呀？

用的是CorelDRAW，这是一款平面设计软件，不是专门用来画电路图的。我是将电路图当成一种美丽的事物来设计制作的，没有只局限在电路原理上，所以会比常见的电路图好看一些。如果你只是为了应用而制作电路图，还是建议你使用专用的电路图设计软件。

你对现在大学的单片机教学有什么看法？

当大部分大学真正开始单片机教学的时候，我们再来谈这个问题吧。

为什么你只有网站和博客，而没有创建自己的论坛呢？

论坛是吸引人气的好地方，我也曾经建立过，可是后来因为各种原因而流产，主要是精力不足。后来我就建立了自己的博客，再后来为了把我的作品整合发布而建了网站，现在还有了公众号。《世界是平的》一书曾说过，下一个网络时代是个人的时代，网站、博客、公众号都是个人表达的方式，我很喜欢这样的方式。

你还会继续出版新书吗？

如果大家喜欢我的书，我当然乐意写新书了，不过瓶颈在于以下几点。

（1）我脑袋里的东西还是否能再写出书来？

（2）我还是否能继续保持我的写作风格？

（3）我的书是否畅销，出版社是否还乐意为我出版？

（4）我是否健康？

If(答案 == 是) { 继续出版 ; } else { 继续学习 ; }

看完这本书了， 接下来我要看些什么书呢?

还是这本书，再看一遍。

花边问答

杜洋大哥：您好!

我是北京的一名大学生，电子信息专业，是您《爱上单片机》的忠实读者，这本书我已经看过好几遍了。今天给您写信，是想请教一个困惑了我很久的、与技术关系不大的问题：关于事业与其他事情的问题。记得您的《爱上单片机》一书中有诸如“做好技术，同时有时间进行我的恋爱”的内容（原话是这个意思，用的词句不完全是这样）。坦诚说，我很羡慕你的生活!

这句话使我思考一个问题，从我的体验来看，感觉做技术是不是应该一心一意扑在上面，白天研究技术，晚上利用业余休息时间继续研究技术，走路时思考技术问题，吃饭时思考技术问题，最好做梦也能梦见技术问题——就像碳 60 的发现者一样得到灵感。不拿出这种中学时钻研数学题的精神，一心扑到技术上的话，是不是有些难关就攻不下来，自己水平进步就慢了?

另一个驱动我这样做的原因是，电子设计越做兴趣越大。但是同时它也像吸血鬼一样把其他方面的兴趣吸没了。我很少打游戏，基本不看电影，很少聚会，很少出去活动，占用自己尽可能多的时间搞技术。显然，已经造成的后果是，没有时间去做别的事情（严重的是单调的生活使人对别的事情丧失了兴趣）。直到现在，我也找不到女朋友（这也许和我读的是工科大学有关? ），感觉自己对别的事物也渐渐地麻木了，但是，是不是不这样自己的进步速度就会缓慢下来，将来毕业以后会发现自己身无长技，会后悔呢?

从您的书中内容来看，感觉您事业、生活各方面都较好，我很羡慕，是不是这种全面成功是成功人士的特点? 我不知道我的这种问题是不是很多技术人员的通病，我们学院有老师就是这样每天满头脑技术的狂人，进入状态以后，对其他毫不关心。

恳请得到您的指点，帮我解答一下。这个问题已经困惑我好久了。请您百忙之中一定指点一二，非常、非常感谢!

祝身体健康，工作顺利!

\-\-\-\-\-\-\-\-\-\-\-\-\-

非常感谢你的来信，你能喜欢我的书我很开心的。你的问题很有趣，是一个整天研究技术的狂热者应该考虑的问题。不过你的问题并不难回答，只是看你想不想接受了。

技术是一时的，学到的技术过不了多久就会被新技术所取代。学习技术并不是我们的目标，至少不是终极目标。我认为，我们学习技术是学习一种思维方式和习惯，当我们有了这种处理技术问题的思维方式，我们即掌握了技术。余下的只要上网搜索一下就知道了。

就算学到了思维方式和习惯又能怎么样呢？我们可能依然无所作为。所以，我们需要将所学应用于实处，如果不设计产品、研究项目，那么至少也搞一些小制作、小发明什么的。这样我们所学之物才有价值，我们个人的价值也才可以得到体现。

学以致用了，我们就达到目的了吗？为社会创造价值的同时，我们自己得到了什么呢？除了金钱上的回报之外，还有什么呢？我想，我自私地想，这所有的一切都应该让我们快乐，让我们达到内心的愉悦，只有这样才可以多赢。

为社会、为行业、为后人、为自己而工作，这是一道很难平衡的数学题。我想，这也是搞技术人的终极目标。显然你对技术的执着很让人敬佩，可是你已经做过了头。失去了自己的生活乐趣，也让自己徒生苦恼。

我的建议是："放下屠刀"，放开你的视野，一心研究技术的人是不会有所成就的。忘记那些伟人般的成功学洗脑吧，让自己保持快乐的生活才是成功的人生。

从你的问题中可以看出，你知道什么样的生活是好的生活，可是你还没有这个想法和能力去追求它。如果你觉得我说的对，那为什么不马上行动呢？

杜洋 敬上

——————————————

您好，杜先生：

很高兴能认识你，同时也很高兴写邮件给你。希望你能在百忙中抽出点时间来阅读我的邮件，谢谢！

我，叫欧 *，是一名中专生。在一次暑假中，我在书店里看到了你写的书，那本名叫《爱上单片机》的书。我觉得你写得很好。我是学电子的，也学过 Protel2004 这个软件。在这里我想请教你几个问题，学习上的有，心理上的也有。就先拿学习上的来说吧，如果一个英语水平差的人想学习 Protel2004，这个能成吗？这个软件的复杂程度高不高？我呢，对电路板设计很有兴趣。但是，自从看了你那本书以后，我又对单片机编程产生了兴趣，你说我该怎么做呀？心理上的问题就是，我现在读中专，就算我学会了 Protel 以后，我该不该继续上大专？我以前听那些师兄说过，他说我学这个不读大专是没什么用的。杜先生，你觉得呢？还有，我并不是应届生。我初中毕业后由于某些原因，出去打了两年工，然后我再回来读技校，我并不在乎别人怎么说我。你觉得我 22 岁去读大专 OK 吗？

嗯，我想到的问题暂时就是这些，如果我以后还有问题的话，你还会为我解答吗？先在这里谢谢你了。

欧同学， 你好！

很高兴收到你的来信，你能喜欢我的书是我的荣幸。闲话少说，我来回复你的问题吧。Protel2004 不难的，我有一个朋友学历不高，他就学得很好。当我问他软件里的英文怎么读、什么意思的时候，他都不知道，但是他知道哪个按钮是干什么用的，哪种操作可以实现他的想法。这就够了，与英文无关。况且软件好像有汉化版的吧。

学习的问题是你自己的选择问题。是学 PCB 设计还是单片机，这个选择没有必要，因为它们并不矛盾。两个可以都学，没有问题的，不要小看了自己的学习能力。上不上大专，我说的不算。我也不能给你建议，但是我想说明的一点是，现在的社会是务实的，想在这个社会里生活靠的是真正的能力，不是一纸文凭。如果上大专可以更好地学到真东西，那就上。如果不上大专自己也可以凭着坚持和热情学好电子技术的某个领域，那就不上。要以学到真东西为导向，不能被别人的说法或者所谓的社会形势所左右。

最后，我要告诉你一个你没有发现但对你来说很重要的问题。那就是——你缺少自信。没有自信才会让你有前面的问题，没有自信你才会无从选择。要知道，如果你想达到自我的体现、生活的快乐，你需要找到自信。那是一种你对人生追求的坚定目标，是你为之努力的方向。也就是说，你要知道自己内心里真正想要的东西是什么，是一种什么样的人生状态。先要有目标，你才可以有一半的自信——活下去的自信。另外就是需要不断的小成功。什么意思呢？自信是需要在不断的成功中得到肯定和鼓励的。所以你需要做一些事情，让自己肯定自己，让别人肯定你。这样你才会觉得你是有能力的，是可以成功的。随后你就会有另一半的自信了——对自己能力的自信。

不过，要想有不断的小成功，你还需要努力地学习。单片机是一个很好玩的东西，很容易制作一些小闹钟、彩灯什么的。这些应该可以让你容易找到成功的感觉。所以我建议你学一下单片机吧。之后你会发现自己慢慢有了自信，有了方向。

祝你好运，朋友。

杜洋 敬上

杜洋老师：

您好！

我是一名来自黑龙江省齐齐哈尔市的中学生，我不仅是一名学生，也是一名电子爱好者，学单片机一年多了，我也有很多收获。回忆起来，那些收获是枯燥，是劳累，是头疼，是艰难。同时，这些收获更加培养了我的性格，但是，这些收获的背后，有您的引导。

我从小就对电子感兴趣，老妈给买回的玩具玩够了都拆，等我年龄大一点时，家里的淘汰下的电视机也被我拆了。当时我什么也不懂，拆开之后看到一个白色的“当时不知道是什么东西”套着的“磁铁”，“磁铁”其实就是铁氧体，现在知道那是行输出变压器，其内部有几千伏的高压电。因为当时什么也不懂，所以很好奇内部有什么，于是就拿板砖砸碎了，幸好是砸碎了，不然就危险了，现在回忆起来，还心有余悸呢。在 2008 年 7 月，当时家里没有电脑，我坐在炕上，突然有了想上网吧查资料的想法，于是就跟老爸说了，老爸给我拿了钱，让我自己去，我对老爸说 :“你就不怕我玩游戏? ”老爸说 :“我相信你不会玩游戏的! ”在此后的每一天，我都去网吧查资料，一直到五年级开学。因为我家住在农村，离家最近的网吧也有一公里，而且路都是坑坑洼洼的土路，老爸看我挺辛苦的，就买了台电脑。当时因为家里穷，老爸把养猪 10 年攒的几千元全掏出来买了电脑，交了网费。我学习的劲头更大了，每天在网上查自己不懂得东西，也学到了许多，现在想起来，我感到很欣慰。

有一天，我在网上查资料，忽然看到了“单片机 ”这个词，“单片机”是什么?于是我就在百度上搜索“单片机”。我又看到很多单片机“学习板”，于是我就想什么时候我能有一块呢? 因为家里是农村，快递不给送到，再加上我又对电脑不熟练，所以就没买。我就在网上学习单片机 C 语言，当时能看懂简单的 C 语言程序，写个控制灯亮灭的程序。因为没有实物操作，所以也没啥进步。当我发现学几个月没啥进步，就不学了，开始“转型”学电脑。当时收获也不小，我能够自己刻盘、装系统，进行电脑的一些设置。不仅是软件，硬件上我也懂了电脑的结构、工作原理。因为我们这里的小学是 5 年制的，6 年级就得上初中了。初中时，我家搬到了楼房，忽然想到了好久没接触的单片机，于是我请求老爸，能不能买块单片机开发板，老爸欣然同意，说 :“但现在还不行。”他说 :“如果你的月考成绩能进初一年级榜的前 100，就给你买开发板。”当时我考了 80 多名。可老爸又说 :“怕耽误你学习，放假再买吧。”我又等到 12 月。放了假，我变卦了，我对老爸说，想买本 C 语言的书。我存了钱，在网上搜索好的学习板，忽然看见了您网站里的用面包板入门单片机的视频，觉得很好，我就拿买书的钱买了您的套件和视频。我看到您网站里的 Mini1608、DY3208等一些作品，我就在想，什么时候能学到您这种程度呢? 套件到了，我非常高兴，老爸和老妈不让我学习功课时研究电路，我就偷偷把基础版视频下到 MP4 里，写完作业后偷着看，但因为这样，我的成绩直线下降，老爸不让我在上学期间学电路了，但我写完作业后还是坐在那里偷偷想 : 这个程序怎么写呢?

暑假后，我陆续买了您的《爱上单片机》和提高版套件。在感叹您的文笔之余，也发现了一些问题。您在书中和视频中提供的都是程序模板，并没有讲这个模板为什么这样写。我是个喜欢刨根问底的人，我觉得，或许您这本书和入门视频不适合我这个类型的人，不过我也学到了不少东西 : 按键判断、PWM、AD……

今年 1 月 6 日放了寒假，我下了狠心，决定从头学单片机，因为当时我连流水灯程序写着都困难，老爸给我买了 300 多元的零件和郭天祥的一本书，在他的书的序言后边，有一篇文章叫“我的大学“，写的是关于他从大二开始一直到读到研究生的历程，在这几年中，他学会了 VC、VB、ARM、DSP、CPLD/FPGA。看完文章后，我更有信心了，当时还真下了狠心，每天从晚上 6 点开始写程序，一直到凌晨 2 点，最晚时写到凌晨 3 点，白天再接着写。我的进步也不小，从刚开始的写笨拙的流水灯程序，到自己编写 DS18B20、DS1302、12864 并 / 串口、AT24C08 的 I^2C、断码液晶屏、动 / 静态数码管显示、1602、红外解码等器件的驱动程序还有单片机内部的 AD、PWM、定时器、外部中断、串口、EEPROM 等内部资源的程序。前几天，我又写了一个电子钟程序，大概功能有 3 路闹钟、整点报时、公历显示，温度精确到小数点后一位，还有背光调节等功能，我终于从羡慕高手写电子钟程序到自己会写电子钟程序了。

就在昨天，我考虑着学点别的东西，是学 STM、DSP、ARM 还是 SPLD/FPGA 呢，我在一个电子爱好者的 QQ 群里也问了同样的问题。他们不建议我学单片机，说懂点就行，更不建议我学 DSP、ARM。DSP 和 ARM 我是想学，可它们的开发板实在太贵，老爸不想让我买太贵的。我又在淘宝上看到了 STM，很便宜，190 多元就能买块好的学习板，也可以安装操作系统，还是 C 语言编程的。而 CPLD/FPGA 都是 VDHL 语言，要从头学。还有些电子爱好者建议我继续学单片机。我也看了，一块好的单片机开发板最多 300 元（不是我不支持您的面包板方案，是因为有些芯片没有 DIP 封装，如果要用面包板的话，需要转接板，成品很贵。而老爸不赞成我用三氯化铁腐蚀方法制作电路板，感光板又太贵，所以只能买现成的学习板了），我还想学 VC、VB、C++。

杜老师，可能在您眼里，我说的都是些废话，我语文又不好，可我确实很为难，您能帮我出出主意吗，先学哪个好呢?

——————————

李同学，你好：

花了好一会工夫才看完了你的信，很长呀。不过上面几乎把你的学习经历如历险记般地说了一遍。我心里暗想，东北这片神奇的土地人才辈出呀，看来你也很有潜力哦。不过，有一些事情和想法你还没有成熟，或是我们有着不同的思考角度和方向吧。你的思考方式让你产生了如来信中的困惑，同时你希望用我的思考方式和经验来解决你的问题。那么，首先你要可以放下你固有的想法，先倒掉你杯中的水，再来装我送上的茶吧。

现在主流思想中，根深不动的就是学习思想，这可能和应试教育有关。也就是说，同学们更关注的是学习，学习单片机、学习电脑、学习 ARM，直到没有头绪、失了方向感。但是“为什么要学习？”这个问题，依然没有被你意识到。意识到了吗？你为什么要学习单片机，为什么想学习 CPLD、ARM、STM 呢？是想今后找到开发工程师的工作，还是想发现它们中的乐趣？如果它们真的有乐趣，只是成本太高，那么单片机低成本的乐趣是不是下降了一个层次呢？也就是说，你觉得单片机所带给你的乐趣不如 ARM 等的乐趣大吗？ 单片机的知识你学到头了吗？单片机的乐趣就是你目前所知的这些吗？驱动 DS18B20，做个电子钟，这就是封刀之作吗？如果向下学习什么是你的困惑，那么以上的问题会不会是新的困惑呢？

“学以致用，学以至精”，这一直是我推行的教学理念。我之所以没有在《爱上单片机》中如郭天祥老师那样系统地介绍单片机知识，不是因为我不会，正是因为我“太会”了，不想再封闭读者的思想。因为我发现，按传统式系统的理论讲解，会让读者有“学以至学”的思维，认为学习单片机的目的是为了学习更高的技术做准备。最后，学到样样都会，样样不精。亲爱的同学，你正在走向这条以学习为目的的道路，你的困惑之路才刚刚开始。

好吧，自夸一点地讲下面的问题。为什么你会觉得你在技术上不如我呢？要知道我对DS18B20的编程原理并不了解，CPLD的技术、ARM的精简指令集我也不了解，也不想了解。我只关心，它们能给我带来什么样的应用和乐趣。我所考虑的是怎么把设计和技术变成价值。让我的人生更有乐趣、更有意义，这就是我学以致用的道理。

关于学以至精，你在我的书里都可以感觉到。比如按键处理的那一节，我除了给出传统的处理方法之外，我还在后面开拓性地写了一段假设。可以通过按键的抖动波形和时间来巧妙地判断按键的快慢和力度。我想，每一位读者都看到了这一段文字，可是到目前我还没有听说有哪位读者真正去做实验、写程序来实现这个功能。大家只是随便想了一想，就急匆匆地看下一节内容了。如果你是个细心的孩子，深入地去研究这一个看似非常小的事情。如果顺利，你将开发出可以感知按键速度和力度的程序，可以应用在游戏机或其他智能交互式产品上。那么这样的学习和实验研究是不是要比学习那些人人买了开发板都可以学会的知识更有意义呢？学而不致用是可以的，仅以学习为目的也是可以的，但是学得一般般、不精通，你会的别人也都会，这样的学习真的是你想要的吗？不学则罢，学就学到卓尔不群，这是我对学习的观点。

你困惑的答案并不是解决问题的根本原因，问题的解决之道往往在于问题以下更深层次的问题上。你的问题不是“该学什么好”，而是你被你自己的固有思维限制在一个不能逃脱的死循环里。不但解决不了你的问题，还会拖累你的人生，让你学到最后或平庸，或一事无成（我就曾经被这样的问题困扰过，幸好现在清醒过来了）。如果你认同我的话，就快快放下你那些广而不深的学习思维，放弃你的开发板购买计划，改正你凡事都要求学到根本的坏毛病，丢掉系统学习什么单片机、ARM之类的图书和资料。回过头来，看看你那些谈不上优秀的小制作、看看那些和别人写的大同小异的源程序。会不会发现，你虽然学了，但还差得很远呢？放低你的眼光，从基础研究开始，那么习以为常的东西为什么会是这样？当你的思维转变了，用一个LED、一个按键，你都可以创造出非常有趣的东西。

不同的读者看同一本书有不同的理解，就是因为他们的思维不同。如果你真的有这个能力和悟性可以跳出你现在的思维，再回看我的书时，你会发现书里面有更多的错别字和更多原来视而不见的奇妙词句。这些词句原来只能让你发笑，现在却可以给你启发了。不信，你试试看！

祝你好运，小同学。

杜洋 敬上

我问你答

上文是读者的一些常见问题，我选择了一些重点的与大家分享，希望对你有所帮助。现在该轮到我问你问题了吧？希望你也可以认真回答，给我一些解答。你可以通过电子邮箱 346551200@qq.com 或微信公众号（杜洋工作室）把答案发给我，也可以通过出版社找到我的更多联系方式。如果你愿意回答我的问题并和我结交朋友，我不胜荣幸。

问题： 关于你的打算

初学单片机的时候，因为许多制作都很陌生，它们蕴藏着巨大的奥秘，享受这种成就感是很必要且重要的。但当你制作的东西多了，明白的道理多了，你会发现有些东西制作成功已经是很自然而正常的事情了。甚至有的时候你看到某些有趣的东西，却不愿意动手制作它了。因为它的每一个制作过程和技术细节都在你的脑子里了，你已经不需要把它做出来。到了这个时期，你会发现你对电子制作和单片机的兴趣好像没有原来那么大了，感觉大部分制作都是在简单地重复。这个时候你可能会转战嵌入式系统开发、高保真音响或者其他爱好上去了。单片机爱好者中又走了一位优秀的人才，可是还有留下的必要吗？如果有一天你变成了这样，你会怎么办呢？

第 5 章 巧问答

总 结

问题、问题，学习的过程中必然会产生问题，认真阅读本书前 4 章之后你一定会联想到不少的问题吧！为了解答你的问题，我单独留出一章的空间。问题来自于我的个人网站，那些读过我的文章、仿制过我作品的朋友提出的问题相信也会是你想问的。我细心地把这些问题总结出来，一一地解答。本章第 1 节“常见问题”是将本书前 4 章的阅读中可能产生的问题总结出来，在众多问题中选出具有代表性的关键问题并给出解答。其中包括技术问题、工程问题和行业问题，有容易误解的，有追查原因的，还有一些我想知道的事情。第 2 节“惯性发展”，表面上看好像与问题无关，但实际上是从产生问题的根源出发，从习惯上改进，让你少遇见问题和学会使用方法独立解答。第 3 节“花边问答”则是为了在全书结束之前小小地放松一下，像八卦杂志一样提出一些与本书无关的问题。这些有趣的问题你一定很想知道，希望它们可以满足你的好奇心。

让问答内容作为结尾是参考了产品使用说明书后面的 FAQ（常见问题与解答），也许《爱上单片机》就是一本关于单片机的使用说明书，虽然本书并没有在你购买单片机时附送。图书的章节有限、内容有限，不可能完全回答你的问题，幸好我人还没有死，还有机会再次会面，不管是在书本上的会面还是在网络上巧遇，只要你乐于发问，我都愿意欣然解答。问题面前人人平等，我会用治学的态度帮助你，希望有一天你也可以用同样的心情帮助别人。问题是我们共同的敌人，单片机爱好者们都是亲密的战友。

附录　常用单片机性能对照

本书中涉及了很多单片机型号，大家学会之后一定想自己开发新的作品或产品。可是在开发之前，选择什么型号的单片机最适合呢？本附录给出了各种最常用的单片机型号，并说明它们的性能、推荐的应用方向等。需要特别说明的是，以下推荐仅是单片机系列，同系列中因 Flash 大小不同，价格也有差异。例如，STC12C5A32S2 的 Flash 是 32KB，STC12C5A60S2 的 Flash 是 60KB。下文是以 STC12C5A60S2 表示这一系列，具体用哪个型号还要按你需要的 Flash 大小而定。型号后的封装也是主要推荐，你也可以选择其他封装。总之，不要因我的推荐限制了你的选型。

【STC89 系列：内置固定 RC 时钟、内置复位、与 AT89C51 系列兼容】

STC89C58RD+ –DIP40

【功能概要】STC89 系列的设计目的就是为了代替传统的 AT89 系列单片机。AT89 系列是 30 多年前的单片机产品，因为国内的技术教学更新换代慢，所以现在还有人用。AT89 系列相比如今的单片机来说，性能相当落后。它必须连接外部晶体振荡器和复位电路才可以工作。STC89 系列在接口上与 AT89 系列完全兼容，且内置复位和 RC 时钟源。它依然可连接外部晶体振荡器和复位电路，但不接也可以工作。它最大支持 61KB Flash 和 1KB SRAM，还内置了最大 29KB 的 EEPROM 掉电存储器，而 AT89 系列只能外部扩展 AT24C01 系列的 EEPROM。STC89 系列还内置了看门狗（防止程序错乱的电路）和更多的定时器选项。

【应用推荐】如果你之前一直使用 AT89 系列单片机做产品，又想不修改程序，想寻找可直接兼容替代的产品，那么 STC89 系列是不错的选择。同时还有 STC90 系列，它和 STC89 系列差不多，都可以代替传统的 AT89 系列。替代的优势是性能更好，且价格低。DIP40 是最常用的封装。

【STC12C 系列：4 种 I/O 模式、更多定时器和中断、内置固定 RC 时钟、内置复位】

STC12C4052AD–DIP20

【功能概要】STC12C4052AD 是本书用来吸引大家入门的一款单片机。因为它出厂时写入了内部 RC 时钟的流水灯程序，不需要下载就能看到工作效果。这款小单片机常用的封装是 DIP20，可兼容替代 AT89C4052 单片机。它内置 RC 时钟和复位电路，还多了 8 路 8 位 ADC（数模转换器）与 PWM（脉宽调制器），它体积小，不需要外部晶体振荡器，有 14 个 I/O 接口，本书中也有介绍，这里不再重复。

【应用推荐】电子爱好者制作一些电子小制作，程序在 4KB 以内的，都可以用这款单片机。DIP20 是最常用的封装。

STC12C5A60S2-LQFP48

【功能概要】STC12C5A60S2 是我目前最常用的一款单片机，在 STC15 系列没发布之前，它是功能最强大的旗舰产品。它具有 60KB Flash、1KB SRAM、1KB EEPROM、P0 到 P5 共 6 组 I/O 接口，每个接口都有 4 种模式。它支持 2 个 UART 串口、8 路 10 位 ADC、SPI 接口、2 个 PWM、4 个定时器、7 个中断源、内置 12MHz 时钟（精度不如 STC15 系列）。本书中也有很多制作采用这款单片机。这也是我最喜欢的单片机。

【应用推荐】这款单片机常用的是 DIP40 封装和 LQFP48 的。其中 LQFP48 封装有 44 个 I/O 接口，体积非常小。如果制作小体积、需要接口多的项目，LQFP48 封装是不二的选择。这款单片机性能最强，接口最多，价格是贵了一点点，不过还是可以接受的。值得注意的是，它和 STC12C4052 的 SFR 有一些不同，部分程序不通用。

STC12C5624AD-DIP28

【功能概要】STC12C5624AD 拥有和 STC12C5A60S2 相似的性能，程序上也是可以通用的。因为 STC12C5A60S2 的封装最小的是 DIP40，没有更小的了。如果你想要 STC12C5A60S2 的高性能，又想要 STC12C4052 的小程序，那 STC12C56 系列的芯片可以满足你。它最小的封装有 SOP20，有 16 个 I/O 接口，很方便。另外，这款芯片的另一个特色是带有 8 路 10 位 ADC、4 路 PWM 输出（只在 DIP28 封装上引出全部 4 路），其他芯片都没有这么多。我就曾用它的 4 路 PWM 设计红、绿、蓝、白 4 色 LED 的亮度调节。

【应用推荐】这款芯片有高性能和小体积的特性，4 路 PWM，最大 Flash 容量为 30KB。而 STC12C4052AD 可没有这么大的 Flash 容量。所以用 STC12C4052AD 开发产品，发现性能和 Flash 不足时，可以改用本芯片。注意，它在程序上和 STC12C4052AD 有部分差异，特别是在 ADC 和 I/O 接口工作模式上。常用封装是 DIP28 和 SOP20 两种。

【STC15 系列：内置高精度可调 RC 时钟、有丰富的功能设置】

STC15F104W-DIP8

【功能概要】STC15F104W 的最大优势是体积小，有 DIP8 和 SOP8 两种封装。只有 8 个接口，除去电源，还有 6 个 I/O 接口。它内置的可调 RC 时钟（晶体振荡器），可在 5~33MHz 自由设置，时钟的精度要远高于 STC12 系列，可达到稳定的串口定时器设置。可调时钟是 15 系列最大的特点，不再需要外接晶体振荡器了。不过内置时钟精度还没有高到可以做电子钟的程度，要用于电子钟计时，还需要 STC12 系列加外部晶体振荡器，或用专用的 RTC 时钟芯片。另外，104W 比 104E 型号上多了一个独立唤醒时钟源，当单片机进入掉电模式后，这个时钟可以独立工作，在设定的时间内唤醒单片机。这样做的目的就是为了省电，因为单片机只在唤醒时工作一会儿，不会一直循环处理。在电池供电的产品开发中非常有用。

【应用推荐】这款芯片不需要外部时钟（晶体振荡器），有 4KB Flash、1KB EEPROM、6 个 I/O 接口、独立唤醒功能，适合电池供电产品的开发。这款芯片虽然有 ISP 下载，但不支持 UART 串口。所以适合于要求接口不多的控制电路、LED 闪灯电路。SOP8 和 DIP8 封装都很常用，体积最小、性能普通、价格最低。

STC15F204EA-DIP20

【功能概要】这款芯片是 STC15F104W 的升级版，也是内部高精度可调时钟源，但多了 8 路 10 位 ADC，接口增加到 26 个。封装有 SOP28、SOP20、DIP28、DIP20，常用的是 DIP28。

【应用推荐】当你想用 STC15F104W 开发，却发现接口太少时，那换用 204EA 是很好的选择。体积一样小，性能差不多，接口多了，还有 ADC 功能。唯一可惜的是没有独立唤醒时钟。

STC15F2K60S2-LQFP44

【功能概要】这是一款 STC12C5A60S2 单片机的升级版，加入了 15 系列的新功能。它具有 5~33MHz 可调高精度时钟、16 位自动初值定时器（定时精度更高）、8 路 10 位 ADC、独立唤醒时钟、60KB Flash、2KB EEPROM、6 个定时器、3 个 PWM、5 个外部中断源、电压监测功能，功能非常强大。它取代了 STC12C5A60S2 成为新旗舰产品。常用封装有 DIP40 和 LQFP44，其中 LQFP44 是接口引出最多的封装，共有 42 个 I/O 接口可用。

【应用推荐】它在 STC12C5A60S2 的高性能基础上加了 5~33MHz 可调高精度时钟、16 位自动初值定时器。仅凭这一点，它就可以成为目前 STC 产品线上性能最强的单片机了。如果你想制作一款产品，想用到 8 位 51 单片机的性能极限，这款芯片将是唯一的选择。

IAP15F2K61S2-DIP40

【功能概要】这款芯片和 STC15F2K60S2 的性能完全相同，只是多了在线仿真功能，本书第 2 章中有介绍。因为是 IAP 芯片，Flash 和 EEPROM 是全开放的，61KB Flash 的空间可以自由定义。

【STC15W 系列：宽工作电压、16 位自动重装初值定时器、未来旗舰】

STC15W408AS-SOP16

【功能概要】STC15W 系列在 STC15F 的基础上加入了宽电压性能。以上我们介绍的芯片都会有 2 种电压选择，15F 的 5V 电压和 15L 的 3.3V 电压。产品的电压不同，就要选择不同的芯片。15W 则解决了这个问题，2.4~5.5V 的工作电压输入，适合各种电压的产品，同时具有 ADC、比较器、9 个外部中断。

【应用推荐】宽电压是非常有好处的，在电压波动的环境中也可以很好地工作。宽电压必定是未来单片机的趋势。SOP16 是小体积的封装，在需要宽电压的应用中，它可取代 STC15F204EA 单片机，性价比更高。

STC15W4K60S4-LQFP44

【功能概要】这款芯片我还没有使用过，但用数据手册上看，它无疑是接下来一段时间里性能最强的单片机、未来的旗舰产品。60KB Flash 与之前产品相当，4KB SRAM 是目前容量最大的。它还拥有 4 个 UART 串口、8 路 10 位 ADC、6 路 PWM（之前的 4 路我就很开心了呢）、可调高精度内置时钟、2.4~5.5V 宽工作电压、18 个外部中断输入源、11 个定时器、16 位自动初值功能、独立唤醒时钟等。它在封装上也有所突破，拥有 DIP40、LQFP44 之外，还多了 LQFP64，也就是说，这款芯片最多可支持 62 个 I/O 接口。上文所说的所有特色功能，在这款芯片里都做到了。

【应用推荐】目前我还没有使用过这款芯片，还没有使用经验分享给大家。不过我已经开始计划使用这款芯片来设计我的创新作品了。等芯片可以量产，性能稳定之后，我再来和大家分享。

大结局

故事是我的，也是你的，但归根结底还是你的。我的故事从邂逅单片机开始，到完成本书结束。你的故事从邂逅本书开始，之后的事情请写在下面的横线上。无论结局是圆满的还是挫败的，是欢喜的还是悲伤的，你所书写的结局都会是本书最完美的句号。